Markus Nesselrodt

Dem Holocaust entkommen

Europäisch-jüdische Studien Beiträge

Herausgegeben vom Moses Mendelssohn Zentrum für europäisch-jüdische Studien, Potsdam

Redaktion: Werner Treß

Band 44

Markus Nesselrodt

Dem Holocaust entkommen

Polnische Juden in der Sowjetunion, 1939–1946

DE GRUYTER
OLDENBOURG

Bei diesem Buch handelt es sich um eine überarbeitete Version der am Fachbereich Geschichts- und Kulturwissenschaften der Freien Universität Berlin eingereichten Dissertation, die am 24. November 2017 verteidigt wurde.

Die Dissertation wurde gefördert durch das

Die Drucklegung wurde ermöglicht durch die Stiftung Zeitlehren, die Axel Springer Stiftung und die Szloma-Albam-Stiftung.

ISBN 978-3-11-076380-5
e-ISBN (PDF) 978-3-11-059439-3
e-ISBN (EPUB) 978-3-11-059176-7

Library of Congress Control Number: 2019933223

Bibliografische Information der Deutschen Nationalbibliothek
Die Deutsche Nationalbibliothek verzeichnet diese Publikation in der Deutschen Nationalbibliografie; detaillierte bibliografische Daten sind im Internet über http://dnb.dnb.de abrufbar.

Dieser Band ist text- und seitenidentisch mit der 2019 erschienenen gebundenen Ausgabe.
Umschlagabbildung: Polish exiles in a sewing workshop, Kniazhpogost, the Komi Autonomous Republic. United States Holocaust Memorial Museum, courtesy of Dvorah Rabinowitz
Druck und Bindung: CPI books GmbH, Leck

www.degruyter.com

Inhalt

Erläuterung zur Schreibweise russischer und jiddischer Wörter

Russische Begriffe, Persönlichkeiten und Städtenamen in kyrillischer Schrift werden der Normierung DIN 1460 folgend in lateinischen Buchstaben transliteriert. Zum Beispiel: толчок (tolčok), иосиф сталин (Iosif Stalin) oder куйбышев (Kujbyšev).

Bei der Transliteration aus dem Jiddischen folge ich der in der englischen Sprache verbreiteten Variante, wie sie vom YIVO vorgeschlagen wurde. Zum Beispiel: יצחק פּערלאָוו (Yitskhok Perlov).

Ausländische Städtenamen, deren deutsche Schreibweise in der deutschsprachigen Historiografie verbreitet ist, werden nicht transliteriert. Zum Beispiel: Warschau, Moskau, Lemberg oder Taschkent.

In direkten Zitaten wurden die jeweiligen Schreibweisen der Autorinnen und Autoren unverändert übernommen.

https://doi.org/10.1515/9783110594393-001

1 Einleitung

> Much has happened to me in recent months. Nevertheless I am glad now that I have experienced everything personally and that I have had the opportunity to observe everything directly; for only personal experiences can provide the strongest impetus for work, and only direct observation permits the formation of a clear picture of the situation.[1]
> Moshe Kleinbaum in einem Bericht an Nahum Goldmann, März 1940

Moshe Kleinbaum[2], der im Jahr 1909 geborene, zionistische Politiker aus Radzyń, schrieb diese Zeilen im März 1940 in seinem Genfer Transit nieder. Seit dem deutschen Überfall auf Polen und dem sowjetischen Einmarsch in sein Heimatland im September 1939 war er auf der Flucht gewesen. Nach der Auflösung des polnischen Staates hatte Kleinbaum in dem seit Oktober 1939 unter litauischer Herrschaft stehenden Vilnius vorübergehend Zuflucht gefunden. Als einer von wenigen Hundert polnischen Juden[3] gelang es Kleinbaum, im Frühjahr 1940 aus dem unabhängigen Litauen über Riga, Stockholm, Kopenhagen, Amsterdam, Brüssel, Paris, Genf und Triest nach Palästina zu flüchten. In seinem Bericht an den Vertreter der *Jewish Agency* beim Völkerbund in Genf, Nahum Goldmann, stellt er nicht nur seinen eigenen Fluchtweg aus dem von Deutschland und der Sowjetunion besetzten Polen dar, er skizziert auch die verzweifelte Lage der jüdischen Bevölkerung unter doppelter Okkupation. Ausführlich beschreibt er darin das Verhältnis zwischen Juden und den sowjetischen Machthabern, die katastrophalen Lebensbedingungen für die jüdischen Flüchtlinge, die zu Hunderttausenden den Deutschen entkommen waren und ferner die Repressionen poli-

1 Engel, David: Moshe Kleinbaum's Report on Issues in the Former Eastern Polish Territories. In: Jews in Eastern Poland and the USSR, 1939–1946. Hrsg. von Norman Davies u. Antony Polonsky. London 1991. S. 275–300, hier S. 276. Laut den Angaben von David Engel verfasste Kleinbaum den Bericht in deutscher Sprache am 12. März 1940 in Genf. Adressat seines Berichts war Nahum Goldmann, der Vertreter der Jewish Agency beim Völkerbund in Genf und Vorsitzender des Exekutivkomitees des World Jewish Congress.

2 Moshe Kleinbaum wurde 1909 in Radzyń geboren. Zum Zeitpunkt des deutschen Überfalls auf Polen war er Führer der Allgemeinen Zionistischen Bewegung in Polen. Kleinbaum gelang es, das noch unbesetzte Litauen zu verlassen und über Riga, Stockholm, Kopenhagen, Amsterdam, Brüssel, Paris, Genf, Trieste nach Palästina zu fliehen. Nach seiner Ankunft in Palästina wurde Kleinbaum Mitglied der Haganah und gab sich den Nachnamen Sneh, eine ungefähre Übersetzung seines deutschen Nachnamens. Sneh wurde in Israel zum Kommunisten und führte die Israelische Kommunistische Partei in den 1950er und frühen 1960er Jahren an.

3 Aus Gründen der besseren Lesbarkeit wird in der vorliegenden Studie grundsätzlich das generische Maskulinum verwendet. Wenn nicht anders angegeben, sind darin stets Männer und Frauen eingeschlossen.

https://doi.org/10.1515/9783110594393-002

tischer Gegner durch die sowjetische Geheimpolizei. Die Verfolgung der Juden auf dem von den Deutschen kontrollierten Territorium, aber auch die prekäre Lage der jüdischen Bevölkerung in den ehemaligen polnischen Ostgebieten, die sich zum Zeitpunkt seines Berichts unter der Herrschaft der UdSSR befanden, führen Kleinbaum zu der Erkenntnis, dass die internationale jüdische Politik schnellstmöglich aktiv werden müsse, um die Juden im östlichen Europa vor ihrer Vernichtung zu retten:

> Hitler is persecuting the Jews; Stalin is persecuting Jewish life. Both of them represent a danger to our people's existence. We must save both the Jews and Jewish life. We must wage our Jewish struggle on these two fronts simultaneously.[4]

Moshe Kleinbaums Bericht ist ein frühes Zeugnis der alltäglichen Lebensbedingungen polnischer Juden unter sowjetischer Herrschaft. Zum Zeitpunkt seiner Niederschrift hielten sich schätzungsweise 300.000 jüdische Flüchtlinge und etwa 1,3 Millionen einheimische Juden in den ehemaligen polnischen Ostgebieten auf. Kleinbaum konnte im März 1940 nicht ahnen, dass der Aufenthalt in der UdSSR die größte Chance für das Überleben der polnischen Judenheit darstellen sollte. Durch Flucht vor der deutschen Wehrmacht und durch die Zwangsverschleppung Zehntausender sogenannter *feindlicher Elemente* durch die sowjetische Geheimpolizei gelangten etwa 300.000 polnische Juden in das Landesinnere der Sowjetunion und somit außer Reichweite der deutschen Vernichtungsmaschinerie. Als über 200.000 von ihnen nach Ende des Zweiten Weltkrieges nach Polen zurückkehrten, mussten sie feststellen, dass sie einer kleinen Gruppe von jüdischen Überlebenden angehörten. Sie waren in der Sowjetunion der Vernichtung entkommen, während andere in den deutsch besetzten Teilen Europas um ihr Leben kämpften. Jahrzehntelang standen die vielfältigen Erfahrungen polnischer Juden in der Sowjetunion im Schatten der Forschungen zum Holocaust in Polen. Die vorliegende Studie verfolgt das Ziel, eine Lücke in der Geschichte der jüdischen Erfahrung des Zweiten Weltkrieges zu schließen.

Thema

Die vorliegende Studie ist als eine *Erfahrungsgeschichte* polnischer Juden in der Sowjetunion im Zeitraum zwischen den Jahren 1939 und 1946 angelegt. Dieser Zugang geht von zwei Prämissen aus: Erstens werden individuelle Schicksale vor dem Hintergrund der *großen Geschichte*, das heißt den politischen Ereignissen

4 Engel, Kleinbaum's Report, S. 293.

der Kriegs- und Nachkriegszeit, untersucht. Auf diese Weise soll eine Mittlerposition zwischen Mikro- und Makrogeschichte eingenommen werden, die individuelle Lebenswege fokussiert, um komplexe Zusammenhänge besser verstehen zu können. Ein wesentliches Argument hierfür ist die Feststellung, dass eine Vielzahl vorhandener Selbstzeugnisse ehemaliger Exilanten in der historischen Forschung zur polnisch-sowjetischen Geschichte während des Zweiten Weltkrieges bislang kaum Berücksichtigung gefunden hat. Der Ansatz, individuelle Erfahrungen in makrohistorische Zusammenhänge zu integrieren, hat zweitens zur Folge, dass die Verarbeitung jener Erlebnisse der Jahre 1939 bis 1946 in den Fokus rücken kann. Erfahrungsgeschichte soll sowohl rekonstruieren, was die Beteiligten erlebten, als auch den Zugang zur individuellen retrospektiven Verarbeitung des Erlebten in schriftlichen Zeugnissen ermöglichen.

Die Erfahrungsgeschichte der im Fokus dieser Arbeit stehenden polnischen Juden ist eng mit räumlichen und zeitlichen Fragen verknüpft. Die räumliche Perspektive ist notwendig, weil es sich hier um eine Geschichte der (Zwangs-) Migration polnischer Juden in das Landesinnere der Sowjetunion handelt. Der Grad des ausgeübten Zwangs variierte, doch grundsätzlich lässt sich feststellen, dass nur sehr wenige polnische Juden Polen freiwillig verließen, um in die UdSSR überzusiedeln. Ohne den deutschen und sowjetischen Einmarsch in Polen im September 1939 hätte die große Mehrheit der in dieser Studie dargestellten Personen keinen Anlass gehabt, ihr Geburtsland in Richtung Osten zu verlassen. Die migrationsgeschichtliche Perspektive verdeutlicht zudem, dass die zuweilen freiwillige, in der Regel aber erzwungene Umsiedlung von einem Ort zum anderen für die polnisch-jüdischen Exilanten in der Sowjetunion jahrelang zum Alltag gehörte. Sie waren mehrfach gezwungen, Staatsgrenzen zu überqueren, politische Systeme zu wechseln und immer wieder aus den vom Krieg bedrohten Territorien in vermeintlich oder tatsächlich sicherere Gebiete zu wandern. Da Migration daher eine kollektiv geteilte Erfahrung polnischer Juden im sowjetischen Exil darstellt, wird sie in dieser Studie zentral abgebildet.

Ähnlich verhält es sich mit dem Faktor *Zeit* bei der Analyse von polnisch-jüdischen Erfahrungen. Besonders deutlich ist die Notwendigkeit einer solchen Perspektive im Prozess der Entscheidungsfindung, ob und wohin jemand floh, umsiedelte oder zurückkehrte. Diese Entscheidungen wurden zu einem bestimmten Zeitpunkt getroffen und nicht selten kurze Zeit später wieder infrage gestellt oder sogar revidiert. Dabei ermöglicht erst der Blick auf die gesamte Exilzeit von 1939 bis 1946 ein Verständnis für zeitgenössische Handlungsoptionen, die polnische Juden auf der Grundlage ihres situativen Wissens trafen. Wie dieses Wissen sich veränderte und welchen Einfluss es in verschiedenen Kontexten auf getroffene Entscheidungen hatte, sind zentrale Fragen dieser Studie.

Die Arbeit versteht sich außerdem als Beitrag zu einer transnationalen Geschichtsschreibung, die auf zwei Beobachtungen gründet.[5] Die dargestellten Personen überschritten mehrfach Grenzen, doch auch die Reflexion über das Erlebte fand in einem transnationalen Kommunikationsraum statt. Aus der Tatsache, dass sich polnisch-jüdische Flüchtlinge und Zwangsmigranten im untersuchten Zeitraum in verschiedenen staatlich-politischen Kontexten mit jeweils spezifisch rechtlichen, ökonomischen und diplomatischen Konsequenzen bewegten, folgt die Erkenntnis, dass es einen gravierenden Unterschied machte, ob man sich im sowjetisch besetzten Ostpolen zwischen September 1939 und Juni 1941 befand, oder im Inneren der Sowjetunion, weit entfernt von der Front und dem Zugriff der Deutschen, oder aber im Nachkriegspolen, welches schließlich für die hier untersuchte Bewegung jedoch nur eine kurze Zwischenstation auf dem Weg in die Emigration war. Die zweite Beobachtung betrifft den grenzüberschreitenden Charakter der Erfahrung und ihrer schriftlichen Verarbeitung nach dem Krieg. Viele ehemalige Exilanten legten im Laufe ihres Lebens Zeugnis über ihre Erlebnisse in der Sowjetunion während des Krieges ab, wobei sie sich stets in einem Diskurs über die Frage nach der Zugehörigkeit ihrer Flucht- und Deportationserfahrung zur Geschichte des Holocaust bewegten. Die Frage nach dem Ort der sowjetischen Exilerfahrung in der Geschichte des Holocaust kann nicht ausschließlich aus der Perspektive des Historikers beantwortet werden. Ihre Beantwortung war und ist beispielsweise noch immer Gegenstand juristischer Entschädigungsverfahren für das erlittene Leid sowie einer transnationalen Gedenkkultur der *Shoah*, die immer auch von jüdischen Überlebenden und ihren Nachkommen geprägt wurde. Aus diesen Gründen ist die Selbstwahrnehmung der ehemaligen polnisch-jüdischen Exilanten – etwa als Holocaustüberlebende oder Flüchtlinge – für die retrospektive Deutung der Kriegserlebnisse von entscheidendem Belang. Deutlich zeigte sich das Spannungsverhältnis zwischen Eigen- und Fremdwahrnehmung bereits in der unmittelbaren Nachkriegszeit in Polen und im besetzten Deutschland, in dem Zehntausende polnische Juden nach ihrer Rückkehr aus der Sowjetunion vorübergehend einen sicheren Zufluchtsort fanden. Die vielfältigen Selbst- und Fremdwahrnehmungen sind nicht zuletzt auch ein Ausdruck des großen Erfahrungsspektrums polnischer Juden in der Sowjetunion. Weil ihre Erlebnisse sich zuweilen so stark voneinander unterschieden, gelangten sie in den sieben Jahrzehnten seit Kriegsende zu unter-

---

5 Diner, Dan: Geschichte der Juden – Paradigma einer europäischen Geschichtsschreibung. Gedächtniszeiten. In: Über jüdische und andere Geschichten. Hrsg. von Dan Diner. München 2003. S. 246–287, hier S. 246–247.

schiedlichen Antworten auf ihre Zugehörigkeit zum jüdischen Kollektiv der Holocaustüberlebenden.

Die retrospektive schriftliche Verarbeitung des Erlebten ist nicht zuletzt eine Sprachenfrage. Die in dieser Studie untersuchten Zeugnisse in polnischer, jiddischer, englischer und deutscher Sprache geben Aufschluss über Grenzen *des Sagbaren* zum Zeitpunkt ihrer Entstehung. Insbesondere Texte, die für die Veröffentlichung bestimmt waren, wie etwa Presseartikel, literarische Texte oder Memoiren, lassen Schlüsse auf die Erinnerungsgemeinschaft zu, die sie adressieren. Die meisten veröffentlichten Zeugnisse sind zudem das Ergebnis eines Sprachwechsels. So sind etwa deutlich mehr Memoiren in englischer Sprache erschienen als auf Jiddisch oder Polnisch. Insbesondere englischsprachige beziehungsweise ins Englische übersetzte Memoiren richten sich zugleich stets an ein nationales wie ein internationales Lesepublikum, etwa in den Vereinigten Staaten von Amerika, Großbritannien oder Israel.

Ziel und Fragestellung

Die vorliegende Studie verfolgt das Ziel, bestehendes historisches Wissen über das Schicksal polnisch-jüdischer Flüchtlinge in der Sowjetunion im Zeitraum zwischen den Jahren 1939 und 1946 zu vertiefen und zu ergänzen. Mithilfe der im Fokus der Arbeit stehenden Selbstzeugnisse können einerseits existierende Lücken in der Historiografie geschlossen werden, andererseits ermöglichen sie eine komplexere Darstellung polnisch-jüdischer Erfahrungen in der Sowjetunion, als dies bislang der Fall war.

Die zentrale Fragestellung dieser Studie ist zweigeteilt: Mithilfe von Selbstzeugnissen soll einerseits die Frage untersucht werden, was polnische Juden in der Sowjetunion erlebten. Andererseits werden die Zeugnisse daraufhin befragt, wie deren Autoren das Erlebte retrospektiv darstellen. Gefragt wird demnach, welche Deutung beziehungsweise welchen Sinn die Autoren der Texte ihren eigenen Erfahrungen rückblickend zuschreiben.

Der Untersuchungszeitraum beginnt mit dem deutschen Überfall auf Polen am 1. September 1939 und endet im Sommer 1946 mit der weitgehend abgeschlossenen staatlichen Umsiedlung polnischer Juden aus der Sowjetunion nach Polen. Der deutsche Einmarsch war die Voraussetzung für das Inkrafttreten der am 23. August 1939 in einem geheimen Zusatzprotokoll geschlossenen Vereinbarungen über die Teilung Polens in eine deutsche und eine sowjetische *Einflusssphäre.* Nach der Invasion durch die Rote Armee im Osten Polens und der folgenden Annexion des besetzten polnischen Gebiets in die UdSSR lebten polnische Juden unter sowjetischer Herrschaft bis zum Beginn des deutsch-sowjetischen Krieges am 22. Juni 1941. Das Ende des Untersuchungszeitraums markiert die staatlich organisierte Rückführung Hunderttausender jüdischer und nichtjüdischer Polen in ihr Geburtsland, die vorrangig in der ersten Hälfte des Jahres 1946 durchgeführt wurde. Die vorgenommene Periodisierung entspricht demnach der Erfahrung der betroffenen polnischen Juden und markiert zugleich den Unterschied zur gängigen Definition der Befreiung beziehungsweise des Kriegsendes in Polen 1944/45.

Zum Erfahrungsbegriff

Der Begriff der *Erfahrung* beziehungsweise der *Erfahrungsgeschichte* erfordert eine Erläuterung. Der Definition von Kaline Hoffmann folgend bezeichnet Erfahrung nicht nur die Wahrnehmung der Ereignisse durch historische Akteure,

> sondern auch ihre retrospektive Deutung. Erfahrung – verstanden als Sinnbildungsprozess – ist nie abgeschlossen und fixiert, sondern wird von den Subjekten immer wieder – im jeweiligen lebensgeschichtlichen Kontext – neu konstruiert. Dabei können sowohl individuelle als auch kollektive, gesellschaftliche oder gruppenspezifische Prägungen zum Tragen kommen.[6]

Der Fokus auf Erfahrung bringt das Forschungsinteresse dieser Studie zum Ausdruck, wonach individuelle Sichtweisen, Deutungen und Wahrnehmungen auf historische Ereignisse rekonstruiert werden sollen. Im Unterschied zu einer Organisations-, Politik-, Diplomatie- oder Militärgeschichte werden vorrangig solche Quellen befragt, die einerseits die Wirkung zentraler, politischer Entscheidungen auf betroffene Individuen zeigen, andererseits dieselben Personen als handelnde Akteure begreifen. Der Fokus auf die subjektive Wahrnehmung der Geschichte beabsichtigt, zu einem besseren Verständnis des Alltags polnischer Juden im sowjetischen Exil beizutragen. Wesentlich ist dabei die von Reinhart Koselleck beschriebene Diskontinuität zwischen der gemachten sogenannten Primärerfahrung und der schriftlich fixierten Sekundärerfahrung. Koselleck erläutert dies wie folgt:

> Es gibt keine Primärerfahrung, die man macht oder sammelt, die überhaupt übertragbar wäre, denn es zeichnet Erfahrungen aus, dass sie eben nicht übertragbar sind – darin besteht die Erfahrung. [Daraus ergibt sich, Anm. d. Verf.] die Diskontinuität jeder Erinnerung, denn

---

6 Hoffmann, Kaline: Die Erfahrungen der ‚anderen Welt'. Polinnen und Polen im Gulag, 1939–1942. In: Stalinistische Subjekte: Individuum und System in der Sowjetunion und der Komintern, 1929–1953. Hrsg. von Heiko Haumann u. Brigitte Studer. Zürich 2006. S. 455–468, hier S. 457.

> wenn Erfahrungen nicht übertragbar sind, muss jede Sekundärerfahrung eine Diskontinuität darstellen.[7]

Kosellecks ansonsten nur schwer wissenschaftlich operationalisierbare Unterscheidung zwischen Primär- und Sekundärerfahrung verweist auf eine zentrale Prämisse dieser Studie. Demnach werden die vorliegenden Zeugnisse nach Ereignissen befragt, die die beschreibenden Personen als erzählungswürdig und bemerkenswert betrachten. Viele der gemachten Erfahrungen, so Koselleck, werden vergessen, andere wiederum blieben „hartnäckig wie ein Stachel im Bewusstsein stecken"[8]. Eine Annäherung an die gemachten Erfahrungen ist – folgt man Koselleck – also nur in vermittelter Form möglich. In autobiografischen Texten wie etwa in Autobiografien, Interviews oder literarischen Texten bringen Menschen ihre Sicht auf das Erlebte zum Ausdruck. Betrachtet man autobiografische Äußerungen als Annäherung an gemachte Erfahrungen, so bieten die genannten Quellen einen sinnvollen Zugang.

Vorgehen

Die Arbeit ist chronologisch gegliedert und in acht Hauptkapitel eingeteilt. Im ersten Kapitel stehen jüdische Reaktionen auf den deutschen Überfall auf Polen am 1. September 1939 im Vordergrund. Dabei wird ein besonderes Augenmerk auf die Frage gerichtet, wer sich wo, wann, warum und wohin zur Flucht vor den Deutschen entschied. Der sowjetische Einmarsch in Polen eröffnete polnischen Juden eine Alternative zum Leben unter deutscher Besatzung. Dass der Alltag jüdischer Flüchtlinge, aber auch die Lebensrealität der jüdischen einheimischen Bevölkerung unter sowjetischer Besatzung von erheblichen Problemen gekennzeichnet war, die großen Einfluss auf die Rückkehrbestrebungen vieler vor den Deutschen geflohener Juden hatte, ist Gegenstand des zweiten Kapitels. Die Hoffnungen Zehntausender polnischer Juden auf eine Rückkehr in ihre unter deutscher Besatzung stehende Heimat zerschlugen sich durch die Politik der massenhaften Deportationen sogenannter *feindlicher Elemente* durch die sowjetische Geheimpolizei NKWD in den Jahren 1940 und 1941. Kapitel 3 untersucht das Schicksal jener Gruppe polnischer Juden, die gegen ihren Willen in das Innere der

7 Koselleck, Reinhart: Die Diskontinuität der Erinnerung. In: Deutsche Zeitschrift für Philosophie 2 (1999). S. 213–222, hier S. 214.

8 Koselleck, Reinhart: Erinnerungsschleusen und Erfahrungsschichten. Der Einfluss der beiden Weltkriege auf das soziale Bewusstsein. In: Zeitschichten. Studien zur Historik. Hrsg. von Reinhart Koselleck. Frankfurt am Main 2003. S. 265–284, hier S. 272.

Sowjetunion verschleppt wurde, um in abgelegenen Regionen Zwangsarbeit für die sowjetische Wirtschaft zu leisten. Die überwiegende Mehrheit polnischer Juden gelangte jedoch infolge des deutschen Überfalls auf die Sowjetunion im Juni 1941 in das Landesinnere und entkam auf diese Weise der Vernichtung durch die Deutschen. Der deutsch-sowjetische Krieg ermöglichte die bis dahin unvorstellbare Zusammenarbeit zwischen der polnischen Regierung im britischen Exil und der sowjetischen Führung. Als Zeichen der neuen Verständigung wurden die meisten polnischen Staatsbürger, darunter auch die Juden, aus sowjetischer Haft beziehungsweise Zwangsarbeit entlassen. Kapitel 4 stellt dar, wie die ehemaligen Gefangenen in den südlichen zentralasiatischen Republiken der Sowjetunion auf die aus den frontnahen Gebieten evakuierten polnischen Juden trafen. Länder wie Usbekistan, Kasachstan, aber auch die südlichen Regionen Russlands wurden zwischen 1941 und 1946 zum Schauplatz vielfältiger Begegnungen zwischen polnischen Juden, der einheimischen Bevölkerung und den nichtjüdischen polnischen Exilanten. Die Beziehungen zu nichtjüdischen Polen und zu der im Jahr 1941 eingerichteten polnischen Botschaft in der Sowjetunion stehen im Fokus des fünften Kapitels. Der Sieg der Roten Armee in Stalingrad und die Wende im deutsch-sowjetischen Krieg machten den Weg frei für den Aufbau einer von der UdSSR gestützten, polnischen Nachkriegsordnung. Der Bedeutungsverlust der polnischen Exilregierung und ihrer Vertretung in der UdSSR ging einher mit dem Aufstieg des *Verbandes Polnischer Patrioten*, einer regierungsähnlichen Repräsentanz polnischer Interessen, die sich in Konkurrenz zur Londoner Exilregierung profilierte. Kapitel 6 erläutert, wie im Zuge dieser Bestrebungen das Interesse der polnischen Kommunisten an den jüdischen Polen auf dem Territorium der Sowjetunion zunahm und wie diese darauf reagierten. Die Unterstützung der polnischen Kommunisten in der Sowjetunion durch die jüdische Bevölkerung war eng an die Hoffnung auf eine baldige Rückkehr nach Polen geknüpft. Dass es sich bei der langersehnten Rückkehr letztlich zumeist um eine Rückkehr handelte, die von Trauer, Verlust und Ernüchterung gekennzeichnet war, steht im Vordergrund des siebten Kapitels. Im Schlussteil sollen die Ergebnisse gesammelt werden und ferner in einem Ausblick über frühe Formen der Verarbeitung des Exils im Nachkriegspolen und -deutschland Perspektiven für künftige Forschungen aufgezeigt werden.

Zum Stand der Forschung

In den vergangenen sieben Jahrzehnten war die Historiografie über die vielfältigen Schicksale polnischer Staatsbürger in der Sowjetunion während des Zweiten Weltkrieges beeinflusst durch Tabus, Kontroversen und eine selektive Erinnerungspolitik in der Ära des Kalten Krieges. So zählten die Periode der sowjetischen Besatzung Polens 1939–1941 und die Thematik der polnisch-jüdischen Beziehungen in jenen Jahren zu den sogenannten *Weißen Flecken* der Geschichtsschreibung während der Volksrepublik.[9] Bis zur Auflösung der Sowjetunion und der sukzessiven Öffnung bis dato verschlossener Archive in Moskau und andernorts fand die Forschung außerhalb Polens statt – vor allem in Israel und den Vereinigten Staaten von Amerika, wohin die meisten ehemaligen Exilanten nach dem Krieg emigriert waren.

Die Geschichte der Juden in der Periode der sowjetischen Herrschaft über das besetzte Polen ist, anders als die Zeit von 1941–1946, bereits Gegenstand zahlreicher historiografischer Studien gewesen. Ein früher wegweisender Impuls stammt von Bernard Weinryb, der bereits im Jahr 1953 ein längeres Kapitel über die Situation der polnischen Juden unter der sowjetischen Besatzung veröffentlichte.[10] Weitere Impulse für das Thema gingen von dem Historiker Ben-Cion Pinchuk im Jahr 1978 aus, der auf der Grundlage hebräischer und jiddischer Quellen die Situation polnisch-jüdischer Flüchtlinge aus dem Westen Polens in der nunmehr von der Sowjetunion besetzten Osthälfte des Landes analysiert. Pinchuk gehörte zu den Ersten, die auf ein wesentliches Dilemma des polnisch-jüdischen Exils in der Sowjetunion hinwiesen. Es war gerade die ungewollte Zwangsumsiedlung aus dem besetzten Polen in das Innere der Sowjetunion, welche der Mehrheit der dorthin exilierten, polnischen Juden das Überleben sicherte. Für Pinchuk stelle dieser Umstand „the ultimate irony of history“[11] dar. In seinem im Jahr 1990 erschienenen *Shtetl Jews under Soviet Rule. Eastern Poland on the Eve of the Holocaust* vertieft Pinchuk diese Überlegungen.[12] Einen ähnlichen Zugang wie Pinchuk wählt Dov Levin in *The Lesser of two Evils: Eastern European Jewry under Soviet Rule 1939–1941.*[13] Auch er beschreibt im Kapitel *Refugees in a temporary haven* die relative Sicherheit der polnisch-jüdischen Flüchtlinge im Angesicht der deutschen Entrechtungs- und Verfolgungspolitik. Der Schwerpunkt dieser Studien sowie des von Keith Sword herausgegebenen Sammelbandes *The*

---

9 Wierzbicki, Marek: Polacy i Żydzi w zaborze sowieckim. Stosunki polsko-żydowskie na ziemiach północno wschodnich II RP pod okupacją sowiecką (1939–1941). Warszawa 2001. S. 6.
10 Weinryb, Bernard D.: Polish Jews under Soviet Rule. In: The Jews in Soviet Satellites. Hrsg. von Peter Meyer [u. a.]. Syracuse 1953. S. 329–372.
11 Pinchuk, Ben-Cion: Jewish Refugees in Soviet Poland 1939–1941. In: Jewish Social Studies 2 (1978). S. 141–158, hier S. 155.
12 Pinchuk, Ben-Cion: Shtetl Jews under Soviet Rule. Eastern Poland on the Eve of the Holocaust. Oxford 1990.
13 Levin, Dov: The Lesser of Two Evils. Eastern European Jewry under Soviet Rule 1939–1941. Philadelphia u. Jerusalem 1995. S. 179–197.

Soviet Takeover of the Polish Eastern Provinces, 1939–41 liegt auf der Analyse des sowjetischen Besatzungsregimes und dessen Folgen für die jüdische Bevölkerung.[14] Die genannten Werke stellen den Prozess der in Wirtschaft, Politik und Gesellschaft umfassenden Sowjetisierung und die Reaktion der einheimischen Bevölkerung im besetzten Polen, in Belarus, der Ukraine und im Baltikum dar. Auffällig ist jedoch, dass die Autoren die Ebene der Erfahrungsgeschichte kaum berücksichtigten. Gemein ist diesen Werken ein politik- und ereignisgeschichtlicher Zugang, der individuellen Schicksalen wenig Raum lässt. Albert Kaganovitch bezieht in seinen Aufsätzen über das Verhältnis der sowjetischen Behörden gegenüber den ausländischen Flüchtlingen im Land, darunter auch polnische Juden, zwar einige wenige individuelle Fallbeispiele ein, fokussiert jedoch stärker die politische Makroebene.[15] Ein seltenes Beispiel für einen erfahrungsgeschichtlichen Zugang zur Situation polnischer Juden im deutsch-sowjetischen Grenzgebiet stammt von Eliyana Adler, die Handlungsspielräume und Entscheidungsprozesse zwischen Bleiben und Fliehen im besetzten Polen analysiert.[16] Jan T. Gross konzentrierte sich in seiner Darstellung der Sowjetisierungspolitik im besetzten Ostpolen ebenfalls auf den Zeitraum der Jahre 1939–1941, vernachlässigt jedoch die Situation der dortigen jüdischen Bevölkerung[17] – ein Befund, der auf die meisten Studien über polnische Staatsbürger in der Sowjetunion zutrifft, deren Gegenstand zumeist ethnische, katholische Polen sind. Die ethnisch gemischte Bevölkerungsstruktur der ehemaligen Kresy – bestehend aus jüdischen, weißrussischen und ukrainischen polnischen Staatsbürgern – wird in den meisten Veröffentlichungen ausgelassen oder lediglich am Rande behandelt. Eine entscheidende Ausnahme stellt der von Norman Davies und Antony Polonsky herausgegebene Sammelband *Jews in Eastern Poland and the USSR, 1939–46* und darin vor allem die Einleitung durch die Herausgeber dar. Darin bemühen sich die Autoren um eine multiperspektivische und -linguale Darstellung der polnisch-jüdischen Exilgeschichte.[18] Einzigartig ist zudem der weite

14 Sword, Keith (Hg.): The Soviet takeover of the Polish eastern provinces, 1939–1941. Basingstoke u. Hampshire 1991.

15 Kaganovitch, Albert: Jewish Refugees and Soviet Authorities during World War II. In: Yad Vashem Studies 2 (2010). S. 85–121; sowie Kaganovitch, Albert: Stalin's Great Power Politics, the Return of Jewish Refugees to Poland, and Continued Migration to Palestine, 1944–1946. In: Holocaust and Genocide Studies 1 (2012). S. 59–94.

16 Adler, Eliyana R.: Hrubieszów at the Crossroads: Polish Jews Navigate the German and Soviet Occupations. In: Holocaust and Genocide Studies 1 (2014). S. 1–30.

17 Gross, Jan T.: Revolution from Abroad. The Soviet Conquest of Poland's Western Ukraine and Western Belorussia. Erweiterte Auflage. Princeton u. Oxford 2002.

18 Davies, Norman u. Polonsky, Antony: Introduction. In: Jews in Eastern Poland and the USSR, 1939–1946. Hrsg. von Norman Davies u. Antony Polonsky. London 1991. S. 1–59.

Fokus über einen Zeitraum von sieben Jahren, der zwar den Erfahrungen der Betroffenen entspricht, zumeist aber keinen Eingang in eine historiografische Darstellung fand. In der Tradition der von Davies und Polonsky praktizierten multiperspektivischen Geschichtsschreibung steht auch die beziehungsgeschichtliche Studie des Historikers Andrzej Żbikowski, der sich in *U genezy Jedwabnego: Żydzi na kresach północno-wschodnich II Rzeczypospolitej wrzesień 1939-lipiec 1941* dem Beziehungsdreieck aus polnischen und jüdischen Bewohnern der Kresy sowie den sowjetischen Besatzern nähert.[19] Żbikowskis quellengesättigte Studie ist auch deshalb so wichtig, weil sie als eine von wenigen einen Zusammenhang zwischen der Situation der jüdischen Bevölkerung unter sowjetischer Herrschaft und den Pogromen des Sommers 1941 nach Beginn des deutsch-sowjetischen Krieges herstellt. Insbesondere im Zusammenhang mit der sowjetischen Besatzung entzündeten sich immer wieder Debatten um die Beteiligung jüdischer Polen an der Sowjetisierung des ehemaligen polnischen Ostens. Eine kleine Gruppe polnisch-jüdischer Kommunisten beteiligte sich vor allem im Kulturbereich an der Sowjetisierung der ehemaligen polnischen Ostgebiete.[20] Die Frage nach Ausmaß, Reichweite, Dauer und Intensität der Kooperation einzelner jüdischer Polen mit den neuen Machthabern war schon unter Zeitgenossen umstritten und wurde insbesondere im Zusammenhang mit der Veröffentlichung der Studie *Nachbarn* von Jan T. Gross intensiv diskutiert.[21] Der Vorwurf einer jüdischen Kollaboration mit dem sowjetischen Regime bezieht sich auf das aus der Vorkriegszeit stammende Feindbild der *Żydokomuna* (dt. Judäo-Kommune). In ihrer Studie zur Wirkungsmacht des Feindbildes konstatiert Agnieszka Pufelska eine Radikalisierung und Verbreitung des Feindbildes in den ersten beiden Kriegsjahren unter weiten Teilen der polnischen Bevölkerung.[22] Marek Wierzbicki untersucht in seiner Regionalstudie die polnisch-jüdischen Beziehungen im von der Sowjetunion annektierten Westweißrussland. Auch er kommt zu dem Schluss, dass sich das Feindbild der Judäo-Kommune während der 21-monatigen sowje-

---

19 Żbikowski, Andrzej: U genezy Jedwabnego: Żydzi na kresach północno-wschodnich II Rzeczypospolitej wrzesień 1939 – lipiec 1941. Warszawa 2006.

20 Eine Sonderstellung innerhalb der Forschungen zur Geschichte polnischer Juden in der Sowjetunion stellen Studien zu jüdischen Kommunisten dar, insbesondere Schatz, Jaff: The Generation. The Rise and Fall of Jewish Communists of Poland. Berkeley [u.a.] 1991; Shore, Marci: Caviar and Ashes: A Warsaw Generation's Life and Death in Marxism, 1918 – 1968. New Haven 2006.

21 Gross, Jan T.: Sąsiedzi: Historia zagłady żydowskiego miasteczka. Sejny 2000. Zahlreiche Reaktionen auf das Buch sind versammelt in Polonsky, Antony u. Michlic, Joanna B. (Hg.): The Neighbors Respond. The Controversy over the Jedwabne Massacre in Poland. Princeton 2004.

22 Pufelska, Agnieszka: Die „Judäo-Kommune" – ein Feindbild in Polen. Das polnische Selbstverständnis im Schatten des Antisemitismus 1939 – 1948. Paderborn 2007. S. 74.

tischen Besatzung Polens zu einer weitverbreiteten Überzeugung entwickelte, die letztlich die Trennung in zwei ethnische Kollektive weiter forciert habe. Die kollektive Identifikation der Juden mit dem Besatzungsregime führte an vielen Orten nach dem Rückzug der sowjetischen Verwaltung im Sommer 1941 zu antijüdischen Ausschreitungen, Racheakten und Pogromen, von denen Jedwabne lediglich ein Beispiel von vielen ist.[23]

Einen wichtigen Beitrag zum Verständnis polnisch-jüdischer Beziehungen in den ehemaligen polnischen Ostgebieten unter sowjetischer Herrschaft bietet auch die von Irena Grudzińska-Gross und Jan T. Gross edierte und im Exil erschienene Quellensammlung *„W czterdziestym nas Matko na Sybir zesłali..." Polska a Rosja 1939–1942.*[24] Zwar liegt der Schwerpunkt auf den Erfahrungen katholischer Polen in der Sowjetunion, den sogenannten *sybiracy*, es finden sich jedoch auch jüdische Zeugnisse. Ihre Edition ist beispielhaft für die polnischsprachige Auseinandersetzung mit dem Schicksal der Deportierten, welche jüdische Perspektiven entweder völlig ausblendet oder nur unzureichend wiedergibt. Es befindet sich damit in einer Tradition, die die Deportationen nach Osten als christliches Martyrium begreift und Sibirien als eine Art „Golgatha des Ostens"[25]. Grundsätzlich herrscht ein erhebliches Ungleichgewicht zwischen der vorrangig polnischsprachigen Historiografie über die ethnisch polnischen *zesłańcy* und die polnisch-jüdischen Exilanten in der Sowjetunion.[26]

In der polnischsprachigen Forschung hat sich inzwischen die Zahl von etwa 315.000 aus Polen in die Sowjetunion zwangsverschleppten polnischen Staatsbürgern etabliert. Addiert man die auf anderen Wegen in die Sowjetunion gelangten Polen zu den Deportierten hinzu, kommt man auf eine plausible Schätzung von 750.000 bis 780.000 polnischen Staatsbürgern, die sich während des

---

23 Die Folgen sind ein wichtiges Thema in Żbikowski, U genezy; sowie in Dmitrów, Edmund [u.a.]: Der Beginn der Vernichtung. Zum Mord an den Juden in Jedwabne und Umgebung im Sommer 1941. Neue Forschungsergebnisse polnischer Historiker. Osnabrück 2004.

24 Gross, Jan T. u. Grudzińska-Gross, Irena: „W czterdziestym nas Matko na Sibir zesłali..." Polska a Rosja 1939–1942. Kraków 2008.

25 Hryciuk, Grzegorz: Victims 1939–1941: The Soviet Repression in Eastern Poland. In: Shared History – Divided Memory: Jews and Others in Soviet-Occupied Poland, 1939–1941. Hrsg. von Elaza Barkan [u.a.]. Leipzig 2007. S. 173–200, hier S. 173.

26 Wesentliche Impulse zu einer vergleichenden Erfahrungsgeschichte jüdischer und nichtjüdischer Polen im sowejtischen Exil sind von Lidia Zessin-Jurek zu erwarten, die an der Europa-Universität Viadrina, Frankfurt/Oder zu den Erinnerungen an den Gulag forscht. Eine Seltenheit in der polnischsprachigen Historiografie zur polnisch-jüdischen Exilgeschichte ist Gąsowski, Tomasz: Polscy Żydzi w sowieckiej Rosji. In: Historyk i Historia. Studia dedykowane pamięci Prof. Mirosława Francicia. Hrsg. von Adam Walaszek u. Krzysztof Zamorski. Kraków 2005. S. 223–236.

Zweiten Weltkrieges in der unbesetzten Sowjetunion aufhielten.[27] Etwa 300.000 von ihnen waren Juden.[28] Vor der Öffnung der sowjetischen Archive zu Beginn der 1990er Jahre kursierten Angaben von bis zu 1,5 Millionen Personen, wovon der Anteil jüdischer Polen auf 400.000 bis 500.000 geschätzt wurde.[29] Wenngleich diese Schätzungen sicherlich zu hoch sind, wird es aufgrund der unvollständigen Quellen wohl nicht möglich sein, exakte Zahlen über die polnischen Juden in der Sowjetunion zu bestimmen. Dasselbe Problem existiert in Bezug auf die Zahlen der durch Hunger, Lagerhaft, Zwangsarbeit und Krankheit zu Tode gekommenen Personen.[30]

Die separate Betrachtung polnischer und jüdischer Schicksale in der Sowjetunion wurde bislang selten in der polnischsprachigen Historiografie hinterfragt. Dabei stellte die polnische Holocausthistorikerin Barbara Engelking bereits im Jahr 1994 fest:

> Those Jews who ended up under Soviet rather than German occupation were treated as Polish citizens – and so were transported by the Russians along with everyone else to Siberia or Kazakhstan. […] Their fates were, in a manner of speaking, 'typically Polish', since the Russians in their persecution of Polish citizens made no distinction between Poles and Jews. The experience of Soviet camps – unlike that of German concentration camps – was common to both Poles and Jews.[31]

Eine integrierte Geschichte polnischer und jüdischer Exilierter in der Sowjetunion als Ausdruck dieser geteilten Erfahrung fehlt hingegen bislang. Die Lücke einer fehlenden jüdischen Perspektive auf Flucht und Deportation in das sowjetische Landesinnere konnte zum Teil mit der Herausgabe von *Widziałem Anioła Śmierci: Losy deportowanych Żydów polskich w ZSSR w latach II wojny światowej* geschlossen werden.[32] Feliks Tych und Maciej Siekierski versammelten in diesem Band erstmals Dutzende sogenannte *Palästina-Protokolle* aus den polnischen Beständen des kalifornischen Hoover Institute Archive an der Stanford University. Die Berichte enthalten wertvolle Informationen über die Verschleppung in das

---

27 Boćkowski, Daniel: Czas nadziei. Obywatele Rzeczypospolitej Polskiej w ZSRR i opieka nad nimi placówek polskich w latach 1940–1943. Warszawa 1999. S. 92.
28 Kaganovitch, Stalin's Great Power Politics, S. 59.
29 Hryciuk, Victims, S. 174–175. Jaff Schatz war beispielsweise 1991 noch von 1,8 Millionen Polen, davon 500.000 Juden in der Sowjetunion ausgegangen. Schatz, The Generation, S. 150.
30 Hryciuk, Victims, S. 178.
31 Engelking, Barbara: Holocaust and Memory. The Experience of the Holocaust and its Consequences: An Investigation based on personal Narratives. London u. New York 2001. S. 40.
32 Tych, Feliks u. Siekierski, Maciej (Hg.): Widziałem Anioła Śmierci: Losy deportowanych Żydów polskich w ZSSR w latach II wojny światowej. Świadectwa zebrane przez Ministerstwo Informacji i Dokumentacji Rządu Polskiego na Uchodźstwie w latach 1942–1943. Warszawa 2006.

Innere der Sowjetunion, den Alltag im Exil sowie das Zusammenleben mit nichtjüdischen Polen. Da die Protokolle jedoch kurz nach der Evakuierung der Anders-Armee aus der Sowjetunion in den Iran entstanden, können sie lediglich für die Rekonstruktion eines Teils der Migrationserfahrung bis zum Jahr 1942 herangezogen werden. Die nach Sibirien verschleppten, polnischen Juden tauchen auch im Sammelband *Syberia w historii i kulturze narodu polskiego* auf, wenngleich ihre Erfahrungen nicht als Teil der polnischen Leidensgeschichte erzählt wird – ein Befund, der mit Ausnahme der Studien Daniel Boćkowskis auf die Mehrheit der polnischen Historiografie zutrifft.[33]

Die Geschichte der polnisch-jüdischen Exilanten ist nur vor dem Hintergrund der wechselvollen polnisch-sowjetischen Diplomatiegeschichte vorstellbar. Der wichtigste politische polnische Akteur in der Sowjetunion war zweifellos die diplomatische Vertretung der Londoner Exil-Regierung, deren Botschaft sich zunächst in Moskau und nach Beginn des deutsch-sowjetischen Krieges in Kujbyšev (seit 1990 Samara) befand. Die vielfältigen Versorgungs- und Betreuungsaktivitäten zum Wohle der polnischen Bevölkerung durch die Botschaft sind Thema von Daniel Boćkowskis Studie, in der er auch jüdische Polen berücksichtigt.[34] Standardwerke über das Verhältnis der polnischen Exil-Regierung zu seinen jüdischen Bürgern stellen die beiden Bände von David Engel *In the Shadow of Auschwitz. The Polish Government-In-Exile and the Jews, 1939–1942* sowie *Facing a Holocaust: The Polish Government-In-Exile and the Jews, 1943–1945* dar.[35] Darin belegt Engel, wie die Gruppe der polnischen Juden wiederholt zum Spielball politisch-strategischer Interessen im polnisch-sowjetischen Streit um die europäische Nachkriegsordnung wurde.[36] In einen größeren Kontext polnisch-jüdischer Geschichte stellt Teresa Prekerowa ihren Beitrag zum Zweiten Weltkrieg in *Najnowsze dzieje Żydów w Polsce w zarysie (do 1950 r.).*[37] Ihre differenzierte Darstellung der Situation polnischer Juden im sowjetischen Exil stellte zu Beginn der 1990er Jahre ein Novum in der polnischen Historiografie dar. Erste Impulse

33 Kuczyński, Antoni (Hg.): Syberia w historii i kulturze narodu polskiego. Wrocław 1998.

34 Boćkowski, Czas nadziei.

35 Engel, David: Facing a Holocaust: The Polish Government-In-Exile and the Jews, 1943–1945. Chapel Hill u. London 1993; Engel, David: In the shadow of Auschwitz. The Polish government-in-exile and the Jews, 1939–1942. Chapel Hill 1987.

36 Auch Nora Levin beschreibt die Juden als „Figuren auf dem polnisch-sowjetischen Schachbrett". Levin, Nora: Paradox of Survival: The Jews in the Soviet Union since 1917. Bd. 1. New York 1990. S. 336.

37 Prekerowa, Teresa: Wojna i Okupacja. In: Najnowsze dzieje Żydów w Polsce w zarysie (do 1950 r.). Hrsg. von Jerzy Tomaszewski. Warszawa 1993. S. 273–384.

kamen jedoch noch unter den Bedingungen des Kommunismus in den 1960er, 1970er und 1980er Jahren aus Polen.[38]

Die Geschichte polnischer Juden in der Sowjetunion während des Zweiten Weltkrieges vereint demnach verschiedene Forschungsbereiche: polnische, jüdische, sowjetische Geschichte, die Geschichte des Zweiten Weltkriegs, der deutschen und sowjetischen Besatzung Polens und des Holocaust. Die transnationale und multilinguale Dimension des Themas bildet sich auch in der Forschung ab, die in verschiedenen Sprachen und in mehreren Ländern lange Zeit recht unverbunden stattfand. Seit einigen Jahren ist jedoch eine zunehmende Vernetzung der internationalen Forschung zum Thema zu beobachten, die, wie noch zu zeigen sein wird, eng mit der Öffnung der Forschung zum Holocaust und zu den jüdischen Überlebenden in der unmittelbaren Nachkriegszeit verbunden ist.

(K)ein Teil der Geschichte des Holocaust: Das sowjetische Exil und die Anfänge der Khurbn-forshung

Unmittelbar nach der Befreiung Lublins durch die Rote Armee gründete sich Ende August 1944 die *Centralna Żydowska Komisja Historyczna* (dt. Zentrale Jüdische Historische Kommission) mit dem Ziel, die jüdischen Überlebenden zu ihren Kriegserlebnissen zu befragen. Mithilfe der gesammelten Ergebnisse sollte die Kommission einen Beitrag zur juristischen Verfolgung deutscher Verbrechen gegen die Juden leisten. Ein Jahr später gründete sich im befreiten München die *Tsentrale Historishe Komisye* (dt. Zentrale Historische Kommission), die analog zu ihrem polnischen Vorbild beabsichtigte, die vielfältigen Kriegserfahrungen jüdischer Überlebender zu sammeln, die sich im befreiten Deutschland aufhielten. Weitere jüdische Historische Kommissionen entstanden etwa in Frankreich und Italien, wie Laura Jockusch herausgearbeitet hat.[39] Die Lubliner und die Münchener Kommissionen kamen jedoch am stärksten mit der hier untersuchten

38 Beispielsweise: Fiszman-Kamińska, Karyna: Zachód, Emigracyjny Rząd Polski oraz Delegatura wobec sprawy żydowskiej podczas II wojny światowej. In: Biuletyn ŻIH 62 (1967). S. 43–58; Blum, Ignacy: Polacy w Związku Radzieckim. Wrzesień 1939–maj 1943. In: Wojskowy Przegląd Historyczny 1 (1967). S. 146–173; Bronsztejn, Szyja: Uwagi o ludności żydowskiej na Dolnym Śląsku w pierwszych latach po wyzwoleniu. In: Biuletyn ŻIH 75 (1970). S. 31–54; Hornowa, Elżbieta: Powrót Żydów polskich z ZSRR oraz działalność opiekuńcza CKŻP. In: Biuletyn ŻIH 133/134 (1985). S. 105–122.

39 Jockusch, Laura: Collect and Record! Jewish Holocaust Documentation in Early Postwar Europe. Oxford 2012.

Gruppe polnisch-jüdischer Rückkehrer aus dem sowjetischen Exil in Berührung. Unter den Tausenden gesammelten Zeugnissen befinden sich lediglich einige Dutzend Erfahrungsberichte über das sowjetische Exil. Der Sammlungsschwerpunkt lag bei beiden Kommissionen auf Erlebnisberichten über die deutsche Besatzungszeit, das heißt über das Leben in Ghettos, Konzentrationslagern, im Versteck und bei den Partisanen. Zeugnisse zurückgekehrter Exilanten bilden demnach eher ein Zufallsprodukt der frühen Erforschung des Völkermords an den Juden. Die Fokussierung auf den Alltag von Verfolgung, Entrechtung und Ermordung der Juden im Einflussbereich der deutschen Besatzer ist zugleich ein Abbild der zeitgenössischen Konturen dessen, was der Historiker und Gründungsdirektor der CŻKH Filip Friedman *khurbn-forshung* genannt hat.[40] Der jiddische Begriff *khurbn* bezeichnet katastrophale Ereignisse in der jüdischen Geschichte. Laura Jockusch zufolge drücke die Verwendung des existierenden Wortes *khurbn* die Verortung jüdischer Überlebender *fun letstn khurbn* (dt. der jüngsten Katastrophe) in der jüdischen Verfolgungsgeschichte aus.[41] Für die frühe Erforschung des Völkermords lässt sich jedoch eine Diskrepanz zwischen der Selbstwahrnehmung jüdischer Überlebender als *iberlebene*, *ibergeblibene* des Khurbn auf der einen Seite und der wissenschaftlichen Aufarbeitung desselben durch jüdische (Laien-)Historiker auf der anderen Seite beobachten. Obwohl die Rückkehrer aus dem sowjetischen Exil die größte Gruppe unter den polnisch-jüdischen Überlebenden des Krieges darstellten, bildeten sich ihre Erlebnisse nicht in den Themen der *khurbn-forshung* ab. Dies ist auch der Grund, warum es unter den mehreren Tausenden Zeugnissen aus der zweiten Hälfte der 1940er Jahre nur wenige Hundert Erlebnisberichte aus der Sowjetunion gibt. Die polnisch-jüdischen Rückkehrer wurden entweder nicht nach ihren Erfahrungen befragt oder ihre Berichte wurden nicht publiziert.

Grundsätzlich lässt sich eine gewisse Kontinuität in der Historiografie zur polnisch-jüdischen Erfahrungsgeschichte des sowjetischen Exils beobachten. Weder ist das Exil Teil der allgemeinen Geschichte des Holocaust, noch gehört es bislang in den Zuständigkeitsbereich der umfangreichen Forschung zum polnischen Exil in der UdSSR. Infolge der sich ausdifferenzierenden akademischen Erforschung zu Holocaust und Shoah an den europäischen Juden besteht mittlerweile Konsens darüber, dass die Geschichte der Exilanten sich in der unbesetzten Sowjetunion in einem Grenzbereich der Holocaustforschung befindet. Dies lässt sich als Folge des seit den späten 1970er Jahren gestiegenen Interesses

---

40 Zu Friedmans Verwendung des Begriffs siehe Jockusch, Laura: Khurbn Forshung – Jewish Historical Commissions in Europe, 1943–1949. In: Simon Dubnow Institute Yearbook 6 (2007). S. 441–473, hier S. 456.

41 Zur Begriffsgeschichte des Khurbn siehe Jockusch, Collect and Record, S. 277.

an den Erzählungen der Holocaustüberlebenden deuten. Im Zuge der Befragung von Zehntausenden Überlebenden des Völkermords erhielten auch Hunderte ehemalige Exilanten Gelegenheit, ihre Erfahrungen für die Nachwelt festzuhalten.[42] Die wachsende Zahl der gesammelten Interviews führte jedoch jahrzehntelang nicht zu einer Zunahme wissenschaftlicher Forschung über das sowjetische Exil. Noch im Jahr 2007 stellte die Historikerin Atina Grossmann fest, dass es sich bei der Gruppe der europäisch-jüdischen Exilanten in der unbesetzten Sowjetunion um eine weitgehend unerforschte Überlebendengruppe handele.

> [T]he least studied cohort of European survivors of the Final Solution comprised perhaps 200.000 Jews who had been repatriated to Poland from their difficult but life-saving refuge in the Soviet Union and then fled again, from postwar Polish antisemitism.[43]

Diese wenig bekannte Gruppe gelangte vor allem durch die zunehmende Erforschung der jüdischen Überlebenden im frühen Nachkriegseuropa in den Blick der Historiker.[44] Jüngster Ausdruck dieses gesteigerten Interesses ist die Historiografie zu (polnisch-)jüdischen *Displaced Persons* (DPs), das heißt von den westlichen Alliierten betreuten, ehemaligen KZ-Häftlingen, Ghettoinsassen, Zwangsarbeitern, Partisanen und vielen anderen Überlebendengruppen auf dem befreiten Gebiet Deutschlands, Österreichs und Italiens.[45] Es hat den Anschein, als habe die

---

42 Grundsätzlich zur Entstehung von Videoarchiven für Überlebendenberichte siehe Bothe, Alina: Die Geschichte der Shoah im virtuellen Raum: Eine Quellenkritik. Berlin 2019. Die Gruppe der polnisch-jüdischen Exilanten in der Sowjetunion unter den Interviewten im Visual History Archive ist Thema des Aufsatzes von Adler, Eliyana R.: Crossing Over: Exploring the Borders of Holocaust Testimony. In: Yad Vashem Studies 43 (2015). S. 83 – 108.

43 Grossmann, Atina: Jews, Germans, and Allies: Close Encounters in Occupied Germany. Princeton 2007. S. 2.

44 Jockusch, Laura u. Lewinsky, Tamar: Paradise lost? Postwar memory of Polish Jewish survival in the Soviet Union. In: Holocaust and Genocide Studies 3 (2010). S. 373 – 399; Tych, Feliks: Die polnischen Juden in den DP-Lagern. In: Tamid Kadima – Immer vorwärts. Der jüdische Exodus aus Europa 1945 – 1948. Hrsg. von Sabine Aschauer-Smolik u. Mario Steidl. Innsbruck, Wien u. Bozen 2010. S. 53 – 67; Jacobmeyer, Wolfgang: Polnische Juden in der amerikanischen Besatzungszone Deutschland 1946/47. In: Vierteljahrshefte für Zeitgeschichte 1 (1977). S. 120 – 135.

45 Eine Auswahl: Königseder, Angelika u. Wetzel, Juliane: Lebensmut im Wartesaal. Die jüdischen DPs (Displaced Persons) im Nachkriegsdeutschland. Frankfurt am Main 2004 (1994); Patt, Avinoam J. u. Berkowitz, Michael (Hg.): We are here. New Approaches to Jewish Displaced Persons in Postwar Germany. Detroit 2010; Lewinsky, Tamar: Displaced Poets. Jiddische Schriftsteller im Nachkriegsdeutschland 1945 – 1951. Göttingen 2008; Patt, Avinoam J.: Finding home and homeland. Jewish youth and Zionism in the aftermath of the Holocaust. Detroit 2009; Mankowitz, Zeev W.: Life between Memory and Hope. The Survivors of the Holocaust in Occupied Germany. Cambridge 2002; Jacobmeyer, Wolfgang: Vom Zwangsarbeiter zum heimatlosen Ausländer. Die

DP-Forschung den Weg freigemacht für die Erkenntnis, dass die Flucht in die Sowjetunion im Zeitraum von 1939 bis 1942 die „größte Überlebenschance für die Juden Osteuropas“[46] darstellte, wie Atina Grossmann formulierte. Indes, diese Erkenntnis ist nicht neu. Bereits im Jahr 1944 kamen Arie Tartakower und Kurt Grossmann zu dem Schluss, dass die Sowjetunion nach dem deutschen Einmarsch in Polen zum größten Aufnahmeland für jüdische Flüchtlinge geworden sei.[47] Doch auch Tartakower und Grossmann gingen nicht ausführlich auf das Schicksal der polnischen Flüchtlinge und Deportierten nach der Amnestie im Herbst 1941 ein, als die meisten Inhaftierten aus den Gefängnissen und Lagern entlassen wurden. Über den Alltag jener Menschen, die sich zwischen 1941 und 1946 in den zentralasiatischen Sowjetrepubliken konzentrierten, ist bislang nur sehr wenig bekannt.[48]

Mit wenigen Ausnahmen, von denen noch die Rede sein wird, befand sich die Geschichte dieser Flüchtlingsgruppe außerhalb der „gängigen Holocaustgeschichte“[49]. Atina Grossmann hat wesentlich dazu beigetragen, die Grenzen zwischen Zentrum und Peripherie der Holocausthistoriografie zu hinterfragen. Indem sie nach den Erfahrungen derjenigen fragte, die nach Ende des Zweiten Weltkrieges Teil der *She'erit Hapletah*, des jüdischen Überlebendenkollektivs, waren, kritisierte sie zugleich die Abwesenheit der Exilerfahrungen in der Historiografie des Holocaust. Die Historie des jüdischen Exils in der Sowjetunion, so schlussfolgert Grossmann, hinterfrage nicht nur bestehende Vorstellungen des Überlebens im östlichen Europa, sondern auch den Begriff des Überlebens und des Überlebenden überhaupt.[50]

Displaced Persons in Westdeutschland 1945–1951. Göttingen 1985; Myers Feinstein, Margarete: Holocaust Survivors in Postwar Germany, 1945–1957. Cambridge 2010.

46 Grossmann, Atina: Remapping Relief and Rescue: Flight, Displacement, and International Aid for Jewish Refugees during World War II. In: New German Critique 117 (2012). S. 61–79, hier S. 64.

47 Tartakower, Arieh u. Grossmann, Kurt R.: The Jewish Refugee. New York 1944. S. 264.

48 Zvi Gitelman widmet der jüdischen Bevölkerung Zentalasiens ein Kapitel, fokussiert dabei jedoch sowjetische Juden und nicht die Exilanten aus Polen. Gitelman, Zvi: A Century of Ambivalence: The Jews of Russia and the Soviet Union, 1881 to Present. Bloomington 1998. S. 196–211. Beispielhaft für die etwas umfangreichere Forschung zu den bucharischen Juden: Levin, Zev: When It All Began: Bukharan Jews and the Soviets in Central Asia, 1917–1932. In: Bukharan Jews in the 20th Century. History, Experience and Narration. Hrsg. von Ingeborg Baldauf. Wiesbaden 2008. S. 23–36. Wichtige Impulse für eine Beziehungsgeschichte stammen von Belsky, Natalie: Fraught Friendship: Soviet Jews and Polish Jews on the Soviet Home Front. In: Shelter from the Holocaust. Rethinking Jewish Survival in the Soviet Union. Hrsg. von Mark Edele, Sheila Fitzpatrick und Atina Grossmann. Detroit 2017. S. 161–184.

49 Grossmann, Remapping, S. 62.

50 Grossmann, Remapping, S. 62.

Grossmanns Plädoyer für eine Flucht und Exil integrierende Geschichte des Holocaust wird jedoch von einigen maßgeblichen Historikern des Holocaust und der DP-Ära widersprochen. So verortet etwa Yehuda Bauer die Geschichte der polnischen Juden im sowjetischen Exil an den „Rändern des Holocaust“[51]. Auch Zeev Mankowitz zieht eine klare Trennung zwischen den repatriierten polnischen Juden und den von ihm so genannten „direkten Überlebenden“[52] der Shoah. Bei der Frage nach der korrekten Bezeichnung für die verschiedenen Gruppen von jüdischen Überlebenden existiert bislang kein Konsens in der Historiografie. Die Erfahrungen polnisch-jüdischer Exilanten gehörten bis vor wenigen Jahren nicht zum Kanon der Holocausterfahrung, worunter nach Alan Rosenberg folgendes zu verstehen ist:

> [Holocaust experience] refers not to the experience of the millions who died of starvation, disease, beating, hangings, bullets, or gassing, but rather the wartime experiences of individuals who *survived* the Holocaust. Survival is a necessary part of the Holocaust experience when the full experience of the Holocaust is implicitly understood to include not only wearing the yellow star and starving in the ghetto, but learning that most or all of one's family has been killed; not only deportation to the camps, but liberation and emigration; not only being engulfed in the catastrophe, but bearing witness to the catastrophe in its aftermath.[53]

Verfolgung, Konzentrationslager und Ghetto überlebt zu haben, ist demnach für die Zugehörigkeit zur Gruppe der Holocaustüberlebenden als zentral zu betrachten. Die Bedingungen zur Aufnahme in dieses stets unscharf definierte Kollektiv veränderten sich jedoch über die Jahrzehnte.[54] Unter Historikern herrscht Einigkeit darüber, dass signifikante Unterschiede zwischen den Lebensbedingungen unter deutscher Besatzungsherrschaft und den Umständen im Inneren der Sowjetunion bestehen. Außerhalb der akademischen Welt wurden jedoch in Museen, Gedenkstätten und von Seiten der Überlebenden Stimmen laut, die eine Integration der sowjetischen Exilerfahrung in den Kanon der Holocaustgeschichte fordern.[55] Insbesondere in den Vereinigten Staaten von Amerika

---

51 Bauer, Yehuda: Foreword. In: Katz, Zev: From the Gestapo to the Gulags. One Jewish Life. London u Portland 2004. S. XII–XIV, hier S. XIV.

52 Mankowitz, Life, S. 19.

53 Zitat in Weissman, Gary: Fantasies of Witnessing. Postwar Efforts to Experience the Holocaust. Ithaca u. London 2004. S. 92.

54 Diese Entwicklung ist Gegenstand der Studie von Michman, Dan: Holocaust Historiography. A Jewish Perspective. Conceptualizations, Terminology, Approaches and Fundamental Issues. London u. Portland 2003.

55 Diese Forderungen werden in erster Linie von ehemaligen Exilanten selbst vorgetragen, die ihre Erlebnisse als Teil einer jüdischen Leidenserfahrung im Zweiten Weltkrieg deuten, sich selbst

und in Israel, den größten Aufnahmeländern für jüdische Überlebende nach dem Zweiten Weltkrieg, ist in den letzten Jahren ein wachsendes Bewusstsein für das Schicksal der ehemaligen Exilanten zu beobachten. So leiten ehemalige Exilanten als *survivior guides* Besucher durch die Ausstellung des *United Staates Holocaust Memorial Museum*, während die israelische Gedenkstätte *Yad Vashem* seine Definition des Holocaustüberlebenden inzwischen um die Schicksale rund um Flucht und Deportation in die Sowjetunion erweitert hat.[56] Die Entwicklung im Bereich der globalen Erinnerungskultur an den Holocaust hat mittlerweile auch unter einigen Historikern Widerhall gefunden. Atina Grossmann bezeichnet das Überleben in der unbesetzten Sowjetunion als „a momentous piece of Holocaust history“[57]. Albert Kaganovitch spricht von einem „integralen Teil des Holocaust“[58], während Deborah Dwork fordert, die Geschichte der Flüchtlinge in die Historiografie des Holocaust einzuschreiben.

> All [refugees] were potential victims of the Holocaust. Had Jews not sought asylum elsewhere, they too would have been caught in the murder network. Fleeing does not write refugees out of the story; it simply takes the story elsewhere. Indeed, it takes it everywhere.[59]

Die genannten Historiker verfolgen durch die Öffnung einer Definition des Holocaust nicht das Ziel einer Relativierung des Völkermords. Sie greifen stattdessen eine ähnlich lautende Forderung auf, die polnisch-jüdische Rückkehrer aus der Sowjetunion bereits in der unmittelbaren Nachkriegszeit formulierten: eine integrierte Geschichte jüdischer Erfahrungen zwischen 1939 und 1946.[60]

---

als *Holocaust Survivor* bezeichnen und in dieser Rolle als Zeitzeugen in Museen und Schulen auftreten. Adler, Crossing Over; Bothe, Alina u. Nesselrodt, Markus: Survivor: Towards a Conceptual History. In: Leo Baeck Institute Yearbook 61 (2016). S. 57–82.

56 Die Gedenkstätte definiert auf ihrer Webseite den Begriff des Shoah Survivors wie folgt: „At Yad Vashem, we define Shoah survivors as Jews who lived for any amount of time under Nazi domination, direct or indirect, and survived. This includes French, Bulgarian and Romanian Jews who spent the entire war under anti-Jewish terror regimes but were not all deported, as well as Jews who left Germany in the late 1930s. From a larger perspective, other destitute Jewish refugees who escaped their countries fleeing the invading German army, including those who spent years and in many cases died deep in the Soviet Union, may also be considered Holocaust survivors. No historical definition can be completely satisfactory.“ (www.yadvashem.org/yv/en/resources/names/faq.asp#)

57 Grossmann, Remapping, S. 62.

58 Kaganovitch, Jewish Refugees, S. 121.

59 Dwork, Deborah: Refugee Jews and the Holocaust. Luck, Fortuitous Circumstances, and Timing. In: “Wer bleibt, opfert seine Jahre, vielleicht sein Leben” Deutsche Juden 1938–1941. Hrsg. von Susanne Heim [u. a.]. Göttingen 2010. S. 281–298, hier S. 282.

60 Ausführlicher zu diesen Forderungen im Schlussteil dieser Studie.

Polnisch-jüdische Exilanten, Repatriierte und Überlebende – Anmerkungen zu zentralen Begriffen

Das Begriffspaar *polnisch-jüdisch* erfordert eine Erläuterung. In der Regel ist in der Historiografie von 3,3 Millionen auf dem Gebiet der Zweiten Polnischen Republik (1918 – 1939) lebenden, jüdischen Individuen die Rede, die sich entweder selbst als Juden definierten oder von anderen als solche betrachtet wurden.[61] Als polnische Juden werden sie zum Zweck der besseren Lesbarkeit auch dann bezeichnet, wenn ihnen die sowjetische Regierung die polnische Staatsbürgerschaft aberkannte. Für dieses Vorgehen spricht neben der angestrebten Übersichtlichkeit auch, dass die Sowjetunion im Abkommen über die Rückführung polnischer Staatsbürger im Jahr 1945 jene jüdischen Exilanten als Polen anerkannte, denen sie wenige Jahre zuvor die sowjetische Staatsangehörigkeit verliehen hatte. Wenngleich in der vorliegenden Studie von Polen und Juden gesprochen wird, soll dies nicht bedeuten, dass es sich stets um zwei vollständig voneinander getrennte Kollektive handelte. Die semantische Trennung beruht stattdessen auf der häufig unterschiedlichen Behandlungen nichtjüdischer und jüdischer Polen durch das sowjetische Regime einerseits und auf der Wahrnehmung jüdischer Zeugen andererseits, die in ihren Zeugnissen häufig von zwei verschiedenen Kollektiven sprechen. Beide Aspekte werden im Laufe der Studie wiederholt diskutiert.

Ferner ist in dieser Arbeit die Rede von polnisch-jüdischen *Deportierten*, *Flüchtlingen* und *Exilanten*, die nach Kriegsende als Repatriierte nach Polen zurückkehrten. Unter *Deportierten* werden jene Menschen verstanden, die gegen ihren Willen und unter Androhung oder Anwendung von Gewalt zwischen den Jahren 1940 und 1941 aus dem sowjetisch annektierten Ostpolen in das Innere der UdSSR verschleppt wurden und dort in Zwangsarbeitslagern und sogenannten Sondersiedlungen inhaftiert waren.[62] Als Flüchtlinge bezeichnen Tartakower und Grossmann

> eine Person, die ihren Wohnort nicht auf eigenen Wunsch verlässt, sondern dazu gezwungen wird aus Angst vor Verfolgung, oder vor tatsächlicher Verfolgung, aus Gründen ihrer Rasse, Religion oder politischen Überzeugungen.[63]

61 Zur Dynamik von Eigen- und Fremdwahrnehmung Friedländer, Saul: Das Dritte Reich und die Juden. Verfolgung und Vernichtung 1933 – 1945. Lizenzausgabe für die Bundeszentrale für politische Bildung. Bd. 2. Bonn 2007. S. 30 – 31.

62 Tartakower u. Grossmann, Jewish Refugee, S. 3.

63 Tartakower u. Grossmann, Jewish Refugee, S. 2.

Der Begriff der *Flüchtlinge* umfasst in diesem Kontext zwei Kollektive, die zum Teil deckungsgleich sind. Als Flüchtlinge werden jene polnischen Juden bezeichnet, die zwischen den Jahren 1939 und 1941 aus dem von den Deutschen beanspruchten west- und zentralpolnischen Gebieten auf das unter sowjetischer Kontrolle stehende Territorium gelangten. Ein Teil von ihnen gehörte auch einer zweiten Gruppe von Flüchtlingen an, die infolge des deutschen Überfalls auf die Sowjetunion der Wehrmacht entkamen. Die Kollektive der Deportierten und der Flüchtlinge überschneiden sich in vielen Fällen, da die im Juni 1940 verschleppten polnischen Juden mehrheitlich Flüchtlinge waren. Zu *Exilanten* wurden beide Gruppen erst mit Beginn des deutsch-sowjetischen Krieges. Denn der Aufenthalt im Inneren der Sowjetunion, ob durch Deportation erzwungen oder durch Flucht aktiv gewählt, markierte nun den Unterschied zu jener Mehrheit der polnischen Juden, die sich nicht im sicheren Exil, sondern unter deutscher Besatzung wiederfanden. Mit den Begriffen *Exil* und *sowjetisches Exil* ist in dieser Studie jedoch nicht jene Form von Verbannung gemeint, die eine lange Geschichte im russischen Strafvollzug besitzt. Der hier verwendete Exilbegriff entspricht dem Verständnis der Exilforschung, die insbesondere aus dem Deutschen Reich exilierte, deutschsprachige Juden in den Fokus nimmt. Eine treffende Definition des Exilbegriffs, wie er auch in dieser Studie verwendet wird, stammt von den beiden Psychologen León und Rebeca Grinberg, die Exil vorrangig mit Zwangsentfernung aus dem heimischen Umfeld gleichsetzen:

> Die Menschen im Exil sind gezwungen, fern von ihrem Land zu leben; sie mussten es gezwungenermaßen verlassen: aus politischen oder ideologischen Gründen, oder um das eigene Überleben sicherzustellen. Sie werden solange nicht in ihr Land zurückkehren können, wie die ihre Abwesenheit bedingten Ursachen dort weiter bestehen. Diese spezifischen Aspekte des Exils bestimmen den grundlegenden Unterschied in den Schicksalen und der Entwicklung des migratorischen Prozesses: die Nötigung zur Abreise und die Unmöglichkeit der Rückkehr.[64]

Exilanten sind die polnischen Juden in der Sowjetunion also, weil sie sich aktiv und erfolgreich darum bemühten, den Deutschen durch Flucht zu entkommen. Nach dem Ende des Zweiten Weltkrieges in Europa wurde den Flüchtlingen und Deportierten retrospektiv deutlich, dass ihnen der Aufenthalt im sowjetischen Exil das Leben gerettet hatte. Diese von vielen Überlebenden aber auch von Historikern als „Ironie des Schicksals“[65] beschriebene Ambivalenz bringt die innewoh-

64 Grinberg, León u. Grinberg, Rebeca: Psychoanalyse der Migration und des Exils. München u. Wien 1990. S. 182.

65 Beispielsweise Pinchuk, Jewish Refugees, S. 155.

nende Dynamik aller hier verwendeten Kollektivbezeichnungen auf den Punkt. Als Bezeichnungen für die Gruppe derjenigen polnischen Juden, die sich während des Zweiten Weltkrieges auf unbesetztem sowjetischen Territorium befanden, kursieren in der Forschungsliteratur teilweise sehr unterschiedliche Begriffe, die anschaulich das Problem des jeweiligen Referenzrahmens verdeutlichen. Je nachdem, ob es sich um eine Selbst- oder Fremdbeschreibung, eine jüdische oder nichtjüdische Bezeichnung handelt, heben die nachfolgenden Begriffe auch unterschiedliche Aspekte hervor. Auch der Zeitpunkt, zu dem die hier dargestellte Gruppe ihre Bezeichnung erhielt, ist aufschlussreich für die Frage nach der Selbstverortung der betroffenen Personen. Häufige zeitgenössische Begriffe sind *Exilanten*, *Deportierte*, *Flüchtlinge* und *Repatriierte.* Wie noch zu zeigen sein wird, finden sich auch in den Selbstzeugnissen der Exilanten verschiedene Bezeichnungen, die mal die Andersartigkeit der eigenen Erfahrung betonen und mal die Zugehörigkeit zu größeren Kollektiven, wie der *She'erit Hapletah* (dt. Rest der Geretteten) oder später der Gruppe der *Holocaust survivors*, herausstellen. Die vielfältigen Bezeichnungen sind nicht bloß aus begriffsgeschichtlicher Perspektive von Interesse, sondern entfalteten immer wieder Wirkungsmacht bei der Anerkennung beziehungsweise Ablehnung der sowjetischen Erfahrung durch andere überlebende Juden.

Zum Begriff der Ego-Dokumente

Unter *Ego-Dokumenten* und *Selbstzeugnissen* werden in dieser Studie nach Heiko Haumann solche historischen Quellen verstanden, in denen ein Mensch „selbst handelnd oder leitend in Erscheinung“[66] tritt und dem Dargestellten selbst einen Sinn verleiht. Zum Genre der Ego-Dokumente zählen typischerweise Autobiografien, Memoiren oder Erinnerungen, Tagebücher, Briefe und Interviews, die sich alle durch einen verhältnismäßig hohen Grad der kontrollierten Auskunft über das eigene Leben auszeichnen.[67] Entscheidend bei der Interpretation von Selbstzeugnissen ist, dass sie, so Gabriele Rosenthal, biografische Selbstreprä-

---

66 Haumann, Heiko: Geschichte, Lebenswelt, Sinn. Über die Interpretation von Selbstzeugnissen. In: Lebenswelten und Geschichte. Zur Theorie und Praxis der Forschung. Hrsg. von Heiko Haumann. Wien [u. a.] 2012. S. 85–95, hier S. 85.

67 Etzemüller, Thomas: Biographien. Lesen – erforschen – erzählen. Frankfurt am Main 2012. S. 62.

sentationen darstellen, die stets auf ihren Entstehungskontext verweisen.[68] Eine Herausforderung für den Historiker besteht beim Umgang mit Selbstzeugnissen deshalb darin, dass Ego-Dokumente Ausdruck dessen sind, woran sich ein Mensch zu einer gegebenen Zeit erinnert hat. Die Zeugnisse spiegeln also nicht einfach das Erlebte wider, vielmehr lassen sich aus ihnen Erfahrungen rekonstruieren. Auf diesen Zusammenhang hat Reinhart Koselleck maßgeblich hingewiesen.[69] Auch Heiko Haumann hebt hervor:

> Bereits während des Speichervorgangs wird [das Erlebte, Anm. d. Verf.] verarbeitet und damit zu einer Erfahrung. In der Erinnerung wird deshalb aus dem Gedächtnis eine gespeicherte Erfahrung mobilisiert.[70]

Der zeitliche Abstand zwischen Erfahrung und ihrer Erzählung in einem Selbstzeugnis ist bei der Quellenkritik ebenfalls von Relevanz. Jene Zeugnisse, die kurz nach den dargestellten Erlebnissen entstanden, zeichnen sich in der Regel durch eine geringe Kontextualisierung der eigenen Erfahrung aus. Frühe Zeugnisse polnischer Juden über das sowjetische Exil liegen jedoch aus verschiedenen Gründen in deutlich geringerem Umfang vor als solche Ego-Dokumente, die nach dem Jahr 1980 entstanden sind. Viele fixierten ihre Erfahrungen erst mit größerem zeitlichen Abstand zur Kriegszeit, etwa weil sie im Jahr 1945 zu jung waren, sie von niemandem befragt wurden, sie ihre Erlebnisse als unwichtig oder weniger wichtig als andere verstanden, oder weil sie sich nach dem Krieg der Zukunft zuwenden wollten und eben nicht der Fixierung der Vergangenheit. Es ist den Historikern Yehuda Bauer, Saul Friedländer und Christopher Browning vollkommen darin zuzustimmen, dass es ein erheblicher Verlust für die Geschichtswissenschaft wäre, sich ausschließlich zeitgenössischen Quellen zuzuwenden.[71] Sowohl frühe als auch im Abstand von mehreren Jahrzehnten entstandene Selbstzeugnisse erfordern demnach eine Quellenkritik, die den angesprochenen

---

68 Rosenthal, Gabriele: Über die Zuverlässigkeit autobiographischer Texte. In: Den Holocaust erzählen: Historiographie zwischen wissenschaftlicher Empirie und narrativer Kreativität. Hrsg. von Norbert Frei u. Wulf Kansteiner. Göttingen 2013. S. 165–172, hier S. 166.

69 Koselleck, Reinhart: Fiktion und geschichtliche Wirklichkeit. In: Zeitschrift für Ideengeschichte 3 (2007). S. 39–54, besonders S. 47.

70 Haumann, Geschichte, S. 85.

71 Bauer, Yehuda: The Death of the Shtetl. New Haven u. London 2009. S. 10–11; Friedländer, Saul: Den Holocaust beschreiben. Auf dem Weg zu einer integrierten Geschichte. In: Den Holocaust beschreiben. Auf dem Weg zu einer integrierten Geschichte. Hrsg. von Saul Friedländer. Göttingen 2007. S. 7–27; Browning, Cristopher R.: Remembering Survival: Inside a Nazi Slave-Labor Camp. New York 2010.

Entstehungskontext berücksichtigt. Die meisten vorliegenden Memoiren wurden nach dem Jahr 1980 veröffentlicht, als sich die Überlebenden des Holocaust bereits in einer „Ära des Zeugen“[72] (Annette Wieviorka) befanden. Eine interessierte Öffentlichkeit war für viele ehemalige Exilanten erforderlich, um sie zum Sprechen zu bringen, aber auch um ein Lesepublikum für ihre Memoiren zu finden. Memoiren nehmen in der vorliegenden Studie eine zentrale Position ein, da sie zahlreiche Lücken füllen, die mit zeitgenössischen Ego-Dokumenten nicht zu füllen wären. Ego-Dokumente werden zudem in dieser Studie als „Spiegel gelebter Erfahrung“[73] bearbeitet, ohne sie jedoch darauf zu reduzieren. Stets werden die Selbstzeugnisse auf zwei Ebenen befragt: Was berichten die Autoren und welchen Sinn schreiben sie den dargestellten Erfahrungen zu. Vermieden werden soll auf diese Weise ihre Verwendung zu ausschließlich illustrativen Zwecken. Dagmar Günther wies in ihrer Kritik an einer unreflektierten Bezugnahme auf autobiografische Quellen zurecht darauf hin, dass sich ein Leben nicht unmittelbar in Ego-Dokumente umsetzen ließe.[74] Dieser Umstand ist deutlich in den in dieser Studie bearbeiteten Tagebüchern zu erkennen, die überwiegend bereits an anderer Stelle veröffentlicht wurden.[75] Als Quelle zur Rekonstruktion von Erfahrungsgeschichte eignen sich Tagebücher in besonderem Maße, wie Benjamin Harshav erläutert: „[A] forward-moving diary is the closest imitation of reality. Especially when it was written ‘naively,’ with no knowledge of tomorrow.“[76] Tatsächlich erwiesen sich die ausgewählten Tagebucheinträge insbesondere für die Beantwortung der Frage nach der Sinnkonstruktion des Erlebten als äußerst ergiebige Quellen.

---

72 Den Beginn der Ära des Zeugen terminiert Annette Wieviorka auf den Eichmann-Prozess in Jerusalem im Jahr 1961. Wieviorka, Annette: The Era of the Witness. Ithaca u. London 2006.

73 Zitiert bei Etzemüller, Biographien, S. 64.

74 Zitiert bei Etzemüller, Biographien, S. 64.

75 Tagebuch von Gershon Adiv in Levin, Dov: The Jews of Vilna under Soviet Rule, 19 September – 28 October 1939. In: Polin. Studies in Polish Jewry 9 (1996). S. 107–137; Kaplan, Chaim: A Scroll of Agony. The Warsaw Diary of Chaim A. Kaplan. New York 1965; Tagebuchauszüge von Fayvel Vayner in Hoppe, Bert u. Glass, Hildrun (Hg.): Die Verfolgung und Ermordung der europäischen Juden durch das nationalsozialistische Deutschland 1933–1945. Bd. 7: Sowjetunion mit annektierten Gebieten I: Besetzte sowjetische Gebiete unter deutscher Militärverwaltung, Baltikum und Transnistrien. München 2011; Kruk, Herman: The Last Days of the Jerusalem of Lithuania. Chronicles from the Vilna Ghetto and the Camps, 1939–1944. Hrsg. und ediert von Benjamin Harshav. New Haven u. London 2002.

76 Harshav, Benjamin: Introduction. In: Preface, in Kruk, Last Days, S. XX–LII, hier S. XXVI. Grundsätzlich zum Nutzen vom Einsatz von Tagebüchern in der Holocaustforschung siehe Garbarini, Alexandra: Numbered Days. Diaries and the Holocaust. New Haven u. London 2006.

Quellenbestand

Zwei Quellenbestände früher Zeugenberichte aus der unmittelbaren Nachkriegszeit sind für diese Studie von herausragender Bedeutung. Es handelt sich um 68 handschriftliche Berichte über die Erfahrungen im sowjetischen Exil, die zwischen den Jahren 1946 und 1948 in den DP-Lagern der US-amerikanischen Besatzungszone entstanden, die in den Archiven von Yad Vashem und dem Ghetto Fighters' House lagern. Die spezifischen Entstehungsbedingungen in einer jüdischen Umgebung und in großer Nähe zu den erlebten Ereignissen machen die von der *Zentralen Historischen Kommission* und Benjamin Tenenbaum gesammelten Erfahrungsberichte zu wichtigen Quellen für diese Studie. Am Beispiel der von der *Zentralen Historischen Kommission* gesammelten Zeugenberichte wies Laura Jockusch auf das Potenzial solcher Zeugnisse für die Historiografie der jüdischen Erfahrungen zwischen den Jahren 1939 und 1946 hin:

> Captured at a unique moment in time when survivors' memories of the recent past were still vivid, raw, immediate, and unmediated, these testimonies have the potential to greatly enrich the narratives of the Holocaust and its immediate aftermath. In particular, these records would provide an invaluable supplement to the now familiar voices of survivors that have come to us many years later through published memoirs or recorded testimony projects. At a time when the generation of survivors is dwindling in numbers, it is all the more important that scholars and the wider public acknowledge and fully use the records that the postwar documentarians so carefully assembled under extreme conditions soon after the catastrophe.[77]

Die beiden Bestände zeichnen sich durch ihre Entstehungszeit nur wenige Monate und Jahre nach den Erlebnissen aus und ermöglichen eine zuweilen sehr detaillierte Rekonstruktion der Flucht- und Vertreibungserfahrung von Polen in das Innere der Sowjetunion. Zugleich bilden die Berichte ein Kollektiv von Erzählungen, die jahrzehntelang nach dem Krieg kaum Gehör fanden. Allein ihre schiere Existenz belegt, dass auch die Rückkehrer aus dem sowjetischen Exil ihre Geschichten erzählten und in die Erfahrung des Khurbn integrieren wollten. Generell lässt sich feststellen, dass die Mehrheit der Zeugnisse (47 von 68) in jiddischer Sprache verfasst wurden. Hinzu kommen 16 Berichte in polnischer und fünf exemplarische Vergleichstexte in russischer Sprache. Die Entstehungsbedingungen der beiden Sammlungen werden aufgrund ihrer herausragenden Bedeutung für diese Studie kurz nachfolgend dargestellt.

In den drei Jahren ihres Bestehens sammelten die Mitarbeiter der *Zentralen Historischen Kommission* (ZHK) in München über 2.550 Zeugnisse von jüdischen

77 Jockusch, Collect and Record, S. 206.

Überlebenden. Formal war die ZHK in das Zentralkomitee der Befreiten Juden in der US-Zone integriert. Neben der Zentrale in München existierten etwa 50 zumeist kurzlebige Filialen der ZHK in allen Teilen der amerikanischen Besatzungszone. Vorrangiges Ziel der ZHK war das Sammeln von Erfahrungsberichten und Fragebögen zu verschiedenen Aspekten der Verfolgung während der deutschen Besatzung. Alle jüdischen DPs waren aufgerufen, ihre Geschichte der ZHK mitzuteilen und somit einen Beitrag gegen das Vergessen der deutschen Verbrechen zu leisten. Mit der Gründung des Staates Israel und der fortlaufenden Emigration von Mitarbeitern und der allgemeinen jüdischen DP-Bevölkerung löste sich auch die Historische Kommission auf. Nach ihrer Schließung im Januar 1949 emigrierten ihr Vorsitzender, der Geschichtslehrer Israel Kaplan, und sein Stellvertreter, der Buchhalter Moshe Feigenbaum, nach Israel. Dort, im Archiv von Yad Vashem, befinden sich heute die Unterlagen der ZHK.[78] Obwohl die ZHK sich zur Aufgabe gesetzt hatte, ein möglichst breites Spektrum von Überlebenserfahrungen zu Papier zu bringen, lag der Schwerpunkt der Sammlung auf Zeugnissen von KZ- und Ghettoüberlebenden, ehemaligen Partisanen und versteckten Juden. Zeugnisse von jüdischen Überlebenden des sowjetischen Exils sind gemessen an ihrem Anteil an der jüdischen DP-Bevölkerung verhältnismäßig wenig in der Sammlung der ZHK vertreten. Von den erwähnten 2.550 Zeugnissen behandeln mindestens 46 die polnisch-jüdische Erfahrung des sowjetischen Exils[79]. Für diese Studie werden 44 Berichte der ZHK analysiert, von denen 40 in jiddischer und vier in polnischer Sprache vorliegen. Vor dem Hintergrund einer lückenhaften Überlieferung zeitgenössischer Quellen aus der unmittelbaren Nachkriegszeit stellen diese Zeugnisse eine außergewöhnliche Quelle dar. Aus noch nicht abschließend geklärten Gründen wurden ausschließlich Jugendliche der Jahrgänge von 1931 und 1938 befragt. Zum Zeitpunkt der Niederschrift ihrer Erinnerungen im Juni 1948 befanden sich die Jugendlichen also im Alter zwischen neun und 17 Jahren. Befragt wurden 16 Mädchen, 25 Jungen und drei Personen unbekannten Geschlechts. Die Berichte stammen vor allem aus den jüdischen DP-Lagern Pocking-Waldstadt, Leipheim, Zeilsheim und Deggendorf und wurden auf die erste Junihälfte des Jahres 1948 datiert.[80] Das niedrige Alter der Autoren zum Zeitpunkt der Kriegsereignisse, aber auch in dem Moment der Niederschrift der Be-

78 Die Sammlung gehört zum Bestand YVA Record Group M 1 E.

79 Diese Zahl erhält man, wenn man im YVA in der Record Group M 1 E die Schlagworte *USSR*, *Poland* und *Escapes* kombiniert sucht. Die hebräischen und russischen Zeugnisse wurden vom Verfasser nicht bearbeitet.

80 Eine Sonderstellung nehmen die sieben in Grafenberg, einem Kibbuz der zionistischen Ichud-Partei, entstandenen Zeugnisse ein, deren Autoren zwischen 1921–1923 geboren wurden und ihre Berichte bereits im September 1946 niederschrieben.

richte ist eine wichtige Besonderheit dieser Quellen. Eine weitere Besonderheit dieser Dokumente ist, dass sich ihre Autoren in der Regel nicht in intellektuellen Künstlerkreisen und anderen privilegierten Umgebungen befanden, sondern aus religiösen und häufig traditionell lebenden Kleinstadtfamilien stammen. Dieser Schluss folgt zumindest aus den Beschreibungen der jeweiligen Lebenswelten. Der Umfang der Berichte reicht von einer bis zu zwölf Seiten. Mit der Länge des Berichts korreliert in den meisten Fällen auch seine Aussagekraft, wobei sich erhebliche Unterschiede feststellen lassen. Den kürzeren, im protokollartigen Stil verfassten Texten lassen sich zumeist nur einige Angaben zu Orten und Jahreszahlen entnehmen. Nur selten wird darin mehr als eine schnelle Ereignisabfolge genannt. Die längeren Texte hingegen verlassen die starre Form der Aneinanderreihung wichtiger Daten und geben mehr Raum für ausführliche Beschreibungen. Die Erzählung ist hier detailreicher und enthält Momente der Selbstreflexion des Erlebten. Unabhängig von ihrer Länge ist den Berichten das Bedürfnis nach der wahrhaftigen und aufrichtigen Rekonstruktion des Erlebten anzumerken. Weitere Unterschiede äußern sich im Erzählstil, dem sprachlichen Ausdrucksvermögen und der Rechtschreibung.

Es ist anzunehmen, dass die Texte überwiegend in einem schulischen Kontext entstanden sind. Bei ihrer Suche nach Überlebenden, die bereit waren Zeugnis abzulegen, wandten sich Mitarbeiter der HK auch an jüdische Schulen und Berufsschulen in der gesamten US-Zone mit der Bitte, die Schüler Aufsätze zum Thema „Meine Erlebnisse während des Krieges“ oder „Meine Erfahrungen während der Hitlerbesatzung“[81] schreiben zu lassen. Solche Aufsatztitel finden sich auf fast allen Berichten. Auch die häufig identischen Datumsangaben in der ersten Junihälfte des Jahres 1948 lassen vermuten, dass die Texte in der Schule oder einer vergleichbaren Umgebung geschrieben wurden. Die Mitarbeiter der ZHK regten die Jugendlichen an, keine literarischen Stücke zu verfassen, sondern faktenbasierte Beschreibungen der Ereignisse, die deutlich auf der Vorderseite des Papiers aufgeschrieben werden sollten, am besten auf Jiddisch oder Hebräisch.[82]

Im Archiv des israelischen Ghetto Fighters’ House (GFHA) befinden sich 24 Zeugenberichte von Jugendlichen, die zumeist im Jahr 1946 in verschiedenen DP-Lagern über ihre Erfahrungen im sowjetischen Exil Auskunft gaben. Umfang und Inhalt der Berichte ähneln stark denen aus dem Bestand der Zentralen Historischen Kommission. Die verwendeten Sprachen sind Polnisch (12), Jiddisch (7)

---

81 Jockusch, Collect and Record, S. 141.
82 Jockusch, Collect and Record, S. 142. Das mag den relativ geringen Anteil polnischsprachiger Texte erklären.

und Russisch (5). Der Umfang der Berichte beträgt zwischen einer und fünf Seiten Länge. Befragt wurden sieben Jungen und 17 Mädchen. Der offensichtlichste Unterschied zwischen den beiden Sammlungen besteht in ihren Entstehungsorten. Die Berichte aus dem GFHA wurden fast ausschließlich in Kibbuzim in Deutschland, vorrangig in Rosenheim oder Jordenbad, aufgenommen. Es handelt sich also um eine dezidiert zionistische Umgebung, in welcher die Jugendlichen ihre Erinnerungen zu Papier brachten. Die Autoren der Berichte gehören Jahrgängen zwischen 1929 und 1933 an und sind somit zum Zeitpunkt der Niederschrift zwischen 13 und 17 Jahren alt. Die Zeugenberichte entstanden auf Initiative des Übersetzers Benjamin Tenenbaum, einem polnischen Juden aus Warschau, der im Jahr 1937 nach Palästina emigriert war. Tenenbaum kehrte im Jahr 1946 für ein Jahr nach Polen zurück, um Zeugnisse überlebender Kinder in Waisenhäusern, Kibbuzim und anderen Orten zu sammeln. Mithilfe einiger Kollegen gelang es Tenenbaum, etwa 1.000 Zeugenberichte von Kindern aus Polen und den DP-Lagern in Deutschland zu erstellen. Mehrere Hundert Zeugnisse entstanden in den DP-Lagern, in denen sich im Laufe des einjährigen Aufenthalts von Tenenbaum zahlreiche Kinder aufhielten. Ein Überlebender des Warschauer Ghettos, Marian Klinowski, reiste durch Deutschland und führte diese Interviews in Tenenbaums Auftrag durch.[83] Die Berichte tragen alle ähnlich lautende Titel: Lebenslauf (*pln. życiorys*) oder Autobiografie (*jidd. autobiografye*). Niedergeschrieben wurden die Erfahrungen in der Regel im Oktober 1946; zu einer Zeit also, als der in fast allen Texten geäußerte Wunsch nach einer baldigen Abreise gen Palästina nur auf illegalem und beschwerlichem Weg realisiert werden konnte.[84]

Im Falle von Ego-Dokumenten wie Autobiografien und Memoiren, wird ebenfalls der wirklichkeitskonstruierende Aspekt in der Narration betont. Eingang in die Analyse findet hierbei die Schreibsituation, die dazu führt, dass ein Individuum zu einem gegebenen Zeitpunkt überhaupt erst einmal etwas erzählt. Wie dies geschieht und mit welcher Motivation, ist dabei ebenso wesentlich wie der Publikationsort und die Frage nach dem möglichen Adressaten. Erst nach der bestmöglichen Klärung dieser Fragen kann der Inhalt der Erzählten angemessen analysiert werden. Auf diese Weise wird versucht, der Frage nach der individuellen Verarbeitung gelebter Erfahrung möglichst nahezukommen und dennoch quellenkritische Distanz zu wahren. Nachdem die meisten Historiker der Ver-

---

83 Cohen, Boaz: The Children's Voice: Postwar Collection of Testimonies from Child Survivors of the Holocaust. In: Holocaust and Genocide Studies 21 (2007). S. 73–95; hier vor allem 74–76.
84 Kurz nach seiner Rückkehr nach Palästina veröffentlichte Tenenbaum eine Auswahl von 83 Berichten in bearbeiteter Form in hebräischer Sprache unter dem Titel *Ehad me-ir ve-shna'im me-mishpakhah* (dt. Einer aus einer Stadt und zwei aus einer Familie: Eine Auswahl aus eintausend Autobiographien jüdischer Kinder in Polen) (1947).

wendung von Memoiren von Holocaustüberlebenden in der Geschichtswissenschaft jahrzehntelang äußerst kritisch bis ablehnend gegenüberstanden,[85] bilden sie heute entscheidende Zugänge zur Rekonstruktion einer jüdischen Erfahrungsgeschichte des Holocaust und des Zweiten Weltkrieges.[86] Von Relevanz für die erfahrungsgeschichtliche Perspektive steht neben der Suche nach historischen Fakten vor allem die von James E. Young aufgeworfene Frage im Vordergrund, wie die jüdischen Zeugen deuteten, was ihnen widerfahren war.[87] Auf diese Weise können überhaupt erst jene alltags- und beziehungsgeschichtlichen Fragen gestellt werden, die diese Studie zu beantworten beabsichtigt. Insbesondere in den nach 1980 publizierten Memoiren thematisieren ehemalige jüdische Exilanten zahlreiche Aspekte, die bis dato zum Bereich der „privatized memories"[88] gehörten. Dabei handelt es sich vielfach um Erlebnisse, die erst in den Erinnerungen ans Tageslicht kamen, nachdem sie jahrzehntelang nicht erzählt worden waren.

Die analysierten Memoiren behandeln in der Regel die eigene Überlebenserfahrung während des Zweiten Weltkrieges, während die Jahre vor und nach dem Exil häufig nur die Funktion eines Prologs beziehungsweise Epilogs übernehmen. Auch die Titelgebung ist Ausdruck dieser bewussten Schwerpunktsetzung, die zugleich Rückschlüsse auf den jeweiligen zeitlichen und geografischen Entstehungskontext zulässt, wie die drei nachfolgenden jiddischsprachigen Beispiele zeigen. Das im Jahr 1947 im argentinische Buenos Aires erschienene Erin-

85 Raul Hilberg betont im Vorwort zu seinem Opus Magnum, dass er bewusst keine Zeugnisse überlebender Juden in seine Analyse einfließen lassen wollte. Schließlich, so schreibt der Autor im Vorwort der englischen Originalausgabe von 1961: „Lest one be misled by the word ‚Jews' in the title, let it be pointed out that this is not a book about the Jews. [...] Not much will be read here about the victims. The focus is placed on the perpetrators." Hilberg, Raul: The Destruction of the European Jews. New York 1961. S. 5. Auch die Historikerin Lucy Dawidowicz schlägt ähnliche Töne an in ihrer Einleitung zum Holocaust Reader von 1976, in der sie die Verwendung von Überlebendenzeugnissen aufgrund derer inneren Diskrepanzen, Widersprüche und Fehler ablehnt. Dawidowicz, Lucy: A Holocaust Reader. Edited, with Introductions and Notes, by Lucy S. Dawidowicz. West Orange, NJ 1976. S. 11.

86 Für den Bereich der Geschichtswissenschaft zum Holocaust siehe etwa den Sammelband von Frei u. Kansteiner, Holocaust erzählen. Für einen produktiven Umgang mit Memoiren im Bereich der Gulagforschung siehe Applebaum, Anne: Der Gulag. Berlin 2003. S. 19. Für die literaturwissenschaftliche Forschung zum Holocaust siehe etwa Roskies, David u. Diamant, Naomi: Holocaust Literature: A History and Guide. Waltham, MA 2012; sowie Reemtsma, Jan Phillip: Die Memoiren Überlebender: eine Literaturgattung des 20. Jahrhunderts. In: Mittelweg 36. Zeitschrift des Hamburger Instituts für Sozialforschung 6 (1997). S. 20–39.

87 Young, James E.: Writing and Rewriting the Holocaust: Narrative and the Consequences of Interpretation. Bloomington u. Indianapolis 1988. S. 10.

88 Grossmann, Remapping, S. 78.

nerungsbuch von Chaim Grade trägt den Titel *Flüchtlinge: Lieder und Gedichte verfasst in der Sowjetunion 1941–1945*[89]. Der lange im Gulag inhaftierte Moshe Grosman gab seinen 1949 in Paris erschienenen Erinnerungen den ironisch-bitteren Titel *Im verzauberten Land des legendären Dschugaschwili. Mein siebenjähriger Aufenthalt in der Sowjetunion 1939–1946*[90]. Nüchtern nennt dagegen Yitzchak Erlichson seinen autobiografischen Bericht aus dem Jahr 1953 nur *Meine vier Jahre in Sowjetrussland*[91]. Alle drei fokussieren selbstverständlich die Jahre in der Sowjetunion, ohne im Buchtitel einen Zusammenhang zum Holocaust herzustellen. Diese Praxis änderte sich spätestens um das Jahr 2000. Hier heißen die nunmehr auf Englisch veröffentlichten Memoiren beispielsweise *Through Blood and Tears. Surviving Hitler and Stalin*, *From the Gestapo to the Gulags. One Jewish Life* oder *East of the Storm: Outrunning the Holocaust in Russia*[92] und beziehen sich bereits im Titel deutlich auf die Geschichte des Holocaust. Andere, ebenfalls um die Jahrtausendwende entstandene Autobiografien, wie *A Survivor Remembers: The Gulag and Central Asia*[93], verwenden selbstverständlich den Begriff des Überlebenden, der jahrzehntelang gerade nicht auf die sowjetischen Exilanten angewandt wurde. Die oben erwähnte Dreiteilung der Lebensbeschreibung schlägt sich beispielsweise im Titel *Fleeing the Nazis, Surviving the Gulag, and Arriving in the Free World. My Life and Times*[94] eindrücklich nieder. In fast allen ausgewählten Texten findet sich ein Hinweis auf die unglaubliche, abenteuerliche und dennoch wahre Geschichte. Diese Versicherung wird entweder vom Autor selbst zu Beginn des Textes geäußert, oder aber von einer anerkannten akademischen, oder außer-akademischen Autorität im Vorwort betont. In einigen Fällen greift auch erst der Verlag zu einem solchen Mittel, um die Glaubwürdigkeit des Erzählten zu erhöhen. Bei den veröffentlichten Memoiren über das sowjetische Exil ist außerdem bemerkenswert, dass ein Großteil der Erinnerungen von Men-

89 Erschienen als 17. Veröffentlichung in der Reihe Dos Poylishe Yidntum in Buenos Aires.

90 Erschienen 1949 in Paris im jiddischen Original unter dem Titel In farkisheftn land fun legendarn Dzhugashvili: mayne zibn yor lebn in Rotnfarbund (1939–1946). Dschugaschwili ist der georgische Geburtsname Iosif Stalins.

91 Das jiddische Original erschien 1953 in Paris unter dem Pseudonym Yitzkhak Edison als Mayne fir yor in soviet-rusland. Eine englischsprachige Ausgabe wurde veröffentlicht als Erlichson, Yitzkhak: My Four Years in Soviet Russia. Übersetzt von Maurice Wolfthal. Boston 2013.

92 Skorr, Henry: Through Blood and Tears: Surviving Hitler and Stalin. London 2006; Katz, Zev: From the Gestapo to the Gulags. One Jewish Life. London u. Portland 2004; Davidson-Pankowsky, Hanna: East of the Storm: Outrunning the Holocaust in Russia. Lubbock 1999.

93 Zylbering, Abraham: A Survivor Remembers: The Gulag and Central Asia. Eigenverlag des Concordia University Chair in Canadian Jewish Studies 2002.

94 Zarnowitz, Victor: Fleeing the Nazis, Surviving the Gulag, and Arriving in the Free World. My Life and Times. Westport 2008.

schen verfasst wurde, die nach 1920 geboren wurden. Bis auf einige Ausnahmen – vorrangig die Memoiren jiddischer Schriftsteller und politischer Aktivisten[95] – fehlen solche Aufzeichnungen von Angehörigen einer älteren, vor der Jahrhundertwende geboreren Generation, die sich im Jahr 1939 bereits im vierten und fünften Jahrzehnt ihres Lebens befanden. Viele Erinnerungen von Personen, die vor 1920 geboren wurden, sind deshalb zum großen Teil unwiederbringlich verloren, weil ihre Geschichten entweder nicht rechtzeitig aufgezeichnet wurden oder weil sie verstarben, bevor das öffentliche Interesse an den Erfahrungen der jüdischen Überlebenden in der Sowjetunion aufkam. Auf diese Weise wird verständlich, warum fast alle vorhandenen und hier untersuchten in englischer, polnischer oder jiddischer Sprache vorliegenden Autobiografien und Memoiren von Menschen verfasst wurden, die zwischen den Jahren 1920 und 1930 geboren wurden. Sie waren noch jung genug, um im Zeitraum zwischen 1995 und 2010 ihre Texte in der Fremdsprache Englisch zu verfassen. Wie David Roskies und Naomi Diamant unterstreichen, wurde in den Vereinigten Staaten von Amerika die Erinnerung an den Holocaust und das damit einhergehende öffentliche Interesse an den Schicksalen der Überlebenden erst im Laufe der 1970er Jahre sukzessive zu einer gesamtgesellschaftlichen Aufgabe.[96] Mit geringer zeitlicher Verzögerung erhielten seit den 1990er Jahren auch die ehemaligen sowjetischen Exilanten die Gelegenheit, in zum Teil sehr renommierten Buchreihen ihre Erinnerungen zu veröffentlichen.[97]

Im polnischsprachigen Kontext lässt sich feststellen, dass die veröffentlichten Erinnerungen polnischer Juden lange eher dem Genre der sogenannten *Lagerliteratur* (pln. *literatura łagrowa*) angehörten. Unter diesem Begriff werden alle

---

95 Eine wichtige Ausnahme dieser Regel bilden jiddische Texte aus dem Zeitraum zwischen 1945 und 1960, die in Paris, Buenos Aires und Tel Aviv veröffentlicht wurden. Diese Erinnerungen wurden fast ausschließlich von Autorinnen und Autoren verfasst, die zwischen 1890 und 1910 geboren wurden. Die jiddischen Autorinnen und Autoren zeichnen sich in der Regel durch einen hohen Bildungsgrad und in den meisten Fällen auch durch eine professionelle Beschäftigung mit dem Schreiben aus. Durch ihre Position im jiddischen Kulturbetrieb der Zwischenkriegszeit waren sie prominent. Ihre Erinnerungen, Gedichte und Romane fanden daher Aufnahme in die zentralen Foren für (polenbezogene) jiddische Literatur nach dem Zweiten Weltkrieg: die Buchreihe *Dos poylishe yidntum* (Buenos Aires, 1946–1966) und/oder die Literaturzeitschrift *Di goldene keyt* (Tel Aviv, 1949–1995). Schwarz, Jan: A Library of Hope and Destruction. The Yiddish Book Series „Dos poylishe yidntum" (Polish Jewry). 1946–1966. In: Polin. Studies in Polish Jewry 20 (2008). S. 173–196; Liptzin, Sol u. Prager, Leonard: Goldene Keyt, di. In: Enyclopedia Judaica. Hrsg. von Michael Berenbaum u. Fred Skolnik. 2. bearbeite Aufl. Bd. 7. Detroit 2007. S. 701–702.

96 Roskies u. Diamant, Holocaust Literature, S. 12.

97 Einige der untersuchten Memoiren erscheinen unter der Herausgabe von Yad Vashem, dem United States Holocaust Memorial Museum oder in der britischen Library of Holocaust Testimonies, was jahrzehntelang undenkbar gewesen wäre.

Formen der (Erinnerungs-)Literatur über die sowjetischen Zwangsarbeitslager verstanden.[98] Zu den frühesten Beiträgen polnischer Juden zum Korpus der Lagerliteratur zählt Jerzy Gliksmans zunächst in englischer, dann in polnischer Sprache veröffentlichter Bericht *Tell the West* über seine Zeit im Gulag aus dem Jahr 1948.[99] Auch Gustav Herlings Bericht *A World Apart: A Memoir of the Gulag* erschien im Jahr 1951 zuerst auf Englisch und zwei Jahre später auf Polnisch.[100] Dass beide Bücher überhaupt in englischer Sprache erschienen, ist vor dem Hintergrund des Kalten Krieges zu deuten. Beide Bücher zeichnen sich durch den Versuch aus, sich deutlich gegen die sowjetische Politik zu positionieren.[101]

Die vorliegende Studie versteht sich als Beitrag zu einer Fruchtbarmachung literarischer Quellen für die Geschichtswissenschaft. Der wichtigste Grund hierfür ist die Erkenntnis, dass es zahlreiche Lücken in der Quellenüberlieferung des sowjetischen Exils gibt. Um die Überlieferungslücken in Bezug auf klassische Quellen der Geschichtswissenschaft zu schließen, erscheint eine Verwendung der in großem Umfang vorliegenden Lyrik und Prosa aus dem und über das sowjetische Exil als sinnvoll. Die ausgewählten literarischen Texte stellen nicht nur eine Ergänzung, sondern zuweilen sogar die einzigen vorhandenen Zeugnisse bestimmter Themen dar. Ausgangspunkt ist dabei ein pragmatischer Umgang mit literarischen Zeugnissen als historische Quellen.[102] Es ist nicht Ziel der Studie, den Textinhalt mit literaturwissenschaftlichen Methoden zu analysieren. Die hier verwendeten Texte, zumeist Gedichte, werden zuvorderst als lyrischer Ausdruck eines Versuchs gedeutet, die eigene Erfahrung zur Sprache zu bringen. Die Tat-

---

98 Polnischsprachige fiktionale Texte und Forschungsliteratur über die nationalsozialistischen Konzentrations- und Vernichtungslager werden dagegen unter dem Begriff der *literature obozowa* zusammengefasst. Hoffmann, Erfahrungen, S. 456. Allgemein hierzu Gall, Alfred: Schreiben und Extremerfahrung. Die polnische Gulag-Literatur in komparatistischer Perspektive. Berlin 2012.

99 Gliksman, Jerzy: Tell the West. New York 1948; auf Polnisch: Powiedz Zachodowi. Wspomnienia autora z okresu niewoli w obozie pracy przymusowej w Związku Sowieckich Socjalistycznych Republik, New York (ohne Jahresangabe, vermutlich um 1949).

100 Herling, Gustaw: A World Apart: A Memoir of the Gulag. London 1951. Ein weiteres prominentes Werk der polnisch-jüdischen Lagerliteratur ist Lipski, Leo: Dzień i noc: Opowiadania. Paris 1957. Die genannten Werke werden in der Regel nicht separat analysiert, sondern als Beispiele der polnischsprachigen Lagerliteratur interpretiert. Sariusz-Skąpska, Izabela: Polscy świadkowie GUŁagu. Literatura łagrowa 1939–1989. Warszawa 2013 (1995); Hoffmann, Erfahrungen; und Gall, Schreiben.

101 Hoffmann, Erfahrungen, S. 459.

102 Grundlegend zu dieser Frage siehe Winkler, Martina: Vom Nutzen und Nachteil literarischer Quellen für Historiker. In: Digitales Handbuch zur Geschichte und Kultur Russlands und Osteuropas. Hrsg. von Martin Schulze-Wessel, Nr. 21, 2009. http://epub.ub.uni-muenchen.de/11117/3/Winkler_Literarische_Quellen.pdf.

sache, dass solche Texte überhaupt existieren, steht also am Anfang ihrer späteren Analyse. Der große Teil der hier rezipierten Literatur entstand in geringer Distanz zu den beschriebenen Erlebnissen zwischen der Sowjetunion, Nachkriegspolen und den jüdischen DP-Lagern im besetzten Deutschland.

In seinem Vorwort zu einer Anthologie jiddischer Gedichte beschreibt der Schriftsteller, Literaturwissenschaftler und ehemalige Exilant Benjamin Harshav den Entstehungsort jener frühen literarischen Verarbeitungen der jüngsten Vergangenheit als eine Insel.

> Diese Insel, die da über der Realität schwebte, war a velt mit veltalakh [dt. eine Welt aus vielen unabhängigen kleinen Welten, Charles und Tamar Lewinsky]– und das waren wir. Jede Kurzgeschichte, jedes Gedicht kann eine kleine Welt darstellen, mit ihrem ganz eigenen Stadium von Rhythmus und Bedeutung, wie das Geschichten und Gedichte tun. Aber hier ließ sich kein Vorhang darum herum ziehen. Die Richtung des Lesevorgangs kehrt sich um, und die wichtigsten Bedeutungen finden sich nicht in dem kleinen Text oder in seinem direkten Kontext, sondern in der Beschwörung von Welten außerhalb, in Zeit und Raum. Jeder Text, den du aufschlägst, ruft die nahe und die noch nähere Vergangenheit hervor, die antike Vergangenheit und die mythologische Vergangenheit, das persönliche Gestern und die Strahlen der Zukunft.[103]

Harshavs Deutung der DP-Literatur folgend, werden literarische Texte als Zeugnisse ihrer Zeit gelesen, die in unterschiedlichem Maße Rückschlüsse auf die „Welten außerhalb" ziehen lassen. Folglich werden Texte von ehemaligen sowjetischen Exilanten herangezogen, in denen diese in literarischer Form Zeugnis über ihre persönlichen Erfahrungen oder ihre Beobachtungen abgelegt haben. Durch die Verschriftlichung erfährt das erfahrene Erlebnis in der Regel eine Zuspitzung oder Verdichtung. Eine Tage, Wochen oder Jahre umfassende Periode wird auf diese Weise auf wenige Zeilen oder Seiten reduziert. Anders als das gesprochene Wort erlaubt die Verschriftlichung ein hohes Maß an Kontrolle über die eigene Erfahrung. Unter den Bedingungen des Zwangsexils kann der Akt des Schreibens unabhängig von seinem Inhalt als eine Form der Selbstbewahrung angesehen werden. Lyrik, die während des Krieges verfasst wurde, zeichnet sich durch die Beschreibung einer Bedeutungsverschiebung aus. Fragen und Probleme aus der Vorkriegszeit seien, so Czesław Miłosz, plötzlich bedeutungslos geworden, was sich wiederum auf die Sprache auswirke.

---

103 Harshav, Benjamin (in Zusammenarbeit mit H. Binyomin): Erinnerungsblasen. In: Unterbrochenes Gedicht. Jiddische Literatur in Deutschland 1944–1950. Hrsg. von Lewinsky, Tamar u. Lewinsky, Charles. München 2011. S. VII–IX, hier S. IX.

> Es kommt zu einer immensen Vereinfachung von allen Dingen und der Mensch fragt sich selber, weshalb er sich noch vor kurzem über Dinge erregen konnte, die nunmehr ohne jedes Gewicht erscheinen. Und selbstverständlich wandelt sich auch die Beziehung zur Sprache. Diese gewinnt ihre einfachste Funktion wieder, wird wieder zu einem zweckorientierten Instrument. Das heißt: niemand zweifelt jetzt mehr daran, dass die Aufgabe der Sprache in der Benennung der Wirklichkeit besteht, die objektiv, massiv mit erschreckender Konkretheit gegeben ist.[104]

Miłosz zufolge sei das Gedicht in besonderer Weise geeignet, die durch den Krieg aus den Fugen geratene Wirklichkeit am besten zu kommunizieren, denn es findet auf einer Papierseite Platz.[105]

Die zur Analyse herangezogenen literarischen Quellen bestehen aus Gedichten und Romanen in jiddischer, polnischer und englischer Sprache, wobei einige Texte in Übersetzung vorliegen. Bei der Auswahl war der inhaltliche Bezug auf das sowjetische Exil wesentlicher als die zeitliche Nähe zur beschriebenen Erfahrung. Dies führt zu einem heterogenen Sample literarischer Ausdrucksformen, die in unterschiedlichen zeitlichen, geografischen und diskursiven Kontexten entstanden sind. Auf diese Weise lassen sich inhaltliche Verschiebungen erklären. Vergleichbar mit der Situation der Autorinnen und Autoren von Memoiren über die Zeit des sowjetischen Exils beeinflussen Alter, Geschlecht und Lebensumfeld auch die Themen literarischer Texte. Neben den in Deutschland veröffentlichten Gedichten werden auch einige lyrische Texte berücksichtigt, die im Nachkriegspolen erschienen sind.[106] Als ein Beispiel für die literarische Verdichtung der sowjetischen Erfahrung im Roman durch einen prominenten Vertreter der jiddischen Gegenwartsliteratur wird ein Werk von Yitskhok Perlov herangezogen.[107]

Visuelle Zeugnisse wie etwa Photografien oder künstlerische Werke wurden für die Analyse nicht herangezgen, da ihre Sichtung und Interpretation den Rahmen der vorliegenden Arbeit erheblich erweitern würde.

---

104 Miłosz, Czesław: Trümmer und Poesie. In: Das Zeugnis der Poesie. Hrsg. von Czesław Miłosz. Hamburg 1984. S. 93–118, hier S. 94.

105 Miłosz, Trümmer, S. 94.

106 Ruta, Magdalena (Hg.): Niszt ojf di tajchn fun Bowl. Antologie fun der jidiszer poezje in nochmilchomedikn Pojln / Nie nad rzekami Babilonu. Antologia poezji jidysz w powojennej Polsce. Kraków 2012.

107 Das jiddische Orginal erschien auf Jiddisch als Perlov, Yitskhok: Mayne zibn gute yorn. Roman fun a freylekhn plit in rotnfarband. Tel Aviv 1959. In englischer Übersetzung und in leicht gekürzter Form veröffentlicht als The Adventures of One Yitzchok, New York 1967.

2 Polen unter deutscher und sowjetischer Besatzungsherrschaft

2.1 Der Beginn der doppelten Besatzung

Im Morgengrauen des 1. September 1939 begann der deutsche Überfall auf Polen, der von Anfang an mit der von Adolf Hitler befohlenen „größten Härte“[1] gegenüber der Zivilbevölkerung geführt wurde. Ab dem ersten Tag des Krieges gehörten Akte von Gewalt, Demütigung und körperlicher Misshandlung gegenüber der jüdischen Bevölkerung Polens zum Alltag während der deutschen Besatzungsherrschaft. Noch bevor die Wehrmacht einmarschierte, warf die deutsche Luftwaffe über Dutzenden polnischen Städten und Ortschaften Brandbomben ab und ließ so ganze Straßenzüge in Flammen aufgehen. Auf diese Weise sollte die polnische und vor allem die jüdische Zivilbevölkerung terrorisiert und zur Flucht in Richtung Osten gedrängt werden. Insbesondere in den Großstädten erreichten die Bombardierungen dieses Ziel.[2] Die Strategie der gezielten Vertreibung veranlasste Zehntausende Juden zur Flucht in Richtung Osten.[3] Die deutsche Besatzungsherrschaft beschränkte sich in den ersten Tagen und Wochen nicht nur auf die massenhafte Vertreibung. An Dutzenden eingenommenen Orten ermordeten Wehrmacht und hinter der Front operierende mobile Tötungseinheiten, die sogenannten *Einsatzgruppen*, circa 15.000 bis 16.000 polnische und jüdische Zivilisten sowie Kriegsgefangene in Massenexekutionen.[4] Sieben Einsatzgruppen, bestehend aus insgesamt 2.700 Angehörigen des *Sicherheitsdienstes* (SD) und der

---

1 Das Zitat entstammt dem Protokoll einer Ansprache Adolf Hitlers auf dem Obersalzberg vor führenden Generälen der Wehrmacht über den bevorstehenden Krieg mit Polen. Darin heißt es: „Vernichtung Polens im Vordergrund. Ziel ist die Beseitigung der lebendigen Kräfte, nicht die Erreichung einer bestimmten Linie. [...] Herz verschließen gegen Mitleid. Brutales Vorgehen. 80 Millionen Menschen müssen ihr Recht bekommen. Ihre Existenz muss gesichert werden. Der Stärkere hat das Recht. Größte Härte.“ Zitat in Friedrich, Klaus-Peter u. Löw, Andrea (Hg.): Die Verfolgung und Ermordung der europäischen Juden durch das nationalsozialistische Deutschland 1933–1945. Bd. 4: Polen. September 1939 – Juli 1941. München 2011. S. 24.

2 Litvak, Yosef: Jewish refugees from Poland in the USSR, 1939–1946. In: Bitter legacy. Confronting the Holocaust in the USSR. Hrsg. von Zvi Gitelman. Bloomington 1997. S. 123–150, hier S. 123–124.

3 Böhler, Jochen: Auftakt zum Vernichtungskrieg. Die Wehrmacht in Polen 1939. Frankfurt am Main 2006. S. 20.

4 Jäckel, Eberhard [u. a.] (Hg.): Polen. In: Enzyklopädie des Holocaust. Die Verfolgung und Ermordung der europäischen Juden. 3 Bände. Berlin 1993. Bd. 2. S. 1121–1150, hier S. 1122.

https://doi.org/10.1515/9783110594393-003

Sicherheitspolizei (SiPo), hatten den Auftrag gegen „feindlich gesinnte Elemente“[5] vorzugehen. Zu Beginn des Krieges richtete sich die systematisch eingesetzte Gewalt vorrangig gegen die Angehörigen der nichtjüdischen polnischen Elite. Sie betraf jedoch stets auch die jüdische Bevölkerung. Unmittelbar mit der gezielten Terrorisierung der jüdischen Bevölkerung befasst waren die Einsatzgruppen I, IV und V sowie die *Einsatzgruppe zur besonderen Verwendung* (zbV) oder auch *Sondereinsatzgruppe* unter dem Kommando von Obergruppenführer Udo von Woyrsch.[6] In der nationalsozialistischen Weltanschauung waren die polnischen Juden *Untermenschen*, die es aus den unter deutscher Verwaltung stehenden Gebieten in Richtung Osten zu vertreiben galt.[7] Der Terror, mit dem die deutschen Besatzer, bestehend aus Wehrmacht, Polizei und Einsatzgruppen, die jüdische Bevölkerung von Beginn des Krieges an überzog, folgte vielerorts einem ähnlichen Muster, das der Historiker Jacob Apenszlak als *Blitzpogrome* bezeichnet.[8] Der Ablauf jener auf wenige Stunden bis Tage konzentrierten Gewaltexzesse variierte von Ort zu Ort geringfügig, blieb jedoch im Kern derselbe, wie Apenszlak schreibt: „First, breaking the morale of the victims by terrorization, then robbery, burning of houses and physical torture.“[9] Bis zum Ende der Kampfhandlungen am 6. Oktober 1939 kamen bis zu 20.000 jüdische Zivilisten sowie etwa 32.200 jüdische Soldaten und Offiziere durch Kriegshandlungen ums Leben.[10]

Die im deutsch-sowjetischen Nichtangriffspakt vom 23. August 1939 getroffenen Vereinbarungen über eine Aufteilung Polens im Kriegsfall setzte die Sowjetunion ihrerseits am 17. September 1939 in die Tat um. Iosif Stalin wollte in der internationalen Öffentlichkeit den Eindruck vermeiden, dass es sich bei dem

---

5 Jäckel, Eberhard [u. a.] (Hg.): Einsatzgruppen. In: Enzyklopädie des Holocaust. Die Verfolgung und Ermordung der europäischen Juden. 3 Bände. Berlin 1993. Bd. 1. S. 393–400, hier S. 394; Friedrich u. Löw: Die Verfolgung, S. 25.

6 Friedländer, Dritte Reich, S. 39, 52; Friedrich, Klaus-Peter u. Löw, Andrea: Einleitung. In: Die Verfolgung und Ermordung der europäischen Juden durch das nationalsozialistische Deutschland 1933–1945. Bd. 4: Polen. September 1939–Juli 1941. Hrsg. von Klaus-Peter Friedrich und Andrea Löw. München 2011. S. 13–56, hier S. 25.

7 Hilberg, Raul: Die Vernichtung der europäischen Juden. 3. Aufl. Frankfurt am Main 1990. S. 197.

8 Lustiger, Arno u. Apenszlak, Jacob (Hg.): The Black Book of Polish Jewry. An Account of the Martyrdom of Polish Jewry Under the Nazi Occupation (Nachdruck des Originals, New York 1943). Frankfurt am Main 1995. S. 7–9. Einige dutzend Flüchtlinge konnten sich in das an Litauen abgetretene Vilnius absetzen und berichteten dort einem Vertreter des World Jewish Congress von ihren Erlebnissen in den ersten Wochen der deutschen Besatzung. Einige ihrer Aussagen bildeten die Grundlage für das 1943 in den Vereinigten Staaten von Amerika erschienene Black Book of Polish Jewry.

9 Lustiger u. Apenszlak, Black Book, S. 14.

10 Friedrich u. Löw, Einleitung, S. 27.

sowjetischen Einmarsch um eine Aggression gegenüber Polen handle.[11] Deshalb hatte er der Roten Armee befohlen, zunächst die Niederlage der polnischen Streitkräfte gegen die deutschen Truppen abzuwarten. Erst im Anschluss an den Zusammenbruch des polnischen Staates und der Kapitulation seiner Hauptstadt Warschau sollten, so schrieb der sowjetische Außenminister Vjačeslav Molotov am 5. September 1939 an den deutschen Botschafter in Moskau, Friedrich Werner Graf von der Schulenburg, würden die sowjetischen Streitkräfte einschreiten. Der internationalen Öffentlichkeit gegenüber sollte der Einmarsch der Roten Armee als Unterstützung der von Polen unterdrückten Ukrainer und Weißrussen legitimiert werden. Molotov hoffte, dass auch der einheimischen Bevölkerung diese Begründung plausibel erscheinen werde.[12] Kurze Zeit später, am 17. September 1939 um zwei Uhr nachts, informierte Stalin Schulenburg über den bevorstehenden sowjetischen Angriff im Osten Polens. Als die Rote Armee mit einer halben Million Soldaten im Morgenrauen desselben Tages die polnisch-sowjetische Grenze ohne Kriegserklärung überschritt, zeichnete sich die Niederlage der polnischen Streitkräfte im Kampf gegen Deutschland bereits deutlich ab. Der Oberbefehlshaber der polnischen Streitkräfte, Edward Rydz-Śmigły gab in Verkennung der Lage den Befehl an die polnischen Truppen aus, der Roten Armee keinen Widerstand entgegenzusetzen.[13] Die polnische Regierung, aber auch viele Verantwortliche in den polnischen Ostgebieten, hatten zunächst angenommen, dass die sowjetische Armee auf polnisches Territorium vorgedrungen sei, um das Land im Kampf gegen die Deutschen zu unterstützen.[14] Aus diesem Grund leisteten nur wenige polnische Einheiten Widerstand gegen die vorrückende Rote Armee.[15] Der polnische Staatspräsident Ignacy Mościcki und seine Regierung waren zwischen dem 15. und 17. September 1939 zunächst ins benachbarte Rumänien evakuiert

---

11 Pagel, Jürgen: Polen und die Sowjetunion 1938–1939. Die polnisch-sowjetischen Beziehungen in den Krisen der europäischen Politik am Vorabend des Zweiten Weltkrieges. Stuttgart 1992. S. 288–289; Telegramm des Botschafters in Moskau an das Auswärtige Amt vom 10. September 1939. Dokument 46. In: ADAP, Akten zur deutschen auswärtigen Politik 1918–1945. Serie D 1937–1945. Bd. 8: Die Kriegsjahre: 4. September 1939 bis 18. März 1940. Göttingen 1961. S. 34–35.

12 Telegramm des Botschafters in Moskau an das Auswärtige Amt vom 5. September 1939. Dokument 5. In: ADAP, Serie D 1937–1945. Bd. 8. S. 3–4.

13 Pagel, Polen, S. 295.

14 Pagel, Polen, S. 292.

15 Das polnische Außenministerium hatte vor dem 17. September 1939 nicht die Möglichkeit in Erwägung gezogen, dass die Sowjetunion Polen angreifen könnte. Am entschiedensten leisteten polnische Truppen vom 20. bis 21. September 1939 in Grodno Widerstand gegen die Rote Armee. Pagel, Polen, S. 286, 298.

worden und anschließend weiter ins Exil nach Frankreich geflohen.[16] Einen Tag nach dem Beginn der sowjetischen Offensive veröffentlichten die beiden Besatzungsmächte eine gemeinsame Erklärung, in der sie die Gültigkeit des Nichtangriffspaktes vom 23. August 1939 bekräftigten. Aus einem weiteren, am 22. September 1939 in der sowjetischen Zeitung *Izvestija* abgedruckten deutsch-sowjetischen Kommuniqué ging hervor, dass die Regierungen der UdSSR und Deutschlands eine als *Demarkationslinie* bezeichnete Grenze vereinbart hatten, die entlang der Flüsse Pissa, Narew, Bug, Weichsel und San verlaufe.[17] Eine Woche später und einen Tag nach der Kapitulation Warschaus unterzeichneten der deutsche Außenminister Joachim von Ribbentrop und sein sowjetischer Amtskollege Vjačeslav Molotov am 28. September 1939 in Moskau den *Deutsch-Sowjetischen Grenz- und Freundschaftsvertrag*, der im Wortlaut starke Ähnlichkeiten zur zuvor veröffentlichten gemeinsamen Erklärung aufweist.[18] So lautet das im Vertrag vereinbarte Ziel der beiden Besatzungsmächte, „nach dem Auseinanderfallen des bisherigen polnischen Staates [...] die Ruhe und Ordnung wiederherzustellen und den dort lebenden Völkerschaften ein ihrer völkischen Eigenart entsprechendes friedliches Dasein zu sichern."[19] In einem erneuten geheimen Zusatzprotokoll vom 4. Oktober 1939 wurde der geografische Verlauf der im deutsch-sowjetischen Nichtangriffspakt verabredeten Einflusssphären leicht und abschließend verändert.[20] Demnach fielen die west- und zentralpolnischen Re-

---

16 Die polnische Führung wurde in Rumänien auf Druck Deutschlands hin interniert. Staatspräsident Mościcki trat zurück. Sein Amt wurde am 1. Oktober 1939 von Władysław Raczkiewicz, einem in Frankreich lebenden Vertreter der Sanacja, übernommen, der wiederum General Władysław Sikorski zum Premierminister der Exil-Regierung ernannte. In Frankreich gründete die Exil-Regierung im Januar 1940 einen Nationalrat, der den Warschauer Sejm ersetzen und die Regierung beraten sollte sowie eine Militärstreitkraft unter Sikorskis Kommando. Pagel, Polen, S. 291, 295; Jäckel [u.a.], Enzyklopädie Bd. 2, S. 1124.

17 Telegramm des Botschafters in Moskau an das Auswärtige Amt vom 22. September 1939. Dokument 122. In: ADAP, Serie D 1918–1945. Bd. 8. S. 95.

18 Im gemeinsamen Kommuniqué vom 18. September 1939 hatte es geheißen, „Ordnung und Ruhe herzustellen, die durch den Zerfall des polnischen Staates zerstört wurden, und der Bevölkerung Polens zu helfen, die Bedingungen seines staatlichen Daseins neu zu regeln." Dokument 94. In: ADAP, Serie D 1918–1945. Bd. 8. S. 74–76.

19 Deutsch-sowjetischer Grenz- und Freundschaftsvertrag. Dokument 157. In: ADAP, Serie D 1918–1945. Bd. 8. S. 127–128.

20 In den ersten Oktobertagen folgten dann die entsprechenden Verschiebungen deutscher und sowjetischer Truppen über die neue Grenze. Ciesielski, Stanisław: Einleitung. In: Umsiedlung der Polen aus den ehemaligen polnischen Ostgebieten nach Polen in den Jahren 1944–1947. Hrsg. von Stanisław Ciesielski. Marburg 2006. S. 1–75, hier S. 12.

gionen westlich von Bug, San und Narew an das Deutsche Reich.[21] Dies entsprach etwa der Hälfte des polnischen Vorkriegsterritoriums, auf dem 22 Millionen Menschen beziehungsweise zwei Drittel der polnischen Bevölkerung lebten, darunter etwa 2,1 von ungefähr 3,3 Millionen polnischen Juden.[22] Die Gebiete Groß-Polen, Pommern, Oberschlesien, Teile Masowiens und der Woiwodschaften Łódź, Krakau und Kielce mit einer Größe von insgesamt etwa 92.000 Quadratkilometern und 10 Millionen Einwohnern, darunter 500.000 bis 550.000 Juden, wurden mit Beschluss vom 26. Oktober 1939 annektiert und in das Deutsche Reich integriert.[23] Am 12. Oktober 1939 hatten die Deutschen bereits in den zentralpolnischen Provinzen das sogenannte *Generalgouvernement* errichtet, in dem ungefähr zwölf Millionen Menschen lebten, wovon etwa 1,5 Million Juden waren.[24] Mit der Eingliederung von Teilen der besetzten polnischen Gebiete in das Deutsche Reich sowie der Schaffung des Generalgouvernements endete Ende Oktober 1939 die Phase der Militärverwaltung durch die Wehrmacht. An ihre Stelle trat nun eine Zivilverwaltung in den neu entstandenen Reichsgauen Danzig-Westpreußen und Wartheland sowie im Generalgouvernement.[25]

Die Sowjetunion dagegen sicherte sich die ethnisch stark diversifizierte östliche Hälfte des polnischen Vorkriegsterritoriums, auf dem etwa ein Drittel der polnischen Gesamtbevölkerung beziehungsweise mindestens 13 Millionen Menschen lebten.[26] Bei den eroberten Gebieten handelte es sich um die Woiwod-

---

21 Jürgen Pagel erklärt den Grund für diese Verschiebungen damit, dass die ursprüngliche Demarkationslinie an mehrheitlich polnisch besiedeltes Gebiet grenzte, was die Legitimität des sowjetischen Vorwands vom Beistand für die slawischen Brüder untergraben hätte. Iosif Stalin habe deshalb Botschafter Schulenburg den Vorschlag unterbreitet, einen Teil Zentralpolens an das Deutsche Reich abzutreten und dafür Litauen zugeschlagen zu bekommen. Pagel, Polen, S. 302; Zusatzprotokoll zwischen Deutschland und der Union der Sozialistischen Sowjetrepubliken vom 4. Oktober 1939. Dokument 193. In: ADAP, Serie D 1918 – 1945. Bd. 8. S. 162 – 164. Anhang VI (ohne Pagination) im selben Band zeigt einen Ausschnitt des vereinbarten Grenzverlaufs.

22 Friedrich, Löw, Einleitung, S. 25; Jäckel [u. a.], Enzyklopädie Bd. 2, S. 1123.

23 Ciesielski, Einleitung, S. 15; Friedrich u. Löw, Einleitung, S. 30.

24 Friedländer, Dritte Reich Bd. 2, S. 62; Jäckel [u. a.], Enzyklopädie Bd. 2, S. 1122; Borodziej, Włodzimierz: Geschichte Polens im 20. Jahrhundert. München 2010. S. 192; Friedrich u. Löw, Einleitung, S. 31.

25 Hilberg, Vernichtung, S. 203 – 204; Broszat, Martin: Nationalsozialistische Polenpolitik 1939 – 1945. Stuttgart 1961. S. 31 – 35.

26 Gross, Jan T.: The Sovietization of Western Ukraine and Western Byelorussia. In: Jews in Eastern Poland and the USSR, 1939 – 46. Hrsg. von Norman Davies u. Antony Polonsky. London 1991. S. 60 – 76, hier S. 63; Wierzbicki, Marek: Soviet Economy in Annexed Eastern Poland, 1939 – 1941. In: Stalin and Europe: Imitation and Domination, 1928 – 1953. Hrsg. von Timothy Snyder u. Ray Brandon. Oxford u. New York 2014. S. 114 – 137, hier S. 116.

schaften Białystok, Nowogródek, Wilno, Polesie, Wołyń, Tarnopol, Stanisławów, den östlichen Teil der Woiwodschaft Lemberg sowie drei Kreise der Woiwodschaft Warschau.[27] Die Einwohner der sowjetisch besetzten polnischen Ostgebiete waren nach ethnischen Kategorien zu 43 % polnisch, 33 % ukrainisch, 8 % jüdisch und 8 % weißrussisch.[28] Tatsächlich stellten die nationalen Minderheiten in jenen Gebieten überwiegend die Mehrheit der Bevölkerung.[29] Nach der Unterzeichnung eines Protokolls zur Festlegung der neuen deutsch-sowjetischen Grenze am 4. Oktober 1939, dem faktischen Ende der Kampfhandlungen ohne polnische Kapitulationserklärung am 6. Oktober 1939, der Schaffung des Generalgouvernements am 12. Oktober 1939, der Annexion eines großen Teils der ehemaligen polnischen Westgebiete in das Deutsche Reich am 26. Oktober 1939 und schließlich der Annexion der polnischen Ostgebiete in die Ukrainische beziehungsweise Weißrussische Sozialistische Sowjetrepublik Anfang November 1939 verschwand der polnische Staat von der Landkarte. Die Dreiteilung Polens sollte bis zum deutschen Überfall auf die Sowjetunion am 22. Juni 1941 bestehen bleiben.

Der deutsche Überfall auf Polen und die deutsche Besatzungspolitik stellten die ungefähr 2,1 Millionen polnischen Juden in West- und Zentralpolen vor die Frage, ob und wohin sie vor den Deutschen fliehen sollten. Doch erst durch den Einmarsch der Roten Armee in Polen am 17. September 1939 wurden die polnischen Juden vor eine reale Wahlmöglichkeit gestellt. In den folgenden Wochen und Monaten entschied sich lediglich eine Minderheit von schätzungsweise 300.000 bis 350.000 polnischen Juden zur Flucht vor den Deutschen auf sowjetisches Gebiet.[30] Die überwiegende Mehrheit entschloss sich jedoch dagegen. Nachfolgend sollen wesentliche Faktoren beschrieben werden, die den Prozess der Entscheidungsfindung für die Flucht auf sowjetisches Territorium maßgeblich

---

27 Wierzbicki, Soviet Economy, S. 116.

28 Der Rest bestand aus Tschechen, Deutschen, Russen, Roma, Tataren und anderen Minderheiten. Snyder, Tymothy: Bloodlands. Europa zwischen Hitler und Stalin. Lizenzausgabe für die Bundeszentrale für politische Bildung. Bonn 2011. S. 143.

29 Gross, Sovietization, S. 64.

30 Die höheren Schätzungen finden sich bei Davies u. Polonsky, Introduction, S. 3. Von 200.000 – 300.000 sprechen Tartakower u. Grossmann, Jewish Refugee, S. 43. 300.000 scheint eine plausible Schätzung zu sein. Eine Diskussion der vorhandenen Schätzungen findet sich bei Friedrich u. Löw, Einleitung, S. 25 und Siekierski, Marek: The Jews in Soviet-Occupied Eastern Poland at the End of 1939: Numbers and Distribution. In: Jews in Eastern Poland and the USSR, 1939 – 1946. Hrsg. von Antony Polonsky. London 1991. S. 110 – 115, hier S. 113. Von lediglich 200.000 spricht Pinchuk, Jewish Refugees, S. 146.

beeinflussten. Im Zentrum stehen hierbei die Faktoren *Zeit* und *Ort* sowie *Erwartungen* gegenüber beziehungsweise *Erfahrungen* mit der Verfolgung durch die deutschen Besatzer. Für eine Auseinandersetzung mit dem Zeitpunkt der Fluchtentscheidung soll auf eine Unterscheidung zweier Fluchtphasen durch Ben-Cion Pinchuk zurückgegriffen werden.[31] Demnach beginnt die erste Phase mit dem deutschen Überfall auf Polen und endet mit der Schließung der deutsch-sowjetischen Grenze im Anschluss an die Eingliederung der ostpolnischen Gebiete in die Sowjetunion Anfang November 1939. Die längere zweite Phase der Fluchtbewegung umfasst den nachfolgenden Zeitraum zwischen der Grenzschließung und dem deutschen Überfall auf die Sowjetunion am 22. Juni 1941.[32]

2.2 Die frühe Fluchtbewegung von September bis November 1939

In der ersten Phase zwischen September und November 1939 lassen sich die jüdischen Flüchtlinge aus den deutsch besetzten beziehungsweise frontnahen polnischen Territorien hinsichtlich ihrer spezifischen Erfahrungen in zwei Gruppen aufteilen. In der Praxis vermischten sich zwar zuweilen die verschiedenen Motive, doch aus analytischer Perspektive erscheint es durchaus sinnvoll, beide Erfahrungskontexte getrennt voneinander zu beschreiben. Vertreter der ersten Gruppe verfügten über keine direkten Erfahrungen mit den deutschen Besatzern und entschieden sich in der Regel auf Grundlage einer rational abgewogenen Erwartungshaltung zur Flucht. Ihre Erwartungen speisten sich aus dem Wissen über die judenfeindliche Politik des Nationalsozialismus, die sie entweder aus den Medien oder aus Berichten von verfolgten Familienangehörigen kannten. Das verbindende Element innerhalb der zweiten Gruppe ist hingegen die Verfolgungserfahrung. Die Entscheidung zur Flucht beruhte bei den Angehörigen der zweiten Gruppe auf der als lebensbedrohlich wahrgenommenen Gewalt der Deutschen, die sie entweder am eigenen Leib erfahren, selbst beobachtet oder die ihnen aus verlässlicher Quelle beschrieben wurde.

---

31 Einen anderen Zugang wählt Yosef Litvak. Er unterscheidet ebenfalls zwei Phasen, die den Zeitraum September bis Dezember 1939 sowie Anfang 1940 bis Herbst 1941 umfassen. Litvak, Jewish Refugees, S. 123.

32 Pinchuk, Jewish Refugees, S. 142.

Flucht aus Angst vor Verfolgung

Ein Teil der jüdischen Flüchtlinge entschied sich zur Flucht noch bevor die deutsche Wehrmacht ihren Aufenthaltsort erreicht hatte. Rückblickend benennen sie politische, familiäre und militärisch-patriotische Gründe als zentrale Motive im Prozess der Entscheidungsfindung. Simon Davidson, ein 1892 geborener Bundist aus Łódź, entschloss sich wenige Tage nach dem 1. September 1939 zur Flucht vor den Deutschen in Richtung Osten. Davidson war ein aufmerksamer Beobachter der politischen Entwicklungen und zog bereits aus der Nachricht vom deutsch-sowjetischen Nichtangriffsabkommen den Schluss, dass ein Krieg gegen Deutschland unmittelbar bevorstehe. Die Angst vor den Deutschen wurde auch durch die sogenannte *Polenaktion* – die Ausweisung von 17.000 polnischen Juden aus dem Deutschen Reich im Oktober 1938 – verstärkt.[33] Als die Luftwaffe am 1. September 1939 die Eisenbahngleise bei Łódź bombardierte, besprach sich Davidson sofort mit seinen Genossen und beschloss, dass er als jüdischer Sozialist den Deutschen nicht in die Hände fallen dürfe.[34] Am Morgen des 6. September 1939 machte sich Davidson schließlich gemeinsam mit seinem Sohn zu Fuß auf den Weg in das 140 Kilometer entfernte Warschau.[35] Wie viele andere Flüchtlinge auch ließ Davidson seine Ehefrau und seine Tochter in der Erwartung zurück, dass Frauen im Falle einer deutschen Besatzung weniger gefährdet seien als Männer.[36] Ebenfalls nicht ungewöhnlich für die frühe Flucht war Davidsons Bestreben, seinen Wohnort zu verlassen, um sich der polnischen Armee anschließen zu können. Einer am 7. September 1939 im polnischen Radio gesendeten Verlautbarung zufolge sollten sich alle wehrfähigen Männer östlich der Weichsel einfinden, um eine neue Verteidigungslinie gegen die deutsche Wehrmacht aufzubauen.[37] Ebenfalls im Wissen um die drohende Lebensgefahr entschloss sich die Familie der jugendlichen Golda Goldfarb zur Flucht aus Sarnaki, eines unweit des Bug gelegenen Dorfs in Zentralpolen. Im Jahr 1946 beschrieb sie in ihrem

---

33 Zur Geschichte der Polenaktion siehe Tomaszewski, Jerzy: Auftakt zur Vernichtung, Die Vertreibung der polnischen Juden aus Deutschland 1938. Osnabrück 2002.

34 Davidson war als Mitglied der *kultur-lige* (Kulturabteilung) des Bundes in Łódź mit den Spitzen der Parteiführung gut bekannt.

35 Davidson, Simon: My War Years, 1939–1945. San Antonio 1981. S. 3–10.

36 Davidson, War Years, S. 8–10. Im Falle von Herman Kruk ermutigte seine Ehefrau ihn zur weiteren Flucht, nachdem dieser bereits in einem Vorort von Warschau angekommen war. Kruk, Last Days, S. 3.

37 Friedländer, Dritte Reich Bd. 2, S. 69.

Bericht über ihre Kriegserfahrungen, dass ihre Eltern bereits „am ersten Tag“[38] des Krieges gewusst hätten, dass sie in Sarnaki nicht vor den Deutschen sicher sein würden. Mit ihrer Entscheidung, die Stadt zu verlassen, sei die Familie Goldfarb nicht allein gewesen. Die gesamte jüdische Bevölkerung Sarnakis habe die Stadt aus Furcht vor den Deutschen verlassen und sei auf die wenige Kilometer entfernte andere Uferseite des Bugs geflohen.[39] Auch der 1919 geborene Victor Zarnowitz verließ seine Heimatstadt Oświęcim in der Erwartung, dass von den Deutschen eine lebensgefährliche Bedrohung ausgehe. In seinen Erinnerungen aus dem Jahr 2008 begründet Zarnowitz seine Flucht folgendermaßen:

> We were afraid of the Germans. All the Jews in Poland knew to fear them, but few, at this early date, knew as much as we did about Nazi atrocities. We had family in Austria. My uncle had died in Dachau. The threat of them had forced us out of our homes. It kept us marching.[40]

Jegliche Zweifel an der Sinnhaftigkeit einer Flucht seien durch den Anblick der vor den Deutschen flüchtenden Juden zerstreut worden, die seine Heimatstadt Oświęcim noch am Abend des 1. September 1939 erreichten. Zarnowitz vermutete, dass es sich bei diesen Menschen um zivile Flüchtlinge aus grenznahen Städten handeln müsse:

> It was shocking to realize that these homeless, fearful wanderers had been – that very morning – people just like us. Most were Jews, their towns had been sacked, and they were in flight. This was happening. And, before long, it would be happening to my family.[41]

Zusammen mit anderen jüdischen Einwohnern Oświęcims verließ Zarnowitz in Begleitung seines Bruders, seiner Mutter und seiner Großmutter die Stadt. Zuvor hatten sie in Panik noch Bargeld und einige wenige zufällig ausgewählte Gegenstände, wie etwa die Schweizer Armbanduhr seines verstorbenen Vaters, mitgenommen. Ohne genaues Ziel und ohne Strategie brach die Familie auf und schloss sich dem Flüchtlingstreck in Richtung Osten an, der vor der vorrückenden Wehrmacht floh. Doch die Straße dorthin sei so überfüllt gewesen, dass sie nur

---

38 Ghetto Fighters‘ House Archive, Lochamej haGeta'ot (GFHA), Katalognummer 4493, Zeugnis von Golda Goldfarb, 4 Seiten, Polnisch, datiert auf den 22. September 1946 im DP-Lager Rosenheim.

39 GFHA, Zeugnis von Goldfarb.

40 Zarnowitz, Fleeing the Nazis, S. 31–32.

41 Zarnowitz, Fleeing the Nazis, S. 29.

äußerst langsam vorankamen.[42] Nach wenigen Stunden entschieden sich Mutter und Großmutter zur Rückkehr nach Oświęcim in der Hoffnung, dass die Nazis ihnen, zwei alten Deutsch sprechenden Frauen, nichts tun würden. Anders werde es jedoch zwei jüdischen Männern im wehrfähigen Alter unter deutscher Besatzung ergehen, weshalb sie die Brüder Zarnowitz nicht aufhalten wollten. Sie gaben den jungen Männern ihr Bargeld und verabschiedeten sich. In der Annahme, dass ihre Trennung nur von kurzer Dauer sein würde, setzten die beiden ihre Flucht umgehend in Richtung Lemberg fort, wo sie den Aufbau einer neuen Verteidigungslinie der polnischen Armee vermuteten. Entschlossen, schneller voranzukommen, gelang es den Brüdern schließlich, einen Platz in einem völlig überfüllten Zug zu ergattern. Aus Angst vor deutschen Bombenangriffen verließen sie jedoch in Łańcut den Zug und marschierten zu Fuß weiter.[43] Ausgestattet mit dem Bargeld der Familie konnten sie unterwegs ausreichend Nahrungsmittel erwerben und Unterkünfte bezahlen. Ihr Judentum verbargen sie dabei stets aus Furcht vor möglichen Anfeindungen seitens anderer polnischer Flüchtlinge. Zwei Wochen nachdem sie Oświęcim verlassen hatten, erreichten sie schließlich Lemberg, mussten jedoch feststellen, dass die Stadt bereits von den Deutschen belagert wurde.[44]

Flucht nach erfahrener Verfolgung

> Die Flucht kennt keine Grenze! Verfolgte Juden, die durch das Wüten [der Deutschen, Anm. d. Verf.] gezwungen sind, ihre Heimat zu verlassen, fliehen zum ‚Freund' des ‚Führers', der sie mit offenen Armen empfängt. [...] Gäbe es Sowjetrussland nicht, würden wir einfach so lange gewürgt werden, bis uns unsere Seele entführe. Das polnische Judentum erlebt eine vollständige und umfassende Vernichtung.[45]

Während einige selbstständig und aktiv die Möglichkeit der Flucht ergriffen, wurden andere gegen ihren Willen von den Deutschen aus ihren Wohnorten vertrieben. Gemein ist allerdings allen jüdischen Flüchtlingen der zweiten Gruppe, dass sie zumindest kurz in den direkten Kontakt mit den deutschen Besatzern gekommen waren und sie in der Regel erst einige Wochen nach Beginn der deutschen Invasion

42 Berichte von überfüllten Straßen mit Flüchtlingen finden sich in vielen jüdischen Zeugnissen. Siehe etwa Kruk, Last Days, S. 4–5.

43 Zarnowitz, Fleeing the Nazis, S. 31–37.

44 Zarnowitz, Fleeing the Nazis, S. 39.

45 Kaplan, Chaim: Tagebucheintrag vom 15. November 1939. In: Friedrich u. Löw, Verfolgung, Dokument Nummer 37, 135–137, hier S. 135.

ihre Flucht begonnen hatten. Einen zentralen Unterschied zwischen diesen beiden Flüchtlingsgruppen markiert der Einmarsch der Roten Armee am 17. September 1939, der die Handlungsoptionen polnischer Juden radikal veränderte. Bis zu diesem Zeitpunkt waren Juden relativ ziellos vor den herannahenden Deutschen gen Osten geflohen. Doch seit dem 17. September 1939 sahen sich die Juden in West- und Zentralpolen mit der neuen Realität eines zweifach besetzten Polens konfrontiert. Sie verfügten über eine Alternative zur deutschen Besatzungsherrschaft. Der polnisch-britische Soziologe Zygmunt Bauman, der als Kind selbst mit seiner Familie aus Poznań nach Osten geflohenen war, beschreibt die veränderte Situation einer doppelten Besatzung rückblickend: „To the Poles, there was little difference between the two enemies. For the Jews, the difference was one between life and death."[46] Unter den Hunderttausenden Flüchtlingen aus den west- und zentralpolnischen Gebieten befanden sich tatsächlich mehrheitlich polnische Juden.[47] Der Bundist Jerzy Gliksman wies in seinem Bericht von 1947 bereits auf die seinerzeit weit verbreitete Erwartungshaltung unter jüdischen Flüchtlingen hin, dass die Sowjetunion die Juden beschützen würde.[48] Die sowjetische Führung wiederum war überrascht über die hohe Zahl jüdischer Flüchtlinge, denn bis dato war die UdSSR nicht mit jüdischen Verfolgten des Naziterrors konfrontiert gewesen.[49] Nach Beginn des Zweiten Weltkrieges wurde die Sowjetunion zum größten europäischen Aufnahmeland für jüdische Flüchtlinge, einer Migration, die in ihrem Ausmaß alle bisherigen Fluchtbewegungen in der jüdischen Geschichte übertraf.[50]

Die oben beschriebenen Blitzpogrome und der nachfolgende Terror der deutschen Besatzer gegen die jüdische Bevölkerung werden in zahlreichen Selbstzeugnissen als Gründe für eine Flucht in die sowjetische Zone genannt. Von Beginn des Krieges an umfasste die allgegenwärtige Gewalt deutscher Besatzer gegen die jüdische Bevölkerung Razzien auf offener Straße, die öffentliche Demütigung und Misshandlungen vor allem von orthodoxen Juden in religiöser Kleidung, Raubüberfälle auf jüdische Wohnungen sowie Plünderungen jüdischer Geschäfte. Hinzu kamen vielerorts Vergewaltigungen jüdischer Frauen und Massenerschießungen von Zivilisten durch Polizei- und Wehrmachtsangehörige.[51] Zahlreiche Zeugnisse stellen einen Zusammenhang zwischen dem Terror in den ersten Kriegswochen und

46 Bauman, Zygmunt: Assimilation into Exile: The Jew as a Polish Writer. In: Poetics Today 4 (1996). S. 569 – 597, hier S. 584.

47 Ciesielski, Einleitung, S. 18.

48 YIVO Archive, New York City (YA), Gliksman, Jerzy: Jewish Exiles in Soviet Russia (1939 – 1943), Part I (1947), Jerzy Gliksman Papers, RG 1464, Box 4, Folder 41, S. 5.

49 Pinchuk, Jewish Refugees, S. 142.

50 Tartakower u. Grossmann, Jewish Refugee, S. 1.

51 Jäckel [u. a.], Enzyklopädie Bd. 2, S. 1134.

der Entscheidung zur Flucht her. Im Unterschied zur Periode zwischen dem deutschen Überfall und dem sowjetischen Einmarsch flohen nach dem 17. September 1939 verstärkt ganze – bis zu drei Generationen umfassende – Familien aus West- und Zentralpolen in den östlichen Teil des Landes. Der sowjetische Einmarsch und die neue Realität einer deutsch-sowjetischen Besatzungspartnerschaft veränderten also die Fluchtmotive polnische Juden. Von einem bewaffneten Kampf gegen die deutsche Wehrmacht konnte nun keine Rede mehr sein, weshalb auch keine Männer zum Aufbau neuer Verteidigungslinien mehr benötigt wurden. Außerdem hatte die ausbleibende militärische Unterstützung durch die französischen und britischen Bündnispartner Polens Hoffnungen auf ein baldiges Ende des Krieges beziehungsweise der Besatzung zerschlagen. Aus diesem Grund entbehrte nach dem 17. September 1939 auch das Argument einer Flucht auf Zeit, um das Kriegsende abzuwarten, jeder Grundlage. Aus den nachfolgenden Erfahrungsberichten geht hervor, dass den Flüchtlingen die von den Deutschen ausgehende Lebensgefahr bewusst war. Aus ihrer Sicht schien daher die Flucht in die Sowjetunion die einzige lebensrettende Option zu sein. Die jugendliche Cypora Grin erinnert sich 1946, wie die Deutschen die jüdischen Bewohner ihres Wohnortes (nicht näher bestimmt) an der späteren deutsch-sowjetischen Grenze behandelten. Sofort nach ihrem Einmarsch begannen die Deutschen, das jüdische Leben ihres Heimatortes zu zerstören. Den jüdischen Männern seien von deutschen Soldaten die Bärte und Locken abgeschnitten worden. Und weiter berichtet sie:

> Wir wussten sofort um die Behandlung der Juden durch die Deutschen. Die Deutschen gingen in unserer Stadt von Haus zu Haus und zündeten alle an. Heimatlos und erschüttert von unseren Erlebnissen fürchteten wir uns davor, in der Stadt zu bleiben. Damals verließen die Deutschen die Stadt und die Russen kamen. Wir beschlossen dann, freiwillig nach Russland zu fahren.[52]

Cypora Grins Familie erfuhr die lebensbedrohliche Verfolgung durch die Deutschen am eigenen Leib. Der Einmarsch der Roten Armee kam für sie zu einem lebensrettenden Zeitpunkt. Noch unter dem Eindruck ihrer brennenden Heimatstadt entschied sich die Familie Grin zur Flucht auf die sowjetische Seite der neuen Grenze zwischen den Besatzungsmächten. Ähnlich erging es auch dem jugendlichen Syma Waks in Zamość. In seinem Zeugnis von 1946 erinnert er sich an den Einmarsch der Wehrmacht in Zamość im September 1939. Wenig später, so berichtet Waks, begannen die Deutschen Juden zur Zwangsarbeit zu verpflichten und sie in eine Kaserne einzusperren. Ein Deutscher sei zu ihrem Haus gekommen

52 Yad Vashem Archiv, Jerusalem (nachfolgend YVA), Zeugnis von Cypora Grin, Jiddisch, Pocking/Waldstadt, ohne Datum, M 1 E 2338.

und habe seine Mutter nach den Männern gefragt, woraufhin diese behauptete, dass diese bereits abgeholt worden seien. Tatsächlich aber verstecken sich der Vater und die drei Brüder hinter einem Schrank. Nach dieser Erfahrung sei die Familien zur Flucht nach Osten entschlossen gewesen, doch noch bevor sie den Plan in die Tat umsetzten konnten, marschierte die sowjetische Armee „völlig unerwartet"[53] in Zamość ein. Zunächst, so schien es, war die Familie in Sicherheit. Der 1934 geborene Moniek Tychner aus Jarosław stellt 1946 einen direkten Zusammenhang zwischen der deutschen Gewaltherrschaft gegenüber den Juden und der Entscheidung seiner Familie zur Flucht her. Alte Menschen seien gequält und Kinder zur Zwangsarbeit verpflichtet worden. „Es war sehr schlimm. Deshalb fuhren wir nach Russland."[54] Auf ähnliche Weise argumentiert auch die 1932 geborene Cypora Fenigstein, die mit ihrer Familie den Einmarsch der Deutschen in ihrer Heimatstadt Warschau am 23. September 1939 erlebte. In zwei Selbstzeugnissen aus dem Jahr 1946 beschreibt sie die willkürlichen Festnahmen von Juden auf der Straße sowie verschiedene antijüdische Gewaltexzesse durch die deutschen Besatzer. Weil sie sich dieses Grauen nicht länger ansehen konnten, schreibt Fenigstein, floh ihre Familie im November 1939 von Warschau in das sowjetisch besetzte Lemberg.[55] Die persönlich erlebte Gewalt, aber auch deren Androhung seitens der deutschen Besatzer, motivierte einen Teil der jüdischen Bevölkerung zur Flucht. Der Wunsch, dem Terror und der permanenten Angst zu entkommen, rechtfertigte aus ihrer Sicht den Weg in die unsichere Zukunft auf der sowjetischen Seite.[56]

Vertreibungen über die deutsch-sowjetische Grenze

In zahlreichen Städten, die sich in der Nähe der späteren deutsch-sowjetischen Grenzflüsse Bug und San befanden, wurden polnische Juden von den Deutschen gezielt aus ihren Wohnorten auf die andere Uferseite vertrieben. Von dieser Politik betroffen war insbesondere die Region des östlichen Oberschlesiens, die in

53 GFHA, Zeugnis von Syma Waks, Polnisch, ohne Ortsangabe, datiert auf den 5. Oktober 1946, Katalognummer 4459.

54 GFHA, Zeugnis von Moniek Tychner, Polnisch, ohne Ortsangabe, datiert auf den 22. September 1946, Katalognummer 5172.

55 GFHA, Zeugnis von Cypora Fenigstein, Polnisch, ohne Ortsangabe, datiert auf den 29. September 1946, Katalognummer 4859.

56 Ähnlich argumentieren auch: GFHA, Zeugnis von Chaya Klos, Polnisch, ohne Ortsangabe, datiert auf den 22. September 1946, Katalognummer 5086; sowie GFHA, Zeugnis von Cila Glazer, Russisch, ohne Ortsangabe, datiert auf den 23. September 1946, Katalognummer 4839.

das Deutsche Reich eingegliedert werden sollte.[57] Um die annektierten Gebiete schnellstmöglich zu *germanisieren*, beabsichtigten die Deutschen, eine möglichst hohe Zahl von Juden aus Ost-Oberschlesien über den Fluss San zu vertreiben, der die im Nichtangriffspakt designierte Grenze zwischen deutscher und sowjetischer Einflusssphäre markierte.[58] Die von dieser Zwangsumsiedlung Betroffenen wurden von den Deutschen in Richtung sowjetisches Territorium verjagt und unter Androhung der Todesstrafe an der Rückkehr in ihre Heimatorte gehindert.[59] Die aus Jarosław vertriebene Róża Wagner beschrieb 1945 in einem Erfahrungsbericht, wie sie von den Deutschen erst auf den San getrieben und anschließend beschossen wurde, um ihre Rückkehr zu verhindern:

> Am Ufer standen Gestapomänner und trieben die Menschen mit Gewalt auf das Boot, genauer gesagt, ein Floß aus zwei wackligen Brettern, von dem Frauen und Kinder in den San hineinfielen. Ringsherum waren überall Ertrunkene von den vorherigen Tagen zu sehen; in Ufernähe standen Frauen im Wasser, die ihre Kinder auf den Schultern trugen und um Hilfe riefen; die Gestapomänner beantworteten dies mit Schüssen.[60]

Die gezielte Abschiebung der jüdischen Bevölkerung über die deutsch-sowjetische Demarkationslinie war, wie Reinhard Heydrich am 27. September 1939 in einer Besprechung mit Vertretern des Reichssicherheitshauptamtes (RSHA) und Einsatzgruppenleitern bestätigte, von Hitler persönlich genehmigt worden.[61] Ungeachtet sowjetischer Proteste setzten die Deutschen die gezielten Vertreibungen über

57 Broszat, Nationalsozialistische Polenpolitik, S. 36–37.

58 Die Abschiebung polnischer Juden aus den designierten in das Deutsche Reich einzugliedernden Gebieten in das spätere Generalgouvernement sollte laut eines Befehls vom Leiter des RSHA, Reinhard Heydrich, an die Einsatzgruppen vom 21. September 1939 aus den Gebieten Danzig, Westpreußen, Posen und dem östlichen Oberschlesien erfolgen. Hilberg, Vernichtung, S. 201.

59 „Die Juden in Ost-Oberschlesien sind ostwärts über San abzuschieben. Die Aktion ist sofort einzuleiten." Befehl des Generalquartiermeisters vom 12. September 1939 an die Heeresgruppe Süd, die jüdische Bevölkerung aus Ost-Oberschlesien nach Osten über den San auszuweisen. Abgedruckt in: Friedrich u. Löw, Verfolgung, Dokument 7, S. 83.

60 Zitat bei Friedrich u. Löw, Einleitung, S. 29.

61 Friedländer, Dritte Reich, Bd. 2, S. 56–57. Etwa 90.000 polnische Juden wurden bis Jahresende 1939 aus den von Deutschland annektierten Gebieten ins Generalgouvernement vertrieben. Jäckel [u. a.], Enzyklopädie, Bd. 2, S. 1124. Zwischen September 1939 und Mai 1940 wurden über 20.000 Juden mit Gewalt allein in den Distrikt Lublin getrieben. Silberklang, David: Gates of Tears. The Holocaust in the Lublin District. Jerusalem 2013. S. 85. Der Plan, sämtliche Juden aus den eingegliederten polnischen Gebieten in das Generalgouvernement abzuschieben, wurde nicht umgesetzt. Im Frühjahr 1941 hielten sich noch 400.000–450.000 Juden in den neuen östlichen Reichsprovinzen auf. Friedrich u. Löw, Einleitung, S. 38.

die Grenzflüsse noch bis Jahresende fort.[62] In den meisten Fällen begleiteten die Deutschen jüdische Gefangene nicht bis zur Grenze, sondern vertrieben die jüdische Bevölkerung aus Städten, Ortschaften und Dörfern mit der Anweisung, *nach Osten* zu laufen und den San mittels klappriger Holzflöße zu überqueren.[63] Zev Katz erinnert sich an eine von den Deutschen errichtete Pontonbrücke über den San. Auf der deutschen Seite habe er ein Schild gesehen mit der Aufschrift „Juden nach Palästina“[64] und einem Pfeil, der in Richtung sowjetische Uferseite zeigte. Andernorts wurden jüdische Bewohner aus den grenznahen Gebieten von Deutschen aufgefordert, ins „rote Palästina“[65] zu gehen.

In einem Brief von Oktober 1939 beschreibt der aus Warschau geflohene Artur Szlifersztejn, wie er von den Deutschen in Richtung der sowjetischen Grenze vertrieben wurde. Nach dem deutschen Überfall hatte sich Szlifersztejn im besetzten Łuków (bei Lublin) aufgehalten.

> Dort befahlen sie ganz einfach allen Männern, die Wohnungen zu verlassen, bildeten Vierergruppen und trieben uns in der Nacht in eine andere Stadt und – nach einem eintägigen Aufenthalt dort – weiter zur nächsten Stadt. Dank unserer Geistesgegenwart gelang es uns, zu fliehen und uns aus den Händen dieser Henkersknechte zu befreien.[66]

Nachdem sie den Deutschen entkommen waren, liefen die Männer weiter zu Fuß nach Białystok. Dies geschah, wie Szlifersztejn schreibt

> unter schwierigen Bedingungen, ständig unter Beschuss von Maschinengewehren und von Bomben, die aus Flugzeugen abgeworfen wurden. Den größten Teil unserer Wanderungen legten wir nachts zurück, und am Tage schliefen wir in Scheunen.[67]

---

62 Reitlinger, Gerald: The Final Solution. The Attempt to Exterminate the Jews of Europe, 1939–1945. London 1968 (1953). S. 51–52. Laut Ben-Cion Pinchuk endeten die Abschiebungen erst im Frühjahr 1940. Pinchuk, Jewish Refugees, S. 144. Bei einem Treffen zwischen Botschafter Schulenburg und dem stellvertretenden Außenminister Potemkin in Moskau am 17.12.1939 forderte letzterer eine Ende der Zwangsabschiebungen großer Gruppen jüdischer Bevölkerung von „bis zu 5000 Menschen und mehr“ über die Grenze auf sowjetisches Territorium. Friedrich u. Löw, Verfolgung, Dokument 63, S. 187.

63 Allein aus Jarosław und Łańcut wurden Tausende Juden über den San auf die sowjetische Seite getrieben. Silberklang, Gates of Tears, S. 95–96. Über Vertreibungen aus dem Städtchen Rozwadów: Ben-Eliezer, Josef: Meine Flucht nach Hause. Schwarzenfeld 2014. S. 26–27.

64 Katz, From the Gestapo, S. 16.

65 Marrus, Michael: Die Unerwünschten. Europäische Flüchtlinge im 20. Jahrhundert. Berlin [u. a.] 1999. S. 260.

66 Friedrich u. Löw, Verfolgung, Dokument 22, S. 108–110, hier S. 109.

67 Friedrich u. Löw, Verfolgung, Dokument 22, S. 109.

Auf der sowjetischen Seite angekommen, steuerte Szlifersztejn das Haus von Bekannten in Białystok an, die ihn vorübergehend bei sich aufnahmen. Ähnlich erging es Joseph (Nachname unbekannt), der 1946 im Gespräch mit dem US-amerikanischen Psychologen David P. Boder die Vertreibung der jüdischen Bewohner aus Przemyśl schilderte.[68] Nach Kriegsbeginn war Joseph zunächst in die polnische Armee eingezogen worden. Aufgrund einer Nierenkrankheit wurde er jedoch umgehend wieder aus der Armee entlassen und machte sich auf den Weg in seinen Heimatort Drohobycz. Seine Frau war bereits hinter der Frontlinie auf deutsch besetztem Territorium gefangen. Als die Deutschen in Drohobycz einmarschierten, floh Joseph mit einer Gruppe von 18 Juden in Richtung Krynica und passierte auf dem Weg den Ort Przemyśl. Zwei Kilometer vor der Stadt beobachteten sie eine Bombendetonation und wurden von deutschen Soldaten festgehalten, welche ihnen befahlen, eine Grube auszuheben. Sie schufteten bei starkem Regen bis 20 Uhr, bevor der Offizier den Abmarsch nach Lemberg befahl. Als sie in Przemyśl ankamen, baten die jüdischen Zwangsarbeiter um ihre Freilassung und durften zu ihrer Überraschung tatsächlich gehen. Da in der Stadt eine nächtliche Ausgangssperre herrschte, versteckte sich die Gruppe im Wohnhaus eines jüdischen Gasthausbesitzers. Dort berichtete ihnen die Gastgeberin von der Erschießung von 650 Juden am vergangenen Tag in Przemyśl.[69] Die Gruppe harrte bis zum Abend des Jom Kippur in ihrem Versteck aus.[70] Im Schutz der Dunkelheit wagte sie sich schließlich auf die Straße und begab sich zum Gebet in die Synagoge. Am nächsten Morgen erfuhren sie vom Befehl, dass die Juden die Stadt verlassen sollten. Sie trauten sich jedoch nicht auf die Straße und blieben zunächst in der Synagoge. Um drei Uhr nachts begannen die Deutschen, die zwei Synagogen und eine Talmudschule mit Benzin zu übergießen. Eine Frau, die die Juden warnen wollte, wurde von einem deutschen Soldaten erschossen. Drei Stunden später, so Joseph, standen alle drei Gebäude in Flammen. Die jüdischen Einwohner Przemyśls wurden daraufhin von den Deutschen aufgefordert, sich auf der Straße zu versammeln und die Stadt zu verlassen.[71]

---

68 Der amerikanisch-jüdische Psychologe Dr. David Boder reiste 1946 nach Europa, um Dutzende Interviews mit Überlebenden des Holocaust zu führen und für die Nachwelt festzuhalten. Das Interview mit Joseph ist online zugänglich auf http://voices.iit.edu/interviewee?doc=joseph. Ausführlich zu Boders Oral History Projekt vgl. Rosen, Alan: The Wonder of their Voices. The 1946 Holocaust Interviews of David Boder. New York 2006.

69 Die sogenannte Sondereinsatzgruppe unter dem Kommando von Udo von Woyrsch hatte zwischen dem 16. und 19. September 1939 zwischen 500 und 600 Juden in Przemyśl ermordet. Friedrich u. Löw, Einleitung, S. 27.

70 Entspricht dem 22.9.1939.

71 Boder, Interview mit Joseph.

Nicht nur im Süden, sondern auch am nördlichen Teil der designierten deutsch-sowjetischen Grenze verfuhren die deutschen Angreifer nach derselben Strategie der Zerstörung jüdischen Eigentums und der anschließenden Vertreibung der einheimischen Bevölkerung über die Grenzflüsse auf die sowjetische Seite. So erinnert sich die 1932 geborene Fajga Dąb in einem Bericht aus dem Jahr 1948 an die Vertreibung ihrer Familie aus der Heimatstadt Pułtusk am Narew, 60 Kilometer nördlich von Warschau, durch deutsche Soldaten. „Der denkwürdige Tag des 8. Oktober 1939 hat sich mir tief ins Gedächtnis eingeprägt. An diesem Tag wurde die Landkarte Europas umgewandelt und mit ihr auch unser Leben." Geimeinsam mit hunderten jüdischen Bewohnern von Pułtusk wurde die Familie Dąb von den Deutschen aus der Stadt getrieben und gezwungen, den Narew in Richtung sowjetische Zone zu überqueren.[72]

Im Laufe weniger Wochen hatten Hunderttausende polnische Juden ihre Heimat verlassen müssen und waren vor den Deutschen auf sowjetisch kontrolliertes Territorium geflohen. Während einige in Erwartung einer drohenden Lebensgefahr den Deutschen entkommen wollten, wurden andere gegen ihren Willen aus den grenznahen Heimatorten von den Deutschen über die Ufer der deutsch-sowjetischen Grenzflüsse Bug, San, Pissa, Weichsel und Narew getrieben. Wieder andere entschlossen sich zur Flucht, nachdem sie die Verfolgung durch die Deutschen am eigenen Leib erfahren mussten.

2.3 Jüdische Reaktionen auf die sowjetische Besatzung

Der Weg zurück in die alte Heimat war allen auf der sowjetischen Grenzseite angekommenen jüdischen Flüchtlingen bis zum Sommer 1941 offiziell versperrt.[73] Die große Mehrheit der jüdischen Flüchtlinge entschied sich für einen Verbleib auf nunmehr sowjetischem Gebiet, sei es, weil sie die Angst vor den Deutschen an der Rückkehr hinderte oder aber weil sie sich bessere Zukunftsperspektiven unter den sowjetischen Machthabern ausrechnete. Unter den vielfältigen frühen Wahrnehmungen der sowjetischen Machthaber stechen drei Reaktionsmuster hervor: Erleichterung, Befürwortung und Skepsis angesichts der erwarteten Behandlung durch die sowjetischen Machthaber. Erste Reaktionen auf die sowjeti-

---

72 YVA, Zeugnis von Fajga Dąb, Polnisch, Zeilsheim, 4. Juni 1948, M 1 E 2068. Die Vetreibung der jüdischen Bevölkerung aus Pułtusk fand am 22. September 1939 statt. Es ist also möglich, dass Dąb sich im Datum geirrt hat. Siehe Browning, Christopher: The Origins of the Final Solution: The Evolution of Nazi Policy, September 1939 – March 1942. Lincoln, NE 2004. S. 34.

73 Dass dennoch Tausende Flüchtlinge illegal auf die deutsche Seite zurückkehrten, beschreibt Eliyana Adler am Beispiel der Grenzstadt Hrubieszów. Adler, Hrubieszów, S. 21.

schen Besatzer waren in unterschiedlichem Maße beeinflusst von der jeweiligen Erfahrung in den ersten beiden Septemberwochen 1939, dem Wohnort sowie der Haltung gegenüber der sowjetisch-kommunistischen Ideologie.

Für viele jüdische Flüchtlinge bedeutete der Einmarsch der Roten Armee zunächst einmal, in Sicherheit vor der Verfolgung durch die Deutschen zu sein. Nach Tagen des Bangens, ob der deutsche Vormarsch womöglich bis zur polnischen Ostgrenze fortgeführt werden würde, verhieß der Anblick sowjetischer Uniformen zunächst die Bannung dieser Gefahr.[74] Die Erleichterung über die Anwesenheit der sowjetischen Soldaten findet in zahlreichen Selbstzeugnissen Ausdruck. So beschreibt etwa Gershon Adiv, ein in Wilna festsitzender polnischer Jude aus Palästina, im Herbst 1939 in seinem Tagebuch die große Verunsicherung der Bevölkerung angesichts der drohenden deutschen Besatzung. Als am Abend des 18. September 1939 Artilleriefeuer ertönte, habe niemand mit Sicherheit sagen können, wer die Angreifer waren, schreibt Adiv: „Alle sagen, es sind die Sowjets! Aber es könnten auch die Deutschen sein. Diese Unsicherheit ist noch viel schlimmer."[75] Als am Morgen des 19. September 1939 Gewissheit darüber bestand, dass es sich um die Rote Armee handelte, habe Wilnas jüdische Bevölkerung erleichtert aufgeatmet, so Adiv. Insbesondere für die Zehntausenden jüdischen Flüchtlinge in der Stadt schaffte der sowjetische Einmarsch vorerst Klarheit, dass die unmittelbare Gefahr durch die deutschen Angreifer nach Tagen und Wochen auf der Flucht, oft zu Fuß und mit ungewissem Ziel, vorläufig gebannt zu sein schien. Angesichts eines nach dem 17. September 1939 als nunmehr aussichtslos empfundenen Kampfes der polnischen Armee gegen zwei übermächtige Angreifer wird in vielen Selbstzeugnissen die seinerzeit vorherrschende Ansicht beschrieben, es handle sich bei Sowjetunion um das geringere zweier Übel. Ein Übel war es aber dennoch. Grund dafür waren das sowjetische Terrorregime, seine Mangelwirtschaft und seine antireligiöse Politik, die vielen Juden in Polen aus der Zeitung oder auch aus eigener Erfahrung bekannt waren. Als ein im Vergleich zu Deutschland geringeres Übel betrachteten viele polnisch-jüdische Flüchtlinge die Sowjetunion vor allem deshalb, weil diese offen ihre Ablehnung antisemitischer Diskriminierung und antijüdischer Verfolgung verkündete. Kaum jemand sehnte in den ersten Tagen den Einmarsch der Roten Armee herbei, doch angesichts der deutschen Bedrohung dominiert in den meisten Selbstzeugnissen der Ausdruck von Erleichterung über den Anblick sowjetischer Soldaten. Der aus Warschau nach Białystok geflohene Artur Szlifersztejn drückt seine Dankbarkeit

74 Gross, Sovietization, S. 66.
75 Alle Zitate von Gershon Adiv in Levin, Jews of Vilna, hier S. 110.

gegenüber der sowjetischen Armee in dem oben zitierten Brief an seinen Verwandten in den Vereinigten Staaten von Oktober 1939 aus:

> Unser Sprachschatz ist zu arm, um die Bestialität der Deutschen zu beschreiben. Als wir die erste rote Fahne erblickten, atmeten wir auf. Das Land bis zum Bug – bis nach Lemberg – haben die Sowjets eingenommen und weiter im Westen alles die Deutschen. Im Laufe nur weniger Wochen haben sie die polnische Armee zerschlagen. Einfach nicht zu glauben, aber doch wahr. Polen im politischen Sinne – gibt es nicht mehr. Die Ludwiks und ich werden innerhalb der Grenzen Sowjetrusslands bleiben. Die Deutschen haben uns zu sehr gequält, als dass wir den Wunsch hegen könnten, zurückzukehren. Ich mache keinerlei Pläne, ich weiß nicht, was uns erwartet, ich weiß nur, dass wir als Menschen behandelt werden, und danach hatten wir uns alle gesehnt.[76]

Szlifersztejn beschreibt in diesem Brief das Dilemma, welchem sich viele jüdische Flüchtlinge ausgesetzt sahen. Einerseits bildete die sowjetische Besatzungsmacht eine Allianz mit den Deutschen gegen Polen. Der sowjetische Einmarsch wurde als illegitime Aggression gegen den souveränen polnischen Staat wahrgenommen. Andererseits schien von der Sowjetunion keine lebensgefährliche Bedrohung für die Juden auszugehen. Der Zionist Calel Perechodnik bringt den Widerspruch zwischen sowjetischer Aggression und Rettung in einem Schreiben von 1943 auf den Punkt. Darin beschreibt er rückblickend den Einmarsch sowjetischer Truppen in Słonim im Herbst 1939.

> Das erste Gefühl war unbändige Freude. Wen wundert es. Von der einen Seite marschiert der Deutsche ein, Parolen von der erbarmungslosen Vernichtung und Ermordung aller Juden verbreitend, von der anderen Seite kommt der Bolschewik mit der Parole, dass für ihn alle Menschen vor dem Gesetz gleich sind. Da gab es nichts zu vergleichen. Die Juden freuten sich und ich mich mit ihnen. Obwohl ich mein ganzes Leben lang ein Gegner der Kommunisten war, betete ich jetzt zu Gott, die Bolschewiki mögen das Gebiet bis zur Weichsel besetzen.[77]

Die Ankunft der Roten Armee bedeutete für die Juden nicht nur Schutz vor den Deutschen, sondern auch Sicherheit vor der Gewalt durch die eigenen Nachbarn. Viele Zeitgenossen registrierten mit Erleichterung, dass der Einmarsch der Sowjets den vielerorts herrschenden Zustand der Rechtlosigkeit infolge der fehlenden staatlichen Autorität beendete. Bernard Ginsburg war nach dem deutschen Überfall aus Zamość mit seiner Familie in seine unweit gelegene Heimatstadt Uściług geflohen. In seinen Erinnerungen beschreibt er die Hoffnungen der jü-

---

76 Friedrich u. Löw, Verfolgung, Dokument 22, S. 109.

77 Zitiert aus Steffen, Katrin: Der Holocaust in der Geschichte Ostmitteleuropas. In: Der Hitler-Stalin-Pakt 1939 in den Erinnerungskulturen der Europäer. Hrsg. von Anna Kaminsky [u.a.]. Göttingen 2011. S. 489–518, hier S. 507.

dischen Bevölkerung Uściługs und die Annahme, dass sie unter sowjetischer Herrschaft vor Verfolgung geschützt seien. Die Gefahr einer solchen Verfolgung sei allerdings nicht nur vor den deutschen Besatzern, sondern auch vor den ukrainischen Nachbarn ausgegangen. Vor allem unter den Älteren seien die Erinnerungen an die Pogrome in den Jahren 1919 und 1920 noch sehr präsent gewesen.[78] Zudem seien viele Juden, so Ginsburg, davon überzeugt gewesen, dass die Ukrainer die Nationalsozialisten bewunderten. Wenig später erfuhr sein Vater aus dem Moskauer Radio vom deutsch-sowjetischen Abkommen und dass die Region um Zamość unter sowjetische Kontrolle gelangen würde.[79] Nach dem Abzug der polnischen Polizei und des Militärs aus der Stadt bauten einige jüdische Bewohner Uściługs eine bewaffnete Bürgermiliz auf, um sich, so Ginsburg, vor den gefürchteten Ukrainern zu schützen. In dieser Situation eines Machtvakuums habe das repressive stalinistische Regime das kleinere Übel dargestellt.[80]

Wie eng Freude und Sorge im September 1939 beieinander lagen, beschreibt Victor Zarnowitz eindrücklich in seinen Erinnerungen. Nach zwei Wochen der Flucht zu Fuß und mit der Eisenbahn hatten Zarnowitz und sein Bruder die Umgebung von Lemberg erreicht. Bislang waren sie den Deutschen erfolgreich entkommen, doch nun schienen ihnen die Fluchtoptionen auszugehen. Der einzig verbliebene Weg führte in Richtung polnisch-sowjetischer Grenze. Zarnowitz erinnert sich, dass der Gedanke an eine Flucht in die Sowjetunion nicht unproblematisch gewesen sei. Als polnischer Patriot hatte Zarnowitz seit seiner Jugend die Sowjetunion als Bedrohung für die Souveränität des polnischen Staates betrachtet.[81] Auch die Erinnerung an den polnisch-sowjetischen Krieg von 1920 sei ihm noch präsent gewesen. Als politisch informierter Mensch habe er zudem gewusst, dass „the dream of a proletarian republic that had glimmered in 1917 had already been replaced with a merciless dictatorship of steel. Still, we didn't fear them [die Sowjetunion – Anm. d. Verf.] like we feared the Germans and viewed the Soviets as the better option."[82] Noch bevor sie jedoch die Grenze überqueren konnten, wurden sie am 17. September 1939 bei Brzeżany vom Klang russischen Gesangs überrascht:

---

78 Etwa 1.800 antijüdische Pogrome wurden in der Ukraine zwischen 1918 und 1921 registriert. Circa 80 % davon fanden in den Provinzen Kiew, Podolien und Wolhynien statt. Polonsky, Antony: The Jews in Poland and Russia. Band 3: 1914–2008. Oxford u. Portland 2012. S. 34–35.

79 Ginsburg, Bernard L.: A Wayfarer in a World in Upheaval. San Bernadino 1993. S. 15–17.

80 Ginsburg, Wayfarer, S. 19.

81 Zarnowitz, Fleeing the Nazis, S. 17.

82 Zarnowitz, Fleeing the Nazis, S. 41–42.

> First a soloist called out in his clear voice, whether as a tenor or baritone. Then the rest of the troops responded together. A small group, perhaps battalion-strength, appeared on the road. They marched in beautiful order, disciplined and haughty. They wore high boots and green uniforms. There were red stars painted on their helmets. It was the Soviets. And they were in Poland. [...] We had trouble coming to terms with what we were seeing. They had no reason to be here. My first reaction was happiness: perhaps they had come to help us fight the Germans. Only one thing was clear. There was no point in pushing ahead. Our march was over [but] there was no way to know if our flight had been a failure or a success.[83]

In den ersten Wochen des Krieges existierte kein gesicherter Informationszugang zu aktuellen politischen und militärischen Ereignissen. Zehntausende jüdische Flüchtlinge fanden sich nach dem 17. September 1939 auf sowjetisch kontrolliertem Territorium wieder, obwohl sie sich nie aktiv für eine Flucht in die Sowjetunion entschieden hatten. Der Schriftsteller und Flüchtling Yitskhok Perlov beschreibt seine Überraschung angesichts der neuen Grenzen in einem autobiografischen Roman aus dem Jahr 1967 folgendermaßen: „Thus there was now a new frontier which, though I had not crossed it, had crossed over me."[84] Folglich bedurfte es bei vielen auch einer gewissen Zeit, um das Erlebte zu verarbeiten und Entscheidungen über die unmittelbare Zukunft zu treffen. Zwar dominierten unter den ersten Reaktionen jüdischer Flüchtlinge Gefühle von Erleichterung und Freude, nicht unter deutsche Herrschaft gefallen zu sein. Doch das Wissen über den diktatorischen Charakter des sowjetischen Kommunismus rief in Teilen der jüdischen Bevölkerung große Sorge hervor.

Eine verhältnismäßig kleine Gruppe von einigen Tausend polnischen Juden reagierte nicht nur erleichtert auf die abgewendete Gefahr einer deutschen Besatzung, sondern befürwortet aktiv die Ankunft der Roten Armee in den polnischen Ostgebieten. Diese Gruppe bestand fast ausschließlich aus jungen Menschen und Kommunisten, die bereits vor Kriegsbeginn in den polnischen Ostgebieten gelebt hatten. Bei anderen speiste sich die Freude über die Ankunft der Roten Armee aus der Erinnerung an die antisemitischen Diskriminierungen während der Zweiten Polnischen Republik. Der Flüchtling Jerzy Gliksman vermutete kurz nach dem Krieg rückblickend, dass sich insbesondere die einheimische jüdische Bevölkerung der Kresy, der polnischen Ostgebiete, infolge von staatlich sanktioniertem Antisemitismus und gezielter Diskriminierung grundsätzlich schwächer mit dem polnischen Staat identifiziert habe als Juden in anderen Teilen des Landes. Hinzu komme, so Gliksman, dass der Großteil der älteren jüdischen Bevölkerung in den Kresy Russisch beherrschte und zum Teil durch die

---

83 Zarnowitz, Fleeing the Nazis, S. 42–43.
84 Perlov, Adventures, S. 14.

russische Kultur sozialisiert worden sei.[85] Aus Sicht vieler noch vor Gründung der Zweiten Polnischen Republik geborener Juden hatte sich durch die polnische Unabhängigkeit zu wenig zum Guten verändert. Viele lebten in großer Armut und in Sorge um die Zukunft ihrer Kinder. Es erscheint daher wenig überraschend, dass gerade die einheimische jüdische Bevölkerung vielerorts positiv auf die sowjetischen Besatzer reagierte. Anders als die polnische Regierung zwischen den Jahren 1918 und 1939 versprachen die sowjetischen Machthaber volle Gleichberechtigung für Juden und Nichtjuden in Bildung und Beruf. Insbesondere junge Juden nahmen mit guten Gründen an, dass sich ihre beruflichen Perspektiven unter sowjetischer Herrschaft deutlich verbessern würden. Den Gründen für die Anziehungskraft des Sowjetkommunismus unter jungen Juden wurde bereits zeitgenössisch nachgegangen. Der Warschauer Lehrer Chaim Kaplan sah diese vor allem in dem Wunsch nach Arbeit und somit einer Zukunftsperspektive begründet. So heißt es in seinem Tagebucheintrag vom 15. November 1939:

> Die Sowjets sagen: ‚Kommt, wir werden euch Arbeit geben; wenn ihr nur zu uns kommt.' [...] Die jüdische Jugend aber, die sich nach Arbeit sehnt, nach ihrer Hände Arbeit, nach einem Leben des Schaffens und Bauens und dafür bereit ist, die Freiheit des stalinistischen Bolschewismus zu akzeptieren – das sind die erwünschten Gäste. Zu Zigtausenden entfliehen sie der nazistischen Hölle.[86]

Vielerorts gehörten die von Kaplan erwähnten jungen Juden zu den lautstärksten und somit sichtbarsten Befürwortern der sowjetischen Besatzung. Diese Gruppe wurde von weiten Teilen der nichtjüdischen polnischen Bevölkerung als repräsentativ für die Haltung aller Juden zur sowjetischen Herrschaft betrachtet.[87] Auf die Gefahr einer möglichen Fehlwahrnehmung der tatsächlichen jüdischen Unterstützung für die neue Ordnung seitens der nichtjüdischen Bevölkerung wies der Zionist Moshe Kleinbaum in seinem Bericht für den World Jewish Congress von 1940 hin:

> I personally experienced the entry of the Red Army into the provincial capital of Luck. All along the main highway over which the Soviet tanks, artillery, and mechanised infantry marched, throngs of people stood. Most watched this demonstration out of curiosity. Ukrainian peasants, who flocked en masse from the nearby villages, as well as young Jewish

---

85 YIVO, Gliksman, Jewish Exiles, S. 9.

86 Zitiert aus Friedrich u. Löw, Verfolgung, S. 136.

87 Zu diesem Schluss kam im Frühjahr 1940 bereits der junge Jan Karski, Kurier im Auftrag der polnischen Exilregierung, in seinem Bericht über die Situation der jüdischen Bevölkerung im besetzten Polen. Engel, David: An Early Account of Polish Jewry under Nazi and Soviet Occupation Presented to the Polish Government-In-Exile. February 1940. In: Jewish Social Studies 1 (1983). S. 1–16, hier S. 10–11.

> communists, and especially communist women, greeted the soldiers with cheers and cries of friendship. The number of Jewish admirers was not especially great. However, their behaviour on that day was conspicuous for its vociferousness, which was greater than that of other groups. In this fashion it was possible to obtain the erroneous impression that the Jews were the most festive guests at this celebration.[88]

In die unter jüdischen Kommunisten verbreitete anfängliche Freude über die sowjetische Besatzung mischte sich jedoch alsbald auch Sorge. Ein Jahr zuvor, am 16. August 1938, hatte das Exekutivkomitee der *Komintern* die Auflösung der Kommunistischen Partei Polens unter dem Vorwand beschlossen, diese sei von Provokateuren unterwandert. Trotz dieser unvergessenen Enttäuschung entschieden sich infolge des deutschen Überfalls auf Polen Tausende jüdische (wie auch nichtjüdische) Kommunisten zur Flucht in das sowjetisch kontrollierte Gebiet. Sie hofften, dass sich ihre politische Vergangenheit unter sowjetischer Herrschaft zu ihrem Vorteil erweisen würde. Schnell mussten viele kommunistische Aktivisten der Zwischenkriegszeit jedoch feststellen, dass die sowjetischen Behörden sie mit Argwohn und Skepsis betrachteten. Tausende Vorkriegskommunisten wurden zwischen 1940 und 1941 inhaftiert und nach Osten zur Zwangsarbeit deportiert.[89] Eine Ausnahme von dieser Politik bildeten jene Kommunisten, die während der Zweiten Polnischen Republik wegen ihrer politischen Aktivitäten inhaftiert waren. Sie erschienen den neuen sowjetischen Machthabern vertrauenswürdiger. Aus diesem Kreis rekrutierte das sowjetische Regime einige wichtige Persönlichkeiten, um die angestrebte Integration der annektierten polnischen Gebiete in den Bereichen Presse, Kultur und Politik voranzutreiben.[90]

Von allen drei jüdischen Reaktionsmustern auf den sowjetischen Einmarsch zeigte der offen zur Schau getragene Enthusiasmus einiger weniger Tausender Personen die größte Wirkung auf die polnisch-jüdischen Beziehungen der nachfolgenden Jahre.[91] Die sehr unterschiedlich erinnerte und kontextualisierte Begrüßung der Roten Armee durch Teile der jüdischen Bevölkerung sollte sich in den Folgejahren bis in die Weiten der Sowjetunion als konfliktreiches Thema erweisen, das zudem die polnische Vorstellung jüdischer Reaktionen gegenüber dem sowjetischen Besatzer und späteren machthabenden Regime dominierte.[92] Dabei

---

88 Engel, Kleinbaum's Report, S. 279.

89 Rozenbaum, Włodzimierz: The Road to New Poland: Jewish Communists in the Soviet Union, 1939–1946. In: Jews in Eastern Poland and the USSR, 1939–1946. Hrsg. von Norman Davies u. Antony Polonsky. London 1991. S. 214–226, hier S. 214.

90 Dieser Prozess wird in Kapitel 3 thematisiert.

91 Żbikowski, Andrzej: Jewish Reaction to the Soviet Arrival in the Kresy in September 1939. In: Polin. Studies in Polish Jewry 13 (2000). S. 62–72, hier S. 72.

92 Ausführlicher dazu in Kapital 6.

betrachtete die Mehrheit der mit der Roten Armee konfrontierten polnischen Juden die Aussicht auf ein künftiges Leben unter sowjetischer Herrschaft äußerst skeptisch bis ablehnend.

Unter einheimischen polnischen Juden im östlichen Teil des Landes herrschte nur selten ungetrübte Freude über die Ankunft der Roten Armee. Moshe Kleinbaum kommt nach Befragung Hunderter Juden, die er unterwegs während seiner Flucht getroffen hatte, zu dem Schluss, dass mindestens 80% der Juden unter sowjetischer Besatzung dem Kommunismus skeptisch gegenüber standen. Einerseits, schreibt Kleinbaum, „they received Soviet authority with a sigh of relief following long weeks of trepidation over the danger of a Nazi invasion. On the other hand, though [they also breathed, Anm. d. Verf.] a sigh of worry over what the morrow would bring."[93] Kleinbaums Einschätzung wird durch weitere jüdische Selbstzeugnisse gestützt.[94] Stellvertretend für viele weitere kann die sorgenvolle Äußerung Simon Davidsons stehen, der einerseits dankbar war, dem Zugriff der „blutrünstigen deutschen Bestie" entkommen zu sein und zugleich an das „brutale und unberechenbare Regime"[95] denken musste, das fortan über seine Existenz entscheiden würde. Die Skepsis gegenüber der Sowjetunion war innerhalb verschiedener sozio-politischer Kreise (mit Ausnahme der Kommunisten) weit verbreitet.[96] In vielen Zeugnissen bekunden polnische Juden, über den stalinistischen Terror, die Massenverhaftungen der 1930er Jahre, die Mangelwirtschaft und die weit verbreitete Armut in der Sowjetunion informiert gewesen zu sein. Religiöse Juden fürchteten nicht zuletzt auch die antireligiöse Politik, die das öffentliche jüdische Leben in der Sowjetunion bereits stark eingeschränkt hatte. Auch Bundisten, Sozialisten und Zionisten nahmen den sowjetischen Machtanspruch auf das östliche Polen mit großer Sorge zur Kenntnis. Im Wissen um eine drohende Verfolgung flüchteten Tausende von ihnen vor den deutschen und sowjetischen Besatzern in das einzige Nachbarland Polens, das noch unabhängig war, nach Litauen.[97]

Die von vielen geteilte Skepsis gegenüber den neuen Machthabern schien sich bereits in den ersten Tagen der Besatzung zu bestätigen und sogar zu verstärken. Einen ersten Eindruck vom Leben unter dem kommunistischen Regime der So-

93 Engel, Kleinbaum's Report, S. 280.
94 Etwa Ben-Eliezer, Flucht, S. 29.
95 Beide Zitate aus Davidson, War Years, S. 51.
96 Mendelsohn, Ezra: Introdcution: The Jews of Poland Between Two World Wars–Myth and Reality. In: The Jews of Poland between Two World Wars. Hrsg. von Yisrael Gutman et al.. Hanover u. London 1989. S. 1–6, hier S. 2.
97 Levin, Jews of Vilna, S. 107; Schulz, Miriam: Der Beginn des Untergangs. Die Zerstörung der jüdischen Gemeinden in Polen und das Vermächtnis des Wilnaer Komitees, Berlin 2016, S. 31–34.

wjetunion erhielten polnische Juden bereits beim Einmarsch der Roten Armee. Der Flüchtling Simon Davidson war beim Anblick der sowjetischen Soldaten in Białystok schockiert vom schlechten Zustand ihrer Ausrüstung. Da Davidson bis zu seinem 30. Lebensjahr im Russischen Reich und der jungen Sowjetunion gelebt hatte, fiel ihm sofort der Zustand von Uniformen und Waffen auf: „It strikes me that the soldiers wear the same old army coats as in the time of the Tzars, frayed on the bottom, their rifles held by a hempen strap, shoes lopsided, faces dull."[98] Mit sehr ähnlichen Worten formuliert auch Zev Katz in seinen Erinnerungen die ersten Impressionen der Roten Armee. Die sowjetischen Soldaten, so Katz, haben „asiatisch, schäbig, unreinlich, rückständig"[99] ausgesehen. Auch die Ausrüstung machte auf ihn einen veralteten Eindruck. Ebenfalls großes Erstaunen rief bei Simon Davidson und vielen anderen Zeitgenossen das weit verbreitete Verhalten sowjetischer Offiziere in den ersten Tagen der Besatzung hervor:

> The officers walk the streets and bedazzled by the quantity of goods still available in the war-torn Poland, disappear in every store in a frenzy of acquiring anything and everything they see. The stores run quickly out of goods, their stock gone, there is no way to replenish it.[100]

In einigen Selbstzeugnissen vermischen sich die Berichte über Hamsterkäufe und Plünderungen mit abwertenden Beschreibungen sowjetischer Soldaten als rückständig und wenig kultiviert. Viele Soldaten, so beschreiben es jüdische Zeitgenossen, seien vom unbekannten Angebot an Uhren, Delikatessen und Luxusgütern in den eroberten Gebieten völlig überwältigt gewesen. So erinnert sich Perry Leon aus Świerże (am Bug) an die Rückständigkeit einiger Rotarmisten.

> [S]ome Russian soldiers were so dumb that they did not know what a brassiere is. They thought it was something to cover up their ears. Russian women came to a dance in nightgowns thinking they were expensive dresses.[101]

Zahlreiche weitere Berichte legen Zeugnis ab von ähnlichen Momenten kultureller Konfrontationen zwischen Polen und der Sowjetunion. So schildert etwa Ola Wat, Ehefrau des renommierten kommunistischen Schriftstellers Aleksander Wat, die ersten Tage der sowjetischen Besatzungsherrschaft in Lemberg als Verwilderung.

---

98 Davidson, War Years, S. 58.
99 Katz, From the Gestapo, S. 209.
100 Davidson, War Years, S. 58–59.
101 United States Holocaust Memorial Museum Archive, Washington, D.C. (nachfolgend USHMMA), Perry Leon Story, A.0275, 1999, S. 1.

> Sie waren unsere Herrscher und konnten machen, was sie wollten. [...] Man verhaftete Leute und plünderte danach häufig ihre Wohnungen. Alles veränderte sich auf eine unheimliche Weise. Dreck. Die Aborte in einem schrecklichen Zustand. Für uns waren das wirklich Wilde. Einfall der Barbaren. Wir sind in eine graue Vorzeit zurückversetzt worden, wir kamen damit nicht zurecht.[102]

Aus den genannten Beschreibungen rückständiger sowjetischer Armeeangehöriger spricht eine tiefe Skepsis gegenüber den Versprechen vieler Rotarmisten über ein vermeintlich sorgenfreies Leben in der Sowjetunion. Viele polnische Juden sahen daher von Beginn an wenig Grund, den neuen Machthabern und ihrer Propaganda zu trauen. Dennoch bildeten die Soldaten und Offiziere der Roten Armee, die zu Tausenden in kleineren und größeren Orten des östlichen Polens anzutreffen waren, eine wichtige Quelle für Informationen über das Leben in der Sowjetunion. In den ersten Tagen der sowjetischen Besatzung wandten sich zahlreiche Juden hoffnungsvoll an die Rotarmisten, um mehr über die künftige Behandlung der jüdischen Bevölkerung zu erfahren. So beschreibt etwa Larry Wenig in seinen Erinnerungen, wie er im September 1939 mit seiner Familie aus Dynów über den Fluss San auf die sowjetische Seite floh.[103] Sie waren unsicher über die zu erwartende Behandlung durch die sowjetischen Besatzer: „We wanted to believe there was something good waiting for us in Russian-conquered territory."[104] Zuerst steuerten sie das Haus eines Bekannten seines Vaters an, der ihnen und weiteren jüdischen Familien für einige Tage Unterschlupf gewährte. Im Austausch mit anderen Flüchtlingen erfuhren sie mehr über die Situation der Juden unter sowjetischer Herrschaft. Jemand habe einen sowjetischen Offizier gefragt, wie man die Juden unter ihrer Herrschaft behandeln würde, worauf dieser geantwortet habe, dass in der Sowjetunion alle Bürger gleich seien. Auch wenn einige es nicht glauben wollen, seien andere doch dankbar für diese Hoffnung spendende Information gewesen.[105] Ein paar Wochen später fuhr die Familie weiter nach Bircza, wo sie Verwandte hatte und sich ein Verkehrsknotenpunkt der Roten Armee befand. Hier hörten sie Gerüchte über russische Soldaten, die orthodoxe Juden aufgefordert hätten, ihre Bärte abzurasieren und ihren Glauben abzulegen. Für Wenig stellte sich die sowjetische Botschaft folgendermaßen antireligiös dar: „Wir sind euer Messias. Kommt mit uns und ihr werdet glücklich sein."[106] Das hoffnungsvolle Bild der Sowjetunion sei zudem durch Berichte über

---

102 Wat, Ola: Jenseits von Wahrheit und Lüge. Erinnerungen. Frankfurt am Main 2000. S. 33–34.
103 Wenig, Larry: From Nazi Inferno to Soviet Hell. New Jersey 2000. S. 71–72.
104 Wenig, From Nazi Inferno, S. 77.
105 Wenig, From Nazi Inferno, S. 72.
106 Wenig, From Nazi Inferno, S. 78.

betrunkene russische Soldaten getrübt worden, die vom Alltag und der Propaganda in der Sowjetunion erzählten, vom Hunger und der Armut. Wenig erinnert sich, dass die Familie besorgt gewesen sei, zunächst aber keinen Ausweg aus ihrer derzeitigen Lage gesehen habe.[107]

2.4 Kapitelfazit

Der deutsche Überfall auf Polen zwang alle polnischen Juden des Landes zum Handeln. Schätzungsweise 300.000 bis 350.000 Juden entschieden sich zur Flucht in sowjetisch kontrolliertes Gebiet. Und doch war die Flucht eine Ausnahmeerscheinung. Die meisten jüdischen Bewohner der in das Deutsche Reich eingegliederten Gebiete und des Generalgouvernements verließen den deutschen Herrschaftsbereich nicht. Wie oben gezeigt, war die Entscheidung für eine Flucht von mehreren Faktoren abgängig. Von besonderer Bedeutung waren der Zeitpunkt der Fluchtentscheidung sowie die Entfernung zur deutsch-sowjetischen Demarkationslinie. Der Faktor *Zeit* ist bedeutsam, weil der Einmarsch der Wehrmacht beziehungsweise die ersten Tage und Wochen der deutschen Besatzung als gelebte Erfahrung dazu beitrugen, die Flucht zu wagen. Mit fortlaufender Dauer der Besatzung sollte es zudem immer schwieriger, risikoreicher und teurer werden, die deutsch-sowjetische Grenze zu überwinden. War diese zu Beginn der doppelten Besatzung Polens noch relativ leicht zu überqueren, so stellte die hohe Zahl bewaffneter Grenzsoldaten auf beiden Seiten bereits ab Ende Oktober 1939 ein nur von wenigen zu überwindendes Hindernis auf dem Weg auf die sowjetische Uferseite dar. Der Faktor *Raum* beeinflusste die Fluchtentscheidung ebenso vielfältig wie der Faktor *Zeit*. So förderte die geringe Entfernung des eigenen Wohnortes zur Demarkationslinie in einigen Fällen die spontane Fluchtentscheidung. Wer näher an der deutsch-polnischen Vorkriegsgrenze lebte, kam in der Regel früher mit dem deutschen Besatzungsregime in Kontakt als diejenigen polnischen Juden, die näher an den späteren Grenzflüssen Bug, San, Narew und Pissa wohnten. Schließlich zeichneten sich Grenzstädten dadurch aus, dass sie eine schnelle Flucht auf sowjetisches Gebiet realistischer erscheinen ließen. Die Grenzstädte waren zudem Orte des Informationsaustauschs. Jüdische Flüchtlinge aus anderen Teilen des Landes durchquerten zu Tausenden grenznahe Städte und Ortschaften und berichteten den jüdischen Einwohnern von ihren Erfahrungen mit den Deutschen. Da sich viele Flüchtlinge entlang zentraler Straßen und Eisenbahnlinien bewegten, konnte auch die Nähe zu urbanen Zentren und Ver-

107 Wenig, From Nazi Inferno, S. 79.

kehrsknotenpunkten über die Frage nach der Flucht entscheiden. Die beschriebenen Faktoren wirkten sich sehr unterschiedlich auf die jüdische Bevölkerung aus. So unterschied sich die Zusammensetzung der jüdischen Flüchtlinge in den ersten Kriegstagen deutlich von der später Entkommener. In der ersten Phase der Flucht ragen zwei Gruppen jüdischer Flüchtlinge heraus. In den ersten Tagen bis zum Einmarsch der Roten Armee entschlossen sich vorrangig Männer im wehrfähigen Alter zur Flucht. Sie taten dies vielfach mit der Absicht, sich der polnischen Armee im Kampf gegen die Wehrmacht hinter einer zu errichtenden Verteidigungslinie entlang der Weichsel anzuschließen. Dabei waren sie überzeugt, dass sich Männer in einer größeren Gefahr befänden als Frauen. Ferner vermuteten sie, dass der Kriegszustand nur von kurzer Dauer sein würde und rechtfertigten so die Trennung von ihren weiblichen Familienangehörigen.[108] Charakteristisch für diese Gruppe ist zudem, dass es in der Regel nicht zum Kontakt mit den Deutschen kam. Für viele *frühe Flüchtlinge* beziehungsweise Flüchtlinge der ersten Kriegswochen bilden die Deutschen lediglich eine schattenhafte Bedrohung ohne konkrete Konturen oder Gesichter. Vor dem sowjetischen Einmarsch waren die frühen Flüchtlinge mit unbekanntem Ziel in Richtung Osten aufgebrochen: Von einer Flucht in die Sowjetunion beziehungsweise einer dauerhaften Existenz als Flüchtling unter sowjetischer Herrschaft in Ostpolen war in der ersten Septemberhälfte 1939 noch nicht auszugehen. Erst nach dem 17. September 1939 entstand mit der neuen Realität der doppelten Besatzung eine echte Alternative zum Leben unter deutscher Herrschaft. Zugleich erwiesen sich vor diesem Hintergrund sämtliche Hoffnungen auf ein baldiges Ende der Kriegshandlungen als unhaltbar. Unter den neuen Bedingungen nach dem 17. September 1939 veränderte sich auch die Zusammensetzung der jüdischen Flüchtlinge. Stärker als zuvor machten sich nun auch ganze Familienverbände von bis zu drei Generationen auf den Weg über die deutsch-sowjetische Demarkationslinie. Die nach dem 17. September 1939 aufgebrochenen jüdischen Flüchtlinge mussten Stellung zur Frage beziehen, welche der beiden Besatzungsmächte aus ihrer Sicht mehr Sicherheit versprächen. Wenngleich sich kaum jemand großer Illusionen über das Leben unter sowjetischer Herrschaft hingab, so überwog doch eindeutig die Überzeugung, es im Falle der Sowjetunion mit dem geringeren von zwei Übeln zu tun zu haben. Fast alle vermuteten oder waren überzeugt davon, dass sie unter den Sowjets – anders als unter den Deutschen – als Juden nicht diskriminiert würden. Da sich in der Gruppe der nach dem 17. September 1939 geflohenen Juden vor-

---

108 Der Flüchtling Artur Szlifersztejn schätzte in einem Brief vom Oktober 1939, dass 98 % aller polnisch-jüdischen Flüchtlinge alleinreisende Männer waren. Szlifersztejn in: Friedrich u. Löw, Verfolgung, S. 109.

rangig Menschen befanden, die in direktem Kontakt mit den deutschen Besatzern gekommen waren, genügte den meisten die vage Aussicht auf Sicherheit vor der Verfolgung, um auf die sowjetische Seite der Grenze zu fliehen.

Bei der Analyse von Entscheidungsfindungsprozessen polnischer Juden im September 1939 ist jedoch stets zu beachten, dass die Flucht eine Ausnahmeerscheinung bildet. Eine Erklärung, warum die überwiegende Mehrheit der Juden in den eingegliederten Gebieten und im Generalgouvernement nicht auf die sowjetische Seite der Grenze floh, gibt Leon Zelman, der in seinen Erinnerungen die Stimmung in seiner Umgebung folgendermaßen beschrieb:

> Da und dort hörte man von einem Juden, der sich aus Verzweiflung [über die Bedingungen der deutschen Besatzung, Anm. d. Verf.] umgebracht hatte. Andere ließen ihren Besitz zurück und flüchteten in letzter Minute nach Osten. Die Zurückgebliebenen schüttelten den Kopf. Wozu resignieren, wozu sich in solche Gefahr begeben? Die Härten würden nachlassen, ohne uns würde es nicht gehen, irgendwie würde man durchkommen.[109]

Zu den hier – und in vielen anderen Zeugnissen – genannten Motiven für den Verbleib unter deutscher Herrschaft gesellt sich die Unfähigkeit, sich das Ausmaß der Verfolgung und der späteren Vernichtung vorstellen zu können. Viele waren nicht bereit, ihren Wohn- und Arbeitsort und ihre Familie zurückzulassen. Von kaum zu unterschätzender Bedeutung ist zudem der mangelnde Zugang zu verlässlichen Informationen über die Lebensbedingungen unter deutscher oder sowjetischer Herrschaft. Viele waren schlicht nicht bereit, den Berichten über das brutale Besatzungsregime der Deutschen Glauben zu schenken und taten diese als Gerüchte oder Übertreibungen ab. So finden sich in vielen Zeugnissen jüdischer Flüchtlinge Beschreibungen von Gesprächen mit jüdischen Bewohnern des Grenzgebietes, die sich in den meisten Fällen allen Warnungen zum Trotz zum Bleiben und gegen die Flucht nach Osten entschieden. Andere dagegen konnten sich keine Zukunft in der Sowjetunion vorstellen, einem Staat, den viele als gewalttätiges Terrorregime betrachteten und von dem sie keinen Schutz erwarteten. Ein in Hinblick auf den Faktor *Raum* ebenfalls nicht zu vernachlässigender Aspekt ist die Existenz eines Zufluchtsorts auf der sowjetischen Seite der Grenze. Aus zahlreichen Zeugnissen geht hervor, dass das Vorhandensein eines konkreten Ziels, etwa das Wohnhaus eines Familienmitglieds, eines Geschäftspartner oder politischen Freundes, die Flucht nicht nur motivierte, sondern zuweilen überhaupt erst ermöglichte. So halfen Bekannte und Familienangehörige auf der sowjetischen Seite bei der Organisation der Grenzüberquerung, stellten eine Unterkunft sowie eine Erstversorgung mit Nahrung und Kleidung sicher und halfen

109 Zitiert aus Friedrich u. Löw, Einleitung, S. 30.

bei der Orientierung im sowjetischen System. Wer fliehen wollte, musste im besten Falle wissen, welchen Ort er ansteuern und wer ihn vorübergehend aufnehmen würde. Nicht zuletzt gab es unzählige Fälle erfolgloser Versuche, die Grenze zu überqueren. Kein Einzelfall war die Geschichte von Rachela Schmidt, die beschreibt, dass sie mit ihrer Gruppe jüdischer Flüchtlinge von den Deutschen aus ihrer Heimatstadt Dubiecko in Richtung des San vertrieben wurde. Die Flussüberquerung gestaltete sich jedoch schwierig, weil Ukrainer den jüdischen Flüchtlingen den Weg auf die sowjetische Uferseite des San versperrten. „Als wir den Fluss durchqueren wollten", erinnert sich Rachela Schmidt, „fingen die Ukrainer an, auf uns zu schießen. Wir verharrten lange in der Mitte des Flusses und die Kinder schrien schrecklich vor Hunger. Schließlich hatten die Ukrainer Mitleid und ließen uns die Grenze überqueren."[110]

Was bisher nur ansatzweise thematisiert werden konnte und im folgenden Kapitel ausführlich behandelt werden wird, ist die Tatsache, dass sich Flüchtlinge wiederholt mit der Frage auseinandersetzen mussten, ob sie unter sowjetischer Herrschaft leben oder womöglich doch in die unter deutscher Besatzung stehende Heimat zurückkehren wollten. Zur Flucht und ebenso zum Verbleib im Exil mussten sich polnische Juden demnach wiederholt und aktiv positionieren. In den folgenden Monaten und in geringerem Maße auch darüber hinaus bis zum 22. Juni 1941 waren sie gezwungen, Argumente gegen eine Rückkehr nach Hause zu finden, obwohl Tausende andere ins Generalgouvernement zurückkehrten. Sie mussten sich und anderen gegenüber rechtfertigen, warum ihre Familie unter den Deutschen litt, während sie sich im Exil befanden. Die Historikern Eliyana Adler hat in diesem Zusammenhang den Begriff der *fluiden Entscheidung* (fluid decision) geprägt, der die Dynamik des Entscheidungsfindungsprozesses betont.[111] Im folgenden Kapitel wird daher die Frage zu beantworten sein, unter welchen Bedingungen und mit welchen Motiven sich polnische Juden für die Flucht beziehungsweise den Verbleib in der Sowjetunion entschieden.

---

110 GFHA, Zeugnis von Rachela Schmidt, Polnisch, Lindenfels, ohne Datumsangabe, Katalognummer 4206.

111 Adler, Hrubieszów, S. 21.

3 Jüdische Reaktionen auf die Sowjetisierung Polens

Im folgenden Kapitel stehen die vielfältigen Reaktionen polnischer Juden auf die sich verfestigende sowjetische Herrschaft im Fokus. Dieser hier als *Sowjetisierung* verstandene Prozess der Ausweitung sowjetischer Strukturen auf die im November 1939 annektierten polnischen Gebiete erfasste den Alltag alle Bewohner gleichermaßen. Die polnischen Juden nahmen die zahlreichen, im Vergleich zum Leben in der Zweiten Polnischen Republik radikalen Veränderungen ambivalent wahr. Ziel des folgenden Kapitels ist es, zunächst die drei wesentlichen Bereiche der Sowjetisierung darzustellen und anschließend die vielfältigen jüdischen Reaktionen darauf nachzuzeichnen. Aus sowjetischer Sicht war der Nichtangriffspakt mit Deutschland ein außenpolitischer Coup gewesen. Mit einem verhältnismäßig geringen militärischen Aufwand hatte die Sowjetunion ihre westlichen Außengrenzen bis an den Bug, San, Narew und die Pisa verschieben können. Zunächst nur in Polen, ab Sommer 1940 auch im Baltikum, war die Sowjetunion allerdings mit einer Bevölkerung konfrontiert, die das Okkupationsregime mehrheitlich ablehnte.[1] Um deren Widerstand frühzeitig zu brechen, griff das sowjetische Regime daher bei der Durchsetzung seines Herrschaftsanspruchs in den besetzten Territorien auf das in der Heimat bereits erprobte Mittel der Gewaltanwendung gegen weite Teile der Bevölkerung zurück.[2] Der Prozess der Ausweitung sowjetischer Strukturen auf die annektierten polnischen Gebiete – ab November 1939 als westliches Weißrussland und Westukraine bezeichnet – lässt sich als *Sowjetisierung* titulieren. Ihr Ziel war die möglichst rasche Angleichung der bestehenden polnischen Rechts-, Politik- und Wirtschaftssysteme an das sowjetische Vorbild. Jan T. Gross unterscheidet drei Bereiche der Sowjetisierung, die nachfolgend ausführlicher behandelt werden, da sie auch das Leben polnischer Juden entscheidend beeinflussten: Austausch der Eliten beziehungsweise Ent-Polonisierung, Säkularisierung und Verstaatlichung der Wirtschaft.[3]

---

1 Baberowski, Jörg: Verbrannte Erde. Stalins Herrschaft der Gewalt. München 2012. S. 372.

2 Baberowski, Verbrannte Erde, S. 374–375.

3 Gross, Sovietization, S. 70.

https://doi.org/10.1515/9783110594393-004

3.1 Elitenaustausch und Ent-Polonisierung

Die Auflösung bestehender staatlicher Strukturen im Austausch gegen sowjetische Pendants in den ehemaligen polnischen Gebieten bildete die erste Säule der Sowjetisierung. Innerhalb weniger Tage nach dem Einmarsch der Roten Armee wurden sämtliche polnische Staats- und Selbstverwaltungsorgane sowie alle gesellschaftlichen Vereine aufgelöst. Darüber hinaus verlor das Polnische seinen Status als Amtssprache.[4] Zugleich wurde das sowjetische Staatsbürgerschaftsrecht auf die neuen Bewohner Westweißrusslands und der Westukraine ausgeweitet. Auf Beschluss des Obersten Sowjets vom 29. November 1939 erhielten alle polnischen Staatsangehörigen, die sich am 1. beziehungsweise 2. November 1939 im Osten Polens aufgehalten hatten, das heißt auch die aus West- und Zentralpolen geflohenen Juden, automatisch den sowjetischen Pass (*Erste Zwangspassverleihung*).[5] Um die Ausweitung des sowjetischen Staatsbürgerschaftsrechtes auf die neuen Westgebiete praktisch umsetzen zu können, wurden deren Bewohner aufgefordert, sich beim NKWD für einen internen Ausweis zu registrieren. Auf diese Weise erhielt der sowjetische Staat ein Register aller Bürger, welches sich später für die Erstellung von Deportations- und Verhaftungslisten als nützlich erweisen sollte. Nicht von der Zwangsverleihung der sowjetischen Staatsbürgerschaft betroffen waren die (mehrheitlich jüdischen) Flüchtlinge aus der Westhälfte des Landes, welche erst nach dem 2. November 1939 auf sowjetisches Territorium gelangt waren und deshalb zunächst die polnische Staatsbürgerschaft behalten durften.

Auf der Verwaltungsebene wurden die bestehenden polnischen Strukturen durch sowjetische Institutionen ersetzt, die samt ihrer Praktiken nach Ostpolen gebracht wurden.[6] Für den Aufbau und den Erhalt dieser Strukturen bemühte sich die sowjetische Führung durchaus erfolgreich um die Unterstützung seitens der ethnischen Minderheiten in den ehemaligen Kresy. So bestand etwa auf dem Land

---

4 Borodziej, Geschichte Polens, S. 195.

5 Im Dekret des Präsidiums des Obersten Sowjets zur Erweiterung des sowjetischen Staatsbürgerschaftsrechtes auf die Bewohner der eingegliederten Gebiete vom 29. November 1939 heißt es: „Alle ehemaligen polnischen Staatsbürger, die sich zum Zeitpunkt der Eingliederung in die UdSSR am 1. und 2. November 1939 auf dem Territorium Westweißrusslands und der Westukraine befanden, erhalten die sowjetische Staatsbürgerschaft. Personen, die erst nach dem Stichtag auf dasselbe Gebiet gelangten, können die sowjetische Staatsbürgerschaft beantragen." Abgedruckt in englischer Übersetzung in: General Sikorski Historical Institute (Hrsg.) (nachfolgend GSHI): Documents on Polish-Soviet relations, 1939–1945, Bd. 1, Dokument 71, London 1961. S. 92.

6 Wierzbicki, Marek: Der Elitenwechsel in den von der UdSSR besetzten polnischen Ostgebieten (1939–1941). In: Gewalt und Alltag im besetzten Polen 1939–1945. Hrsg. von Jochen Böhler u. Stephan Lehnstaedt. Osnabrück 2012. S. 173–186, hier S. 183–185.

und in kleineren Ortschaften die sowjetische Verwaltung nach der sofortigen Entlassung des polnischen Personals zunächst vor allem aus jüdischen, ukrainischen und weißrussischen Freiwilligen, die beispielsweise die Reihen der Miliz füllten oder Mitglieder der sowjetischen Dorfkomitees wurden.[7] In Großstädten wurden zwar Leitungspositionen unverzüglich mit sowjetischen Militär-, Partei- oder Polizeifunktionären besetzt, doch auf den unteren Ebenen arbeitete das polnische Verwaltungspersonal für eine Übergangsphase zunächst noch weiter, bevor es auch entlassen wurde. Um die ethnischen Minderheiten der besetzten Gebiete zur Kollaboration zu bewegen, entfachte das sowjetische Regime gezielt Konflikte oder ließ solche Zusammenstöße gewähren, ohne einzugreifen.[8] An vielen Orten der besetzten Gebiete fiel zudem die sowjetische Propaganda gegen polnische Gutsbesitzer und Staatsbeamte auf fruchtbaren Boden. In der kurzen Phase Mitte September 1939 zwischen Auflösung der polnischen Ordnung und Durchsetzung der sowjetischen Herrschaft attackierten vielerorts Ukrainer und Weißrussen, aber auch Juden polnische Siedler, Armeeangehörige und andere Repräsentanten der polnischen Elite. Zuvor hatten Politoffiziere der Roten Armee zu gezielten Gewalt- und Racheakten gegen die „polnischen Herren“[9] (*pany*) aufgerufen. Ziel dieser *divide et impera-Strategie* war die Vergiftung der Beziehungen unter den nationalen Minderheiten. Nach Ansicht des Historikers Stanisław Ciesielski sei die sowjetische Strategie der gezielten Desintegration der Gesellschaft durchaus erfolgreich gewesen. Aus „unseren Fremden“ seien „fremde Fremde“[10] geworden. Die gezielte Privilegierung ausgewählter Minderheiten rief unter dem Rest der Bevölkerung Gefühle wie Ärger und Neid hervor, die das sowjetische Regime nach Belieben ansteuern konnte, um ethnische Minderheiten gegeneinander auszuspielen. Zugleich versuchten die sowjetischen Machthaber aber auch, „die Dynamik des nationalen Konfliktes auf die Ebene des Klassenkampfes zu lenken.“[11] Zuvor richteten die sowjetischen Machthaber jedoch ihr Augenmerk auf die Verfolgung vermeintlicher und tatsächlicher Feinde ihrer Herrschaft aus den Reihen der annektierten Bevölkerung.

---

7 Ausnahmen bildeten die Polizei, das Gerichtswesen und die Leitungsebene in der Verwaltung. Das polnische Verwaltungspersonal wurde nach Ankunft und Schulung sowjetischer Mitarbeiter ersetzt. Gross, Sovietization, S. 68.

8 In der sowjetischen Presse wurde der Einmarsch vom 17. September 1939 retrospektiv als ein notwendiger Schritt gedeutet, um die Sicherheit der weißrussischen und ukrainischen Bevölkerungsminderheiten in der Zweiten Polnischen Republik zu beschützen. Baberowski, Verbrannte Erde, S. 376.

9 Gross u. Grudzińska-Gross, W czterdziestym, S. 17.

10 Ciesielski, Einleitung, S. 18.

11 Ciesielski, Einleitung, S. 16.

Die ersten Opfer sowjetischen Terrors waren die Eliten des polnischen Militärs, die im Zuge der Besetzung Polens in sowjetische Gefangenschaft gelangt waren. Die Mehrheit der 450.000 im September und Oktober 1939 gefangen genommenen polnischen Soldaten wurde bis Jahresende 1939 freigelassen. Darunter auch alle ukrainischen und weißrussischen Kriegsgefangenen.[12] Anders erging es höheren Offiziere und Staatsbeamten im Dienste der Armee, die auf Befehl Stalins zunächst von einfachen Soldaten getrennt und anschließend in besondere NKWD-Lager in Starobilsk beziehungsweise Ostaškov eingewiesen wurden.[13] Alle Gefangenen, die vor dem Krieg in den westpolnischen Provinzen gelebt hatten, wurden kurzzeitig in den Lagern in Kosel'sk und Putiwl interniert, bevor sie ausnahmslos in das deutsche Teilungsgebiet verschickt wurden.[14] Von den am Jahresende 1939 verbliebenen etwa 39.000 Kriegsgefangenen wurde ein Drittel zur Zwangsarbeit in Minen verpflichtet. Ein weiteres Drittel wurde für den Bau der Straße zwischen Lemberg und Kiew eingesetzt. Der restliche Teil von circa 15.000 Personen bestand aus den in Starobilsk beziehungsweise Ostaškov inhaftierten Offizieren, Reserveoffizieren und Polizisten. Die große Mehrheit von ihnen (etwa 14.000) ermordete der NKWD auf Befehl Stalins im April und Mai 1940 in den Wäldern bei Katyń und Charkiv.[15] Zum Zeitpunkt des deutschen Überfalls auf die Sowjetunion im Juni 1941 befanden sich noch immer 25.200 polnische Kriegsgefangene in sowjetischem Gewahrsam, darunter 730 Juden.[16]

Hauptverantwortlich im Kampf gegen die Elite des ehemaligen polnischen Staates war der NKWD, der im Gefolge der sowjetischen Streitkräfte in die besetzten polnischen Gebiete kam. Einige Hundert erfahrene Mitglieder des staatlichen Sicherheitsapparates der UdSSR bildeten operative Sondereinheiten des NKWD, die sogenannten *Opergruppen,* die in den ersten Tagen und Wochen der

---

12 Grundlage war ein Befehl Stalins an den NKWD vom 3. Oktober 1939. Baberowski, Verbrannte Erde, S. 378.

13 Höhere Offiziere und Staatsbeamte wurden in das NKWD-Lager in Starobilsk, Polizisten und Angestellte des polnischen Geheimdienstes nach Ostaškov gebracht. Weber, Claudia: Krieg der Täter. Die Massenerschießungen von Katyń. Hamburg 2015. S. 34–35.

14 Im Zeitraum zwischen dem 24. Oktober und dem 23. November 1939 übergaben die sowjetischen Behörden 42.492 Gefangene an die Deutschen, darunter auch einige Juden. Baberowski, Verbrannte Erde, S. 380.

15 Die Erschießungen in den Wäldern von Katyń und Charkiv begannen am 5. April und endeten am 22. Mai 1940. Weber, Krieg der Täter, S. 100.

16 Hryciuk, Victims, S. 180–181. Infolge der zwischen der Sowjetunion und der polnischen Exilregierung vereinbarten „Amnestie“ (Juli 1941) wurden fast alle Kriegsgefangenen freigelassen und schlossen sich im Laufe der folgenden Jahre einer der beiden polnischen Armeen in der Sowjetunion an. Davies u. Polonsky, Introduction, S. 9.

Besatzung mit zwei Aufgabenbereichen betraut waren.[17] Sie sollten zunächst wichtige militärische und zivile Objekte sowie Archivgebäude sichern. Anschließend begannen die Opergruppen, gezielt Vertreter der polnischen Staatsverwaltung, Aktivisten politischer Parteien und gesellschaftlicher Organisationen sowie Angehörige der Justiz, Nachrichtendienste und Staatspolizei zu verhaften.[18] Die ersten Verhaftungen im Herbst 1939 besaßen einen präventiven Charakter und beabsichtigten, die polnische Bevölkerung einzuschüchtern, um möglichen Widerstand bereits im Keim zu ersticken.[19] Dabei zeichnete sich die Verfolgungspolitik des NKWD durch ihren anationalen Charakter aus.[20] Anders als unter deutscher Herrschaft wurden Juden in der Regel vom NKWD also nicht *als Juden* verfolgt, sondern aus anderen Gründen, die unten noch detailliert thematisiert werden.[21] Zwischen September 1939 und Mai 1941 verhafteten die sowjetischen Sicherheitsbehörden nach eigenen Angaben etwa 110.000 Personen in den westlichen Oblasten der ukrainischen und weißrussischen SSR.[22] Die 23.590

---

17 Die Opergruppen bestanden aus zehn Untergruppen, davon vier im westlichen Weißrussland und sechs in der Westukraine.

18 Die ersten Verhaftungen beruhten teilweise auf vom politischen Geheimdienst der Sowjetunion im Vorfeld des Einmarschs vorbereiteten Namenslisten. Weitere Opfer wurden vor Ort mithilfe der beschlagnahmten Dokumente identifiziert und festgenommen. Kołakowski, Piotr: Revolutionäre Avantgarde. Der NKWD in den polnischen Ostgebieten. In: Gewalt und Alltag im besetzten Polen 1939–1945. Hrsg. von Jochen Böhler u. Stephan Lehnstaedt. Osnabrück 2012. S. 155–172, hier S. 155, 160.

19 Um den polnischen Widerstand wirksam zu bekämpfen, warb der NKWD zahlreiche einheimische Informanten an, die unter Androhung einer Gefangennahme oder Deportation samt ihrer Familien ins Landesinnere der UdSSR zur Zusammenarbeit verpflichtet wurden. In der Gesamtzahl der NKWD-Informanten dominierten Angehörige der jüdischen, weißrussischen und ukrainischen Bevölkerung im annektierten Gebiet. Dagegen entstammten in Regionen und Ortschaften mit einer polnischen Bevölkerungsmehrheit die Informanten vor allem polnisch-kommunistischen Kreisen. Dem NKWD war es bis zum Jahr 1941 gelungen, den polnischen Untergrund in den annektierten Gebieten weitgehend zu zerschlagen. Kołakowski, Revolutionäre Avantgarde, S. 155, 172.

20 Borodziej, Geschichte Polens, S. 196. Pavel Polian hat darauf hingewiesen, dass es im Laufe der 1930er Jahre eine Verschiebung von sozialen zu ethnischen Kategorien der sowjetischen Verfolgung gegeben habe. Polian, Pavel: Against their will: the history and geography of forced migrations in the USSR. Budapest u. New York 2004. S. 43.

21 Ausnahmen von der Regel waren hohe Funktionäre des Bundes und zionistischer Parteien.

22 Insgesamt verhafteten NKWD und NKGB, die seit Februar 1941 ausgegliederte Abteilung Staatssicherheit, zwischen 1939–1941 107.140 Personen. Kołakowski, Revolutionäre Avantgarde, S. 171. Die ethnische Verteilung gestaltete sich wie folgt: Polen (40 %), Ukrainer (23 %), Weißrussen (7 %) und Juden (22 %). Gurjanow, Aleksandr: Żydzi jako specpieriesieleńcy-bieżeńcy w Obwodzie Archangielskim 1940–1941. In: Świat NIEpożegnany. Żydzi na dawnych ziemiach wschodniej

verhafteten Juden waren mehrheitlich an der deutsch-sowjetischen Grenze aufgegriffene Flüchtlinge.[23] Unter dem Vorwurf der Spionage wurden sie monatelang in Gefängnissen inhaftiert und verhört, bevor sie in Arbeitslager im Inneren der Sowjetunion verlegt wurden.[24] Im Laufe des Jahres 1940 verschärfte die sowjetische Besatzungsmacht ihr Vorgehen gegen die einheimische Bevölkerung der Westukraine und des westlichen Weißrusslands. Von den etwa 210.000 Zwangsrekruten aus der Westukraine und West-Weißrussland befanden sich etwa 10 % Soldaten polnisch-jüdischer Herkunft.[25] Im August 1941 wurden die meisten Eingezogenen, darunter auch die jüdischen, aus dem Militärdienst in sogenannte Arbeitsbataillone überführt. Ziel war es, die *Westler* (*zapadniki*) von der Front zu entfernen, weil Stalin ihnen mangelnde Loyalität gegenüber der Sowjetunion unterstellte.[26]

Einen weiteren Bestandteil des sowjetischen Kampfes gegen potentielle und tatsächliche Gegner der neuen Herrschaft bildeten die Verhaftung und Verschleppung Hunderttausender Menschen aus ihren angestammten sozialen Milieus in abgelegene Gegenden im Landesinneren der Sowjetunion. Vier große Deportationswellen zwischen Februar 1940 und Juni 1941 brachten den stalinistischen Terror aus der Sowjetunion endgültig in die ehemaligen polnischen Ostgebiete. Die Entscheidungen für die einzelnen Deportationen fielen stets auf höchster sowjetischer Regierungsebene und unter Zustimmung Stalins. Mit der Durchführung war der NKWD betraut. Die Massendeportationen betrafen circa 315.000 Menschen aller ethnischen Gruppen und jeden Alters in den annektierten Gebieten und zeichneten sich durch „besondere Grausamkeit und Rücksichtslo-

---

Rzeczypospolitej w XVIII – XX wieku. Hrsg. von Krzysztof Jasiewicz. Warszawa u. London 2004, S. 109 – 121, hier S. 109.

23 Die Zahlenangaben finden sich bei Boćkowski, Czas nadziei, S. 39. Die an ihrem Bevölkerungsanteil gemessen hohe Zahl jüdischer Verhafteter begründet Grzegorz Hryciuk mit der Verfolgung von etwa 13.500 alleinstehenden männlichen Flüchtlingen, so genannten *odinochki*, die während der Deportationen vom Juni 1940 in Haft gerieten und vielfach gemeinsam mit den anderen Juni-Deportierten verschleppt wurden. Hryciuk, Victims, S. 184. Boćkowski, Czas nadziei, S. 84.

24 YIVO, Gliksman, Jewish Exiles, Teil 1, S. 6.

25 Über zwei Drittel aller zwischen den Jahren 1939 und 1941 in die Rote Armee Zwangsrekrutierten wurden im Jahr 1940 eingezogen. Im Herbst 1940 begann der Einzug der Jahrgänge 1917–1919 zum Dienst in der Roten Armee. Etwa 150.000 Personen waren betroffen, davon 38 % Ukrainer, 33 % Polen, 17 % Weißrussen und knapp unter 10 % Juden. Hinzu kommen wohl noch einige zehntausende Reservisten, die im Mai und Juni 1941 eingezogen wurden. Hryciuk, Victims, S. 199; Kołakowski, Revolutionäre Avantgarde, S. 160.

26 Litvak, Jewish refugees, S. 132.

sigkeit“[27] aus, die zu tausenden Todesopfern unter den Deportierten führte. Die meisten jüdischen Opfer befanden sich unter den Deportierten des Juni 1940, wie weiter unter noch gezeigt wird. Für das Verständnis der sowjetischen Deportationspolitik ist es jedoch unverzichtbar, auch die anderen drei Zwangsumsiedlungen kurz darzustellen. In detaillierten Anweisungen bestimmte der NKWD wie bei der Abholung der Opfer vorzugehen sei. So durfte „in keinem Fall“[28] zugelassen werden, dass sich vor den Häusern der umzusiedelnden Personen größere Menschenmenge bildeten. Die nächtlichen Abholungen sollten ferner keine öffentliche Aufmerksamkeit erregen und möglichst keine panikartigen Reaktionen der Opfer hervorrufen. Für gewöhnlich wurden die zur Deportation vorgesehenen Personen nachts in ihrer Wohnung geweckt von einer kleinen Gruppe, die aus Offizieren des NKWD und in Zivil gekleideten Angehörigen der Miliz bestand. Nach der Identitätsüberprüfung erhielten die Opfer bis zu zwei Stunden – oft aber lediglich eine halbe Stunde – Zeit, um ihre Habseligkeiten zu packen. Bis zu 500 Kilogramm Gepäck pro Familie waren erlaubt, unter anderem Kleidung, Bettwäsche, Kochgeschirr, kleine landwirtschaftliche Geräte, Bargeld und persönliche Wertgegenstände. Immobilien und Wohnrauminventar wurden vom NKWD beschlagnahmt.[29] Anschließend wurden die Deportierten mit einem LKW oder einem anderen Fahrzeug zum Bahnhof gebracht, wo sie in wartende Güterzüge steigen mussten.[30] Ein Deportationszug bestand in der Regel aus 55 Waggons, wovon 49 dem Transport von Menschen angepasst wurden, einem Personenwaggon für den Begleitschutz, einem Sanitärwaggon sowie vier weiteren Waggons für größeres Gepäck. In einem Transport befanden sich bis zu 1.500 Personen.[31] Bis zur Abfahrt des Zuges konnten Stunden oder Tage vergehen, wobei niemand die schwer bewachten Züge verlassen durfte. Während der wochenlan-

27 Die Brutalität bei Durchführung der Deportationen bemerkten sowohl die Überlebenden als auch die Leitung der Gulag-Verwaltungen. Baberowski, Verbrannte Erde, S. 390; Kołakowski, Revolutionäre Avantgarde, S. 162. Natalia Lebedeva bezeichnet die Massendeportationen als „inseparable part of the Stalinist policy of destroying the state structure of Poland an sovietizing western Ukraine and western Belorussia.“ Lebedeva, Natalia: The Deportation of the Polish Population to the USSR, 1939–41. In: Communist Studies and Transition Politics 1/2 (2000). S. 28–45, hier S. 28.

28 Kołakowski, Revolutionäre Avantgarde, S. 163.

29 Kołakowski, Revolutionäre Avantgarde, S. 163–164.

30 Siemaszko, Zbigniew: The Mass Deportations of the Polish Population to the USSR, 1940–1941. In: The Soviet takeover of the Polish eastern provinces, 1939–1941. Hrsg. von Keith Sword. Basingstoke u. Hampshire 1991. 217–235, hier S. 220.

31 Kołakowski, Revolutionäre Avantgarde, S. 164.

gen Fahrt waren die Türen verriegelt und wurden nur während einiger weniger Pausen geöffnet.[32]

Deportationen

Auf Entscheidung des Politbüros der UdSSR vom 4. Dezember 1939 führte der NKWD in der Nacht vom 9. auf den 10. Februar 1940 die erste Deportation aus den annektierten Gebieten durch. Einem Vorschlag des NKWD-Chefs Lavrentij Berija vom 2. Dezember 1939 folgend wurden dem Prinzip der *kollektiven Schuld* entsprechend überwiegend die als „schlimmste Feinde der Arbeiterklasse"[33] bezeichneten polnischen *Siedler* (*osadniki*) und Förster verschleppt. Hinzu kamen geringe Zahlen von Beamten, Angehörigen der Intelligenzija und wohlhabender Bauern (unabhängig von ihrer Nationalität), wobei ethnische Polen unter den Opfern der ersten Deportation überwogen. Die genaue Zahl der Deportierten kann nicht abschließend festgesetzt werden. Schätzungen gehen von circa 140.000 Personen aus. In dieser Gruppe befand sich ein hoher Anteil von Kindern (über 40 % im Alter von 0 – 16 Jahren) und vielköpfigen Familien.[34] Die Aufnahme der Deportierten regelte ein vom Rat der Volkskommissare verabschiedetes Dekret vom 29. Dezember 1939.[35] Demnach erhielten die Deportierten den Status von *Sondersiedlern* (*specposelency*). Als Arbeitskräfte in neugeschaffenen *Sondersiedlungen* (*specposelki*) in Nordrussland, am Ural und in Sibirien unter der Aufsicht des Volkskommissariats für Holzindustrie (*Narkomles*) sollten sie vorrangig in der Forstwirtschaft eingesetzt werden.[36]

Die zweite Deportation fand erneut in den frühen Morgenstunden des 13. April 1940 statt und betraf – erneut dem Prinzip der *kollektiven Schuld* folgend – so-

32 Siemaszko, Mass Deportations, S. 220.

33 Polian, Against their will, S. 116. Als Siedler betrachtete der NKWD all jene, die in der Zwischenkriegszeit Land in Ostpolen erworben hatten. Das waren Polen, darunter zahlreiche demobilisierte Soldaten, die sich in Folge des polnisch-sowjetischen Krieges 1920 in den polnischen Ostgebieten niedergelassen hatten. Als Förster wurden all jene bezeichnet, die private und staatliche Wälder schützten. Den hohen Anteil an Förstern unter den Deportierten erklärt Siemaszko mit der Absicht der sowjetischen Behörden, potentielle Unterstützer von Waldpartisanen aus den neuen Westgebieten zu entfernen. Siemaszko, Mass Deportations, S. 220.

34 Aleksandr Gurjanow spricht auf der Grundlage vom NKWD-Akten von 140.000 Personen. Gurjanow, Aleksandr: Cztery deportacje 1940 – 41. In: Karta 12 (1994). S. 114 – 136, hier S. 125.

35 Polian, Against their will, S. 116.

36 Vor allem im Norden Russlands in Archangel'sk und Komi ASSR sowie in den sibirischen Regionen Sverdlovsk, Omsk, Tobol'sk, Novosibirsk und Krasnojarsk. Polian, Against their will, S. 116 – 117; Davies u. Polonsky, Introduction, S. 11; Siemaszko, Mass Deportations, S. 221.

genannte *kapitalistische Elemente*, das heißt Banker, Kaufleute und Fabrikbesitzer, außerdem die Familienangehörigen von zuvor Inhaftierten und Kriegsgefangenen, darunter auch die Angehörigen der in Katyń und andernorts ermordeten polnischen Offiziere.[37] Ebenso erging es Familienangehörigen der zwei Monate zuvor deportierten Polizisten, Soldaten, Landbesitzer, Grenzgänger und Untergetauchten. Aus diesem Grund befanden sich hauptsächlich Frauen und Kinder unter den Deportierten.[38] Rund 61.000 Personen wurden überwiegend in den Norden Kasachstans gebracht.[39] In dem abgelegenen und dünn besiedelten Steppengebiet kam es nach der Ankunft der auf sich allein gestellten Deportierten schnell zu Versorgungsproblemen.[40] Viele Kleinkinder verhungerten aufgrund der massiven Lebensmittelknappheit vor Ort. Als sowjetische Staatsbürger hatten die aus Ostpolen deportierten Personen zwar denselben Zugang zu Medien wie alle anderen Sowjetbürger, unterlagen aber auch denselben Schwierigkeiten in Bezug auf Verpflegung, Klima und die harten Arbeitsbedingungen. Ihr Status als *administrativ Exilierte* (*administrativno-vyslannije*) verpflichtete die Deportierten, sich für einen Zeitraum von zehn Jahren nur innerhalb der ihnen zugewiesenen Region aufzuhalten.[41]

Nach Abschluss der dritten Deportation im Juni 1940[42] verging ein Jahr bis zur vierten und letzten Zwangsumsiedlung aus den annektierten Gebieten im Mai und Juni 1941. Es ist anzunehmen, dass die einjährige Pause aus der Konzentration des NKWD auf die Besatzung der baltischen Staaten, Bessarabiens und der zu

---

37 Die Entscheidung fällte der Rat der Volkskommissare am 10. April 1940. Polian, Against their will, S. 117.

38 Die Entscheidung fällte das Politbüro am 2. März 1940. Hryciuk, Victims, S. 188.

39 Zur ethnischen Verteilung der Deportationen: Polen (68 %), Ukrainer (14 %), Weißrussen (12 %) und Juden (4 %). Hryciuk, Victims, S. 188 – 189. Unter den jüdischen Deportierten befanden sich etwa Ola Wat, deren Ehemann Aleksander im Januar 1940 vom NKWD verhaftet worden war. Auch der Vater von Rachel Reizner war Ende März 1940 vom NKWD verhaftet worden, weshalb seine Ehefrau und die beiden Töchter wenig später nach Nordkasachstan verschleppt wurden, wo sie bis zum 27. Mai 1946 blieben. GFHA, Gemeinsames Zeugnis von Rachel und Dina Reizner, Russisch, Rosenheim, datiert auf den 22. September 1946, Katalognummer 4285.

40 Siemaszko, Mass Deportations, S. 223.

41 Die Deportierten erhielten einen entsprechenden Vermerk in ihrem Ausweis, dass dieser nur in einem bestimmten Teil der UdSSR gültig sei. An ihrem Bestimmungsort lebten die Deportierten mit der einheimischen Bevölkerung zusammen. Hryciuk, Victims, S. 189; Gurjanow, Aleksandr: Transporty deportacyjne z polskich Kresów wschodnich w okresie 1940 – 1941. In: Utracona ojczyzna – Przymusowe wysiedlenia deportacje i przesiedlenia jako wspólne doświadczenie. Hrsg. von Hubert Orłowski u. Andrzej Sakson. Poznań 1996. S. 75 – 92, hier S. 87; Siemaszko, Mass Deportations, S. 223.

42 Ausführliche Darstellung in Kapitel 4.

Rumänien gehörenden, nördlichen Bukowina im Sommer 1940 resultierte.[43] Angesichts der militärischen Erfolge Deutschlands im Westen Europas im Sommer 1940 intensivierte die sowjetische Führung die Eingliederung der neuen, bis dato unabhängigen Territorien.[44] De facto bestand die vierte Deportation aus drei Wellen. Die erste Welle traf auf Beschluss des NKGB vom 14. Mai 1941 die Anhänger und Mitglieder der ukrainischen Nationalbewegung (OUN). Etwa 11.300 Personen, vor allem Ukrainer, wurden am 22. Mai 1941 aus der Westukraine deportiert. Die baltischen Staaten waren Ziel der zweiten Deportationswelle am 14. Juni 1941, in deren Zuge auf Befehl des NKGB vom 19. Mai 1941 etwa 12.600 Personen aus Litauen nach Altajskij Kraj und Novosibirsk Oblast verschleppt wurden.[45] Die ethnische und politisch-soziale Zusammensetzung der Transporte bildete einen Querschnitt durch die vorangegangenen Deportationen.[46] Familien wurden getrennt, wobei die Männer nach Soswa und Jari im Distrikt Sverdlovsk und der Rest der Familie nach Altajskij Kraj und den Distrikt Aktjubinsk in Kasachstan geschickt wurden.[47] In der dritten und letzten Teildeportation am 19./20. Juni 1941 wurden weitere 22.400 Personen aus dem westlichen Weißrussland verschleppt, wobei ein Teil der Deportationszüge infolge des deutschen Überfalls auf die Sowjetunion seinen Bestimmungsort nicht mehr erreichte.[48] Die politisch verfolgten Deportierten der vierten Welle waren sogenannte *Exil-Siedler* (*ssylnoposelency*), die 20 Jahre in abgelegenen Regionen der Sowjetunion verbringen sollten. Dort konnten sie sich relativ frei bewegen, mussten allerdings einer sozial nützlichen Arbeit nachgehen und sich in regelmäßigen Abständen beim NKWD melden.[49]

Die vier Deportationen zwischen Februar 1940 und Juni 1941 erwiesen sich als wirkmächtiges Instrument sowjetischer Bevölkerungspolitik. Insgesamt wurden etwa 315.000 polnische Staatsangehörige aus den annektierten Gebieten nach Kasachstan, Sibirien und in die nördlichen Gebiete der Sowjetunion zwangsum-

---

43 Kołakowski, Revolutionäre Avantgarde, S. 165.

44 Davies u. Polonsky, Introduction, S. 7.

45 Hryciuk, Victims, S. 191–193. Die Mehrheit der 1.667 ehemaligen polnischen Staatsbürger, die in der ersten Jahreshälfte 1941 aus Litauen in das Innere der Sowjetunion deportiert wurden, war jüdisch. Die Deportation betraf in erster Linie diejenigen, welche die sowjetische Staatsbürgerschaft abgelehnt hatten. Hinzu kommen wohl etwa 1.000 polnische Juden, die in der Wilnaregion gelebt hatten, von der Sowjetunion jedoch nicht als Polen angesehen wurde. Kaganovitch, Jewish Refuges, S. 99–100.

46 Litvak, Jewish refugees, S. 124; Siemaszko, Mass Deportations, S. 225.

47 Davies u. Polonsky, Introduction, S. 12.

48 Die ethnische Verteilung der Deportierten sah wie folgt aus: Polen (59 %), Juden (7 %), Weißrussen (25 %) und Ukrainer (3 %). Hryciuk, Victims, S. 193–194.

49 Hryciuk, Victims, S. 194; Gurjanow, Transporty deportacyjne, S. 88.

gesiedelt. Grzegorz Hryciuk kommt nach Auswertung der verfügbaren NKWD-Berichte zu folgender ethnischer Verteilung der Deportierten: etwa 181.200 Polen (57,5%), etwa 69.000 Juden (21,9%), etwa 32.900 Ukrainer (10,44%) und etwa 24.000 Weißrussen (7,62%).[50] Betrachtet man das gesamte Spektrum sowjetischer Repressionen gegen die Zivilbevölkerung in den annektierten ehemals polnischen Ostgebieten, so fällt auf, dass ethnische Polen die am stärksten von Repressionen betroffene Gruppe unter der einheimischen Bevölkerung in den Kresy bildeten. Dagegen stellten Juden mit 80% die große Mehrheit unter den repressierten Flüchtlingen aus West- und Zentralpolen, während der Anteil verfolgter Juden unter der einheimischen Bevölkerung bei wenigen Prozent lag.[51] Die sogenannte Ent-Polonisierung, das heißt der Kampf gegen die Eliten der Zweiten Polnischen Republik, tatsächliche und vermeintliche Widerstandskämpfer sowie weitere *feindliche Elemente* bildeten einen Teil der Sowjetisierung. Der zweite Teil dagegen betraf den Aufbau neuer Eliten aus den Reihen der annektierten Bevölkerung, der nachfolgend geschildert werden soll.

Neue Eliten: Berufliche Aufstiegsmöglichkeiten polnischer Juden unter sowjetischer Herrschaft

Insbesondere für die einheimische jüdische Bevölkerung der ehemaligen polnischen Ostgebiete bot die neue politische Realität auch gewisse Aufstiegschancen. Insbesondere auf der unteren sowjetischen Verwaltungsebene und in der Miliz, aber auch in Presse und Theater sowie in den verbliebenen jiddischen Bildungseinrichtungen standen polnischen Juden berufliche Wege offen. Ein solcher Aufstieg stand jedoch stets unter dem Vorbehalt bedingungsloser Kooperation und konnte somit auch ohne Weiteres wieder verloren werden. Aufstiegsoptionen polnischer Juden waren also eng geknüpft an die jeweiligen Bedürfnisse und politischen Ziele der sowjetischen Machthaber.[52] Während diese Dynamik in vielen jüdischen Zeugnissen thematisiert wird, dominiert in zahlreichen zeitgenössischen nichtjüdisch-polnischen Quellen das Bild einer willfährigen jüdischen

50 Hryciuk, Victims, S. 195. Vor Öffnung und Erschließung der sowjetischen Archive zu Beginn der 1990er Jahre waren weitaus höhere Zahlen angenommen worden. Schätzungen gingen bis zu 1,5 Millionen polnischen Deportierten in der Sowjetunion aus. Eine der ersten kritischen Neubewertungen der Deportiertenzahlen stammt von Gurjanow, Cztery deportacje.
51 Hryciuk, Victims, S. 200.
52 Dies galt ebenfalls für die ukrainischen und weißrussischen Bevölkerungsgruppen.

Bevölkerung, die sich rasch und unter Aufgabe jeglicher Loyalitäten gegenüber dem polnischen Staat in den Dienst der neuen Herrscher gestellt habe.

In den ersten Wochen der sowjetischen Besatzung bis zu den Wahlen am 22. Oktober 1939 waren die sowjetischen Besatzer sehr darum bemüht, die nationalen Minderheiten in den ehemals polnischen Gebieten für ihre politischen Zwecke zu gewinnen. Diese Strategie ermöglichte vielerorts Angehörigen der nationalen Minderheiten einen beruflichen Aufstieg, indem sie die durch Entlassung freigewordenen Stellen der Polen übernahmen oder aber neu geschaffene Posten besetzten.[53] Die Tatsache allein, dass jemand eine Stelle im sowjetischen Verwaltungsapparat annahm, sagt allerdings wenig über eine mögliche Unterstützung des Sowjetkommunismus aus.[54] Nach der Auflösung der polnischen Strukturen und dem Beginn einer Wirtschaftskrise infolge der sowjetischen Besatzung stellte die sowjetische Verwaltung einen der größten Arbeitgeber und somit die Aussicht auf ein regelmäßiges Einkommen dar. Die Besatzer waren durchaus bereit, Juden (wie auch Ukrainer und Weißrussen) in der Verwaltung einzusetzen, allerdings überwiegend auf den unteren Stellen in den neu geschaffenen lokalen Organisationen, wodurch *die Juden* vielerorts als Repräsentanten der sowjetischen Besatzer auftraten und von großen Teilen der Bevölkerung auch als solche wahrgenommen wurden. Ebenso im Alltag sichtbar war das Engagement einiger Juden in der Miliz, der neuen Polizei, in der Juden überproportional stark vertreten waren.[55] Der Historiker Marek Wierzbicki ist der Auffassung, dass insbesondere einige wenige, besonders brutal agierende jüdische Milizionäre das negative Bild vieler Polen gegenüber den Juden im Allgemeinen prägten. In der Wahrnehmung vieler Polen verkörperten jene Milizionäre neben den erwähnten unteren jüdischen Verwaltungsbeamten die sowjetische Besatzung.[56] Dem beruflichen Aufstieg setzte das sowjetische Regime jedoch schon nach kurzer Zeit ein Ende. Bereits nach wenigen Monaten wurden die Mitarbeiter der sowjetischen Verwaltung verstärkt nach ethnischen Kriterien ausgewählt, sodass vorrangig Ukrainer und Weißrussen bei der Vergabe wichtiger Posten berücksichtigt wurden.[57]

---

53 Der Weg in Miliz und Verwaltung stand ausschließlich sowjetischen Staatsbürgern offen. Ausnahmen für ausländische Staatsbürger gab es nur in besonders stark gefragten Berufszweigen wie der Medizin, Technik und Bildung. Litvak, Jewish refugees, S. 127.

54 Wierzbicki, Polacy i Żydzi, S. 229.

55 YIVO, Gliksman, Jewish Exiles, Teil 1, S. 10; Borodziej, Geschichte Polens, S. 196.

56 Wierzbicki, Polacy i Żydzi, S. 230.

57 Redlich, Shimon: The Jews in the Soviet Annexed Territories 1939–1941. In: Soviet Jewish Affairs 1 (1971). S. 81–90, hier S. 85.

Große Hoffnungen auf einen sozialen und beruflichen Aufstieg machten sich vor allem polnisch-jüdische Kommunisten und Sympathisanten der 1938 aufgelösten Kommunistischen Partei Polens (KPP). Darunter befanden sich viele um 1900 Geborene, die durch die Hinwendung zum Kommunismus in der Zwischenkriegszeit gegen die Eltern und ihre jüdische Herkunft rebellieren wollten.[58] Der Historiker Jaff Schatz vermutet, dass etwa ein Viertel aller 6.000 bis 10.000 Mitglieder der polnischen Kommunistischen Partei in den 1930er Jahren jüdischer Herkunft waren.[59] Die Mehrheit von ihnen fand sich früher oder später auf sowjetisch-kontrolliertem Territorium wieder, in der Erwartung, am Aufbau neuer Strukturen beteiligt zu werden. In Bezug auf die vielfältigen Empfindungen polnisch-jüdischer Kommunisten in den ersten Wochen nach dem 17. September 1939 spricht Jaff Schatz von einer „period of the first, chaotic confrontations with the Soviet reality, of enthusiasm, confusion, and disappointment."[60] Anders als von vielen Kommunisten jüdischer Herkunft erwartet, wurde ihnen ihre politische Einstellung zum Verhängnis. Sowohl die polnischen Kommunisten als auch kommunistische Flüchtlinge wurden – wie auch ein Jahr zuvor – des Trotzkismus und der Häresie beschuldigt. Nur wer in der Zweiten Republik durch den polnischen Staat inhaftiert gewesen war, genoss das Vertrauen der Machthaber und konnte auch hochrangige Positionen besetzen.[61] Um sich von diesem Makel zu befreien, gaben viele Kommunisten vor, ein ehemaliger politischer Gefangener (*polityczny*) zu sein, während sie die KPP-Parteizugehörigkeit verschwiegen. Im Kampf um begehrte Posten im sowjetischen Herrschaftsapparat konnte daher ein Wiedersehen alter Kameraden unter Umständen gefährlich werden.[62] Tatsächlich waren Denunziationen beim NKWD unter jüdischen Kommunisten keine Seltenheit.[63] Tausende kommunistische Vorkriegsaktivisten fielen sowjetischen Repressionen zum Opfer und wurden zwischen 1940 und 1941 in Arbeitslager und Sondersiedlungen im Osten deportiert.[64]

58 Shore, Caviar and Ashes, S. 2–4.

59 In Warschau betrug der jüdische Anteil unter den Parteiaktivisten sogar zwei Drittel. Schatz, The Generation, S. 53; Gutman, Israel: After the Holocaust. In: Unequal Victims. Poles and Jews During World War Two. Hrsg. von Israel Gutman u. Shmuel Krakowski. New York 1987. S. 350–377, hier S. 355.

60 Schatz, The Generation, S. 149.

61 Grodner, David: In Soviet Poland and Lithuania. In: Contemporary Jewish Record 2 (1941). S. 136–147, hier S. 143.

62 Schatz, The Generation, S. 157.

63 Prekerowa, Wojna i Okupacja, S. 303.

64 Die Verurteilten wurden in Arbeitslager und Sondersiedlungen verschleppt. Schatz, The Generation, S. 161–163; Rozenbaum, Road, S. 214.

In dieser Atmosphäre des Misstrauens und der Missgunst gelang es nur einem kleinen Kreis in Lemberg, Białystok und Wilna konzentrierter, jüdischer Kommunisten, Karriere unter den neuen Bedingungen zu machen. Bei dieser Elite handelte es sich vorrangig um Kulturschaffende und Journalisten, denen das sowjetische Regime eine aktive Rolle bei der Integration der annektierten Gebiete in Presse, Kultur und Politik zuerkannte.[65] So sollten etwa Schriftsteller und Journalisten bei der kulturellen Sowjetisierung, das heißt der Indoktrinierung und Umerziehung der (jüdischen) Polen zu neuen Bürgern der Sowjetunion mithelfen, indem sie wichtige Positionen in den Redaktionen der kommunistischen Tagespresse übernahmen. Unterstützt wurde ihre Arbeit von eigens angereisten sowjetischen Juden, die die Neuankömmlinge in die offizielle Kulturpolitik einführen sollten.[66] Zum wichtigen Sammelbecken für kooperationsbereite polnische und polnisch-jüdische Intellektuelle wurde der *Czerwony Sztandar* (*Die Rote Fahne*), die mit einer Auflage von 40.000 Exemplaren und einer Redaktion von 70 Mitarbeitern die größte polnischsprachige Zeitung in den annektierten, ehemals polnischen Gebieten war. In der Westukraine war sie zudem die einzige polnischsprachige Zeitung. Die Mehrheit der Redakteure waren Flüchtlinge aus dem Westen Polens, wovon viele jüdischer Herkunft waren.[67] Als Fotoreporter fand der aus Uściług geflüchtete Bernard Ginsburg eine Anstellung bei der Zeitung *Radjans'ka Volin'*. In seinen Erinnerungen bezeichnet Ginsburg seine dortige Arbeit als gut bezahlt und hoch angesehen. Zudem habe er durch seine journalistische Tätigkeit bei der Armee-Zeitung der Rekrutierung in die Rote Armee entkommen können.[68] Der polnisch-kommunistische Schriftsteller und Journalist Aleksander Wat hat einen deutlich kritischeren retrospektiven Blick. Ihm zufolge habe die Gruppe jüdischer Intellektueller in Lemberg aus zwei Gruppen bestanden. Zum einen aus überzeugten Kommunisten, die wissentlich und willentlich logen, zum anderen aus Lügnern wie ihm, die nicht wussten, „wovon sie leben sollen".[69] Aleksander Wat verweist auf eine wesentliche Veränderung der Arbeitsmarktstruktur in den annektierten Gebieten, die alle polnisch-jüdischen Neusowjetbürger gleichermaßen betraf. De facto wurde der sowjetische Staat in den eingegliederten Gebieten nach und nach zum einzigen verbliebenen Arbeit-

65 Schatz, The Generation, S. 158 – 159; Estraikh, Gennady: The missing years: Yiddish writers in Soviet Białystok, 1939 – 41. In: East European Jewish Affairs 46 (2016). S. 176 – 191.
66 Pinchuk, Jewish Refugees, S. 147 – 148.
67 Unter den jüdischen Autoren befanden sich unter anderem Stanisław Jerzy Lec, Adam Ważyk, Leon Pasternak, Julian Stryjkowski. Prominente nichtjüdische Autoren waren Wanda Wasilewska, Władysław Broniewski und Tadeusz Boy-Zeleński. Pufelska, „Judäo-Kommune", S. 84 – 85.
68 Ginsburg, Wayfarer, S. 22, 25.
69 Pufelska, „Judäo-Kommune", S. 83.

geber. Wer in stark nachgefragten Berufszweigen, etwa als Ingenieur, Buchhalter oder Lehrer, arbeiten wollte, konnte sich Hoffnungen auf eine Anstellung machen. So etwa im Fall der Eltern von Bella Gurwic. Vor der Annexion ging lediglich ihr Vater einer bezahlten Tätigkeit nach, während Gurwic' Mutter Hausfrau war. Nach der Eingliederung in die Westukraine erhielten beide Eltern Stellen im Bauamt ihres Wohnortes Równo.[70] Auch die Eltern von Benjamin Harshav (geb. Binyomin Hrushovski) erlebten infolge der sowjetischen Annexion Litauens im Sommer 1940 einen beruflichen Aufstieg im staatlichen Bildungssystem. Beide hatten vor dem Krieg an jiddischen Schulen in Wilna als Lehrer gearbeitet.[71] Im Zuge der Schließung sämtlicher hebräischsprachiger Schulen zugunsten von vier in Wilna verbliebenen jiddischsprachigen Oberschulen (jidd. *realgimnaziyes*) erhielten die Hrushovskis Leitungspositionen als Schuldirektoren.[72] Trotz ihrer traumatischen Erfahrungen im sibirischen Exil während des Ersten Weltkrieges entschied sich das Ehepaar Hrushovski für den Verbleib im sowjetischen Wilna und die Fortführung ihrer beruflichen Karrieren unter den neuen Machthabern.[73] In weiten Teilen der polnischen Bevölkerung existierte keine Vorstellung von der Vielschichtigkeit jüdischer Reaktionen und Haltungen zum sowjetischen Regime. Stattdessen sei unter der nichtjüdischen polnischen Bevölkerung in den annektierten Gebieten folgende Überzeugung verbreitet gewesen:

> [T]he Jews betrayed Poland and the Poles, that they are basically communists, [and] that they crossed over to the Bolsheviks with flags unfurled.[74]

So beschreibt es der polnische Untergrundkurier Jan Karski in seinem im Februar 1940 verfassten Bericht an die polnische Exilregierung. Die ablehnende Haltung weiter Teile der polnischen Bevölkerung gegenüber den jüdischen Nachbarn beruhe, so Karski, vor allem auf dem Vorwurf, die Juden hätten die Rote Armee

---

70 GFHA, Zeugnis von Bella Gurwic, Polnisch, ohne Datums- und Ortsangabe, vermutlich aber 1946 in der amerikanischen Besatzungszone in Deutschland, Katalognummer 4227.

71 Benjamin Harshav schreibt, dass seine Mutter als Mathematiklehrerin und Direktorin der Sophye Makovne Gurevich Shul arbeitete. Harshav, Benjamin: The Meaning of Yiddish. Stanford 1999. S. 17.

72 Die zeitgenössische Bezeichnung lautete pädagogische Leiter. Harshav, Benjamin: Preface. In: Kruk, Herman: The Last Days of the Jerusalem of Lithuania. Chronicles from the Vilna Ghetto and the Camps, 1939–1944. Hrsg. und editiert von Benjamin Harshav. New Haven u. London 2002. S. 15–20, hier S. 16.

73 In dem Dokumentarfilm „*The World Was Ours*" aus dem Jahr 2007 erwähnt Harshav im Interview, dass beide Eltern im Ersten Weltkrieg im sibirischen Exil gewesen seien. Sie waren also mit den Gegebenheiten im Landesinneren vertraut.

74 Engel, Early Account, S. 10.

freundlich begrüßt und nähmen Rache an „polnischen nationalistischen Studenten und politischen Figuren“[75], indem sie diese beim NKWD denunzierten. Beide Aspekte bilden den Kern der *Judäo-Kommune* (poln. *Żydokomuna*), eines antisemitischen Feindbildes, welches Antisemitismus, Russlandfeindlichkeit, Antisowjetismus und Antikommunismus miteinander vereint. Dem Feindbild der *Judäo-Kommune* zufolge werde „eine polenfeindliche Bedrohung namhaft gemacht, die in Gestalt des ‚allmächtigen Juden‘ versucht, die polnische Nation von innen her zu zersetzen.“[76] Eine solche Überzeugung teilten nicht nur viele Polen im Land, sondern auch hochrangige Mitglieder der polnischen Exilregierung, wie etwa der spätere General der polnischen Streitkräfte in der Sowjetunion, Władysław Anders.[77] Als besonders folgenschwer sollte sich die von Karski formulierte Haltung weiter Teile der polnischen Bevölkerung erweisen, dass „the Jews have created here a situation in which the Poles regard them as devoted to the Bolsheviks.“[78] Demnach trügen *die Juden* als Kollektiv selbst Schuld an der Entstehung des Feindbildes der *Żydokomuna*. Tatsächlich war diese Vorstellung weit verbreitet und sollte sich auch nach dem deutschen Überfall auf die UdSSR auf die Beziehungen zwischen jüdischen und nichtjüdischen Polen im sowjetischen Exil auswirken.[79]

3.2 Säkularisierung

Durch die Annexion der ehemaligen polnischen Ostgebiete befand sich eine Gruppe von circa 1,6 Millionen polnischen Juden plötzlich im sowjetischen Herrschaftsbereich. In den annektierten Gebieten vollzog das sowjetische Regime von Beginn an eine restriktive Politik gegenüber jüdischen Gemeindestrukturen. Für die Religionsausübung genutzte Gebäude wurden in den ersten Wochen der Besatzung konfisziert und ihre Benutzung nur bei Zahlung sehr hoher Steuern

---

75 Engel, Early Account, S. 10. Teresa Prekerowa wies darauf hin, dass jüdische NKWD-Informanten sowohl für die Inhaftierung von Juden als auch von Nichtjuden verantwortlich waren. Prekerowa, Wojna i Okupacja, S. 303.

76 Pufelska, Die „Judäo-Kommune“, S. 12.

77 Siehe Kapitel 5.

78 Engel, Early Account, S. 11.

79 Karski stellt ein weit verbreitetes antisemitisches Denken und großes Gewaltpotential bei vielen Polen fest und bezeichnet dieses als Schnittmenge zwischen Deutschen und Polen. Engel, Early Account, S. 11. Dieser Hass, so ergänzt Jerzy Gliksman, sei mitverantwortlich gewesen für die zahlreichen Pogrome in Galizien, Wolhynien und Polesie nach dem Rückzug der sowjetischen Verwaltung im Sommer 1941. YIVO, Gliksman, Jewish Exiles, Teil 1, S. 10.

genehmigt, sodass Kosten für Miete und Strom sich vervielfachten.[80] Zahlreiche Synagogen wurden geräumt und als Lagerhäuser, Kinos oder Kulturhäuser genutzt. Die jüdischen Gemeinden mussten ihre Aktivitäten fast ausschließlich auf Beerdigungen und die Pflege von Friedhöfen beschränken, während außerdem die rituelle Waschung eines Verstorbenen vor seiner Beerdigung in Privaträume verlegt werden musste.[81] Konsequent ging das sowjetische Regime gegen die religiösen Vertreter des jüdischen Gemeindelebens vor, das heißt Rabbiner, Kantoren, Religionslehrer und Gemeindediener, die ihre Anstellung verloren und mehrheitlich inhaftiert wurden.[82] Zugleich wurden die traditionellen Gemeinden (*Kehilot*) aufgelöst. Das gleiche Schicksal erfuhren jüdische Einrichtungen wie die *Gesellschaft für den Gesundheitsschutz der jüdischen Bevölkerung* (*Towarzystwo Ochrony Zdrowia Ludności Żydowskiej w Polsce, TOZ*) und die *Berufsausbildungsorganisation* (*Občestvo Remeslennogo Truda*, ORT), aber auch Banken sowie Büros des *American Jewish Joint Distribution Committee* (JDC) wurden geschlossen.[83]

Angesichts der umfassenden Auflösungserscheinungen kommt der zionistische Funktionär Moshe Kleinbaum im Frühjahr 1940 zu dem Schluss, dass „Jewish communal life under Soviet occupation has been eliminated altogether. [...] It is impossible to speak in any sense of institutions of Jewish self-rule."[84] Kleinbaum benennt in seinem Bericht ein Dilemma, das sich auch mit den Zukunftsperspektiven polnischer Juden beiderseits der deutsch-sowjetischen Grenze beschäftigt: Aus der Sicht der jüdischen Bevölkerung unter sowjetischer Herrschaft stelle die Zerstörung jüdischer Infrastruktur eine große Gefahr für die polnische Judenheit dar, so Kleinbaum. Zugleich sei eine Flucht beziehungsweise Rückkehr in den deutschen Herrschaftsbereich angesichts der brutalen Verfolgung der Juden unmöglich. Um zu belegen, dass sich viele Juden im östlichen Teil Polens dieses Problems bewusst gewesen waren, führt Kleinbaum folgenden zeitgenössischen Witz an, der bereits am 18. September 1939 unter den jüdischen Einwohnern der Stadt Łuck kursiert habe: „We had been sentenced to death, but

80 In den annektierten Gebieten wurden etwa hohe Mieten für die Benutzung von Synagogen eingeführt oder hohe Preise für Strom und Licht. Archiwum Wschodnie (nachfolgend AW), Buchwajc, Menachem: Żydzi polscy pod władzą sowiecką. Przyczynki do zobrazowania sowieckiej rzeczywistości, 1943, AW V/PAL/01, S. 43.

81 YIVO, Gliksman, Jewish Exiles, Teil 1, S. 15; Żbikowski, U genezy, S. 30; Levin, Jews of Vilna, S. 123.

82 Żbikowski, U genezy, S. 20.

83 Grodner, In Soviet Poland, S. 142.

84 Engel, Kleinbaum's Report, S. 282.

now our sentence has been commuted – to life imprisonment."[85] In Anbetracht zweier Besatzungsregime, die beide „a danger to our people's existence"[86] darstellten, sieht Kleinbaum in dieser humoristischen Adaption des jüdischen Dilemmas einen wahren Kern. Zwar habe die Rote Armee über 1,5 Millionen Juden vor der tödlichen Gefahr geschützt und zugleich nichts weiter als deren nacktes Leben gerettet. „Jews are alive", so Kleinbaum, „but they are given only black bread and water and cease to be free men."[87] Für die Mehrheit der jüdischen Neubürger in den annektierten Gebieten bedeutete die sowjetische Herrschaft also eine ambivalente Angelegenheit. Zwar waren Juden gleichberechtigte sowjetische Staatsbürger, doch beendete zugleich die Säkularisierungspolitik jegliche religiösen Gemeindeaktivitäten. Wer dennoch weiterhin seinen Glauben in der Gemeinschaft und öffentlich leben wollte, setzte sich der Gefahr des Nationalismusvorwurfs aus, der eine Straftat nach sowjetischem Gesetz darstellte.[88] „Once again", so schlussfolgert Jan T. Gross, „they could not be Jews *and* citizens of the states that claimed jurisdiction over them."[89]

Jiddisch als Medium der neuen Ideologie

Während die Auflösung des öffentlichen jüdischen Lebens rasch voranschritt, vertraten die sowjetischen Machthaber im Bereich der jüdischen Kultur zunächst eine weniger restriktive Position. Für eine zunächst nicht näher bestimmte Übergangsphase betrachteten die Behörden es als strategisch sinnvoll, das zur *Sprache der jüdischen Arbeitermassen* erklärte Jiddisch als Medium sowjetischer Propaganda in Bildung und Presse zuzulassen.[90] Auf Jiddisch sollte sich die Sowjetisierung der einheimischen jüdischen Bevölkerung der ehemaligen polnischen Gebiete vollziehen. Von ihren Vorgesetzten dazu ermutigt, sich des Jiddischen als Kommunikationsmedium zu bedienen, nahmen einige jüdische Offiziere und Soldaten der Roten Armee die Gelegenheit zur Reaktivierung der ansonsten in der Heimat bekämpften Sprache wahr. Insbesondere die Älteren von ihnen waren vor der Oktoberrevolution sozialisiert worden, hatten noch eine traditionelle jüdische Bildung erhalten, sprachen Jiddisch und waren mit dem jüdischen Kalender vertraut. Einige Soldaten der Roten Armee besuchten ge-

85 Engel, Kleinbaum's Report, S. 293.
86 Engel, Kleinbaum's Report, S. 293.
87 Engel, Kleinbaum's Report, S. 280.
88 Gross, Sovietization, S. 71.
89 Gross, Sovietization, S. 71.
90 Redlich, Jews, S. 92.

meinsam mit polnischen Juden die Synagoge zu Jom Kippur im September 1939.[91] An vielen Orten des sowjetisch besetzten Gebietes wiederholten sich Szenen wie die in Gliniany (40 Kilometer östlich von Lemberg), wo ein sowjetischer Offizier der Roten Armee sich mit ortsansässigen Juden traf und ihnen auf Jiddisch eine blühende Zukunft unter Stalin versprach.[92]

Die Ausnahmestellung des Jiddischen als Sprache der Sowjetisierung zeigte sich auch im Bildungsbereich. So wurden im ansonsten zerschlagenen jüdischen Schulwesen nur noch jene Schulen zugelassen, deren Unterrichtssprache Jiddisch war und deren Curriculum sich sowjetischen Standards anpasste. Hebräisch und jüdische Geschichte wurden dagegen aus dem Unterrichtsplan jüdischer Schulen gestrichen.[93] Die Zerschlagung traditionell-religiöser sowie zionistischer Bildungsstrukturen bei gleichzeitiger einseitiger Förderung des Jiddischen als Unterrichtssprache führte nicht selten zu innerjüdischen Spannungen. In einer hebräischen Tarbutschule in Pińsk etwa berichtet ein Zeitgenosse:

> [S]trong feelings against the new Yiddishist teachers are mounting. In Pinsk there has even been open rebellion by the students against the educational regime imposed by the foreign occupation authorities.[94]

Neben den Hebräischschulen wurden auch die religiösen Bildungsstätten wie die Jeschiwot und Talmud-Tora-Schulen geschlossen.[95] Auch im Bereich des jüdischen Pressewesens gestalteten die neuen Machthaber existierende Strukturen grundlegend um. So wurden bestehende jüdische Zeitungen verboten und durch einige wenige neue prosowjetische Blätter in jiddischer Sprache ersetzt. Die Zeitungen *Bialystoker Shtern*, *Royter Shtern* oder *Vilna Emes* erschienen in geringer Auflage und sollten lediglich für die Dauer einer nicht präzisierten Übergangszeit existieren, um der einheimischen jiddischsprachigen Bevölkerung die sowjetische Ideologie zu vermitteln.[96]

---

91 Litvak, Jewish Refugees, S. 145. Jom Kippur fand im Jahr 1939 am 22. und 23. September statt.
92 Insbesondere ältere Juden zeigten sich beeindruckt davon, einen sowjetischen Offizier Jiddisch sprechen zu hören. Redlich, Jews, S. 84–85.
93 Redlich, Jews, S. 87.
94 Engel, Kleinbaum's Report, S. 283.
95 Grodner, In Soviet Poland, S. 142.
96 Erst Anfang Juni 1941 erschien die erste Ausgabe von *Der Royter Shtern* in der Westukraine. Der *Bialystoker Shtern* war die einzige jüdische Zeitung in Westweißrussland mit einer Auflage von etwa 5.000. In Litauen gab es den *Vilna Emes* und den *Emes* von Kovno sowie die wöchentliche Zeitung des Komsomol namens *Shtraln*. Redlich, Jews, S. 88; Grodner, In Soviet Poland, S. 143.

Bundisten und Zionisten als Opfer politischer Verfolgung

Der sowjetische Kampf gegen das religiöse jüdische Leben richtete sich nicht nur auf die genannten Bereiche der jüdischen Selbstorganisationen, sondern auch auf politische Bewegungen. Bei der Verfolgung jüdischer Parteien und ihrer Strukturen wandte der NKWD unterschiedliche Strategien an. Zionistische Gruppierungen wurden von den sowjetischen Behörden als Zentren des Widerstandes gegen das Regime betrachtet. Da der NKWD annahm, dass unter Zionisten (anders als unter Bundisten) keinerlei ideologische Anknüpfungspunkte zum Sowjetkommunismus bestünden, wählte er gegenüber den Vertretern zionistischer Organisationen die Strategie der sukzessive auf einen größeren Kreis ausgeweiteten Verfolgung. Zionistische Strukturen wurden aufgelöst und Aktivisten inhaftiert.[97] Vielen zionistischen Gruppen war es jedoch auch nach ihrer Auflösung gelungen, in der Illegalität weiter zu existieren und sogar Kontakte zu Gleichgesinnten in Russland aufzubauen.[98] Insbesondere im zunächst unabhängigen und ab Sommer 1940 sowjetischen Litauen beteiligten sich zahlreiche polnisch-jüdische Flüchtlinge an solchen klandestinen Aktivitäten.[99]

Den Bund betrachteten die sowjetischen Besatzer als einen mächtigen Rivalen im Kampf um die Zustimmung der jüdischen Arbeiterklasse. Durch seine wiederholte Kritik an Stalins Regime hatte sich der Bund aus sowjetischer Sicht als „eine reaktionäre und anti-bolschewistische Kraft"[100] erwiesen, die entschieden bekämpft werden müsse. Folglich behandelte der NKWD die Identifizierung und Inhaftierung wichtiger Mitglieder des Bundes als Priorität im Kampf gegen die jüdischen Parteien in den besetzten Gebieten. Bei der Verfolgung des politischen Rivalen ging der NKWD gezielt und äußerst schnell vor, wobei zwischen einfachen Mitgliedern und der Führungsriege des Bundes unterschieden wurde. Während die erste Gruppe langfristig in das sowjetische System integriert werden sollte, wurden Angehörige der Führung in einer großen Aktion (September/Oktober 1939) verfolgt und inhaftiert. In allen Teilen Ostpolens, sowohl in

---

97 So wurden beispielsweise im Oktober 1940 zahlreiche Aktivisten der zionistischen Jugendorganisation *Hashomer Hatzair* festgenommen. Im Juni 1941 verhaftete der NKWD zudem viele Angehörige der Jugendorganisationen *Gordonia* und *Hechalutz Hatzair* im westukrainischen Lutsk. Redlich, Jews, S. 86–87.

98 Engel, Kleinbaum's Report, S. 284.

99 Redlich, Jews, S. 83. Etwa 2.000 polnische Jeschiwastudenten gelang im Herbst 1939 die Flucht nach Wilna. Einige emigrierten von dort aus erfolgreich in die Vereinigten Staaten von Amerika und nach Palästina. Grodner, In Soviet Poland, S. 145, 147.

100 Blatman, Daniel: For Our Freedom and Yours. The Jewish Labour Bund in Poland, 1939–1949. London 2003. S. 18, 19.

Großstädten als auch in kleineren Ortschaften spürte der NKWD führende Bundisten auf, verhörte sie in Gefängnissen und verschleppte die meisten von ihnen anschließend in verschiedene Arbeitslager im Inneren der Sowjetunion.[101] Daniel Blatman weist darauf hin, dass vorrangig einheimische Aktivisten des Bundes von der sowjetischen Verfolgung der ersten Wochen betroffen waren. Sie waren – anders als die meisten geflohenen Mitglieder des Warschauer Zentralkomitees – lokal bekannt und leicht von prosowjetischen Kollaborateuren zu identifizieren.[102] Mit Ausnahme der prominenten Funktionäre Henryk Erlich und Wiktor Alter[103] (Erlich – verhaftet am 4. Oktober 1939 in Brześć; Alter – gefasst am 26. September 1939 in Kowel) waren die aus West- und Zentralpolen geflohenen Bundisten östlich von Bug und San dagegen relativ unbekannt und konnten einer Verhaftung deshalb vorerst entgehen. Dass dennoch auch diese Bundisten in Gefahr waren, erkannte Maurycy Orzech, der als Mitglied einer Gruppe von Warschauer Bundisten über Wilna ins litauische Kowno geflohen war. Ende September 1939 schrieb er dort einem Genossen in New York in einem Brief:

> I do not want to remain in Kovno; I want to reach Paris. The situation in Lithuania is not safe at all, especially after the agreement between Hitler and Stalin. [...] We should all leave this place and go to Sweden or Denmark; I am very concerned about the future that awaits the Jews in the Bolshevik occupied territories...[104]

Erst mit zunehmender Verbreitung von Nachrichten über massenhafte Verhaftungen des NKWD im Oktober 1939 erkannten immer mehr Bundisten, dass sie sich in akuter Gefahr befanden. Unter diesen Umständen sahen sich die Flüchtlinge ab Ende Oktober 1939 mit zwei Optionen konfrontiert. Entweder sie kehrten in ihre Heimat nach Krakau, Lublin oder Warschau zurück, wo sie der Verfolgung durch die Deutschen ausgesetzt waren, oder aber sie flohen weiter nach Wilna, um von dort aus, wie Maurycy Orzech, eine Emigration nach West- und Nordeuropa anzustreben. Beide Wege schlossen die risikoreiche Überquerung der Grenze ein. Viele einfache Parteimitglieder entschieden sich, vorerst in den Zentren jüdischen Exils, wie etwa Białystok, zu bleiben, wo sie darauf hofften, wei-

---

101 Verhaftungen fanden unter anderem in folgenden Orten statt: Wilna, Białystok, Grodno, Pińsk, Słonim, Brześć nad Bugiem, Włodzimierz Wołyński, Prużana, Baranowicze, Równe. Die meisten verschleppten Bundisten überlebten die Kriegszeit nicht. Blatman, For Our Freedom, S. 17–18.

102 Henryk Erlich konnte nur deshalb gefasst werden, weil er in Brześć von einem Kommunisten jüdischer Herkunft erkannt und an den NKWD verraten wurde. Blatman, For Our Freedom, S. 70.

103 Ausführlicher zu ihrem Schicksal siehe Pickhan, Gertrud: Das NKWD-Dossier über Henryk Erlich und Wiktor Alter. In: Berliner Jahrbuch für osteuropäische Geschichte 2 (1994). S. 155–186.

104 Zitiert aus Blatman, For Our Freedom, S. 18.

terhin unerkannt leben zu können. Eine Rückkehr in das Generalgouvernement kam für die meisten nicht infrage. Für die Fluchtoption Wilna entschieden sich nach der sowjetischen Übergabe der Stadt an Litauen vor allem mittlere und hochrangige Funktionäre des Bundes.[105]

3.3 Exkurs: Wilna als Ziel polnisch-jüdischer Flüchtlinge

Wilna[106], das *Jerusalem des Nordens*, nahm eine Sonderrolle in der Fluchtgeschichte polnischer Juden nach dem 1. September 1939 ein, die eines kurzen Exkurses bedarf. Nach der zweifachen Besatzung Polens sollte die Stadt für einige Monate den einzig verbliebenen sicheren Zufluchtsort für Tausende politisch und religiös verfolgte polnische Juden darstellen. Entgegen der Beschlüsse im geheimen Zusatzprotokoll des deutsch-sowjetischen Nichtangriffspaktes besetzte die Rote Armee und nicht die Wehrmacht am 19. September 1939 die Stadt Wilna.[107] Der Aufbau einer sowjetischen Verwaltung, wie er in anderen Teilen des besetzten Polens stattfand, wurde in Wilna nicht vollzogen, da sich bereits am 10. Oktober 1939 die Regierungen Litauens und der Sowjetunion auf die Übergabe der Stadt an Litauen einigten. Im Gegenzug erhielt die Rote Armee die Erlaubnis, mehrere Militärstützpunkte für 20.000 Soldaten auf litauischem Territorium einzurichten. Die Übergabe der Stadt sollte planmäßig eine Woche nach der Einigung erfolgen, verzögerte sich jedoch bis zum Monatsende. In der Zwischenzeit transportierten die sowjetischen Machthaber Maschinen, Güter und sogar ganze Fabriken in andere Teile der Sowjetunion.[108] Vergleichbar mit den Entwicklungen in den annektierten polnischen Ostgebieten war jedoch die dramatische Verschlechterung der Versorgungssituation, deren allgegenwärtige Folgen Hunger und Krankheiten waren. Verschlechtert wurde die Situation zusätzlich durch die sowjetische Weigerung, sich des Problems steigender Zahlen von Flüchtlingen aus anderen Teilen Polens anzunehmen.

---

105 Blatman, For Our Freedom, S. 18–19.

106 Wilna (polnisch Wilno, litauisch Vilnius) wurde 1920 von Polen annektiert. Die Republik Litauen erkannte diesen Zustand im Laufe der Zwischenkriegszeit nicht an. Vor dem Zweiten Weltkrieg hatte Wilnas 200.000 Personen umfassende Bevölkerung zu 45% aus Polen, 37% Juden, 10% Litauern und 5% Weißrussen bestanden.

107 In einem geheimen deutsch-sowjetischen Zusatzprotokoll vom 28. September 1939 wurde die Okkupation des Wilnaer Gebietes durch die Sowjetunion rückwirkend vereinbart. ADAP, Dokument 159, Serie D 1937–1945, Band 8, S. 129.

108 Levin, Jews of Vilna, S. 108.

Nach dem Abzug der sowjetischen Militärverwaltung aus der Stadt wurde Wilna wieder in *Vilnius* umbenannt und blieb (bis zur erzwungenen Eingliederung Litauens als Sowjetrepublik in die UdSSR am 3. August 1940) ein wichtiger Zufluchtsort für polnisch-jüdische Flüchtlinge.[109] Anna Lipphardt schätzt, dass zwischen September und Dezember 1939 etwa 15.000 bis 20.000 jüdische Flüchtlinge aus dem besetzten Polen nach Wilna und in die unmittelbare Umgebung der Stadt gelangten und die litauische Hauptstadt in „a major ideological and communications centre for Polish Jewry" verwandelten.[110] Wilna war insbesondere für jene polnischen Juden zu einem sicheren Ort geworden, für die eine Flucht aus dem Generalgouvernement oder den eingegliederten Gebieten des Deutschen Reichs in das sowjetisch kontrollierte Gebiet Polens keine Option darstellte. Dies betraf vor allem hochrangige Funktionäre des Bund, orthodoxe Juden sowie zionistische Aktivisten.[111] Der zionistische Funktionär Moshe Kleinbaum hatte sich im Herbst 1939 für einige Wochen in Wilna aufgehalten und beschrieb im Frühjahr 1940 in einem Bericht für den *World Jewish Congress* die Situation der jüdischen Bevölkerung in Wilna nach Kriegsbeginn. Aus Sicht von Kleinbaum stellte die durch die Zuwanderung zwischenzeitlich auf über 75.000 Personen angewachsene jüdische Gemeinde der Stadt „die spirituelle Elite des polnischen Judentums"[112] dar. In der kurzen Phase litauischer Unabhängigkeit bedeutete die Flucht nach Wilna für viele polnische Juden die einzig verbliebene Aussicht auf Rettung.

Bis auf wenige Ausnahmen verfügten die meisten jüdischen Flüchtlinge in Wilna über keinerlei familiäre Bindungen oder andere Netzwerke, um unter den schwierigen Bedingungen der sowjetischen Besatzung die eigene Versorgung sicherzustellen.[113] Ende Oktober 1939 hielten sich bis zu 20.000 polnische Flüchtlinge in Wilna auf, von denen etwa 12.000 Juden waren. Die meisten von ihnen litten unter Armut, Hunger, Wohnungsnot und den schlechten hygienischen Bedingungen. Angesichts der großen Versorgungsprobleme und der bevorstehenden Übergabe der Stadt an Litauen setzten sich einige Flüchtlinge mit der Möglichkeit einer Umsiedlung in andere Teile des sowjetischen Herrschaftsgebietes ausein-

---

109 Levin, Jews of Vilna, S. 107–109.

110 Levin, Jews of Vilna, S. 107.

111 Moshe Kleinbaum zufolge setzte sich die jüdische Flüchtlingsgemeinde in Wilna zusammen aus „the Jewish working intelligentsia (imbued with Zionist or socialist ideas), Zionist or Bundist political leaders from Poland, writers, journalists, teachers, scientists, rabbis, hasidic leaders, teachers and students in the yeshivot, and finally even a portion of the Jewish plutocracy that held large sums of money abroad." Engel, Kleinbaum's Report, S. 284.

112 Engel, Kleinbaum's Report, S. 277.

113 Levin, Jews of Vilna, S. 125.

ander. Wer aus beruflichen oder familiären Gründen in die Weißrussische beziehungsweise in die Ukrainische SSR umsiedeln wollte, dem wurde rasch die entsprechende Genehmigung erteilt. Kurz vor der designierten Übergabe an die litauischen Machthaber stieg die Zahl der Freiwilligen noch einmal an. Einige wollten aus ideologischen Gründen unter sowjetischer Herrschaft leben, andere fürchteten sich vor dem erwarteten Antisemitismus der litauischen Regierung. Es war in diesen Tagen und Wochen unmöglich, der Frage nach dem Verlassen der Stadt zu entgehen. Die Frage „Bleiben oder gehen?" wurde allerorts diskutiert und bestimmte die Gespräche innerhalb der jüdischen Bevölkerung Wilnas.[114] So beschreibt es Gershon Adiv, ein in Wilna festsitzender polnisch-jüdischer Besucher aus Palästina, in seinem Tagebucheintrag vom 14. Oktober 1939:

> Thousands wait there [am Bahnhof, Anm. d. Verf.] day and night. Time is short–in a day or two the borders will be sealed. Everyone views it as a matter of life or death. [...] The exodus affects those who neither desire nor are able to travel; it also contributes to a sense of panic that disturbs those remaining in the city. New rumours continually circulate – so and so has left; oh, he left ages ago; X is intending to leave while Y is vacillating; yet another individual who had decided to leave has now changed his mind. Tension and nervousness prevail. [...] I have never before witnessed such a migration. Sons bid farewell to parents, husbands to wives; families scatter.[115]

Die Beschreibungen Adivs legen nahe, dass unter den Flüchtlingen die Gefahr geschlossener Grenzen bekannt war und die Aussicht auf eine ungewisse Zukunft unter litauischer Herrschaft wenig attraktiv schien. Wer über die entsprechenden Kontakte im Ausland verfügte, konnte von Wilna aus die Emigration über Riga und Stockholm nach Palästina oder in die Vereinigten Staaten planen.[116] Letztendlich gelang lediglich einer Gruppe von circa 2.000 polnischen Juden Ende 1939/Anfang 1940 die Flucht aus Europa über Litauen.[117] Bis zur endgültigen Schließung der litauisch-sowjetischen Grenze am 11. November 1939 hatten zwischen 3.000 und 5.000 Juden Wilna in Richtung der jüngst annektierten, ehemals polnischen Ostgebiete verlassen.[118] Für die Mehrheit der jüdischen Bevölkerung

---

114 Levin, Jews of Vilna, S. 127–128.

115 Zitiert bei Levin, Jews of Vilna, S. 129.

116 Dies betraf in erster Linie hochrangige Bundisten und Zionisten. Lipphardt, Anna: Vilne. Die Juden aus Vilnius nach dem Holocaust. Eine transnationale Beziehungsgeschichte. Paderborn 2010. S. 99.

117 Die Hilfsaktivitäten des japanischen Konsuls Chiune Sugihara in Kaunas sind Gegenstand der Erinnerungen von Zorach Warhaftig, der Dank eines von Sugihara ausgestellten Transitvisums über die Sowjetunion nach Japan und schließlich nach Kanada gelangte. Warhaftig, Zorach: Refugee and Survivor: Rescue Attempts during the Holocaust. Jerusalem 1988.

118 Levin, Jews of Vilna, S. 131.

jedoch stellte das bis zum 22. Juni 1941 geltende restriktive Ausreiseverbot eine unüberwindbare Hürde dar.[119] In der Periode der litauischen Herrschaft über Wilna zwischen Oktober 1939 und August 1940 flohen weiterhin Juden aus anderen Teilen des besetzten Polens in die Stadt. Laut Moshe Kleinbaum habe die litauische Regierung eine liberale Politik gegenüber den jüdischen Flüchtlingen verfolgt und diese weitgehend nicht an der Zuwanderung nach Litauen gehindert. In Litauen angekommen durften sie allerdings nicht arbeiten und mussten von ausländischen Hilfsorganisationen wie dem JDC versorgt werden.[120] Nach der offiziellen Eingliederung der Litauischen Sozialistischen Sowjetrepublik in die UdSSR im Sommer 1940 vollzog sich – wie wenige Monate zuvor bereits in Westweißrussland und in der Westukraine – die Sowjetisierung in den Bereichen Verwaltung, Wirtschaft und Gesellschaft. Auch für die jüdische Gemeinschaft Litauens waren die Folgen der sowjetischen Herrschaft vergleichbar mit jenen in anderen Teilen des ehemals polnischen Ostens. Die öffentliche Religionsausübung wurde eingeschränkt, hebräische Schulen verboten und durch wenige, systemkonforme jiddische Einrichtungen ersetzt. Zugleich wurden jedoch in der Litauischen Sozialistischen Sowjetrepublik die bis dato geltende antisemitische Diskriminierung im Staatsdienst aufgehoben.[121] Mit der Inkorporation der baltischen Republiken in die Sowjetunion befanden sich im Sommer 1940 circa 5,3 Millionen Juden unter sowjetischer Herrschaft.[122] Analog zur Politik in den bereits im Herbst 1939 annektierten ehemals polnischen Gebieten begann der NKWD auch im Baltikum mit der Vorbereitung von Massendeportationen bestimmter Personengruppen. Wenige Tage vor dem deutschen Überfall auf die Sowjetunion, am 14. und 15. Juni 1941, deportierte der NKWD circa 30.000 als „Volksfeinde" bezeichnete Personen, darunter 5.000 bis 6.000 Juden, nach Sibirien und Zentralasien. Die Gruppe der Juden bestand aus hochrangigen bundistischen und zionistischen Funktionären, Vertretern der politischen Jugendorganisationen und des rabbinischen Establishments sowie vermögenden Personen und Kulturaktivisten. Nach Emigrations- und Deportationswellen war die jüdische Gemeinde in Wilna am Vorabend des deutschen Überfalls auf die Sowjetunion auf circa 60.000 Juden geschrumpft. Zwischen 4.000 und 8.500 Wilnaer Juden gelang es vor der Einnahme der Stadt durch die Wehrmacht am 24. Juni 1941

---

119 Engel, Kleinbaum' Report, S. 287.

120 Engel, Kleinbaum' Report, S. 285.

121 Lipphardt, Vilne, S. 100.

122 Damit war die Sowjetunion Heimat der weltweit zweitgrößten jüdischen Gemeinschaft nach den Vereinigten Staaten von Amerika. Polonsky, The Jews, Bd. 3, S. 563.

durch Flucht in das Innere der Sowjetunion der deutschen Verfolgung zu entkommen.[123]

3.4 Die Verstaatlichung der Wirtschaft

Unmittelbar im Anschluss an die Eroberung der ostpolnischen Territorien durch die Rote Armee begann der unverzügliche und umfassende Umbau des Wirtschaftssystems nach sowjetischem Vorbild.[124] Die Sowjetisierung der Wirtschaft unterscheide die sowjetische Okkupation von einer Besatzung im traditionellen Sinne, so der Historiker Marek Wierzbicki.

> [B]ecause it ultimately resulted in a revolutionary transformation of society and economic life that embraced everything from the length of a workday and workweeks to currency and consumption, from wages and property ownership to the allocation of subsidies and credits.[125]

Die Ausweitung der sowjetischen Wirtschaftsordnung auf die zunächst besetzten und später annektierten Gebiete führte innerhalb weniger Wochen und Monate zu einer massiven Umstrukturierung des Wirtschaftslebens und einer Verarmung weiter Bevölkerungsteile.[126] In den ersten Wochen der sowjetischen Besatzung schien das Wirtschaftsleben zunächst unverändert fortzubestehen. Die sowjetischen Besatzer wollten durch eine rasche Rekonstruktion der Wirtschaft den Eindruck einer stabilisierenden Ordnungsmacht erwecken. Folglich wurden in einer Direktive vom 16. September 1939, einen Tag vor dem Einmarsch in Polen, politische Offiziere der Roten Armee mit dem Aufbau provisorischer Bezirks- und Regionalverwaltungen beauftragt, welche das Wirtschaftsleben künftig überwachen sollten. Dieselbe Direktive bestimmte den Wechselkurs von Złoty und Rubel auf 1 zu 1, obwohl dieser de facto bei 1 zu 3,3 lag. Die Geschäfte sollten nach ihrer

---

123 Die Zahl der Geflohenen war höher. Viele brachen jedoch ihren Fluchtversuch ab und kehrten nach Wilna zurück. Lipphardt, Vilne, S. 100; Blatman, For Our Freedom, S. 29; Polonsky, The Jews, Band 3, S. 568–569.

124 Die sowjetische Wirtschaft zeichnete sich beispielsweise durch Merkmale wie zentralisierte Planung, staatlichen Besitz von Produktionsmitteln, Wettbewerb zwischen Industriezweigen und Überwachung von Fabriken durch Parteizellen aus. Industrie, Handel und Landwirtschaft befanden sich in staatlicher Hand beziehungsweise oblagen seiner Kontrolle. In der Landwirtschaft dominierten Kollektivfarmen wie die dörflich organisierten Kolchosen oder die staatlichen Sowchosen. Wierzbicki, Soviet Economy, S. 121.

125 Wierzbicki, Soviet Economy, S. 130.

126 Wierzbicki, Soviet Economy, S. 114.

kriegsbedingten vorübergehenden Schließung wieder öffnen und ihre Waren zu Vorkriegspreisen anbieten, wobei die Preistreiberei sowie das Horten und Stehlen von Waren streng bestraft werden sollten.[127] Tatsächlich öffneten die Geschäfte wenige Tage nach dem sowjetischen Einmarsch und boten auf Anweisung der Besatzungsmacht ihre Waren zum Vorkriegspreis an. Die Einführung des Rubels als offizielles und vor allem dem Złoty gleichwertiges Zahlungsmittel führte vor allem unter Offizieren der Roten Armee zu regelrechten Hamsterkäufen in polnischen Geschäften und ließ deren Lagerbestände schnell schrumpfen.[128] Innerhalb kurzer Zeit stiegen folglich die Preise aufgrund des zunehmenden Mangels stark an.

Unmittelbar nach ihrem Einmarsch begannen die sowjetischen Okkupanten mit der systematischen Ausbeutung der besetzten Gebiete. Zur Versorgung von Angehörigen des wachsenden Militär- und Verwaltungsapparates wurden umfangreiche Vorräte an Lebensmitteln, Kleidung und Wohnraum akquiriert.[129] Die radikale Umverteilung von Eigentum in den ehemaligen polnischen Gebieten wurde im Dezember 1939 durch die Verstaatlichung der Industrie und des Handels intensiviert.[130] Schließlich folgte im Sommer 1940 die Zwangskollektivierung.[131] Aus allen unter ihrer Verwaltung stehenden Gebieten verschickten die Besatzer Ernteerzeugnisse, Viehbestände, landwirtschaftliche Geräte, Werkzeuge, Industriematerialien und Maschinen, Bestände aus Lagerhäusern, Möbel, Teppiche, Türen, Fenster, Automobile, Lokomotiven, Zugwaggons und militärisches Gerät ins Landesinnere der UdSSR.[132] Große Mengen an Öl, Lebensmitteln und Viehbeständen lieferten die Besatzer entsprechend denen im Grenz- und Freundschaftsvertrag (28. September 1939) getroffenen Vereinbarungen an das Deutsche Reich.[133] Die rasante Sowjetisierung der Wirtschaft verursachte einen zunehmenden Mangel an lebensnotwendigen Nahrungsmitteln und Wohnraum für die einheimische Bevölkerung.

In Hinblick auf die Situation der jüdischen Bevölkerung unter sowjetischer Herrschaft hielt Moshe Kleinbaum in seinem Bericht fest, dass bei der Mehrheit der Juden die Erleichterung der ersten Tage über den sowjetischen Einmarsch

---

127 Wierzbicki, Soviet Economy, S. 118.
128 Grodner, In Soviet Poland, S. 139. Laut sowjetischen Dokumenten hielten Fälle von Hamsterkäufen durch Angehörige der Besatzungsmacht bis in den Oktober 1939 an. Wierzbicki, Soviet Economy, S. 118.
129 Ciesielski, Einleitung, S. 16.
130 Żbikowski, U genezy, S. 28.
131 Borodziej, Geschichte Polens, S. 195.
132 Wierzbicki, Soviet Economy, S. 119.
133 Gross, Sovietization, S. 67.

einer tiefen Enttäuschung über die schlechte Versorgungssituation gewichen sei. Kleinbaum ist der Ansicht, dass insbesondere die dramatische Nahrungsmittelknappheit die Ablehnung der sowjetischen Herrschaft verstärke. So sei die Beschaffung von Nahrung zur „basic occupation“[134] aller Bewohner der annektierten Territorien geworden. Nahrung könne auf normalem Wege überhaupt nicht mehr beschafft werden, sondern müsse „through force, through influence, or through trickery“[135] erworben werden. Kleinbaum kommt zu dem Schluss, dass Nahrungsmangel alle Bevölkerungsteile gleichermaßen betreffe, sich also nicht ausschließlich auf die jüdische Minderheit beschränke:

> Millions of human beings are standing entire days in lines in order to get some bread and herring. That is the prevailing picture of daily life in the Soviet zone of Poland.[136]

Ein wesentliches Ergebnis der ersten Wochen sowjetischer Herrschaft war die weitgehende Auflösung der Privatwirtschaft. Der Staat war nun zum einzigen Arbeitgeber avanciert und forderte von seinen Angestellten bedingungslose Gefolgschaft.[137] Voraussetzung für die Aufnahme einer Arbeit in den annektierten Gebieten war die sowjetische Staatsbürgerschaft, die der Großteil der einheimischen polnisch-jüdischen Bevölkerung seit dem 29. November 1939 erzwungenermaßen besaß. Nach dem Motto „Nur wer arbeitet, darf auch essen“[138] hatten ausschließlich berufstätige Sowjetbürger Anspruch auf Lebensmittelmarken und andere Waren des alltäglichen Gebrauchs, für deren Erwerb eine Marke notwendig war.

Jan Karski unterschied in seinem Bericht an die polnische Exilregierung aus dem Frühjahr 1940 über das Verhältnis der Juden zu den sowjetischen Besatzern zwischen der Oberschicht und dem Rest der Bevölkerung. Aus Sicht Karskis sei die jüdische Oberschicht stark patriotisch gesinnt und wünsche sich die Rückkehr eines demokratischen und unabhängigen Polens.[139] Dies sei nicht verwunderlich, so Karski, denn wohlhabende Juden „are experiencing many hardships, if not collective liquidation.“[140] Durch den Verlust ihres Eigentums und ihrer wirtschaftlichen Einkommensquelle sei es „impossible for them to earn a living, even often to maintain a subsistence level.“[141] Die zweite Gruppe beziehungsweise die

---

134 Engel, Kleinbaum's Report, S. 280.
135 Engel, Kleinbaum's Report, S. 280.
136 Engel, Kleinbaum's Report, S. 281.
137 YIVO, Gliksman, Jewish Exiles, Teil 1, S. 10.
138 Russisch: То, кто не работает, не ест. Zur Bedeutung siehe Schatz, The Generation, S. 163.
139 Engel, Early Account, S. 10.
140 Engel, Early Account, S. 10.
141 Engel, Early Account, S. 10.

Mehrheit der einheimischen Juden im ehemaligen Ostpolen gehörte jedoch nicht der von Karski beschriebenen Oberschicht an, sondern bestand aus selbstständigen Händlern und Kleinunternehmern. Da der gesamte Handel mittelfristig verstaatlicht werden sollte, begann die systematische Auflösung des Privathandels im November/Dezember 1939.[142] Privat geführte Geschäfte wurden verboten und Händler gezwungen, staatlichen Kooperativen beizutreten. Ladenbesitzer, die sich diesem Schritt widersetzten, mussten hohe Steuern zahlen. Juden waren von den sowjetischen Verstaatlichungsmaßnahmen überproportional stark betroffen, da sie in den annektierten Gebieten mehrheitlich im Handel beschäftigt waren.[143] Hinzu kam, dass ihnen der Zugang zu Waren erschwert wurde, welche sie ausschließlich zu den staatlich festgelegten Preisen verkaufen durften. Bis auf wenige Ausnahmen verschwanden private Geschäfte rasch aus dem Straßenbild und wurden bis zum Frühjahr 1940 fast vollständig durch staatliche Läden ersetzt.[144]

Folgen der Wirtschaftspolitik auf die jüdischen Flüchtlinge aus West- und Zentralpolen

Die sowjetische Wirtschaftspolitik und der stetige Bevölkerungszuwachs durch die jüdische Zuwanderung aus dem Generalgouvernement verschlechterten zunehmend die Lage der jüdischen Flüchtlinge.[145] Da sie von der Passverleihung im November 1939 mehrheitlich ausgenommen waren, besaßen sie auch nur eingeschränkte Rechte in der Sowjetunion.[146] Sie durften nicht arbeiten und konnten

---

142 Obwohl die Politik des Kampfes gegen den Privathandel bereits im November 1939 begann, wurde sie erst am 29. Januar 1940 durch ein Gesetz des Rats der Volkskommissare der UdSSR legalisiert. Wierzbicki, Soviet Eonomy, S. 128. Menachem Buchwajc kommt zu dem Schluss, dass die jüdische Bevölkerung in den annektierten Gebieten aufgrund ihrer spezifischen Strukturen – drei Viertel aller Juden arbeiten als selbständige Unternehmer – besonders stark von der Verstaatlichung betroffen war. AW, Buchwajc, Żydzi, S. 11.

143 Die Lebenssituation eines bedeutenden Teils der jüdischen Unter- und Mittelschicht verbesserte sich durchaus im Vergleich zur Vorkriegszeit, wie Jan Karski in seinem Bericht aus dem Jahr 1940 bemerkte. Engel, Early Account, S. 10.

144 Wierzbicki, Soviet Ecomoy, S. 122–123.

145 Jerzy Gliksman bezeichnete die Lage der jüdischen Flüchtlinge gar als „desaströs“. YIVO, Gliksman, Jewish Exiles, Teil 1, S. 13.

146 Dem Dekret des Obersten Sowjets vom 29. November 1939 zufolge wurden lediglich jene Bewohner der annektierten gebiete automatisch zu sowjetischen Staatsbürgern, die Nachweis bis zum 1. beziehungsweise 2. November 1939 dort wohnhaft waren. Viele jüdische Flüchtlinge gelangten entweder erst nach diesem Termin auf nunmehr sowjetisches Gebiet oder machten falsche Angaben zu ihrer Flucht.

auf legalem Weg kein Geld verdienen. Viele Flüchtlinge waren deshalb auf ihre mitgebrachten Geldreserven und den Verkauf von Besitztümern angewiesen. Gerade weil die Flüchtlinge so stark von ihren Ersparnissen lebten, traf sie die Mitte Dezember 1939 eingeführte Währungsreform umso härter. Ohne Vorankündigung erklärten die sowjetischen Machthaber den polnischen Złoty für ungültig und den sowjetischen Rubel zum alleinigen Zahlungsmittel. Auf diese Weise wurden von einem Tag auf den anderen sämtliche Ersparnisse der polnischen Bevölkerung vernichtet.[147] Die genannten wirtschaftspolitischen Maßnahmen betrafen zwar gleichermaßen alle Bewohner der annektierten Gebiete, doch besaßen die jüdischen Flüchtlinge als ausländische Staatsbürger keine Möglichkeit, ihr Auskommen auf legalem Wege zu erwirtschaften. Folglich schritt die Verarmung vieler jüdischer Flüchtlinge schnell voran.

Ohne Zugang zum sowjetischen Arbeitsmarkt und ohne finanzielle Unterstützung waren die Flüchtlinge auf Hilfe seitens jüdischer Organisationen angewiesen. In den Großstädten Białystok, Wilna und Kowel leistete vornehmlich die Hilfsorganisation *American Jewish Joint Distribution Committee* (kurz: Joint oder JDC) lebensrettende Hilfe. In anderen Städten dagegen waren Flüchtlinge auf sich selbst gestellt oder auf Hilfe der einheimischen jüdischen Gemeinden angewiesen, die jedoch mit der Versorgung der Flüchtlinge schnell überfordert waren. Die sowjetischen Behörden hingegen waren nicht willens, eine stabile und ausreichende Versorgung jüdischer Flüchtlinge mit Wohnraum, Arbeit und Verpflegung zu gewährleisten. So richtete die sowjetische Verwaltung zwar kostenlose Essensausgaben für Flüchtlinge in Białystok, Kowel, Lemberg, Równo und Łuck ein, doch zeitgenössische Beobachter wie David Grodner warfen den Behörden vor, die Hilfe nur halbherzig und unzureichend ausgestattet umzusetzen. Tatsächlich existierte im November 1939 für die registrierten 33.000 Flüchtlinge in Białystok nur eine kostenlose Essensausgabestelle.[148] Zusätzlich erschwert wurde die Lage durch die auch in der ersten Jahreshälfte 1940 weiter steigende Zahl jüdischer Flüchtlinge aus dem Generalgouvernement, denen trotz des restriktiven Grenzregimes die Flucht gelungen war. Die stetige Zuwanderung von Flüchtlingen und sowjetischem Verwaltungspersonal führte in Städten wie Lemberg, Białystok, Brześć, Kowel, Łuck, Pińsk oder Równo zu einer massiven Wohnungsnot. Zu-

---

147 Die Resolution des Politbüros und des Rates der Volkskommissare der UdSSR vom 8. Dezember 1939 bestimmte, dass Gehälter mit Wirkung zum 11. Dezember 1939 ausschließlich in Rubel auszuzahlen seien. Mit Wirkung zum 21. Dezember 1939 durfte in Geschäften nur noch mit Rubeln bezahlt werden. Wer ein Konto besaß, durfte einmalig Rubel im Wert von 300 Złoty abheben. Der Rest ging an die Staatsbank, was einer Verstaatlichung privater Ersparnisse gleichkommt. Wierzbicki, Soviet Economy, S. 123.

148 Grodner, In Soviet Poland, S. 138–139.

weilen teilten sich bis zu acht Personen ein Einzelzimmer. Andere sahen sich gezwungen, unter freiem Himmel oder in öffentlichen Räumen zu schlafen.[149] Jerzy Gliksman fasst die Situation der jüdischen Flüchtlinge unter sowjetischer Herrschaft zum Jahreswechsel 1939/1940 folgendermaßen zusammen:

> These pauperized, confused masses of refugees, with families often torn apart and seeking to reunite, roamed from town to town. Hunger, cold and lack of hygiene, together with a plague of lice, caused the spreading of contagious diseases.[150]

Freiwillige Umsiedlung in andere Teile der UdSSR

Um einen Ausweg aus dieser Situation zu finden, boten die sowjetischen Behörden den Flüchtlingen bereits im September und Oktober 1939 an, ihnen Arbeit im Inneren der Sowjetunion zu vermitteln, wo es an Arbeitskräften fehlte. Nach Ansicht Tanja Penters verfolgte die sowjetische Führung zwei Absichten bei der Umsiedlung Zehntausender Arbeitskräfte aus den annektierten Gebieten:

> Vordergründig sollten sie zur Verringerung der Arbeitslosigkeit in den annektierten Gebieten beitragen und zugleich den Arbeitskräftemangel im Donbass beseitigen. Tatsächlich ging es der Sowjetregierung jedoch vor allem darum, die Sowjetisierung der Bevölkerung in den neu angeschlossenen Gebieten durch die Deportation ‚klassenfremder Elemente' voranzutreiben.[151]

Trotz ihrer verzweifelten Lage waren viele jüdische Flüchtlinge zunächst skeptisch und zögerten, sich freiwillig weiter von ihrer Heimat zu entfernen. Ein wichtiger Grund für ihr Misstrauen war das Wissen über die Existenz sowjetischer Arbeitslager. So erinnert sich der nach Lubomel geflohene Perry Leon:

> They're [sowjetische Behörden, Anm. d. Verf.] telling us that there is plenty of food, but most of the people do not trust them because every foreigner who emigrated to Russia after 1933 vanished without a trace. They all ended up in Gulags.[152]

---

149 YIVO, Gliksman, Jewish Exiles, Teil 1, S. 13.
150 YIVO, Gliksman, Jewish Exiles, Teil 1, S. 14.
151 Wie auch Boćkowski, Czas nadziei, S. 59–60 spricht Penter von Deportationen, um die Bewegung von Arbeitslosen und Flüchtlingen aus der Westukraine in den Osten des Landes zu beschreiben. Penter, Tanja: Kohle für Stalin und Hitler. Arbeiten und Leben im Donbass 1929 bis 1953. Essen 2010. S. 118–119. Gurjanow argumentiert gegen die Verwendung des Deportationsbegriffs, weil der NKWD keine Gewalt anwendete und die umgesiedelten Personen nicht am Zielort in ihrer Bewegungsfreiheit eingeschränkt worden seien. Gurjanow, Żydzi, S. 112.
152 USHMMA, Leon, Perry Leon Story, S. 2.

Angesichts ihrer verzweifelten Lage folgten dennoch Zehntausende jüdischer Flüchtlinge Aufrufen wie „Arbeite in den Donbass-Kohleminen! Lebe ein schönes Leben mit vielen Vorzügen!“[153], die etwa auf Plakaten in Lemberg zu lesen waren. In Białystok allein registrierten sich innerhalb einer Woche 20.000 Freiwillige in den eigens eingerichteten Vermittlungsbüros; in Brześć waren es im selben Zeitraum 10.000.[154] Zwischen November 1939 und Februar 1940 vermittelten die sowjetischen Behörden 32.775 Flüchtlinge sowie 15.000 Arbeitslose aus den annektierten Gebieten in die östlichen Oblaste der Ukraine und Weißrusslands. Während die Arbeitslosen vollständig in die Bergbaugebiete des Donbass transferiert wurden, gelangten die überwiegend jüdischen Flüchtlinge vor allem in die Gebiete Vinnicja (11.500) und Šitomir (8.636).[155] Die Freiwilligen wurden in der Regel feierlich verabschiedet und ebenso herzlich an ihren Bestimmungsorten willkommen geheißen.[156] In einem Brief an seine Familie in Lemberg hielt ein jüdischer Neuankömmling in Makijivka (Donezker Oblast) seine anfängliche Begeisterung fest:

> Wir fuhren fünf Tage und vier Nächte. Endlich kamen wir in der Stadt Makijivka an. Ein Orchester erwartete uns, und wir gingen mit ihm in die Stadt, wo die Arbeiter des Donbass eine Ansprache hielten. Dann brachten sie uns mit dem Auto zur Unterkunft. Dann fuhren wir zum Waschhaus. Und das ist noch nicht alles. Als wir mit dem Baden fertig waren, führten sie uns zum Mittagessen. Und was das für ein hervorragendes Mittagessen war, lässt sich nicht beschreiben.[157]

Die sowjetisch-jiddische Presse veröffentlichte zahlreiche Briefe umgesiedelter Flüchtlinge, die nur Positives über ihre neuen Wohnorte zu berichten hatten. Tatsächlich aber fehlte es an den Arbeitsorten oft an Wohnungen, Lebensmitteln und Kleidung. In ihrer privaten Korrespondenz beklagten sich umgesiedelte jüdische Arbeiter über die schlechte Bezahlung, die nicht zum täglichen Broterwerb ausgereicht habe.[158] Viele dachten angesichts der schlechten Arbeits- und Lebensbedingungen an eine Rückkehr, wie beispielhaft in einem ebenfalls von der

---

153 Wenig, From Nazi Inferno, S. 96.

154 Redlich, Jews, S. 85.

155 Die Zahlen finden sich bei Penter, Kohle, S. 119. Zur Zusammensetzung der Flüchtlinge siehe Gurjanow, Żydzi, S. 112.

156 Das berichtet die aus Wyszków nach Osten geflohene Chaya Klos, deren Eltern sich in Białystok zur Umsiedlung registrierten und auf diese Weise nach Bobrujsk im Osten Weißrusslands gelangten. Dort, so berichtet Klos, habe man die Familie sehr gut aufgenommen. GFHA, Zeugnis von Klos.

157 Zitiert aus Penter, Kohle, S. 121. Der Brief wurde von der sowjetischen Zensur abgefangen und erreichte den gewünschten Adressaten nicht.

158 Grodner, In Soviet Poland, S. 140; Wenig, From Nazi Inferno, S. 96 – 97.

Zensur abgefangenen Brief eines jüdischen Arbeiters an seine Frau vom 7. Dezember 1939 deutlich wird.

> Ich muss das ganze Jahr hier bleiben. Ich habe es mir ganz anders vorgestellt. Ich dachte, dass ich in meinem Beruf arbeiten werde und gleichzeitig einen anderen Beruf erlernen werde, um dir ein ruhiges Leben zu sichern. Aber es kam ganz anders. Ich muss im Bergwerk arbeiten, wo ich kaum den Lebensunterhalt verdiene. Ich hatte gedacht, dass wir uns hier ein Nest bauen und zusammen sein werden. Aber ich habe nicht das Herz, Dich hierher zu holen, weil ich weiß, dass Du hier nicht leben könntest. [...] Ich kann nicht schlafen, nicht essen und frage mich auf Schritt und Tritt, warum ich das getan habe, warum ich hierher gefahren bin. Dein Vater hatte recht, als er sagte, dass ich nicht fahren sollte. Aber wer konnte voraussehen, wie es hier ist. Ich habe schon verschiedene Möglichkeiten gesucht, um von hier abzuhauen, aber umsonst.[159]

Laut Tanja Penter herrschten sehr unterschiedliche Bedingungen in den Bergwerken im Donbass vor. Während Verpflegung, Unterbringung und Behandlung der neuen Arbeitskräfte an einigen Orten vorbildlich und reibungslos verliefen, waren die Bedingungen andernorts katastrophal.[160] Penter fasst die Gründe für den Rückkehrwunsch vieler angeworbener Arbeiter folgendermaßen zusammen:

> [M]angelnde Erfahrung und Angst vor der Arbeit unter Tage, schlechter Gesundheitszustand, zu geringer Verdienst, das Gefühl, von den Werbern betrogen worden zu sein, die großartige Versprechungen gemacht und die unterzeichneten Arbeitsverträge nachträglich auf fünf Jahre verlängert hatten.[161]

Hinzu kamen die Schwierigkeiten im Umgang mit der Belegschaft, die von vielen Neuankömmlingen als unfreundlich wahrgenommen wurde. In vielen Zeugnissen polnischer Juden werden die Erzählungen der frustrierten Rückkehrer aus der östlichen Ukraine erwähnt.[162] Während ein Teil der jüdischen Arbeitsmigranten in ihre provisorische Heimat im ehemaligen Polen zurückkehrte, lernten die meis-

---

159 Zitiert aus Penter, Kohle, S. 122.

160 Ein Bericht des ukrainischen NKWD vom Februar 1940 bestätigt die genannten Probleme. Der Bericht stellt zunächst fest, dass viele Flüchtlinge im Donbass aus den nunmehr deutschen Gebieten in diese Heimat zurückkehren wollen und dies sogar auf illegalen Wegen versuchten. Zu Jahresbeginn 1940 fanden zudem verschiedene Versammlungen statt, um sich der Probleme der Neuankömmlinge anzunehmen und Lösungen zu finden. Penter, Kohle, S. 124, 126.

161 Penter, Kohle, S. 124.

162 Litvak, Jewish Refugees, S. 127. So etwa die Familie von Cila Glazer. Als sie gefragt wurden, ob sie zur Arbeit freiwillig nach Russland umsiedeln wollten, habe sich die Familie für die Rückkehr nach Polen registriert. Grund dafür sei ein Brief von bereits umgesiedelten Bekannten gewesen, in welchem sie beschrieben, dass es ihnen in Russland sehr schlecht gehe. GFHA, Zeugnis von Glazer.

ten, die neuen Lebensbedingungen zu akzeptieren. Vor allem Fachkräfte blieben und fügten sich allmählich in das sowjetische System ein.[163]

Der aus Łódź nach Białystok geflüchtete Bundist Simon Davidson war ein solcher Fall. Seine wochenlangen Versuche, eine Stelle als Buchhalter in Białystok zu finden, verliefen erfolglos. In der Zwischenzeit hatte der NKWD die Verhaftungen Białystoker Bundisten intensiviert, die vielfach von Kommunisten und anderen Flüchtlingen denunziert worden waren. Aus Furcht, dass ihm seine eigene Bundistenvergangenheit zum Verhängnis werden könnte, beschloss Davidson, sich Ende Oktober 1939 freiwillig für den Arbeitseinsatz im Inneren der Sowjetunion zu registrieren. Noch am selben Abend begab er sich ausgestattet mit einer Registrierungsnummer zum Bahnhof von Białystok.[164] Auf der Zugfahrt diskutierte Davidson mit einem Bekannten aus Łódź, dem polnisch-jüdischen Filmemacher Aleksander Ford[165], über den Kommunismus. Ford sei noch voller Illusionen über das Leben in der Sowjetunion gewesen, da er, anders als Davidson, den Kommunismus noch nicht „am eigenen Leib"[166] erfahren hatte. Die restlichen Passagiere im Zug waren polnische Kommunisten, die während der Zweiten Republik von den polnischen Behörden inhaftiert worden waren und nun zum Dank ins Landesinnere gebracht wurden. Von ihnen hielt sich Davidson fern und verschwieg seine russische Herkunft, um keine unerwünschten Fragen nach seiner Biografie zu provozieren. Erst im Laufe der Zugfahrt wurden die Freiwilligen informiert, dass sie nach Witebsk geschickt werden sollen. Davidson erinnert sich, wie die Neuankömmlinge von der einheimischen Bevölkerung am Bahnhof von Witebsk neugierig bestaunt wurden:

> The Russians look us over from top to toe with curiosity as if we came from another planet. In one of them I recognize a Jewish man and turn to him in Yiddish he either doesn't understand or doesn't want to speak it so I speak Russian to him. He is cautious with a stranger and he assures me that there is no discrimination of any kind in U.S.S.R.; that U.S.S.R. is a free union of many nationalities all equally privileged and every citizen has the same chance of obtaining a position according and equal to his abilities.[167]

---

163 Grodner, In Soviet Poland, S. 140; Schatz, The Generation, S. 159 – 160.

164 Davidson, War Years, S. 60 – 61.

165 Aleksander Ford, geboren als Mosze Lifszyc (1908 – 1980) in Kiew, Regisseur und Drehbuchautor. Ford verbrachte den Zweiten Weltkrieg in der Sowjetunion, wo er ab 1943 Propagandafilme für die Erste Polnische Armee drehte. Nach dem Krieg ließ er sich in Polen nieder. Infolge der antisemitischen Kampagne 1969 zur Emigration gedrängt. 1980 Selbstmord in Neapel, Italien. Węgrzynek, Hanna: Ford, Aleksander. In: Żydzi polscy. Historie niezwykłe. Hrsg. von Magdalena Prokopowicz. Warszawa 2010. S. 83 – 85.

166 Davidson, War Years, S. 67.

167 Davidson, War Years, S. 72.

Nach einigen Stunden Aufenthalt erhielt die Gruppe die Nachricht, dass Witebsk bereits genügend Freiwillige aufgenommen habe und sie deshalb in das nahegelegene Orša gebracht würden. Dort angekommen, wurde die Gruppe in einem einfachen Quartier für Bahnarbeiter untergebracht. Davidsons Russischkenntnisse sollten sich als vorteilhaft erweisen. Da er als Einziger über ausgezeichnete Sprachkenntnisse verfügte, wurde er zum Mittler zwischen den polnischen Freiwilligen und der sowjetischen Verwaltung bestimmt. Die aus Ispolkom (Regionalverwaltung), NKWD und der Partei bestehende Verwaltungstroika beauftragte ihn, als erstes eine Namensliste mit den Berufen der Freiwilligen zu erstellen, damit diesen eine Arbeit zugewiesen werden konnte. Er selbst wurde zum Buchhalter in einem Leinensackproduktionsbetrieb mit 5.000 Mitarbeitern unweit von Orša bestimmt. Seine Unterkunft teilte er sich mit sechs anderen Juden. Sie schliefen auf Betten mit Strohmatten und erhielten zur Begrüßung Essensmarken, Brot, Tee und 25 Rubel Taschengeld.[168] Bevor er seine Stelle antreten konnte, musste Davidson einen Lebenslauf schreiben, in welchem er sowohl seine politische Vergangenheit als auch seine russische Herkunft verschwieg. Nach einem Arbeitstag, der um 8 Uhr morgens begann und um 15 Uhr endete, kehrte Davidson für gewöhnlich in seine Unterkunft zurück, wo er aus Furcht vor möglichen NKWD-Informanten wenig mit seinen Mitbewohnern sprach. Nur mit einem polnischen Kommunisten namens Olszewer freundete er sich an.[169] Aus Sicht Davidsons seien die meisten polnischen Freiwilligen enttäuscht vom Leben in Orša gewesen. Harte Arbeit, ständiger Hunger, zu geringe Löhne und Kommunikationsschwierigkeiten aufgrund der fehlenden russischen Sprachkenntnisse führten insbesondere unter Jüngeren zu „Desillusion, Streitsucht und Trübsinn"[170]. Hinzu kam das Misstrauen der einheimischen Bevölkerung gegenüber den *Polacken* – Synonym für einen Fremden, dem man nicht vertrauen könne. „In Bialystok we were biezency [dt. Flüchtlinge, Anm. d. Verf.], here we are 'Polacks' both names carrying a connotation of contempt."[171] Während die Unzufriedenheit unter seinen polnischen Kollegen über die kommunistische Realität wuchs, hielt Davidson Ende Oktober 1939 den Zeitpunkt für gekommen, seine Familie aus Łódź nach Orša zu bringen.

Wer das Angebot zur freiwilligen Umsiedlung ins Innere der Sowjetunion nicht annehmen konnte oder wollte, musste nach anderen Wegen suchen, den

168 Davidson, War Years, S. 74–76.

169 Olszewer war als Kommunist während der Zwischenkriegszeit drei Jahre in Brześć inhaftiert und von Henryk Erlich verteidigt worden. Davidson, War Years, S. 78.

170 Davidson, War Years, S. 85.

171 Davidson, War Years, S. 85.

Lebensunterhalt unter den neuen wirtschaftlichen Verhältnissen zu verdienen. Die am weitesten verbreitete Möglichkeit abseits des ausländischen Staatsbürgern weitgehend verschlossenen, offiziellen Arbeitsmarktes ein Auskommen zu sichern, bestand im Handel auf Schwarzmärkten, auch bekannt als *tolčok* oder *Basar.*[172] Obwohl solche Aktivitäten eigentlich verboten waren, wurden sie in der Regel von den Behörden stillschweigend geduldet.[173] Wesentliche Ursachen für die Herausbildung des Schwarzmarktes waren die zu geringen Löhne und der permanente Mangel lebensnotwendiger Alltagswaren. Zwar waren in vielen Berufszweigen die Löhne im Vergleich zur Vorkriegszeit gestiegen (moderat für Arbeiter, Buchhalter und Lehrer, stark für Leitungspositionen in Industrie, Sicherheitsapparat und Verwaltung), doch da viele Produkte überhaupt nur zu deutlich höheren Preisen auf dem Schwarzmarkt verfügbar waren, schmolz der relative Lohnanstieg wieder dahin.[174] Zu den wichtigsten und am häufigsten angebotenen Waren gehörten Zucker, Butter, Mehl, Fleisch, Eier, Schweinefett, Salz, Kartoffeln, Tabak, Kleidung, Schuhe, Uhren, Alkohol, Süßigkeiten, Zitronen und Baumaterial.[175]

Zu den auf Basaren aktiven Händlern gehörten auch jüdische Flüchtlinge und erwerbslose Einheimische, die in der Regel aus purer Verzweiflung angesichts fehlender alternativer Einkommensoptionen auf dem Schwarzmarkt Geschäfte machten.[176] Der Vater von Larry Wenig etwa stieg in den Handel mit Devisen ein, um die Übersiedlung weiterer Familienmitglieder aus dem Generalgouvernement in die Sowjetunion bezahlen zu können. Wenig erinnert sich, dass seinem Vater das hohe Risiko solcher illegaler Aktivitäten bewusst gewesen sei, dieser jedoch keinen anderen Ausweg sah, um ein Auskommen zu finanzieren: „Risk was not even a choice. Risk was a daily fact of life. It was survival."[177] Für viele Flüchtlinge, deren einziges Auskommen im Handel auf dem Schwarzmarkt bestand, waren die illegalen Geschäfte daher eine Überlebensfrage. Nur so ist zu erklären, warum sich Tausende jüdischer Flüchtlinge für die Rückkehr in ihre alte Heimat entschieden. Nachdem sämtliche Besitztümer verkauft und alle finanziellen Ressourcen aufgebraucht waren, sahen sie unter den sowjetischen Machthabern

---

172 Die beiden Begriffe finden sich bei Grodner, In Soviet Poland, S. 140 – 141.
173 Wierzbicki, Soviet Economy, S. 129.
174 Wierzbicki, Soviet Economy, S. 129.
175 Wierzbicki, Soviet Economy, S. 129.
176 Ein negatives Bild jüdischer Schwarzmarkthändler bemühte Jan Karski in seinem Bericht von 1940. Juden seien, so Karski, vorrangig „involved in loansharking and profiteering, in illegal trade, contraband, foreign currency exchange, liquor, immoral interests, pimping, and procurement." Engel, Early Account, S. 9.
177 Wenig, From Nazi Inferno, S. 81.

keine Perspektive mehr. Tausende jüdischer Flüchtlinge kehrten also aus purer Verzweiflung dorthin zurück, von wo aus sie in Todesangst wenige Wochen und Monate zuvor geflohen waren. Ohne verlässliche Informationen über die Lage im Generalgouvernement kamen sie zu dem fatalen Schluss, dass sie unter der deutschen Herrschaft nicht stärker bedroht seien als unter dem sowjetischen Regime. David Grodner, der 1941 durch den Osten Polens reiste, spricht in einem Zeitschriftenartikel von Tausenden Juden, die „returned to face an uncertain future in the Generalgouvernement. They were joined by others who for one reasons or another lost all hope of a descent life under Soviet rule."[178]

3.5 Kapitelfazit

Die Integration der annektierten Gebiete in das neugeschaffene Westweißrussland beziehungsweise die Westukraine schritt innerhalb weniger Wochen und Monate auf drei wesentlichen Ebenen voran. In den Bereichen Verwaltung, Wirtschaft und religiösem Leben wurden bestehende Strukturen aufgelöst und nach sowjetischen Vorbild neu errichtet. Aus Sicht der jüdischen Bevölkerung unter sowjetischer Herrschaft – bestehend aus Einheimischen und Flüchtlingen – versprach der egalitäre Anspruch des kommunistischen Regimes eine signifikante Verbesserung in vielen Lebensbereichen. So erhielten Juden anders als noch in der Zweiten Polnischen Republik uneingeschränkten und kostenlosen Zugang zu Schul-, Berufs- und Universitätsbildung. Den spürbaren Verbesserungen stand jedoch eine Reihe von Verschlechterungen gegenüber. So hatte die Zerschlagung des bestehenden Wirtschaftssystems eine drastische Verschlechterung der allgemeinen materiellen Lebensbedingungen zur Folge, die sich in Mangelwirtschaft, Inflation und Enteignung ausdrückte.[179] Einheimischen Juden wurde Ende November 1939 automatisch die sowjetische Staatsbürgerschaft zuerkannt, die sie de facto zu gleichberechtigten Bürgern der Sowjetunion machte. Die Hunderttausenden Flüchtlinge aus der deutsch besetzten Westhälfte Polens blieben dagegen mehrheitlich polnische Staatsbürger und besaßen als solche nur einen eingeschränkten Zugang zum sowjetischen Arbeits- und Wohnungsmarkt. Einzelne Gruppen wie etwa selbstständige Kleinhändler, Inhaber privater Geschäfte und andere Unternehmer verloren durch die Verstaatlichung der Wirtschaft ihre Existenzgrundlage. Von der Entwertung des polnischen Złoty waren besonders die Flüchtlinge aus West- und Zentralpolen betroffen, die zwar vor der Verfolgung

178 Grodner, In Soviet Poland, S. 141.
179 Gross, Sovietization, S. 70 – 71.

durch die Deutschen geschützt waren, sich zugleich aber mit einer unsicheren wirtschaftlichen Zukunft konfrontiert sahen. Auch für Angehörige verfolgter politischer und sozialer Bewegungen wie dem Bund oder den Zionisten bedeutete der Beginn der sowjetischen Herrschaft nicht das Ende, sondern die Fortsetzung der Repressionen.

4 Wege in das Innere der Sowjetunion (November 1939 – Ende 1941)

Innerhalb weniger Wochen war es der sowjetischen Führung gelungen, die ehemaligen polnischen Gebiete erfolgreich in die Strukturen des Vielvölkerreichs zu integrieren. Ausgestattet mit zunehmend präziseren Informationen über die besetzte Bevölkerung erweiterte der NKWD den Terror auf immer größere Bevölkerungskreise, die als potentielle Widerstandskämpfer beziehungsweise als *feindliche Elemente* angesehen wurden. Anders als die Nationalsozialisten verfolgte die sowjetische Geheimpolizei Juden in der Regel nicht deshalb, weil sie Juden waren, sondern weil sie einer bestimmten wirtschaftlichen, sozialen oder politischen Gruppe angehörten. Aus diesem Grund befinden sich polnische Juden unter allen von sowjetischen Repressionen betroffenen Gruppen. Seit der Öffnung sowjetischer Archive stimmen Historiker weitgehend überein, dass zwischen 720.000 und 780.000 Bürger der Zweiten Polnischen Republik zwischen 1939 und 1941 Opfer sowjetischer Zwangsumsiedlungsmaßnahmen wurden.[1] Sie gelangten als Kriegsgefangene, zwangsrekrutierte Rotarmisten, politische Gefangene, Deportierte, *freiwillig* umgesiedelte Arbeitskräfte und nach dem 22. Juni 1941 als Flüchtlinge in das Landesinnere. Im folgenden Kapitel steht zunächst das Schicksal der in Sondersiedlungen und Arbeitslager verschleppten polnischen Juden im Fokus. Anschließend werden jene Menschen in den Blick genommen, denen die Flucht vor der Wehrmacht nach dem Überfall auf die Sowjetunion entweder im Rahmen der staatlichen Evakuierung oder auf eigene Faust gelang.

4.1 Illegale Wege über die deutsch-sowjetische Grenze

Nach der Eingliederung der besetzten polnischen Gebiete in die Sowjetunion begann die zweite Phase der jüdischen Fluchtbewegung. Anders als in den Wochen zwischen dem 17. September und Ende Oktober 1939 war die sowjetische Strategie nun nicht mehr darauf ausgelegt, den Anspruch auf die besetzten Gebiete propagandistisch zu legitimieren. Dazu sah die sowjetische Führung nach den Wahlen zu den Nationalen Volksversammlungen in Westweißrussland und

---

1 Grzegorz Hryciuk geht von etwa 720.000 Personen aus, die zwischen September 1939 und Juni 1941 in den annektierten Gebieten von sowjetischen Zwangsumsiedlungsmaßnahmen betroffenen waren. Hryciuk, Victims, S. 199. Die Zahl 700.000 findet sich in Borodziej, Geschichte Polens, S. 195; 750.000 bis 780.000 schätzt Boćkowski, Czas nadziei, S. 92. Höhere Schätzungen von bis zu 850.000 Personen finden sich bei Polonsky, The Jews, Bd. 3, S. 526.

https://doi.org/10.1515/9783110594393-005

der Westukraine am 22. Oktober 1939 keine Notwendigkeit mehr. Die Vereinigung der besetzten Gebiete mit der UdSSR am 1. und 2. November 1939 wirkte sich direkt auf das sowjetische Grenzregime aus.[2] Bis zu den Wahlen war die Grenze für Kriegsflüchtlinge geöffnet, um ihnen die Rückkehr nach West- und Zentralpolen zu ermöglichen. Jüdischen Rückkehrern hatten die deutschen Grenzposten jedoch auf Grundlage eines Befehls vom 20. September 1939 schon frühzeitig die Wiedereinreise verweigert.[3] Der von vielen jüdischen Flüchtlingen als temporär betrachtete Exilzustand wurde somit gezwungenermaßen verstetigt. Auf legalem Wege war die Rückkehr aus dem sowjetischen Territorium in ihre Heimat in West- und Zentralpolen nun nicht mehr möglich. Doch auch in die andere Richtung wurde der Grenzverkehr infolge der Eingliederung der ehemaligen polnischen Ostgebiete in die Sowjetunion durch die Einführung einer besonderen Einreisegenehmigung erheblich beschränkt. Zugleich wurden Grenzanlagen an der deutsch-sowjetischen Demarkationslinie errichtet. Die sowjetischen Grenzsoldaten hatten in der zweiten Phase Befehl, unerlaubten Grenzverkehr mit Waffengewalt zu unterbinden.[4] Ungeachtet des hohen Risikos versuchten dennoch Zehntausende Juden, die Grenze illegal zu passieren. Viele wurden beim Versuch, die Grenzflüsse schwimmend oder mit Booten zu überqueren, erschossen. Schätzungen zufolge kamen mehrere Tausend polnische Juden beim Versuch, die Grenze zu überqueren, zu Tode.[5] Anderen gelang es dagegen, die sowjetischen Grenzsoldaten zu bestechen oder die Grenze an einer unbewachten Stelle mithilfe von Schleppern zu übertreten.[6] Wieder andere verbrachten mehrere

2 Zuvor hatten die nationalen Volksversammlungen in Białystok (28.–30.10.1939) und in Lemberg (26.–28.10.1939) getagt. Wierzbicki, Soviet Economy, S. 121. Am 1. und 2. November 1939 folgten die Dekrete des Obersten Sowjets bezüglich der Eingliederung in die Sowjetunion. Abgedruckt in englischer Übersetzung als Dekret des Obersten Sowjets bezüglich der Eingliederung der Westukraine (Dok. 67) in die UdSSR vom 1. November 1939 und des westlichen Weißrusslands (Dok. 68) in die UdSSR vom 2. November 1939 in: GSHI, Documents, Bd. 1, S. 69–70.

3 Litvak, Jewish Refugees, S. 126.

4 Baberowski, Verbrannte Erde, S. 383.

5 Daniel Boćkowski spricht von „tausenden Juden", die beim illegalen Versuch des Grenzübertritts zu Tode kamen. Exakte Zahlen wird es aber wohl niemals geben, da solche Todesfälle nur selten dokumentiert wurden. Boćkowski, Czas nadziei, S. 93.

6 Pinchuk, Jewish refugees, S. 145; YIVO, Gliksman, Jewish Exiles, S. 6. Manche nahmen die Hilfe von bäuerlichen Schmugglern aus der Umgebung in Anspruch, andere bestochen die Grenzsoldaten um einer Gefangennahme zu entgehen.

Wochen bei Kälte und Hunger im Niemandsland zwischen den beiden Besatzungsmächten, die sie nicht aufnehmen wollten.[7]

Ein illegaler Grenzübertritt war risikoreich und musste vorbereitet, finanziert und mit Hilfe Dritter, häufig einheimischer polnischer Schlepper, realisiert werden. In vielen Berichten ist die Rede von erfolglosen Versuchen jüdischer Flüchtlinge, das sowjetische Ufer zu erreichen. Andere wurden auf sowjetischer Seite aufgegriffen und zu jahrelangen Gefängnisstrafen verurteilt.[8] Glück und Zufall, Ortskenntnisse und die Hilfe Einheimischer auf beiden Seiten der Grenze trugen ebenfalls zur erfolgreichen Flucht ins sowjetische Gebiet bei. Die Zeit allein bestimmte also nicht nur die Fluchtentscheidung selbst, sondern auch die notwendigen Vorkehrungen, um die sowjetische Seite nach Schließung der Grenze lebendig zu erreichen. Zwei Personengruppen entschieden sich erst zur Flucht, nachdem die deutsch-sowjetische Grenze bereits geschlossen worden war: Die erste Gruppe besteht aus denjenigen, die nach Wochen und Monaten unter deutscher Herrschaft die Gefahr erkannten und ihr noch rechtzeitig entkommen wollten. Wie auch bei anderen Flüchtlingen dominierte hier die Überlegung, mit der Sowjetunion das geringere Übel im Vergleich zum nationalsozialistischen Deutschland zu wählen. In der zweiten Gruppe befinden sich vor allem Familienangehörige von Flüchtlingen, die im Herbst 1939 nach Osten geflohen waren und nun ihre Ehepartner, Kinder und/oder Eltern nachholten.[9]

Fluide Entscheidungen

Die untersuchten jüdischen Zeugnisse legen nahe, dass der Prozess der Entscheidungsfindung äußerst dynamisch und zuweilen widersprüchlich verlief. Einmal getroffene Entscheidungen konnten angesichts der veränderten politischen Situation revidiert oder auch bekräftigt werden. Einige Familien teilten sich auf, andere flohen gemeinsam über die Grenze. Außerdem wurde deutlich, dass die Wahl zwischen Bleiben und Gehen entscheidend durch Zeitpunkt und Geografie beeinflusst wurde. Die faktische Durchlässigkeit der deutsch-sowjetischen Grenze ermutigte einige zur Flucht, während ihre öffentlich verkündete, vermeintliche Undurchlässigkeit andere von einem Versuch der illegalen Überque-

7 Cila Glazer verbrachte mit ihrer Familie zwei Monate bei Kälte und Hunger im Niemandsland an der Grenze. Schließlich gelang es der Familie nach Białystok zu fliehen. GFHA, Zeugnis von Glazer.

8 Litvak, Jewish Refugees, S. 125–126.

9 Die nachfolgend beschriebenen Beispiele behandeln ausschließlich die gelungene Flucht in die Sowjetunion.

rung abhielt. Es spricht demnach vieles dafür, den von Eliyana Adler eingeführten Begriff der *fluid decision* auf die gesamte Periode der sowjetischen Herrschaft über Ostpolen (1939 bis 1941) anzuwenden und das Verhältnis zwischen Bleiben und Gehen in seiner Dynamik ernstzunehmen.[10] Adler hat darauf hingewiesen, dass sich viele polnische Juden in West- und Zentralpolen gegen eine Flucht vor den Deutschen entschieden, weil sie annahmen, dass die deutsche Besatzungsherrschaft „harsh, but survivable"[11] sein würde. Die Erwartungshaltung, dass von den Deutschen keine lebensbedrohliche Gefahr ausgehe, beruhte in einigen Fällen auf der Erfahrung mit der deutschen Besatzung, die ältere Familienmitglieder im Ersten Weltkrieg gemacht hatten. Diese wurde vorrangig positiv, relativ tolerant und eben nicht als lebensgefährlich erinnert.[12] Erst mit fortschreitender Dauer der deutschen Besatzung begannen einige Familien, ihre Entscheidung gegen die Flucht zu überdenken. Die zunehmende Brutalität der Deutschen widerlegte das in der älteren Generation verbreitete Bild der vernünftigen deutschen Soldaten aus dem Ersten Weltkrieg und bekräftige zugleich die Sorge vor der akuten antisemitischen Bedrohung.[13]

Trotz der steigenden Gefahr vor der deutschen Verfolgung entschied sich die große Mehrheit der polnischen Juden weiterhin gegen eine Flucht über die deutsch-sowjetische Grenze. Dies bedeutet jedoch nicht, dass es keine unterschiedlichen Positionen zur Frage der Flucht innerhalb der einzelnen Gruppen gab. In vielen Fällen bestimmte die Entscheidung von Familienoberhäuptern und anderen religiösen, politischen oder sozialen Autoritäten letztlich das Schicksal der gesamten Gruppe. Sowohl die in dieser Studie untersuchten Fälle als auch die detaillierte Analyse der Grenzstadt Hrubieszów bestätigen Eliyana Adlers Befund, dass es sich beim Abwägen der Fluchtoptionen nicht lediglich um eine einzelne, einmalig getroffene Entscheidung, sondern um eine Reihe von Entscheidungen handele. Der Begriff der *fluid decisions* verweist auf die Dynamik, Sprunghaftigkeit und Vorläufigkeit der Entscheidungsfindungsprozesse. Auf diese Weise ist auch erklärlich, dass sich Positionen nach einigen Wochen wieder veränderten und einmal getroffene Entscheidungen zum Bleiben revidiert wurden. Die Einsicht, dass die deutsche Besatzung lebensbedrohlich für die Juden sein könnte, fiel allerdings bei vielen Juden mit dem Zeitpunkt der Schließung der Grenze Ende Oktober/Anfang November 1939 zusammen. Eine erfolgreiche Grenzüberquerung bedurfte von nun an größerer Anstrengungen als zuvor. Schon vor der Grenz-

---

10 Adler, Hrubieszów, S. 21.

11 Adler, Hrubieszów, S. 18.

12 Ola Wat schreibt, dass ihre Eltern eine hohe Meinung von den Deutschen im Ersten Weltkrieg hatten. Wat, Wahrheit, S. 21.

13 Adler, Hrubieszów, S. 14.

schließung hatte es Schlepper gegeben, die ihre Dienste gegen Bezahlung anboten. Doch seit die Grenze beiderseits von deutschen und sowjetischen Patrouillen bewacht wurde, waren Fluchthelfer für die erfolgreiche Überquerung der Grenzflüsse unabdingbar geworden. Hinweise auf die Aktivitäten von Fluchthelfern finden sich in vielen Zeugnissen polnischer Juden, die nach November 1939 aus dem Generalgouvernement in die westliche Sowjetunion flohen. Die verschiedenen Gefahren einer solchen illegalen Grenzüberquerung für jüdische Flüchtlinge hielt Chaim Kaplan bereits am 15. November 1939 in seinem Warschauer Tagebuch fest:

> [Die jüdischen Flüchtlinge, Anm. d. Verf.] werden unterwegs ausgeraubt und geschlagen und bleiben nackt und ohne alles zurück. Die Grenzsoldaten wissen, dass das Leben und das Geld der Juden [wie] Treibgut sind, und so springen sie mit den Grenzgängern nach Belieben um. Jetzt achten die Leute darauf, illegal über die Grenze zu gehen. Man kann sich des legalen Vorgehens des Eroberers nicht sicher sein. Wenn sie die Grenze heimlich passieren, fühlen sie sich sicherer, denn es gibt keinen Flüchtling, der nicht eine größere Geldsumme, als das 'Gesetz' erlaubt, mit sich führt. Daher ist die 'grüne Grenze' unter den Flüchtlingen sehr bekannt, und Experten für diesen Übertritt verdienen mit diesem 'Handwerk' riesige Summen.[14]

Unter den von Kaplan so bezeichneten *Experten* befanden sich auch Betrugsfälle. Perry Leon erwähnt in seinen unveröffentlichten Erinnerungen aus dem Jahr 1999 den Fall einer Gruppe polnischer Schlepper, die in Leons Heimatstadt Świerże aktiv waren. Nachdem die Stadt am Bug am 2. Oktober 1939 endgültig an die deutschen Besatzer gefallen war, habe sofort das Geschäft mit den Flüchtlingen begonnen, so Leon.[15] Eine Gruppe einheimischer Polen habe den Flüchtlingen versprochen, sie gegen Bezahlung mit einem Boot auf die sowjetische Uferseite zu bringen. Leon berichtet, dass jene Schlepper die beladenen Boote in der Mitte des Flusses umstießen und die Flüchtlinge ausraubten. Viele Menschen seien auf diese Weise im Fluss ertrunken, weil sie nicht schwimmen konnten.[16]

Anderen, überwiegend jungen männlichen Juden gelang die Flucht auf eigene Faust aus dem Distrikt Lublin, der in der zweiten Phase zu einer wichtigen Transitstation für Flüchtlinge auf dem Weg in Richtung sowjetisches Gebiet geworden war.[17] Ein unbekannter jüdischer Augenzeuge berichtet im *Black Book of*

---

14 Kaplan in Friedrich u. Löw, Verfolgung, S. 136.

15 Świerże fiel zunächst am 23. September 1939 an die Rote Armee, am 2. Oktober 1939 wurde die Stadt dann dem Grenzvertrag entsprechend an die Deutschen übergeben.

16 USHMMA, Leon, Perry Leon Story, S. 2.

17 Silberklang, Gates of Tears, S. 97. Im Oktober 1939 richteten die Nazis im neu geschaffenen Distrikt Lublin zwischen den Flüssen Weichsel, Bug und San und der Hauptstadt Lublin auf einem

Polish Jewry (1943) über die Flucht Tausender Juden auf die sowjetische Seite der Grenze:

> Lublin is a giant concentration camp where people spend their days trying to dig their way out of a living grave. Unobserved by the guards in and around Lublin, thousands of men, mostly youngsters, take their lives in their hands and try to escape from this Ghetto [gemeint ist vermutlich das gesamte Generalgouvernement und kein bestimmtes Ghetto, Anm. d. Verf.] hell. Most of them make their way across the Soviet border, hiding in the fields by day and creeping on all fours by night. It takes them a week or more, but as a rule they get through. There were, however, exceptions. Sometimes the patrols catch them and they [die gefangen genommenen Flüchtlinge, Anm. d. Verf.] are invariably shot.[18]

Obwohl die Gefahr der Festnahme an der Grenze bestand, versuchten Tausende polnischer Juden entweder mithilfe bezahlter und häufig unzuverlässiger Schlepper oder aber auf eigene Faust der deutschen Verfolgung durch Flucht in die Sowjetunion zu entkommen.[19]

Familienzusammenführung

Eine andere Gruppe von Flüchtlingen der Phase nach der Schließung der Grenze bestand aus Angehörigen von bereits auf sowjetisches Territorium entkommenen Familienmitgliedern, die zumeist von Ehemännern und Vätern nachgeholt wurden. Auch hier erwiesen sich die finanzielle Vorbereitung der Flucht und das

---

Gebiet von etwa 20.000 Quadratkilometern ein sogenanntes „Reservat für Juden" aus ganz Europa ein. Die erste Deportation von 22.000 Juden aus Wien, Mährisch-Ostrava und Katowice erreichte das Lager Nisko am San Ende Oktober 1939. Vielen gelang die Flucht ins sowjetische Gebiet. Polian, Against their will, S. 35. Allgemein zur Entstehung und der Verwerfung der Reservatsidee im Frühjahr 1940 siehe Friedrich u. Löw, Einleitung, S. 33; sowie Silberklang, Gates of Tears, S. 75–76.

18 Lustiger u. Apenszlak, Black Book, S. 94–95.

19 David Silberklang führt aus, dass die Juden im Distrikt Lublin durchaus berechtigten Grund zur Hoffnung haben konnten, auf legalem Weg das Generalgouvernment zu verlassen. So führte der Lubliner Judenrat auf Initiative der deutschen Zivilverwaltung Mitte Mai 1940 eine Registrierung durch. Juden, die aus den sowjetischen Gebieten stammten oder dort Familie hatten, konnten sich per Fragebögen zur Umsiedlung registrieren. Bis August 1940 wurden 2.412 ausgefüllte Fragebogen, die fast 7.000 Personen betrafen, eingeschickt. Nur wenige stammten tatsächlich aus den Ostgebieten und verfügten in der Mehrheit nur über entfernte Verwandte dort. Silberklang deutet das aus Ausdruck für die große Verzweiflung der jüdischen Bevölkerung im Distrikt Lublin. Die Registrierung verlief ergebnislos im Sande. Folglich versuchten im Laufe des Jahres 1940 viele Juden auf eigene Faust die Grenze illegal zu überqueren. Silberklang, Gates of Tears, S. 99.

Auffinden eines Fluchthelfers als entscheidend für die erfolgreiche Grenzüberquerung. Um den Kontakt zwischen Angehörigen beiderseits der Grenze und möglichen Fluchthelfern herzustellen, wurden verschiedene Kommunikationskanäle bemüht. Insbesondere der offizielle Postverkehr zwischen dem Deutschen Reich und der Sowjetunion, der bis Juni 1941 funktionierte, verband Fluchtwillige, bereits Geflohene und Fluchthelfer miteinander. Die Bedeutung der schriftlichen Kommunikation zwischen den beiden Besatzungsmächten wird im Fall von Simon Davidson deutlich. Dieser war aus Łódź über Warschau nach Białystok geflohen und hatte sich im Oktober 1939 freiwillig zur Umsiedlung in die Weißrussische SSR gemeldet. In Orša arbeitete Davidson seitdem als Buchhalter in einem großen Leinensackproduktionsbetrieb. Ausgestattet mit der sowjetischen Staatsbürgerschaft, einem Einkommen und einer Unterkunft hielt Davidson den Zeitpunkt für die Zusammenführung seiner Familie gekommen, die er auf dem Postweg organisieren wollte. Zunächst schickte er einen Brief an die befreundete Familie Rawin in Białystok mit der Bitte, Schmuggler zu finden, die seine Frau und Tochter aus Łódź über die Grenze bringen könnten. Seinen ebenfalls in Białystok lebenden Sohn bat er, die beiden per Brief über den Fluchtplan zu informieren. Über mehrere Wochen hinweg bereitete Simon Davidson auf diese Weise die Flucht seiner Familie aus Łódź nach Orša vor. Mitte Dezember 1939 erhielt er Nachricht, dass seine Frau und Tochter erfolgreich in Białystok angekommen waren. Um seine Familie nach Orša zu holen, waren zunächst noch einige Formalitäten zu erledigen. So benötigte Davidson eine Bescheinigung, dass seine Frau eine vor Ort nachgefragte Tätigkeit als Lehrerin ausüben könne. Ferner gelang es Davidson, ein separates Zimmer für seine Familie in einer Wohnung zu finden. Ende Dezember 1939, drei Monate nach seiner Flucht aus Łódź, war Simon Davidson wieder mit seiner Familie vereint.[20]

Wenige Wochen nach der Familie Davidson gelangte die junge Warschauerin Rachela Tytelman Wygodzki an derselben Stelle des Bugs auf die sowjetische Seite der Grenze. Anfang September 1939 war Tytelman Wygodzki mit ihrer Mutter und ihren beiden Geschwistern allein im bombardierten Warschau zurückgeblieben, nachdem ihr Vater die Stadt in Richtung Białystok verlassen hatte, um

20 Sophie Davidson berichtete ihrem Ehemann den genauen Ablauf der Flucht. So habe sie sofort nach Erhalt der Nachricht von der geglückten Flucht ihres Mannes nach Białystok begonnen, Wertgegenstände zu verkaufen, um Bargeld für die baldige Überquerung der Grenze zu sammeln. Gegen Bezahlung wurden sie von einem polnischen Fahrer zunächst nach Warschau und weiter nach Małkinia am Bug gebracht. Dort schlichen sie durch den Stacheldrahtzaun und überquerten per Boot den Fluss. Angekommen in Zaręby Kościelne auf der sowjetischen Uferseite reisten sie per Zug weiter zu Familie Rawin nach Białystok und von dort aus nach Orša. Davidson, War Years, S. 80 – 91.

Geld von säumigen Kunden seines Textilunternehmens einzutreiben.[21] Infolge der sowjetischen Besatzung konnte ihr Vater nicht mehr nach Warschau zurückkehren und beschloss, zunächst seinen Sohn über die Grenze zu bringen, um ihn vor dem Zugriff der Deutschen zu retten. Die in Warschau verbliebene Mutter, Rachela sowie ihre jüngere Schwester mussten sich derweil der deutschen Besatzungspolitik unterordnen. Erst auf Drängen ihres Sohnes willigte Tytelman Wygodzkis Mutter schließlich im Januar 1940 ein, ihre Tochter auf den beschwerlichen Weg über die deutsch-sowjetische Grenze nach Białystok zu schicken. In Begleitung eines Freundes und erfahrenen Fluchthelfers gelangte sie in Małkinia dank gefälschter Ausweisdokumente auf die sowjetische Seite.[22] Am nächsten Morgen bestieg Rachela Tytelman Wygodzki einen Zug nach Białystok, wo sie von ihrem Bruder erwartet wurde. Die ersten Wochen unter sowjetischer Herrschaft erschienen Tytelman Wygodzki als das genaue Gegenteil der diskriminierenden und erniedrigenden deutschen Besatzungspolitik.[23] Aus ihrer Sicht hatten sich ihre Lebensbedingungen durch die Flucht von Warschau nach Białystok radikal verbessert. Ihre erfolgreiche Überquerung der streng bewachten Grenze wurde ermöglicht durch ausreichende finanzielle Ressourcen zur Bezahlung gefälschter Ausweispapiere und des Fluchthelfers, ferner durch die gezielte Abstimmung per Briefkommunikation und schließlich durch die Einsicht ihrer Mutter, dass Rachela Tytelman Wygodzki in Białystok in Sicherheit sei, während sie selbst in Warschau zurückbleiben würde.

4.2 Rückkehrbestrebungen jüdischer Flüchtlinge

Wie zu Beginn dieses Kapitels geschildert, war die Sowjetisierung des politischen, religiösen und wirtschaftlichen Lebens wenige Wochen nach dem Einmarsch der Roten Armee im Osten Polens in vielen Bereichen bereits weit vorangeschritten. Die Konfrontation mit der sowjetischen Lebensrealität, insbesondere aber die prekäre wirtschaftliche Situation riefen jedoch bei vielen jüdischen Flüchtlingen vermehrte Zweifel an der Richtigkeit der getroffenen Entscheidung hervor. Angewiesen auf illegale und daher riskante Wege des Gelderwerbs begannen viele jüdische Flüchtlinge abzuwägen, ob sich eine Rückkehr in die alte Heimat, wo die zurückgelassene Familie und das verbliebene Eigentum warteten, lohnen

---

21 Tytelman Wygodzki, Rachela: The End and the Beginning. (August 1939 – July 1948.) Bellevue 1998. S. 4.

22 Tytelman Wygodzki, End, S. 4 – 8.

23 Tytelman Wygodzki, End, S. 11.

könnte.[24] Eine unerwartete Möglichkeit zur legalen Rückkehr in die Heimat schien sich polnisch-jüdischen Flüchtlingen Mitte November 1939 zu bieten, als Pläne eines deutsch-sowjetischen Bevölkerungstransfers bekannt wurden. Auf dem Austausch nationaler Minderheitsbevölkerungen aus ihren jeweiligen Besatzungszonen hatten sich beide Mächte bereits im Grenz- und Freundschaftsvertrag vom 28. September 1939 geeinigt. Das Abkommen sah einerseits die Umsiedlung sogenannter Volksdeutscher aus der Sowjetunion in das Deutsche Reich vor und stellte andererseits Weißrussen, Ukrainern und Russen den Umzug in die Sowjetunion in Aussicht.[25] Die Umsiedlung von Juden war weder von deutscher noch von sowjetischer Seite vorgesehen. Bereits Ende Oktober 1939 war eine gemeinsame deutsch-sowjetische *Umsiedlungskommission* unter der Leitung von Hofmeier und Sinchin gegründet worden, die ihr Büro in Łuck, einige Kilometer östlich der Demarkationslinie bezog.[26] Im Dezember 1939 und Januar 1940 einigten sich beide Regierungen auf einen gegenseitigen Austausch von Flüchtlingen, das heißt polnischen Staatsbürgern, in ihren Besatzungszonen. Die auf sowjetischem Territorium eingesetzte *Deutsche Kontroll- und Durchlasskommission für Flüchtlinge aus dem Sowjetgebiet* war angewiesen, Juden abzuweisen und setzte dies auch rigoros um. In den Wochen vor Gründung der Umsiedlungskommission beobachteten Zeitgenossen wie Moshe Kleinbaum einen „massenhaften Exodus“[27] der jüdischen Flüchtlinge aus der Sowjetunion auf die deutsche Seite der Grenze. Wenngleich genaue Zahlen der auf die deutsche Seite zurückkehrten polnischen Juden unmöglich zu bestimmen ist, ist von mehreren Zehntausend jüdischen Flüchtlingen auszugehen, die sich im Winter 1939/40 bei

---

24 Buchwajc zitiert einen aus Łódź geflohenen Arzt, der vier Motive für den Wunsch zur Rückkehr unterscheidet: 1. Behalten des polnischen Passes zur Verwendung nach Kriegsende; 2. Angst vor der sowjetischen Lebensrealität, die sich stark von den undeutlichen Vorstellungen unterschied, die es dazu gegeben hatte; 3. Nachrichten über Zwangsumsiedlung von Arbeitskräften in Minen und nach Asien und Berichten von Rückkehrern; 4. Keine Freiheit, schwache Wirtschaft, niedriger Lebensstandard, schlechte Verwaltung und Allmacht der Propagandalügen. AW, Buchwajc, Żydzi, S. 21. Solche Diskussionen fanden in allen größeren Flüchtlingszentren statt.

25 Bereits zwischen dem 11. – 13. Oktober 1939 eröffnete die deutsche Seite die Einwanderungszentralstelle (EWZ), die die Registrierung, Identifikation und Umsiedlung der Volksdeutschen durchführen sollte. Das erste regionale Büro der EWZ eröffnete in Gotenhafen (Gdynia) am 12. Oktober 1939. Polian, Against their will, S. 30.

26 Später wurden weitere Büros in Brześć, Włodzimierz Wołyński, Przemyśl beziehungsweise ab 13. Mai 1940 in Lemberg eingerichtet. Gurjanow, Żydzi, S. 111. Bis zum Juni 1940 wurden etwa 66.000 sogenannte Volksdeutsche aus der westlichen UdSSR in die eingegliederten Gebiete des Deutschen Reichs verschickt. Lediglich 14.000, geplant waren 70.000 Personen, wurden aus der deutschen in die sowjetische Zone transferiert. Silberklang, Gates of Tears, S. 98; Hryciuk, Victims, S. 189.

27 Engel, Kleinbaum's Report, S. 281.

der deutschen Umsiedlungskommission für eine Rückkehr registrierten.[28] Die Rückkehr jüdischer Flüchtlinge in ihre nun auf dem Territorium des Generalgouvernements liegende Heimat nahmen Zeitgenossen wie der amerikanische Gesandte der USA im litauischen Kaunas, Bernard Gufler, irritiert zur Kenntnis.[29] In seinem Bericht für das US-Außenministerium in Washington vom 18. Januar 1940 konstatiert er zunächst, dass eine zunehmende Zahl polnischer Juden aus dem sowjetischen Besatzungsgebiet in das deutsch kontrollierte Polen zurückkehrt, zuweilen über Litauen. Der Gesandte stellt konsterniert fest: „So unglaublich diese Berichte zunächst auch erscheinen mögen, sie entsprechen offensichtlich der Wahrheit."[30] Ein Mitarbeiter der US-Vertretung in Kaunas fragte zwei jüdische Flüchtlinge nach den Beweggründen für ihre Rückkehr in das deutsch besetzte Gebiet. Diese antworteten resigniert: „Es ist besser, von den Deutschen ausgebeutet zu werden, als durch die Russen den Hungertod zu erleiden." Die beiden jüdischen Flüchtlinge seien Gufler zufolge davon überzeugt, dass sie Europa leichter über deutsches Gebiet verlassen könnten als aus der hermetisch abgeriegelten Sowjetunion.[31] In solchen Äußerungen jüdischer Flüchtlinge drückt sich einerseits große Verzweiflung über die schwierigen Lebensbedingungen in den sowjetisch annektierten Gebieten aus; anderseits zeigen auch sie deutlich, wie wenig jüdische Zeitgenossen östlich des Bug offenbar über die Behandlung der Juden unter deutscher Herrschaft wussten. Dies ist wenig überraschend, da die sowjetische Presse seit Zustandekommen des deutsch-sowjetischen Nichtangriffspaktes im August 1939 aus Rücksichtnahme gegenüber dem Bündnispartner keine Informationen über die Judenverfolgung im Deutschen Reich mehr abdruckte. Die selektive Informationspolitik wurde auch nach Beginn der doppelten Besatzung Polens fortgesetzt. Die östlich der deutsch-sowjetischen Demarkationslinie lebenden polnischen Juden waren daher entweder auf Informationen angewiesen, welche die Flüchtlinge aus dem Westen ihnen mündlich überbrachten oder auf schriftliche Nachrichten aus der Korrespondenz mit Angehörigen und Bekannten aus dem deutschen Herrschaftsbereich. Jüdische Flüchtlinge mussten also teils stark voneinander divergierende Informationen über den Alltag unter deutscher Herrschaft abwägen. Der Fall von Victor Zarnowitz belegt eindrücklich, wie komplex die Entscheidungsfindung zwischen der Rückkehr in die Heimat und dem Verbleib unter sowjetischer Herrschaft war. Gemeinsam mit seinem Bruder lebte Zarnowitz seit September 1939 als nicht re-

---

28 Gurjanow, Żydzi, S. 111–112.

29 Bericht des Gesandten der USA in Kaunas, Bernard Gufler, an den Außenminister in Washington vom 18.1.1940. Dokument 75. In: Friedrich u. Löw, Die Verfolgung, S. 206.

30 Gufler in: Friedrich u. Löw, Verfolgung, S. 206.

31 Gufler in: Friedrich u. Löw, Verfolgung, S. 206.

gistrierter Flüchtling in Lemberg. Das Angebot, die sowjetische Staatsbürgerschaft an Flüchtlinge zu vergeben, habe die Brüder erstmals gezwungen, sich mit der Möglichkeit eines Verbleibs in Lemberg auseinanderzusetzen.[32] Zunächst konnten sich die beiden jedoch nicht entscheiden und begannen im November 1939 eine Korrespondenz mit ihrer Mutter, die ihre Söhne auffordert, nach Oświęcim zurückzukehren. Da sie über keinerlei Informationen über die Lage unter deutscher Besatzung verfügten, waren sie auf Gerüchte angewiesen, welche jedoch widersprüchlich und unvollständig gewesen seien. Die Brüder waren zum Aufbruch bereit, als immer mehr Flüchtlinge Lemberg erreichten. Deren Ankunft „seemed to suggest that we were better off staying where we were."[33] Unter den Neuankömmlingen befanden sich zahlreiche Bekannte, mit denen sich die Brüder intensiv über mögliche Handlungsoptionen austauschten. Während andere sich schon entschieden hatten, haderten die beiden jedoch mit einer endgültigen Festlegung:

> Stalin or Hitler. East or west. We had no way to choose. There was no right answer. We were paralyzed. We procrastinated. In the end, we did nothing. We didn't register for repatriation or apply for a passport. For months, we sat and waited.[34]

Der grundsätzliche Mangel an verlässlichen Informationen über die Behandlung der Juden durch die deutschen Besatzer führte bei vielen rückkehrwilligen Flüchtlingen zu einer drastischen Fehleinschätzung der Situation. Viele glaubten den Augenzeugenberichten anderer Flüchtlinge nicht oder hielten diese für stark übertrieben. Auf diese Weise unterschätzten viele spätere Rückkehrer aus Unwissenheit die Gefahren im Generalgouvernement.[35] Auch Mitglieder der deutschen Umsiedlungskommission äußerten Unverständnis über die zahlreichen Anfragen seitens jüdischer Flüchtlinge. So beschreibt der anonyme Autor in einem stark antisemitisch gefärbten Bericht der deutschen Umsiedlungskommission vom 10. Mai 1940 mehrere Fälle, in denen sich Juden an die deutsche Kommission mit der Bitte wandten, sie bei der Umsiedlung zu berücksichtigen. In einigen Fällen versuchten verzweifelte Rückkehrwillige offenbar, die Mitglieder der Umsiedlungskommission zu bestechen, um in die Heimat zu gelangen.[36] Der anonyme Autor des Kommissionsberichts sieht den Grund für den Rückkehr-

32 Zarnowitz, Fleeing the Nazis, S. 46.
33 Zarnowitz, Fleeing the Nazis, S. 47.
34 Zarnowitz, Fleeing the Nazis, S. 47.
35 Friedrich u. Löw, Einleitung, S. 53.
36 Von Bestechungsversuchen berichtet auch YIVO, Gliksman, Jewish Exiles, Teil 1, S. 7–8.

wunsch in der prekären Situation der jüdischen Flüchtlinge unter sowjetischer Herrschaft:

> Wenn auch die Juden die einzigen Nutznießer des neuen kommunistischen Systems sind, so sind doch lange nicht alle Juden mit dem Umschwung zufrieden. [...] Die Anzahl der Juden in den überfüllten Städten ist doch recht beträchtlich, zumal sehr viele Flüchtlinge aus dem [General]Gouvernement sich im sowjetischen Gebiete angesiedelt haben. Nur einem Teil von ihnen ist es möglich gewesen, im neuen sowjetischen Staatsapparat eine Anstellung zu finden oder sonst Nutzen aus der neuen Herrschaft zu ziehen. [...] Es ist wiederholt vorgekommen, daß einzelne Juden in den Straßen von Luzk sich an Mitglieder des deutschen Umsiedlungskommandos gewandt haben mit dem Hinweis, sie seien Juden, möchten aber fragen, ob nicht auch für sie eine Möglichkeit bestünde, ins deutsche Gebiet herüberzukommen. [...] Es ist vorgekommen, daß einzelne Juden aus dem Umsiedlungsgebiet dem deutschen Umsiedlungskommando angeboten haben, ihr gesamtes ausländisches Vermögen dem Reich unentgeltlich abzugeben, wenn man ihnen die Möglichkeit gibt, mit umgesiedelt zu werden.[37]

Es scheint sich bei diesen Fällen jedoch um Ausnahmen gehandelt zu haben. Die Mehrheit der jüdischen Bevölkerung sei, so fährt der Autor des Berichts fort, gegenüber den deutschen Kommissionsmitgliedern „ausgesprochen feindlich" eingestellt gewesen, habe diese beschimpft und zuweilen sogar tätlich angegriffen.[38]

4.3 Die Deportation der jüdischen Flüchtlinge im Juni 1940

Aus Sicht der sowjetischen Behörden stellte sich nach dem Misserfolg der sogenannten *Produktivierung*, so der zeitgenössische sowjetische Begriff für die Arbeitsvermittlung an Erwerbslose, erneut die Frage, was mit den *bežency* zu tun sei. Zehntausende Arbeitslose ohne Bereitschaft, sich dem neuen System anzupassen, stellten aus sowjetischer Sicht ein kompliziertes Verwaltungs- und Sicher-

---

37 Bericht an den deutschen Hauptbevollmächtigten der Abteilung I in Luck. Dokument 118. In: Friedrich u. Löw, Verfolgung, S. 293–296, hier S. 294. Der Rückkehrwunsch vieler Juden löste auch beim Generalgouverneur Hans Frank Irritationen aus. In seinem Diensttagebucheintrag vom 10. Mai 1940 hielt er sein Erstaunen über die Ankunft jüdischer Rückkehrer aus dem sowjetisch-annektierten Gebiet Polens in das Generalgouvernement fest: „Eigenartig sei, dass auch zahlreiche Juden lieber ins Reich [das heißt in die annektierten Gebiete] gehen wollen, statt in Russland zu bleiben." (Zitiert aus Friedländer, Dritte Reich, Bd. 2, S. 71.

38 Im Bericht heißt es, dass die Mitglieder der Umsiedlungskommission als „Nazimörder" und „Verfluchte Deutsche" beschimpft worden seien. Bericht, in: Friedrich u. Löw, Verfolgung, S. 293–294.

heitsproblem dar.[39] Die Antwort bestand in der massenhaften Zwangsumsiedlung in abgelegene Regionen im Inneren der Sowjetunion. Obwohl die Deportation vom Juni 1940 mehrheitlich jüdische Flüchtlinge betraf, stellen ihre Genese, ihr Ablauf und ihre Ziele keine Abweichung von der herrschenden stalinistischen Nationalitätenpolitik dar. Deren Ziele bestanden nach Ansicht Zygmunt Woźniczkas einerseits im politischen Kampf gegen vermeintliche und tatsächliche *staatsfeindliche Elemente* sowie andererseits in der Zwangsrekrutierung billiger Arbeitskräfte.[40]

Die Aktivitäten der Umsiedlungskommission nahm die Sowjetunion im Frühjahr 1940 zum Vorwand für einen versteckten Loyalitätstest. Einem Erlass des Rates der Volkskommissare vom 2. März 1940 zufolge sollten sich alle im westlichen Weißrussland und der Westukraine lebenden Flüchtlinge für einen sowjetischen Pass registrieren.[41] In der Folge mussten sich die Flüchtlinge entweder in den lokalen Vertretungen des NKWD einfinden oder sie wurden von Offizieren der Geheimpolizei an ihrem Wohnort aufgesucht. Die Flüchtlinge wurden dann gefragt, ob sie in der Sowjetunion bleiben und einen sowjetischen Pass annehmen oder in die deutsch besetzte Heimat zurückkehren wollten. Ihnen wurde mitgeteilt, dass diese Wahlmöglichkeit Ergebnis eines deutsch-sowjetischen Abkommens sei, welches allen, die dies wünschten, die Rückkehr nach Hause erlaube. Die deutliche Mehrheit der Flüchtlinge sprach sich für eine Rückkehr aus.[42] Die meisten von ihnen dachten ähnlich wie Moshe Grosman, der das Dilemma vieler Flüchtlinge in seinen Erinnerungen folgendermaßen formuliert:

---

39 Pinchuk, Jewish Refugees, S. 155.

40 Woźniczka, Zygmunt: Die Deportationen von Polen in die UdSSR in den Jahren 1939 – 1945. In: Lager, Zwangsarbeit, Vertreibung und Deportation: Dimensionen der Massenverbrechen in der Sowjetunion und in Deutschland 1933 bis 1945. Hrsg. von Dittmar Dahlmann und Gerhard Hirschfeld. Essen 1999. S. 535 – 552, hier S. 535.

41 Befehl des Volkskommissariats des Innern der UdSSR an das NKWD der Weißrussischen und der Ukrainischen Sowjetrepublik vom 10.6.1940. Dokument 124. In: Friedrich u. Löw, Verfolgung, S. 306 – 307. Darin wird der Termin der Deportationen am 29. Juni 1940 genannt. Außerdem wird die Gruppe der zu deportierenden Personen definiert als diejenigen Flüchtlinge, denen die deutsche Seite die Rückkehr verweigert hatte.

42 Einem NKWD-Bericht vom Sommer 1940 zufolge, hatten bis Ende Mai 1940 im Obwod Lemberg 45.207 Flüchtlinge beantragt, in ihre Heimat zurückzukehren (davon 61% Juden, 37% Polen), weitere 8.925 Personen dagegen gaben an, in der Sowjetunion bleiben zu wollen. Im Obwod Drohobycki gaben 20.692 Personen an, die SU verlassen zu wollen (davon 54% Polen, 42% Juden), während 4477 Personen bleiben wollten. Gurjanow, Żydzi, S. 114 – 115.

> Most of the refugees left their wives, children, closest family on the other side; how could they accept Soviet citizenship, an acceptance that would mean remaining in the Soviet Union forever!! To say farewell to home, to the dearest forever?![43]

Ähnlich argumentierte auch Joseph (Nachname unbekannt), der sich für die Rückkehr ins Generalgouvernement registrierte, um seine Ehefrau wiederzusehen. Im Gespräch mit David Boder rechtfertigte Joseph 1946 seine Registrierung rückblickend: „I did not go home to the Germans. I wanted to go home to my wife, to my brothers."[44] Andere entschieden sich gegen die Annahme der sowjetischen Staatsbürgerschaft, weil sie fürchteten, niemals mehr nach Hause zurückkehren zu können.[45] Weitere Gründe für die Entscheidung gegen einen Verbleib in der Sowjetunion waren der Wunsch zur Emigration nach Übersee, Angst vor dem Terror des NKWD und die Ablehnung des Sowjetkommunismus.[46] Dass die Registrierung in Wahrheit eine Täuschung gewesen war, die lediglich die Loyalität der Flüchtlinge testen sollte, war den Zeitgenossen nicht bekannt.[47] Aus Sicht des NKWD-Chefs Lavrentij Berija war der Wunsch nach einer Rückkehr in die Heimat gleichbedeutend mit einer Ablehnung des sowjetischen Systems. Deshalb befahl er kurz vor dem Abschluss des deutsch-sowjetischen Bevölkerungsaustauschs am 10. Juni 1940 die Deportation „aller Flüchtlinge, die nicht von Deutschland akzeptiert werden"[48], in die nördlichen Regionen der UdSSR.

Der Ablauf der auf den 29. Juni 1940 terminierten Deportationen ähnelte dem der vorhergegangen Zwangsumsiedlungen.[49] Im Unterschied zu den Massenumsiedlungen vom Februar und April 1940 ging der NKWD diesmal nicht

---

43 Zitiert aus Pinchuk, Jewish Refugees, S. 151. Auch der Vater von Rachela Tytelman Wygodzki erwiderte auf die Frage der sowjetischen Kommission, dass sie nach Warschau zurückkehren wollten, um wieder mit der Familie vereint zu sein. Tytelman Wygodzki, End, S. 13.

44 Boder, Interview mit Joseph.

45 Ein weiterer Grund für die Ablehnung des sowjetischen Passes war der *Paragraf 11*. Dieser besagte, dass sich die Flüchtlinge, auch wenn sie nun Sowjetbürger waren, nur in kleineren Ortschaften und nicht näher als 100 Kilometer zur Grenze niederlassen dürfen. Pinchuk, Jewish Refugees, S. 151.

46 Pinchuk, Jewish Refugees, S. 150; YIVO, Gliksman, Jewish Exiles, Teil 1, S 7.

47 Litvak, Jewish Refugees, S. 129.

48 Befehl des Volkskommissariats des Innern der UdSSR vom 10.06.1940. In: Friedrich u. Löw, Verfolgung, S. 306.

49 Die Kontinuität wird in Punkt 4 des Befehls hergestellt. „Die Aussiedlung der Flüchtlinge ist am 29. Juni 1940 durchzuführen, entsprechend den früheren Weisungen und Erfahrungen der von Ihnen durchgeführten Aussiedlungen von Ansiedlern, Familien repressierter Personen sowie von Prostituierten." Befehl des Volkskommissariats des Innern der UdSSR vom 10.06.1940. In: Friedrich u. Löw, Verfolgung, S. 307. Zur Frage der Kontinuität siehe auch Boćkowski, Czas nadziei, S. 81–86.

selektiv gegen einzelne Intellektuelle, Angehörige der Elite und andere unerwünschte Einzelpersonen vor, sondern gegen die gesamte Gruppe der Rückkehrwilligen.[50] Ein weiterer Unterschied zu früheren Deportationen bestand in dem Täuschungsmanöver des NKWD. Die Registrierung im Frühjahr 1940 weckte bei den Flüchtlingen berechtigte Hoffnungen auf bevorstehende Heimkehr. Die Familie Tytelman kann als stellvertretend für viele jüdische Flüchtlinge verstanden werden, die sich für eine Rückkehr in Generalgouvernement registriert hatten. Wie Tytelman Wygodzki in ihren Erinnerungen schildert, wurden sie und ihr Vater Ende Juni mitten in der Nacht von einem lauten Türklopfen geweckt. Zwar hatten die beiden zuvor bereits Gerüchte vernommen, wonach der NKWD Menschen verhaftete und nach Sibirien verschleppte. Doch die Tytelmans glaubten nicht an einen Zusammenhang zwischen ihren bewilligten Rückkehrdokumenten und den Gerüchten über Deportationen in das Landesinnere.[51]

Von der Deportation betroffen waren außerdem diejenigen Flüchtlinge, die sich der Registrierung vollständig entzogen hatten. Als Ende Juni 1940 plötzlich Flüchtlinge ohne erkennbaren Grund aus der Stadt verschwanden, versuchte der seit Januar 1940 mit seinem Vater und seiner Schwester in Lemberg lebende Kazimierz Zybert sich vor dem NKWD zu verstecken. Jede Nacht verbrachten sie in einem anderen Versteck und doch wurden sie gefunden und zum Bahnhof gebracht.[52] Auch die Gebrüder Zarnowitz hatten sich in Lemberg weder für eine Rückkehr nach Oświęcim noch für die Annahme des sowjetischen Passes registriert. Auch sie bemerkten mit wachsender Sorge, dass Flüchtlinge verschwanden. Niemand habe gewusst, was diesen Menschen vorgeworfen wurde, erinnert sich Zarnowitz.

---

50 Unter den Deportierten befanden sich nicht nur Flüchtlinge, sondern auch jüdische Einwohner der ehemaligen Kresy, darunter politische Führer wie Zionisten und Bundisten, ehemalige Abgeordnete des Sejm sowie Angestellte regionaler Verwaltungsbehörden, einige wohlhabende Personen und Rabbiner. Hinzu kamen Personen, denen Spionage und Kollaboration gegen die Sowjetunion vorgeworfen wurde sowie kleine Kaufleute, Lehrer, Priester, Studenten und Angehörige anderer Berufsgruppen. Pinchuk, Jewish Refugees, S. 153 – 154.

51 In den Wochen nach der Registrierung für eine Rückkehr ins Generalgouvernement erhielten die geflohenen Familienmitglieder vermehrt Post aus Warschau, die jedoch immer kryptischer wurde. Im Juni 1940 erreichte Vater Tytelman schließlich die langersehnte Nachricht, dass ihre Dokumente bearbeitet worden seien und in wenigen Tagen bei ihnen eintreffen würden. Tytelman Wygodzki, End, S. 16.

52 Kazimierz Zybert verbrachte den Zweiten Weltkrieg in der Sowjetunion. Seine Lebensgeschichte erzählte er Anfang der 1990er Jahre in einem Interview mit Ruta Pragier. Pragier, Ruta: Żydzi czy Polacy. Warszawa 1992. S. 162 – 163.

> This uncertainty added to our fears. One by one, people were disappearing. The soldiers came and took whole families from their apartments. The atmosphere in Lwów grew poisened.[53]

Die nervöse Anspannung erfasste die jüdischen Flüchtlinge in allen Teilen der annektierten Gebiete. „Ein Klopfen an der Tür heißt nicht mehr, dass ein Gast kommt…“[54] bemerkte ein anderer jüdischer Flüchtling angesichts der allgegenwärtigen Angst vor den nächtlichen Besuchen des NKWD. Die detailliert geplante Aktion dauerte vom 27. bis 29. Juni 1940 und wurde parallel in allen Teilen der Westukraine und in West-Weißrussland durchgeführt.[55] In kleinen Gruppen von zwei bis vier Personen suchte der NKWD mit Unterstützung lokaler Milizeinheiten die Flüchtlinge in der Nacht zuhause auf. Die Menschen erhielten in der Regel 15 bis 30 Minuten Zeit, um ihre Sachen zu packen, bevor sie einen wartenden LKW besteigen mussten, der sie zum Bahnhof brachte. Überall wurde den Deportierten mitgeteilt, dass ihre Weigerung, Sowjetbürger zu werden und ihr Wunsch, nach Hause zurückzukehren die Gründe für ihre Deportation seien.[56] Vor ihrer Deportation wurden die Gefangenen vom NKWD in zwei Gruppen unterteilt: Alleinstehende Menschen wurden in Arbeitslager gebracht, Familien von bis zu drei Generationen dagegen in Sondersiedlungen in Nordrussland, Sibirien und Ost-Kasachstan verschickt.[57] Die *Sondersiedler-Flüchtlinge* durften den sowjetischen Postdienst nicht selbst in Anspruch nehmen, wohl aber Pakete aus dem deutsch besetzten Teil Polens erhalten.[58]

In nur zwei Nächten verschleppte der NKWD mit Unterstützung der lokalen Polizei im Juni 1940 circa 78.000 *Sondersiedler-Flüchtlinge*, darunter zwischen 64.500 – 67.700 polnische Juden, vorrangig Flüchtlinge aus West- und Zentralpolen, aus den annektierten Gebieten in das Innere der Sowjetunion.[59] Die Gesamtzahl aller zwischen Februar und Juni 1940 aus den annektierten Gebieten deportierten polnischen Juden liegt etwa bei 70.000 Personen. Auffällig ist, dass

---

53 Zarnowitz, Fleeing the Nazis, S. 48.

54 Der Satz stammt nicht von Larry Wenig, sondern von seinem Bruder. Zitiert aus Wenig, From Nazi Inferno, S. 101.

55 Boćkowski, Czas nadziei, S. 83.

56 Manche Deportierte glaubten noch im Zug, dass sie nach Hause zurückkehren würden. So beschrieben etwa bei Ben-Eliezer, Flucht, S. 34.

57 Litvak, Jewish Refugees, S. 130. David Grodner war 1941 recht detailliert im Bilde über Ablauf und Ziel der Massenumsiedlungen durch den NKWD. Grodner, In Soviet Poland, S. 141.

58 Litvak, Jewish Refugees, S. 130; Davies u. Polonsky, Introduction, S. 12.

59 Die niedrige Zahl jüdischer Deportierter stammt von Hryciuk, Victims, S. 191. Die Zahl von 65.500 findet sich bei Gurjanow, Żydzi, S. 109. Die höhere Schätzung stammt von Kaganovitch, Jewish Refugees, 99.

Flüchtlinge prozentual deutlich stärker von Zwangsumsiedlungen betroffen waren als einheimische Juden. Grzegorz Hryciuk geht davon aus, dass etwa 0,18 % der einheimischen jüdischen Bevölkerung in den annektierten Gebieten in das Innere der Sowjetunion deportiert wurden.[60] Solch konkrete Zahlen kann es aufgrund fehlender Statistiken über den Anteil deportierter jüdischer Flüchtlinge nicht geben. Nimmt man jedoch die gängigen Schätzungen von 250.000 – 350.000 jüdischen Flüchtlingen im sowjetischen Herrschaftsbereich zwischen 1939 und 1941 zur Grundlage, so hieße das, dass bis Ende Juni 1940 etwa jeder vierte oder fünfte jüdische Flüchtling gegen seinen Willen in das Landesinnere der Sowjetunion verschleppt wurde.[61]

Der Journalist David Grodner hielt die Tatsache für besonders tragisch, dass mehrheitlich Flüchtlinge verschleppt wurden, „who [had] sought a haven from the Nazi invaders only to be driven merciless to the frozen tundras of Siberia."[62] Aus Sicht des Zeitgenossen Grodners waren aus den vor der deutschen Verfolgung Geretteten nun Opfer des sowjetischen Terrors geworden.

4.4 Polnische Juden im sowjetischen Gulag

Die polnischen Deportierten wurden auf verschiedene Orte des sowjetischen Straflagersystems (*Gulag*) aufgeteilt. Das Akronym *Gulag* beziehungsweise *GULag* bezeichnet im engeren Sinne das im Jahr 1930 eingerichtete Leitungsorgan des sowjetischen Straflagersystems (*glavnoje upravlenije ispravitel'no-trudovych lagerej i kolonij*, dt. Hauptverwaltung der Besserungsarbeitslager und -kolonien).[63] Die ersten Lager entstanden im Jahr 1923 auf den Solovecki Inseln im Weißen

60 Hryciuk, Victims, S. 195.

61 Pinchuk war 1978 ohne die Möglichkeit der Konsultation sowjetischer Archive noch der Ansicht gewesen, dass „die große Mehrheit" der Flüchtlinge deportiert worden sei. Pinchuk, Jewish Refugees, S. 155. Dagegen kommt Andrzej Żbikowski auf der Basis der gegenwärtig bekannten NKWD-Akten zu dem Ergebnis, dass „mindestens ein Drittel" aller jüdischen Flüchtlinge zwischen 1939 – 1941 in das Innere der Sowjetunion deportiert wurde. Żbikowski, U genezy, S. 29.

62 Grodner, In Soviet Poland, S. 136.

63 Die Bezeichnung *Gulag* wird jedoch sowohl in historischen Zeugnissen als auch in der Geschichtswissenschaft häufig synonym für das gesamte sowjetische System der Arbeits- und Konzentrationslager verwendet. Bonwetsch, Bernd: Gulag. Willkür und Massenverbrechen in der Sowjetunion 1917 – 1953. Einführung und Dokumente. In: Gulag. Texte und Dokumente 1929 – 1956. Lizenzausgabe für die Bundeszentrale für politische Bildung. Hrsg. von Julia Landau u. Irina Scherbakowa. Bonn 2014. S. 30 – 49, hier S. 30; Viola, Lynne: The Unknown Gulag. The Lost World of Stalin's Special Settlements. New York 2007. S. 3.

Meer. Zunächst bestand die Mehrheit der Häftlinge aus politischen Gegnern der Bolschewiki, das heißt Offiziere der Weißen Armee, Repräsentanten der alten Ordnung, Menschewiki und viele anderen, die durch eine „Schule der Arbeit" (Feliks Dzierżyński) zu nützlichen Mitgliedern der neuen Gesellschaft umerzogen werden sollten. Mit Beginn der Zwangskollektivierung der Landwirtschaft und der forcierten Industrialisierung ab 1929 waren aus politischen Gefangenen vorrangig billige Arbeitskräfte geworden.[64] Eine Wende in der Entwicklung des Gulags markiert der Kampf gegen die sogenannten *Kulaken*, die auf Befehl Stalins zwischen 1930 und 1931 in abgelegene Gegenden der Sowjetunion (Nordrussland, Ural, Sibirien und Kasachstan) zwangsumgesiedelt wurden. Etwa zwei Millionen Bauern wurden als Kulaken verhaftet und verschleppt. Hunderttausende überlebten den Transport dorthin nicht. Etwa die Hälfte der 1,3 Millionen deportierten Kulaken wurde als Arbeitskraft auf Großbaustellen und Industrieregionen, wie in Magnitogorsk, eingesetzt. Die andere Hälfte wurde zur Kultivierung unbeackerter Landstriche gezwungen und lebte in sogenannten Sondersiedlungen.[65] Die Kulaken bildeten die Mehrheit unter den Sondersiedlern, eine feststehende juristische Definition für den Begriff des *Kulaken* gab es jedoch nicht. Lynne Viola zufolge könne man jedoch festhalten, dass unter dem Begriff vorwiegend die Vorstellung eines „prosperous peasant" und „the village capitalist exploiter"[66] verstanden wurde. Von Beginn an wurde der Kampf gegen die Kulaken ökonomisch begründet. Die eigens für die Kulaken erdachte, euphemisierende Kategorie der *Sondersiedler* (russ. *specpereselency*) verschleiere, so Viola, ihren wahren Status als „prisoners and forced laborers employed in the extraction of raw materials so crucial for the Soviet Union's ongoing industrialization effort."[67] Innerhalb weniger Monate waren zu Beginn der 1930er Jahre rund 2.000 Sondersiedlungen entstanden.[68] Ab Mitte der 1930er Jahre kamen im Rahmen der sogenannten ethnischen Deportationen Hunderttausende Sondersiedler hinzu.[69] Vor Kriegsbeginn lag die Zahl der Sondersiedler noch bei etwa einer Million.

---

64 Ganzenmüller, Jörg: Gulag und Konzentrationslager: Sowjetische und deutsche Lagersysteme im Vergleich. In: Landau u. Scherbakowa, Gulag, S. 50 – 59, hier S. 52 – 54. Die Vorgeschichte der Sondersiedlungen als Orte des Exils beschreibt Applebaum, Gulag, S. 27 – 31.

65 Fitzpatrick, Sheila: Everyday Stalinism: Ordinary Life in Extraordinary Times: Soviet Russia in the 1930s. Oxford u. New York 1999. S. 123 – 124.

66 Viola, Unknown Gulag, S. 5.

67 Viola, Unknown Gulag, S. 2.

68 Viola, Unknown Gulag, S. 4. Die Unterscheidung zwischen Gulag und Sondersiedlung ist in der Historiografie gängig. Siehe etwa Polian, Against their will, S. 48.

69 Fitzpatrick, Everyday Stalinism, S. 123.

Durch die massenhaften Deportationen zwischen 1939 und 1945 stieg die Zahl der Personen bis zum 1. Oktober 1945 auf etwa 2,2 Millionen an.[70]

Ein wesentlicher Unterschied zwischen den politischen Arbeitslagern und den Sondersiedlungen besteht in der Art des Urteils. In Arbeitslager wurden Menschen auf der Grundlage eines individuellen Strafurteils eingewiesen, während die Sondersiedlungen stets Menschen vorbehalten waren, denen man allein aufgrund ihrer Zugehörigkeit zu einem Kollektiv ein Vergehen vorwarf.[71] Die Umsiedlung der Kulaken markiert die erste Massendeportation unter Stalins Herrschaft und förderte zugleich die Entstehung der Geheimpolizei als wirtschaftliches Imperium und Staat im Staate.[72] Deportationen waren zum Zeitpunkt des sowjetischen Einmarschs in Ostpolen also als „Mittel sozialer Kontrolle“[73] aus der jüngsten Geschichte der Sowjetunion bekannt. Seit Anfang der 1930er Jahre und insbesondere während des *Großen Terrors* zwischen 1936 und 1938 hatten die sowjetischen Behörden Millionen von Menschen verschleppt und in Lagern inhaftiert.[74] Zum Zeitpunkt des deutschen Überfalls auf die Sowjetunion im Sommer 1941 waren schätzungsweise vier Millionen Menschen in verschiedenen Bereichen des Gulag-Systems eingesperrt, davon 1,5 Millionen in Arbeitslagern, 1,5 Millionen in Sondersiedlungen sowie jeweils eine halbe Million in Gefängnissen und Arbeitskolonien.[75] Die Gesamtzahl der Opfer des Gulags lässt sich lediglich schätzen. Anne Applebaum geht davon aus, dass zwischen 1929 und 1953 über 18 Millionen Menschen das Straflagersystem passierten.[76] Über 1,5 Millionen Häftlinge kamen zwischen 1930 und 1956 im Gulag zu Tode, schätzt Lynne Viola.[77]

Das sowjetische Straflagersystem wird in der Forschungsliteratur und in Erinnerungen als eine in sich geschlossene und von der Außenwelt abgetrennte Welt

---

70 Bonwetsch, Gulag, S. 33 – 34.

71 Bonwetsch, Gulag, S. 30, 33.

72 Um 1940 gab es etwa 930.000 Sondersiedler in 1.750 Siedlungen. Die Hälfte arbeitete in der Industrie, ein Viertel in der Forstwirtschaft und ein Viertel in der Landwirtschaft. Viola, Unknown Gulag, S. 2, 169. Lavrentij Berija übernahm die Leitung des NKWD im November 1938 und trug wesentlich dazu bei, das Gulagsystem ins Zentrum der sowjetischen Wirtschaftsordnung zu rücken. Er befahl beispielsweise den Lagerkommandanten, die Gefangenen besser zu behandeln, um sie länger am Leben zu halten und auf diese Weise die Effizienz der Arbeitslager zu erhöhen. Applebaum, Gulag, S. 147 – 148.

73 Fitzpatrick, Everyday Stalinism, S. 125.

74 Zum Großen Terror 1936 – 1938 siehe Schlögel, Karl: Terror und Traum. Moskau 1937. München 2008.

75 Viola, Unknown Gulag, S. 168.

76 Applebaum, Gulag, S. 11.

77 Schätzungen zufolge umfasste der Archipel Gulag zu seinen Höchstzeiten Anfang der 1950er Jahre 476 individuelle Lagerkomplexe mit mehreren Nebenlagern. Zu Beginn der 1950er Jahre waren etwa 2,5 Millionen Menschen im Gulag inhaftiert. Viola, Unkonown Gulag, S. 3.

mit eigenen Regeln beschrieben.[78] Zu Beginn der 1940er Jahre wurde in offiziellen Dokumenten die Bezeichnung *Gefangene* (russ. *zaključennyj* oder *z/k*, gesprochen: *zek*) für die Lagerinsassen eingeführt.[79] Der Begriff *zek* findet sich als Selbstbezeichnung auch in Zeugnissen polnisch-jüdischer Gulaghäftlinge.[80] Zu Beginn der 1940er Jahre hatten sich die Lebens- und Arbeitsbedingungen in den Arbeitslager des Gulags zunehmend verschlechtert. So hatte sich etwa die tägliche Brotration im Vergleich zu 1930 auf 500 Gramm pro Häftling halbiert.[81] Die kriegsbedingte Verschlechterung der allgemeinen Versorgungssituation wirkte sich gravierend auf die Sterblichkeitsrate im Gulag aus. Schätzungsweise jeder vierte Insasse eines Arbeitslagers kam im Jahr 1942 zu Tode und auch im Folgejahr erlag noch jeder fünfte Häftling den Bedingungen.[82]

Die polnisch-jüdischen Deportierten des Juni 1940 wurden in zwei Gruppen unterteilt. Die erste Gruppe bestand aus alleinstehenden Männern, die zunächst in Gefängnissen inhaftiert und anschließend in Arbeitslager nach Sibirien und in die Sozialistische Sowjetrepublik Komi (Komi SSR) verschleppt wurden. Eheleute, Frauen und Familien mit Kindern bildeten die zweite Gruppe, die der NKWD in die unter seiner Aufsicht stehenden Sondersiedlungen schickte.[83] Während die Häftlinge der Arbeitslager nicht monetär entlohnt wurden, erhielten die Sondersiedler eine geringe finanzielle Gegenleistung für ihre Arbeit. Im Unterschied zu den schwach bewachten Sondersiedlungen waren Arbeitslager von Stacheldraht umgeben und von Aufsehern in Wachtürmen geschützt.[84] Den Sondersiedlern war außerdem die Benutzung des Postwesens gestattet, wodurch sie, anders als die Lagerinsassen, bis zum Beginn des deutsch-sowjetischen Krieges den Kontakt zu Angehörigen im ehemaligen Polen aufrechterhalten konnten.[85] In vielen Sondersiedlungen waren die Lebensbedingungen jedoch vergleichbar mit jenen in den Arbeitslagern, insbesondere dort, wo die Häftlinge zunächst eine Unterkunft errichten mussten.[86]

---

78 Applebaum, Gulag, S. 10. Der polnisch-jüdische Häftling Gustaw Herling-Grudziński gab seinen Erinnerungen an den Gulag den Titel *Inny Świat* (dt. *Die andere Welt*).

79 Applebaum, Gulag, S. 138.

80 Etwa bei Zarnowitz, Fleeing the Nazis, S. 52.

81 Applebaum, Gulag, S. 141.

82 1942 starb laut Gulag-Statistiken jeder vierte Gefangene (350.000), 1943 war es jeder fünfte (270.000). Applebaum, Gulag, S. 439.

83 YIVO, Gliksman, Jewish Exiles, Teil 1, S. 19 – 20; Schatz, The Generation, S.162.

84 YIVO, Gliksman, Jewish Exiles, Teil II, S. 3; Schatz, The Generation, S. 162.

85 Siemaszko, Mass Deportations, S. 219.

86 Sowohl in Arbeitslagern als auch in Sondersiedlungen war der Alltag von harter körperlicher Arbeit und dem kräftezehrenden Kampf ums Überleben gekennzeichnet. Lebedeva, Deportation, S. 35; Applebaum, Gulag, S. 449.

Es ist beim derzeitigen Kenntnisstand unmöglich, den Anteil polnischer Juden unter den Sondersiedlern und den Gulaghäftlingen exakt zu bestimmen. Die Zahl polnischer Juden in sowjetischen Arbeitslagern liegt sehr wahrscheinlich bei einigen Tausend Personen, während die Summe der polnisch-jüdischen Sondersiedler etwa 65.000 beträgt.[87] Wenngleich es sich bei diesen Zahlen nur um Näherungswerte handelt, so wird doch deutlich, dass die Mehrheit der zwangsumgesiedelten polnischen Juden in Sondersiedlungen deportiert wurde. Nur etwa jeder Zehnte war zwischen 1939 und Sommer 1941 in einem Arbeitslager (Gulag) inhaftiert. Polnische Juden bildeten die Mehrheit unter den aus Polen in die Sondersiedlungen deportierten ethnischen Gruppen. In Arbeitslagern dagegen entsprach das Zahlenverhältnis von Juden und Nichtjuden etwa den Bevölkerungsanteilen aus der Vorkriegszeit.[88]

4.5 Polnische Juden in Sondersiedlungen

> There was not a part of the USSR where at least a small number of Jewish deportees from Poland could not be found.[89]
> Jerzy Gliksman

Etwa 65.000 polnische Juden wurden zwischen 1940 und 1941 in die auf dem Territorium der Sowjetunion verstreuten Sondersiedlungen deportiert. Bis zum Beginn des deutsch-sowjetischen Krieges und der Neuausrichtung der polnisch-sowjetischen Beziehungen leisteten sie gemeinsam mit nichtjüdischen Polen Zwangsarbeit für die sowjetische Wirtschaft. Obwohl der folgende Teil das Schicksal Zehntausender polnischer Juden schildert, behandelt er doch nur die Erfahrung einer Minderheit. Geht man von über 250.000 polnischen Juden auf dem Gebiet der unbesetzten Sowjetunion nach 1941 aus, so bildeten die Sondersiedler etwa ein Viertel aller polnisch-jüdischen Exilanten ab. Ihre Erfahrungen als Sondersiedler-Flüchtlinge, die zwischen dem 27. und 29. Juni 1940 aus dem Westen der Sowjetunion in das Landesinnere verschleppt und im Zuge der sogenannten *Amnestie* im Herbst 1941 freigelassen wurden, stehen im Fokus des folgenden Teils.[90]

---

87 Boćkowski, Czas nadziei, S. 83.
88 Schatz, The Generation, S. 164.
89 YIVO, Gliksman, Jewish Exiles, Teil 3, S. 7.
90 Auf die Schicksale der in die Rote Armee Zwangsrekrutierten, der freiwilligen Arbeitsmigranten oder auch der in den ehemaligen Kresy verbliebenen und im Sommer 1941 geflohenen Bevölkerung kann hier nicht eingegangen werden. Eine detaillierte Analyse würde den Rahmen der vorliegenden Arbeit sprengen.

Der bis zu fünf Wochen andauernde Transport aus den annektierten Westgebieten in das Innere der Sowjetunion fand in einfachen Güterzügen und unter katastrophalen hygienischen Bedingungen statt.[91] Manche Waggons waren mit drei Lagen Holzpritschen ausgestattet, andere verfügten über gar keine Betten. Da es keine Fenster gab, war die Luft stickig. In einigen Waggons diente ein Loch im Boden als Toilette, wo die Deportierten ihre Notdurft vor allen anderen verrichten mussten. Es gab jedoch auch Waggons, in denen Bodenlöcher völlig fehlten und ein Eimer auf dem Boden ausreichen musste.[92] In der Regel hielt der Zug alle paar Stunden auf offener Strecke an, damit sich die Deportierten erleichtern und bewegen konnten. Die Deportierten wurden bis zur Ankunft an ihrem Bestimmungsort im Unklaren darüber gelassen, wohin man sie bringen würde. Das NKWD-Begleitpersonal war angewiesen worden, den Deportierten keinerlei Auskünfte über den Zielort zu geben und hielt sich in der Regel auch an die Vorgaben.

Larry Wenig erinnert sich, dass die Deportierten folglich untereinander über ihr künftiges Schicksal spekulierten. Aus den Gesprächen ergab sich, dass bis auf zwei polnische Familien alle Deportierten ihres Waggons jüdische Flüchtlinge aus West- und Zentralpolen waren. Sie vermuteten, dass man sie „als Kapitalisten"[93] verhaftet habe und nun sicher in ein Zwangsarbeitslager nach Sibirien verschleppen würde. In vielen Waggons bestimmte die Frage nach dem Ziel der Reise alle Gespräche. Diejenigen Flüchtlinge, die noch Hoffnung auf eine Rückkehr in ihre Heimat unter deutscher Besatzung gehegt hatten, mussten schnell feststellen, dass sich die Züge nach Osten und somit weg von der Heimat bewegten. Angesichts fehlender Informationen über ihren Bestimmungsort und ihre nächste Zukunft habe sich unter den Passagieren eine Atmosphäre der Lethargie breitgemacht, so Victor Zarnowitz. Vielen sei bewusst gewesen, dass sie sich in einer ausweglosen Situation befänden, über die sie keine Kontrolle hatten.[94] Die Familie der damals sechsjährigen Pesia Taubenfeld konnte ihre Verzweiflung nicht vor ihrer Tochter verbergen. Über ihre Deportation aus dem westukrainischen Bircza im Juni 1940 schrieb Taubenfeld im Jahr 1948:

> [W]ie Tiere hat man uns in die dunklen und stinkenden Waggons geworfen. Der Waggon war so klein, dass man sich auf die Füße trat. Kinder weinten, Ältere auch und jammerten. Die Hitze brannte und es gab kein Wasser. Ich war 6 Jahre alt und konnte nicht verstehen, warum

91 Die Züge verließen die annektierten Gebiete zwischen dem 29. Juni und dem 5. Juli 1940 und erreichten ihre Ziele Ende Juli 1940. Gurjanow, Żydzi, S. 115 – 117.

92 Zarnowitz, Fleeing the Nazis, S. 50.

93 Wenig, From Nazi Inferno, S. 118.

94 Zarnowitz, Fleeing the Nazis, S. 50.

> meine Eltern weinten. Man erklärte mir, dass man nicht wisse, wohin wir fuhren. Aber immerhin sind wir zusammen. Aber deshalb weint man doch nicht, dachte ich.[95]

Die von Taubenfeld erwähnte Hitze und der Mangel an verfügbarem Trinkwasser führte unter vielen Passagieren zu Dehydration, die in einigen Fällen tödlich endete.[96] Die stickige Enge und der Wassermangel verschlimmerten die ohnehin angespannte Atmosphäre, wie der jüdische Flüchtling Kazimierz Zybert im Rückblick schildert:

> Etwa sechzig Personen dicht gedrängt auf engem Raum, es stinkt und es ist stickig, die Menschen leiden, sind hysterisch, Kinder weinen, Frauen heulen, irgendwelche Typen streiten sich. Diese Menschen sind geflohen, sie wissen nicht, ob sie jemals ihre Angehörigen wiedersehen werden, ihr Schicksal und das ihrer Familie ist ungewiss. Sie wissen, dass sich ein großes Leid ereignet hat, sie durchleben eine Tragödie, wissen, dass sie nichts Schlimmes getan haben, dass irgendeine historische Katastrophe sie erfasst hat. Sie verfluchen Hitler, sie verfluchen Stalin, sie verfluchen die ganze Welt...[97]

Dass etwa jeder zehnte Deportatierter den Transport nicht überlebte, ist auf die verheerenden hygienischen Bedingungen und die unzureichende Versorgung mit Lebensmitteln zurückzuführen.[98] In der Regel erhielten die Deportierten einmal täglich ein halbes Kilogramm Brot und dazu manchmal eine dünne Kohlsuppe mit Kascha.[99] Geschwächt und dehydriert waren viele anfällig für Krankheiten wie Diarrhö oder Krätze.[100] Die unterwegs Verstorbenen mussten in vielen Fällen bis zur Ankunft des Zuges am Zielort im Waggon liegen bleiben, da die Türen verschlossen waren.[101]

Die große Mehrheit der polnisch-jüdischen *specpereselency-bežency* bestand, wie oben erläutert, aus Flüchtlingen, die im Juni 1940 in das Innere der Sowjetunion zwangsumgesiedelt wurden. Die meisten von ihnen wurden in Sondersiedlungen im Oblast Archangel'sk gebracht, zumeist in abgelegene Waldregionen im Norden der Sowjetunion, wo sie mehrheitlich in der Forstwirtschaft

---

95 YVA, Zeugnis von Pesia Taubenfeld, Jiddisch, vermutlich 1948 verfasst im DP-Lager Laupheim, M 1 E 2053.

96 Im Winter erfroren insbesondere Junge und Alte, da die Züge lediglich mit einem kleinen, zur Erwärmung völlig unzureichenden Ofen ausgestattet waren.

97 Zybert in: Pragier, Żydzi czy Polacy, S. 163 – 164.

98 Litvak, Jewish Refugees, S. 130 – 131.

99 YVA, Zeugnis von Regina Rotkopf, Jiddisch, verfasst 1946 im DP-Lager Pocking-Waldstadt, M 1 E 2187; Wenig, From Nazi Inferno, S. 118; Zarnowitz, Fleeing the Nazis, S. 50.

100 USHMMA, Leon, Perry Leon Story, S. 2.

101 YVA, Zeugnis von Fenigstein, M 1 E 2074.

eingesetzt wurden.[102] Die Siedlungen befanden sich unter der Kontrolle des NKWD (Abteilung für Sondersiedlungen OTP-OTSP Gulag beim NKWD[103]) und durften von den Sondersiedlern nicht ohne Genehmigung des NKWD-Kommandanten verlassen werden.[104]

In vielen Fällen lagen diese Orte so abgelegen, dass die Siedler zunächst mit einem Schiff oder zu Fuß dorthin gebracht werden mussten.[105] Nachdem ihr Zug nach einmonatiger Fahrt zum Halt gekommen war, verließ die wenige Monate zuvor aus Warschau nach Białystok geflohene Rachela Tytelman Wygodzki „schwach, schmutzig [und] apathisch"[106] am 9. Juli 1940 den Waggon. Vom Bahnhof aus musste die Gruppe zu einem Fluss laufen, ein Holzboot besteigen und damit bis zu ihrem Bestimmungsort, dem Arbeitslager Zapan-Šidrovo (gelegen am nördlichen Dwinaufer) fahren.[107] Ihr erster Eindruck glich einem Kulturschock:

> Getting out of the boat, we immediately stepped into deep mud. It took some doing to extricate ourselves. Only when we reached dry ground did we have an opportunity to look around us at our new home. Never before had we been in such a place. Before us lay an immense forest, vast and dim. The first sound we heard was the buzzing of millions of mosquitoes. They immediately descended upon us, stinging us everywhere. They got into our eyes, our noses, our ears. We itched and scratched, but no avail. That only seemed to increase our despair.[108]

Perry Leon beschreibt in ähnlichen Worten seine Ankunft in einer Siedlung, die lediglich aus einer Baracke für den NKWD-Kommandanten bestand. Erstaunt habe man den Kommandanten nach einer Unterkunft gefragt und erfahren, dass

---

102 Wer nicht in Waldregionen kam, wurden in urbanen industriellen Zentren, in Kolchosen (landwirtschaftliche Kollektive) oder Sowchosen (staatseigene landwirtschaftliche Siedlungen) zur Arbeit gezwungen. Die meisten Familien wurden auf Farmen in Kasachstan verteilt. Litvak, Jewish Refugees, S. 131.

103 Die Verwaltung der Sondersiedlungen oblag dem OTP-OTSP Gulag beim NKWD, der Abteilung für Arbeitssondersiedlungen.

104 In den *posiolki* gab es strikte Regeln. So durfte man sich nicht aus der Region entfernen, ohne eine entsprechende Erlaubnis zu besitzen. Wer zu spät kam, zu langsam arbeite oder sich vom Arbeitsplatz entfernte, musste Repressionen durch die lokalen Behörden befürchten. YIVO, Gliksman, Jewish Exiles, Teil 2, S. 5; Gurjanow, Żydzi, S. 113.

105 Zybert in: Pragier, Żydzi czy Polacy, S. 164.

106 Tytelman Wygodzki, End, S. 17.

107 Die Angaben zu Rachela Tytelman finden sich im online verfügbaren Indeks Represjonwanych des Instytut Pamięci Narodowej (IPN) unter: http://www.indeksrepresjonowanych.pl/int/wyszukiwanie/94,Wyszukiwanie.html

108 Tytelman Wygodzki, End, S. 18.

die Gefangenen ihre Häuser selbst zu errichten hätten. Bis dahin mussten die Neuankömmlinge mitunter wochenlang unter freiem Himmel schlafen.[109] In anderen Fällen erreichten die Deportierten eine Barackensiedlung, die von früheren Sondersiedlern in den 1930er Jahren errichtet worden war. Victor Zarnowitz erinnert sich, dass ihn der Anblick der Holzbaracken in der Waldlandschaft Kareliens sehr beeindruckte:

> Pine, spruce, and birch trees–primordial and majestic–grew to the horizon. The natural landscape towered above a dwarfish human settlement. We saw a set of low barracks, surrounded by a wall with turrets. Everything was constructed from wood.[110]

Nach ihrer Ankunft erfuhren die Deportierten vom Lagerkommandanten, dass sie *Sondersiedler* seien und man sie als *Feinde der Sowjetunion* betrachte. Sie hätten jedoch die Möglichkeit, fuhr der Kommandant fort, durch harte Arbeit zu guten Sowjetbürgern zu werden.[111] Dass sie sich nicht in einem gewöhnlichen Zwangsarbeitslager befanden, bemerkte Kazimierz Zybert bereits beim Anblick seiner Siedlung Jagodnoje im Oblast Archangel'sk. Er war überrascht, keinen Zaun, keinen Stacheldraht und keine Wächter zu sehen und befand, dass es sich um ein Zwangsarbeitslager für Familien handeln müsse, da sein Transport vor allem aus Familien und einigen wenigen Alleinstehenden bestand.[112]

Im Wesentlichen bestanden die Arbeitslager, in denen Gruppen von 120 bis 200 Sondersiedler wohnen mussten, aus einer Handvoll Holzbaracken, die die Gefangenen zum Teil erst errichten mussten.[113] In der Regel teilten sich mehrere Familien eine Baracke, wobei Familienmitglieder zusammenbleiben durften.[114] Mit Stroh gefüllte Matratzen dienten als Betten, waren jedoch häufig von Bettwanzen befallen.[115] Die Holzbaracken verfügten zumeist über elektrisches Licht und einen Holzofen, der im Winter jedoch keine ausreichende Wärme spendete.[116]

---

109 USHMMA, Leon, Perry Leon Story, S. 3.
110 Zarnowitz, Fleeing the Nazis, S. 51.
111 Wenig, From Nazi Inferno, S. 127.
112 Zybert in: Pragier, Żydzi czy Polacy, S. 164.
113 YVA, Zeugnis von Fenigstein, M 1 E 2074.
114 Einem Bericht vom März 1941 zufolge lebten von 53.000 polnischen Sondersiedlern etwa 3.000 außerhalb der Lager. Gurjanow vermutet, dass die hohe Zahl mit dem Bedarf an Facharbeitern für die sowjetische Wirtschaft zu begründen ist. Dabei wandte sich der NKWD bei der Suche nach Facharbeitern ausschließlich an die *Sondersiedler-Flüchtlinge*, unter denen es deutlich mehr Facharbeiter gab. Gesucht wurden insbesondere Buchhalter, Ingenieure, Techniker, Mediziner, Schuhmacher, Schneider. Gurjanow, Żydzi, S. 119 – 120.
115 USHMMA, Leon, Perry Leon Story, S. 3; Wenig, From Nazi Inferno, S. 134.
116 Zarnowitz, Fleeing the Nazis, S. 52. Tytelman Wygodzki spricht deshalb vom „arktischen Gefängnis". Tytelman Wygodzki, End, S. 19.

Ein weiteres Gebäude diente dem Lagerkommandanten, einem NKWD-Offizier, als Büro und Wohnung. In einigen Lagern existierten außerdem eine Kantine, die zugleich als Treffpunkt für die Gefangenen fungierte, sowie eine Erste-Hilfe-Station, die jedoch häufig schlecht ausgerüstet und von medizinischen Laien besetzt war.[117] Mancherorts befand sich auch ein kleines Geschäft am Rande des Lagers, wo die Sondersiedler ihre Brotrationen erhielten und manchmal Zucker, Kartoffeln oder Stoffe für Kleidung erwerben konnten. Für gewöhnlich, so erinnert sich Rachela Tytelman Wygodzki, seien die Regale jedoch leer gewesen.[118] Die meisten polnisch-jüdischen Deportierten erreichten die Barackenlager in der Wärme des Juli 1940 und waren dementsprechend sommerlich gekleidet. In den nördlichen Regionen Russlands dauerte der Sommer für gewöhnlich von Juli bis August, worauf eine 10-monatige Winterperiode folgte. Im Sommer plagten Käfer und Mücken die Gefangenen.[119] Zwischen September und Juni sanken die Temperaturen bisweilen auf bis zu minus 40 Grad und brachten das Leben im Lager an manchen Tagen völlig zum Erliegen.[120] Um bei der extremen Kälte im Freien nicht zu erfrieren, erhielten die Sondersiedler warme Kleidung, die zumeist aus Fellstiefeln, einer gepolsterten Weste, dicken Baumwolljacken und -hosen sowie einer Wollmütze bestand.[121]

Dass ein Zusammenhang zwischen ihrer Arbeitsleistung und dem Zugang zu Lebensmitteln bestand, wussten viele polnisch-jüdische Flüchtlinge bereits seit den ersten Wochen und Monaten der sowjetischen Herrschaft. Alle Deportierten zwischen 16 und 55 Jahren mussten jede ihnen aufgetragene Arbeit erledigen und wurden dafür nach sowjetischen Standards entlohnt, wobei 10 % des Gehalts an den NKWD abgeführt wurden.[122] Auch in den Sondersiedlungen galt die Maßgabe, dass nur derjenige zu essen erhielt, der auch arbeitete und dabei ein tägliches Mindestpensum erfüllte. Erschwert wurde die Erfüllung der Arbeitsnormen allerdings durch den zunehmenden Vitaminmangel infolge der einseitigen Ernährung.[123] Diese bestand in der Regel aus Brot, Gemüsesuppe, manchmal mit Fisch,

---

117 Wenig, From Nazi Inferno, S. 134. In der Sondersiedlung Shidrowo wurde die Erste-Hilfe-Station von einem älteren Herren betrieben, der selbst zuvor deportiert worden war und keine medizinische Ausbildung besaß. Er hatte lediglich etwas Aspirin, ein Thermometer und ein paar Bandagen zur Verfügung. Tytelman Wygodzki, End, S. 19.

118 Tytelman Wygodzki, End, S. 19.

119 Tytelman Wygodzki, End, S. 19.

120 Tytelman Wygodzki, End, S. 21.

121 Zarnowitz, Fleeing the Nazis, S. 54; Boder, Interview mit Joseph; Tytelman Wygodzki, End, S. 21.

122 YIVO, Gliksman, Jewish Exiles, Teil 2, S. 5.

123 Zarnowitz, Fleeing the Nazis, S. 53.

und Haferbrei.[124] In einigen Sondersiedlungen, die sich in der Nähe eines Dorfes befanden, konnten die Häftlinge zuweilen mit der einheimischen Bevölkerung handeln und auf diese Weise zusätzliche Nahrungsmittel erwerben.[125] Beschreibungen von Hunger sind allgegenwärtig in den Selbstzeugnissen polnisch-jüdischer Sondersiedler. Cypora Fenigstein erinnert sich, dass ihre Familie die tägliche Brotration stets abends zu sich genommen habe, um überhaupt einschlafen zu können. Bis in ihre Träume habe sie der Hunger verfolgt, schrieb Fenigstein 1946.[126]

Arbeit bildete das Zentrum im Leben der Sondersiedler. Arbeit bestimmte den Tagesablauf, die Höhe der Lebensmittelrationen und ermöglichte gewisse Privilegien. Mit Ausnahme des sonntäglichen Ruhetages begann jeder Tag für gewöhnlich um sechs Uhr morgens. Nach dem Frühstück begaben sich alle arbeitsfähigen Sondersiedler über 16 Jahren zur Arbeit in den Wäldern Nordrusslands.[127] Ein Arbeitstag dauerte bis zu neun Stunden täglich, plus einer halben Stunde Mittagspause.[128] Zu den Tätigkeiten gehörten das Fällen von Bäumen, das Holzhacken sowie die Vorbereitung des Rohmaterials zum Abtransport per Zug.[129] Da die meisten Sondersiedler in solchen Arbeiten völlig unerfahren waren, kam es wiederholt zu schweren Verletzungen durch umstürzende Bäume und den unsachgemäßen Umgang mit Werkzeug.[130] In Lagern, die näher an Flüssen lagen, mussten Häftlinge knietief im Schlamm stehend abgerissene Baumteile mithilfe langer Eisenstangen befreien, die sich am Ufer im Boden verhangen hatten.[131] Andere wurden in Brigaden eingeteilt und mussten die gefällten Baumstämme zum Bahnhof transportieren. Eine gemischte polnische Brigade aus Juden und Nichtjuden um Larry Wenig kam auf die Idee, die Baumstämme mithilfe eines Pferdes zu bewegen. Weil sie auf diese Weise ihr Tagessoll bei Weitem übertrafen,

124 USHMMA, Leon, Perry Leon Story, S. 3.

125 Zu Beginn konnten viele ihre alte Kleidung verkaufen und so die ersten Monate überstehen. YIVO, Gliksman, Jewish Exiles, Teil 2, S. 5. Larry Wenig schreibt, dass es einen regen Tauschhandel zwischen den Lagerinsassen und der dörflichen Bevölkerung gegeben hat. Wenig, From Nazi Inferno, S. 140.

126 YVA, Zeugnis von Fenigstein, M 1 E 2074.

127 Gurjanow, Żydzi, S. 118.

128 USHMMA, Leon, Perry Leon Story, S. 3.

129 Boder, Interview mit Joseph.

130 Die Mutter von Regina Rotkopf schlug sich beim Holzhacken versehentlich einen Finger ab. YVA, Zeugnis von Rotkopf.

131 Wenn sich größere Mengen von Baumstämmen und Ästen ineinander verhangen hatten, musste Sprengstoff eingesetzt werden. Dies war eine besonders gefährliche Aufgabe, für deren Erfüllung Privilegien wie eine extra Scheibe Brot und ein Kilogramm Zucker zu verdienen waren. Tytelman Wygodzki, End, S. 20.

wurden die Mitglieder der Brigade als *Helden der sozialistischen Arbeit* (russ. *stachanovite*) ausgezeichnet und mit zahlreichen Vergütungen beschenkt.[132] Als Folge seiner Auszeichnung erhielt Larry Wenigs Vater Baumaterial und die Erlaubnis, eine kleine Hütte zur Unterbringung seiner Familie zu errichten; sehr zum Unmut einiger neidischer Lagerinsassen.[133]

In der Regel führten Männer und Frauen dieselben schweren Arbeiten im Wald aus. Im Winter 1940/41 mussten sogar Kinder unter 16 Jahren und Alte beim Holzhacken und Transportieren helfen.[134] Grundsätzlich war Kindern und Jugendlichen unter 16 Jahren allerdings der Besuch einer sowjetischen Schule gestattet.[135] Einige Eltern versuchten ihre Kinder von der Zwangsarbeit zu befreien, indem sie bei der Registrierung ein niedrigeres Alter angaben.[136] Im Herbst 1940 begann der Unterricht für die Kinder der polnischen Sondersiedler in örtlichen Schulen, die oft einige Kilometer von der Siedlung entfernt lagen. Dort wurden die ausländischen Schüler auf Russisch in den Fächern *Russische Sprache* und *Geschichte* sowie *Ideologie der Kommunistischen Partei* unterrichtet. Viele Kinder gaben nach dem Krieg retrospektiv an, dass sie sich des Versuchs ideologischer Indoktrinierung im Unterricht durchaus bewusst gewesen seien. Für die Mehrheit stellte der Unterricht im Allgemeinen und Fächer wie *Literatur* und *Sprache* im Besonderen allerdings eine willkommene Abwechslung im ansonsten als deprimierend empfundenen Alltag dar.[137]

Religionsausübung in den Sondersiedlungen

Im Einklang mit der grundsätzlichen Säkularisierungspolitik der Sowjetunion war die Ausübung des religiösen Glaubens auch in den Sondersiedlungen offiziell

---

132 Wenig, From Nazi Inferno, S. 135–137. Applebaum definiert *stakhanovite* als „Häftlinge, die die Norm übererfüllten, wofür sie Sonderverpflegungen und bestimmte Vorrechte erhielten." Der Begriff ist vom Nachnamen Alexej Stachanows abgeleitet, einem Bergmann, der alle Normen gebrochen haben soll. Applebaum, Gulag, S. 104.
133 Wenig, From Nazi Inferno, S. 138–140.
134 YVA, Zeugnis von Taubenfeld.
135 Am 9. September 1938 erhielten die Kinder von Sondersiedlern nach dem 16. Geburtstag das Recht, die Siedlungen zur Arbeit oder zum Studium zu verlassen. Viola, Unkown Gulag, S. 169.
136 Die Eltern von Larry Wenig entschieden sich, das Alter ihres Sohnes von 15 auf 12 Jahre zu senken, damit er zur Schule konnte und nicht zur Arbeit gehen musste. Wenig, From Nazi Inferno, S. 130.
137 GFHA, Zeugnis von Leja Goldman, Polnisch, verfasst am 22. September 1946 im DP-Lager Rosenheim, Katalognummer 5162. Andere, wie etwa Larry Wenig entdeckten in dieser Zeit ihre Liebe zur russischen Literatur. Wenig, From Nazi Inferno, S. 153.

verboten. Juden wurde etwa untersagt, einen Minjan zu bilden, um gemeinsam zu beten oder den Sabbat zu befolgen. Außerdem mussten gläubige Juden rituelle Gebetsgegenstände wie Gebetsschals oder Tefillin bei der Ankunft in den Sondersiedlungen abgeben. Nicht selten wurden Betende vom sowjetischen Lagerpersonal ausgelacht und ihr Glaube verspottet.[138] Berichte von Zeitgenossen über die Ausübung ihrer Religion in den Sondersiedlungen haben vor diesem Hintergrund häufig den Charakter eines trotzigen, widerständigen Aktes. Zev Katz erinnert sich, dass die Gefangenen in seiner Sondersiedlungen ausschließlich Juden gewesen seien, davon viele orthodox. Am ersten Sabbat nach der Ankunft in der Siedlung habe seine Mutter so gut es ging versucht, die Sabbatzeremonie durchzuführen. Sie entzündete die Kerzen, bevor die Familie zum gemeinsamen Gesang anhob. Plötzlich sei eine wütende Lagerwache in den Raum gestürmt und habe ihnen verboten zu beten. Sie seien doch nicht in einer Synagoge, habe er geschrien. Katz beschreibt sich in seinen Erinnerungen zwar selbst als nicht religiös, doch die religionsfeindliche Handlung der aufgebrachten Wache habe er dennoch nicht akzeptieren können. Trotz des Risikos, erwischt und bestraft zu werden, habe seine Familie auch weiterhin jeden Sabbat gemeinsam begangen. Allerdings stellten sie nach dem Vorfall zu ihrem Schutz Wachen an den Eingängen auf, um rechtzeitig gewarnt zu sein, falls einer der Lagerkommandanten kommen sollte. Zudem beteten und sangen sie nach der ersten Episode leise. Eine größere Hürde habe die Einhaltung des Arbeitsverbots am Sabbat dargestellt. Katz schildert, dass einige Gläubige versuchten, am Freitag mehr zu arbeiten, um bereits das Tagessoll für den Samstag erledigen zu können. Da das Waldgebiet, in welchem die Häftlinge arbeiten mussten, groß und daher nicht vollständig für die Wachen einsehbar war, konnten die Gläubigen dann ungestört das Arbeitsverbot am Sabbat einhalten, ohne Verdacht zu erwecken.[139] Als praktisch unmöglich erwies sich jedoch der Wunsch, sich koscher zu ernähren, weshalb einige gläubige Familien, wie etwa die Wenigs, beschlossen, völlig auf Fleisch zu verzichten.[140] Nur wenige Wochen nach dem erzwungenen Abtransport begehrten vielerorts Gläubige auf, um gemeinsam zu Jom Kippur beten zu können.[141] Perry Leon etwa

---

138 Boder, Interview mit Joseph.

139 Katz, From the Gestapo, S. 55.

140 Wenig, From Nazi Inferno, S. 140.

141 Jom Kippur fand im September 1940 statt. Zev Katz erinnert sich an den Fall des orthodoxen Juden Abraham Kaufman, der sich zu Jom Kippur standhaft geweigert hatte, zur Arbeit zu erscheinen. Erst als die Lagerwachen drohten, Kaufmans Familie die Essensrationen zu kürzen, ging er schließlich zur Arbeit. Einige Tage später war Kaufman tot. Abraham Kaufman war der erste Tote, den das Lager zu beklagen hatte. Er wurde nach jüdischem Ritual begraben – Katz stand an diesem Tag gemeinsam mit anderen, zumeist jungen jüdischen Gefangenen vor einer Baracke Wache, damit drinnen ein Gottesdienst stattfinden konnte.[142] Auch Zev Katz betrachtete Jom Kippur als wichtigen Feiertag, der für ihn eine Angelegenheit jüdischer Selbstvergewisserung dargestellt habe.[143] Aus diesem Grund schloss Katz sich einer Gruppe Gläubiger an, die in sicherer Entfernung von der Siedlung gemeinsam beten wollte. Da sie sich mitten im Wald befanden, mussten sie improvisieren. Die Männer stellten sich vor einem improvisierten Toraschrein aus Holz auf. Anstelle einer Tora legte man eine Bibel auf den Toraschrein. Während die Männer ihre Häupter bedeckten, schaute sich Katz noch einmal um:

> All the participants were quite aware that if we were discovered, it might end in severe accusations: forming an illegal assembly, refusal to work, conspiracy, and so forth. [...] The people around me were just as frightened as I was at that moment and yet we did not falter. The prayers started. [...] mixed bunch of people in bedraggled dress, with work-blackened faces, standing around a huge tree-trunk in a remote, hidden corner of a primordial wood and intoning melodies as strange as this place as could be: 'O God of Israel, save thy People Israel! Return us to Zion, to Your Holy City – Jerusalem!' What could be further from us in a corner of the endless Siberian forest than Jerusalem?[144]

Den Akt des gemeinsamen Gebetes beschreiben Katz und viele andere als eine Form des Widerstandes gegen die repressive, religionsfeindliche Politik der Sowjetunion. Als die aufgestellten Wachen Alarm schlugen, unterbrachen Katz und die anderen Gläubigen ihr Gebet und kehrten unentdeckt in ihre Baracke zurück. Um ihren Glauben praktizieren zu können, war in der von Katz beschriebenen Episode und in vielen weiteren Fällen die Hilfe anderer Gefangener notwendig.[145] Bei anderen steht weniger der Akt des Widerstandes gegen die Staatsmacht im Vordergrund als vielmehr die religiöse Überzeugung. Gläubige Juden geben häufig an, dass die Religion ihnen die Kraft gegeben habe, das Lagerleben zu überstehen. So beschreibt etwa Larry Wenig, dass er abends auf der Holzpritsche in seiner Wohnbarracke liegend oft in Gedanken zu den frühen religiösen Momenten seines Lebens zurückgekehrt sei. Der Gedanke an den Kantor in der Synagoge und sein

---

vermutet ein schlechtes Gewissen der Wachen – und erhielt eine kleine Grabesmarkierung mit seinem Namen. Katz, From the Gestapo, S. 58.

142 USHMMA, Leon, Perry Leon Story, S. 4.

143 Katz, From the Gestapo, S. 56.

144 Katz, From the Gestapo, S. 56, 57.

145 Katz schließt aus dieser Episode, dass auch er als nichtpraktizierender Jude die Pflicht habe, die Freiheit anderer zur Ausübung ihrer Religion zu beschützen. Katz, From the Gestapo, S. 59.

Cheder habe ihm Kraft gegeben, seinen Aufenthalt im „forest primeval“[146] zu überleben, schreibt Wenig:

> Isolated as we were, our faith helped us to hold on to hope, for we were not blinded by political shifts and pressures.[147]

Der Glaube als Quelle der Hoffnung ist auch Thema des Gedichtes *Pesach in the Gulags* von Herman Taube.[148] Darin schildert Taube einen improvisierten Gottesdienst zu Pessach im Jahr 1941. Im Tausch gegen ein Paar Handschuhe und ein Hemd gelang es einer Gruppe polnisch-jüdischer Sondersiedler im Dorf die Zutaten zum Backen von Matzen zu erhalten. Auch für den Seder-Gottesdienst mussten sie improvisieren, da sie weder eine Haggada, noch Wein oder einen Becher des Elias besaßen. Stattdessen, so schildert Taube in seinem Gedicht, rezitierten sie die Gebete aus dem Gedächtnis und tranken Wodka in kleinen Schlucken. „When reciting ‚Next year in Jerusalem‘ to the tune of ‚Hatikvah,‘ we all cried.“[149] Aus Selbstzeugnissen polnisch-jüdischer Sondersiedler-Flüchtlinge ergibt sich demnach das Bild einer doppelten Funktion von Religion. Der praktizierte Glaube beziehungsweise die Unterstützung anderer bei dessen Praktizierung wird demnach sowohl als widerständige Praxis in einem religionsfeindlichen Umfeld als auch als solidarischer Akt der jüdischen Selbstvergewisserung verstanden.

Der hohe Anteil jüdischer Flüchtlinge unter den Deportierten des Juni 1940 führte dazu, dass viele Sondersiedlungen fast ausschließlich aus jüdischen Gefangenen bestanden. Nichtjüdische polnische Familien bildeten deshalb in vielen Lagern eine kleine Minderheit. In den Sondersiedlungen trafen nicht nur jüdische und katholische Polen aufeinander, sondern auch Angehörige diverser sozialer Schichten.[150] So erinnert sich Kazimierz Zybert, dass sich die Häftlingsgemeinschaft seiner Sondersiedlung aus einigen Vertretern der städtischen Intelligenzija und vielen Kleinunternehmern, Händlern und Handwerkern aus Kleinstädten und Dörfern zusammensetzte.[151] Viele Zeitzeugen erwähnen den starken Zusammenhalt unter jüdischen Gefangenen. So pflegte Zybert während

---

146 Wenig, From Nazi Inferno, S. 126, 135.

147 Wenig, From Nazi Inferno, S. 176.

148 Taube, Herman: Looking back, going forward: new & selected poems. Takoma Park u. San Francisco 2002. S. 16.

149 Taube, Looking back, S. 16.

150 Wenig, From Nazi Inferno, S. 130; Leser, Shlomo: Poems and Sketches reminiscing the Wartimes in the USSR. 2 Teile. Haifa 2004 (Teil 1) u. 2008 (Teil 2). Teil 1, S. 2; Schatz, The Generation, S. 164.

151 Zybert in: Pragier, Żydzi czy Polacy, S. 165.

der Arbeit in den Wäldern mit den jüdischen Mitgliedern seiner Brigade auf Jiddisch zu fluchen. Der Einsatz einer Sprache, der nur eine überschaubare Zahl von Leidensgenossen mächtig war, stärkte wiederum den Zusammenhalt in der Gruppe, indem sie mit ihr ein Gefühl von Freiheit verband, wurde sie doch zum Beispiel beim Fluchen zu einer Art Geheimsprache. Verflucht wurden das sowjetische Regime, die Regierung und die Partei, zudem der Lagerkommandant sowie alle Brigadeführer und Antreiber. Mit Flüchen, wie „Möge ihm ein Auge ausfallen, und mit dem zweiten möge er sein Unglück betrachten." oder „Möge er die Krätze bekommen und zu kurze Arme und Beine haben, um sich zu kratzen."[152], konnte die Gruppe ihrem Ärger unbemerkt Luft machen. Es habe Hunderte dieser Flüche gegeben, die Zybert als die „wunderschöne Folklore verzweifelter Menschen"[153] bezeichnet.

Unter den jüdischen Gefangenen befanden sich auch einige aus Deutschland und Österreich geflohene Personen. Shlomo Leser berichtet vom Fall des Wiener Juden Fritz Grünwald. Dieser war in Folge der deutschen Annexion Österreichs im März 1938 in das KZ Buchenwald deportiert und kurz vor Kriegsbeginn freigelassen worden. Über die Tschechoslowakei war er anschließend ins polnische Lemberg geflohen, wo er, wie auch Leser, im Juni 1940 in eine Sondersiedlung in der russischen Taiga verschleppt wurde. Grünwald habe den anderen jüdischen Häftlingen als moralische Stütze gedient. Schließlich hatte dieser bereits einige Zeit in Haft verbracht. Grünwald setzte seine Erfahrungen aus dem deutschen Konzentrationslager Buchenwald zu seinem Zwangsaufenthalt in der sowjetischen Sondersiedlung miteinander in Beziehung, indem er das sogenannte Buchenwaldlied auf die neuen Umstände adaptierte. Im Original von 1938 heißt es im Refrain:

> O Buchenwald, ich kann dich nicht vergessen,
> Weil du mein Schicksal bist.
> Wer dich verließ, der kann es erst ermessen
> Wie wundervoll die Freiheit ist!

Laut Lesers Darstellung habe Grünwald *Buchenwald* durch *Sibirien* ersetzt, den Rest des Textes jedoch unverändert gelassen:

> O Sibirien, ich kann dich nicht vergessen,
> Weil du mein Schicksal bist.

152 Zybert in: Pragier, Żydzi czy Polacy, S. 166.
153 Zybert in: Pragier, Żydzi czy Polacy, S. 166.

Wer dich verließ, der kann erst ermessen
Wie wundervoll die Freiheit ist![154]

Aus vielen Selbstzeugnissen geht hervor, dass die Solidarität zwischen den Inhaftierten nicht selten ethnische Grenzen überschritten. Unter den Bedingungen von Kälte, Hunger und Enge entschied nicht ausschließlich die religiöse Zugehörigkeit für die Qualität und Intensität sozialer Beziehungen unter den Sondersiedlern. Häufig werden in den Selbstzeugnissen eher herausragende Persönlichkeiten wie katholische Geistliche oder Ärzte beschrieben, die von Juden und Nichtjuden als Autoritäten und Vertrauenspersonen angesehen wurden.[155]

In seinem autobiografischen Gedicht *Aaron, Rivkele and Father Jagla* berichtet Herman Taube von einem besonders warmherzigen, polnischen Priester, Vater Jagla.[156] Taube beschreibt ihn als sehr beliebt unter jüdischen wie nichtjüdischen Polen. Es sei ihm zu verdanken, dass die Beziehungen zwischen beiden Gruppen in der sibirischen Sondersiedlung überwiegend freundlich waren. Zwar habe es einige Antisemiten in Taubes Baracke gegeben, die sich über die vermeintliche Sonderbehandlung der jüdischen Häftlinge beschwerten, doch dank Vater Jaglas vermittelndem Einsatz sei es nicht zu gewalttätigen Konflikten gekommen. Im Zentrum des Gedichts steht ein Mann namens Aaron, dessen Tochter Rivkele während der Deportation verstarb und, ohne dass ihr Vater das Kaddisch sprechen konnte, unterwegs begraben wurde. Als ein polnischer Häftling Aaron vorwarf, seine eigene Tochter gegessen zu haben und viele andere Häftlinge den Anschuldigungen Glauben schenkten, vertraute sich Aaron Vater Jagla an. Um den Vorwurf aus der Welt zu schaffen, besuchten der Onkel, Vater Jagla und ein Dritter schließlich Rivkeles Grab im Wald.

That night, the man who accused Aaron of cannibalism
Came to Aaron's barrack and cried. He offered him a slice
Of his own bread, asking for forgiveness. Both men
Cried until Father Jagla came in to calm them down.[157]

154 Zitiert aus Leser, Poems and Sketches, Teil 1, S. 4.

155 Kazimierz Zybert erinnert sich daran, dass ein katholischer Arzt diese Rolle in seinem zu 80 bis 90 % aus Juden bestehenden Lager eingenommen habe. Zybert in: Pragier, Żydzi czy Polacy, S. 165.

156 Laut Unterschrift wurde das Gedicht im März 1941 in Sibirien verfasst. Taube widmet es seinem Onkel Leibl, „der seine Tochter in den Wäldern Sibiriens begraben musste“. Taube, Looking back, S. 14.

157 Taube, Looking back, S. 14–15.

Bemerkenswert ist nicht nur der versöhnende Einsatz des katholischen Priesters, sondern auch die Beschreibung des um Versöhnung bittenden polnischen Häftlings. Vielerorts förderten die Nähe und das geteilte Vertreibungsschicksal das Entstehen einer gewissen Solidarität ungeachtet der ethnischen oder religiösen Zugehörigkeit. Das Spektrum der in Selbstzeugnissen polnischer Juden geschilderten sozialen Interaktionen umfasst Antisemitismus genauso wie uneigennützige Hilfe seitens katholischer Polen.[158]

Als eine weitere Gruppe neben den katholischen Polen werden in einigen Zeugnissen die Bewohner umliegender Dörfer genannt. Dort, wo Sondersiedlungen in der Nähe von Dörfern lagen, waren die Einheimischen in der Regel der einzige Kontakt zur Außenwelt. Als Mittler zwischen Sondersiedlung und Dorf wirkten häufig die schulpflichtigen Kinder. Larry Wenig etwa besuchte nach dem Unterricht regelmäßig eine Bibliothek, um sich über die Geschichte und die Bewohner der Mari Republik zu informieren, in deren Region sich seine Sondersiedlung befand. Wenig beschreibt die Mari als freundlich und empathisch für das Schicksal der Gefangenen. Doch zugleich hält er sie für einfache, unkultivierte Menschen, die viel fluchten und auf offener Straße urinierten.[159]

Die schwierigen Lebensbedingungen in den Sondersiedlungen erwiesen sich für viele Gefangene zunehmend als lebensbedrohlich. Große Enge in den Unterkünften, unzureichend wärmende Kleidung und Heizung, schlechte Sanitäranlagen, dazu kräftezehrende Arbeit bei mangelhafter und unausgewogener Lebensmittelversorgung waren die Hauptursachen für massenhaft auftretende Erkrankungen und vereinzelte Todesfälle unter den Sondersiedlern.[160] Der Teu-

---

158 In einem anderen Gedicht – *Karaganda* (Yitzhak Ginzburg speaks) – beschreibt Taube, wie er nach der Amnestie erneut in einem Arbeitslager in Karaganda eingesperrt wurde, sich jedoch weigerte zu arbeiten. Andere Häftlinge teilten ihre Essenstationen mit ihm, doch nach zwei Wochen schienen ihn seine Kräfte zu verlassen. Zu seiner Überraschung wurden ihm Entlassungspapiere und die Reiseerlaubnis zur Fahrt nach Petropavlovsk ausgehändigt, von wo aus Taube zur kommunistischen polnischen Armee geschickt wurde. Nach Abschluss seiner Ausbildung wurde er an der Offiziersschule in Alma-Ata angenommen. Erst später an der Offiziersschule habe sich, so Taube, herausgestellt, dass ein nichtjüdischer polnischer Mithäftling für seine Freilassung verantwortlich war. Taube, Looking back, S. 23 – 24.

159 Larry Wenig betrachtete die polnischen Sondersiedler als kultivierte und mit guten Manieren ausgestattete Menschen, die sich stark von der lokalen Dorfbevölkerung unterschieden. Wenig, From Nazi Inferno, S. 133, 160.

160 Die durchschnittliche Sterbensrate unter den Sondersiedler-Flüchtlingen (*bežency*) betrug 2,5 %, unter den Sondersiedler-Siedlern (*osadnicy*) dagegen 5,8 %. Letztere war also deutlich höher als bei den Flüchtlingen. Gurjanow geht davon aus, dass 3568 Osadnicy und 379 Bežency zwischen Juli 1940 und August 1941 verstarben. Wie viele davon Juden waren, ist jedoch unbekannt. Gurjanow, Żydzi, S. 118. Boćkowski beschreibt die Lebensbedingungen in den Sondersiedlungen als „extrem schlecht", aber „nicht mörderisch". Boćkowski, Czas nadziei, S. 155.

felskreis aus unzureichender Ernährung, harter körperlicher Arbeit und extremen klimatischen Bedingungen führten nicht selten zu einem tödlichen Ende selbst leichter Erkrankungen.[161] Dem Vitaminmangel und der Unterernährung fielen insbesondere Kinder, Alte und Kranke zum Opfer.[162] Hunderte Kinder verloren in der Zeit zwischen Juni 1940 und Herbst 1941 Mütter, Väter, Geschwister und Großeltern, auf deren Unterstützung sie im Exil so dringend angewiesen waren.[163] Als besonders dramatisch erwies sich die Situation für die körperlich Schwachen, wenn sie krankheitsbedingt ihr tägliches Arbeitspensum nicht erfüllen konnten und somit auch weniger zu essen erhielten.

Die erwähnten Krankenstationen in den Sondersiedlungen verfügten in der Regel weder über medizinisch ausgebildetes Personal noch über ausreichende Ausstattung mit Medikamenten, um Krankheiten wirksam zu behandeln. Allerdings gehörte dieser Mangel auch außerhalb der Sondersiedlungen zum Alltag in der Sowjetunion dieser Zeit. Wer krank wurde, durfte sich ausruhen.[164] Erst bei ernsthaften Erkrankungen wurden Sondersiedler in ein Krankenhaus verlegt, wo sie sich erholen konnten.

Eine äußerst selten in Selbstzeugnissen erwähnte Todesursache war der Selbstmord. Erneut in Gedichtform erzählt Taube die Geschichte der Familie Milner. Taube verbrachte einige Zeit mit der Familie in einer sibirischen Sondersiedlung. In seinem Gedicht *Suicide* verarbeitet Taube eine für Zehntausende polnische Juden typische Geschichte von Flucht und Deportation, die allerdings in diesem Fall ein tragisches Ende nahm. Die Familie Milner war den Deutschen entkommen, im Juni 1940 vom NKWD nach Sibirien deportiert worden und habe den harten Alltag in der Sondersiedlung nach Taubes Schilderung erfolgreich gemeistert. Die Tatsache, dass die drei Kinder eine Schule besuchten, habe dem Ehepaar Milner sogar etwas Hoffnung auf eine bessere Zukunft gespendet. Als seine Ehefrau eines Tages mit den drei Kindern auf dem Weg zur Schule tödlich verunglückte, habe David Milner keinen Sinn mehr im Weiterleben gesehen.[165] Geschichten wie die der Familie Milner und viele andere verweisen auf die sekundären Folgen von Flucht und Deportation: Hunger, Einsamkeit und Tod.

---

161 Boder, Interview mit Joseph.

162 Boder, Interview mit Joseph; Ben-Eliezer, Flucht, S. 36.

163 Die Mutter von Fajga Dąb verhungerte. Durch den Tod ihrer Mutter, so beschreibt Dąb, hätten die Kinder ihr „Ziel im Leben“ verloren. YVA, Zeugnis von Dąb. Ebenfalls an Unterernährung verstarb der Vater von Rachela Schmidt. GFHA, Zeugnis von Schmidt.

164 GFHA, Zeugnis von Fenigstein.

165 Taube, Looking back, S. 35.

4.6 Amnestie und Freilassung aus der Haft

> One day, we heard the barracks shake.
> They told us, 'You are free. No mistake.'
> Just from the news, our bodies felt heated,
> Our stay here was considered at an end.
> We took our bags, marched off to a train,
> Thinking of the years wasted here in vain.[166]
> Herman Taube

Die polnische Exilregierung in London stand der Tatsache hilflos gegenüber, dass seit 1939 Hunderttausende polnische Staatsbürger aus den Kresy in den Norden Russlands und nach Kasachstan verschleppt worden waren. Erst die Verschiebung des bestehenden politischen Koordinatensystems durch den deutschen Überfall auf die Sowjetunion am 22. Juni 1941 ermöglichte, das Schicksal Hunderttausender polnischer Staatsbürger direkt mit der sowjetischen Regierung zu thematisieren. Die Exilregierung unter Ministerpräsident General Władysław Sikorski witterte schnell die Gelegenheit, ein Bündnis mit der vom Feindes- ins Freundeslager gewechselten Sowjetunion zu schließen, um die Freilassung ihrer Staatsbürger aus sowjetischen Arbeits- und Kriegsgefangenenlagern, Gefängnissen und Sondersiedlungen zu erwirken.[167] Die von den Ereignissen der Jahre 1939 bis 1941 vertiefte Skepsis, die Polen und die Sowjetunion gegeneinander hegten, sollte jedoch auch die diplomatischen Beziehungen der Folgejahre überschatten. Zudem lagen die langfristigen Ziele der beiden Partner weit voneinander entfernt. Beide Seiten erhoben Anspruch auf die im November 1939 von der Sowjetunion annektierten Territorien der ehemaligen polnischen Ostgebiete. Die Sowjetunion beabsichtigte offenbar in den ersten Wochen nach dem deutschen Überfall diese Frage vorerst aufzuschieben, um sich im Kampf gegen Hitler die Unterstützung Großbritanniens zuzusichern, als dessen Juniorpartner die polnische Exilregierung von Moskau betrachtet wurde. Am 30. Juli 1941 unterzeichneten der polnische Ministerpräsident Sikorski und der sowjetische Botschafter in London, Iwan Majskij, ein bilaterales Abkommen (*Sikorski-Majskij-Abkommen*). Darin versicherte die sowjetische Seite alle Gefangenen, Flüchtlinge und Kriegsgefangenen freizulassen, die vor Ausbruch des deutsch-sowjetischen Krieges polnische

---

166 Das Gedicht *From the Abyss to Freedom* entstand laut Unterschrift 1941. Taube, Looking back, S. 41.
167 Engel, In the Shadow, S. 115–116. Zur Entstehung des Abkommens siehe auch Boćkowski, Czas nadziei, S. 175–188.

Staatsbürger gewesen waren.[168] Außerdem sollte mit sowjetischer Unterstützung eine polnische Armee unter dem Kommando von General Władysław Anders in der Sowjetunion aufgebaut werden. Um die materielle und konsularische Unterstützung der freigelassenen polnischen Staatsbürger zu gewährleisten, vereinbarten beide Seiten, eine Botschaft in Moskau (im Oktober 1941 Umzug nach Kujbyšev) sowie 20 weitere diplomatische Vertretungen (poln. *delegatury*) auf dem Territorium der Sowjetunion einzurichten. Diese hatten die Aufgabe materielle Hilfe, Gesundheitsfürsorge, Bildung sowie kulturelle und religiöse Dienste in polnischen Siedlungszentren sicherzustellen. Noch im August 1941 reiste der designierte polnische Botschafter Stanisław Kot mit einer Gruppe von Mitarbeitern nach Moskau, um mit dem Aufbau der polnischen Botschaft zu beginnen.[169]

Die polnische Exilregierung hatte es in den Verhandlungen zum gemeinsamen Abkommen mit der Sowjetunion versäumt, eine exakte Definition polnischer Staatsangehörigkeit vertraglich zu definieren. Aus diesem Grund musste die polnische Seite in den Monaten nach dem Abkommen wiederholt nachverhandeln, bis Sikorski im Dezember 1941 in Moskau schließlich eine vorübergehende Lösung herbeiführte.[170] Die sowjetische Diplomatie gegenüber Polen war von der Überzeugung geleitet, dass die im Jahr 1939 annektierten, ehemals polnischen Gebiete ein unveräußerlicher Teil der Sowjetunion seien. Nicht als polnische, sondern als sowjetische Staatsbürger betrachtete die Sowjetunion jene aus Ostpolen stammenden Exilanten, die mit dem Dekret vom 23. November 1939 zu Bürgern der UdSSR geworden waren, sowie diejenigen Flüchtlinge aus West- und Zentralpolen, die zwischen 1939 und 1940 einen sowjetischen Pass erhalten hatten. Die *specpereselency-bežency* wurden einem Dekret des Präsidiums des Obersten Sowjets der UdSSR vom 12. August 1941 zufolge als polnische Staatsbürger anerkannt.[171] An vielen Orten, etwa im Oblast Archangel'sk, wo sich die meisten *specpereselency-bežency* aufhielten, begann die Freilassung am

168 Der im Abkommen verwendete Begriff der Amnestie stellte ein Zugeständnis an die sowjetische Seite dar, denn aus polnischer Sicht hatten die polnischen Staatsbürger sich keines Vergehens schuldig gemacht, für das sie eine rechtmäßige Strafe absitzen würden. Die Sowjetunion hingegen konnte international ihr Gesicht waren. Boćkowski, Czas nadziei, S. 179.

169 Litvak, Jewish Refugees, S. 133. Der Vertragstext des polnisch-sowjetischen Abkommens vom 30. Juli 1941 ist in englischer Übersetzung abgedruckt als Dok. 106 in: GSHI, Documents, S. 141–142.

170 Ergebnis dieser Verständigung war die gemeinsame polnisch-sowjetische Erklärung über Freundschaft und gegenseitige Unterstützung vom 4. Dezember 1941, Dok. 161, in: GSHI, Documents, S. 246–247.

171 Dekret des Präsidiums des Obersten Sowjets bezüglich der Amnestie vom 12. August 1941, Übersetzung aus dem Russischen als Dok. 110. In: GSHI, Documents, S. 145.

28. August 1941 und war nach zwei Monaten bereits fast vollständig umgesetzt worden.[172]

Für die von der Amnestie betroffenen polnischen Sondersiedler, Gulaginsassen und anderen Gefangenen kam die Nachricht von ihrer bevorstehenden Freilassung völlig überraschend. Der in einer sibirischen Sondersiedlung ausharrende Zev Katz schildert, dass Ende Juni 1941 Gerüchte über den deutschen Überfall auf die Sowjetunion zu ihnen gedrungen seien. Über den Fahrer eines Lieferwagens kamen sie in den Besitz einer Tageszeitung, aus der sie erfuhren, dass die Gerüchte der Wahrheit entsprachen und die Deutschen bereits das gesamte Territorium der Zweiten Polnischen Republik besetzt hielten. Eines Tages unterbrach sie der Lagerkommandant bei der Arbeit und rief alle Häftlinge in der Verwaltungsbarracke zusammen. Dort hielt er eine kurze Ansprache, in welcher er die Gefangenen als *unsere lieben polnischen Alliierten* ansprach und nicht mehr als *Exilanten* oder *Häftlinge*[173]. Der Kommandant bat um Geduld bei der Freilassung und stellte den Gefangenen einen Lohn für ihre tägliche Arbeit in Aussicht. Einige Wochen später waren alle Insassen der Sondersiedlung frei, doch es fehlte ein Transportmittel, um Sibirien verlassen zu können. Ein eigens aus Moskau angereister Vertreter der polnischen Botschaft informierte die Freigelassenen, dass bald ein Zug eintreffen würde, um sie nach Zentralasien zu bringen.[174] Wenig später erhielten Katz und die anderen polnischen Sondersiedler ein vorübergehendes Ausweisdokument[175], welches sie gegenüber sowjetischen Behörden als *ehemalige polnische Staatsbürger* auswies. Auf den Dokumenten, wie etwa den auf den 30. August 1941 datierten Entlassungspapieren von Rachela Tytelman Wygodzki, war Folgendes zu lesen:

> Rachela Yosifowna Tytelman is recognized as a Polish citizen. She has the right to live freely in the territory of the Soviet Union wherever she wishes except big cities, district cities, border areas, and in those areas in a state of war.[176]

Die vorläufigen Ausweisdokumente wurden von vielen Juden als eine Art Lebensversicherung betrachtet, mit deren Hilfe sie nach Kriegsende nach Polen zurückkehren wollten. Bis es soweit sein würde, hofften sie als Bürger Polens auf den Schutz und die materielle Fürsorge durch die polnische Botschaft in der

172 Gurjanow, Żydzi, S. 120.
173 Katz, From the Gestapo, S. 78.
174 Katz, From the Gestapo, S. 77–78, 80–81.
175 Das Dokument, welches freigelassene polnische Staatsbürger erhielten, hieß temporärer Ausweis (russ. *udostoverenije*).
176 Tytelman Wygodzki, End, S. 24.

Sowjetunion.[177] Bereits Mitte November 1941 mehrten sich Berichte, dass die sowjetische Seite vielerorts die Umsetzung der Amnestie verzögerte. Ein entscheidender Grund für dieses Verhalten war die Tatsache, dass der sowjetischen Wirtschaft infolge der Amnestie Hundertausende kostenlose Arbeitskräfte verloren gingen. Um diesen Verlust zu verhindern, verheimlichten die lokalen Behörden in einigen Fällen die Amnestievereinbarung vor den Gefangenen.[178] In einigen Lagern der Sowjetunion kam die Nachricht über die Amnestie gar nicht erst bei der Leitung an. In ablegenene Gegenden erlaubten die Wetterbedingungen keine massenhafte Entlassung, weil es an geeigneten Transportmöglichkeiten fehlte. Andernorts behaupteten die Behörden gegenüber jüdischen Lagerinsassen, dass ausschließlich Polen von der Amnestie betroffen seien. In Arbeitslagern dagegen kam es häufig vor, dass man die Gefangenen mit der Begründung vertröstete, dass man zunächst auf Nachricht aus der NKWD-Zentrale warten müsse.[179] Juden befanden sich ebenfalls unter einer weiteren Gruppe, denen die Sowjetunion das Recht auf ihre Freilassung absprach. In einem Schreiben vom 19. November 1941 teilte das sowjetische Außenministerium der polnischen Botschaft mit, dass man keine „Kriminellen" und „Nazihelfer" freilassen werde. Unter die Kategorie Kriminelle fielen fast alle polnischen Flüchtlinge, in der Mehrheit Juden, die beim Übertritt der deutsch-sowjetischen Grenze aufgegriffen worden waren. Um einen Keil zwischen jüdische und nichtjüdische Polen zu treiben, teilten die Behörden Inhaftierten mit, dass die polnische Botschaft Schuld an ihrer Situation trüge und sie sich dort beschweren sollten.[180] Aus den genannten Gründen vergingen zuweilen Monate, bis die polnischen Häftlinge endlich ihr erzwungenes Exil verlassen konnten.[181] Daniel Boćkowski kommt nach Auswertung eines NKWD Berichts vom 1. Oktober 1941 zu dem Schluss, dass bis Ende September 1941 exakt 341.838 ehemalige polnische Staatsbürger – auch die jüdischen – aus Gefängnissen, Arbeitslagern, mehrheitlich aber aus den Sondersiedlungen entlassen worden waren.[182] 49.737 Polen befanden sich zu diesem Zeitpunkt noch in Haft,

177 Litvak, Jewish Refugees, S. 138. Das temporäre Dokument, welches die Freigelassenen infolge der Amnestie erhalten hatten, berechtigte sie, sich bei der polnischen Botschaft um einen polnischen Pass zu bemühen. Boćkowski, Czas nadziei, S. 183.

178 Viele NKWD-Kommandanten in den Arbeitslagern waren nicht daran interessiert, möglichst schnell viele Häftlinge freizulassen. Dies hätte einerseits den Abschluss bestehender Bauprojekte verzögert und andererseits hätte die Notwendigkeit des Gulagpersonals selbst und somit die Frage ihrer Einberufung in die Rote Armee zur Disposition gestanden.

179 Boćkowski, Czas nadziei, S. 185.

180 Litvak, Jewish Refugees, S. 136.

181 Litvak, Jewish Refugees, S. 134.

182 Davon 265.000 aus Sondersiedlungen, 50.000 aus Gefängnissen und Lagern, sowie 26.000 aus Kriegsgefangenenlagern. Boćkowski, Czas nadziei, S. 187–188.

wurden jedoch bis auf 341 Personen alle bis zum Herbst 1942 entlassen. Anhand sowjetischer Statistiken lässt sich die Zahl der zwischen August 1941 und Dezember 1942 freigelassenen polnischen Juden auf 90.662 Personen beziffern.[183] Das bedeutet, dass etwa jeder dritte bis vierte polnische Jude, der sich zwischen 1939 und 1946 in der unbesetzten Sowjetunion aufhielt, in einem Lager, einer Sondersiedlung oder in einem Gefängnis inhaftiert gewesen war.[184] Die Erfahrung der Haft und der Zwangsarbeit betraf demnach eine Minderheit der polnischen Juden in der Sowjetunion. Die Mehrheit hatte ihre ostpolnische Heimat nach dem sowjetischen Einmarsch am 17. September 1939 nicht verlassen. Zehntausende von ihnen gelangten erst infolge des deutschen Überfalls auf die Sowjetunion am 22. Juni 1941 in das Innere der Sowjetunion und somit an einen Ort außerhalb des deutschen Zugriffsbereichs. Ihre Erfahrungen sind Gegenstand des folgenden Teils, in dem geschildert wird, wie evakuierte polnische Juden in den zentralasiatischen Sowjetrepubliken auf die von der Amnestie betroffenen ehemaligen jüdischen Gefangenen trafen.

4.7 Polnische Juden und die Evakuierung sowjetischer Staatsbürger nach dem 22. Juni 1941

> All of Russia was on the move.[185]
> Aleksander Wat

Der deutsche Überfall am 22. Juni 1941 traf die sowjetische Führung trotz mehrfacher Vorwarnungen unvorbereitet, da Stalin sich hartnäckig geweigert hatte, entsprechende Vorbereitungen für einen Verteidigungsfall zu treffen. Aus diesem Grund existierten auch keinerlei Planungen für den Fall einer Evakuierung der Bevölkerung. Die sowjetische Militär- und Zivilverwaltung in den westlichen Gebieten der Union war daher angesichts der deutschen Invasion zunächst gezwungen zu improvisieren. Um die Evakuierung zentral zu organisieren, entstand am 24. Juni 1941 der Evakuierungsrat [russ. *sovet po evakuacii*]. Geplant als „central command structure capable of quick and effective action“[186] setzte sich

---

183 Kaganovitch, Jewish Refugees, S. 99.

184 Diese Schätzung basiert auf einer Zahl von circa 250.000 bis 300.000 polnischen Juden in der unbesetzten Sowjetunion.

185 Wat, Aleksander: My century. The Odyssey of a Polish Intellectual. Berkeley 1988. S. 307.

186 Am 31. Januar 1942 wurde der Rat aufgelöst in Folge der ersten sowjetischen militärischen Erfolge. Manley, Rebecca: To the Tashkent Station: Evacuation and Survival in the Soviet Union at War. Ithaca u. London 2009. S. 30.

der Rat aus Mitgliedern verschiedener Ministerien zusammen. An seiner Spitze stand Lazar' Kaganovič, langjähriges Mitglied des Politbüros und Volkskommissar für Transport. Die Verantwortung zur Durchführung der Evakuierung vor Ort lag bei den lokalen Militärstellen.[187] Rechtliche Grundlage für die Evakuierung war ein Regierungsdekret vom 27. Juni 1941, welches laut Rebecca Manley Ausdruck einer im Interesse des Staates orientierten Evakuierungspolitik sei. Demnach stand bei der Durchführung der Evakuierung nicht die Rettung von Menschenleben im Vordergrund, sondern der Transport von militärischen und industriellen Gütern und nicht zuletzt, so Manley, die Aufrechterhaltung der sozialen Ordnung durch die Staatsgewalt.[188] Obwohl es sich bei der Evakuierung von etwa 16,5 Millionen[189] sowjetischen Staatsbürgern um eine in ihrem Ausmaß bis dato unbekannte Bevölkerungsbewegung handelte, war die Evakuierungspolitik nach Ansicht Manleys durchaus „modeled on existing forms of population transfer and informed by existing visions of the Soviet polity."[190]

Die zeitgenössische sowjetische Terminologie unterschied nicht zwischen individueller Flucht und dem staatlich organisierten Transport aus der Kriegszone. Beides wurde unter dem Begriff *Evakuierung* vereint, um nicht den negativ konnotierten Begriff der *Flucht* zu verwenden, der die Vorstellung einer versagenden Verwaltung evozieren könnte. Sowohl die beiden genannten Gruppen als auch die auf Grundlage des Amnestie-Dekrets vom 12. August 1941 freigelassenen polnischen Juden wurden von den Behörden als Evakuierte bezeichnet.[191] Die Evakuierung betraf vorrangig bestimmte, im Dekret vom 27. Juni 1941 definierte Personengruppen. Diese waren Familien führender Partei- und Sowjetkader und die Familien des Kommandopersonals der Roten Armee, der Marine und der Truppen des NKWD aus den Frontgebieten. Ebenfalls evakuiert werden sollten bedeutende Persönlichkeiten aus Wissenschaft und Kultur sowie die Belegschaften wichtiger Fabrikanlagen.[192] Die Evakuierung der Bevölkerung Moskaus begann angesichts des raschen deutschen Vormarschs noch Ende Juni 1941. Bis

187 Manley, Tashkent Station, S. 27–28.

188 Manley, Tashkent Station, S. 33.

189 Ende 1941 waren etwa 12 Millionen Sowjetbürger evakuiert, 1942 kamen weitere 4,5 Millionen Menschen hinzu. Manley, Tashkent Station, S. 50. Pavel Polian spricht von bis zu 25 Millionen Evakuierten, die zwischen 1941–42 in die östlichen Regionen der UdSSR transportiert wurden. Polian, Against their will, S. 47. Die Zahl scheint jedoch nicht exakt zu sein.

190 Manley, Tashkent Station, S. 26.

191 Kaganovitch, Jewish Refugees, S. 87.

192 Aus der Hauptstadt Moskau wurden zahlreiche Institute der Sowjetischen Akademie der Wissenschaften, unzählige Kultureinrichtungen wie das Moskauer Staatliche Jüdische Theater, das Revolutionstheater und zahlreiche Filmregisseure nach Taschkent evakuiert. Manley, Tashkent Station, S. 33–36, 137, 145.

Ende August waren bereits 1,5 Millionen Moskowiter, das heißt ein Fünftel der Bevölkerung, aus der Stadt gebracht worden. Doch erst als sich deutsche Truppen nur noch wenige Kilometer vor der russischen Hauptstadt befanden, gab Stalin am 15. Oktober 1941 den Befehl, die Regierung, das Kommissariat der Verteidigung, ausländische Botschaften und andere wichtige Institutionen nach Kujbyšev zu verlegen.[193]

Sowjetische Juden, darunter auch die Bewohner der ehemaligen polnischen Ostgebiete, wurden in ihrer Funktion als Parteimitglieder, Arbeiter oder Schriftsteller evakuiert, nicht jedoch, weil sie Juden waren.[194] Laut Antony Polonsky befanden sich zwischen 1,03 bis 1,11 Millionen Juden unter den 16,5 Millionen sowjetischen Evakuierten.[195] Schätzungsweise 100.000 polnischen Juden gelang in den ersten Wochen des deutsch-sowjetischen Krieges die Flucht aus den annektierten Gebieten in das Innere der Sowjetunion.[196] Die meisten von ihnen waren seit 1939/40 sowjetische Staatsbürger. Sie hatten sich eine berufliche Existenz unter den neuen Bedingungen aufgebaut und gelernt, sich im sowjetischen System zu orientieren. Als Bewohner der westlichen Sowjetunion befanden sich die polnischen Juden sofort mit Beginn der deutschen Invasion am 22. Juni 1941 unter großem Entscheidungsdruck. Die Entscheidung zur Flucht – sei es im

---

193 Die meisten Moskowiter wurden in kollektiven Transporten evakuiert. Am 15. Oktober 1941 befahl Stalin die Verlegung der Regierung nach Kujbyšev. Die Evakuierung betraf die Regierung, ausländische Botschaften [darunter auch die polnische] sowie die Kommissariate der Marine und der Verteidigung. Molotov sollte die Regierungsgeschäfte in Kujbyšev leiten, während Stalin bis zum letzte Moment in Moskau bleiben wolle. Manley, Tashkent Station, S. 58–59; Baberowski, Verbrannte Erde, S. 409.

194 Ein Beleg für die Existenz sowjetischer Pläne zur gezielten Rettung der Juden vor den deutschen Invasoren hat sich bislang nicht gefunden. Manley, Tashkent Station, S. 46; Polonsky, The Jews, S. 566. Eugene Kulischer behauptete dagegen im Jahr 1948: „[A] large proportion of the Jews were evacuated to save them from German atrocities." Kulischer, Eugene M.: Europe on the Move. War and Population Changes, 1917–47. New York 1948. S. 260.

195 Ihr Anteil unter den Evakuierten war höher als ihr relativer Anteil an der sowjetischen Bevölkerung. Polonsky, The Jews, S. 569.

196 Es existieren lediglich Schätzungen zu polnisch-jüdischen Evakuierten. Polonsky schätzt, dass bis zu 300.000 Juden aus den in den Jahren 1939 und 1940 von der Sowjetunion annektierten Gebieten evakuiert wurden. Da sich im Laufe des deutsch-sowjetischen Krieges jedoch etwa 300.000 polnische Juden in der Sowjetunion aufhielten, scheint die Schätzung von 100.000 offiziellen Evakuierten realistisch zu sein. Polonsky, The Jews, S. 569. Addiert man noch einmal so viele zwangsumgesiedelte Personen sowie Rotarmisten, freiwillige Migranten und andere, hinzu, so gelangt man auf die Summe von 300.000 Personen. Dov Levin spricht von circa 80.000 jüdischen Evakuierten aus den annektierten polnischen Gebieten. Levin, Dov: The Fateful Decision. The Flight of the Jews into the Soviet Interior in the Summer of 1941. In: Yad Vashem Studies 20 (1990). S. 115–142, hier S. 141.

Rahmen der offiziellen Evakuierung oder eigenständig – musste schnell getroffen werden. Viele polnische Juden fühlten sich an den Herbst 1939 erinnert, als sie persönlich oder auch Angehörige und Bekannte mit einer ähnlichen Situation konfrontiert worden waren. Ähnlich wie auch schon im September 1939 entschied sich die überwältigende Mehrheit der jüdischen Bevölkerung auch im Sommer 1941 gegen die Flucht vor der Wehrmacht aus den sowjetischen Westgebieten.[197] Diejenigen polnisch-jüdischen Flüchtlinge, die zwei Jahre zuvor schon einmal den Deutschen entkommen waren und sich Ende Juni 1941 ohne sowjetische Staatsbürgerschaft in der Nähe der Front aufhielten, hatten vielerorts Schwierigkeiten, ostwärts zu fliehen.[198] Andernorts, etwa im weißrussischen Gomel, wurden Juden von den Behörden gezielt aufgefordert, die *tepluški*, umgebaute Frachtwaggons, die die Evakuierten nach Osten transportierten, zu besteigen.[199] Auf diese Weise sollten die vorgegebenen Quoten erfüllt werden. Da viele nichtjüdische Einheimische zögerten, ihre Heimat zu verlassen, wandten sich die Behörden schließlich an die aus West- und Zentralpolen stammenden Juden.[200] Auf Tausenden *Echelons* (einfache Personenzüge mit Dutzenden Waggons) wurden die Evakuierten in die zentralasiatischen Sowjetrepubliken transportiert. Diese schienen nicht nur wegen ihrer relativ dünnen Besiedlung zur Aufnahme der Flüchtlinge geeignet zu sein, sondern auch aufgrund ihrer relativen geografischen Nähe zu den Evakuierungsorten.[201] Um die Verpflegung, medizinische Versorgung und Beherbergung der Evakuierten zu gewährleisten, richtete die sowjetische Regierung an wichtigen Verkehrsknotenpunkten Evakuierungszentren ein, von denen es Anfang 1942 67 in Russland und Dutzende mehr in Zentralasien, Kasachstan und im Kaukasus gab.[202] Im Oktober 1941, vier Monate nach Beginn des deutsch-sowjetischen

---

197 Polonsky, The Jews, Band 3, S. 568.

198 Grund hierfür war der Befehl, ehemalige polnische Staatsbürger nicht ohne gesonderte Erlaubnis die polnisch-sowjetische Vorkriegsgrenze passieren zu lassen. Die Bevölkerung sollte auf diese Weise gezielt daran gehindert werden, scharenweise vor der Front zu fliehen und sich zugleich dem Kampfeinsatz in der Roten Armee zu entziehen. Kaganovitch, Jewish Refugees, S. 89; Polonsky, The Jews, S. 568.

199 Kaganovitch, Jewish Refugees, S. 95.

200 Hintergrund dieser Entscheidung war der Auftrag an die weißrussischen Behörden von Mitte Juli 1941, von Gomel aus die Evakuierung von Staatsunternehmen und deren Angestellten aus den unbesetzten Gebieten nach Osten zu organisieren. Aus Angst vor Bestrafung bei Scheitern dieses Vorhabens waren die Behörden daran interessiert, die Zahl der Evakuierten zu erhöhen. Dies betraf in erster Linie Juden, da andere Bewohner der Region noch zögerten, ihre Wohnorte zu verlassen. Kaganovitch, Jewish Refugees, S. 92–93.

201 Kaganovitch, Jewish Refugees, S. 101.

202 Manley, Tashkent Station, S. 129.

Krieges, gab es keinen Oblast ohne Evakuierte mehr.[203] Dass letztlich so viele Evakuierte in Zentralasien Zuflucht fanden, war dem schnellen deutschen Vormarsch geschuldet, der die Umsiedlung in weit von der Front entfernte Regionen der UdSSR notwendig machte.

Der rasche Vormarsch deutscher Truppen rief vielerorts Panik unter den Vertretern der sowjetischen Staatsmacht hervor, die eine geordnete Evakuierung erschwerte. In vielen Fällen wurde die Entscheidung zur Evakuierung der Bevölkerung schlicht zu spät gefällt. Die gezielte Bombardierung von Bahngleisen durch die deutsche Luftwaffe führte dazu, dass Züge entweder gar nicht abfahren konnten, unterwegs gestoppt wurden oder lange Umwege fahren mussten.[204] Infolge des kriegsbedingten Chaos, aber auch von Zuständigkeitsstreitigkeiten und Kommunikationsproblemen unterliefen den Behörden bei der Organisation der Evakuierung zahlreiche Fehler. So fuhren zuweilen Züge in die falsche Richtung, während andernorts funktionstüchtige Lokomotiven fehlten. Vor allem aber bestand ein grundlegender Konflikt zwischen jenen Zügen, die nach Westen an die Front fuhren, und jenen, die Menschen aus diesen Gebieten evakuieren sollten. Dies führte zur Akkumulation von Flüchtlingen an Verkehrsdrehkreuzen, deren Versorgung nur unzureichend gewährleistet werden konnte.[205]

Während zahlreiche Fehler bei der Planung und Durchführung der Evakuierung auf Seiten der sowjetischen Führung zu verzeichnen sind, trug auch die zu evakuierende Bevölkerung durch ein hohes Maß an Eigensinn dazu bei, die Pläne und Vorgaben der Evakuierungsstellen zu durchkreuzen. Drei weit verbreitete Phänomene lassen sich mit Blick auf die Bevölkerung im Westen der Sowjetunion im Sommer und Herbst 1941 identifizieren, die der staatlichen Planung zuweilen diametral entgegenliefen: erstens die Flucht der Beamten, zweitens die eigenmächtige Flucht der Zivilbevölkerung, auch als *spontane Selbst-Evakuierung* bezeichnet, sowie drittens Panik.[206] Das erstgenannte Phänomen fliehender Staatsbeamter, die vor allem sich selbst und ihre Familien retteten, war sowohl auf dem Land als auch in den Städten weit verbreitet. Den Beamten wurde von staatlicher Seite doppelter Betrug an der Bevölkerung vorgeworfen. Denn nicht nur würden sie staatliche Privilegien für ihre Belange ausnutzen, sondern auch ihrer ihnen zugedachten Führungsrolle nicht gerecht werden. Der Begriff der *Selbst-Evakuierung* diffamiert die individuelle Initiative gegenüber der staatlichen

203 Manley, Tashkent Station, S. 136.
204 Unterwegs nach Süden wurden die Evakuierungszüge aus den Frontgebieten häufig von der deutschen Luftwaffe unter Beschuss genommen, so dass diese immer wieder zum Halt auf offener Strecke und langen Umwegen gezwungen wurden. Manley, Tashkent Station, S. 70, 126.
205 Kaganovitch, Jewish Refugees, S. 94, 96.
206 Manley, Tashkent Station, S. 139.

Aktion. Vergleichbar mit der Flucht der Beamten war auch die Selbst-Evakuierung bereits ein Akt der *Transgression*, da eine Binnenwanderung innerhalb der Sowjetunion stets einer formellen Zustimmung bedurfte. Wer sich selbst evakuierte, reagierte damit in der Regel entweder auf staatliches Versagen bei der Organisation der rechtzeitigen Evakuierung oder auf die Ablehnung eines Antrags auf Evakuierung. Unterwegs kam es nicht selten vor, dass die Evakuierten noch vor Erreichen des vorgesehenen Zielortes den Zug eigenmächtig verließen und sich andernorts niederließen. Andere fuhren dagegen weiter, als eigentlich geplant.[207]

Die aus sowjetischer Sicht verheerende militärische Lage sowie die selektive Informationspolitik der sowjetischen Regierung gegenüber der Bevölkerung beförderten in den ersten Wochen den Ausbruch von Panik in den von den Deutschen bedrohten Gebieten der westlichen Sowjetunion.[208] In den ersten beiden Kriegsmonaten fand sich in den wichtigsten staatlichen Presseorganen *Pravda* (Organ der KPdSU) und *Izvestija* (Organ der sowjetischen Regierung) kein einziger Bericht über kapitulierende Städte. Folglich wurde die Bevölkerung in den grenznahen Gebieten von den deutschen Angriffen häufig völlig überrascht. Dass die Deutschen eine lebensbedrohliche Gefahr für die Juden in der Sowjetunion darstellten, konnten Zeitungsleser ebenfalls nicht erfahren. Denn in den Artikeln über die Gewalttaten der deutschen Besatzer wurde lediglich die Formulierung vom Tod *friedlicher sowjetischer Bürger* verwendet und somit verschleiert, dass es sich bei den Opfern deutscher Massaker mehrheitlich um Juden handelte. Die gezielte Vernichtung der Juden konnten sowjetisch-jüdische Leser aus diesen Presseberichten nicht ablesen.[209] Viele Juden wussten daher nicht um die drohende Gefahr und entschieden sich deshalb gegen die beschwerliche Evakuierung.[210] Vergleichbar mit der Situation im Herbst 1939 trugen auch im Sommer 1941 jüdische Flüchtlinge Nachrichten und Berichte von der Front in das Innere der Sowjetunion. Bei der Entscheidungsfindung für oder gegen eine Flucht war daher die jüdische Bevölkerung der westlichen Sowjetunion, darunter auch die polnischen Juden, auf Gerüchte und Hörensagen angewiesen.[211]

---

207 Manley, Tashkent Station, S. 139 – 140.

208 Manley, Tashkent Station, S. 66.

209 Ausführlich über den deutschen Massenmord an den Juden in der sowjetischen Presse siehe Kapitel 7.7.

210 Manley, Tashkent Station, S. 83.

211 Manley, Tashkent Station, S. 51 – 68; Redlich, Jews, S. 89.

Fluchtmotive polnischer Juden nach dem deutschen Überfall auf die Sowjetunion

Im Laufe weniger Wochen flohen Zehntausende polnische Juden vor den deutschen Angreifern, wobei die Flucht erneut die Ausnahme von der Regel darstellte.[212] Im allgemeinen Chaos der ersten Kriegstage und -wochen entkamen Juden entweder eigenständig oder schlossen sich zum Teil ohne formelle Genehmigung der allgemeinen Evakuierung sowjetischer Staatsbürger an.[213] Die folgenden Fallbeispiele illustrieren das Spektrum jüdischer Fluchtoptionen nach dem 22. Juni 1941. Wie schon in den Jahren 1939 und 1940 prägten die Faktoren *Zeit*, *Geografie* und *Wissen* (über die Behandlung der Juden unter deutscher Herrschaft) die Entscheidungsfindung für oder gegen die Flucht in das Innere der UdSSR in wesentlichem Maße.

Der polnische Jude Fayvel Vayner arbeitete zum Zeitpunkt des deutschen Überfalls auf die Sowjetunion als Förster in Postawy, einem Waldgebiet östlich von Wilna und nördlich von Minsk, wo er sich ein ruhiges und wirtschaftlich gesichertes Leben unter sowjetischer Herrschaft aufgebaut hatte.[214] In seinem Tagebuch hielt er seine Flucht vor den Deutschen im Juni 1941 fest und erwies sich als präziser Beobachter seiner Zeit. Darin bezeichnet sich Vayner als „ehrlichen Menschen und Kommunisten"[215], der den Antisemitismus der deutschen Angreifer, aber auch den der polnischen Nachbarn fürchtete. Es hat den Anschein, als betrachtete Vayner die Sowjetunion vor allem als eine Schutzmacht gegen

---

212 Laut Dov Levin gelang etwa 80.000 polnischen Juden die Flucht aus den annektierten Gebieten in das Landesinnere nach dem deutschen Überfall auf die Sowjetunion. Insgesamt, so schätzt Levin, floh nicht einmal jeder zehnte jüdische Bewohner der 1939 und 1940 von der UdSSR annektierten Gebiete vor den deutschen Angreifern. Levin, Decision, S. 141, 142.

213 Albert Kaganovitch unterscheidet die drei Gruppen von Juden (sowjetische und polnische), denen die Flucht in den Osten der Sowjetunion gelang. Erstens, jene Juden, die vor 1939 bereits Sowjetbürger gewesen waren. Zweitens, Juden aus den seit September 1939 von der Sowjetunion annektierten Gebieten, darunter Ostpolen, die in Folge die sowjetische Staatsbürgerschaft erhielten. Und drittens, Juden mit ausländischer Staatsbürgerschaft, die hauptsächlich aus Westpolen stammend zwischen September 1939 und Sommer 1940 auf sowjetisches Territorium gelangt waren. Kaganovitch, Jewish Refugees, 85–86.

214 Fayvel Vayner (geb. 1898 in Postov–1973), Ausbildung zum Förster. Vayner wurde 1926 in Polen zu acht Jahren Haft wegen „staatsfeindlicher Umtriebe" als Kommunist verurteilt und inhaftiert. Bis 1941 arbeitete er als Förster in Postawy (Gebiet Wilna). Nach dem deutschen Überfall wurde er evakuiert und arbeitete als Bergmann. Vayner kehrte 1946 nach Polen zurück und wurde Leiter eines jüdischen Bildungsinstituts in Nowa Ruda. Später emigrierte er nach Israel. Hoppe u. Glass, Verfolgung und Ermordung, S. 133.

215 Tagebucheintrag von Fayvel Vayner vom 24. Juni 1941. Dok. 10. In: Hoppe u. Glass, Verfolgung und Ermordung, S. 134.

antisemitische Anfeindungen und Gewalt. Gegenüber dem polnischen Staat, der ihn acht Jahre lang wegen *staatsfeindlicher Umtriebe* inhaftiert hatte, äußert Vayner keinerlei Loyalität. Ganz anders gestaltete sich sein Verhältnis zur Sowjetunion, deren Staatsbürgerschaft er im November 1939 offenbar aus voller Überzeugung angenommen hatte. Vayners Äußerungen legen nahe, dass er sich als Kommunist verstand, der jedoch nicht blind gegenüber der Realität des sowjetischen Kommunismus war.[216]

Aus Vayners Tagebuch geht hervor, dass er die lebensbedrohliche Gefahr der Deutschen für die jüdische Bevölkerung in der Sowjetunion frühzeitig erkannte. Kurz nach dem 22. Juni 1941 bezeichnet er den deutsch-sowjetischen Krieg als

> entscheidende[n] Krieg, der ein für alle Mal jene Macht erledigen wird, die alle Nationen, alle Völker unter dem faschistischen Stiefel knechten und sie vernichten will – als erstes unser [das jüdische, Anm. d. Verf.] Volk.[217]

Obwohl sich die Bevölkerung im Glauben an die Rote Armee und abgeschnitten von Information von den Fronten insgesamt „recht ruhig“ verhalten habe, entschloss sich Vayner frühzeitig zur Flucht – in vollem Bewusstsein, dass „Hunger und Leid“[218] vor ihm und seiner Familie lägen. Am 24. Juni 1941 verließ Vayner zu Fuß gemeinsam mit seiner Ehefrau und seinen beiden drei Monate alten Kindern die Stadt Postawy in Richtung Duniłowicze, die etwa 25 Kilometer entfernt lag. Dort bemerkte er, wie verschiedene Offizielle, Funktionäre und staatliche Verwaltungsposten begannen, ihre Familien mit Fahrzeugen zu evakuieren.[219] Die Evakuierung der lokalen Führung führte nun auch innerhalb der zurückgelassenen Bevölkerung zu zunehmender Nervosität, Aufregung und Bedrückung. Als es Vayner auch nach Tagen nicht gelungen war, ein Fuhrwerk für seine Familie zu beschaffen, traf seine Ehefrau eine folgenschwere Entscheidung.

---

216 Aus vielen Äußerungen seines Tagebuchs spricht eine Art doppelter Ablehnung seiner polnischen wie jüdischen Herkunft. Wenn er an einigen Stellen über anderen polnische Juden schreibt, klingt es so, als handele es sich um eine fremde Gruppe. Dies spricht für die These, dass Vayner sich als Kommunisten und nicht mehr als einer Nation angehörigen Juden betrachtet.

217 Tagebucheintrag von Fayvel Vayner vom 22. Juni 1941. Dok. 10. In: Hoppe u. Glass, Verfolgung und Ermordung, S. 133.

218 Tagebucheintrag von Fayvel Vayner vom 22. und 24. Juni 1941, Dok. 10. In: Hoppe u. Glass, Verfolgung und Ermordung, S. 133, 134.

219 Rajkom, Rajspolkom, Bank, andere staatliche Einrichtungen. Unter den Evakuierten befanden sich auch viele sowjetische Beamten und Militärangehörige, die im Zuge der Besetzung Polens nach Westen kamen. Vayner in Hoppe u. Glass, Verfolgung und Ermordung, S. 135, Fußnote 20.

> Meine Frau begann, auf mich einzureden, ich solle zu Fuß fliehen und sie mit den Kindern zurücklassen, und das tat ich dann. Ich tat es wohl wissend, dass ich meine Familie in den Fängen eines Raubtiers, der deutschen Soldaten und ihrer Gräueltaten, zurücklasse. Mir war aber andererseits klar, dass, wenn ich bliebe, mich die Polen, von denen noch viele dageblieben waren, in Stücke reißen würden, noch bevor die Deutschen kämen usw.[220]

Vayner begründet seine Flucht demnach mit seiner Furcht vor einem Machtvakuum, in dem ihm offenbar wegen seiner kommunistischen Überzeugung Gefahr durch seine polnischen Nachbarn drohe, noch bevor die Deutschen seiner habhaft werden konnten. Ausschlaggebend für seine Abfahrt war jedoch die Aufforderung seiner Ehefrau, der Vayner letztlich nicht widersprach. Noch am Abend des 24. Juni 1941 verließ Vayner Duniłowicze zu Fuß, übernachtete in Głębockie und erreichte am 26. Juni 1941 schließlich das Dorf Plissa. Unterwegs begegnete Vayner immer wieder einer zutiefst verunsicherten jüdischen Bevölkerung, die völlig ahnungslos über die konkrete Gefahr durch die Deutschen zu sein schien.[221] Nach Vayners Einschätzung entschieden sich lediglich 5% der jüdischen Einwohner für die Flucht.[222] Die allgegenwärtige Bedrohung durch die schnell vorrückende Wehrmacht führte dazu, dass der Rückzug der Bevölkerung zunehmend einen „chaotischen, panischen Charakter" annahm, so Vayner:

> Wer vorher gegangen war, fing an, mit letzter Kraft zu rennen. Diejenigen, die bisher gefahren waren, begannen nun, das Gepäck von den Wagen zu werfen. Auf den Wegen lagen Bettzeug, Koffer samt Inhalt, Kleidung, Schuhe usw.[223]

Die Panik vor der deutschen Armee und das resultierende Chaos waren demnach entscheidende Gründe, warum viele Flüchtlinge später völlig mittellos einen sicheren Zielort erreichten. Einen scheinbar sicheren Zufluchtsort stellte eine Kolchose kurz hinter der ehemaligen polnisch-sowjetischen Grenze dar. Dort habe sich, so Vayner, eine seltsame Ruhe über die Flüchtlinge gelegt. Die „Panik [war] nach Überqueren der Grenze vollkommen abgeklungen. Genau am Grenzhäuschen mit den Grenzbeamten endete die Angst vor den Deutschen, den Gräueltaten

220 Tagebucheintrag von Fayvel Vayner vom 24. Juni 1941. Dok. 10. In: Hoppe u. Glass, Verfolgung und Ermordung, S. 135.
221 Überall sei er gefragt worden „Was wird werden? Was sollen wir tun?". Tagebucheintrag von Fayvel Vayner vom 26. Juni 1941. Dok. 10. In: Hoppe u. Glass, Verfolgung und Ermordung, S. 135
222 Tagebucheintrag von Fayvel Vayner vom 26. Juni 1941. Dok. 10. In: Hoppe u. Glass, Verfolgung und Ermordung, S. 135.
223 Tagebucheintrag von Fayvel Vayner vom 26. Juni 1941. Dok. 10. In: Hoppe u. Glass, Verfolgung und Ermordung, S. 136.

und Leiden."[224] Die vermeintliche Sicherheit wurde jedoch durch einen Bombenangriff bei Polock am 29. Juni 1941 zerstört, bei dem Vayner sein gesamtes mitgeführtes Hab und Gut verlor. Nun war auch er nur auf die Kleidung angewiesen, die er am Leib trug.[225]

Dass schnelles Handeln für den Erfolg der Flucht vor den Deutschen entscheidend war, belegt auch der Fall der Familie Harshav (eigentlich Hrushovski) in Wilna. Bereits am 22. Juni 1941 bombardierte die deutsche Luftwaffe die Heimatstadt von Benjamin Harshav.[226] Zunächst hätten auch seine Eltern noch gezögert, sich auf die Reise ins Ungewisse zu begeben. Erst als die in ihrem Wohnhaus lebenden russischen Armeeoffiziere panikartig die Flucht antraten, beschlossen auch die Harshavs, sich ihnen anzuschließen. Mit wenig Gepäck machten sie sich am 23. Juni 1941 auf den Weg zum Bahnhof, wo bereits ein langer und völlig überfüllter Echelon aus Kaunas in Richtung Minsk zur Abfahrt bereitstand.[227] Das Ehepaar entschied sich, vorerst zu Benjamin Harshavs Tante nach Minsk zu fahren, um dort das Ende der Kampfhandlungen abzuwarten. Nur mit großem Glück erreichten sie ihr Ziel, nachdem der Zug an der alten polnisch-sowjetischen Grenze zum Stehen gekommen und aus der Luft beschossen worden war. Bei ihrer Ankunft in Minsk mussten sie feststellen, dass die Stadt ebenfalls heftig bombardiert worden war. Überall trafen sie auf „Panik, Chaos, Feuer"[228], sodass sie sich nur mit Mühe vom Bahnhof in Richtung Stadtrand bewegen konnten. Tagelang liefen sie durch einen Wald, bis sie eine Kreuzung erreichten, an der mit Maschinen und Menschen beladene Lastwagen vorbeifuhren. Schließlich tauchte ein junger russischer Offizier auf, der jeden LKW-Fahrer aufforderte, Menschen aufzunehmen, so auch die Harshavs. Im 70 Kilometer entfernten Borisov stiegen sie auf einen Güterzug mit offenen Waggons um, der sie mit unbekanntem Ziel aus den Frontgebieten heraustransportierte. Wenig später stellte sich heraus, dass man die Flüchtlinge ins russische Buzuluk (Oblast Čkalov) bringen würde.[229]

---

224 Tagebucheintrag von Fayvel Vayner vom 26. Juni 1941. Dok. 10. In: Hoppe u. Glass, Verfolgung und Ermordung, S. 136.

225 Am 10. August 1941 schrieb Vayner bereits in Kurmojarsk, einem Dorf etwa 190 Kilometer südwestlich von Stalingrad. Es ist unklar, ob er direkt von Polock dorthin gelangte und auf welchem Weg. Vermutlich aber mit dem Zug, da die Distanz recht groß ist. Tagebucheintrag von Fayvel Vayner vom 10. August 1941. Dok. 85. In: Hoppe u. Glass, Verfolgung und Ermordung, S. 297.

226 Benjamin Harshav ist der hebräische Name. Sein Geburtsname lautet Binyomin Hrushovski.

227 Interview mit dem Verfasser im September 2013, New Haven, USA.

228 Interview mit dem Verfasser im September 2013, New Haven, USA.

229 Interview mit dem Verfasser im September 2013, New Haven, USA.

Die Familie Harshav gehörte zu den wenigen jüdischen Einwohnern Wilnas, denen die Flucht aus den Frontgebieten gelang. Wenige Wochen nach Beginn des deutsch-sowjetischen Krieges erreichte die Familie den Ural und lebte für die kommenden fünf Jahre in relativer Sicherheit und in großer Entfernung von der Front.[230]

Auch die Familie der 1931 geborenen Bella Gurwic verließ ihren Wohnort Równo gemeinsam mit dem sowjetischen Militär, nachdem die ersten deutschen Bomben auf die Stadt gefallen waren. Die Navigation durch die brennende Stadt beschreibt Gurwic in ihren Erinnerungen von 1946 als „wahre Hölle." Und weiter schreibt sie:

> Niemals werde ich vergessen, wie wir rannten: Papa und Mama stützten Opa, dessen Beine ihren Dienst versagt hatten, dahinter ich und Oma, und hinter uns, liefen noch weitere Menschen.[231]

Am 26. Juni 1941 erreichten sie eines der letzten Militärfahrzeuge, das sie nach Kiew brachte. Von dort aus fuhren sie mit einem Evakuierungszug weiter ins usbekische Buchara.[232] Auch andernorts gelang es Flüchtlingen im Bombenhagel gerade noch rechtzeitig, die Evakuierungszüge zu erreichen.[233]

Der deutsche Angriff auf die Sowjetunion brachte Zehntausenden jüdischen Flüchtlingen aus West- und Zentralpolen die Ereignisse des Jahres 1939 schmerzhaft in Erinnerung. Die Nachricht vom deutschen Überfall auf die Sowjetunion erfuhr der aus Łódź geflohene und seit Ende 1939 im weißrussischen Orša lebende Simon Davidson aus dem Radio:

---

230 In seinem Vorwort zu Herman Kruks Tagebuch beschreibt Harshav in knapper Form die Fluchtgeschichte seiner Familie von Wilna an den Ural, die mit seinen Angaben aus dem Interview mit dem Verfasser übereinstimmt. Harshav, Benjamin: Preface. In: Kruk, Last Days, S. 16.

231 GFHA, Zeugnis von Gurwic.

232 GFHA, Zeugnis von Gurwic.

233 Dies gelang etwa der Familie des 1936 geborenen Dawid Hofman, dessen Wohnort Berdychiv am dritten Tag des deutsch-sowjetischen Krieges bombardiert wurde. Überall hätten Tote in den Straßen gelegen und Panik geherrscht. Die Verwaltung war bereits geflohen, als sich Hofman mit seinen Eltern zur Abfahrt entschlossen hatte. Mit Mühe konnten sie einen der überfüllten Züge erreichen, der jedoch nur langsam vorankam und häufig von deutschen Flugzeugen beschossen wurde. Hofman erinnert sich, dass die Menschen um ihn herum angesichts der Situation „meschugge" geworden seien. Am Bahnhof Bielocerkiew (Bila Tserkva) wurde ihr Zug von einer Bombe getroffen, die Dutzende Menschen tötete. Aus Angst vor der sich bedrohlich nähernden Front und einer eventuellen Gefangennahme zerrissen seine Eltern ihre Ausweisdokumente. Zu ihrer Überraschung konnte der Zug doch noch weiterfahren und erreichte nach zweiwöchiger Fahrt den Kaukasus. YVA, Zeugnis von Dawid Hofman, Jiddisch, vermutlich 1946 bei Stuttgart verfasst, M 1 E 709.

> It was all too familiar to us, we had gone through it once and we knew the mood of helplessness, the chaos and disorientation accompanying the first blow.[234]

Die Erfahrungen ähnelten sich, doch anders als im Herbst 1939 habe Davidson im Sommer 1941 nicht gewusst, wohin er mit seiner Familie fliehen könne:

> We feel that our situation here is worse than in Poland in 1939 where we still had an option of fleeing East and the terrain was familiar, peopled with friends and relatives. Here, we are strangers with no friends, in a rather precarious situation of refugees from an alien country.[235]

Als Buchhalter einer Fabrik erfuhr Davidson von seinem Vorgesetzten, dass die Kinder hochrangiger Funktionäre per Lastwagen in eine 25 Kilometer entfernte Kolchose evakuiert werden sollten. Davidson handelte schnell und rannte nach Hause, um seine Familie zu informieren. Seine Tochter und seine Ehefrau fuhren mit besagtem Evakuierungstransport in die Kolchose, während Davidson gemeinsam mit seinem Sohn zu Fuß hinterherkam. Kurze Zeit später wieder vereint, erfuhren sie von der geplanten Evakuierung nach Vjaz'ma, unweit von Moskau. Nachdem der Pferdewagen zum Transport von Kindern und Gepäck aus Orša die Kolchose erreicht hatte, setzte sich der Flüchtlingstreck in Richtung Vjaz'ma in Bewegung. Die Stimmung unter den Flüchtlingen beschreibt Davidson als angespannt, da sie nie genau gewusst hätten, wie dicht ihnen die Deutschen bereits auf den Fersen waren.[236] Davidson argumentiert in seinen Erinnerungen, dass die Erfahrung der Flucht im Herbst 1939 und sein Wissen um die akute – von den Deutschen ausgehende – Bedrohung, die Entscheidung zur erneuten Flucht begründeten. Seine Beschreibungen jüdischer Schtetl zwischen Orša und Vjaz'ma geben einen eindrücklichen Einblick in das Dilemma der Entscheidungsfindung, welchem sich die jüdische Bevölkerung in den frontnahen Gebieten ausgesetzt sah. Der aus einer Großstadt stammende Davidson erkannte, dass die jüdischen Bewohner der Schtetl in Fragen der Weltpolitik ahnungslos seien. Wiederholt seien die Flüchtlinge von einheimischen Juden unterwegs gefragt worden, warum sie vor den Deutschen fliehen und ob nicht das Leben unter den Deutschen womöglich besser sei als unter den Sowjets.[237] Aus den von Davidson wiedergegebenen Begründungen gegen eine Flucht vor den Deutschen werden Parallelen zur Situation 1939/40 unmittelbar deutlich.

---

234 Davidson, War Years, S. 124.
235 Davidson, War Years, S. 125.
236 Davidson, War Years, S. 130.
237 Davidson, War Years, S. 131.

> They eye us with curiosity when I tell them that we are fleeing the Germans; as little as they have, they are afraid of leaving it. ‚Why should we run away? Where to?' ‚How can one leave everything one has and flee into the unknown, leaving the place where one's forebearers lived and died?' ‚God is everywhere. If he should deem us to die, we shall die wherever we would be, so why wander around?'[238]

Auch einigen Mitgliedern seines Flüchtlingstrecks seien mit fortschreitender Dauer Zweifel gekommen, wie groß die Bedrohung durch die Angreifer tatsächlich war. Einige Familien seien im Glauben nach Hause zurückgekehrt, dass sie vor den Deutschen nichts zu befürchten hätten. Im Juli 1941 hatten die verbliebenen Flüchtlinge bereits Smolensk hinter sich gelassen und die weißrussisch-russische Grenze überquert. Nach weiteren zwei Wochen Fußmarsch erreichten sie schließlich ihr Ziel Vjaz'ma. Der für die Evakuierung zuständige sowjetische Funktionär teilte noch die verbliebenen Essensreste unter den Evakuierten auf, bevor sich ihre Wege trennten.[239]

Anders als die aus den ehemaligen polnischen Ostgebieten stammenden Familien Vayner, Harshav, Gurwic und andere waren Bernard Ginsburg wie auch Simon Davidson bereits ein Mal erfolgreich den Deutschen entkommen. Zum Zeitpunkt des deutschen Überfalls auf die Sowjetunion hatte sich Ginsburg als Journalist und Fotoreporter ein ruhiges Leben im westukrainischen Łuck aufgebaut.[240] Als die ersten Bomben auf die Stadt fielen, sei ihm sofort bewusst gewesen, dass ihm nur der Ausweg in Richtung Osten bliebe, erinnerte sich Ginsburg später. Sein Ziel lautete zunächst, seinen in die Rote Armee eingezogenen Bruder in Dnipropetrovsk zu finden. Er packte seine Sachen und machte sich zu Fuß auf den Weg, „an endless hike into the unknown"[241]. Die Straßen waren voll mit Flüchtlingen. Viele schliefen unter offenem Himmel im Kreise ihrer Familien und Freunde. Nicht wenige kehrten nach kurzer Zeit erschöpft um. Unterwegs traf Ginsburg Bekannte, die ihn auf ihrem Pferdewaggon mitnahmen, sodass er etwas schneller vorankam als zu Fuß. Nach zwei Wochen erreichte er endlich Dnipropetrovsk, musste jedoch erfahren, dass sein Bruder bereits zum Kampfeinsatz an die Front geschickt worden war. Da Flüchtlingen jedoch der Zugang zur Stadt verwehrt war, setzte er seinen Weg nach Osten fort. Viele Juden, vor allem junge, hätten sich den Flüchtlingen aus Angst vor den Deutschen angeschlossen. Nach kurzem Fußmarsch gelang es Ginsburg schließlich, auf einen Evakuierungszug in

---

238 Davidson, War Years, S. 132.

239 Davidson, War Years, S. 135–137.

240 Zudem sollte ihm sein sowjetischer Presseausweis die Bewegung innerhalb des Landes erleichtern. Ginsburg, Wayfarer, S. 29.

241 Ginsburg, Wayfarer, S. 26.

Richtung Kaukasus aufzuspringen.[242] Ginsburg wusste seit seiner Fluchterfahrung des Jahres 1939 sehr genau, was er von den Deutschen zu erwarten hatte und zögerte deshalb nicht lange, bevor er die erneute Flucht antrat und sich auf die Suche nach seinem Bruder machte.

Auch der Schriftsteller Yitskhok Perlov entschied sich im Sommer 1941 zur Flucht, um einen geliebten Menschen zu suchen. Seit Ende 1939 hatten Perlov und seine Frau, die Schauspielerin und Sängerin Lola Folman, in Białystok gelebt, wo beide einer jiddischen Theatertruppe angehörten. Wenige Wochen vor dem deutschen Überfall auf die Sowjetunion brach die Truppe ohne Perlov auf eine große Tournee durch die UdSSR auf. Als die Wehrmacht die Sowjetunion angriff, habe Perlov nach eigenen Angaben gar keine Wahl gehabt, ob er fliehen wolle, denn, „Lola was now deep inside Russia and I had to find her."[243] Kurz bevor der Krieg Białystok erreichte, nahm Perlov sein Schicksal selbst in die Hand und sprang auf einen abfahrenden Evakuierungszug auf. Nachdem der Zug Moskau passiert hatte und den Passagieren das Aussteigen verboten worden war, habe Perlov begonnen, sich wie in Gefangenschaft zu fühlen. Nach einigen Tagen kam der Zug mit sowjetischen Evakuierten schließlich in Novouzensk zum Stehen. Perlov schildert seine ersten Gedanken nach der Ankunft im Exil:

> Would I ever return? I felt a bitter sensation in my nostrils and a salty one in my eyes. ‚Europe, good night!' I sobbed and buried my face in my hands. [...] We had sent ourselves into exile.[244]

4.8 Kapitelfazit

Die geschilderten Fallbeispiele zeigen auf, dass sich die Schicksale polnischer Juden zwischen September 1939 und Sommer 1941 nicht immer streng analytisch in Fluchtkategorien einteilen lassen. Von den 250.000 bis 350.000 jüdischen Flüchtlingen im sowjetisch annektierten Ostpolen gelangten etwa 70.000 Personen überwiegend als *Sondersiedler-Flüchtlinge* in das Innere der Sowjetunion. Sie wurden gegen ihren Willen an ihren Wohnorten aufgegriffen und in abgelegene Regionen der Sowjetunion verschleppt, wo sie ihr Überleben nur durch harte körperliche Arbeit sichern konnten. Einige Tausend polnisch-jüdische Deportierte überlebten die mehrmonatige Haftzeit in Sondersiedlungen und Arbeitslagern nicht. Die große Mehrheit jedoch wurde im Rahmen der sogenannten Amnestie

---

242 Ginsburg, Wayfarer, S. 26, 30 – 32.
243 Perlov, Adventures, S. 20 – 21.
244 Perlov, Adventures, S. 22.

aus sowjetischem Gewahrsam entlassen und war zwischen Herbst 1941 und Frühjahr 1942 auf dem Weg in wärmere Regionen des zentralasiatischen Südens der UdSSR. Ebenfalls in die südlichen Sowjetrepubliken fuhren die Evakuierungszüge aus den frontnahen Gebieten der westlichen UdSSR. Obwohl es keinen Plan zur gezielten Rettung der jüdischen Bevölkerung gab, befand sich über eine Million sowjetische – darunter auch einige Zehntausend polnische – Juden unter den 16,5 Millionen Evakuierten. In Ermangelung entsprechender statistischer Belege lässt sich die Zahl der nach dem 22. Juni 1941 in das Innere der Sowjetunion geflohenen polnischen Juden lediglich auf circa 75.000 bis 100.000 Personen schätzen. Nur wenige von ihnen waren im Besitz einer staatlichen Evakuierungsgenehmigung. In der Regel verließen polnisch-jüdische Flüchtlinge die unter Beschuss stehenden Regionen panikartig zu Fuß oder auf einem Pferdewagen. Den meisten oben beschriebenen Personen gelang es jedoch nach kurzer Zeit, einen Evakuierungs- oder seltener auch einen Passagierzug zu erreichen, mit welchem sie schließlich in Sicherheit gebracht wurden. Der Übergang zwischen den Status *Flüchtling* und *Evakuierter* war in den meisten Fällen also fließend. Was die Flüchtlinge des Jahres 1941 von den zuvor aus den annektierten Territorien deportierten, polnischen Juden unterscheidet, ist die Hafterfahrung. Diese betraf etwa jeden dritten bis vierten polnischen Juden, der sich nach dem deutschen Überfall auf unbesetztem sowjetischen Gebiet befand. Bei dieser Gruppe handelt es sich überwiegend um Personen, die noch immer die polnische Staatsbürgerschaft besaßen. Anders dagegen die Flüchtlinge des Sommers 1941, die mehrheitlich seit November 1939 Bürger der Sowjetunion waren. Zur letzteren Gruppe gehörten auch viele im Herbst 1939 freiwillig zur Arbeit im Osten der Ukraine und in Weißrussland umgesiedelte, polnische Juden. Mit Blick auf den Entscheidungsspielraum lässt sich feststellen, dass dieser unterschiedlich groß war. Ein Teil der jüdischen Flüchtlinge war nach dem 1. September 1939 hinter die spätere deutsch-sowjetische Demarkationslinie gelangt und im Juni 1940 gegen ihren Willen in das Innere der Sowjetunion deportiert worden. Andere Flüchtlinge entschieden sich dagegen überwiegend aus pragmatischen Gründen für die Annahme der sowjetischen Staatsbürgerschaft im November 1939 und führten ein relativ normales Leben unter den neuen Herrschern. Es kann als historischer Zufall bezeichnet werden, dass sich ab Herbst 1941 Hunderttausende evakuierte – und infolge der Amnestie freigelassene – polnische Juden in den zentralasiatischen Sowjetrepubliken begegneten. Für einen Zeitraum von circa Herbst 1941 bis Frühjahr 1946 konzentrierte sich hier das polnisch-jüdische Leben im sowjetischen Exil. Hier begannen sich die verschiedenen Erfahrungen zu synchronisieren. Zwar wurden sowjetische und polnische Staatsbürger auch nach dem Sommer 1941 unterschiedlich behandelt und letztere von Zwangsumsiedlung und Inhaftierung bedroht, doch näherten sich die Lebensbedingungen der vormals getrennten Gruppen sichtbar an. Der geteilte Kontext war nun der sowjetische Lebensalltag unter den Bedingungen des Krieges. Die Begegnungen zwischen polnischen Juden mit unterschiedlichen Kriegserfahrungen auf der einen und mit anderen nichtjüdischen Polen sowie der sowjetischen Bevölkerung auf der anderen Seite sind Gegenstand des folgenden Kapitels.

5 Alltag in Zentralasien

5.1 Wege nach Zentralasien

In den zentralasiatischen Sowjetrepubliken Usbekistan, Kasachstan, Tadschikistan, Kirgistan und Turkmenistan sowie in den angrenzenden südlichen Regionen Russlands konzentrierte sich nach dem deutschen Überfall auf die Sowjetunion die Mehrheit der polnischen Juden in der Sowjetunion. Nach Angaben der polnischen Botschaft in Kujbyšev gelangten nach dem 22. Juni 1941 mindestens 100.000 polnische Juden als Evakuierte oder Freigelassene in den Süden der UdSSR, wo sie mehrheitlich bis zu ihrer staatlich organisierten Rückkehr nach Polen im Jahr 1946 blieben.

Im sowjetischen Zentralasien trafen demnach zwei Gruppen polnischer Juden aufeinander – Evakuierte und Freigelassene –, die sehr unterschiedliche Erfahrungen mit der sowjetischen Lebensrealität gemacht hatten. Die polnischen Juden unter den Evakuierten setzten sich überwiegend aus ehemaligen Bewohnern der Kresy zusammen, die im November 1939 die sowjetische Staatsbürgerschaft erhalten hatten und in der Regel über keinerlei Verfolgungserfahrung durch den NKWD verfügten. Die Mehrheit von ihnen hatte sich mit dem sowjetischen Regime arrangiert und gelernt, sich innerhalb des Systems zu bewegen. Sie sprachen Russisch, hatten das System des permanenten Mangels und der Vetternwirtschaft internalisiert und waren mit den Grenzen der öffentlichen Meinungsäußerung in der Sowjetunion vertraut. Die Mehrheit der aus Sondersiedlungen und Lagern entlassenen polnischen Juden befand sich dagegen in einem schlechten körperlichen Zustand. Sie hatten mehr als zwölf Monate in Lagern und unter schwierigen Lebensbedingungen verbracht. Sie hatten harte körperliche Arbeit verrichten müssen, für die sie im Gegenzug Lebensmittel in nur unzureichendem Maße erhielten. Geschwächt, aber erleichtert angesichts der unerwarteten Amnestie, traten die Freigelassenen den langen Weg nach Süden an. Sie waren im Unterschied zu den meisten Evakuierten (dazu zählen auch die im Zuge der Evakuierung eigenständig Geflüchteten) schlechter mit der sowjetischen Realität außerhalb der Lager vertraut. Schließlich waren die meisten von ihnen zwischen Herbst 1939 und Juni 1940 aus den annektierten Gebieten in die Sondersiedlungen deportiert worden, wo sie in der Gesellschaft anderer Polen und Juden lebten. Viele der beschriebenen Erfahrungsunterschiede lösten sich im Verlauf des Aufenthaltes im zentralasiatischen Kriegsexil auf, doch sie erwiesen sich in den ersten Wochen und Monaten in der neuen, temporären Heimat zuweilen als entscheidend für das weitere Schicksal. Die zentralasiatischen Sowjetrepubliken als Ort des Kriegsexils zu wählen, erschien Zeitgenossen aus vielen Gründen

https://doi.org/10.1515/9783110594393-006

sinnvoll, wobei Mythen und unzutreffende Vorstellungen vom Leben im Süden das Handeln beeinflussten. Aus Sicht der aus den annektierten Gebieten stammenden polnisch-jüdischen Evakuierten stellte sich die Frage nach dem gewünschten Zufluchtsort nur in geringerem Maße, da den Evakuierten in der Regel ein Wohnort zugewiesen wurde. Zwar siedelten einige eigenmächtig in andere Gegenden um, doch die an Status und staatlichen Genehmigung gebundene Zuteilung von Arbeit, Wohnort und Nahrung ließ die Kollaboration mit den offiziellen Stellen als erstrebenswert erscheinen. Bei fehlender Kooperation drohte stets ein Dasein ohne staatliche Unterstützung.[1] Im Falle der eigenständigen Migration freigelassener polnischer Juden nach Süden lassen sich drei maßgebliche Motive bei der Ortswahl identifizieren. In der Realität überschnitten diese einander häufig und sind daher eher als ein Spektrum an Faktoren bei der Entscheidungsfindung zu verstehen.[2] Erstens die Suche nach besseren Lebensbedingungen, zweitens die Suche nach Familienangehörigen und drittens der Zufall.[3]

Vor allem die von der Amnestie betroffenen ehemaligen Lagerhäftlinge und Sondersiedler hofften, den extremen klimatischen Bedingungen des russischen Nordens und dem Hunger durch eine Umsiedlung in den Süden zu entkommen. Diese Entscheidung basierte in den meisten Fällen nicht auf vorhandenen Informationen, sondern in einem hohen Maße auf verbreiteten Gerüchten und vagen, in die Vorkriegszeit zurückreichenden Vorstellungen vom Leben in Zentralasien. In der Regel wurde das Leben dort als leichter angesehen. Vielen ehemaligen Gefangenen war zudem wichtig, weit entfernt von den ehemaligen Haftstätten zu leben. Nicht zuletzt erhofften sich einige, dass die Grenzlage Zentralasiens eine Flucht aus der Sowjetunion über den Iran oder Afghanistan in Richtung Palästina ermöglichen könnte.[4] Zum herausragenden Zufluchtsort sowjetischer und polnisch-jüdischer Kriegsexilanten, aber auch zum Symbol der

---

1 Auch die registrierten Evakuierten verfügten nur über einen prekären Status. Ihre kriegsbedingte räumliche Entwurzelung machte sie anfällig für Verdächtigungen verschiedener sozialer Vergehen. Manley, Tashkent Station, S. 152.

2 In der Realität kam es selbstverständlich zu Überschneidungen mehrerer Motive. Die hier vorgenommene Trennung ist analytischer Natur.

3 Der ebenfalls weit verbreitete Wunsch auf Aufnahme in die entstehende polnische Armee wird in Kapitel 6 ausführlicher thematisiert und deshalb an dieser Stelle ausgeklammert.

4 YIVO, Gliksman, Jewish Exiles, Teil 3, S. 8. Die Nähe zur Grenze war auch der Grund, warum Yitskhok Perlov die turkmenische Hauptstadt Ashkhabad, 30 Kilometer entfernt von der iranisch-sowjetischen Grenze, wählte. Perlov, Adventures, S. 89.

Hoffnung auf ein besseres Leben, wurde die usbekische Hauptstadt Taschkent.[5] Zehntausende Evakuierte und Flüchtlinge erreichten Taschkent in zwei Wellen zunächst infolge des deutschen Überfalls auf die Sowjetunion und dann – ein Jahr später – im Sommer 1942. Etwa die Hälfte aller Neusiedler gelangte auf eigenständigem Weg in die Stadt, was die Stadtverwaltung mit der Einführung einer restriktiven Zuwanderungskontrolle zu verhindern suchte. Auf die Anziehungskraft Taschkents als ein mythisches „land of plenty and a place of refuge, untouched by the ravages of war"[6] wirkten sich solche administrativen Maßnahmen jedoch nur in geringem Maße aus. Der polnisch-jüdische Schriftsteller Aleksander Wat erklärt den massenhaften Zustrom nach Süden und insbesondere in die usbekische Hauptstadt Taschkent mit der Wirkung des Romans *Taschkent – Die brotreiche Stadt* des sowjetischen Schriftstellers Aleksandr Neverov aus dem Jahr 1925.

> Everyone wanted to go south. Where? Everyone wanted to go to Tashkent. Why Tashkent? Because Tashkent was a ‚city of bread'. That's the power of a title: *Tashkent, City of Bread.* Magic words. The book had been published in Russia, but it had been translated into Polish. The Poles didn't know about it, but all the Jews, even the ones who didn't read, had heard about it from others.[7]

Und tatsächlich finden sich in den Selbstzeugnissen zahlreiche Belege für die Wirkmächtigkeit dieser idealisierten Vorstellung Taschkents. Für die letztendliche Entscheidung zur Siedlung nach Taschkent spielte deren Wahrheitsgehalt kaum eine Rolle. Wesentlich war vielmehr, dass das geflügelte Wort *Stadt des Brotes* Taschkent als einen möglichen Zielort in einer den polnischen Juden weitgehend unbekannten zentralasiatischen Region identifizierte.[8] In seiner

5 Ähnlich verhält es sich mit den Städten Fergana, Buchara und Samarkand. Die Familie von Larry Wenig entschied sich nach ihrer Freilassung aus dem Lager für Fergana, einer Stadt in einer fruchtbaren Region, bekannt für Obst, Seide und Baumwolle. Wenig, From Nazi Inferno, S. 187.

6 Laut Rebecca Manley habe die Vergangenheit Taschkents als Aufnahmeort für Flüchtlinge im Ersten Weltkrieg, im Bürgerkrieg und während der Hungerperiode zu Beginn der 1920er Jahre insbesondere für sowjetische Evakuierte eine entscheidende Rolle bei der Wahl der Stadt als Zufluchtsort gespielt. Manley, Tahskent Station, S. 142.

7 Wat, My Century, S. 310 – 311. Neverovs Romans erschien unter dem Titel Ташкент – город хлебный (dt. Taschkent – Stadt des Brotes) 1923 in der Sowjetunion. 1925 wurde der Roman zu einem Kinderbuch umgeschrieben und ins Polnische, Jiddische und Hebräische übersetzt. Manley, Tashkent Station, S. 141 – 142.

8 Die große Fruchtbarkeit des Fergana-Tals erfüllt eine ähnliche Funktion in vielen Berichten: So schreibt Shlomo Leser, dass er mit einer Gruppe freigelassener Polen und Juden im Oktober 1941 von Čeljabinsk nach Süden fuhr. Ihre Gruppe bestand aus 15 jüdischen und polnischen Familien der Intelligenzjia. Ihr Plan sei gewesen, nach Süden in das *Land der Früchte*, gemeint ist Usbe-

Kurzgeschichte *Die Brotstadt* aus dem Jahr 1949 beschreibt der jiddische Schriftsteller Meylekh Tshemny den verzweifelten Versuch jüdischer Flüchtlinge, einen Weg nach Taschkent zu finden.[9] In der Kurzgeschichte wartet eine Gruppe jüdischer Flüchtlinge am Bahnhof von Jangijul, eine halbe Stunde Zugfahrt von Taschkent entfernt. Obwohl sie ihrem ersehnten Ziel bereits sehr nah sind, schreibt Tshemny,

> zermarterten die Juden, die da auf aufgeplatzten Federbetten vor dem Bahnhof lagen, ihren Verstand, dachten tagelang darüber nach, wie sich diese Brot-Stadt wohl erreichen ließe, wie sie ihre ausgemergelten Körper, ihre schwachen Knochen dorthin bringen könnten, in die große Stadt, die man Taschkent nennt. Ein Traum, der ihre Phantasie schon wochenlang fesselte, seit sie in der ukrainischen Steppe gewesen waren. Und diesen Traum träumten sie pausenlos, endlos.[10]

Der Mythos Taschkents zeigt sich auch in Zeugnissen derjenigen, die die Stadt nach wochenlanger Zugreise tatsächlich betreten konnten. So erinnert sich Kazimierz Zybert an den Moment, in dem er nach der Freilassung aus dem sibirischen Arbeitslager gemeinsam mit Vater und Schwester das ersehnte Ziel erreichte. Auch er verweist auf Neverovs berühmten Roman: „Taschkent begrüßte uns mit Brot so hell wie die Sonne.“[11] In vielen Fällen vermischten sich Fantasien von reichhaltig vorhandenen Nahrungsmitteln mit Vorstellungen über das milde zentralasiatische Klima und der Erwartung, sich fernab der deutsch-sowjetischen Front in relativer Sicherheit zu befinden. Das Zusammenwirken verschiedener Motive lässt sich bei Simon Davidson beobachten, der nach seiner erfolgreichen Evakuierung nach Vjaz'ma mit der Frage konfrontiert war, wohin die Familie angesichts der vorrückenden Wehrmacht fliehen konnte. Als sie am Bahnhof von Vjaz'ma wartend einen Zug in Richtung Taschkent einfahren sahen, habe die Entscheidung festgestanden. Denn Taschkent, so erinnert sich Davidson,

> suited our needs perfectly. Taszkent's climate being mild and warm, we would not need winter clothes we didn't have, located deep in the Russian continent where the Germans certainly would not get was ideal so, Taszkent be it.[12]

---

kistan, zu fahren. Leser, Poems and Sketches, Teil 1, S. 5. Von einer Kettenmigration kann hier nicht gesprochen werden. Mit Ausnahme Kasachstans hatten sich bis dato keine polnischen Juden in der Region aufgehalten. Boćkowski, Czas nadziei, S. 227.

9 Der jiddische Schriftsteller und Flüchtling, Chaskiel Keytlman, veröffentlichte 1948 eine Fortsetzungserzählung mit dem Titel *Tashkent di shtot fun broyt*, eine eindeutige Anspielung an Aleksandr Neverovs Buch.

10 Zitiert aus Lewinsky u. Lewinsky, Unterbrochenes Gedicht, S. 48.

11 Zybert in: Pragier, Żydzi czy Polacy, S. 166.

12 Davidson, War Years, S. 139.

Die Fahrt nach Usbekistan gestaltete sich jedoch schwierig, da Züge kriegsbedingt gestoppt oder umgeleitet werden mussten, sodass die Davidsons erst nach einer sechswöchigen Odyssee am 7. August 1941 ihr Ziel erreichten.[13] Doch auch am Zielort ihrer Reise war die Situation angesichts einer geschätzten Bevölkerungszunahme von über 25 % beziehungsweise von rund 157.000 Personen allein im Jahr 1941 zunehmend angespannt.[14] Noch zwei Jahre zuvor hatte Taschkent etwa 600.000 Einwohner gezählt, die sich vorrangig aus Usbeken und in der Stadt heimisch gewordenen Russen zusammensetzten.[15] Die schwierigen Lebensbedingungen einer mit dem Zuzug Zehntausender Neuankömmlinge konfrontierten Großstadt sollten sich als immense Herausforderung für das Zusammenleben von Flüchtlingen und einheimischer Bevölkerung erweisen.

Ein weiteres Motiv für die Migration nach Zentralasien war die Suche nach Familienangehörigen. Denn viele polnisch-jüdische Familien waren infolge des deutschen Überfalls auf Polen und der sowjetischen Annexion der Kresy voneinander getrennt worden. Auch die verschiedenen sowjetischen Repressionsmaßnahmen und die freiwillige Arbeitsmigration in andere Teile der Sowjetunion hatten Zehntausende jüdische Familien zerrissen. Infolge von Amnestie und Evakuierung im Sommer und Herbst 1941 erhofften sich viele polnische Juden nun ein Wiedersehen mit ihren durch den Krieg versprengten Angehörigen. Aus einem Mitteilungsblatt der polnischen Botschaft in Kujbyšev erfuhr der im Frühjahr 1942 aus einem Arbeitslager entlassene Victor Zarnowitz, dass seine beiden Tanten nach ihm suchten. Erleichtert, nicht mehr völlig auf sich allein gestellt zu sein, habe er sich umgehend auf den Weg in das kasachische Ili, nahe der Hauptstadt Alma-Ata, gemacht.[16] Er zog vorerst in die dortige kleine Wohnung seiner Tante, wo er sich zum ersten Mal seit Jahren wieder heimisch gefühlt habe:

> From the horrors of the camps, and the anonymity of my wanderings, Ili represented a haven and a home. The Soviets were friendly and finding my next meal was no longer a matter that required cunning and forethought. It was all new, easier, and better. I was

---

13 Davidson, War Years, S. 139 – 141. Die Reise ging über Penza, Ruzajenka, Zielony Dol, Richtung Joškar-Ola. In Taschkent nahm man sie am Bahnhof in Empfang, wies ihn eine Unterkunft zu und gewährte der Familie Zugang zum städtischen Badehaus.

14 Stronski, Paul: Tashkent. Forging a Soviet City, 1930 – 1966. Pittsburgh 2010. S. 73.

15 Stronski, Tashkent, S. 49, 119, 128.

16 Aus einem polnischen Mitteilungsblatt (biuletyn), in dem Suchanzeigen polnischer Flüchtlinge in der Sowjetunion abgedruckt waren, erfuhr er, dass seine beiden Tanten nach ihm suchten. Wie sich herausstellte, hatte der Ehemann seiner Tante eine wichtige Position als Mittler zwischen den sowjetischen Behörden und den polnischen Flüchtlingen in Ili inne. Zarnowitz, Fleeing the Nazis, S. 66 – 70.

> with people who really knew me and had been genuinely happy to see me. For the first time since the war began, I had a sense of being home.[17]

Im Falle von Bernard Ginsburg bestimmte das Wiedersehen einer Bekannten aus der Vorkriegszeit die Wahl des künftigen Wohnorts. Kurz nach seiner Ankunft in Taschkent hauste Ginsburg zunächst gemeinsam mit Tausenden anderen Flüchtlingen unter freiem Himmel auf dem Bahnhofsvorplatz. Zufällig begegnete er auf der Straße einer Bekannten aus Łuck, die ihn einlud, gemeinsam mit ihr im Haus ihrer Schwiegereltern zu leben.[18] Ebenfalls vom Zufall bestimmt war die Entscheidungsfindung im Falle der Familie Katz. Zev Katz schildert in seinen Erinnerungen, dass seine Eltern sich bereits auf dem Weg von Sibirien nach Süden mit anderen Mitreisenden über Vor- und Nachteile bestimmter Städte austauschten. Auf diese Weise erfuhren seine Eltern noch im Zug, dass viele Großstädte bereits den Zuzug beschränkten und Neuankömmlinge stattdessen in Kolchosen unter schlechten Lebensbedingungen untergebracht würden. Letzteres habe seine Familie unbedingt vermeiden wollen. Außerdem waren sie aus Rücksichtnahme auf die Asthmaerkrankung seines Vaters auf der Suche nach einem Ort mit mildem Klima. Auf der langen Zugfahrt hatten Zev Katz und seine Familie viel Positives über Semipalatinsk gehört, der ersten Großstadt auf ihrem Weg von Sibirien nach Zentralasien. Als der Zug am Bahnhof von Semipalatinsk für ein paar Stunden Halt machte, entschied die Familie, sich vorerst in der Stadt niederzulassen. Es habe einiges für diese Wahl gesprochen, so erinnert sich Katz. In Gesprächen mit evakuierten und einheimischen Juden sowie mit einem freigelassenen polnischen Ex-Häftling wurden sie nicht nur einhellig zum Bleiben ermutigt, sondern zudem auch vor einer Weiterfahrt in die heißen Gegenden Zentralasiens gewarnt, wo es Gerüchten zufolge zahlreiche Epidemien geben solle. Entscheidend für die Wahl Semipalatinsks seien jedoch weder das kontinentale Klima, noch die Existenz zahlreicher Fabriken oder etwa die reichen Lebensmittelvorräte gewesen. Letztlich ausschlaggebend, so Katz, sei schließlich die gute Luft gewesen, die dem asthmakranken Vater zugesagt habe.[19]

In vielen Fällen konnten die evakuierten und freigelassenen polnischen Juden ihren Siedlungsort allerdings nicht eigenständig wählen. In der Regel wurde ihnen von den Behörden eine Stadt oder eine Kolchose zugewiesen, ohne die betroffenen Personen zuvor in die Auswahl miteinzubeziehen.[20] Andere wurden

17 Zarnowitz, Fleeing the Nazis, S. 69–70.
18 Ginsburg, Wayfarer, S. 39.
19 Katz, From the Gestapo, S. 82–83.
20 So etwa im Fall von Bernard Ginsburg, dessen Zufluchtsort von den sowjetischen Behörden ausgewählt wurde. Ginsburg, Wayfarer, S. 34–35.

zunächst in Orte evakuiert, die infolge des raschen deutschen Vormarschs plötzlich in der Nähe der Front lagen. Folglich musste die Zivilbevölkerung ein weiteres Mal umgesiedelt werden und gelangte auf diese Weise schließlich nach Zentralasien.[21] Andere polnische Juden verließen die für sie vorgesehenen Orte, weil dort keine Wohnungen, Arbeit oder ausreichende Lebensmittel vorhanden waren. In seinem Gedicht *Homeless* beschreibt Herman Taube eindringlich die Unsicherheit der freigelassenen jüdischen Flüchtlinge angesichts der verzweifelten Suche nach einem neuen Zuhause:

> We were no longer frightened, but disoriented.
> Where were we going? To a new strange country?
> Our food ration is gone, we have no money.
> Where is our final destination? Tashkent does
> Not allow us to disembark. Where shall we go?[22]

Wie die namenlosen Protagonisten in Taubes Gedicht irrten Tausende polnische Juden von Bahnhof zu Bahnhof in der Hoffnung, dass man ihnen irgendwo Zugang gewähren und eine Unterkunft zuweisen würde.[23]

5.2 Konfrontationen mit einer fremden Umgebung

Die Verantwortung für die Ansiedlung der Flüchtlinge lag bei den lokalen, zentralasiatischen Behörden, die jedoch der Versorgung von Flüchtlingen zumeist keine Priorität einräumten.[24] Trotz mehrerer Versuche der sowjetischen Behör-

21 Die 1935 geborene Dwora Felhendler erinnert sich in ihrem Bericht für die Zentrale Historische Kommission aus dem Jahr 1948, wie sie nach dem deutschen Überfall auf die Sowjetunion mit ihrer Familie die Heimatstadt Sarny (heute Ukraine) verließ. Über mehrere Stationen gelangten sie schließlich nach Usbekistan. YVA, Zeugnis von Dwora Felhendler, Jiddisch, verfasst am 1. Juni 1948 im DP-Lager Leipheim, M 1 E 2045.

22 Taube, Poems, S. 42.

23 Die Familie der 1931 geborenen Pesia Taubenfeld kann durchaus als repräsentativ für tausende Familien auf Wohnungssuche betrachtet werden. Taubenfeld war gemeinsam mit ihren Eltern und ihrem Bruder aus einer Sondersiedlung entlassen worden und zunächst in die usbekische Kleinstadt Kagan gefahren. Als sich herausstellte, dass dort keine Wohnung frei war, zog die Familie zu Fuß weiter ins 10 Kilometer entfernte Buchara, wo sie schließlich eine Unterkunft fanden. YVA, Zeugnis von Taubenfeld. Laut Paul Stronski führte die hohe Zahl von Neuankömmlingen in der Region vielerorts zu einer Unterbringungskatastrophe. So mussten hungernde Neuankömmlinge tage- oder wochenlang in der Umgebung des Bahnhofs campieren ohne zu wissen, wann und wohin es weitergeht. Stronski, Tashkent, S. 128.

24 Kaganovitch, Jewish Refugees, S. 105.

den, die Flüchtlinge in andere Regionen zu lenken beziehungsweise in den nördlichen Regionen der Sowjetunion festzuhalten, nahm der Zuzug polnisch-jüdischer Migranten gen Süden nicht ab.[25] Die meisten polnischen Juden, die zwischen Spätsommer 1941 und Frühjahr 1942 aus anderen Teilen der Sowjetunion nach Zentralasien kamen, erreichten ihre Zielorte infolge von Zwangsarbeit, extremen klimatischen Bedingungen und monatelanger Mangelernährung geschwächt. Viele hatten die oft wochenlange Reise mit der Vorstellung angetreten, dass es in Zentralasien Arbeit, ausreichend vorhandene Lebensmittel und Wohnraum für sie gäbe. Sie waren dementsprechend enttäuscht, als sie bei ihrer Ankunft im Süden feststellen mussten, dass ihre Erwartungen nicht erfüllt wurden.[26] Zev Katz, der seit September 1941 in der kasachischen Provinzstadt Semipalatinsk gegen Bezahlung Reisegepäck am Bahnhof abholte und transportierte, beschreibt in seinen Erinnerungen, in welchem Zustand die Neuankömmlinge – Flüchtlinge und Evakuierte – bei ihrer Ankunft 1941/42 waren.

> After many days and often weeks of travelling in packed carriages, they arrived often in the middle of the night in rain or snow, in a strange city. They frequently had nowhere to go or had a slip of paper with a name and address. They were terrified that they might lose the few posessions, which they brought with them or that these would be taken from them by robbers, who were quite common. In many cases these were women with children or old people without men to protect them.[27]

Katz' Darstellung der verunsicherten und körperlich geschwächten Neuankömmlinge stimmt mit vielen Selbstzeugnissen polnischer Juden überein, die die zentralasiatischen Großstädte als evakuierte, sowjetische oder freigelassene, polnische Staatsbürger erreichten.[28] Trotz anfänglicher Probleme gelang es den meisten polnisch-jüdischen Neuankömmlingen innerhalb weniger Wochen jedoch, sich in den Städten Zentralasiens mit dem Nötigsten zum Überleben zu versorgen. Sie hatten eine Unterkunft gefunden und erste Bekanntschaften mit der einheimischen Bevölkerung geschlossen. Nachdem ein Dach über dem Kopf

25 Kaganovitch, Jewish Refugees, S. 103.

26 Litvak, Jewish refugees, S. 135.

27 Katz, From the Gestapo, S. 87.

28 Der im Herbst 1941 freigelassene Joseph erinnert sich an die beschwerliche Reise nach Süden: „Everyone went to Central Asia, because there in Middle Asia it was warm and there it was very cold. [...] We traveled and traveled and traveled. We spent whole months traveling. We became ill. We died from traveling. We became ill on the way." Boder, Interview mit Joseph. Ähnliche Eindrücke von der Situation am Ankunftsort schildern auch Ginsburg, Wayfarer, S. 37; und Wenig, From Nazi Inferno, S. 197. Auch YIVO, Gliksman, Jewish Exiles, Teil 3, S. 7 bemerkt die Folgeerscheinungen der langen und beschwerlichen Reise für die geschwächten ehemaligen Häftlinge.

gesichert war, begann die Suche nach einer Arbeit, die ihnen Einkommen und Zugang zu Lebensmittelmarken sicherte. Da sich die Umstände in den zentralasiatischen Städten von denen in ländlichen Kolchosen unterschieden, muss auch die nachfolgende Darstellung differenziert betrachtet werden. Das urbane Leben steht hierbei im Gegensatz zu den Realitäten im ländlichen Raum.

Bei der Arbeitssuche in den zentralasiatischen Großstädten waren diejenigen polnischen Juden im Vorteil, die über die sowjetische Staatsbürgerschaft, exzellente Russischkenntnisse und/oder stark nachgefragte berufliche Fähigkeiten verfügten. Besonders begehrt waren Handwerker und Buchhalter. Viele begannen auch, aus Mangel an Alternativen auf dem Schwarzmarkt zu handeln. Die Arbeitssuche wurde auch durch die Tatsache erschwert, dass die meisten Neuankömmlinge über keinerlei Netzwerke in den Aufnahmeorten verfügten. Ohne familiäre oder soziale Beziehungen war es jedoch häufig sehr schwer, eine gut bezahlte Arbeit zu finden. Ohne eine Beschäftigung war wiederum der offizielle Zugang zu Wohnraum, Lebensmitteln und Medizin versperrt.[29] Wer dagegen über persönliche Beziehungen zu Einheimischen verfügte beziehungsweise diese aufzubauen vermochte, konnte durchaus innerhalb weniger Tage eine Stelle finden. Der oben erwähnte Bernard Ginsburg hatte am Bahnhof von Taschkent eine Bekannte aus Łuck getroffen, die mit einem Usbeken verheiratet war. Mithilfe ihres Schwiegervaters, der Direktor einer Baumwollfabrik war, erhielt Ginsburg eine Stelle und somit auch die Erlaubnis, sich in Taschkent niederzulassen.[30] Dieses Glück blieb Shlomo Leser verwehrt, weshalb er Anfang November 1941 ins kirgisische Osch weiterzog. Da Leser sehr gut Russisch beherrschte, durfte er an einem Lehrgang für Filmvorführer teilnehmen. Nachdem dieser erfolgreich absolviert war, begann Leser, mit einer mobilen Ausrüstung ausgestattet, von Kolchose zu Kolchose zu ziehen, um dort Filme vorzuführen. Bei dieser Arbeit freundete er sich mit einem jungen Usbeken an, der ihm des Öfteren zu kleineren Anstellungen verhalf.[31] Zurück in Osch, verkaufte Leser nach und nach seine Sammlung ausländischer Briefmarken vor dem Eingang zum Postamt. Dabei lernte er einige gleichaltrige Jungen kennen, deren Eltern verantwortliche Stellung in Ministerien besetzten. Über einen solchen Kontakt erhielt Leser schließlich

---

29 Stronski, Tashkent, S. 124.

30 Ginsburg, Wayfarer, S. 39.

31 Sein Freund erlaubte ihm etwa, einige Eintrittskarten für die Filmvorführungen auf dem Schwarzmarkt zu verkaufen. Eines Tages stellte sich heraus, dass sein Freund ein NKWD-Offizier war. Zu Lesers Überraschung lächelte dieser nur sagte „I have to live. But you can always count on me, my dear friend." Leser, Poems and Sketches, Teil 1, S. 10 – 11.

Arbeit beim regionalen Landwirtschaftsamt (OblZO).[32] Wie wichtig solche informellen Kontakte zur sowjetischen Bevölkerung bei der Arbeitssuche waren, zeigte sich auch in vielen weiteren Fällen, die im weiteren Verlauf der Arbeit betrachtet werden.

Da nur Werktätige Zugang zu Lebensmittelmarken hatten, mussten Arbeitssuchende mitunter auch äußerst gesundheitsschädigende Tätigkeiten aufnehmen. Um seinen Lebensunterhalt zu bestreiten, wechselte Kazimierz Zybert zwischen Winter 1941 und seiner Repatriierung 1946 Dutzende Male seinen Beruf. Einige davon waren so gesundheitsschädigend, dass er mehrere Monate im Krankenhaus verbringen musste. So fand etwa die Arbeit in einer Fabrik zur Herstellung von Kunstdünger ohne Schutzbekleidung statt, wurde dafür aber mit besonders hohen Brot- und Milchrationen entlohnt.[33] Später erhielt Zybert zwar eine weniger gefährliche Beschäftigung als Schlosser in einem Baumwollkombinat, doch die Mangelernährung und insbesondere der Vitaminmangel führten zu Typhusfieber.[34] Ähnlich wie Zybert erging es auch anderen Arbeitssuchenden in der Sowjetunion. Sein Status als Fremder und als Flüchtling, der dem Arbeitslager entkommen war, zwang Zybert und viele seiner Schicksalsgenossen jedoch dazu, jede Arbeit ungeachtet möglicher Gesundheitsschäden anzunehmen.

Aus den gesichteten Selbstzeugnissen geht hervor, dass ein großer Teil der polnischen Juden in Zentralasien keine Arbeit fand. Vielen war es beispielsweise aus Krankheitsgründen nicht möglich, eine regelmäßige Tätigkeit auszuüben. Eine strukturelle Benachteiligung erfuhren polnisch-jüdische Flüchtlinge vielerorts vonseiten der staatlichen Behörden, die ihnen nicht den Status von *Evakuierten* zuwiesen, sondern sie als *Deportierte* klassifizierten. Trotz des Amnestiedekretes (August 1941) sahen sich viele Flüchtlinge dem Verdacht ausgesetzt, Kriminelle zu sein. Als Deportierte erhielten sie jedoch keine Aufenthaltsgenehmigung, keine Wohnung und folglich auch keine Arbeit. Ohne staatliche Unterstützung beziehungsweise Anstellung wurden aus vielen ehemaligen Sondersiedlern und

---

32 Leser, Poems and Sketches, Teil 2, S. 5, 9. In Osch lernte Leser einen verwundeten Soldaten namens Lebedev kennen. Seine Aufgabe war es, das einzige Fahrzeug des OblZO, Landwirtschaftsamt, in Schuss zu halten. L. wurde sein Assistent durch Vermittlung seines Freundes Viktor, der ihm einst seine Briefmarken abgekauft hatte. Durch den Job erhielt L. wieder Zugang zu Lebensmittelkarten und litt keinen Hunger mehr. Einige Zeit später erhielt er eine Anstellung als Agrarwirt in der Obst- und Gemüseabteilung des Landwirtschaftsamtes. Leser, Poems and Sketches, Teil 2, S. 9, 19–20.

33 1.200 Gramm Brot und einen Liter Milch pro Tag. Das war drei Mal so viel wie in anderen Berufen. Zybert in: Pragier, Żydzi czy Polacy, S. 168.

34 Außerdem erkrankte Zybert während seines Aufenthaltes in der Sowjetunion noch an Tuberkulose und Malaria. AW, Lebensbericht von Kazimierz Zybert, ZS 129, S. 2.

Zwangsarbeitern schnell Hilfsbedürftige und Obdachlose.[35] Wenngleich die Ursachen für den erschwerten oder gänzlich verschlossenen Zugang zum offiziellen Arbeitsmarkt unterschiedlich waren, war doch der Ausweg aus der Misere in der Regel derselbe: Viele handelten auf dem Schwarzmarkt. Der städtische Basar (russ. *tolčok*) stellte aus Sicht vieler arbeitsloser, polnischer Juden den einzig verbliebenen Weg dar, den Lebensunterhalt zu sichern. Allerdings war der Schwarzmarkthandel offiziell verboten und mit hohen Haftstrafen von bis zu fünf Jahren belegt.[36] Dennoch riskierten nicht wenige polnische Juden aus Verzweiflung und Mangel an Alternativen eine Verhaftung und fanden sich sonntäglich zum Markttag auf dem lokalen Basar ein. Dass vielerorts selbst Ehefrauen von Milizionären und anderen Staats- und Parteifunktionären auf dem Basar einkauften, ließ viele fälschlicherweise annehmen, dass ihnen keine große Gefahr drohe.[37] Shlomo Leser, der selbst regelmäßig den Basar in Osch besuchte, erklärt den risikoreichen Schwarzmarkthandel, den viele polnische Juden in Zentralasien betrieben, mit der verheerenden Perspektivlosigkeit verarmter und hungriger Menschen. Seiner Ansicht nach sei der Gesetzesbruch als legitimes Mittel zum Überleben betrachtet worden, das sich auf unterschiedliche Art äußerte:

> bribery, corruption, prostitution, stealing documents, became a daily occurrence; in towns, at night also Polish refugees got disrobed by robbers, also by those from among themselves, the clothes sold next day on the bazaar.[38]

Der Basar war auch der Ort, an dem die letzten noch aus Polen mitgebrachten Wertgegenstände gegen Geld oder häufiger gegen Lebensmittel eingetauscht werden konnten. Der aus Białystok nach Zentralasien geflohene jiddische Schriftsteller Yitskhok Perlov beschreibt in einem in Usbekistan verfassten Gedicht den Handel auf dem Basar als notwendiges Übel im alltäglichen Überlebenskampf:

> In each city there is a bazaar,
> Each Sunday to which we go running.
> Without any grieving by far,
> I sell now the last of my clothing.
> My boots stomp around in Tashkent,

35 Manley, Tashkent Station, S. 193. Gliksman zufolge erhielten Flüchtlinge nur selten Zugang zu Brotkarten (= 400 Gramm pro Tag). YIVO, Gliksman, Jewish Exiles, Teil 3, S. 9.
36 Leser, Poems and Sketches, Teil 2, S. 4.
37 Die Tatsache, dass die Ehefrauen der Milizionäre sonntags auf dem Basar von Osch einkauften, bezeichnete Leser als ein gar nicht so seltenes Paradox im sowjetischen Alltagsleben. Leser, Poems and Sketches, Teil 2, S. 4.
38 Beide Zitate finden sich in: Leser, Shlomo: The Jewish World War II Refugees from Poland in Uzbekistan, Kazachstan and Tajikistan in 1941–1946 – a concise overview. Haifa 2010. S. 3.

> My socks pad about in Bukhara.
> In Frunze is where my shirt went,
> While I wrap myself in an aura...
> A wheel, of course, must be greased,
> So that one can handle the wagon;
> My tie a Turkmenian has leased
> To release my stomach from naggin'.[39]

Die Äußerungen Lesers und Perlovs verweisen stellvertretend für viele andere auf ein zentrales Dilemma, in welchem sich ein großer Teil der nach Zentralasien migrierten polnischen Juden befand. Ihnen fehlten die Ressourcen, um ihr Auskommen und somit ihr Überleben auf legalem Wege sicherzustellen. Wer keinen Zugang zum Arbeitsmarkt erhielt oder in Anbetracht des akuten Mangels an alltäglichen Waren etwas benötigte, das auf legalem Weg nicht verfügbar war, musste Schwarzmarkthandel, Diebstahl und Betrug zumindest in Erwägung ziehen. Larry Wenig schlussfolgerte deshalb, ähnlich wie schon Shlomo Leser, dass das Motto für das Überleben unter diesen Bedingungen „bribe, steal, survive" gelautet habe.[40] Einige Tage nach ihrer Ankunft im usbekischen Fergana beschloss Larry Wenigs Vater, sich auf die Arbeitssuche zu begeben. Schnell musste er jedoch enttäuscht feststellen, dass der Lohn für die angebotene Arbeit in den Fabriken nicht ausreichte, um den Lebensunterhalt für die gesamte Familie zu sichern. Der einzige Ausweg aus dieser Situation schien Wenigs Vater der Handel auf der *Wall Street* zu sein, so bezeichneten die polnischen Juden den Basar von Fergana.[41] Wenigs Vater wurde eines Tages auf dem Basar von der Polizei festgenommen und erst nach Tagen wieder entlassen. Da sich jedoch an der Einkommenssituation der Familie nichts geändert hatte, sei seinem Vater nichts anderes übriggeblieben, als trotz des Risikos einer erneuten Verhaftung auf den Schwarzmarkt zurückzukehren.[42] Der Handel auf dem Basar erwies sich für die Familie Wenig nicht nur als gefährlich, sondern auch als finanziell unzureichend, um den Lebensunterhalt zu bestreiten. Im Winter 1941/42 wandten sich die Wenigs in ihrer Verzweiflung an einen in New York lebenden Onkel mit der Bitte, sie zu unterstützen. Zu ihrer großen Überraschung erhielten sie zwei Pakete mit verschiedenen Konserven, Lederschuhen, Kaffee und Zigaretten; allesamt Produkte, die sie zum Tausch auf dem Basar einsetzen konnten.[43] Den Wenigs gelang es

---

39 Perlov, Adventures, S. 210.
40 Wenig, From Nazi Inferno, S. 252.
41 Wenig, From Nazi Inferno, S. 210.
42 Wenig, From Nazi Inferno, S. 241.
43 Wenig, From Nazi Inferno, S. 242.

jedoch nicht, einen dauerhaften Handel auf dem Schwarzmarkt zu etablieren, weshalb sie nach kurzer Zeit erneut Hunger litten. Larry Wenig erinnert sich, dass die Beschaffung von Brot in jenem Winter „zur Obsession“[44] geworden sei und der Hunger sämtliche Gedanken bestimmt habe. Oft musste sich der Jugendliche Larry Wenig mitten in der Nacht in die Schlange vor der Bäckerei einreihen, um überhaupt am nächsten Morgen noch die ihnen zustehende Brotration zu erhalten.[45] Wenigs Vater gelang es mit Glück, eine Abmachung mit dem Inhaber der Bäckerei einzugehen. Demnach betätigten sich Larry Wenig und sein Bruder als Boten, um Brote durch die Stadt zu transportieren, wodurch sie mit höheren Brotrationen entlohnt wurden.[46] Vielen polnischen Juden war es im Laufe der Zeit gelungen, sich im System der Gefälligkeiten und Privilegien zu orientieren. Die oben beschriebenen, durch persönliche Beziehungen vermittelten Arbeitsstellen verweisen beispielhaft darauf, dass nicht wenige polnische Juden die Spielregeln des Sowjetkommunismus zu ihrem eigenen Vorteil auszulegen vermochten.

Wie oben beschrieben, war die Wahl eines Wohnortes für Evakuierte und ehemalige polnische Lagerhäftlinge einigen Restriktionen unterworfen. Viele steuerten zunächst die Großstädte Zentralasiens an, die jedoch durch die massenhafte Zuwanderung zunehmend mit dem Problem der Überbevölkerung konfrontiert waren und deshalb die Niederlassung von Neuankömmlingen zu verhindern suchten. Eine Alternative zum Leben in den urbanen Zentren der Region stellten die genossenschaftlich organisierten Dorfgemeinschaften (*Kolchosen*) auf dem Land dar, wohin Zehntausende Evakuierte und andere Flüchtlinge geschickt wurden. Entweder waren sie nach kurzem Aufenthalt aus den überfüllten Städten dorthin vertrieben oder gezielt durch die Evakuierungsbehörden auf ländliche Siedlungen verteilt worden. Wenngleich die meisten polnischen Juden in Zentralasien unfreiwillig in Kolchosen kamen, verbrachten viele die längste Zeit ihres Aufenthaltes im sowjetischen Kriegsexil auf dem Land und nicht in den urbanen Zentren der Region. Kolchosen waren keine anonymen Räume, sondern kleine, dörfliche Siedlungen mit komplexen, etablierten Abhängigkeits- und Vertrauensverhältnissen. Durch ihre abgelegene Lage waren viele Kolchosen weniger dynamisch in Bezug auf die Einwohnerzusammensetzung als dies zur selben Zeit in den überfüllten Städten der Fall war. Nicht zuletzt war das landwirtschaftliche

---

44 Wenig, From Nazi Inferno, S. 248.

45 Wenig, From Nazi Inferno, S. 247.

46 Dabei musste Wenig feststellen, dass ein wesentlicher Teil des vorhandenen Brotbestandes nicht für die hungernde Bevölkerung bestimmt war, sondern unter wenigen Angehörigen der politischen Elite aufgeteilt wurde. Larry Wenig kommt deshalb zu dem Schluss, dass nicht nur der Bäcker, sondern alle, auch Mitglieder der kommunistischen Partei, korrupt seien und sich auf Kosten anderer bereicherten. Wenig, From Nazi Inferno, S. 250 – 252.

Arbeiten in den Kolchosen von gänzlich anderen Anforderungen an die Einwohner geprägt. Die spezifischen Bedingungen der Kolchose prägten in besonderer Weise das Zusammenleben zwischen langjährigen Kolchosniks und polnisch-jüdischen Neuankömmlingen, das durch räumliche Nähe und die starke gegenseitige Abhängigkeit im gemeinsamen Kampf ums tägliche Überleben charakterisiert war. Die ohnehin durch die Erfordernisse des Krieges angespannte Versorgungslage in vielen Kolchosen wurde durch die Ankunft Zehntausender Neuankömmlinge noch verschlimmert. Um dem Problem der Überbevölkerung und der damit verbundenen, verheerenden hygienischen Situation entgegenzuwirken, hatte der NKWD allein zwischen dem 25. November und dem 8. Dezember 1941 schätzungsweise 60.000 polnische Flüchtlinge (Juden und Nichtjuden) aus Taschkent und anderen Städten in Kollektivfarmen in Kasachstan und Kirgistan deportiert.[47] Die Zwangsumsiedlungen in Kolchosen waren eine Reaktion auf die massenhafte Zuwanderung in zentralasiatische Großstädte und die damit verbundenen Probleme bei der Versorgung der wachsenden Bevölkerung mit Wohnraum, Lebensmitteln und Medizin. Neben der Versorgung mit Lebensmitteln stellte insbesondere die Bekämpfung von Epidemien und Krankheiten, wie Typhus und Malaria, die zentralasiatischen Behörden vor große Probleme. Die hohe Zahl wohnungsloser Flüchtlinge, die unter katastrophalen hygienischen Bedingungen auf den Straßen hausten, aber auch die lange Regenzeit, verstärkte vielerorts die rasche Ausbreitung infektiöser Krankheiten. Zwar wurden zur Bekämpfung der grassierenden Läuseepidemie vielerorts die öffentlichen Badehäuser (*Banjas*) zur Benutzung freigegeben, doch Überfüllung, Mangel an Seife, Handtüchern sowie Probleme bei der Wasserversorgung führten dazu, dass viele Wartende die Badehäuser nicht benutzen konnten.[48] Vielerorts waren außerdem die Krankenhäuser nicht in der Lage, die Kranken ausreichend mit Betten und vor allem mit Medizin zu versorgen.[49] Eine erhöhte Priorität bei der Versorgung wurde den verwundeten Rotarmisten eingeräumt, deren Ankunft in den Krankenhäusern mit der Einweisung erkrankter Flüchtlinge zeitlich zusammenfiel und den allgemeinen Mangel an medizinischen Vorräten noch verschlimmerte. Die aus Polen stammenden jüdischen und nichtjüdischen Evakuierten und ehemaligen Lagerhäftlinge befanden sich folglich am unteren Ende der Rangordnung bei der medizinischen Versorgung, gehörten jedoch zugleich zu den am stärksten von Typhus und Malaria betroffenen Gruppen.[50] Diese Krankheiten verbreiteten sich

47 Kaganovitch, Jewish Refugees, S. 104.
48 Stronski, Tashkent, S. 128; Wenig, From Nazi Inferno, S. 225.
49 Litvak, Jewish refugees, S. 135.
50 Das Problem betraf nicht nur polnische Juden, sondern alle temporären wie dauerhaften Bewohner der von Übervölkerung betroffenen zentralasiatischen Gebiete.

insbesondere dort rasend schnell, wo Flüchtlinge und Evakuierte in großer Zahl auf engstem Raum ausharren mussten, also vor allem in Bahnhöfen und ihrer Umgebung. Es fehlen verlässliche Angaben über die Zahl der krankheitsbedingten Todesfälle unter polnischen Juden in den Großstädten und ländlichen Kolchosen Zentralasiens.[51] Festzuhalten ist jedoch, dass kaum ein Lebensbericht über die Erfahrungen polnischer Juden in der Sowjetunion ohne Verweis auf Malaria und/oder Typhus auskommt. Beispielhaft sei hier auf die Memoiren des jiddischen Schriftstellers Avraham Zak verwiesen. Darin schreibt er über die Hilflosigkeit und Verzweiflung der Flüchtlinge angesichts von Epidemien in Tashkent:

> [N]ews arrived daily of more and more deaths. As typhus spreads like wild fire in the city it creates an atmosphere of fear. Refugees are the main victims. No one pays attention to them. They die alone. People are dying in the streets and in the 'Chaikhanes' [usbekische Teestuben, Anm. d. Verf.]. Nobody mourns them and accompanies them to their eternal rest. Their bodies are removed as they were corpses of dogs in a no-man's land.[52]

In einigen Selbstzeugnissen werden die Jahre 1941 bis 1943 als deutlich härter und entbehrungsreicher beschrieben als die Zeit in Lagern und Sondersiedlungen beziehungsweise unter sowjetischer Herrschaft im ehemaligen Ostpolen. Viele Familien hatten Opfer der Malaria- und Typhuserkrankung zu beklagen. Bereits auf der Zugfahrt nach Zentralasien führten die mangelhaften hygienischen Bedingungen zur Ausbreitung ansteckender Krankheiten unter den ohnehin geschwächten Evakuierten und ehemaligen Häftlingen. Der aus einer Sondersiedlung entlassene Perry Leon schildert in seinen Erinnerungen die katastrophalen Reisebedingungen:

> People were getting sick by the hundreds. Dysentrey and typhus fever were the main cause of illness. People were dying like flies and are taken off the grains.[53]

Nach zweiwöchiger Fahrt und kurzem Aufenthalt in Taschkent erreichte der Zug schließlich den kirgisischen Ort Kaschgar Kischtak, wo die eine mit Typhus infizierte Hälfte der Reisenden ins Krankenhaus gebracht und die andere Hälfte auf die umliegenden Kolchosen verteilt wurde. Perry Leon gehörte zur ersten Gruppe. Er schreibt über die Zeit kurz nach der Ankunft in seinem Exilort:

---

51 Viele Verstorbene wurden nicht schriftlich registriert, sodass keine genauen Zahlen oder Namenslisten der Toten existieren.
52 Zitiert aus Litvak, Jewish refugees, S. 136.
53 USHMMA, Leon, Perry Leon Story, S. 4.

> [I]n Kishgar Kishtak almost everybody has typhus fever or malaria. The hospitals are overwhelmed with sick people and some patients are laying on the floors. There is no medicine and the only thing you can do is pray. The only thing they give you is some hot water and wipe your head with alcohol to bring down your fever. People are dying like flies.[54]

Leons dramatische Schilderungen decken sich mit anderen Darstellungen polnischer Juden über die ersten Monate im zentralasiatischen Exil. Die Familie der elfjährigen Chajka Strusman hatte den Einmarsch der Deutschen 1939 und die Deportation nach Sibirien durch den NKWD gemeinsam überlebt, als sie im Herbst 1941 nach Zentralasien kamen. Kurz nach ihrer Ankunft verstarben Strusmans Schwester und Vater an einer Malariainfektion. Wenige Monate später überlebte auch ihre Mutter die Malariaerkrankung nicht, sodass Chajka Strusman gemeinsam mit ihrer jüngeren Schwester in einem von der polnischen Botschaft betriebenen Waisenhaus aufgenommen wurde. Drei von fünf Mitgliedern der Familie Strusman fielen Krankheiten und Epidemien im zentralasiatischen Exil zum Opfer.[55] In der Regel überlebten die geschwächten Flüchtlinge ohne Zugang zur notwendigen medizinischen Versorgung Krankheiten wie Typhusfieber oder Malaria nicht. Zu den Überlebenden gehörten vorrangig junge Menschen wie etwa Perry Leon, Kazimierz Zybert und Victor Zarnowitz. Alle drei verbrachten mehrere Monate im Krankenhaus, um sich von ihren Krankheiten wieder zu erholen. Leon und Zybert mussten infolge des Typhusfiebers sogar das Laufen neu lernen.[56] Auch Zarnowitz konnte erst nach Monaten das Krankenhaus verlassen, in das er nach seiner Freilassung aus dem Arbeitslager eingewiesen worden war. Zarnowitz ist rückblickend überzeugt, dass ihm die sowjetischen Ärzte und Krankenschwestern in Molotov (heute Perm) das Leben retteten.[57] Auch der an Typhusfieber erkrankte Joseph äußert seine Dankbarkeit gegenüber dem sowjetischen Krankenhauspersonal, ist jedoch zugleich überzeugt, dass er sein eigenes Überleben wohl dem Zufall zu verdanken habe.[58] Für Zev Katz dagegen besteht kein Zweifel, dass seine an Tuberkulose erkrankte Mutter ohne die medizinische Behandlung im Krankenhaus von Semipalatinsk nicht überlebt hätte. Die Unterkunft der Familie habe kaum vor den kalten Temperaturen geschützt, erinnert sich Zev Katz. Da es stets an Brennholz und zudem auch noch an ausreichender Nahrung fehlte, wurde seine Mutter immer schwächer. Im örtlichen Krankenhaus

54 USHMMA, Leon, Perry Leon Story, S. 5.

55 GFHA, Zeugnis von Chajka Strusman, Polnisch, undatiert, vermutlich 1946 verfasst im DP-Lager Jordanbad, Katalognummer 4204.

56 Zybert in: Pragier, Żydzi czy Polacy, S. 167; USHMMA, Leon, Perry Leon Story, S. 5.

57 Zarnowitz, Fleeing the Nazis, S. 63.

58 „Those who survived, survived . . . and we left.“, Boder, Interview mit Joseph.

diagnostizieren die Ärzte eine Tuberkuloseerkrankung. Zu ihrem Glück verfügte das Krankenhaus über eine Ausrüstung zur Strahlenbehandlung. Da jedoch sämtliche Plätze im Krankenhaus belegt waren, mussten Zev, seine Brüder und sein Vater die Mutter zwei Mal pro Woche ins Krankenhaus tragen. Nach mehreren Wochen verbesserte sich ihr Zustand im Frühjahr 1943, weshalb Zev Katz zur dem Schluss kommt: „[T]he ray treatment saved her life".[59] Die Umsiedlung Zehntausender Flüchtlinge aus den Großstädten Zentralasien in umliegende Kolchosen ist daher auch vor dem Hintergrund einer dramatischen Epidemiewelle und Versorgungssituation zu deuten.

Zu den aus der Stadt in die Kolchose Vertriebenen zählte auch die Familie von Simon Davidson. Sie hatte bereits das ersehnte Taschkent erreicht, als die Behörden sie aufforderte, die Stadt zu verlassen und sich in einer der umliegenden Kolchosen anzusiedeln. Die Ankunft in der Kolchose Kužnur (ASSR Mari) markierte das Ende einer „Odyssee ins Unbekannte".[60] Das neue Zuhause der Davidsons bestand aus etwa 40 Häusern in unmittelbarer Umgebung eines Waldgebietes. Nach der Begrüßung durch einen älteren Kolchosnik wurde den Davidsons ein separater Raum in der Hütte eines Bauernpärchens zugewiesen. Der Raum besaß ein kleines Fenster, Toilette und Waschgelegenheit, einen Tisch mit Bänken, aber keine Betten. Schlafen musste die Familie zunächst auf dem Holzboden. Von anderen Bewohnern der Kolchose sei der neue Buchhalter Davidson zunächst skeptisch beäugt worden, da sie ihn für ein Mitglied der Partei und somit eine potenzielle Gefahr hielten. Am zweiten Tag ihres Aufenthaltes besuchte Davidson sein spartanisch eingerichtetes Büro, das sich in einer kleinen Hütte befand. Die Neuankömmlinge erfuhren schnell, dass alle Mitglieder sich an der Arbeit der Kolchose zu beteiligen haben und der Lohn aus den gemeinsam geteilten Erträgen, also Getreide und Kartoffeln, bestehen würde. Zu ihrer Freude erfuhren sie, dass das von der Kolchose produzierte Getreide in einer nahegelegenen Mühle gemahlen wurde, sodass jede Familie am arbeitsfreien Sonntag ihr eigenes Brot backen könne. Ebenfalls im Laufe der ersten Tage fanden die Eltern einen Platz für ihre Tochter Hannah in einer sechs Kilometer entfernten Schule in Novyj Tor'jal. Aufgrund der großen Entfernung zur Kolchose wohnte Hannah unter der Woche gegen eine geringe Bezahlung bei einer Familie unweit der Schule. Der ältere Sohn Kazio wurde an der Forsttechnischen Hochschule aufgenommen, in deren Studentenwohnheim er auch einen Schlafplatz erhielt.[61] Das Einrichten in der neuen Umgebung verlief im Falle der Familie Davidson zügig und konfliktfrei.

---

59 Katz, From the Gestapo, S. 85, 98–99.
60 Davidson, War Years, S. 142–143.
61 Davidson, War Years, S. 145–147.

Ein zweites Beispiel für die erzwungene Umsiedlung von der Stadt in die Kolchose stellt die Lebensgeschichte von Shlomo Leser dar, der vom NKWD aus dem usbekischen Margilan in die Umgebung von Osch (Kirgistan) gebracht wurde. Lesers Familie wurde die Kolchose *Bolschewik* zugeteilt, die von etwa 30 einheimischen Usbeken bewirtschaftet wurde. Die Neuankömmlinge bezogen Lehmhäuser, die eigens für sie von den anderen Kolchosniks gebaut und eingerichtet worden waren. Leser bezeichnet die Lebensbedingungen als spartanisch, aber durchaus akzeptabel.[62] Für ihre Arbeit erhielt die Familie Leser ausschließlich ein usbekisches Lepeschka-Brot pro Tag. Erst als sie bei der Kartoffelernte halfen, gelang es ihnen, ihre Essensvorräte eigenmächtig aufzufüllen.[63]

Beim Einleben in der dörflichen Umgebung traten zahlreiche Probleme auf. In Selbstzeugnissen geben polnische Juden Auskunft über die schwierigen Lebensbedingungen in der Kolchose. So berichtet etwa die jugendliche Cypora Grin, wie ihre Familie kurz nach dem deutschen Überfall auf die Sowjetunion aus der Ukraine evakuiert und in eine Kolchose im Stalingrader Oblast gebracht wurde. In ihrem Bericht aus dem Jahr 1946 fasst sie den mehrjährigen Aufenthalt in der sowjetischen Kolchose folgendermaßen zusammen:

> Es fiel uns schwer, uns an das primitive dörfliche Leben zu gewöhnen. Doch wir hatten keine andere Wahl. Wir mussten uns an viele Schwierigkeiten gewöhnen.[64]

Auch Rachela Tytelman Wygodzki zeichnet in ihren Erinnerungen ein weitgehend freudloses Bild ihres mehrjährigen Aufenthaltes in der Kolchose. Gemeinsam mit ihrem Vater siedelte sie nach ihrer Freilassung aus dem Arbeitslager Šidrovo (Oblas Archangel'sk) ins usbekische Samarkand. Auch hier ließen die Behörden Tausende Flüchtlinge als Reaktion auf die grassierende Diarrhö- und Typhusepidemie nach Kasachstan umsiedeln, wodurch Tytelman Wygodzki und ihr Vater in eine Kolchose gelangten, in der sie fast anderthalb Jahre bleiben sollten.[65] An die harte körperliche Arbeit musste sich das junge Mädchen erst gewöhnen. Unter anderem hütete sie die Schafe, während ihr Vater auf dem Feld arbeitete oder als Wachmann die Getreidescheune der Kolchose beschützte. Trotz ihrer Jugend übernahm Tytelman Wygodzki zunehmend körperlich anstrengende Aufgaben. Als ihr Vater eines Tages erkrankte, musste sie tagsüber arbeiten und sich nachts um ihn kümmern. Bis zu seiner Genesung schlief sie wochenlang nur wenige Stunden am Tag. Verschlimmert wurde die Situation durch den geringen Lohn, der

62 Leser, Poems and Sketches, Teil 1, S. 13–14.
63 Leser, Poems and Sketches, Teil 1, S. 15–16.
64 YVA, Zeugnis von Grin.
65 Tytelman Wygodzki, End, S. 24.

aus den spärlichen Lebensmittelerträgen der Kolchose bestand. Rachela Tytelman Wygodzki verdiente sich etwas dazu, indem sie anderen Kolchosniks die Haare schnitt und dafür Eier, Käse und Milch erhielt. Dennoch sei der Hunger am Ende des Sommers 1942 so groß gewesen, dass sie sich gezwungen sah, einen Brei aus Ernteresten zu kochen. Laut Tytelman Wygodzki erwiesen sich im Winter 1942/43 die Hilfspakete der polnischen Botschaft als lebensrettend. Diese bestanden aus verschiedenen amerikanischen Nahrungsmittelkonserven sowie aus Kleidung, die sie gegen Essen eintauschen konnten.[66] Nach dem Ende des Winters nahmen Tytelman Wygodzki und ihr Vater ein Angebot an, eine abgelegene Farm zu bewachen. Niemand sonst habe dort leben wollen, doch für sie war die gezahlte Entschädigung für ihre einsame Arbeit in Form von vier Ziegen und 400 Gramm Mehl pro Tag „ein veritabler Zuschuss nach vielen entbehrungsreichen Monaten“[67]. Wenngleich sie ab dem Sommer 1943 keinen Hunger mehr litten, habe sie doch stark unter der Einsamkeit und der Langeweile gelitten. Monatelang habe sie außer ihrem Vater keine Menschenseele getroffen und auch nichts zu lesen gehabt:

> I was totally ignorant of what was going on at the front. As the months passed, I thought about my lost youth and wondered if I was going crazy.[68]

Auch andere Zeitzeugen assoziieren mit der Kolchose das Gefühl, sich scheinbar ausweglos in einer deprimierenden Umgebung zu befinden.[69] Insbesondere die überwiegend aus modernen urbanen Zentren stammenden polnisch-jüdischen Flüchtlinge beklagen das rückständige Leben und den eintönigen Alltag in der Kolchose. Simon Davidson bemängelt in seinen Erinnerungen etwa, dass es kein modernes Werkzeug für die landwirtschaftlichen Arbeiten gegeben habe. Allerdings habe das Leben in der vormodernen Abgeschiedenheit der kasachischen Kolchose seiner Ansicht nach auch Vorteile aufgewiesen.

> [E]verything is done in exactly the same way as hundreds of years ago. [...] Our life here is quiet, we don't directly feel the war. We don't suffer hunger, we have a roof over our heads and hope to survive and live to see the end of it and, hopefully, return to Poland. We don't feel like changing anything, moving or looking for another place to live.[70]

---

66 Tytelman Wygodzki, End, S. 26–29.
67 Tytelman Wygodzki, End, S. 29.
68 Tytelman Wygodzki, End, S. 30.
69 Tytelman Wygodzki, End, S. 24.
70 Davidson, War Years, S. 158.

Wenngleich viele polnische Juden über Hunger, Langeweile und mangelnde medizinische Versorgung in den Kolchosen klagten, lässt sich doch festhalten, dass sie die Abgeschiedenheit ihrer Siedlungen auch vor den Folgen der Epidemien in den urbanen Zentren bewahrte. Zugleich war auch die Situation auf dem Land schwierig. Überall in den zentralasiatischen Sowjetrepubliken hatten die lokalen Behörden erhebliche Probleme, Wohnraum und Verpflegung für die Neuankömmlinge zu gewährleisten. Tausende polnisch-jüdische Flüchtlinge verhungerten nach ihrer Ankunft im Süden oder verstarben an den Folgen des Hungers.[71] Sofern sie die polnische Staatsbürgerschaft besaßen, waren sie allerdings im Vergleich zur einheimischen Bevölkerung und den Evakuierten verhältnismäßig privilegiert, da sie durch die polnische Botschaft mit ausländischen Hilfsgütern versorgt wurden.[72] Die verteilten Lebensmittel, Kleidungsstücke und medizinischen Vorräte wurden vielfach auf dem Schwarzmarkt gegen Lebensmittel eingetauscht und stellten auf diese Weise einen wichtigen Beitrag zum Überleben der jüdischen und nichtjüdischen polnischen Exilanten dar.[73] Im Allgemeinen jedoch waren polnische Juden, insbesondere diejenigen mit sowjetischer Staatsbürgerschaft, in ähnlichem Maße wie die einheimische sowjetische Bevölkerung mit den Folgen des allgegenwärtigen Mangels konfrontiert.[74] Die ausreichende Versorgung der Bevölkerung mit Nahrungsmitteln war ein zentrales Problem der sowjetischen Behörden nach Beginn des deutsch-sowjetischen Krieges. Zwar war die sowjetische Bevölkerung schon vor dem Sommer 1941 mit teils dramatischen Versorgungsengpässen und Lebensmittelknappheit vertraut gewesen, doch verschlimmerte der Krieg die Situation noch einmal erheblich. Dies traf insbesondere auf Zentralasien zu, wo sich infolge der großen internen Migrationsbewegung aus anderen Regionen des Landes die Mehrheit der polnischen Juden in der Sowjetunion aufhielt.

Die oben skizzierte breite Verteilung der polnisch-jüdischen Bevölkerung in verschiedenen Regionen der Sowjetunion erschwert eine einheitliche Bewertung der Versorgungslage. In zahlreichen Selbstzeugnissen beklagen viele freigelas-

71 Litvak, Jewish refugees, S. 135; Kaganovitch, Jewish Refugees, S. 104–105.

72 Ausführlich über die Wohlfahrtsaktivitäten der polnischen Botschaft in Kapitel 7.

73 Hoover Institute Archive, Stanford, USA (nachfolgend Hoover), Report on the Relief accorded to Polish Citizens by the Polish Embassy in the U.S.S.R. with special Reference to Polish Citizens of Jewish Nationality, Seriennummer 851/8, Poland: Ministry of Foreign Affairs, Box 6/6, Folder 8, 1943, S. 17. Der Bericht ist nicht namentlich gekennzeichnet. Laut Yosef Litvak war der Autor Ludwik Seidenman, Referent für jüdische Angelegenheiten in der polnischen Botschaft. Litvak, Jewish refugees, S. 139. Nach Albert Kaganovitch erschien der Bericht im August 1943. Kaganovitch, Stalin's Great Power Politcs, S. 63.

74 Stronski, Tashkent, S. 140.

sene Lagerhäftlinge, dass die Nahrungsmittelknappheit in Zentralasien weitaus schlimmer gewesen sei als in der Wolgaregion und in Sibirien, wo sie noch Monate zuvor gelebt hatten. Laut Albert Kaganovitch wies das erste Jahr nach Beginn der großen Evakuierungs- und Fluchtbewegung nach Süden infolge von Unterernährung und Epidemien die höchste Sterberate unter den Kriegsflüchtlingen auf.[75] Dieser Befund deckt sich mit vielen Selbstzeugnissen, in denen der Winter 1941/42 und die folgenden Monate als besonders lebensbedrohliche Zeit des Überlebenskampfes dargestellt werden. Viele Flüchtlinge hatten in dieser Zeit die ersten Todesopfer unter ihren Angehörigen zu beklagen. Zu den häufigsten Todesursachen zählten die oben erwähnten Malaria- und Typhuserkrankungen sowie Unter- und Mangelernährung. Als besonders dramatisch erwies sich die schlechte Versorgungssituation in vielen Regionen Zentralasiens für die geschwächten ehemaligen Lagerhäftlinge, die nach langer und beschwerlicher Reise in den Süden auf eine staatliche Unterstützung hofften. Andere überstanden zwar die Reise, verstarben dann aber kurz nach der Ankunft im Süden. Der 14-jährige Mordchaj Szwarcberg beschrieb 1946, wie seine Familie nach dem deutschen Überfall auf Polen aus Zamosc in die Ukraine geflohen, von dort nach Sibirien deportiert und Ende 1941 schließlich nach Usbekistan gelangt war. Dort angekommen verstarb seine Mutter und sein Vater erkrankte so schwer, dass Szwarcberg in ein polnisches Kinderheim eingewiesen wurde, das er erst 1946 wieder verlassen sollte.[76] Auch die vielköpfige Familie der 1932 geborenen Regina Rotkopf war nach der Amnestie vollzählig nach Zentralasien gelangt, wo ein Teil ihrer Familie an den Folgen der grassierenden Malariaepidemie verstarb. Der verbliebene Rest der Familie wurde aus der Stadt in eine Kolchose geschickt. Rotkopf schreibt: „[Wir erlebten, Anm. d. Verf.] die schwerste Zeit unseres Lebens". Die Eltern hungerten und erkrankten nach kurzer Zeit an Typhus. Um ihre beiden Kinder zu retten, schickten die Rotkopfs Regina und ihren Bruder zu einer Bekannten ins 3000 Kilometer entfernte Samarkand. Dort angekommen, kamen sie ins polnische Waisenhaus, wo sie zwei Jahre ohne ihre Eltern lebten, bis die Familie im Jahr 1943 für eine kurze Zeit wieder vereint sein konnte.[77] Auch für die Evakuierten sah die Versorgungssituation in vielen Fällen nicht besser aus als für die Freigelassenen. Der nach Alma-Ata evakuierte David Hofman schrieb in seinem Erfahrungsbericht aus dem Jahr 1946, dass sein Vater „vor Hunger krank" geworden sei.[78] Die jugendliche Cypora Grin berichtet, dass sie so sehr unter

---

75 Kaganovitch, Jewish Refugees, S. 117.

76 GFHA, Zeugnis von Mordchaj Szwarcberg, Polnisch, verfasst am 7. Oktober 1946 im DP-Lager Jordanbad, Katalognummer 4217.

77 YVA, Zeugnis von Rotkopf.

78 YVA, Zeugnis von Hofman.

„schrecklichem Hunger", der Finsternis und Kälte gelitten habe, dass sie glaubte, sterben zu müssen.[79] In Buchara, schreibt Bella Gurwic, seien täglich etwa 50 Personen verhungert, darunter auch ihr Onkel.[80]

Es existieren keine amtlichen Statistiken über die Sterblichkeit unter polnischen Juden in Zentralasien. Jerzy Gliksman schätzt in seinem Bericht, dass mehr polnische Juden in der zentralasiatischen *Freiheit* ums Leben kamen als in den Sondersiedlungen und Arbeitslagern.[81] Die meisten polnisch-jüdischen Opfer waren an den Folgen von Mangel- und Unterernährung, Malaria, Typhus oder Tuberkulose zu Tode gekommen.[82] Auch hier ist die Situation der polnischen Juden mit den Lebensbedingungen der sowjetischen Evakuierten durchaus zu vergleichen. Paul Stronski weist darauf hin, dass viele Sowjetbürger durch die Evakuierung zwar von den direkten Kriegseinwirkungen gerettet worden waren, im zentralasiatischen Exil jedoch den teils katastrophalen Lebensbedingungen zum Opfer fielen.[83] Der Kampf ums Überleben war in den von einem massenhaften Bevölkerungszuwachs betroffenen zentralasiatischen Republiken eng an die Frage geknüpft, wer über Zugang zu den knappen Ressourcen verfügte. Faktoren wie Glück und Zufall, der Aufenthaltsort, berufliche und sprachliche Fähigkeiten, die Unterstützung seitens der polnischen Botschaft in der Sowjetunion und zunehmend auch die Intensität der Kontakte zur sowjetischen Bevölkerung entschieden über Leben und Tod. Für viele aus dem europäischen Teil der Sowjetunion stammende Neuankömmlinge, darunter auch die polnischen Juden, gestaltete sich der erste Kontakt mit der einheimischen Bevölkerung äußerst kompliziert. Nicht wenige verstanden sich wie Simon Davidson als „Bewohner einer anderen Welt"[84], die sich von der Lebensrealität der UdSSR stark unterschied. Folglich zieht sich das Motiv der Fremdheitserfahrung durch zahlreiche Berichte polnischer Juden über ihre ersten Eindrücke der neuen, zentralasiatischen Umgebung und ihrer fremden Bevölkerung.

---

79 YVA, Zeugnis von Grin.

80 GFHA, Zeugnis von Gurwic. In Buchara, so schreibt Pesia Taubenfeld, seien die Menschen auf den Straßen verhungert. YVA, Zeugnis von Taubenfeld.

81 Bezugnehmend auf die hohe Sterblichkeit unter den erkrankten jüdischen Flüchtlingen schlussfolgert Jerzy Gliksman, dass sich das Leben nach der Amnestie in vielen Fällen als schwieriger als in der Haft erweisen sollte. YIVO, Gliksman, Jewish Exiles, Teil 3, S. 9–10.

82 Ende 1943 wurde ein neuer jüdischer Friedhof in Taschkent eingeweiht, um die zahlreichen Opfer von Krankheit und Hunger zu beerdigen. Manley, Tashkent Station, S. 193.

83 In Bezug auf die sowjetische Zivilbevölkerung waren die Jahre 1942–1943 die Zeit mit der höchsten Sterberate. Stronski, Tashkent, S. 126.

84 Davidson, War Years, S. 166.

5.3 Begegnungen zwischen polnischen Juden und der Bevölkerung Zentralasiens

Polnische Juden lebten in vielen Regionen der Sowjetunion mit der einheimischen Bevölkerung zusammen. Folglich gehörte die Begegnung mit der sowjetischen Bevölkerung zum Alltag des Exils und war sowohl von positiven als auch negativen Erlebnissen geprägt. Erzählungen über Freundschaft, intime Beziehungen und Solidarität stehen im Kontrast zu Berichten über Antisemitismus, Feindschaft und erlebter, kultureller Fremdheit. Das Spektrum der Darstellungen reicht von negativen Erzählungen über kulturelle Rückständigkeit, Neid und Missgunst, fremdenfeindliche Gewalt und Antisemitismus auf der einen Seite bis hin zu Beschreibungen einer warmherzigen, gastfreundlichen und hilfsbereiten Bevölkerung. In der Regel lässt sich eine gewisse Entwicklung in den Beziehungen feststellen. Am Anfang ihres Aufenthaltes in Zentralasien waren die polnisch-jüdischen Neuankömmlinge für gewöhnlich von der Konfrontation mit einer ihnen unbekannten und als exotisch wahrgenommenen Welt geschockt. Die Befremdung äußerte sich etwa in der Erwartung einer von Einheimischen ausgehenden, physischen Bedrohung (Messer tragende Männer mit Turbanen) oder im Unverständnis gegenüber ungeteilten kulturellen und religiösen Traditionen (verschleierte Frauen). Häufig finden sich zudem Schilderungen einer als rückständig empfundenen Infrastruktur („wie vor Jahrhunderten") mit unbefestigten Straßen, Lehmhäusern und der verbreiteten Verwendung von Nutztieren. Im folgenden Teil wird gezeigt, wie die anfänglich empfundene Fremdheit in einigen Fällen Vertrautheit und Freundschaft wich.

Die ersten Eindrücke jedoch entwerfen in der Regel das Bild einer rückständigen einheimischen Bevölkerung. Zev Katz erinnert sich an seine ersten Eindrücke der kasachischen Provinzstadt Semipalatinsk. Gemeinsam mit seiner Mutter machte er sich kurz nach der Ankunft seiner Familie in der Stadt auf den Weg ins Zentrum, um eine Unterkunft zu suchen. Der aus Stein- und Holzhäusern bestehende Stadtkern habe auf Katz *russisch* gewirkt.[85] Dagegen beschreibt er den Rest von Semipalatinsk als:

> a world which looked as it must have centuries ago: unmade roads full of sand, low clay houses with flat roofs, outside toilets, no telephone or bus service. Here and there we noticed

85 Die Wahrnehmung eines modernen russischen Stadtzentrums und einer rückständigen einheimischen Umgebung war bereits vor dem Krieg in vielen Großstädten Zentralasiens verbreitet. Levin, Bukharan Jews, S. 25.

> donkeys or camels (for the first time in my life). There were no shops or public buildings. In a word, a total contrast to the modern ‚Russian' center.[86]

Ähnliche Worte findet auch Bernard Ginsburg über das usbekische Fergana. Als er eine befreundete Flüchtlingsfamilie in einem ihm unbekannten Teil des Stadtzentrums besuchte, stellte Ginsburg fest:

> The narrow, unpaved alleys were used equally by people on foot or riding donkeys and camels. There were no separate sidewalks. The area was deserted, creating the ambience of a different time, several centuries back.[87]

Das Motiv einer rückständigen Bevölkerung findet sich auch in den Memoiren Larry Wenigs. Als seine Familie die zugewiesene Unterkunft im Haus einer usbekischen Familie in Fergana betrat, seien sie geschockt gewesen. Wenigs Mutter habe sich angesichts der einfachen Wohnverhältnisse „in die Steinzeit"[88] zurückversetzt gefühlt. Aus vielen Äußerungen polnischer Juden über die einheimische Bevölkerung spricht eine ablehnende und zuweilen herablassende Haltung gegenüber den fremden Menschen und ihrer Kultur. Die Usbeken, so schildert Wenig,

> lived instinctively, obeying their bodily needs, providing for themselves as their ancestors did in earliest ages with whatever was available, unaware that man had devised and invented more comfortable accessories. [...] Still, we felt as if we had come from another world and were appalled at having to regress to their habits and customs.[89]

In anderen Selbstzeugnissen wird die usbekische Bevölkerung Bucharas als „ein ziemlich wildes Volk"[90] bezeichnet, das noch auf Eseln und Kamelen unterwegs sei. Bei solchen Darstellungen handelt es sich allerdings häufig um erste Eindrücke. Mit fortschreitender Aufenthaltsdauer in Zentralasien unterlagen die Wahrnehmungen einer gewissen Veränderung, die sich anhand zweier Tendenzen charakterisieren lässt. Während sich auf der einen Seite die Trennung zwischen polnischen Juden und der einheimischen Bevölkerung entlang ethnisch-religiöser Zugehörigkeit verstärkte, wuchs auf der anderen Seite die wechselseitige Vertrautheit infolge räumlicher Nähe. Unabhängig von ihrem Ergebnis be-

---

86 Katz, From the Gesatpo, S. 84.
87 Ginsburg, Wayfarer, S. 47.
88 Beide Zitate in: Wenig, From Nazi Inferno, S. 199.
89 Wenig, From Nazi Inferno, S. 201.
90 GFHA, Zeugnis von Gurwic.

durften beide Prozesse jedoch einer gewissen Zeit des Kennenlernens als Nachbarn, Arbeitskollegen, Kolchosniks und Schulkameraden.

Verweise auf eine mögliche Bedrohung durch die abgelehnten Fremden finden sich in vielen Selbstzeugnissen polnischer Juden, wie etwa in den Erinnerungen Perry Leons über seinen Aufenthalt in Kirgisien:

> Some of their women wear Parangas in front of their faces and you better not dare to lift them up. Most of Kirgiz men carry dagger knives. They claim it is a Moslem custom to carry a knife.[91]

Nicht nur Selbstzeugnisse polnischer Juden enthalten von Stereotypen und orientalisierenden Bildern geprägte Beschreibungen der einheimischen Bevölkerung Zentralasiens. Der Historiker Paul Stronski verweist mit Blick auf Memoiren russischer Evakuierter in der Region auf die tiefe Verwurzelung von zuweilen jahrzehntealten stereotypen Vorstellungen über rückständige östlich-asiatische Völker in der sowjetischen Peripherie.[92] Stronski zufolge vermischten sich in zahlreichen Memoiren die Ablehnung des rückständigen Anderen mit der Angst vor Gewaltausbrüchen der „zentralasiatischen Barbaren“[93] gegen die europäischen Neuankömmlinge. Im Gegensatz zu den exotischen Fremden werden die anderen polnisch-jüdischen Flüchtlinge vor Ort in vielen Zeugnissen dagegen als Vertraute geschildert, die einander auf der Straße an den dürren Körpern, den leidgeplagten Gesichtern und den unsicher zur Begrüßung ausgestreckten Händen erkannten.[94]

Polnische Juden, die ab Herbst 1941 an verschiedenen Orten Zentralasiens eintrafen, begegneten dort einer verarmten und von den Verheißungen des Sowjetsystems enttäuschten Bevölkerung, die in den Neuankömmlingen nicht nur Fremde, sondern auch Konkurrenten um knappe Ressourcen sah. Der durch die Ankunft von Evakuierten und anderen Flüchtlingen gestiegene Konkurrenzdruck verstärkte vielerorts die bestehende Ablehnung der sowjetischen Staatsmacht. Die polnischen Juden in Zentralasien befanden sich also zwischen den Fronten eines seit Jahren schwelenden Konfliktes, zu deren Opfer sie eher zufällig wurden. Den *Antisowjetismus*, das heißt die weit verbreitete Ablehnung der sowjetischen Staatsgewalt und ihrer Repräsentanten, richteten die Einwohner der zentralasiatischen Republiken gegen alle, die als Vertreter der verhassten Kolonialmacht wahrgenommen wurden. In der Regel unterschied die lokale Be-

91 USHMMA, Leon, Perry Leon Story, S. 6.
92 Stronski, Tashkent, S. 121–122.
93 Stronski, Tashkent, S. 122.
94 Wenig, From Nazi Inferno, S. 203.

völkerung dabei nicht zwischen sowjetischen und polnisch-jüdischen Neuankömmlingen, die sie häufig beide als Repräsentanten des verhassten Sowjetsystems wahrnahm. Folglich sahen sich die Neuankömmlinge vielerorts mit einer angespannten Situation konfrontiert.[95] Spannungen zwischen tatsächlichen oder vermeintlichen Vertretern der Sowjetmacht und der einheimischen Bevölkerung hatte es bereits vor dem Krieg in der Region gegeben.[96] Paul Stronski kommt allerdings zu dem Schluss, dass der deutsch-sowjetische Krieg und die massenhafte Evakuierung von Teilen der sowjetischen Bevölkerung nach Taschkent und in andere Städte die bestehenden Konflikte noch verschärften. Entscheidend hierfür war der bereits erwähnte, sich durch den raschen Bevölkerungsanstieg in vielen Großstädten der Region verschärfende Verteilungskampf um knapper werdende Ressourcen: Wohnraum, Arbeit, Nahrung, Kleidung und Medizin.[97] Vielen polnischen Juden wurde jedoch recht bald bewusst, dass sie von der einheimischen Bevölkerung als *Russen, Weiße* oder *fremde Neulinge*, das heißt, als Vertreter eines verhassten Systems, wahrgenommen wurden.[98] Der polnisch-jüdische Flüchtling Perry Leon schildert in seinen Erinnerungen, wie weit verbreitet diese Ablehnung aus seiner Sicht gewesen sei:

> They [die Kirgisen, Anm. d. Verf.] greet you with ‚Asolom Aleikem,' but most of them distrust white people, especially Russians. They have a special name for the Russians, they call them *urus*. In English it means gangsters.[99]

Auch Bernard Ginsburg hatte den Eindruck, dass viele einheimische Usbeken Menschen mit heller Hautfarbe automatisch als Russen betrachteten. Entgegen der offiziell proklamierten Rede von der Freundschaft zwischen den Völkern der Sowjetunion habe er den Eindruck gewonnen, dass „true feelings easily surfaced in everyday life."[100] Ginsburg fand seine Einschätzung bestätigt, als er während eines Besuchs in Fergana aus dem Hinterhalt einen Schlag auf den Nacken erhielt und zu Boden ging. Bevor der Angreifer entkommen konnte, habe er Ginsburg noch als „russisches Schwein"[101] beschimpft. Obwohl Ginsburg keine bleibenden Schäden davongetragen habe, sei doch sein Vertrauen in die propagierte Freundschaft zwischen den Völkern durch jenen Vorfall erschüttert worden.

---

95 Stronski, Tashkent, S. 120.
96 Stronski, Tashkent, S. 9–10.
97 Stronski, Tashkent, S. 120; Manley, Tashkent Station, S. 228–229.
98 Albert Kaganovitch spricht von der Wahrnehmung der westlichen Flüchtlinge als „fremde Neulinge". Kaganovitch, Jewish Refugees, S. 117–118.
99 USHMMA, Leon, Perry Leon Story, S. 6.
100 Ginsburg, Wayfarer, S. 47.
101 Ginsburg, Wayfarer, S. 48.

Erfahrungen von Gewalt bilden in den untersuchten Selbstzeugnissen zwar eine Ausnahme, doch spricht zugleich aus vielen Berichten die Angst vor einer Entladung der angespannten Atmosphäre zwischen Repräsentanten der Sowjetmacht und den Einheimischen. Nach Ansicht des in der usbekischen Hauptstadt Taschkent lebenden Aleksander Wat habe sich diese Sorge nicht auf die polnischen Juden beschränkt. Die Russen, die Juden, die Flüchtlinge und Evakuierten hätten alle ein Blutbad zwischen Einheimischen und Neuankömmlingen erwartet, so Wat.[102] Die zahlreichen registrierten Fälle von antisemitischen Beschimpfungen seien allerdings, so der Historiker Paul Stronski, nicht ausschließlich mit vorhandenen judenfeindlichen Positionen zu begründen. Vielmehr vermischten sich Antisemitismus und Antisowjetismus auf Seiten der einheimischen Bevölkerung in zentralasiatischen Großstädten:

> Jews were not attacked simply because they were Jewish. While their ethnic and religious origins certainly played a role in their persecution, many Jewish evacuees possibly were singled out for being outsiders whom Central Asians identified closely with the Soviet system that had brought so much upheaval and suffering to the region.[103]

Wie die Äußerungen von Bernard Ginsburg und Perry Leon stellvertretend zeigen, finden sich durchaus Belege für Stronskis These, dass Juden nicht selten eher zufällig mit Gewalt konfrontiert wurden. Zwar ist es unmöglich, die Ursachen antisemitischen Verhaltens seitens der zentralasiatischen Bevölkerung im Einzelnen nachzuvollziehen. Doch soll die nachfolgende Rekonstruktion antisemitischer Beleidigungen und Gewalt in jüdischen Zeugnissen zeigen, dass eine allzu enge Konzentration auf den ökonomischen Konkurrenzkampf, einen antikolonial charakterisierten Antisowjetismus oder die Existenz allgemeiner konfessioneller Konflikte den Blick auf die tiefe Verankerung des Antisemitismus in Teilen der sowjetischen Gesellschaft verstellt.

Unter den Berichten über negative Erfahrungen polnischer Juden mit der sowjetischen Bevölkerung dominiert das Thema *Antisemitismus*. Auf judenfeindliche Haltungen stießen polnische Juden in fast allen Bereichen der sowjetischen Gesellschaft sowohl im Kontakt mit Vertretern des Staates als auch mit einfachen Mitgliedern der Gesellschaft.[104] Antisemitismus trat in sämtlichen Lebensbereichen des Alltags auf und betraf junge polnische Juden ebenso wie Er-

102 Wat, My century, S. 336.

103 Stronski, Tashkent, S. 124.

104 Albert Kaganovitch weist darauf hin, dass insbesondere auf niedriger staatlicher Verwaltungsebene antisemitische Einstellungen verbreitet waren. Kaganovitch, Jewish Refugees, S. 117–118.

wachsene. Zwar ist es im Einzelfall nicht immer leicht zu beurteilen, ob ein diskriminierendes Verhalten antisemitisch intendiert war oder womöglich lediglich seitens der Diskriminierten als solches interpretiert wurde. Doch lässt die Vielzahl einschlägiger Berichte unter den analysierten Selbstzeugnissen keinen Zweifel über die große Verbreitung judenfeindlicher Positionen in den von polnischen Juden besiedelten Regionen der Sowjetunion aufkommen.

Einige polnische Juden kamen bereits in den Wochen nach Beginn des deutsch-sowjetischen Krieges mit Judenfeindschaft seitens der Bevölkerung in Kontakt. So wurde etwa Benjamin Harshavs Familie auf ihrer Flucht vor den Deutschen Ende Juni 1941 in einem Wald bei Minsk von Einheimischen als *židi, židi* beschimpft.[105] Harshav erinnert sich, dass ihn dieses Ereignis sehr verstört habe, da er zuvor an die Existenz einer vielbeschworenen Freundschaft zwischen den Völkern der Sowjetunion geglaubt hatte.[106] Ebenfalls ungläubig angesichts des offen zutage tretenden, judenfeindlichen Verhaltens reagierte der aus dem westlichen Weißrussland nach Kurmojarsk evakuierte Fayvel Vayner. In seinem Tagebucheintrag vom 10. August 1941 beklagt Vayner den „unerträgliche[n] Antisemitismus“[107] in Kurmojarsk. Vayner zeigt sich vor allem von der Offenheit der vorgetragenen antisemitischen Positionen erschüttert. Seinem Tagebuch vertraute er an:

> Der Antisemitismus verschärft sich von Tag zu Tag. [...] Die Haltung gegenüber Juden ist gefährlich, auf der Straße wird offen darüber gesprochen, dass man sie vertreiben müsse usw. Wenn dagegen nichts unternommen wird, kann leicht ein Unglück geschehen.[108]

In der Hoffnung, dass der Antisemitismus andernorts schwächer sei, verließ Vayner Kurmojarsk im August 1941 in Richtung Stalingrad. Der Fall der Familie Harshav legt jedoch die Vermutung nahe, dass sich antisemitische Einstellungen im Laufe des deutsch-sowjetischen Krieges nicht abschwächten, sondern sogar noch zunahmen. Monate nach dem schockierenden Erlebnis im Minsker Wald erreichte die Familie Harshav die Kolchose Vjasovka, den Bestimmungsort ihrer Evakuierung an der russisch-kasachischen Grenze. Bei ihrer Ankunft habe die bäuerliche Bevölkerung die Familie sehr freundlich aufgenommen. Die Stimmung habe sich jedoch im Laufe des Krieges verändert. Zunehmend sei die jüdische

---

105 Dabei handelt es sich um die pejorative russische Alternative zum neutralen еврéй.

106 Interview mit dem Verfasser im September 2013, New Haven, USA.

107 Tagebucheintrag von Fayvel Vayner vom 23. September 1941, Dok. 85. In: Hoppe u. Glass, Verfolgung und Ermordung, S. 298.

108 Tagebucheintrag von Fayvel Vayner vom 24. September 1941, Dok. 85. In: Hoppe u. Glass, Verfolgung und Ermordung, S. 298.

Familie Harshav in der Kolchose von Antisemitismus betroffen gewesen. So erinnert sich Harshav, dass sein Vater von einem Kolchosnik mit folgender Frage konfrontiert worden sei: „Man sagt, die Juden hätten Hörner. Können Sie mir Ihre Hörner zeigen?“[109] Mit ähnlichen Worten wurden Zev Katz und seine Mutter bei der Wohnungssuche in Semipalatinsk konfrontiert. Die beiden waren erleichtert, dass sie endlich ein Zimmer im Wohnhaus einer alten Kasachin gefunden hatten, die sie zuvor mit einem Paar polnischer Lederschuhe bestochen hatten. Außerdem mussten sie der neuen Vermieterin ihre polnischen Dokumente zeigen, die sie bei der Freilassung aus der Sondersiedlung erhalten hatten. Die alte Kasachin warf einen Blick auf die Bescheinigung und erwiderte erleichtert: „Good that you are Polish [...] and not Jews... I have never met any, but I have heard that they are from the devil.“[110] Der in diesen und anderen Äußerungen zum Ausdruck kommende Antisemitismus – gleich, ob in seiner traditionellen oder modernen Form – bestärkte unter vielen jüdischen Flüchtlingen die Angst vor möglichen, gewalttätigen Ausschreitungen. Zwar habe Benjamin Harshav selbst keine gewalttätigen Vorfälle erlebt, doch habe er sich zunehmend bedroht gefühlt. Diese Bedrohung schien angesichts eines antisemitischen Graffitos (*Tötet die Juden, rettet Russland!*) an der Fassade seines Schulgebäudes durchaus begründet zu sein. Solche und ähnliche Ereignisse seien jedoch tabuisiert und geleugnet worden, erinnert sich Harshav. Denn als sich jüdische Bewohnerinnen der Kolchose über gezielten Vandalismus an ihrem Wohnhaus durch russische Jugendliche bei einem Regionalbeamten beschwerten, habe dieser lediglich geantwortet: „Wollen Sie sagen, dass es in der Sowjetunion Antisemitismus gibt? Dafür könnten Sie für acht Jahre ins Lager!“ Die Geschädigten verneinten dies, weshalb die Angelegenheit nicht weiter verfolgt worden sei.[111]

Antisemitische Anfeindungen erlebten viele polnische Juden auch in Gestalt der Rede vom *Dienst an der Taschkent-Front*. Damit ist die Vorstellung gemeint, dass Juden sich mehrheitlich dem Dienst an der Front entzögen und auf diese Weise dem Kampf gegen die Deutschen schadeten. Stattdessen hielten sie sich im sicheren Hinterland beziehungsweise symbolhaft in Taschkent auf.[112] Nach Ansicht von Rebecca Manley und Paul Stronski sei diese spezifische Form des Antisemitismus als ein Kriegsphänomen zu betrachten, welches sich vorrangig gegen westliche, das heißt aschkenasische Juden richtete, die in den Jahren 1941

109 Interview mit dem Verfasser im September 2013, New Haven, USA.

110 Katz, From the Gestapo, S. 84.

111 Interview mit dem Verfasser im September 2013, New Haven, USA.

112 Jerzy Gliksman bezeichnet den Stereotyp als einen wesentlichen Aspekt des sowjetischen Antisemitismus. YIVO, Gliksman, Jewish Exiles, Teil 3, S. 17.

und 1942 die Region erreichten.[113] Der hohe Anteil von Juden unter den Evakuierten in einigen Großstädten schien die Evidenz des Stereotyps augenscheinlich zu bestätigen.[114] So kommt Paul Stronski in seiner Analyse des usbekischen Antisemitismus zu dem Schluss, dass die antisemitischen Positionen vieler sowjetischer Einwohner lediglich Ausdruck ihres Unmuts über die hohe Zahl der in die Armee eingezogenen Angehörigen sei, während aus ihrer Sicht überproportional viele westlich-jüdische Flüchtlinge aus den annektierten Gebieten nach Taschkent gekommen seien.[115] Dabei scheint es sich jedoch nur um eine unzureichende Erklärung des Stereotyps zu handeln. Hierfür sprechen zahlreiche Beispiele, in denen polnische, aber auch sowjetische Juden mit dem Vorwurf der jüdischen *Drückeberger* konfrontiert wurden.

Der sowjetisch-jüdische Rotarmist Grigory Pomerants berichtet in seinen Memoiren von einem Gespräch, das er mit einem verwundeten, sowjetischen Offizier führte. Dieser habe den Juden unterstellt, während des Krieges nicht an der Front gedient zu haben. Stattdessen habe die *Fünfte Ukrainische Front*, das heißt die Juden, Taschkent eingenommen.[116] In Usbekistan wurde ein sowjetischer Evakuierter Zeuge, wie demobilisierte Soldaten Juden in ähnlicher Weise offen vorwarfen, dass diese

> refused to participate in the war and that they sit in the rear in warm places... I was a witness to how Jews were thrown out of lines; even women were beaten up by legless cripples.[117]

113 Als Beleg für diese These führt Stronski an, dass zur selben Zeit bucharische Juden kaum Gewalt erfahren hätten. Stronski, Tashkent, S. 123. Auch Manley stellt eine Zunahme des populären Antisemitismus in der Sowjetunion während des Krieges fest. Manley, Tashkent Station, S. 232.

114 Der hohe Anteil von bis zu 60 % Juden unter den sowjetischen Evakuierten in Taschkent schien die Rede von der Taschkent-Front augenscheinlich zu bestätigen. Manley, Tashkent Station, S. 231.

115 Stronski, Tashkent, S. 123.

116 Zitiert aus Polonsky, The Jews, Bd. 3, S. 586. Ähnliches beschreibt auch Perlov: Perlov nahm 1943 an einer Ausbildung für angehende Offiziere der Berling-Armee in Ashkabad teil. Seine Gruppe bestand aus usbekischen, tadschikischen, kirgisischen sowie ukrainischen und russischen Anwärtern, Perlov als einzigem Polen sowie einem jüdische Leutnant als Ausbilder. Perlov beschreibt einige antisemitische Äußerungen seiner zentralasiatischen Armeekollegen, die ihn als Polen und nicht als Juden identifizierten. Diese erregten sich: „Here, in the hinterland, we let them fuss around, these Zhidovski officers. But at the front we won't wait for the Jerries; we'll let the zhid have a slug in the back of his head ourselves." Perlov, Adventures, S. 158–159.

117 Namenloser Schriftsteller. Zitiert aus Manley, Tashkent Station, S. 232.

Dass der Vorwurf des *Dienstes an der Taschkent-Front* weit verbreitet war, zeigen auch zwei zeitgenössische antisemitische Witze, die Zev Katz in seinen Memoiren wiedergibt: „A Jew needs a crooked gun, so that he can shoot while hiding behind the corner“, und: „Jews are fighting at the front ... of the bazaar.“[118] Dass es nicht bei solchen Scherzen blieb, sondern der Stereotyp Gewalt motivierte und legitimierte, zeigt eine Episode, die Yitskhok Perlov in Stalinabad erlebte. Auf dem dortigen Basar wurde Perlov Zeuge eines antijüdischen Pogroms. Demnach griffen sowjetische Kriegsveteranen Juden gezielt tätlich an, „weil sie Juden waren“.[119] Um die Kämpfenden habe sich ein Ring von Schaulustigen wie bei einem Boxkampf gebildet, schreibt Perlov:

> This was literally a pogrom! A group of drunken, inflamed, disabled veterans were stomping about and swinging their crutches and canes at the heads if the ex-internees. The Jews were running around in a closed circle, seeking a means of escape, but there was no escaping. [...] The crowd [...] goaded the hooligans on like gladiators, like bullfighters, shouting: 'Hit'em, brothers!'; 'Kill'em, damn them'.[120]

Plötzlich sei ein hochdekorierter sowjetischer Offizier aufgetaucht, der den Schlägern befahl aufzuhören. Als diese jedoch weiter auf die Juden einprügelten, habe der Offizier auf Jiddisch gerufen: „Juden, lasst das nicht zu! Schlagt zurück!“[121] Die völlig überraschten Schläger wandten sich nun dem Offizier zu und begannen, diesen verächtlich zu befragen, an welcher Front er denn gekämpft habe: Tashkent oder Buchara? Bevor die Situation endgültig eskalieren konnte, wurde der Basar vom NKWD umstellt und geräumt.[122]

Es bleibt festzuhalten, dass sich der sowjetische Antisemitismus gegenüber polnisch-jüdischen Flüchtlingen während des deutsch-sowjetischen Krieges in unterschiedlichen Ausprägungen zeigte. Erstens erlebten polnische Juden eine verstärkte Ablehnung in Folge des großen Konkurrenzdrucks um knappe Ressourcen in der Region. Die Ankunft einer gemäß ihrem Bevölkerungsanteil hohen Zahl von Juden unter den Evakuierten förderte zweitens die stereotype Rede vom *Dienst an der Taschkent-Front*. Polnische Juden sahen sich drittens mit Beleidigungen und Gewalt konfrontiert, die in einem in weiten Teilen der zentralasiatischen Bevölkerung verbreiteten Antisowjetismus wurzelten. Aus dieser Perspektive repräsentierten polnische Juden allein aufgrund ihres *westlichen* Aussehens die abgelehnten sowjetischen Kolonialherren. Viertens beschreiben viele polni-

---

118 Beide Zitate in: Katz, From the Gestapo, S. 107.
119 Perlov, Adventures, S. 125.
120 Perlov, Adventures, S. 125.
121 Perlov, Adventures, S. 127.
122 Perlov, Adventures, S. 129.

sche Juden einen alltäglichen Antisemitismus, demzufolge Juden diskriminiert werden, weil sie als Fremde in der Sowjetunion imaginiert werden. Die konkreten Ursachen und Anlässe für antisemitisches Verhalten werden in Selbstzeugnissen der von Judenfeindschaft Betroffenen nur selten thematisiert. Stattdessen spricht aus vielen Berichten ein vager und verallgemeinernder Vorwurf, dass es in der Sowjetunion einen virulenten Antisemitismus gebe. Ob es sich im Einzelfall um ein Kriegsphänomen oder eine tief sitzende antisemitische Überzeugung handelte, konnten die temporären Exilanten nicht abschließend beurteilen.

Dass antisemitische Haltungen auch auf Widerrede seitens der Sowjetbürger stieß, zeigt eine von Shlomo Leser beschriebene Episode. Im März 1946 wurde Leser im Auftrag des Volkskommissariats für Landwirtschaft auf eine Dienstreise nach Kirgistan geschickt. Den Rückweg aus der abgelegenen Kolchose nach Osch legte er gemeinsam mit der sowjetischen Familie Kazantsew auf der Ladefläche eines LKWs zurück. Leser erinnert sich, dass er sich gut mit der Familie verstanden habe und dieser bewusst gewesen sei, dass er polnischer Jude war. Im Laufe der Reise nahm der Fahrer des LWKs zusätzliche Passagiere gegen Bezahlung auf. Einer von ihnen war ein demobilisierter sowjetischer Infanteriekapitän tatarischer Herkunft, über den Leser folgendes berichtet:

> [T]he captain began speaking against the Jews, and how right were the Germans in handing them out what they deserved. To make his point, he added that all that he said fitted the Russian saying ‚there is none worse than the Jew'. Before I could say anything I saw Kazantsev's eyes narrow and heard him scanning out, ‚There's none worse than the Tartar', the Russian proverb says. In a matter of a minute or two, the Tartar captain shouted to the driver to stop and got off, though we hadn't reached Leninabad yet.[123]

Die Episode lässt die Dimension eines alltäglichen Antisemitismus erahnen, indem sie die Existenz judenfeindlicher Einstellungen in Teilen der sowjetischen Bevölkerung Zentralasiens thematisiert und zugleich aufzeigt, dass es mutige Menschen gab, die sich solchen Äußerungen uneigennützig entgegenstellten. Um das Bild der Beziehungen polnisch-jüdischer Exilanten zu ihren sowjetischen Nachbarn zu vervollständigen, werden im folgenden Teil freundschaftliche Kontakte im Vordergrund stehen.

Die Beziehungen zwischen der einheimischen Bevölkerung und den polnisch-jüdischen Exilanten unterlagen zwischen den Jahren 1941 und 1946 zahlreichen Veränderungen. Nicht selten näherten sich beide Seiten im Laufe der Zeit einander an. Entscheidend für eine solche Verständigung war die Existenz verschiedener Begegnungsräume. Viele Neuankömmlinge mieteten Zimmer in

---

123 Leser, Poems and Sketches, Teil 1, S. 23–31.

den Wohnhäusern der Einheimischen, lebten in Kolchosen mit ihnen in Gemeinschaft und besuchten denselben Schulunterricht. Durch das Zusammenleben über mehrere Monate und zuweilen über Jahre wurden aus Fremden nicht selten Freunde oder zumindest Vertraute. Erzählungen von Annäherung, Respekt und Solidarität in Zeiten einer kriegsbedingten Krise bilden ein wichtiges Gegengewicht zu jenem Narrativ, dass die Zeit im sowjetischen Exil einhellig und undifferenziert als Periode des Leidens und des Konflikts mit den Einheimischen beschreibt. Insofern dient die Darstellung positiv erinnerter sozialer Beziehungen in der Fremde auch dem Zweck einer differenzierten Analyse der Exilerfahrung.

Eine gewisse Vertrautheit ergab sich mit fortschreitender Dauer des Exilaufenthaltes zwangsläufig aus der räumlichen Nähe als Nachbarn unter einem gemeinsamen Dach. Als sich die Versorgungssituation infolge des Krieges und des Bevölkerungszuwachses im Winter 1941/42 weiter verschärfte, sahen sich immer mehr Einheimische gezwungen, Wohnraum an Evakuierte und Flüchtlinge zu vermieten. In vielen Großstädten lebten folglich polnische Juden und Einheimische Tür an Tür. Larry Wenig, der überwiegend Negatives über das Verhältnis zur einheimischen Bevölkerung Ferganas zu sagen hat, berichtet davon, dass seine Familie eines Tages zum Essen bei ihren usbekischen Vermietern und Nachbarn eingeladen wurde. Aus Sicht Wenigs habe sich seine Familie bemüht, die Gastfreundschaft ihrer Vermieter nicht zu beleidigen, weshalb sie sogar das nicht koschere Fleisch zu sich nahmen.[124] Simon Davidson war im Laufe weniger Monate zu einem respektierten Mitglied seiner Kolchose geworden. Seine Arbeit als Buchhalter führte er zur Zufriedenheit seiner Vorgesetzten aus und auch die anderen Kolchosniks sahen in ihm, so scherzt Davidson, „mindestens den Direktor des Ispolkom“[125]. Auch seine Arbeit als Buchhalter wurde so sehr geschätzt, dass er Anfang 1942 von seinem Vorgesetzten im Landwirtschaftsministerium von Joškar-Ola den Auftrag erhielt, für einen außergewöhnlich guten Lohn von 16 Kilogramm Getreide die Buchhaltung in einer weiteren Kolchose zu übernehmen.[126] Wenige Monate später, am 1. Juni 1942 trat er eine neue Stelle als Ausbilder in der Landwirtschaftsabteilung des Ispolkom in Novyj Tor'jal an.[127] Dort oblag ihm in Vertretung der Regionalverwaltung Kolchosen zu besuchen, um die pünktliche Abgabe des Getreides sowie die Qualität der Buchhaltung zu kontrollieren. Diese sei, so Davidson, aufgrund einer hohen Analphabetenrate, fehlender Russischkenntnisse sowie der zunehmenden Mobilisierung für den Armeedienst im All-

124 Wenig, From Nazi Inferno, S. 205, 246.
125 Davidson, War Years, S. 164.
126 Davidson, War Years, S. 151.
127 Davidson, War Years, S. 160.

gemeinen eher minderwertig gewesen. Folglich übernahm Davidson auch die Aus- und Fortbildung junger Kolleginnen und Kollegen in den Grundlagen des Buchhaltens. Der neuerlich erhöhte Lohn in Form zusätzlicher Brot- und Getreiderationen ermöglichte seiner Familie ein wirtschaftlich gesichertes Leben.[128] Die Geschichte der Familie Davidson stellt eine seltene Erscheinung in der Erfahrungsgeschichte polnischer Juden in der Sowjetunion dar. Denn während die Mehrheit der Flüchtlinge und Evakuierten in Zentralasien und anderswo täglich ums physische Überleben kämpfen musste, gelang es Simon Davidson, durch Fleiß und Geschick als Buchhalter Karriere zu machen. Im Frühjahr 1943 nahm er das Angebot an, in die Landwirtschaftsbehörde nach Joškar-Ola zu wechseln, wodurch seine Zeit in der Kolchose zu einem Ende kam. Eine Aussicht, die das Ehepaar Davidson trotz des freundschaftlichen Umgangs mit den anderen Kolchosniks erfreute:

> My wife shared my enthusiasm for leaving this dull life among simple peasants in a backward countryside and moving to the city. It would be ungrateful to complain about our fate so far but, after all, we were of a different world and could not spend our life as kolhozniks.[129]

Der Abschied der Davidsons von den anderen Kolchosniks im Juni 1943 ist ein eindrücklicher Beleg für die Möglichkeit von Vertrauen und Kameradschaft, die viele polnische Juden in der Sowjetunion erlebten. Ein befreundeter Kolchosnik lieh der Familie zwei Anhänger für den Umzug ins 75 Kilometer entfernte Joškar-Ola. „We [...] left the kolhoz with the kolhozniks in our wake. They walked with us as far as the main tract and bid us a tearful ‚goodbye'."[130]

Als Mittler zwischen polnischen Juden und den Einheimischen erwiesen sich in vielen Fällen Kinder und Jugendliche als äußerst hilfreich. Beispielhaft sei hier die 15-jährige Pesia Taubenfeld genannt, die im Jahr 1946 über ihre anfängliche Skepsis gegenüber der designierten Exilheimat, dem usbekischen Buchara, schrieb:

> Als wir uns [nach Freilassung aus dem Lager in Nordrussland, Anm. d. Verf.] Asien näherten, sahen wir die schwarzen Menschen mit ihren merkwürdigen Klamotten, welche uns verwunderten. Dort sah man Lehmhäuser. Es war sehr heiß und am Ende waren wir in Asien [...]. Wir waren verschmutzt und setzten uns mit unserem Gepäck auf den Bahnhof. Die Sonne brannte wie ein Feuer. Sprache und Menschen waren uns fremd.[131]

---

128 Davidson, War Years, S. 161.
129 Davidson, War Years, S. 166.
130 Davidson, War Years, S. 169–170.
131 YVA, Zeugnis von Taubenfeld.

Dies sollte sich jedoch kurz nach der Ankunft in Buchara ändern, denn Taubenfeld begann sofort, Usbekisch zu lernen und mit anderen Kindern zu kommunizieren.[132] Ihre Sprachkenntnisse trugen dazu bei, die Distanz zu den zunächst noch fremden Einheimischen zu verringern. Die Bereitschaft zum Erlernen der jeweiligen Landessprache schien unter jungen Neuankömmlingen weit verbreitet zu sein. Neben dem Russischen, welches zumeist in der Schule gesprochen wurde, lernten viele Kinder und Jugendliche Usbekisch, Kasachisch und andere Sprachen. Die Vielsprachigkeit der Jugend thematisiert der jiddische Schriftsteller und Exilant Shloyme Vorzoger in seinem stark zionistisch gefärbten Gedicht *Vierjährig – fünfsprachig* aus dem Jahr 1947. Geschrieben in einem Lager für jüdische Displaced Persons im Nachkriegsdeutschland fasst der Autor nicht nur das Schicksal Zehntausender jüdischer Flüchtlingsfamilien zwischen Polen, der Sowjetunion und Palästina zusammen. Er beschreibt auch, mit welcher Selbstverständlichkeit die Kinder jener geflüchteten polnischen Juden mit den Einheimischen kommunizierten.

> In Polen geboren – als Kleinkind
> Jiddisch zu sprechen gelernt
> „dzen dobli" [sic!]- zu der Mutter schon gesagt
> „gut morgn" dem alten Großväterchen
> [...]
> Versteht schon das Kind alle Wörter
> auf Russisch, antwortet frei
> ein Vergnügen es reden zu hören
> alt war das Kind nun drei.
> [...]
> Im glühenden Sand spielen dort Kinder
> nackt – mit schwarzen Zöpfen
> zusammen mit ihnen sitzt auch das Kind
> und plappert Kasachisch.
> [...]
> Vier Jahre war das Kind nun alt
> schon ein Jahr nach dem Krieg
> zur ersehnten alten Heimat
> fährt der Vater mit dem Kind.
> [...]
> Fleißig, fleißig, lern Kind
> dein Schicksal ist doch so,

---

132 Ab 1942 besuchte Pesia Taubenfeld die polnische Schule. Sie schreibt, innerhalb kurzer Zeit Usbekisch gelernt zu haben. YVA, Zeugnis von Taubenfeld.

es zählt schon „echad, schtajim“
und sagt schon – „toda raba“.[133]

Die Kinder der Neuankömmlinge waren es auch, die am stärksten Mitgefühl und Solidarität seitens der Einheimischen hervorriefen. Insbesondere über die usbekische Bevölkerung existieren zahlreiche Beschreibungen von Hilfsbereitschaft und Großzügigkeit gegenüber den jungen Flüchtlingen.[134] Die uneigennützige Unterstützung usbekischer Frauen schildert der Schriftsteller Herman Taube in seinem Gedicht *The ‚Bieziency‘*. Taube ist überzeugt, dass viele der erkrankten und völlig ausgehungerten Kinder ohne diese Hilfe wohl nicht überlebt hätten. Das Gedicht beschreibt die Situation verarmter, halbnackter Flüchtlingskinder in Haqqulobod, die auf ihrer verzweifelten Suche nach Nahrungsresten aller Art auch sogar verschimmeltes Obst aßen. Im Gedicht heißt es über die geschwächten Kinder:

Many of them are ill with malaria,
But too weak to walk to the Clinic.
The only help in their misery is the
Friendliness of the local Uzbeks.

Women with paranja-covered faces
Bring leftover goods, yogurt, urug,
And raisins for the refugee children.
They say, ‚Salaam!‘ and disappear.[135]

Junge Erwachsene konnten nach ihrem Schulabschluss ein Studium an einer sowjetischen Hochschule aufnehmen, wo der Austausch mit anderen Sowjetbürgern den Alltag bestimmte. Polnisch-jüdische Studierende, die über die sowjetische Staatsbürgerschaft verfügten, erhielten zumeist auch ein kleines Stipendium und ein kostenloses Zimmer im Wohnheim. Die dortigen Mehrbettzimmer beherbergten in der Regel zwei bis vier Studierende verschiedener ethnischer Herkunft.[136]

Ein weiteres Indiz für die zunehmende Vertrautheit sind intime Beziehungen zwischen polnischen Juden und sowjetischen Frauen.[137] In vielen Fällen schien

133 Zitiert aus Lewinsky, Displaced Poets, S. 179.

134 Besonders stark propagandistisch aufgeladen wurde in der regionalen Presse die Adoption von evakuierten Waisenkindern durch usbekische Familien. Manley, Tashkent Station, S. 223.

135 Taube, Looking back, S. 46–47.

136 Siehe etwa Beschreibung seines Zimmers und der Bewohner bei Ginsburg, Wayfarer, S. 54.

137 Einen wichtigen Grund hierfür sieht Shlomo Leser in dem kriegsbedingten Mangel an Männern. Nur wenige polnisch-jüdische Frauen hätten hingegen sexuelle Kontakte mit der ein-

die ethnische oder nationale Herkunft bei der Partnerwahl schlichtweg keine Rolle für junge Flüchtlinge und Einheimische gespielt zu haben.[138] Am Arbeitsplatz, in der Universität oder in der Freizeit kam es zu romantischen Begegnungen, wie sie etwa Herman Taube festhielt. In seinem Gedicht *Eva* erzählt Taube von der Liebesbeziehung zu einer evakuierten jüdischen Ukrainerin, die mit Mutter und Schwester im usbekischen Kyzyl Kischlak lebte. Die titelgebende Eva arbeitete als Buchhalterin bei der Bank und war ein angesehenes Mitglied des Komsomol, während Taube in einer Malariaklinik arbeitete und Medizin in die umliegenden Kolchosen transportierte. Sie sangen jiddische Lieder zusammen und verbrachten glückliche Monate, bis Taube im Jahr 1943 zur Berling-Armee eingezogen wurde. Ihre gemeinsame Zeit im usbekischen Exil fasst Taube im Gedicht folgendermaßen zusammen:

> Naked I arrived in Uzbekistan, and
> Naked, alone, I returned to Poland.
> But Eva still lives in my memory.
> I often dream of our Uzbek nights.[139]

Mit einer ähnlichen Selbstverständlichkeit schildert auch Zev Katz den Sommer des Jahres 1943, in dem er und seine beiden Brüder einheimische Mädchen beim Tanzen im städtischen Park kennenlernten und erst spät in der Nacht nach Hause zurückkehrten.[140] Intime Beziehungen zwischen polnischen Juden und der sowjetischen Bevölkerung werden in zahlreichen Selbstzeugnissen selbstverständlich erwähnt, ohne jedoch im Zentrum der Erzählung zu stehen. Sie ergänzen damit die Erzählungen über das sowjetische Exil um einen Aspekt, der nicht von psychischen und körperlichen Leiden handelt. Insbesondere für diejenigen Flüchtlinge, die als Jugendliche und junge Erwachsene nach Zentralasien gekommen waren, gehörten Liebesbeziehungen zum Alltag des Exils. Vor allem männliche Zeugen, wie Herman Taube oder Zev Katz, sprechen offen und mit Selbstverständlichkeit von der Möglichkeit romantischer Kontakte in der Ferne. Dabei scheint es kaum eine Rolle gespielt zu haben, ob es sich bei den Partnerinnen und Partnern um Juden, Exilanten oder nichtjüdische Einheimische handelte. Von intimen Verhältnissen mit der muslimischen Bevölkerung ist al-

heimischen männlichen Bevölkerung gepflegt. Sexuelle Kontakte zwischen Juden und Muslimen habe es nach Ansicht Lesers nicht gegeben. Leser, Jewish World War II Refugees, S. 3.

138 So berichtet Perry Leon über seinen Freund J. Rosanowski. USHMMA, Leon, Perry Leon Story, S. 5–6.

139 Taube, Looking back, S. 89–90.

140 Katz, From the Gestapo, S. 102.

lerdings nur im Zusammenhang mit Prostitution die Rede. Diese beobachtete Yitskhok Perlov, als er im Sommer 1942 gemeinsam mit drei Polen einen Frachttransport mit Hilfsgütern der polnischen Botschaft von Aschchabad nach Samarkand begleitete. Unterwegs seien er und seine Kollegen wiederholt von einheimischen Frauen offen angesprochen worden, ob sie Lebensmittel gegen sexuelle Dienstleistungen eintauschen wollten. In seinem autobiografischen Roman schildert Perlov eine Episode, in der die vier Reisenden eindeutige Angebote von einer Gruppe turkmenischer Frauen erhielten, die an den Gleisen auf vorbeifahrende Züge warteten.

> Half-naked Turkomen women would also come out. Their bare arms and breasts, the color of dark leather, were adorned with innumerable tin bracelets, lockets and colored stones. They swung their hips, waved their arms, shook their breasts, and the trinkets tinkled like the bells on a camel's neck. They would laugh, revealing their yellow teeth, wink lustfully with their wine-colored eyes and mumble four or five words in garbled Russian: [...] You give me to eat. I give you love.[141]

Perlovs Begleiter hatten die Regeln dieses Geschäftes inzwischen verstanden und bezahlten die Frauen für ihre Dienste mit Reis.[142] Aus den gesichteten Zeugnissen entsteht der Eindruck einer relativen Selbstverständlichkeit romantischer und/oder intimer Beziehungen zwischen polnisch-jüdischen Flüchtlingen und Einheimischen. Weder der ferne Krieg noch die Lebensbedingungen des Exils konnten diese verhindern. Im Gegenteil, die spezifischen Bedingungen einer extrem heterogenen Bevölkerungszusammensetzung in Zentralasien förderten die Entstehung intimer Kontakte. Nicht zuletzt die Tatsache, dass schätzungsweise einige Tausend sowjetische Juden als Ehepartner polnischer Juden im Zuge der Repatriierung 1946 die Sowjetunion in Richtung Polen verließen, spricht für die Existenz intensiver Kontakte zwischen europäischen Exilanten und Einheimischen in Zentralasien.[143]

5.4 Kontakte zwischen polnischen und sowjetischen Juden

Eine wichtige Position als Vermittler, Helfer und Glaubensbrüder nahmen die in Zentralasien lebenden sowjetischen Juden ein, von denen in zahlreichen Selbst-

---

141 Perlov, Adventures, S. 116.
142 Perlov, Adventures, S. 117.
143 YIVO, Gliksman, Jewish Exiles, Teil 3, S. 17.

zeugnissen polnischer Juden berichtet wird. Der Kontakt zwischen jüdischen Exilanten und sowjetischen Juden war nur selten von langer Dauer.[144] Für gewöhnlich begegneten die beiden Gruppen einander nur sporadisch, manchmal auch nur einmalig, tauschten sich beiläufig aus, häufig in der gemeinsamen Sprache, dem Jiddischen. In Kapitel 2 wurden bereits die vereinzelten privaten Treffen sowjetisch-jüdischer Rotarmisten in den Wohnhäusern der besetzten polnisch-jüdischen Bevölkerung thematisiert. Auch für die Begegnungen im Inneren der Sowjetunion gilt, dass viele sowjetische Juden gern die Gelegenheit ergriffen, sich mit ausländischen Juden auszutauschen und diese zu unterstützen. Gemeinsam mit ihren sowjetischen Glaubensbrüdern begingen polnische Juden den Sabbatgottesdienst oder die Hohen Feiertage. Da ein solches Verhalten sehr risikoreich war, brauchte es starkes gegenseitiges Vertrauen, um den Glauben in der Sowjetunion gemeinsam zu leben. Aus Sicht der polnischen Juden war das jüdische Leben in der Sowjetunion schon schwer von den Folgen der jahrzehntelangen Säkularisierungspolitik gezeichnet. Für die Zukunft verheiße dies nichts Gutes, schlussfolgert Jerzy Gliksman in seinem Erfahrungsbericht über jüdisches Leben in der UdSSR. Seiner Ansicht nach habe der seit der Oktoberrevolution 1917 andauernde, staatlich sanktionierte Kampf gegen die Religion das öffentliche jüdische Leben fast vollständig zum Erliegen gebracht. Insbesondere junge Juden hätten sich bereits weit von ihrem Glauben entfernt.[145] Im Unterschied zur stark assimilierten Jugend war der Anteil praktizierender Juden unter der älteren Generation dagegen deutlich höher. Sie waren auch die treibende Kraft bei der Durchführung gemeinsamer klandestiner Gottesdienste mit den europäischen Juden in Privaträumen. Häufiger erwähnt werden etwa usbekische Juden aus Buchara und Orthodoxe unter jüdischen Veteranen der Roten Armee. Der Flüchtling Bernard Ginsburg beschreibt in seinen Erinnerungen, wie er einmal gemeinsam mit anderen polnischen Juden in einem Privathaus in Buchara einen Gottesdienst zu Rosch Haschana besuchte. Etwa 70 bis 80 Gläubige hätten sich in der kleinen Wohnung zum Gebet versammelt. Für Ginsburg stellte dieser Gottesdienst auch ein Zusammentreffen unterschiedlicher jüdischer Kulturen dar:

> Having that celebration–in that setting where an assembly of Jews of diverse backgrounds, culture, traditions, and appearance, had gathered for observance of the Jewish New Year–was a warm collaborative experience. The blend of dark-skinned Bukhara Jews with their fair-skinned brethren from several European countries seemed incongruous at first. The for-

144 Darauf wies in seiner Untersuchung über polnisch-jüdische Kommunisten in der Sowjetunion bereits Jaff Schatz hin. Demnach seien die gegenseitigen Kontakte sporadischer und häufig gleichgültiger Natur gewesen. Schatz, The Generation, S. 173.

145 YIVO, Gliksman, Jewish Exiles, Teil 3, S. 15–16.

> mat of the service consisted mainly of a responsive reading without a cantor. The 'oriental' chant and Hebrew pronunciation of the Bukhara Jews was strikingly different from the Ashkenazi European ritual, and it created a somewhat surrealistic aura.[146]

Auch in anderen usbekischen Großstädten wie Taschkent und Samarkand wurden polnische Juden in ihrer Religionsausübung von der einheimischen jüdischen Bevölkerung unterstützt. Religiöse Juden aus beiden Gruppen formten etwa den Minjan für gemeinsame Gebete. In Taschkent gab es auch getrennt durchgeführte Gottesdienste, die jedoch in Örtlichkeiten der einheimischen jüdischen Gemeinde stattfanden.[147] Im kasachischen Dschambul war eine hohe Zahl polnischer Rabbiner konzentriert, die dort eigenständig eine Jeschiwa für 20 Jugendliche, eine Talmud-Tora-Schule für 70 Kinder, eine Mikwe und ein rabbinisches Gericht betrieben. Auch im usbekischen Samarkand funktionierte eine Untergrund-Jeschiwa, die von polnischen Juden besucht wurde.[148] Die gemeinschaftliche Ausübung der Religion erforderte neben der Unterstützung der örtlichen Gemeinde auch großen Mut. Zev Katz begründet die Bereitschaft seiner Familie, das Risiko einer Verhaftung durch den NKWD einzugehen, mit einer Trotzhaltung: „As the Soviets tried to coerce us into acting contrary to our custom, we reacted by upholding it in clandestine ways."[149] Folglich suchten und fanden sie Wege in Semipalatinsk, den Sabbat und die Hohen Feiertage in Gesellschaft anderer Juden in Privatwohnungen zu verbringen.[150] Die ausgewerteten Selbstzeugnisse legen den Eindruck nahe, dass es auch im Alltag zahlreiche Fälle gab, in denen sich die einheimischen Juden mit den westlichen Glaubensbrüdern solidarisch zeigten, ihnen Vertrauen schenkten und ad hoc Hilfe leisteten. Der vielfach geäußerte Gedanke eines gemeinsamen Schicksals erwies sich dabei häufig als treibende Kraft in den Begegnungen zwischen polnischen und einheimischen Juden im Alltag. Das Spektrum alltäglicher Kontakte umfasst den Arbeitsplatz ebenso wie die Warteschlange vor der Bäckerei, den Basar oder den gemeinsamen Dienst in der Roten Armee. Viele polnische Juden berichten einhellig davon, dass die auf Jiddisch gestellte Frage *a yid?* viele Türen geöffnet habe, die ihnen ansonsten wohl verschlossen geblieben wären. Shlomo Leser etwa löste seine Lebensmittelmarken stets in einem kleinen Geschäft im kirgisischen Osch ein. Der jüdische Inhaber fragte ihn eines Tages: „A yid?", und behandelte ihn anschließend bevorzugt bei der Vergabe der heiß begehrten Süßwaren, die Leser wiederum mit großem Profit

---

146 Ginsburg, Wayfarer, S. 44.
147 Leser, Jewish World War II Refugees, S. 6.
148 Litvak, Jewish refugees, S. 144.
149 Katz, From the Gestapo, S. 212.
150 Katz, From the Gestapo, S. 212.

auf dem Basar verkaufte. Der Inhaber des Süßwarengeschäfts sei nicht der einzige gewesen, der Leser fragte, ob er Jude sei und ihm anschließend seine Hilfe angeboten habe.[151]

5.5 Kapitelfazit

Die hohe Zahl polnisch-jüdischer Flüchtlinge in den zentralasiatischen Republiken erschwert allgemeine Aussagen über komplexe Beziehungsgeflechte in einem Zeitraum von circa fünf Jahren. Aus diesem Grund erscheint es sinnvoll, die vielfältigen Beziehungen zwischen Einheimischen und polnisch-jüdischen Flüchtlingen eher als ein breites Spektrum an Kontaktzonen aufzufassen, in denen die beiden Gruppen einander begegneten. In Bezug auf die Qualität dieser Kontakte lässt sich eine Entwicklung nachvollziehen. Anfänglich dominieren Schilderungen von Fremdheitserfahrungen und Diskriminierung im Kontakt mit der zentralasiatischen Bevölkerung. Nicht selten berichten polnische Juden aus der Perspektive ihrer Eigenwahrnehmung als westliche, moderne und zivilisierte Staatsbürger, die vor Ort auf fremde, rückständige und kaum zivilisierte Menschen treffen. Solche Beschreibungen behandeln die Einheimischen vorrangig als exotische und zugleich in vielen alltäglichen Lebensbereichen notwendige Partner, etwa als Vermieter oder Mitbewohner, als Handelspartner auf dem Basar oder als Arbeitskollegen. Aus dieser Perspektive verhinderten die unterschiedliche Herkunft, fehlende Sprachkenntnisse und divergierende Zukunftsansichten, aber auch der in Teilen der zentralasiatischen Bevölkerung verbreitete Antisemitismus in vielen Fällen den Aufbau nachhaltiger und von gegenseitigem Vertrauen geprägter Beziehungen zwischen polnischen Juden und den sowjetischen Einheimischen. In diesem Kontext ist erneut festzustellen, dass die Erfahrungen polnischer Juden mit der einheimischen Bevölkerung denen der sowjetischen Evakuierten in Zentralasien ähnelten.[152]

Am anderen Ende des Spektrums stehen Schilderungen von Beziehungen, die sich im Laufe des mehrjährigen Aufenthaltes in Zentralasien verfestigten. Vertrauen aufzubauen, erforderte Zeit und nicht zuletzt regelmäßigen Kontakt, etwa durch gemeinsames Wohnen, Arbeiten oder Lernen. Auch das Erlernen der je-

151 Leser, Jewish World War II Refugees, S. 4; Leser, Poems and Sketches, Teil 2, S. 2–3.

152 Am Beispiel Taschkents beschreibt Rebecca Manley ein vergleichbares Beziehungsgeflecht zwischen einheimischen Usbeken und sowjetischen Evakuierten. Während einige von einem sehr engen und freundschaftlichen Verhältnis zu ihren Vermietern sprechen, beschweren sich andere über den offenen Hass oder die Gleichgültigkeit ihnen gegenüber. Manley, Tashkent Station, S. 228–229.

weiligen Landessprachen erforderte Zeit und ein hohes Maß an Bereitschaft zum Kontakt. Wenig überraschend erscheint letztere unter Kindern und Jugendlichen stärker verbreitet gewesen zu sein als bei vielen Erwachsenen. Junge Menschen trafen in Schulen und später auch an Universitäten auf die einheimische Bevölkerung und hatten daher viel häufiger Gelegenheit zum Austausch als viele Erwachsene, deren Kommunikation mit den Einheimischen sich nicht selten auf wenige Worte beschränkte. Es überrascht daher aus dieser Perspektive kaum, dass der Kontakt zwischen polnisch-jüdischen Erwachsenen und Einheimischen in zahlreichen Selbstzeugnissen als oberflächlich und zuweilen auch als feindselig beschrieben wird. Fehlende Sprachkenntnisse verhinderten den Aufbau nachhaltiger Kontakte und vertieften in vielen Fällen die bestehenden kulturellen und religiösen Gräben. Zusammenfassend lässt sich jedoch die Tendenz beobachten, dass viele polnische Juden in ihren Selbstzeugnissen auf positive Aspekte im Verhältnis zur einheimischen Bevölkerung eingehen und diese in vielen Fällen auch als charakteristisch für die gesamte Zeit ihres Aufenthaltes in Zentralasien verstehen.

6 Beziehungen zwischen jüdischen und nichtjüdischen Polen im sowjetischen Exil (Sommer 1941 bis April 1943)

Kontakte mit nichtjüdischen Polen bilden eine Konstante in jüdischen Selbstzeugnissen über das Exil. Grundsätzlich lässt sich feststellen, dass jüdische und nichtjüdische Polen zwar das Schicksal als Flüchtlinge, Exilanten und Deportierte teilten, die gemeinsame Erfahrung jedoch häufig unterschiedlich und entlang der jeweiligen ethnischen Herkunft deuteten.[1] Sowohl in zeitgenössischen als auch in Jahrzehnte später verfassten jüdischen Zeugnissen über die Periode zwischen 1941 und 1946 ist fast ausschließlich die Rede von zwei voneinander getrennten Kollektiven: dem polnischen und dem jüdischen. Unabhängig davon, wie ähnlich die Schicksale gewesen sein mögen, lässt sich also in den jüdischen Selbstzeugnissen keine Vorstellung einer Schicksalsgemeinschaft mit den nichtjüdischen Polen finden. Stattdessen werden etwa die gemeinsame Haftzeit in sowjetischen Sondersiedlungen oder der Kampf in den beiden polnischen Armeen in den meisten Fällen entlang der ethnischen Zugehörigkeit erinnert. Victor Zarnowitz, der 14 Monate in sowjetischen Arbeitslagern verbringen musste, erinnert sich, dass es nach der Amnestie zwar einen gewissen Zusammenhalt unter jüdischen und nichtjüdischen ehemaligen *zeks*, den Gulaghäftlingen, gegeben habe, dieser jedoch immer wieder vom Antisemitismus überschattet worden sei:

> We [polnische und jüdische Freigelassene in Kasachstan, Anm. d. Verf.] met, lived, and worked together. Not surprisingly, there was much awareness among us of how much we shared: common language, home country, wartime losses and camp experiences, and hopes of survival and return. Yet, some animosity to Jews carried into exile.[2]

Vergleichbar mit den beschriebenen vielfältigen Beziehungen zwischen polnischen Juden und der Bevölkerung Zentralasiens begegneten auch jüdische und nichtjüdische Polen einander in sämtlichen Bereichen des alltäglichen Lebens im sowjetischen Exil. Auch in diesem Fall lassen sich die komplexen Beziehungen zwischen Hunderttausenden Individuen nur anhand von einzelnen Fallbeispielen analysieren. In der Mehrheit der untersuchten jüdischen Selbstzeugnisse werden

1 Typisch für diesen Ansatz etwa: Żaron, Piotr: Ludność polska w Związku Radzieckim w czasie II wojny światowej. Warszawa 1990. Einen integrativen Anspruch besitzt Boćkowski, Czas nadziei, der allerdings kaum nach polnisch-jüdischen Beziehungen fragt.
2 Zarnowitz, Fleeing the Nazis, S. 65.

https://doi.org/10.1515/9783110594393-007

die Beziehungen zu den Polen als spannungsreich, vorurteilsbehaftet und wenig solidarisch betrachtet.[3] Als Ursachen für das Missverhältnis werden in der Regel die angespannten Beziehungen während der Zwischenkriegszeit und das wirkmächtige Feindbild der jüdischen Kollaboration mit den Besatzern während der sowjetischen Herrschaft über Ostpolen zwischen 1939 und 1941 benannt. Am Beispiel von zwei zentralen Kontaktzonen der jüdisch-nichtjüdischen Beziehungsgeschichte werden im Folgenden jüdische Wahrnehmungsmuster der polnischen Exilanten analysiert. Das erste wesentliche Thema für das Verständnis polnisch-jüdischer Beziehungen im Exil bildet der Kontext rund um die polnische Armee unter dem Kommando von General Władysław Anders (*Anders-Armee*). Insbesondere die verhältnismäßig geringe Zahl jüdischer Soldaten, Offiziere und Zivilisten, die im Jahr 1942 mit der Armee die Sowjetunion verließen sowie das Problem antisemitischer Äußerungen auf sämtlichen Ebenen der polnischen Streitkräfte nehmen in jüdischen Selbstzeugnissen exzeptionelle Positionen ein. Den zweiten Themenkomplex in jüdischen Selbstzeugnissen bilden die Begegnungen in den lokalen Repräsentationen der polnischen Exilregierung. Die zwei Beispiele bilden das Spektrum polnisch-jüdischer Beziehungen zwischen antisemitisch motivierter Abgrenzung und solidarischer Schicksalsgemeinschaft im Zeitraum zwischen den Jahren 1941 und 1946.

6.1 Zwischen Hoffnung und Enttäuschung: Polnische Juden und die Anders-Armee

Unmittelbar nach dem Sikorski-Majskij-Abkommen vom 30. Juli 1941 sowie einem militärische Sachverhalte betreffenden Folgeabkommen vom 14. August 1941 begann die Rekrutierung für die künftige polnische Armee unter dem Kommando von General Władysław Anders.[4] Dieser war selbst erst kurz zuvor im Rahmen der vereinbarten Amnestie polnischer Staatsbürger aus sowjetischer Gefangenschaft entlassen worden und war neben dem Ministerpräsidenten der polnischen Exilregierung, General Władysław Sikorski, die wichtigste Gestalt in allen die Armee betreffenden Belangen. Für viele Juden bestand ein zentrales Problem bei der

3 Dies war jedoch umgekehrt auch der Fall. Vgl. Jolluck, Katherine: Exile and Identity: Polish Women in the Soviet Union During World War II. Pittsburgh 2001. S. 183–244.

4 GSHI, Documents, Polnisch-sowjetisches Militärabkommen vom 14. August 1941, Dok. 112, S. 147–8. Hier wurden Details zur Aufstellung der polnischen Armee in der Sowjetunion besprochen und ferner die Einrichtung des polnischen Armeehauptquartiers in Buzuluk beschlossen. Die sowjetische Seite korrigierte die Zahl künftiger Soldaten und Divisionen wiederholt nach unten. Engel, Shadow, S. 132.

Aufstellung der Armee in der Frage, wer aus sowjetischer Sicht als polnischer Staatsbürger und wer dagegen als Bürger der Sowjetunion galt. Denn im Abkommen vom Juli 1941 hatte es die polnische Seite versäumt, diesbezüglich mit dem sowjetischen Verhandlungspartner eine konkrete, rechtlich bindende Definition zu vereinbaren. Auch das Dekret des Obersten Sowjets vom 12. August 1941 war in dieser Hinsicht nur vage formuliert.[5] Die polnische Exilregierung hatte seit Beginn des Krieges die Haltung vertreten, dass – unabhängig von Nationalität und Religion – alle, die im September 1939 die polnische Staatsangehörigkeit besessen hatten, als polnische Staatsbürger zu betrachten seien, auch wenn sie inzwischen die sowjetische Staatsangehörigkeit angenommen hatten. Die sowjetische Haltung dagegen unterlag zwischen Sommer 1941 und Frühjahr 1943 einigen Veränderungen, die vor allem aus den geopolitischen, sowjetischen Ansprüchen auf das ehemalige Ostpolen sowie aus der aktuellen Kriegslage resultierten. In der ersten Phase zwischen Juli und Dezember 1941 deckte sich die sowjetische Haltung zur Frage der polnischen Staatsangehörigkeit mit den Vorstellungen der Londoner Exilregierung. In der zweiten Phase zwischen Dezember 1941 und Frühjahr 1943 bestätigte die Sowjetunion die Gültigkeit des Dekrets vom November 1939, wonach die Zwangsverleihung sowjetischer Pässe an die Mehrheit der Bevölkerung als rechtens anzusehen sei. Polen jüdischer, weißrussischer und ukrainischer Herkunft dagegen wurden grundsätzlich als sowjetische Staatsbürger betrachtet. Mit geringen Abweichungen galt diese Haltung bis zum 16. Januar 1943.[6]

In den ersten Monaten nach dem deutschen Überfall war die Sowjetunion auf die Unterstützung des britischen Partners angewiesen, weshalb sie dessen polnischen Verbündeten weitreichende Zugeständnisse machen musste. Doch bereits in der an den polnischen Botschafter Stanisław Kot gesendeten Note vom 1. Dezember 1941 wurde deutlich, dass die sowjetische Seite nicht bereits war, die zwei Jahre zuvor annektierten polnischen Gebiete wieder zurückzugeben.[7] Daran wird ersichtlich, dass der Konflikt um die Zugehörigkeit der ehemaligen polnischen Ostgebiete die diplomatischen Beziehungen in der gesamten Periode ihrer Existenz bestimmte. Beide Seiten waren bestrebt, den prozentualen Anteil der polnischen beziehungsweise sowjetischen Bevölkerung zu ihren Gunsten zu erhöhen. Zu leidtragenden Opfern dieses geopolitischen Wettstreits wurden neben polnischen Weißrussen und Ukrainern auch die Juden.[8] Als sowjetische Staatsbürger war ihnen nunmehr jeglicher Kontakt zu ausländischen Botschaften un-

5 Siehe auch Kapitel 4.
6 Sword, Keith: Deportation and exile. Poles in the Soviet Union, 1939–1948. London 1994. S. 133.
7 Sword, Deportation, S. 50.
8 Prekerowa, Wojna i okupacja, S. 371.

tersagt. Diese Haltung stellte wiederum die polnische Exilregierung vor das Dilemma, sich für polnische Juden einzusetzen, für die ihnen die Sowjetunion die Zuständigkeit abgesprochen hatte. Aus strategisch-außenpolitischen Gründen legte die Exilregierung Wert auf eine neutrale bis positive Einstellung gegenüber den jüdischen Staatsbürgern, in der Hoffnung, bei der Frage der polnischen Nachkriegsgrenzen Unterstützung von Seiten der Westalliierten zu erhalten.[9]

Von diesen diplomatischen Streitigkeiten wussten die freigelassenen und evakuierten polnischen Juden nichts, die aus allen Teilen der Sowjetunion in die Rekrutierungszentren der Anders-Armee strömten. Aus ihrer Sicht bot die Aufnahme in die polnische Armee die einzige aussichtsreiche Gelegenheit, die Sowjetunion verlassen zu können.[10] Neben polnischen Patriotismus und Rachemotiven gegenüber den Deutschen spielte bei der Entscheidung für die Meldung zum Militärdienst auch die Aussicht auf eine gesicherte Versorgung mit Nahrungsmitteln, Kleidung und Unterkunft eine wichtige Rolle. Von nicht unerheblicher Bedeutung war zudem das Gerücht, dass die Anders-Armee die Sowjetunion in Richtung Iran verlassen würde, von wo aus eine Flucht nach Palästina möglich wäre.[11]

Infolge eines Treffens zwischen Stalin und Sikorski in Moskau am 4. Dezember 1941 vereinbarten beide Seiten, die ursprünglich vereinbarte Truppenstärke auf etwa 96.000 Soldaten zu verdreifachen. Zuständig für die Prüfung und Rekrutierung der Bewerber waren das Hauptquartier der polnischen Armee im russischen Buzuluk sowie weitere Zweigstellen in den größten Siedlungszentren des polnischen Exils wie Taschkent, Samarkand, Frunse und Dschalalabat.[12] Der Beginn der Rekrutierung für die Anders-Armee in den polnischen Siedlungszentren Zentralasiens fiel zeitlich mit der oben beschriebenen Wanderungsbewegung polnischer Juden aus dem Westen und Norden der Sowjetunion zusammen. Wie enthusiastisch polnische Juden die Nachricht vom Aufbau einer polnischen Armee aufnahmen, zeigt sich daran, dass sie in den ersten zwei Monaten der Rekrutierung etwa 40 % aller Freiwilligen stellten.[13] Der polnische Botschafter Kot und General Anders sahen in der hohen Zahl jüdischer Freiwilliger ein Problem. Kot war der Ansicht, dass die Sowjetunion gezielt prosowjetische Juden in die polnische Armee entsandte, um deren „nationale und psychologische Verfasstheit zu verzerren"[14]. Anders war zudem der Ansicht, dass eine starke jüdische

9 Litvak, Jewish refugees, S. 138; Schatz, The Generation, S. 176.
10 Schatz, The Generation, S. 175.
11 Engel, Shadow, S. 137.
12 Schatz, The Generation, S. 174–175.
13 Schatz, The Generation, S. 175; Prekerowa, Wojna i okupacja, S. 372.
14 Engel, Shadow, S. 133.

Präsenz in der Armee zu großer Verbitterung unter den „wahren Polen“[15] führen würde und versuchte folglich ab Mitte Oktober 1941, Juden aktiv bei der Rekrutierung in die Armee zu diskriminieren. Sein Antisemitismus war wesentlich von der Überzeugung geprägt, dass Juden den polnischen Staat im September 1939 verraten und mit den sowjetischen Besatzern in den Jahren 1939 bis 1941 aktiv kollaboriert hätten.[16] Diesen Vorwurf äußerte Anders mehrfach bei verschiedenen Gelegenheiten, etwa im Gespräch mit dem ebenfalls erst kurz zuvor aus sowjetischer Haft entlassenen Bundisten Henryk Erlich in der polnischen Botschaft im Oktober 1941. Als Erlich Anders mit dem Vorwurf konfrontierte, dass Juden massenhaft bei der Rekrutierung diskriminiert worden seien, bestätigte Anders den Vorwurf indirekt, indem er dessen Legitimität mit der enthusiastischen Begrüßung der Roten Armee durch die Juden im Jahr 1939 begründete.[17] Botschafter Kot sorgte sich um das Bild Polens in der westlichen Öffentlichkeit und die möglichen diplomatischen Folgen, sollte sich der Vorwurf des systematischen Antisemitismus in der polnischen Armee bestätigen. Mit Blick auf Polens Ansehen im Westen befahl Anders nach einem Treffen mit Botschafter Kot und jüdischen Vertretern am 14. November 1941, dass alle Polen in der Armee gleich zu behandeln seien und er jegliche Diskriminierung bei der Rekrutierung verbiete. Anders machte jedoch in einem erklärenden internen Rundbrief an seine Offiziere vom 30. November 1941 deutlich, dass es sich bei seinem Befehl ausschließlich um ein politisch-diplomatisches Manöver gehandelt habe und er die Gründe für eventuell auftretende antisemitische Ausfälle vollkommen verstehe.[18] In dem Schreiben von Anders heißt es:

> Ich kann die Ursachen für die antisemitischen Reaktionen in den Reihen der Armee gut verstehen – sie sind ein Widerhall des illoyalen, oftmals feindlichen Verhaltens der Juden in unseren Ostprovinzen in den Jahren 1939–1940. Es wundert mich nicht, dass unsere Soldaten, glühende Patrioten, diese Angelegenheit wiederholt als wichtig betrachten, insbe-

---

15 Dass er Juden nicht als „wahre Polen“ betrachtete, erläuterte Anders in seinen Memoiren. Anders, Władysław: Bez ostatniego rozdziału. Wspomnienia z lat 1939–1946. Londyn 1949. S. 99.

16 In seinen Memoiren wiederholte Anders seinen Vorwurf, dass die Juden im September 1939 die Rote Armee freundlich begrüßt hätten und sich damit illoyal gegenüber dem polnischen Staat verhalten hätten. Anders, Bez ostatniego, S. 82. Auch in seinem Rundbrief an die Offiziere vom 30. November 1941, von dem noch die Rede sein wird, stellt Anders eine Verbindung zwischen September 1939 und der Gegenwart her.

17 Henryk Erlich bezeichnete diese Fälle dagegen als trivial und als Ausdruck des verbreiteten Antisemitismus im Vorkriegspolen. Blatman, For our Freedom, S. 78.

18 Engel, Shadow, S. 133–136; Gutman, Israel: Jews in General Anders’ Army in the Soviet Union. In: Unequal Victims. Poles and Jews During World War Two. Hrsg. von Shmuel Krakowski u. Israel Gutman. New York 1987. S. 309–349, hier S. 332–338.

> sondere, wenn es ihnen scheint, als würde unsere Regierung und Armee einfach zur Tagesordnung übergehen und die vergangenen Erfahrungen vergessen.[19]

General Anders formulierte in seinem Rundbrief also erneut den Vorwurf einer kollektiven jüdischen Kollaboration mit den sowjetischen Besatzern in den Jahren 1939 bis 1941. Ohne von seiner Position abzurücken, appellierte Anders dennoch an die Soldaten unter seinem Kommando, ihre aus seiner Sicht nachvollziehbaren antisemitischen Überzeugungen für die Zeit der britisch-polnischen Kooperation zu unterdrücken, um „verhängnisvolle und unkalkulierbare Konsequenzen“[20] für die politischen Ziele Polens zu vermeiden. Er bestätigte auf diese Weise, dass antisemitische Positionen innerhalb der Armee große Zustimmung erhielten.[21] Anders sind der vertrauliche Tonfall des Generals und seine entwaffnende Offenheit gegenüber den Vorwürfen antisemitischer Diskriminierung bei der Rekrutierung nicht zu verstehen. Auch aus zahlreichen jüdischen Zeugnissen wird deutlich, dass der Antisemitismus in Teilen der polnischen Armee in der Sowjetunion ein offenes Geheimnis war. All dies verhinderte jedoch nicht, dass sich weiterhin Tausende Juden bei den Rekrutierungsstellen der polnischen Armee meldeten.[22]

Doch nicht nur die polnische Armeeführung war bestrebt, den Anteil jüdischer Soldaten in den Streitkräften zu verringern. Auch die sowjetische Seite trug zu der hohen Ablehnungsquote jüdischer Freiwilliger bei, indem sie deren polnische Staatsangehörigkeit in Abrede stellte.[23] Stattdessen begann die Sowjetunion im November 1941, die ehemaligen Bewohner Ostpolens, die sie seit November 1939 als sowjetische Staatsbürger betrachtete, in die Rote Armee einzuziehen. Die sowjetische Regierung stellte der Exilregierung die Bedingung, dass sich ausschließlich Angehörige der nationalen Minderheiten aus dem von den Deutschen besetzten Westpolen, die erst nach dem 29. November 1939 sowjetisches Territorium erreicht hatten, zur Anders-Armee melden dürften. Der polni-

---

19 Original: „Rozumiem dobrze powody antysemickich odruchów w szeregach armii – są one oddźwiękiem nielojalnego, częstokroć wrogiego zachowania się Żydów polskich kresowych w okresie naszych przejść lat 1939–1940. Nie dziwię się więc naszym żołnierzom, gorącym patriotom, że stawiają niejednokrotnie sprawę tę ostro, przy czym wydaje im się, że rząd nasz i armia zamierza przejść do porządku dziennego nad minionymi doświadczeniami.“ Der Text ist abgedruckt in Kot, Stanisław: Listy z Rosji do Gen. Sikorskiego. Londyn 1955. S. 465.

20 Kot, Listy, S. 466.

21 Gutman, Jews in Anders‘ Army, S. 335; Schatz, The Generation, S. 176.

22 Larry Wenigs Vater und sein Bruder wollten sich zur Anders-Armee melden, erfuhren jedoch von anderen polnischen Juden, dass man keine Juden aufnehmen würde. Wenig, From Nazi Inferno, S. 215.

23 YIVO, Gliksman, Jewish Exiles, Teil 3, S. 12.

schen Regierung kam dieser Schritt zur Beschränkung jüdischer Soldaten sehr entgegen, konnte sie doch sämtliche Verantwortung an die sowjetischen Behörden abschieben.[24] In seinen Memoiren aus dem Jahr 1949 wiederholte Władysław Anders diese Deutung und gab der sowjetischen Seite die alleinige Verantwortung für die geringe Zahl von Juden in seiner Armee.[25] Zwar wies die polnische Exilregierung in öffentlichen Stellungnahmen die Verantwortung für den relativ geringen Anteil jüdischer Evakuierter stets der sowjetischen Politik zu, viele polnische Juden – sowohl in der Sowjetunion als auch im Ausland – identifizierten jedoch Anders als den wahren Verantwortlichen.[26] Selbst Botschafter Kot attestierte der polnischen Armee in einem internen Schreiben eine „systematische antisemitische Politik“[27]. Der Historiker David Engel kommt zu dem überzeugenden Schluss, dass Anders vor allem aus diplomatischen Erwägungen eine „sichtbare, aber minimale jüdische Präsenz“[28] in den abziehenden Truppen zulassen wollte.

In vielen jüdischen Zeugnissen wird der Antisemitismus in den polnischen Streitkräften als zentrale Erfahrung im Kontakt mit der Anders-Armee beschrieben. Jüdische Selbstzeugnisse geben Aufschluss darüber, dass jüdische Freiwillige, die sich in den Rekrutierungsstellen der polnischen Streitkräfte einfanden, vielerorts mit judenfeindlicher Diskriminierung konfrontiert wurden. Bei ihrer Vorstellung traten die Freiwilligen in der Regel Unteroffizieren der polnischen Armee gegenüber, die über ihre Aufnahme beziehungsweise Ablehnung entschieden. Laut der Historikerin Teresa Prekerowa sei ein signifikanter Teil der zumeist aus den Kresy stammenden Unteroffiziere mit antisemitischen Bemerkungen aufgefallen.[29] Aus zahlreichen jüdischen Zeugnissen geht hervor, dass die Ablehnung jüdischer Freiwilliger in der Regel mit deren vermeintlichen Verhalten im Herbst 1939 begründet wurde. Jüdische Freiwillige seien demnach mit folgender Aussage konfrontiert worden: „You Jews wanted comunism. We don't need people like you.“[30] In anderen Fällen rechtfertigten Offiziere in den Rekrutierungsbüros die hohe Ablehnungsquote jüdischer Freiwilliger mit der offiziellen sowjetischen Position, wonach polnische Juden mehrheitlich gar keine polni-

24 Engel, In the Shadow, S. 137–138.
25 Anders, Bez ostatniego, S. 133–134.
26 Engel, Shadow, S. 141. Siehe auch den zeitgenössischen Artikel „Polish Jews in Russia“ aus Polish Jew, Februar 1943, S. 1–2.
27 Engel, Shadow, S. 139.
28 Engel, Shadow, S. 141.
29 Prekerowa, Wojna i okupacja, S. 373.
30 Schatz, The Generation, S. 176.

schen, sondern sowjetische Staatsbürger seien.[31] Es kam aber auch vor, dass die polnischen Offiziere den Freiwilligen bei der Registrierung offen sagten, dass es „schon genug Juden“[32] in der Armee gebe.

Dass Juden bei der Aufnahme in die Anders-Armee benachteiligt wurden, musste auch der Vater von Benjamin Harshav erleben. Als dieser in Buzuluk auf der Straße einem polnischen Bekannten aus Wilna in Armeeuniform anvertraute, dass er gern in die Armee aufgenommen werden möchte, habe ihm dieser im Vertrauen geantwortet: „Sei nicht naiv, sie werden keine Juden aufnehmen.“[33] Laut Schätzungen der Jerusalemer *Reprezentajca Żydowstwa Polskiego* (dt. Vertretung der Polnischen Juden) seien bis zu 90 % aller jüdischen Freiwilligen bei der Rekrutierung im November und Dezember 1941 abgelehnt worden. Zudem seien einige, bereits in die Armee aufgenommene, polnisch-jüdische Soldaten wieder entlassen worden, während andere lediglich zu Hilfsdiensten auf dem Gelände der Armeebasis oder in Arbeitsbatallionen eingesetzt wurden.[34] Um dennoch einen Weg in die Reihen der polnischen Armee zu finden, ließen sich einige mit Unterstützung der katholischen Kirche taufen. Anderen gelang es, sich mit gefälschten Identitätsdokumenten als nichtjüdische Polen zu registrieren.[35] Israel Gutman schlussfolgert, dass sich unter den in die Armee aufgenommenen jüdischen Soldaten und Zivilisten vor allem Ärzte, Ingenieure und Individuen mit einflussreichen polnischen Fürsprechern befanden. In einigen Fällen wurden polnische Offiziere offenbar bestochen, um sich für jüdische Kandidaten einzusetzen.[36]

---

31 YIVO, Gliksman, Jewish Exiles, Teil 3, S. 12.

32 Kazimierz Zybert berichtet, dass sein Vater Eliasz Zybert nach seiner Ankunft im kirgisischen Usgen als Vertrauensmann in der dortigen polnischen Delegatura arbeitete. Trotz seiner hohen Position versuchte er erfolglos, sich für die Anders-Armee zu melden. Doch man habe ihm bei der Registrierung gesagt, dass es schon genug Juden in der Armee gebe. Zybert in: Pragier, Żydzi czy Polacy, S. 167.

33 Interview mit dem Verfasser im September 2013, New Haven USA.

34 Die Zahlen finden sich bei Polonsky, The Jews, Bd. 3, S. 530. Gutman beschreibt den Fall eines jüdischen Studenten Henryk Dankiewicz, der zunächst in die Anders-Armee aufgenommen wurde, dann aber wieder entlassen wurde, mehrmals erfolglos versuchte, doch aufgenommen zu werden. Schließlich wurde er Offizier in der Kosciuszko-Division, der polnischen Armee unter Führung der Sowjetunion. Gutman, Jews, S. 313.

35 YIVO, Gliksman, Jewish Exiles, Teil 3, S. 12. Perry Leon berichtet, dass einige ihre jüdischen Nachnamen in polnisch klingende änderten, um in die Armee aufgenommen zu werden. USHMMA, Leon, Perry Leon Story, S. 5; Polish Jews in Russia berichtet im Februar 1943 von 300 – 500 Juden, die sich vor der Evakuierung taufen ließen, S. 2.

36 Gutman, Jews in Anders‘ Army, S. 313, 315.

Der Konkurrenzkampf um die verfügbaren Plätze in der Anders-Armee wirkte sich auch außerhalb der Rekrutierungszentren auf die Beziehungen zwischen jüdischen und nichtjüdischen Polen aus. Shlomo Leser ist überzeugt, dass sich die polnischen Kolchosniks absprachen, um sich einen Vorteil gegenüber eventuellen jüdischen Konkurrenten zu verschaffen. Leser zufolge begannen die Polen in seiner Kolchose im März 1942, den Kontakt mit Juden zu meiden. In seinen Erinnerungen schildert Leser:

> Social contacts between the Poles and the Jews among us, that had been rather limited before – the Poles showed marked disinterest in that direction – ceased altogether now; any contacts in regard to, or during work, they reduced to basic essentialities, barely ready to mumble a ‚good morning' in return.[37]

Eines Nachts hätten die Polen dann heimlich und kollektiv die Kolchose verlassen, ohne die Juden zu informieren.

In zwei Wellen wurde das polnische Heer im Jahr 1942 aus der Sowjetunion evakuiert, zuerst zwischen dem 24. März und 4. April und dann zwischen dem 9. und 30. August 1942. Die Route verlief zunächst mit dem Zug nach Krasnovodsk und anschließend weiter auf dem Seeweg nach Pahlewi im Iran.[38] Im Zuge der ersten Teilevakuierung der polnischen Streitkräfte per Schiff aus dem Hafen von Krasnovodsk im März 1942 kam es zu verzweifelten Aktionen polnischer Juden, die um jeden Preis die Sowjetunion verlassen wollten. Jerzy Gliksman berichtet, dass einige selbstständig nach Krasnovodsk gereist wären und versucht hätten, schwimmend auf die abfahrenden Schiffe zu gelangen. Nur wenigen sei dies gelungen. Die meisten seien bei der Aktion ertrunken.[39] Die Zahl polnischer Juden in der Anders-Armee lässt sich nicht exakt bemessen. Die meisten Historiker stimmen jedoch überein, dass sich 3.500 bis 4.000 Juden unter den rund 78.000 polnischen Soldaten befanden. Hinzu kamen zwischen 1.700 und 2.500 Juden, die als Zivilisten gemeinsam mit dem Heer evakuiert wurden.[40]

Die hohe Zahl abgelehnter Freiwilliger führte zu einer Konzentration des polnisch-jüdischen Lebens in den Sowjetrepubliken Zentralasiens. Viele von ihnen, die seit Herbst 1941 aus allen Teilen der Sowjetunion in die Rekrutierungs-

---

37 Leser, Poems and Sketches, Teil 1, S. 18.

38 Szarota, Tomasz: Nachwort. In: Grynberg, Henryk: Kinder Zions. Dokument. Leipzig 1995. S. 191–199, S. 198. Im Iran wurde die Ausbildung der Soldaten fortgesetzt, bevor die polnischen Streitkräfte 1943 bei der Befreiung Italiens eingesetzt wurden. Anders als von vielen Soldaten erhofft, nahm die Anders-Armee nicht an der Befreiung Polens teil. Schatz, The Generation, S. 177.

39 YIVO, Gliksman, Jewish Exiles, Teil 3, S. 13; Polish Jew, Februar 1943, S. 2.

40 Das entspricht folgender prozentualer Verteilung: Juden bildeten 5 % der einfachen Soldaten, 1 % aller Offiziere und 7 % der Zivilisten. Zahlen bei Polonsky, The Jews, Bd. 3, S. 530.

zentren der Armee gereist waren und zu diesem Zweck hohe Kosten auf sich genommen hatten, standen nach ihrer Ablehnung vor dem finanziellen Nichts. Neben enttäuschten Hoffnungen angesichts des verbreiteten Antisemitismus in der polnischen Armee gehörte auch eine radikale Veränderung der demographischen Zusammensetzung polnischer Siedlungszentren in der Sowjetunion zu den nachhaltigsten Konsequenzen der Evakuierung. Laut den Daten der polnischen Botschaft von Ende 1942 bildeten Juden in fast in allen Oblasten Usbekistans, Kirgistans, Turkmenistans und in einigen Teilen Kasachstans die deutliche Mehrheit unter der polnischen Bevölkerung. Im restlichen Teil der Sowjetunion waren die Verhältnisse zumeist umgekehrt.[41] Die demographische Verschiebung führte vielerorts auch zu einem Wechsel an wichtigen Positionen im Apparat der polnischen Botschaft, von dem unten noch die Rede sein wird.

Die verhältnismäßig geringe Zahl polnischer Juden in der Anders-Armee hatte einen großen Vertrauensverlust zur Folge. Viele polnische Juden fühlten sich von der polnischen Exilregierung benachteiligt und im Stich gelassen. Stattdessen, so drückt es Jerzy Gliksman im Jahr 1947 in seinem Bericht aus, seien die polnischen Juden Opfer des „politischen Spiels"[42] zwischen der polnischen Armeeführung und dem NKWD geworden. Den meisten polnischen Juden in der Sowjetunion waren die Regeln dieses Spiels jedoch unbekannt, weshalb sie ihren Unmut fast ausschließlich auf die Anders-Armee und die Exilregierung richteten. Dass sie sich im Zentrum eines geopolitischen Streites um die Nachkriegsgrenzen Polens befanden, konnten sie indes nicht ahnen. Daher mag es nicht überraschen, dass sie die Ablehnung in den Rekrutierungsbüros der Anders-Armee stets und ausschließlich als einen antisemitisch intendierten Akt deuteten. Wie oben dargestellt entsprach dies durchaus in unzähligen Fällen der Realität, wenngleich die Armeeführung um General Anders nicht die alleinige Verantwortung für die verhältnismäßig geringe Zahl jüdischer Soldaten und Zivilisten in ihren Reihen trug. Festzuhalten bleibt, dass die Benachteiligung jüdischer Freiwilliger innerhalb der polnisch-jüdischen Flüchtlingsgemeinschaft schnell als repräsentativ für die gesamte Politik der Exilregierung wahrgenommen wurde.[43] Viele polnische Juden betrachteten die Anders-Armee als Sinnbild der fehlenden Loyalität der Exilregierung gegenüber seinen

41 Boćkowski schließt, dass Juden vor allem dort die Mehrheit der polnischen Bevölkerung stellten, wo es bis zum Herbst 1941 keine polnischen Exilanten gab. Aus diesem Grund blieben Juden etwa in Kasachstan eher eine Minderheit, wo bereits Zehntausende polnische Deportierte lebten. Boćkowski, Czas nadziei, S. 227–228.

42 YIVO, Gliksman, Jewish Exiles, Teil 3, S. 13. Zu einem ähnlichen Schluss kommt auch der Artikel *Polish Jews in Russia:* „The Jewish refugees from Poland in Soviet Russia are victims of the peculiar political situation arising out of the Soviet-Polish relations." Polish Jew, Februar 1943, S. 1.

43 Engel, Shadow, S. 145–147.

jüdischen Bürgern. Dass neben der erwähnten sowjetischen Haltung in der polnischen Staatsbürgerschaftsfrage auch die britische Regierung auf die Exilregierung Druck ausgeübt hatte, die Zahl der jüdischen Soldaten im polnischen Heer gering zu halten, konnten polnische Juden im sowjetischen Exil ebenfalls nicht ahnen. Die britische Regierung befürchtete in Hinblick auf die Lage im Mandatsgebiet Palästina, dass eine hohe Zahl polnisch-jüdischer Soldaten von der Anders-Armee desertieren würde, um sich in Palästina niederzulassen.[44] Die britischen Vermutungen sollten sich bestätigen. Schätzungen über die Zahl polnisch-jüdischer Deserteure reichen von 1.000 bis 2.000 Personen, was einem Anteil von bis zu 25% aller jüdischen Anders-Soldaten entspricht.[45]

Nachdem die polnischen Streitkräfte Ende August 1942 die Sowjetunion vollständig verlassen hatten, begannen sich die diplomatischen Beziehungen zwischen London und Moskau zu verschlechtern. Schon während der Aufstellung der Anders-Armee im Laufe des Jahres 1942 hatte Stalin die Grundlage für eine von ihm kontrollierte kommunistische Alternative zur Londoner Exilregierung geschaffen.[46] Diplomatische Konflikte um die Frage der polnischen Nachkriegsgrenzen und der Staatsbürgerschaft jüdischer, weißrussischer und ukrainischer Polen wirkten sich auch auf den zweiten Begegnungsraum zwischen jüdischen und nichtjüdischen Polen in der Sowjetunion aus. Jene Begegnungen in den lokalen Repräsentationen der polnischen Botschaft sowie die materielle Unterstützung durch die Exilregierung bilden den zweiten Themenkomplex in jüdischen Selbstzeugnissen, auf den der folgende Teil eingeht.

6.2 Hilfsleistungen der polnischen Botschaft für polnisch-jüdische Staatsbürger

Im Zuge der Vereinbarungen zwischen Sikorski und Majskij gestatte die Sowjetunion der polnischen Exilregierung, eine eigene Botschaft einzurichten, um die von der Amnestie betroffenen polnischen Staatsbürger mit Nahrungsmitteln, Kleidung und Medizin zu versorgen. Zu diesem Zweck wurde an der polnischen Botschaft eigens eine Abteilung für Wohlfahrtsfragen geschaffen, die in vier Bereichen für die Unterstützung der polnischen Bevölkerung verantwortlich war: finanzielle Unterstützung über die Niederlassungen der Botschaft, individuelle juristische Unterstützung, Hilfen in Form von Lebensmitteln, Kleidung, Decken

44 Engel, Shadow, S. 141.
45 Polonsky, The Jews, Bd. 3, S. 531.
46 Boćkowski, Czas nadziei, S. 382; Schatz, The Generation, S. 173.

und Medizin sowie Betreuung in Einrichtungen wie Waisenhäuser, Behindertenheime, Krankenhäuser, Kindergärten und Schulen.[47] Diese umfangreichen Hilfsleistungen richteten sich jedoch ausschließlich an diejenigen Personen, die die Sowjetunion als polnische Staatsbürger anzuerkennen bereit war. Daniel Boćkowski vermutet, dass es sich bei dieser Gruppe um die rund 330.000 aus Gefängnissen, Arbeitslagern und Sondersiedlungen freigelassenen polnischen Staatsbürger handelte.[48] Das bedeutet, dass die UdSSR Hunderttausende Menschen, die bis zum November 1939 Bürger der Zweiten Polnischen Republik gewesen waren, nicht mehr als solche betrachtete, sondern als rechtmäßige Bürger der Sowjetunion.[49] Folgt man Boćkowski in der Annahme, dass sich zwischen 750.000 und 780.000 polnische Staatsbürger in der Sowjetunion aufhielten, so bedeutete dies, dass nicht einmal jeder Zweite das Recht besaß, sich an die polnische Botschaft und ihre Zweigstellen zu wenden. In Bezug auf die polnischen Juden lässt sich mit Blick auf die oben genannte Schätzung feststellen, dass im Rahmen der Amnestie etwa 90.000 Juden von sowjetischer Seite als polnische Staatsbürger anerkannt wurden.[50]

Die Versorgung der polnischen Staatsbürger verzögerte sich jedoch über Wochen. Erst nach dem Besuch des Ministerpräsidenten Sikorski bei Stalin Anfang Dezember 1941 nahm die Organisation der Wohlfahrtsaufgaben konkrete Formen an. Nachdem die UdSSR der polnischen Exilregierung einen Kredit in Höhe von 100 Millionen Rubel gewährt hatte, konnten im Januar und Februar 1942 die ersten von insgesamt 21 regionalen Zweigstellen (poln. *delegatury*) der Botschaft eröffnen, um die Verteilung der Hilfsgüter auf dem gesamten Territorium der UdSSR zu gewährleisten.[51] Den regionalen Zweigstellen waren laut eines Berichtes der polni-

---

47 Hoover, Seidenman, Report, S. 10.

48 Von den 391.575 polnischen Staatsbürgern waren circa 26.000 Kriegsgefangene, circa 50.000 Häftlinge und circa 265.000 Deportierte. Nicht freigelassen wurden demnach rund 50.000 Personen. Daniel Boćkowski schlussfolgert, dass Berijas Zahlen die Höchstzahl derjenigen darstellten, die die Sowjetunion als polnische Staatsbürger anzuerkennen bereit war. Boćkowski, Czas nadziei, S. 187–188. Von der Amnestie de facto ausgenommen waren folgende Gruppen, die zu einem früheren Zeitpunkt die polnische Staatsbürgerschaft besaßen: 1. Soldaten der Roten Armee, die in den Arbeitsbatallionen dienten; 2. Menschen, die als Arbeitsmigranten aus den annektierten Gebieten in andere Teile der Sowjetunion umgezogen waren; 3. Menschen, die nach Kriegsbeginn im Juni 1941 evakuiert worden waren. Boćkowski, Czas nadziei, S. 180.

49 Boćkowski, Czas nadziei, S. 12–13.

50 Bei den 90.000 polnischen Juden handelt es sich um die von der Amnestie betroffenen Personen, die aus sowjetischer Haft entlassen wurden. Boćkowski, Czas nadziei, S. 379; Kaganovitch, Jewish Refugees, S. 99.

51 Seidenman spricht lediglich von 19 Delegatury. Hoover, Seidenman, Report, S. 9. Die Zahl von 21 Zweigstellen findet sich bei Litvak, Jewish Refugees, S. 138; Boćkowski, Czas nadziei, S. 13.

schen Exilregierung aus dem Sommer 1943 wiederum zu Höchstzeiten 411 lokale Filialen unter der Leitung von sogenannten *Vertrauensmännern* (poln. *mężowie zaufania*), lokalen Bevollmächtigten der Botschaft, unterstellt.[52] Jeder dieser Filialen war die Verantwortung für kleinere polnische Siedlungsschwerpunkte in der Umgebung zugeteilt. Schätzungsweise 2.600 solcher Siedlungen existierten in der UdSSR.[53] Die stark fragmentierten Siedlungsgebiete polnischer Staatsbürger in der Sowjetunion stellten eine große Herausforderung für die schnelle und ausreichende Versorgung mit den benötigten Hilfsgütern, vor allem Nahrung, Kleidung und Medizin, dar. Zudem mussten die Hilfsleistungen fast vollständig außerhalb der Sowjetunion eingeworben, gesammelt und unter schwierigen Transportbedingungen an die Empfänger geliefert werden.[54] Zu den größten Unterstützern gehörten die *American Lend-Lease Administration*, verschiedene philanthropische Organisationen aus den Vereinigten Staaten und jüdische Organisationen wie das *American Joint Jewish Distribution Committee.*[55] Einen Teil des sowjetischen Kredits verteilte die Botschaft über ihr Netzwerk als finanzielle Hilfen an Bedürftige, die mit dem Geld beispielsweise rationierte Nahrungsmittel, Miete, Zugfahrkarten und Briefmarken bezahlen konnten. Etwa die Hälfte der ausländischen Unterstützung wurde für den Unterhalt von 807 sozialen Fürsorgeeinrichtungen für Behinderte, Waisen, Kranke und Alte verwendet.[56]

Das Wohlfahrtsprogramm wurde in einer für die UdSSR äußerst schwierigen Phase des Krieges aufgenommen. Die gesamte Zivilbevölkerung litt unter Hunger, Epidemien und Armut. Die zur Verfügung stehenden Personen- und Güter-

---

52 Hoover, Seidenman, Report, S. 10. Seidenman räumt jedoch in der Einleitung des Berichts ein, dass die Daten unvollständig seien. In dem von Keith Sword zitierten Bericht Sprawozdanie Dzialu Opieki Ambasada R.P. w ZSRR do I-go grudnia 1942 findet sich die Zahl von 381 lokalen. Zitiert aus Sword, Keith: The Welfare of Polish-Jewish Refugees in the USSR, 1941–43. Relief, Supplies and their Distribution. In: Jews in Eastern Poland and the USSR, 1939–46. Hrsg. von Norman Davies u. Antony Polonsky. London 1990. S. 145–160, hier S. 146–147.

53 Zahlen aus Litvak, Jewish refugees, S. 138.

54 Die erste Lieferung aus Großbritannien erreichte den Hafen von Archangel'sk am 1. September 1941. Die polnische Exilregierung bevorzugte jedoch den Umweg über das Kaspische Meer an die beiden persischen Hafen Pahlavi (heute Bandar-e Anzali) und Babol Sar. Anschließend transportierte die Firma Sovtrans die Lieferung nach Krasnovodsk. Sword, Welfare, S. 150.

55 Die amerikanische Organisation American-Lend-Lease entstand im Frühjahr 1941 zur finanziellen Unterstützung Großbritanniens und der Sowjetunion. Siehe hierzu Dunn, Dennis J.: Caught Between Roosevelt and Stalin: America's Ambassadors to Moscow. Lexington, KY 1998, S. 154. Weitere Hilfsleistungen kamen vom Jessie Labour Committee und der American Federation of Polish Jews. Ausführlich hierzu Sword, Welfare, S. 147–148. Dass die jüdischen Hilfsleistungen durch das Distributionsnetz der polnischen Botschaft liefen, rief schnell Gerüchte einer Benachteiligung der jüdisch-polnischen Flüchtlinge hervor. Engel, Shadow, S. 126.

56 Litvak, Jewish refugees, S. 139.

züge wurden in großem Umfang für die Kriegsanstrengungen und die Evakuierung der Zivilbevölkerung benötigt. Hinzu kam eine große Skepsis seitens der sowjetischen Regierung, deren Zustimmung zur Etablierung und Durchführung des Wohlfahrtsprogramms einer ausländischen Regierung in diesem Umfang auf dem Territorium der UdSSR präzedenzlos war.[57] Zudem erwies sich die Londoner Regierung aus sowjetischer Sicht als anspruchsvoller Partner, was insbesondere in der Frage der polnischen Staatsbürgerschaft wiederholt zu Konflikten führte.

Aus Sicht der polnischen Botschaft in Kujbyšev waren alle aus Polen stammenden Juden berechtigt, die Leistungen der Wohlfahrtsabteilung in Anspruch zu nehmen, unabhängig davon, ob sie inzwischen die sowjetische Staatsbürgerschaft besaßen oder nicht. Die Londoner Exilregierung war an einer möglichst hohen Zahl polnischer Staatsbürger in der Sowjetunion interessiert, die nach der erhofften Befreiung Polens dorthin repatriiert werden könnten. Geopolitisch-strategische Erwägungen vermischten sich im Handeln der Exilregierung also mit humanistisch motivierten Anstrengungen, polnischen Staatsbürgern in Not Hilfe zu leisten. Als dringlich betrachtete die Wohlfahrtsabteilung an der Botschaft die Versorgung und Betreuung der infolge der Amnestie freigekommenen polnischen Staatsbürger. In einer besonders prekären Lage befanden sich aus Sicht des Botschaftsreferenten für jüdische Angelegenheiten, Ludwik Seidenman,[58] die aus Gefängnissen, Arbeitslagern und Sondersiedlungen entlassenen polnischen Juden. Da die sowjetische Regierung ihre polnische Staatsangehörigkeit wiederholt in Abrede stellte, habe die Botschaft nicht alle jüdischen Hilfsbedürftigen erreichen können, urteilt Seidenman.[59] Wie bereits erwähnt, betrachtete die Sowjetunion die jüdische, weißrussische und ukrainische Bevölkerung der im November 1939 annektierten polnischen Ostgebiete als Bürger der UdSSR und sprach deshalb der polnischen Botschaft jedwede Zuständigkeit für deren Belange ab. Sowohl die sowjetische als auch die polnische Politik gegenüber polnischen Juden

---

57 Keith Sword weist darauf hin, dass es 1922 ein kurzlebiges US-Hilfsprogramm für die notleidende sowjetische Bevölkerung gegeben habe, das American Relief Administration. Dieses sei jedoch mit dem Umfang der Hilfe zu Beginn der 1940er Jahre nicht vergleichbar. Sword, Welfare, S. 147. Daniel Boćkowski betrachtet die besondere Situation eines „Staats im Staat" als wichtigen Grund für die Beendigung der polnischen Aktivitäten durch die UdSSR im Januar 1943. Boćkowski, Czas nadziei, S. 380.

58 Ludwik Seidenman (geb. 1906 in Warschau, gest. 2003). Jurastudium und Tätigkeit als Anwalt. Nach dem deutschen Einmarsch auf sowjetisch besetztes Gebiet geflohen. Zwischen 1939 und 1941 war er vom NKWD inhaftiert. Von Botschafter Stanisław Kot als Referent für jüdische Angelegenheiten an die Botschaft geholt. Seidenman bekleidete den Posten des Justiziars an der Botschaft in Moskau und später in Kujbyšev. In der Sowjetunion hielt er sich bis Juni 1943 auf.

59 So schrieb Ludwik Seidenman Ende 1942 in seinem Brief an W. Willkie. YIVO, Record Group 104, Mikrofilm Nr. MK 538, Folder 807.

war in entscheidendem Maße von geopolitischen Erwägungen zur Zukunft der ehemaligen polnischen Ostgebiete beeinflusst.[60] Yosef Litvak kommt deshalb zu dem Schluss, dass

> neither the Soviets nor the Poles saw the Jews as a group which deserved to make its own decisions about its needs and aspirations. For them, Jews were an object and an instrument which they could use for their own purposes, including the conflict between them.[61]

Vor dem Hintergrund des schwelenden Staatsbürgerschaftskonflikts sind die polnischen Juden in dieser besonderen Position als Empfänger und Akteure der polnischen Fürsorge zu verstehen. Seit dem 1. Dezember 1941 betrachtete die Sowjetunion die aus Polen stammenden Juden fast ausnahmslos als sowjetische Staatsbürger. Erst nach dem vollständigen Abzug der Anders-Armee im Herbst 1942 lockerte die sowjetische Regierung für einige Monate ihre restriktive Haltung in der Staatsbürgerschaftsfrage. Doch bereits am 16. Januar 1943 teilte die sowjetische Regierung der polnischen Botschaft mit, dass sie nunmehr alle Bewohner der ehemaligen polnischen Ostgebiete beziehungsweise Westweißrusslands und der Westukraine, die sich ebendort am 1. und 2. November 1939 aufgehalten hatten, automatisch als sowjetische Staatsbürger betrachte. Darunter fielen nach sowjetischem Verständnis auch alle aus West- und Zentralpolen vor den Deutschen geflohenen Polen und Juden, sofern sie sich im November 1939 unter sowjetischer Herrschaft befanden.[62] Wenig später begann der NKWD allen in der UdSSR lebenden polnischen Staatsbürgern den sowjetischen Pass aufzuzwingen.[63] Folglich waren polnische Juden, mit Ausnahme einer kleinen Gruppe jüdischer Flüchtlinge, über einen langen Zeitraum zwischen 1941 und 1943 offiziell von den Hilfsleistungen der polnischen Botschaft ausgeschlossen.[64] Da sie nach sowjetischem Rechtsverständnis Bürger der Sowjetunion waren, wurde ihnen der Kontakt zur polnischen Botschaft untersagt und Zuwiderhandlungen unter Strafe gestellt.[65] Infolge der erneuten Verschärfung des Staatsbürgerschaftsrechts vom 16. Januar 1943 wurde die polnische Botschaft und somit auch das Fürsorgeprogramm seiner Existenzgrundlage beraubt, denn aus sowjetischer Perspektive gab es nun keine polnischen Staatsbürger auf ihrem Territorium mehr

---

60 Prekerowa, Wojna I okupacja, S. 371.

61 Litvak, Jewish refugees, S. 149. Zu einem ähnlichen Schluss kommt auch David Engel: Die polnische Exilregierung "ended to view its obligations towards the Jewish citizens of the Polish Republic as of a lesser order than its obligations towards ethnic Poles." Engel, Shadow, S. 203.

62 Sword, Deportation, S. 133.

63 Hoover, Seidenman, Report, S. 8.

64 YIVO, Seidenman an Willkie, S. 1.

65 YIVO, Seidenman an Willkie, S. 2.

zu betreuen. Aus diesem Grund begann der NKWD im Frühjahr 1943, die regionalen und lokalen Zweigstellen der polnischen Botschaft zu schließen und die verbliebenen Lagerbestände zu beschlagnahmen. Erst unter der Ägide des neu gegründeten *Związek Patriotów Polskich* (ZPP, dt. Verband Polnischer Patrioten) sollte die Verteilung von ausländischen Hilfsgütern an die polnisch-jüdische Bevölkerung nach mehrmonatiger Unterbrechung fortgesetzt werden.[66]

Seit ihrer Entstehung im Herbst 1941 vertrat die polnische Botschaft in Kujbyšev die Position, dass alle sich auf dem Territorium der UdSSR befindlichen polnischen Juden auch Bürger des polnischen Staates seien. In einem Brief an den Gesandten des US-Präsidenten in Kujbyšev, Wendell Willkie, schrieb der bereits erwähnte Ludwik Seidenman im Jahr 1942 über die Notwendigkeit der Fürsorge für die polnischen Juden in der UdSSR:

> The Polish Jews, as well as all other Polish citizens on this territory, are all people who are since more than three years driven out of their normal life in the most improbable manner, sick, famished, with no clothes, unable to work physically, not allowed to do any other. In these conditions, the care given to them by the Polish Embassy and directly through this Embassy by the whole world, is the condition of their further livelihood.[67]

Seidenman informierte den US-Diplomaten außerdem, dass die geschätzten 200.000 Juden sich als Fremde in einem Staat befinden, der „sie schon einmal als ein zu liquidierendes Element betrachtet hat. Es gleicht einem Wunder, dass sie am Leben gelassen wurden."[68] In der Tat war die polnische Botschaft in erster Linie mit denjenigen polnischen Juden befasst, die im Zuge der Deportationen in den Jahren 1940 und 1941 nach Nordrussland und Sibirien verschleppt worden waren. Sie verfügten zumindest bis zum Frühjahr 1943 über einen Nachweis ihrer polnischen Staatsangehörigkeit. Ludwik Seidenman zeichnet ebenfalls verantwortlich für den im Auftrag der Londoner Exilregierung verfassten Abschlussbericht über das Wohlfahrtsprogramm für polnische Staatsbürger in der Sowjetunion aus dem Sommer 1943.[69] Um Vorwürfen seitens internationaler jüdischer Organisationen entgegenzuwirken, dass Juden bei der Verteilung von Hilfsgütern benachteiligt würden, begann die Botschaft, genaue Daten über die Verteilung

66 Hoover, Seidenman, Report, S. 8.
67 YIVO, Seidenman an Willkie, S. 4.
68 YIVO, Seidenman an Willkie, S. 3.
69 Der Bericht fasst auf 24 Seiten die Arbeit der Wohlfahrtsstelle an der polnischen Botschaft in Kujbyšev zusammen. Der Text ist zweigeteilt: Teil 1 thematisiert die Wege polnischer Juden in die Sowjetunion, ihre geografische Verteilung und das Problem der Staatsbürgerschaft polnischer Juden aus den Kresy. Teil 2 behandelt anschließend ausführlich die verschiedenen Bereiche der Wohlfahrtsstelle und ihre Auflösung.

der Leistungen an die polnische Bevölkerung zu sammeln – nach Nationalitäten aufgeschlüsselt. Die so entstandenen und von Seidenman in einem 24 Seiten umfassenden Bericht vom August 1943 aufgeführten Statistiken legen den Schluss nahe, dass Juden ebenso von den über die Botschaft verteilten, internationalen Hilfsleistungen profitierten wie die nichtjüdische polnische Bevölkerung. Juden kamen in einigen Fällen sogar stärker in den Genuss von Hilfsleistungen. Auf Grundlage der unvollständigen Angaben aus den regionalen Abteilungen des Wohlfahrtprogramms stellte Seidenman eine Tabelle der nach Polen und Juden unterschiedenen Empfänger erfolgter Hilfsleistungen auf (siehe Tab. 1).

Tab. 1: Tabelle zur Gesamtzahl polnischer Staatsbürger, die zwischen August 1941 und April 1943 Hilfsleistungen der Botschaft in Anspruch nahmen (Stand April 1943)[70]

Region	**Zahl der polnischen Juden**	**Gesamtzahl polnischer Staatsbürger**	**Anteil polnischer Juden an polnischer Gesamtbevölkerung in Prozent**
Süden[71]	69,289	90,249	76,7
Kasachstan	7,606	56,991	13,3
Sibirien	12,187	71,444	17,2
europäischer Teil Russlands	15,520	46,817	33,4
andere Regionen (geschätzt)	2,000	5,824	/
GESAMT	106,602	271,325	39,3

Der hohe Anteil jüdischer Hilfsempfänger im *Süden* hing damit zusammen, dass sich die meisten polnischen Juden dort in der Nähe wichtiger Verkehrsknoten-

70 Zur Erläuterung der Statistik erklärt Seidenman, dass die Zahl der Juden wohl höher liegen müsste, da nicht alle die freiwillige Auskunft über ihre Nationalität gemacht hätten und in der Statistik dann auf den Klang der Nachnamen geachtet worden sei. Außerdem habe die Botschaft nur Zugriff auf diejenigen gehabt, die auch wirklich aus der Haft entlassen wurden. Hoover, Seidenman, Report, S. 7. Seidenman gibt an, dass die polnische Regierung ihre Bürger nicht nach Konfession oder Nationalität unterscheide. Die hier vorgenommene Unterscheidung zwischen Polen und Juden sei ausschließlich aus statistischen Gründen sinnvoll. Hoover, Seidenman, Report, S. 8.

71 Hierunter versteht Seidenman: Usbekistan, Tadschikistan, Turkmenistan, Kirgisische Republik sowie der südliche Teil Kasachstans, das heißt Alma-Ata, Dschambul, Ksyl-Orda. Hoover, Seidenman, Report, S. 4. In der Auswertung von Seidenmans Bericht wird diese Definition des Südens beibehalten.

punkte und Großstädte aufhielten. Auf diese Weise gelangten sie vielerorts leichter und regelmäßiger an Hilfsleistungen als diejenigen, die in zuweilen unerreichbaren abgelegenen Regionen der Sowjetunion lebten – und häufig ethnische Polen waren.[72] Laut Seidenman bildeten Juden etwa 45 % aller polnischen Staatsbürger, die im Anschluss an die Amnestie nach Süden gewandert waren.[73] Wie bereits erwähnt, waren dort in Städten wie Dschambul, Samarkand, Buchara, Fergana, Alma-Ata und Taschkent die Zentren des polnisch-jüdischen Lebens im zentralasiatischen Kriegsexil entstanden.[74]

Obwohl die Zahlen nach Aussage Seidenmans nicht vollständig seien, vermögen sie dennoch einen Eindruck von der Verteilung der Hilfsgüter an Juden und Nichtjuden zu vermitteln.[75] Allerdings gibt die Tabelle lediglich Auskunft über die Tatsache, dass Juden eine Art von Unterstützung seitens der Botschaft erhielten, nicht jedoch, ob es sich dabei um Kleidung, Medizin, Lebensmittel oder anderes handelte.[76] Deutlich zu erkennen ist dagegen, dass Juden in der Region *Süden* mit einem Anteil von 77 % die große Mehrheit unter den Empfängern bildeten.[77]

Zwar beschwerten sich Juden vereinzelt darüber, dass ihnen erheblich reduzierte Mengen oder überhaupt keine Hilfsgüter ausgehändigt worden seien. Doch eine systematische Diskriminierung der polnischen Juden durch die Wohlfahrtsabteilung existierte vermutlich nicht.[78] Ein wichtiger Grund dafür, warum

---

72 Hoover, Seidenman, Report, S. 1.

73 Hoover, Seidenman, Report, S. 4.

74 Der jüdische Bevölkerungsanteil in polnischen Siedlungszentren war besonders hoch in Dschambul (11.100 Juden, entspricht 70 %), Samarkand (10.350, 90 %), Buchara (7.200, 90 %), Fergana (5.000, 90 %), Alma-Ata (4.400, 80 %) und Taschkent (3.600, 90 %). Hoover, Seidenman, Report, 5.

75 Neben dem fehlenden Zugang zum verfügbaren Material spielte bei der statistischen Auswertung auch die erhoffte positive Funktion des Berichtes im westlichen Ausland eine nicht unerhebliche Rolle. So sei der Text nach Ansicht Yosef Litvaks mit dem Ziel verfasst worden, unter den Juden auf der Welt um Unterstützung für die Londoner Exilregierung und die polnische Nachkriegsfrage zu werben. Litvak, Jewish refugees, S. 139. David Engel teilt diese Auffassung und vermutet, dass die Zahl der unterstützten Juden deutlich geringer sei, als von Seidenman angegeben. Zudem kritisiert Engel, dass die Zahlen keine Angaben zur genauen Höhe der geleisteten Hilfe bieten und daher keine Aussagen möglich seien, ob die Hilfe tatsächlich zu gleichen Teilen an Juden wie Nichtjuden ging. Engel, Shadow, S. 128.

76 Die Hilfsgüter umfassten durchschnittlich 25 Kilogramm Kleidung, Lebensmittel, Decken und ähnliches sowie circa 350 Rubel pro Person. Boćkowski, Czas nadziei, S. 379.

77 Hoover, Seidenman, Report, S. 17. Folgt man den Angaben der polnischen Vertrauensmänner, dass sich Ende 1942 rund 150.630 polnische Staatsbürger im Süden der UdSSR aufhielten, hieße das, dass die Hilfsleistungen zur Hälfte an Juden ging. Boćkowski, Czas nadziei, S. 226.

78 Sword, Welfare, S. 158.

Zehntausende keine Hilfe erhielten, ist die oben erwähnte sowjetische Haltung in der Staatsbürgerschaftsfrage. Indem die Sowjetunion der Botschaft die Zuständigkeit für zahlreiche polnische Juden in Abrede stellte und diese somit aus dem Kreis der Fürsorgeberechtigten ausschloss, trug sie entscheidend dazu bei, dass sich deren Versorgungssituation stetig verschlechterte.[79] Aus dieser Perspektive ist die Zahl von rund 107.000 jüdischen Rezipienten polnischer Hilfsleistungen sogar verhältnismäßig hoch.[80] Als weiteres Problem bei der Versorgung wird in einem internen Bericht der Wohlfahrtsabteilung vom Dezember 1942 die Korruption identifiziert. Im Bericht heißt es,

> the embassy is not in a position to maintain that its instructions have actually been carried out, that the division of welfare relief has been carried out purposefully and fairly. The numerous grievances, which the embassy's Welfare Department receives testify to the fact that the welfare network has serious shortcomings. Unfortunately there is no way of checking all these accusations, complaints and outright charges of corruption, favouritism and similar abuses.[81]

Die Botschaft war also nicht in der Lage, den allseits korrekten Ablauf der Hilfsleistungen zu gewährleisten. Die ausländischen Hilfsgüter für die polnische Bevölkerung mussten zum Teil weit abgelegene Regionen in der UdSSR erreichen, wobei die Lieferungen durch viele Hände gingen. Korruption und Schwarzmarkthandel mit gestohlenen Hilfsgütern waren angesichts der unzureichenden Kontrolle und der Unmöglichkeit, die politischen Einstellungen des Personals auf allen Ebenen zu prüfen, weit verbreitet.[82] Laut Daniel Boćkowski erreichte etwa die Hälfte der Sachspenden aus dem Ausland sowie ein Drittel der finanziellen Hilfen nie ihre Adressaten.[83] In seinem autobiografischen Roman *The Adventures of one Yitschok* schildert Yitskhok Perlov, wie sich Einzelne sogar systematisch an den Hilfslieferungen für die polnische Bevölkerung bereicherten. Perlov hatte selbst zusammen mit drei Polen einen Frachttransport mit Hilfsgü-

79 YIVO, Seidenman an Willkie, S. 3; Sword, Deportation, S. 133.

80 Geht man von etwa 300.000 polnischen Juden in der SU aus, dann sind 107.000 jüdische Rezipienten eine hohe Zahl. Zumal die Gruppe der von der Amnestie betroffenen und somit von sowjetischer Seite als polnische Staatsbürger anerkannten Personen etwa 90.000 Personen umfasste. Engel, Shadow, S. 129.

81 Sprawozdanie Dzialu Opieki Ambasada R.P. w ZSRR do I-go grudnia 1942, S. 9. Zitiert aus Sword, Welfare, S. 157.

82 Ola Wat berichtet, dass selbst der Vertrauensmann der polnischen Botschaft im kasachischen Ili mit den Hilfslieferungen gehandelt habe. Wat vermutet jedoch, dass er die Profite auch zum Wohle der polnischen Bevölkerung eingesetzt habe. Wat, Wahrheit, S. 103.

83 Boćkowski, Czas nadziei, S. 379.

tern von Aschchabad nach Kermina begleitet. Die Polen verkauften unterwegs einen Teil der Lieferungen und behielten die Einkünfte für sich. Als auch bei der Empfangskontrolle in Kermina der polnische Beamte im Lagerhaus kaum richtig hinsah, schlussfolgerte Perlov, dass alle Beteiligten mit Ausnahme seiner Person in das Privatgeschäft mit den Hilfsgütern eingeweiht zu sein schienen.[84]

In den meisten jüdischen Selbstzeugnissen wird die Unterstützung durch die Botschaft positiv beschrieben. Der Tenor lautet zumeist, dass jene Hilfe den ansonsten mittellosen Menschen das Überleben gesichert habe. So etwa Joseph (Nachname unbekannt), der sich nach einem längeren Krankenhausaufenthalt bei der polnischen Wohlfahrtsstelle registrierte, wo er Seife, Geld, warme Kleidung und Schuhe erhielt. Er ist sich sicher, dass er nur überlebte „thanks to what I received from these relief offices“[85]. Ähnlicher Ansicht sind auch Larry Wenig, Rachela Tytelman Wygodzki und Ola Wat, die alle betonen, wie lebenswichtig die Hilfslieferungen waren, um sie gegen warme Kleidung im Winter oder Medikamente im Krankheitsfall eintauschen zu können.[86] Festzuhalten ist, dass sich sowohl die Exilregierung in London als auch Botschafter Kot in Kujbyšev um eine faire Verteilung der Hilfsgüter an alle ehemaligen Bürger des polnischen Staates ohne jegliche Diskriminierung bemühten. Sie taten dies auch in dem Bewusstsein, dass eine antisemitische Behandlung polnischer Staatsbürger dem Ansehen der Exilregierung in der Welt schaden würde. Deutlich äußerte sich diesbezüglich auch Wendell Willkie, der erwähnte Gesandte von US-Präsident Roosevelt, bei seinem Besuch in der Sowjetunion im Jahr 1942. Im Gespräch mit dem polnischen Botschafter Kot unterstrich Willkie, dass weder er noch die amerikanische Öffentlichkeit Polen unterstützen könnten, wenn die Londoner Regierung sich „durch Antisemitismus leiten“[87] ließe. Vieles spricht dafür, dass die polnische Exilregierung und ihre Botschaft in der Sowjetunion bestrebt waren, antisemitisches Verhalten bei der Vergabe der Hilfsleistungen zu verhindern.[88] Sie waren aufgrund der geografischen Ausdehnung und der Dimension des Unterfangens jedoch nicht in der Lage, Korruption sowie antisemitische Diskriminierung bei der Verteilung der Hilfsgüter auf den unteren Verwaltungsebenen gänzlich zu verhindern.

---

84 Perlov, Adventures, S. 121–122.
85 Boder, Interview mit Joseph.
86 Wenig, From Nazi Inferno, S. 244; Tytelman Wygodzki, End, S. 29; Wat, Wahrheit, S. 103.
87 Zitat bei Litvak, Jewish refugees, S. 141.
88 Zu diesem Schluss kommt auch Engel, Shadow, S. 129.

6.3 Jüdische Vertrauensmänner als Repräsentanten des polnischen Staates

Für den Aufbau und Erhalt der Botschaft sowie ihrer regionalen und lokalen Zweigstellen war eine hohe Zahl qualifizierten polnischen Personals notwendig. Juden waren im gesamten Zeitraum der polnisch-sowjetischen Allianz zwischen Ende 1941 und Januar 1943 auf fast allen Ebenen des Botschaftsapparats vertreten. Sie wirkten in der Rechtsabteilung der Botschaft mit, waren als Vertrauensmänner aktiv und leiteten zahlreiche Einrichtungen der Wohlfahrtsabteilung in vielen Regionen der Sowjetunion. Allerdings war dies nicht von Anfang an der Fall. Eine entscheidende Zäsur markierte die Aufstellung und schließlich die Evakuierung der Anders-Armee, in deren Folge die Zahl jüdischer Mitarbeiter in den verschiedenen Botschaftsbereichen signifikant anstieg. Anhand von zwei Fallbeispielen soll die Vielfalt polnisch-jüdischer Begegnungen in der *Kontaktzone Botschaft* dargestellt werden. Für viele Bereiche des Botschaftsapparats existieren keine Zahlen über jüdische und nichtjüdische Mitarbeiter. Eine Ausnahme bilden die sogenannten Vertrauensmänner, von denen bereits die Rede war.[89] Vertrauensmänner waren von der Botschaft in Kujbyšev ausgewählte Bevollmächtigte, deren Aufgaben einerseits die Vergabe der Hilfsleistungen und andererseits die Organisation eines soziokulturellen Lebens in Orten mit einer signifikanten polnischen Bevölkerung umfassten. Die Botschaft konnte zwar die Kandidaten selbst bestimmen, der NKWD musste ihren Einsatz jedoch vor Dienstbeginn bestätigen. Ein Vertrauensmann war im Durchschnitt für 650 Personen zuständig.[90] Einem Bericht der polnischen Botschaft vom Dezember 1942 zufolge befanden sich unter 327 Vertrauensmännern 82 Juden. Bis zum Abbruch der diplomatischen Beziehungen zwischen Moskau und London stieg die Zahl der Vertrauensmänner auf 408, von denen 98 Personen jüdisch waren.[91] Demnach betrug der Anteil jüdischer Vertrauensmänner rund 25 %, was zugleich ungefähr dem Anteil der Juden an der polnischen Bevölkerung in der Sowjetunion entsprach.

Ein jüdischer Vertrauensmann, dessen umfangreiche Berichte einen seltenen Einblick in die alltägliche Arbeit der polnischen Vertretungen auf unterster Lokalebene geben, ist Wacław Wawelberg. Wawelberg entstammte einer wohl-

---

89 Eine Liste der Vertrauensmänner aus dem Sommer 1942 befindet sich in Hoover, Mężowie zaufania Hoover Ministerstwo Spraw Zagranicznych, Box 148, Folder 6.

90 Boćkowski, Czas nadziei, S. 379.

91 Die erste Zahl von 387 Vertrauensmännern beziehungsweise 82 Juden stammt aus Litvak, Jewish refugees, S. 139. Die zweite Zahl 408 Vertrauensmännern und 98 Juden findet sich in Hoover, Seidenman, Report, S. 10.

habenden Warschauer Bankiersfamilie. Nach Kriegsbeginn war Wawelberg mit seiner Familie von Warschau nach Lemberg geflohen, von wo sie im Juli 1940 vom NKWD nach Sibirien deportiert wurden.[92] Dort leistete Wawelberg Zwangsarbeit in Lorba, einer Sondersiedlung im Oblast Omsk.[93] Nach der Amnestie gelangte Wawelberg nach Zentralasien, wo er erfolglos versuchte, in die Anders-Armee aufgenommen zu werden. Eine Entzündung des Darmes infolge seines Lageraufenthaltes zwang die Familie Wawelberg in der Stadt Tobol'sk zu bleiben, wo Wawelberg wenig später das Angebot aus Kujbyšev annahm, als Vertrauensmann der lokalen polnischen Vertretung zu agieren.[94] In dieser Funktion gründete er im Dezember 1941 ein *Polnisches Haus*, in dem eine Schule, ein Kinder-, Invaliden- und Altenheim, eine polnische Bibliothek sowie eine Kantine untergebracht waren. Nach dem Abbruch der diplomatischen Beziehungen zur polnischen Exilregierung wurde Wawelberg vom NKWD im Juli 1943 für ein Jahr in Omsk inhaftiert, bevor er im Rahmen der Zweiten Amnestie für polnische Staatsbürger freigelassen wurde.[95] Im Zuge der allgemeinen Repatriierung konnte die Familie im Jahr 1946 nach Polen zurückkehren.[96]

In mehreren handschriftlich verfassten Berichten hielt Wawelberg seine Aktivitäten im *Polnischen Haus* fest, die ein außergewöhnliches Beispiel für die erfolgreiche polnisch-jüdische Kooperation in der Sowjetunion darstellen.[97] Er beschreibt rückblickend die Entstehung einer polnischen Gemeinschaft in der südrussischen Kleinstadt Tobol'sk, das wegen seiner verkehrsgünstigen Lage zwischen Norden und Süden zu einem Siedlungsschwerpunkt geworden war. Die Zahl der polnischen Bewohner der Stadt stieg infolge der Amnestie stark an.

---

92 Izrael Halbersztrom erwähnt, dass Wacław Wawelberg mit ihm im Lager war. Protokoll 216 in: Tych u. Siekierski, Widziałem Anioła, S. 444–447, hier S. 446.

93 Die Informationen über Wawelbergs Flucht und seine anschließende Deportation nach Lorba stammen aus Kotecki, Andrzej: Z Tobolska do Warszawy przez Sao Paulo. Pamiątki rodziny Wawelbergów w Muzeum Niepodległości w Warszawie. In: Niepodległość i Pamięć. Czasopismo humanistyczne 1–4 (2012). S. 219–226, hier S. 220.

94 Kotecki, Z Tobolska, S. 221.

95 Damit ist die auf dem Ersten Kongress des ZPP im Juni 1944 verkündete Regelung gemeint, wonach die Sowjetunion alle ehemaligen Bürger Polens, die sich als Polen betrachteten, als solche anerkenne. Kersten, Krystyna: Repatriacja ludności polskiej po II wojny światowej. Wroclaw 1974. S. 38.

96 Da sein Wohnhaus völlig zerstört war und die neuen Machthaber nicht bereit waren, der Familie ihre Immobilien zurückzugeben, entschieden sich die Wawelbergs zur Emigration über Italien nach Brasilien. Ihr Sohn Hipolit folgte ihnen nach seinem Studienabschluss 1951. Kotecki, Z Tobolska, S. 219–226.

97 USHMMA, Record Group-15.094M, Signatur 231/XII/1, Wawelberg, Wacław: Dziennik działalności Placówki Polskiej w Tobolsku. Die Berichte umfassen die Phase von Dezember 1941 bis Juli 1943.

Wawelberg schreibt, dass zu dieser Zeit aufgrund fehlender Informationen seitens der polnischen Regierung „absolute Orientierungslosigkeit“[98] geherrscht habe. Um die organisierte Fürsorge der polnischen Bevölkerung Tobol'sks zu gewährleisten, habe er im Dezember 1941 die Initiative zum Aufbau einer polnischen Vertretung in der Stadt ergriffen. Nachdem Wawelberg mithilfe der sowjetischen Behörden ein Büro gefunden hatte, habe er begonnen, alle in der Stadt lebenden Polen zu registrieren und sich mit anderen polnischen Vertretungen in Novosibirsk und Omsk auszutauschen.[99] Anschließend erfüllte das *Polnische Haus* dieselben Aufgaben wie andere Einrichtungen seiner Art in der Sowjetunion, wie Wawelberg in seinem Bericht ausführt. Dass Wawelberg Jude war, stellte offenbar kein Hindernis für seine Tätigkeiten als Vertrauensmann dar. Von jüdischen Gottesdiensten oder anderen jüdischen Themen ist keine Rede in seinem Bericht. Dagegen geht aus seinen Beschreibungen der religiösen Fürsorge am Polnischen Haus hervor, dass er sich um regelmäßige katholische Gottesdienste und eine priesterliche Seelsorge gekümmert habe. Die erste Ostermesse, wenige Tage nach der offiziellen Eröffnung des *Polnischen Hauses* im März 1942, bezeichnet Wawelberg als einen „bewegenden Moment“[100] und einen patriotischen Akt der nationalen Selbstvergewisserung, der auch von zahlreichen polnischen Staatsbürgern anderer Konfessionen, darunter Juden, besucht worden sei. Im Anschluss an die sonntäglichen Gottesdienste fanden auf Wawelbergs Initiative hin regelmäßig Gespräche und Vorträge zu historischen und sozialpolitischen Themen statt. Wawelberg selbst übernahm die Einführung und Moderation bei allen 15 Treffen, die zwischen Mai und August 1942 in Tobol'sk stattfanden.[101] Der Arbeitsalltag sei jedoch vor allem durch Fragen der Rechtsfürsorge bestimmt gewesen, die laut Wawelberg einen „sehr wichtigen Teil der Aktivitäten“[102] der Vertretung darstellten. Von wesentlicher Bedeutung war insbesondere das Ausstellen von Bescheinigungen über die polnische Staatsangehörigkeit für die ehemaligen Lager- und Gefängnisinsassen, die auf dem Weg in die zentralasiatischen Republiken waren. Ansonsten war der Alltag der Vertretung von der

98 USHMMA, Wawelberg, Dziennik, S. 2–2a.

99 USHMMA, Wawelberg, Dziennik, S. 3a.

100 USHMMA, Wawelberg, Dziennik, S. 6a.

101 Themen waren etwa das Sikorski-Majskij Abkommen, der Krieg von 1914 und der gegenwärtige Krieg, der dritte Jahrestag des Kriegsausbruchs am 1. September, die Geschichte der Tobol'sker Vertretung, Adolf Hitler, die Kriegssituation im Mittelmeer sowie in Afrika sowie der Partisanenkrieg in Jugoslawien. USHMMA, Wawelberg, Dziennik, S. 8, 10a.

102 USHMMA, Wawelberg, Dziennik, S. 9.

Sammlung und Verteilung knapper Ressourcen wie Lebensmitteln, Brennholz und Heizöl bestimmt.[103]

Wawelbergs Bericht endet mit der erzwungenen Schließung des *Polnischen Hauses* in Tobol'sk zum 25. März 1943 infolge der diplomatischen Spannungen zwischen der UdSSR und der polnischen Exilregierung nach der erneuten Zwangsverleihung sowjetischer Pässe im Frühjahr 1943. Auf den letzten Seiten seines Berichts bedankt sich Wawelberg bei seinen Mitarbeitern für die gelungene Zusammenarbeit.[104] Den Dank erwiderten ihm seine Mitarbeiter im März 1943 mit einem außergewöhnlichen Geschenk anlässlich des einjährigen Bestehens der polnischen Vertretung in Tobol'sk: einem selbst gestalteten Fotoalbum. Die darin enthaltene Widmung seiner Mitarbeiter stellt einen eindrucksvollen Beleg für die Möglichkeiten polnisch-jüdischer Zusammenarbeit im sowjetischen Exil dar. Der Text lautet:

> Verehrter Herr Mecenas [zeitgenössische Anrede an einen Rechtsanwalt, Anm. d. Verf.],
> Wir, die Mitarbeiter des Büros und der polnischen Institutionen, gratulieren Ihnen herzlich zum Jahrestag Ihrer Ernennung zum Vertrauensmann der Botschaft der Republik Polen. Niemand könnte den Umfang Ihrer Arbeit zum Wohle der Tobolsker Polonia besser beurteilen als wir, die Ihnen, Herr Mecenas, am nächsten stehen. Ihrer Energie, Ihrer Liebe für die polnische Sache ist die Blüte polnischer Institutionen zu verdanken. Ihrer Organisation, ihrer Mustergültigkeit, ihrer Ausdauer, Ihrer ständig wachsamen Sorge um die polnische Kultur ist zu verdanken, dass das polnische Kind, vom Schicksal des Krieges in den weiten Norden vertrieben, das polnische Wort in einer polnischen Schule erlernt, dass das polnische Buch weiterhin seine herausragende Rolle erfüllt, dass Waisen und Invaliden eine warme Zufluchtsstätte im Polnischen Haus fanden. Als unser Vorgesetzter stellten Sie hohe Anforderungen und waren zugleich voller Verständnis; Sie waren uns Vorbild, wie man für Polen arbeiten muss. Erlauben Sie uns daher bitte, Ihnen anlässlich des Jahrestages Ihrer Tätigkeit ein kleines Geschenk zu überreichen. Bitte nehmen Sie unsere wärmsten Wünsche an für Ihr Wohlergehen und die weitere fruchtbare Arbeit zum Wohle Polens.[105]

Allein die Existenz des Fotoalbums belegt die große Wertschätzung, die seine Mitarbeiter Wawelberg entgegenbrachten, die in ihm ein patriotisches Vorbild in der Fürsorge für die polnische Bevölkerung in der Sowjetunion sahen. Auf den Fotos des Albums sieht man Wawelberg und seine Mitarbeiter in alltäglichen Situationen in der Kantine, in der Schule, im Invalidenheim und im Waisenhaus. An keiner Stelle des Albums oder von Wawelbergs Bericht entsteht der Eindruck eines Konfliktes zwischen jüdischen und nichtjüdischen Polen. Im Gegenteil, der Respekt seiner Landsleute drückte sich auch nach Schließung der Vertretung in

103 USHMMA, Wawelberg, Dziennik, S. 13.
104 USHMMA, Wawelberg, Dziennik, S. 34a.
105 USHMMA, Wawelberg, Dziennik, S. 35.

der Hilfe aus, die Wawelberg nunmehr unentgeltlich von seinen ehemaligen Mitarbeitern erhielt.[106] In anderen Zeugnissen findet sich der Hinweis, dass auch die polnischen Vertretungen im kirgisischen Usgen und im usbekischen Fergana von jüdischen Vertrauensmännern geführt wurden, ohne dass es zu antisemitischen Zwischenfällen gekommen sei.[107]

6.4 Juden in den Bildungseinrichtungen der polnischen Botschaft

Neben der materiellen Fürsorge durch die polnische Botschaft erfuhren Tausende polnische Juden Unterstützung in Form einer Anstellung bei den regionalen und lokalen Zweigstellen der Botschaft. Hierbei lässt sich erneut feststellen, dass der Anteil jüdischer Mitarbeiter in den verschiedenen Einrichtungen der Exilregierung auf dem Territorium der UdSSR nach dem vollständigen Abzug des polnischen Heeres im Herbst 1942 anstieg. Die Gründe hierfür lagen einerseits in strategischen Überlegungen Stalins, der den Juden eine wichtige Rolle beim Aufbau Polens als sowjetische Kolonie nach Kriegsende zuweisen wollte und andererseits im gravierenden Mangel an gut ausgebildeten Mitarbeitern. Nachdem eine hohe Zahl qualifizierter Personen die UdSSR mit der Anders-Armee verlassen hatte, sollten vermehrt Juden die vakanten Stellen in den polnischen Vertretungen einnehmen.[108] In zahlreichen jüdischen Selbstzeugnissen ist die Rede davon, dass die Zahl der jüdischen Mitarbeiter in den lokalen polnischen Vertretungen ab Herbst 1942 stark angestiegen sei.[109] Diesen Eindruck bestätigen die statistischen Angaben im erwähnten Bericht Ludwik Seidenmans vom August 1943, der jedoch nur die Zahlen vom April 1943 nennt. Zu diesem Zeitpunkt waren 47% aller Mitarbeiter des polnischen Botschaftsapparats jüdisch.[110] In den verschiedenen Einrichtungen der Botschaft, das heißt Schulen, Alten-, Kinder-

106 USHMMA, Wawelberg, Dziennik, S. 38–40.

107 Kazimierz Zyberts Vater Eliasz war Vertrauensmann der polnischen Botschaft im kirgisischen Uzgen. Nach Abbruch der diplomatischen Beziehungen wurde sein Vater kurzzeitig interniert, kurze Zeit später wurde er erneut verhaftet und verstarb im Gefängnis von Taschkent. Pragier, Żydzi czy Polacy, S. 167. Larry Wenig berichtet ebenfalls von einem jüdischen Vertrauensmann in Fergana. Wenig, From Nazi Inferno, S. 213.

108 Litvak, Jewish refugees, S. 138.

109 Nach dem Abzug der Anders Armee im Herbst 1942 sei die polnische Bevölkerung Ferganas mehrheitlich jüdisch gewesen. Wenig, From Nazi Inferno, S. 262; Zarnowitz, Fleeing the Nazis, S. 65–66; Harshav, Interview mit dem Verfasser im September 2013, New Haven, USA.

110 Das entspricht einer Zahl von 1.828 Personen bei einer Gesamtzahl von 3.847 Mitarbeitern. Sword, Welfare, S. 155.

und Invalidenheimen sowie Bibliotheken, betrug der Anteil jüdischer Mitarbeiter 52,8 %. Im zentralasiatischen Süden der UdSSR waren sogar vier von fünf Angestellten polnische Juden.[111] Einen wichtigen Begegnungsraum zwischen Polen und Juden bildeten die von der polnischen Botschaft eingerichteten 43 Schulen und 83 Kinderheime. Fast jede polnisch-jüdische Flüchtlingsfamilie kam mit einer der beiden Institutionen in Kontakt. Wo polnische Schulen existierten, bevorzugten polnisch-jüdische Kinder und Jugendliche beziehungsweise deren Eltern diese gegenüber den sowjetischen Einrichtungen. Im Unterschied zu den sowjetischen Einrichtungen fand der Unterricht an den polnischen Schulen auf der Grundlage des staatlichen Curriculums von 1934 in polnischer Sprache statt, lediglich ergänzt um die Fremdsprachen Englisch und Russisch.[112] Jüdische Schüler bildeten mit 69 % die Mehrheit an den polnischen Schulen. Im zentralasiatischen Süden, dem wichtigsten Zentrum polnisch-jüdischen Lebens, stellten jüdische Kinder und Jugendliche sogar 80 % aller polnischen Schüler. Auch unter dem Schulpersonal befanden sich zahlreiche polnische Juden, die als Lehrer, Schuldirektoren sowie in der Verwaltung arbeiteten. Das polnische Personal der 28 Schulen im Süden umfasste 117 Personen, unter denen 78 Juden waren, das heißt 66 %.[113] Einigen polnischen Juden, wie die aus Warschau in das kasachische Ili geflohene Lena Engelman, wurde gar die Leitung einer polnischen Schule anvertraut. Engelman entstammte einer wohlhabenden, jüdischen Familie in Warschau. Im Herbst 1939 war sie allein nach Osten geflohen und später nach Taschkent evakuiert worden. Ihr späterer Ehemann Victor Zarnowitz beschreibt Engelman in seinen Erinnerungen als „geborene Organisatorin“[114], die alle Kräfte in den Aufbau des Waisenheims und der Schule investiert habe. Auch Zarnowitz begann – wie viele andere polnische Juden – an einer polnischen Schule Geschichte sowie polnische Sprache und Literatur zu unterrichten.[115] Ludwik Seidenman zufolge wurden fünf von acht hervorragenden polnischen Schulen von Juden geleitet.[116]

---

111 Hoover, Seidenman, Report, S. 10.

112 Hoover, Seidenman, Report, S. 22.

113 Insgesamt existierten 43 Schulen mit 2.999 Schülern, davon 2.055 Juden (entspricht 68,5 %). Das Personal bestand aus 165 Personen, davon 89 Juden (54 %). Im Süden existierten 28 Schulen mit 1.845 Schülern (1.482 Juden = 80 %) und einem Personal von 117 Personen (78 Juden = 66 %). Hoover, Seidenman, Report, S. 12–13.

114 Zarnowitz, Fleeing the Nazis, S. 70–71.

115 Auch Leja Goldmans Mutter arbeitete als Lehrerin an einer polnischen Schule in Fergana. GFHA, Zeugnis von Goldman.

116 Hoover, Seidenman, Report, S. 2.

Die von der Botschaft betriebenen 83 Kinderheime (davon 55 im Süden) wurden für die zahlreichen Waisen und Halbwaisen zu lebensrettenden Zufluchtsorten. Viele Not leidende Familien gaben ihre Kinder in die Obhut der polnischen Kinderheime, weil sich nicht anders zu helfen wussten.[117] Wie auch an den Schulen stellten jüdische Kinder hier mit 2.986 von 3.434 Personen die deutliche Mehrheit unter den polnischen Bewohnern der Kinderheime im zentralasiatischen Süden, was einem Anteil von 87 % entspricht. Auch unter den Erzieherinnen und dem Leitungspersonal waren Juden im Süden der Sowjetunion mit 77 % aller Beschäftigten in polnischen Kinderheimen in der Überzahl.[118] Dutzende jüdische Kinder, die nach Kriegsende in die Lager für jüdische Displaced Persons gelangten, verbrachten zuweilen mehrere Jahre in polnischen Kinderheimen. So berichtet etwa Cypora Fenigstein, wie sie nach der Amnestie mit ihrer Familie in die tadschikische Hauptstadt Stalinabad gelangte. Da ihre Eltern die Kinder nicht ausreichend versorgen konnten, gaben sie Cypora und ihre Schwester in das polnische Kinderheim, wo es neben polnischen auch zahlreiche jüdische Kinder gegeben habe. Zwar sei das Heim schmutzig gewesen, doch die polnischen Erzieherinnen hätten sich gut um die beiden gekümmert, erinnert sich Fenigstein.[119] Auch der damals zehnjährige Mordchaj Szwarcberg zog in ein polnisches Kinderheim in Usbekistan, nachdem seine Mutter verstorben war und sein Vater die Familie nicht mehr allein ernähren konnte.[120] Anderen Kindern, deren Vater in die Rote Armee eingezogen worden war, erging es ähnlich.[121]

6.5 Kapitelfazit

Zweifellos zeichneten sich die diversen Einrichtungen der polnischen Botschaft und ihrer lokalen Zweigstellen durch ihre Hilfe für polnische Juden aus. Ohne die

117 Dies war der Fall bei Chajka Strusman und ihrer Schwester nach dem Tod ihrer Eltern sowie bei den Geschwistern Zybert, die vom polnischen Kinderheim in Fergana aufgenommen wurden. GFHA, Zeugnis von Strusman; Pragier, Żydzi czy Polacy, S. 169.

118 Zur Zahl von Juden in Waisenhäusern. Insgesamt existierten 83 Waisenhäuser (55 im Süden). Die Zahl der registrierten Waisenkinder betrug 5.364 (3.654 im Süden), davon 3.435 Juden (2.968 im Süden). Das Personal umfasste 847 Personen (587 im Süden), davon 518 Juden (453 im Süden). Hoover, Seidenman, Report, S. 12–13.

119 YVA und GFHA, Zeugnisse von Fenigstein.

120 GFHA, Zeugnis von Szwarcberg; Ben-Eliezer, Flucht, S. 46.

121 YVA, Fela Reichberger, Jiddisch, verfasst am 15. Juni 1948 im DP-Lager Deggendorf-Alte Kaserne, M 1 E 215; YVA, Edzia Garbuz, Polnisch, verfasst am 11. Februar 1948 in der US-Zone in Deutschland, M 1 E 2267.

aus dem Ausland importierten und über die Kanäle der Botschaft an die Not leidende Bevölkerung verteilten Hilfsgüter hätten viele polnische Staatsbürger die Zeit nach der Amnestie sicher nicht überlebt. Vergegenwärtigt man sich die umfangreiche Hilfe für polnische Juden, lässt sich der Vorwurf von David Engel, wonach die polnische Botschaft bei der Erfüllung ihrer Aufgaben Juden als zweitrangig gegenüber ethnischen Polen betrachtet habe, nicht mehr aufrechterhalten.[122] Zu einem sehr positiven und hochgradig politisch motivierten Urteil gelangt dagegen Ludwik Seidenman in seinem für die westliche Öffentlichkeit bestimmten Bericht vom August 1943, in dem er die polnisch-jüdischen Beziehungen zusammenfasst:

> In sum, the whole period following the amnesty of 1941 was marked by a friendly and concrete collaboration of all Polish citizens, irrespective of nationality and creed."[123]

Es ist anzunehmen, dass Seidenman sehr wohl über die verschiedenen Defizite der Botschaftsaktivitäten bezüglich der jüdischen Bevölkerung informiert war und diese wissentlich verschwieg, um das Ansehen Polens im Ausland nicht zu beschädigen. Den Tatsachen entspricht jedoch Seidenmans Einschätzung einer polnisch-jüdischen Zusammenarbeit, die in vielen Bereichen zum Alltag des sowjetischen Exils gehörte, wie etwa der Fall von Wacław Wawelberg oder die zahlreichen Bildungs- und Sozialeinrichtungen zeigen. Zehntausende jüdische und nichtjüdische Polen hatten gemeinsam über ein Jahr in Sondersiedlungen und Arbeitslagern verbracht, waren in der Hoffnung auf ein besseres Dasein nach Zentralasien gezogen und arbeiten dort in hoher Zahl gemeinsam im umfangreichen Netzwerk der polnischen Zweigstellen. Wenngleich das wenig über die Qualität aussagt, so lässt sich doch festhalten, dass der Kontakt zwischen jüdischen und nichtjüdischen Polen im Zeitraum zwischen der Amnestie 1941 und dem Ende aller Botschaftsaktivitäten im April 1943 zum Alltag gehörte und vielfältige Formen annahm. Was der aus dem sibirischen Arbeitslager entlassene Victor Zarnowitz über die polnisch-jüdischen Flüchtlingsgemeinschaften im kasachischen Nowo-Suchotino schreibt, traf auf viele andere Orte auch zu: „[T]he old relationships returned from before the war. [...] We were more aware of the ties that made us close than of the traits that made us different."[124]

---

122 Engel, Shadow, S. 203.
123 Hoover, Seidenman, Report, S. 2.
124 Zarnowitz, Fleeing the Nazis, S. 65–66.

7 Der lange Weg nach Hause: Polnische Juden und der Verband Polnischer Patrioten (1943–1946)

7.1 Das Jahr 1943 in den polnisch-sowjetischen Beziehungen

Das Jahr 1943 sollte sich als Wendepunkt für das Schicksal polnischer Juden im sowjetischen Exil erweisen.[1] Es markiert zum einen den Niedergang der polnischen Exilregierung auf der diplomatischen Bühne und zum anderen den Aufstieg der polnischen Kommunisten in der Sowjetunion, die sich aus strategischen Gründen in zunehmendem Maße auch für die polnischen Juden einsetzten. In diesem Kapitel werden die spezifischen Folgen der veränderten politischen Ordnung für die jüdische Bevölkerung im sowjetischen Exil erörtert. Zunächst wird die Entstehung des *Verbandes Polnischer Patrioten*, einer polnisch-kommunistischen Gruppierung, skizziert. Dieser nahm in drei Bereichen wesentlichen Einfluss auf die Situation der polnischen Juden in der Sowjetunion. Im Fokus stehen der Aufbau einer neuen polnischen Armee in der Sowjetunion (Berling-Armee), die Wiederaufnahme der Sozialfürsorge (Wohlfahrt) und abschließend die organisierte Rückführung der polnischen Bevölkerung in ihre Heimat (Repatriierung).

Nach dem Sieg in der Schlacht um Stalingrad Ende Januar/Anfang Februar 1943 forcierte die sowjetische Regierung die Vorbereitungen für ein Nachkriegspolen unter sowjetischer Vorherrschaft. Zunächst schuf die Sowjetunion klare Fakten in der umstrittenen Frage der polnischen Staatsbürgerschaft. Am 16. Januar 1943 informierte die sowjetische Regierung die polnische Botschaft in Kujbyšev, dass sie von nun an alle ehemaligen Bewohner der im November 1939 annektierten polnischen Gebiete als sowjetische Staatsbürger betrachte und diese folglich mit einem sowjetischen Pass ausstatten würde.[2] Ohne eine zu betreuende Gruppe polnischer Staatsbürger betrachtete die Sowjetunion auch die Aktivitäten der Botschaft in Kujbyšev als hinfällig. Für die nunmehr ehemaligen polnischen Staatsbürger bedeutete die Schließung der polnischen Botschaft und die Konfis-

1 Die Bezeichnung Wende für das Jahr 1943 findet sich in Kersten, Krystyna: The Establishment of Communist Rule in Poland, 1943–1948. Berkeley u. a. 1991. S. 5.

2 Englische Übersetzung aus dem Russischen als Dokument 285 in: GSHI, Documents, Bd. 1, S. 473–474. Ausführlich beschreibt Stefan Gacki, erster Sekretär der polnischen Botschaft, die Passverleihung in einem in Teheran verfassten Bericht vom 20. Juli 1943. Gacki, Stefan: Paszportyzacja. Przebieg paszportyzacji obywateli polskich i likwidacji sieci opiekunczej Ambasady RP w ZSSR. In: Karta 10 (1993). S. 117–131.

https://doi.org/10.1515/9783110594393-008

zierung sämtlicher Warenvorräte des polnischen Fürsorgeprogramms durch die sowjetischen Behörden im Februar 1943 den Wegfall überlebensnotwendiger Hilfen.[3] Die Schließung der Botschaft und die Zwangsverleihung sowjetischer Pässe (poln. *Paszportyzacja*) nahmen die polnischen Juden als dramatischen Einschnitt wahr, da sie den Traum von der Rückkehr nach Polen in weite Ferne zu rücken schienen.

Um einen sowjetischen Pass zu erhalten, sollten sich alle polnischen Staatsbürger beim lokalen Büro des NKWD vorstellen. Wer dies verweigerte, musste damit rechnen inhaftiert zu werden.[4] Einige polnische Juden wie etwa Larry Wenig versuchten trotz der Gefahr der Passverleihung zu entgehen.[5] Als Wenig nach der Schließung der polnischen Vertretung im usbekischen Fergana die Aufforderung erhielt, sich im Büro des örtlichen NKWD für einen sowjetischen Pass zu registrieren, tauchte er mit seiner Familie unter. In seinen Erinnerungen begründet er diesen risikanten Schritt damit, dass ein sowjetischer Pass für ihn gleichbedeutend mit „lebenslanger Haft"[6] gewesen sei. Aus seiner Sicht wäre auch die gesamte polnische Bevölkerung Ferganas „lieber gestorben"[7] als die sowjetische Staatsbürgerschaft anzunehmen. Tatsächlich gelang es den Wenigs erfolgreich, sich monatelang vor dem NKWD zu verstecken, bis eine neue Direktive das Ende der Zwangspassverleihung bekannt gab. Das im kasachischen Ili lebende Ehepaar Aleksander und Ola Wat reagierte ebenfalls ablehnend auf die Nachricht der erzwungenen Passverleihung. Ola Wat begründet ihre Haltung mit der damaligen Erwartung, dass die Annahme eines sowjetischen Passes „die letzte noch bestehende Hoffnung zunichte [machte], jemals nach Polen zurückkehren zu können."[8] Wat schildert, dass ihr Ehemann, ein ehemaliger Vertrauensmann der polnischen Botschaft, sich an der Spitze des lokalen Widerstandes der polnischen Bevölkerung gegen die Passverleihung setzte, wofür der NKWD ihn umgehend verhaftete und unter katastrophalen Bedingungen ins Gefängnis sperrte. Auch weitere 100 Polen aus Ili, vorrangig Juden, wurden verhaftet und wochenlang inhaftiert, weil sie die Annahme des sowjetischen Passes verweigert hatten. Anders als Aleksander Wat, der einen erfolgreichen Kampf gegen den NKWD um seine polnischen Ausweispapiere führte, gab die Mehrheit der polni-

---

3 Insbesondere für Junge, Alte und arbeitsunfähige Kranke, die nun gezwungen waren, sich auf die Arbeitssuche zu begeben. Litvak, Jewish refugees, S. 141.

4 Stefan Gacki spricht von Tausenden, die infolge ihrer Ablehnung des sowjetischen Passes zwischen Februar und Mai 1943 vom NKWD verhaftet wurden. Gacki, Paszportyzacja, S. 121.

5 Kaganovitch, Stalin's Great Power Politics, S. 65.

6 Wenig, From Nazi Inferno, S. 264.

7 Wenig, From Nazi Inferno, S. 264.

8 Wat, Wahrheit, S. 131.

schen Bevölkerung Ilis schlussendlich dem Druck des NKWD nach.[9] Wie auch Ola Wat sahen sie sich nicht in der Lage, die erniedrigende und körperlich anstrengende Hafterfahrung lange zu ertragen. Den Moment der Haftentlassung, kurz nachdem sie den sowjetischen Pass akzeptiert hatte, schildert Ola Wat in ihren Erinnerungen:

> Als ich auf die Straße trat, stand dort schon eine große Gruppe unserer Leute, die auf die übrigen warteten. Voller Kummer und Verzweiflung sahen wir uns an. Die Frauen waren so verändert, daß manchen Männern bei ihrem Anblick die Tränen in die Augen schossen. Schließlich waren alle da. Weit über hundert Personen. Stolpernd traten wir auf unseren schmerzenden Füßen, in fremden, stinkenden, meist zu großen Schuhen den Rückweg an. Wir hatten jegliche Hoffnung verloren. Gekleidet in Lumpen kamen wir uns selbst wie Lumpen vor. Sowjetische Bürger![10]

Ola Wat formuliert eindrücklich die weit verbreitete Hoffnungslosigkeit unter den nunmehr sowjetischen Staatsbürgern, die nach dem Verlust ihrer polnischen Ausweisdokumente keinen Weg mehr zurück nach Hause sahen. Andere polnische Juden, wie Joseph (Nachname unbekannt), hatten bereits zuvor aus Angst vor einer möglichen Verhaftung durch den NKWD den sowjetischen Pass angenommen.

> I didn't want to think too much about it. I was, by this time, afraid. I had spent fourteen months in jail [zwischen 1939–1941, Anm. d. Verf.], so I immediately got a passport, and as soon as I got the passport, [...] I began to work, and I worked. It wasn't bad.[11]

Ein weiterer Grund für den Widerstand einiger polnischer Juden gegen den sowjetischen Pass war die Sorge, dass sie als Sowjetbürger womöglich in die Rote Armee eingezogen werden würden.[12] Ungeachtet der genannten Befürchtungen sah sich die große Mehrheit der polnischen Juden letztlich im Frühjahr 1943 gezwungen, den sowjetischen Pass zu akzeptierten. Dagegen wurden 1.583 Personen in Arbeitslager eingewiesen, nachdem sie sich geweigert hatten, die sowjetische Staatsbürgerschaft anzunehmen.[13] Die einseitig beschlossene Wende in

---

9 Ola Wat beschreibt in ihren Erinnerungen, wie es ihrem Mann Aleksander gelang, sich trotz wochenlanger Haft standhaft gegen die Paszportyzacja zu wehren. Sie selbst sah sich nach ihrer eigenen Hafterfahrung gezwungen, den sowjetischen Pass anzunehmen. Wat, Wahrheit, S. 131–153.

10 Wat, Wahrheit, S. 143.

11 Boder, Interview mit Joseph.

12 Katz, From the Gestapo, S. 105.

13 Kaganovitch, Stalin's Great Power Politics, S. 66.

der Staatsbürgerschaftspolitik beschädigte die diplomatischen Beziehungen zwischen London und Moskau schwer. Im Frühjahr 1943 musste die polnische Exilregierung erkennen, dass die Sowjetunion infolge der militärischen Erfolge der Roten Armee immer weniger auf einen polnischen Partner in der Anti-Hitler-Koalition angewiesen war. Die Entdeckung von Massengräbern mit den Leichen Tausender seit 1939 vermisster polnischer Offiziere durch die Deutschen in den Wäldern von Katyń am 13. April 1943 und die folgenden empörten Reaktionen Londons nahm die Sowjetunion zum Anlass, die Beziehungen zur polnischen Exilregierung abzubrechen.[14] Am 25. April 1943 bezichtigte Außenminister Molotov in einer diplomatischen Note die Londoner Regierung der Verbindung und Absprache mit Hitler, um die UdSSR zu „territorialen Zugeständnissen auf Kosten der Interessen der Sowjetukraine, Sowjetweißrusslands und Sowjetlitauens“[15] zu zwingen. In derselben Note kündigte er die „Unterbrechung“[16] der diplomatischen Beziehungen an, die einen Tag später, am 26. April 1943, realisiert wurde.

7.2 Die Entstehung und Aufgaben des Verbandes Polnischer Patrioten

Der Abbruch diplomatischer Beziehungen zwischen Moskau und London bedeutete eine diplomatische Katastrophe für die international zunehmend stärker isolierte Exilregierung. Aus sowjetischer Sicht dagegen war nun der Weg endgültig frei für den Aufbau einer polnisch-kommunistischen Schattenregierung, die nach Kriegsende die Macht in Polen übernehmen sollte. Den Nukleus der künftigen Machthaber im Nachkriegspolen bildete eine kleine Gruppe polnischer Kommunisten, die sich im Frühjahr 1943 im *Verband Polnischer Patrioten* (*Związek Patriotów Polskich*, ZPP) organisierte. Die Vorgeschichte des ZPP beginnt auf einer polnisch-sowjetischen Konferenz in Saratov am 1. Dezember 1941, deren Teilnehmer treibende Kräfte im späteren ZPP wurden.[17] Parallel dazu wurde im

---

14 Die polnische Exilregierung hegte keine Zweifel am Wahrheitsgehalt dieser Meldung und entschloss sich entgegen der Warnung Churchills am 16. April 1943 zur Anrufung des Internationalen Roten Kreuzes mit dem Ziel einer Untersuchung des Vorfalls.

15 Englische Übersetzung aus dem Russischen als Dokument 313 in: GSHI, Documents, Bd. 1, S. 533 – 534.

16 GSHI, Documents, Bd. 1, S. 533 – 534. De facto handelte es sich um einen Abbruch der Beziehungen. Das Wort Unterbrechung sollte eine vermeintliche Bereitschaft der sowjetischen Seite zur Wiederherstellung der Beziehungen suggerieren, die jedoch nicht gewollt war.

17 Jaff Schatz zufolge begann die Ausbildung polnischer Kommunisten an der Komintern-Schule Puschkino bereits im Juli und August 1941 mit dem Ziel, langfristig eine neue kommunistische

Januar 1942 im von den Deutschen besetzten Warschau die *Polnische Arbeiterpartei* (*Polska Partial Robotnicza*, PPR) gegründet, die nach dem Willen Stalins eine kommunistisch-polnische Alternative zur Londoner Exilregierung darstellen sollte.[18] Das Programm der neugegründeten PPR war absichtlich sehr vage formuliert, um die Londoner Exilregierung nicht offen zu brüskieren.[19] Im Zuge der sich abzeichnenden Wende im deutsch-sowjetischen Krieg sahen die polnischen Kommunisten in der Sowjetunion die Zeit gekommen, ihrerseits in die Offensive zu gehen. Im Januar 1943 verfassten Wanda Wasilewska und Alfred Lampe, Anführerin und Chefideologe der Gruppe, im Namen der polnischen Kommunisten einen gemeinsamen Brief an Molotov, in dem sie den Aufbau einer zentralen Stelle für polnische Angelegenheiten vorschlugen. Nach weiteren Verhandlungen im Kreml stimmte Stalin dem Plan zu, sodass im März 1943 schließlich der *Verband Polnischer Patrioten* ins Leben gerufen werden konnte.[20] Der bewusst nicht auf kommunistisches Vokabular verweisende Name war Ausdruck einer Täuschungsstrategie. So hatte Molotov die Initiatoren des ZPP gedrängt, diesen gegenüber der polnischen Bevölkerung in der UdSSR als eine breit-aufgestellte nationale Organisation darzustellen.[21] Die erste Ausgabe des offiziellen Organs

Partei in Polen sowie einen bewaffneten Widerstand im besetzten Polen aufzubauen. Polnische Juden bildeten die Mehrheit unter diesen Kommunisten. Schatz, The Generation, S. 173–174.

18 Aus der den Reihen geflohener Kommunisten an der Kominternschule Puschkino ging die sogenannte Initiativgruppe hervor. Ziel der zwölfköpfigen Gruppe war die Vorbereitung kommunistischer Aktivitäten im besetzten Polen. Am 27. Dezember 1941 wurden sechs von ihnen per Fallschirm über Polen abgeworfen. Darunter befanden sich Paweł Finder und Pinkus Kartin, zwei langjährige kommunistische Aktivisten, die nach dem deutschen Überfall auf die Sowjetunion nach Osten geflohen waren. Kartin sollte einen kommunistischen Widerstand im Warschauer Ghetto aufbauen, Finder leitete die Gründungssitzung der PPR in Warschau am 5. Januar 1942. Finder führte die PPR 1942/1943, bis er im November 1943 von der Gestapo verhaftet und am 26. Juli 1944 ermordet wurde. Rozenbaum, Road, S. 215–216.

19 Mit Unterstützung von Wanda Wasilewska wurde Alfred Lampe gestattet, im Mai 1942 die Zeitschrift *Nowe Widnokregi* (Neue Horizonte) wiederaufzulegen. Im August 1942 nahm die polnischsprachige Radiostation Kościuszko ihre Tätigkeit in der Sowjetunion auf. Lampe positionierte die Zeitschrift als publizistisches Gegengewicht zur Londoner Exilregierung, sehr zum Gefallen der sowjetischen Regierung. Der Erfolg der Zeitschrift führte zur weiteren Intensivierung der Kontakte zwischen Moskau und den polnischen Kommunisten. Schatz, The Generation, S. 173; Głobaczew, Michaił: „Nowe Widnokręgi" (1941–1946). Zarys problematyki. In: Kwartalnik Historii Prasy Polskiej 1 (1980). S. 63–74, hier S.65; Rozenbaum, Road, S. 217–218.

20 Die spätere Vorsitzende des ZPP, Wanda Wasilewska, behauptete, dass Stalin selbst den Namen Verband Polnischer Patrioten vorgeschlagen habe. Zaremba, Marcin: Im nationalen Gewande. Strategien kommunistischer Herrschaftslegitimation in Polen 1944–1980. Osnabrück 2011. S. 139.

21 Die *Ideologische Erklärung* habe sich nach Ansicht Keith Swords bemüht „to steer a narrow course between criticising Sikorski's government and yet maintaining brotherhood in arms with

Wolna Polska (dt. Freies Polen) des ZPP erschien am 1. März 1943, das heißt fast zwei Monate vor Abbruch der diplomatischen Beziehungen, und doch waren durch die Etablierung des ZPP bereits die Weichen für eine Zukunft Polens unter sowjetischem Einfluss gestellt.[22] Offiziell präsentierte sich der ZPP jedoch erst Anfang Juni auf seinem ersten Kongress in Moskau. Dort trafen sich am 9. und 10. Juni 1943 66 Delegierte, die sich auf folgende Aufgaben des ZPP verständigten.[23]

1. Aufbau einer polnischen Division innerhalb der Roten Armee;
2. Unterstützung der Widerstandsbewegung im besetzten Polen;
3. Einsatz für Unterstützung nationaler polnischer Interessen und das Wiederentstehen eines freien, unabhängigen, demokratischen Staates[24];
4. Vertretung der Interessen polnischer Bürger in der SU;
5. in Zusammenarbeit mit sowjetischen Einrichtungen: Aufbau und Durchführung polnischer Schulen, Kultur- und Bildungseinrichtungen, Wohlfahrtsaufgaben sowie Veröffentlichung polnischer Publikation, darunter auch Schulbücher.[25]

Mit Ausnahme des zweiten Punktes sollten alle fünf auf dem Kongress formulierten Ziele des ZPP direkte Auswirkungen auf die Lebensbedingungen polnischer Juden in der UdSSR haben. Eine zentrale Frage der Kongressteilnehmenden betraf die polnische Staatsangehörigkeit. Wanda Wasilewska beantwortete die Frage, wer im Sinne des ZPP als Pole zu verstehen sei, so, dass diejenigen, die im September 1939 Bürger Polens gewesen waren, als Polen zu verstehen seien,

Poles in the West (and in Poland) who felt allegiance towards that government. Care was taken not to antagonise Poles at home or in the West by labelling all those who were serving under the London Government's banner as fools or knaves." Sword, Deportation, S. 131–132; Engel, Facing a Holocaust, S. 79–80.

22 Kersten, Establishment, S. 9. Die Zeitung *Wolna Polska* hatte eine Auflage von 40.000 Exemplaren. Engel, Facing a Holocaust, S. 79.

23 Der Kongress wählte ein sechzehnköpfiges Leitungsbüro mit Wasilewska an der Spitze und zwei jüdischen Mitgliedern, Julia Brystygierowa und Boleslaw Drobner. Dem fünfköpfigen Exekutivkomitee gehörten zunächst keine Juden an, ein Jahr später wurden jedoch Jakub Berman und Emil Sommerstein berufen. Rozenbaum, Road, S. 219–220.

24 In der *Ideologischen Erklärung* des ZPP wurde im Einklang mit den Zielen der sowjetischen Außenpolitik unter anderem die Zugehörigkeit der Westukraine und Westweißrusslands zur Sowjetunion sowie eine Verschiebung der polnischen Westgrenze an Oder und Neiße vertreten. Der Gedanke einer polnischen Rückkehr auf das piastische Territorium war eine Idee der Nationaldemokraten um Roman Dmowski, die sich die neue kommunistischen Führung rasch und scheinbar problemlos zu eigen gemacht habe. Zaremba, Im nationalen Gewande, S. 142.

25 Rozenbaum, Road, S. 220.

und zwar unabhängig von ihrer ethnischen Herkunft.[26] Demzufolge könnten auch diejenigen Juden seitens des ZPP Hilfe erwarten, die mehrheitlich infolge des Dekrets vom 16. Januar 1943 zu Bürgern der Sowjetunion geworden waren.

Vor dem Hintergrund der Regierungskrise in London infolge des überraschenden Todes von Władysław Sikorski bei einem Flugzeugabsturz im Juli 1943 in Gibraltar startete die Sowjetunion eine offensive Kampagne, um ihr Ansehen im Westen zu verbessern.[27] Der außenpolitische Wettstreit um die Gunst der amerikanisch-jüdischen Öffentlichkeit und der Aufbau regierungsähnlicher Strukturen in Warschau (PPR) und Moskau (ZPP) können als zentrale Aspekte der sowjetischen Strategie zur Lösung der *polnischen Frage* in ihrem Sinne betrachtet werden. Jüdische Hilfsorganisationen in den Vereinigten Staaten von Amerika, allen voran der JDC, nahmen die Verschlechterung der diplomatischen Beziehungen zwischen London und Moskau mit wachsender Sorge zur Kenntnis. Um die schwierige Lage der polnischen Juden im sowjetischen Exil zu verbessern, appellierte die *American Federation for Polish Jews*, eine Interessenvertretung für die Belange der osteuropäisch-jüdischen Einwanderer, in seinem Presseorgan *Polish Jew* vom Februar 1943 an die Hilfsbereitschaft seiner Leser. Auf zwei Seiten fasst der Artikel die Probleme der polnisch-jüdischen Exilanten auf sowjetischem Territorium zusammen. Zugleich klagt der anonyme Autor in dem Text die polnische Armeeführung um General Anders des Antisemitismus an, der für die verhältnismäßig niedrige Zahl jüdischer Soldaten im polnischen Heer verantwortlich sei. Der Zeitschriftenartikel schlägt gegenüber der Sowjetunion bereits einen positiven Ton an und nimmt damit die Verschiebung der Kräfteverhältnisse im polnisch-sowjetischen Konflikt um die Nachkriegsordnung vorweg.[28]

Tatsächlich profitierten Zehntausende polnisch-jüdische Exilanten vom sowjetischen Kurswechsel des Jahres 1943, da sie im Unterschied zu nichtjüdischen Polen weiterhin ausländische Hilfsleistungen erhielten. Die Sowjetunion

---

26 Laut Keith Sword sei jedoch schnell deutlich geworden, dass der Status von Polen ukrainischer und weißrussischer Herkunft als Bürger der Sowjetunion nicht infrage gestellt werden würde. Sword, Deportation, S. 133.

27 Kurz vor dem ersten Kongress des ZPP in Moskau brachen im Mai 1943 zwei führende Vertreter des Moskauer Jüdischen Antifaschistischen Komitees (JAK) zu einer siebenmonatigen Reise in die jüdischen Zentren in den Vereinigten Staaten, Mexiko, Kanada und Großbritannien auf. Die beiden prominenten sowjetischen Juden, der Schauspieler Shlomo Mikhoels und der Dichter Itsik Feffer, verbreiteten bei ihren Auftritten zwei Botschaften: erstens die Sowjetunion kämpft gegen Hitler und rettet somit die europäischen Juden vor dem Tode. Daher sei die Sowjetunion der größte Freund der Juden. Und zweitens, die sowjetische Regierung sei bereit, die zionistischen Pläne für Palästina zu unterstützen. Diese Botschaften wurden bis auf wenige Ausnahmen positiv und kritiklos aufgenommen. Engel, Facing a Holocaust, S. 81–82.

28 *Polish Jew*, Februar 1943, S. 1–2.

gestattete diese Praxis, weil sie in den USA und in Großbritannien um Unterstützung für eine prosowjetische Nachkriegsordnung in Polen suchte. Nach monatelangen Verhandlungen mit der sowjetischen Regierung und dem polnischen Roten Kreuz begann der JDC, Hilfspakete von Teheran (Iran) über das Kaspische Meer (*Persischer Korridor*) an Privatadressen polnischer Juden in der UdSSR zu senden.[29] Auf diese Weise konnte die Zahl der verschickten Pakete bis Ende 1944 kontinuierlich erhöht werden. Konkret hieß das, dass etwa 40.000 jüdische Flüchtlingsfamilien zwischen Ende 1944 und Mitte 1946 alle drei Monate ein Hilfspakt vom JDC geschickt bekamen. Zweifellos bewahrten die Anstrengungen des JDC Zehntausende polnisch-jüdische Flüchtlinge vor dem Hungertod in der Sowjetunion.[30] Neben der umfangreichen Versorgung durch den JDC profitierten polnische Juden auch von Hilfspaketen aus Palästina. Dabei handelte es sich in der Regel um individuelle Hilfe durch Verwandte, die etwa mithilfe des JDC an die Adressen ihrer Angehörigen in der UdSSR gelangt waren. In Tel Aviv war das *Zjednoczony Komitet Pomocy dla Żydow Polskich* (ZKPŻP, dt. Vereintes Hilfskomitee für polnische Juden) für die Sammlung von Kleider- und Lebensmittelspenden verantwortlich. Nach eigenen Angaben verschickte das Hilfskomitee allein im Zeitraum zwischen Frühjahr 1943 und April 1944 über 12.000 Pakete an polnische Juden in der Sowjetunion. Zuvor war die jüdische Gemeinschaft Tel Avivs mit Slogans wie *Ein kleines Paket rettet eine große Familie* zum Spenden aufgerufen worden.[31]

Die Sendungen aus den USA und Palästina erleichterten das Leben Zehntausender polnischer Juden im sowjetischen Exil. Bella Gurwic, Empfängerin eines palästinensischen Hilfspakts, hielt im Jahr 1946 in einem Erfahrungsbericht fest, dass die Familie sich nach der Rekrutierung des Vaters in die Rote Armee finanziell kaum über Wasser halten konnte. Zu ihrer großen Freude seien dann im Jahr 1944 die ersten Pakete mit Hilfsgütern von Verwandten aus Palästina bei

---

29 Zuvor hatte der JDC im geringen Umfang Hilfspakte in die UdSSR verschickt. Bis Juli 1943 gelang es dem JDC auf diese Weise, 3.132 Pakete an jüdische Flüchtlinge zu schicken. Im Juni 1943 schloss der neue Repräsentant des JDC in Teheran, Charles Passman, mit dem Polnischen Roten Kreuz eine Abmachung, wonach der JDC die vom Roten Kreuz verteilten Hilfspakete aufstocken würde. Folglich wurde die Hälfte aller Pakete an jüdische Flüchtlinge gehen, deren Adressen dem JDC vorlagen. Grossmann, Remapping, S. 66.

30 Litvak, Jewish Refugees, S. 141–143; Grossmann, Remapping, S. 71. In einem Brief zweier polnischer Rabbiner an das JDC-Büro in Teheran heißt es: „The J.D.C. parcels saved the lives of thousands of refugees in Russia. We wish to express our thanks for the life-saving job done by American Jewry which we and our people will never forget." Zitiert aus JDC Digest, Juli 1946, S. 2.

31 Alle Angaben zum ZKPŻP aus der Übersetzung eines hebräischen Artikels aus der Zeitung *Hamshkif* vom 19. April 1944 mit dem Titel „Tysiące Żydów ginie z głodu i zimna w stepach Sybiru". Hoover, Władysław Anders Papers 71–44, Dokument 215.

ihnen eingetroffen: „Und das rettete uns.“[32] Insbesondere in jener Phase zwischen der Auflösung der Botschaftsfürsorge und der Fortführung des Hilfsprogramms durch den ZPP waren die Exilanten mithilfe der ausländischen Lieferungen in der Lage, Lebensmittel und andere lebensnotwendige Waren zu erwerben. Besonders lebenswichtig waren die Pakete des JDC und des ZKPŻP für jene Familien, in denen sich die Männer der neuen polnischen Armee angeschlossen hatten und deshalb nichts mehr zum Familieneinkommen beitragen konnten.

7.3 Die Berling-Armee und die polnischen Juden in der Sowjetunion

Die Pläne für den Aufbau einer polnischen Armee unter sowjetischer Führung nahmen zu Beginn des Jahres 1943 konkrete Formen an. Nach der deutschen Niederlage in Stalingrad einigten sich Stalin und der ZPP auf den Aufbau neuer polnischer Streitkräfte, die jedoch – anders als das Anders-Heer – an der Seite der Roten Armee gegen die Wehrmacht kämpfen sollten. Von Beginn an beabsichtigte die sowjetische Führung, dass die neue polnische Armee die geplante Errichtung einer kommunistischen Regierung in Polen politisch und militärisch absichern sollte.[33] In einem gemeinsamen Abkommen zwischen der sowjetischen Regierung und dem ZPP vom 30. Juni 1943 einigten sich beide Seiten auf die Ausweitung der Amnestie auf alle ehemaligen polnischen Staatsbürger in der Sowjetunion und legten Details der neuen Armee fest.[34] Den Vereinbarungen zufolge durften sich bei den für die Rekrutierung zuständigen *Wojenkomaty* (dt. Verteidigungskommissariate) demnach alle ehemaligen polnischen Bewohner der Westukraine und Westweißrusslands vorstellen, auch wenn sie de facto die sowjetische Staatsbürgerschaft besaßen. Bei der Registrierung wurden die Freiwilligen vor die Wahl gestellt, ob sie und ihre Familienangehörigen die polnische Staatsbürger-

---

32 GFHA, Zeugnis von Gurwic.

33 Nussbaum, Klemens: Jews in the Kosciuszko Divison and First Polish Army. In: Jews in Eastern Poland and the USSR, 1939–46. Hrsg. von Norman Davies u. Antony Polonsky. London 1991. S. 183–213, hier S. 183.

34 Laut Halik Kochanski wandte sich Berling per Brief am 8. April 1943 an Stalin. Kochanski, Halik: The Eagle Unbowed: Poland and the Poles in the Second World War. Cambridge 2012. S. 376. Einen Monat später, am 8. Mai 1943, erschien folgende Bekanntmachung in der *Wolna Polska:* „The Soviet Government has decided to comply with the request of the Union of Polish Patriots in the USSR to create a Polish division named after Tadeusz Kosciuszko on the territory of the USSR, which is to fight jointly with the Red Army against the German invader. The formation of the Polish division has already been started.“ (Zitiert aus englischer Übersetzung in: Nussbaum, Jews, S. 185.

schaft zurückerhalten wollten.[35] Zygmunt Berling, einer von wenigen nicht in Katyń ermordeten polnischen Offizieren, wurde zum Oberkommandeur der Streitkräfte ernannt und später von Stalin zum General befördert.[36] Umgangssprachlich wurden die polnischen Streitkräfte als *Berling-Armee*[37] bezeichnet. Am 10. August 1943 wurden die ersten Verbände, die sogenannte *Kościuszko-Division*[38], zunächst in das *Erste Polnische Korps* umgewandelt, bevor die Armee am 18. März 1944 schließlich ihren endgültigen, offiziellen Namen *Erste Polnische Armee* erhielt.[39] Nach einer umfangreichen Anwerbekampagne, unter anderem im offiziellen Organ des ZPP, der *Wolna Polska*[40], konnten im August 1944 zwei polnische Armeen mit 123.000 Soldaten aufgestellt werden.[41] Zum ersten Mal griff die Armee am 12. und 13. Oktober 1943 im Umkreis der weißrussischen Stadt Lenino kämpfend in das Kriegsgeschehen ein. Weitere Kämpfe mit Beteiligung der Berling-Armee folgten im Sommer 1944 und Anfang 1945. Polnische Truppen waren ebenfalls an der Befreiung Berlins im April 1945 beteiligt.[42] Zum Zeitpunkt der deutschen Kapitulation im Mai 1945 zählte die Armee circa 200.000 polnische Soldaten.[43]

Der Abzug der Anders-Armee hatte die Hoffnungen Zehntausender Juden auf ein baldiges Verlassen der Sowjetunion enttäuscht. Die sowjetischen Pläne zum

---

35 Kochanski, Eagle Unbowed, S. 377.

36 Zygmunt Berling (1896–1980) erhielt eine militärische Ausbildung und nahm am Ersten Weltkrieg sowie am polnisch-sowjetischen Krieg teil. Im Herbst 1939 wurde er vom NKWD verhaftet und infolge seiner Bereitschaft zur Zusammenarbeit mit der Sowjetunion nach Moskau gebracht. Im Rahmen der Amnestie wurde er freigelassen, um sich der Anders-Armee anzuschließen. Kurz vor deren Evakuierung desertierte er. Stalin beförderte ihn 1943 zum General und übergab ihm das Kommando über die Kościuszko-Division und später die Erste Polnische Armee. Kochanski, Eagle Unbowed, S. 604–605.

37 Borodziej, Geschichte Polens, S. 243.

38 Für Marcin Zaremba war die Benennung der Ersten Division sowie des aus Moskau sendenden polnischen Radiosenders nach dem polnischen Nationalhelden ein Beleg für die Bezugnahme auf nationale Formen. Zaremba sieht darin den Versuch polnischer Kommunisten in der Sowjetunion, den von ihnen empfundenen „Komplex ihrer unzulänglichen nationalen Glaubwürdigkeit" zu beheben. Zaremba, Im nationalen Gewande, S. 140–141.

39 Sword, Deportation, S. 141; Rozenbaum, Road, S. 219. Die Polnische Armee war formell nicht Teil der Roten Armee, sondern dieser unterstellt. Die politische Führung der Armee oblag offiziell dem ZPP. Nussbaum, Jews, S. 188.

40 Am 9. Mai 1943 wurde über sowjetische Medien verkündet, dass der ZPP mit dem Aufbau einer polnischen Armee in der Roten Armee betraut werden sollte. Schatz, The Generation, S. 180.

41 Zum Einmarsch in Polen am 21. Juli 1944 zählte die Armee 78.000 Mann an der Weißrussischen Front. In den letzten Wochen des Krieges wurde eine Zweite Polnische Armee an der Ukrainischen Front gegründet, die 90.000 Soldaten umfasste. Sword, Deportation, S. 141.

42 Nussbaum, Jews, S. 186.

43 Sword, Deportation, S. 141.

Aufbau einer neuen polnischen Armee unter der Führung der Roten Armee erneuerten diese Aussicht auf eine mögliche Rückkehr nach Polen. Die Berling-Armee prägte den Lebensalltag Zehntausender polnischer Juden im sowjetischen Exil, sei es als Rekruten, als Offiziere, als abgelehnte Freiwillige oder auch als Angehörige der in den Kampf geschickten Soldaten, bangend, ob diese lebend zurückkehren würden. Ähnlich wie schon zuvor bei der Anders-Armee verbanden viele polnische Juden große Hoffnungen mit einer Aufnahme in die Reihen des Heeres. Der Anteil jüdischer Soldaten in der Berling-Armee war deutlich höher als in den polnischen Streitkräften im Jahr 1942. Er lag jedoch noch immer unter ihrem prozentualen Anteil an der verbliebenen polnischen Bevölkerung in der Sowjetunion von etwa 40 % im Sommer 1943.[44] Unter den Motiven polnischer Juden, sich der Armee anzuschließen, lassen sich drei Aspekte hervorheben. Erstens wollten sich polnische Juden am Kampf gegen Nazi-Deutschland beteiligen, das so viel Leid über die Juden und ihr Heimatland Polen gebracht hatte. Zweitens bot die Aufnahme in die Armee die Aussicht auf ein baldiges Verlassen der Sowjetunion und eine Rückkehr in die Heimat. Am 28. April 1943 hatte Wanda Wasilewska im Radio verkündet, dass der einzige Weg nach Polen der „Weg des Kampfes“[45] sei. Nicht wenige deuteten diese Aussage so, dass die Aufnahme in die Armee eine Bedingung für die spätere Rückkehr darstelle. Drittens glaubten viele den Verlautbarungen des ZPP, dem die Berling-Armee formell untergeordnet war, wonach Antisemitismus in Zukunft keinen Platz mehr in Polen finden dürfe.[46] Zehntausende jüdische Männer verließen in der Folge ihre Angehörigen in Zentralasien und anderswo und kehrten in der Regel erst Jahre später zu ihren Familien zurück.

Obwohl sich im Unterschied zur Anders-Armee zahlreiche Juden unter den polnischen Offizieren und Soldaten der Berling-Armee befanden, stellten antisemitische Äußerungen, insbesondere zu Beginn der Armeebildung, keine Seltenheit dar. Antisemitismus äußerte sich in Gestalt von Witzen, Drohungen und körperlicher Gewalt.[47] So beschreibt etwa der in die Berling-Armee einberufene, 22-jährige Henry Skorr, dass er im Hauptquartier des Heeres in Rjasan Todesangst vor den polnischen Soldaten gehabt habe. Skorr war überzeugt: „They [die Polen,

---

44 Mitte 1943 hatten sich auch die Bevölkerungsanteile verändert: Polen stellten 51 %, Juden 44 %, Ukrainer und Belarussen jeweils etwa 5 %. Die Zahlen basieren auf einer Registrierung, die der ZPP Ende 1943 durchführte und insgesamt 223.800 Personen zählte, was nicht der Gesamtzahl der in der SU lebenden Polen entsprach. Żaron, Ludność polska, S. 285.

45 Zitiert aus Nussbaum, Jews, S. 190.

46 Nussbaum, Jews, S. 203.

47 Hierzu zählen auch Bemerkungen über die hohe Zahl von Juden im ZPP und unter den Armeeoffizieren. Nussbaum, Jews, S. 205.

Anm. d. Verf.] will kill us before we ever see the Germans."[48] Ein jüdischer Offizier hatte Skorr auf dessen Frage nach der Behandlung der Juden in der Armee auf Jiddisch empfohlen, wegzurennen. Aus Angst vor antisemitischer Gewalt bestach Skorr schließlich einen sowjetischen Soldaten, der ihn von der Einberufungsliste strich.[49] Wie schon in anderen Zusammenhängen beschrieben, trug die Angst vor Gewalt durch polnische Kameraden zur negativen jüdischen Wahrnehmung der gegenseitigen Beziehungen bei. Im Rückblick, so erklärt Skorr in seinen Erinnerungen, habe die Begegnung mit polnischem Antisemitismus in der Berling-Armee seine Überzeugung gestärkt, dass

> the only victory for us, the Jewish people, was to survive. Seeing the old Polish hatreds and being stuck in a society that rejected religious principles served to harden my resolve.[50]

Die national-kommunistische Strategie des ZPP bewirkte, dass der Anteil jüdischer Soldaten und Offiziere in den Reihen der Ersten Polnischen Armee sukzessive sank. Sowohl die sowjetische Führung als auch der ZPP waren besorgt, dass ein hoher Anteil jüdischer Soldaten das *nationale Gesicht* der Armee verändern würde.[51] Folglich wurden Juden zunehmend an den Rekrutierungsstellen von der Aufnahme in die Armee ausgeschlossen.[52] Um sich dennoch der Armee anschließen zu können, wandten polnische Juden verschiedene Strategien an. So verheimlichten einige ihre jüdische Herkunft, während andere die Wojenkomaty mieden und stattdessen direkt die Regionen aufsuchten, in denen sich die Armee formierte. Sie hofften, auf diese Weise einer vorzeitigen antisemitisch motivierten Ablehnung ihrer Bewerbung zu entgehen.[53] Die diskriminierende Praxis zeigte bald Wirkung. Hatten Juden im August 1943 noch 40 % der politischen Offizierspositionen in der Ersten Polnischen Armee gestellt, so war ihre Zahl im Jahr 1945 auf 6,4 % gesunken. Der Anteil jüdischer Soldaten in der Armee fiel von 20 % im Februar 1944 auf 12 % im April 1944.[54] Insgesamt dienten zwischen 1943 und 1945 etwa 12.000 bis 13.000 Juden in der Polnischen Armee in der Sowjet-

48 Skorr, Blood and Tears, S. 258.
49 Skorr, Blood and Tears, S. 259–262
50 Skorr, Blood and Tears, S. 264.
51 Rozenbaum, Road, S. 221; Polonsky, The Jews, Bd. 3, S. 532.
52 Nussbaum, Jews, S. 190.
53 Nussbaum, Jews, S. 192. Nussbaum weist zudem darauf hin, dass diejenigen, deren Namen polonisiert worden waren, einen Vermerk – den Buchstaben „Z" – in ihren Unterlagen hinzugefügt bekamen, damit die entsprechenden Stellen dennoch informiert waren. Nussbaum, Jews, S. 195.
54 Polonsky, The Jews, Bd. 3, S. 532.

union.[55] Sie waren auf allen Ebenen der Armee beteiligt, als Offiziere, Soldaten, Redakteure der Armeezeitung *Żołnierz Wolności* (dt. Friedenssoldat), Leiter und Schauspieler des Armeetheaters oder als Kameraleute und Produzenten des die Armee begleitenden Filmteams.[56]

Dass der kameradschaftliche Kampf gegen die Deutschen in einigen Fällen zum Abbau antisemitischer Positionen unter polnischen Soldaten beitrug, behauptet Chajm Grynszpan, ein Teilnehmer der Schlacht von Lenino im Oktober 1943.[57] In seinem Bericht aus dem Jahr 1947 bezeichnet Grynszpan es als seine „heilige Pflicht“[58] das heldenhafte Verhalten jüdischer Soldaten in der Berling-Armee zu dokumentieren. In seinem Schreiben an die *Zentrale Historische Kommission* in Rom[59] formuliert er seinen Wunsch konkret:

> Ich möchte, dass dieses Ruhmesblatt neben den Geschichten jüdischer [Widerstands-] Kämpfer bei den Partisanen und in den Ghettos nicht außer Acht gelassen wird in Ihrer Chronik und ihren künftigen Publikationen.[60]

Grynszpans Bericht trägt den Titel *Byłem pod Lenino* (dt. Ich war in Lenino) und stellt die Schlacht bei Lenino als äußerst harten, verlustreichen und doch letztlich siegreichen Kampf dar. Besonders hervorheben möchte Grynszpan den Einsatz des jüdischen Hauptmanns Hübner. Dieser habe sich plötzlich aus den Schützengräben erhoben und sein Bataillon mit dem Ruf „Naprzód chłopcy na naszą Warszawę“[61] (dt. „Vorwärts Männer, auf zu unserem Warschau“) in den Kampf geführt. Grynszpans Duktus ist deutlich vom Bestreben gekennzeichnet,

---

55 Das entspricht etwa 12% aller Soldaten. Nussbaum, Jews, S. 194. Israel Gutman spricht von 13.000 jüdischen Soldaten. Gutman, Jews, S. 363.

56 Juden in der Polnischen Armee bildeten ein Viertel aller mit polnischen und ein Fünftel aller mit sowjetischen Ehren ausgezeichneten Laureaten. Nussbaum, Jews, S. 200.

57 Zum selben Schluss kommt auch Nussbaum, Jews, S. 205–206.

58 Grynszpan, Chajm: Byłem pod Lenino. 1947, überliefert in: YIVO, Record Group 104, Mikrofilm No. MK538, S. 1.

59 Hierbei handelt es sich um die *Tsentrale Historishe Komisye bay Pakhakh* mit Sitz in Rom und Mailand, die von Moshe Kaganovitch 1945 gegründet wurde und bis 1948 existierte. Die Kommission in Italien machte es sich zur Aufgabe, eine Geschichte jüdischer Partisanen und anderer jüdischer Kämpfer zu dokumentieren. In einem Aufruf an ehemalige jüdische Kämpfer ist die Rede von der „Pflicht“ diese Geschichten zu dokumentieren. Im Jahr 1948 wurde das 400-seitige Ergebnis dieser Berichte in jiddischer Sprache von Moshe Kaganovitch veröffentlicht. Jockusch, Collect and Report, S. 156–158.

60 Im polnischen Original heißt es: „Chciałbym by ta piękna karta walk obok walk Żydów po partyzantce czy gettach nie została pominięta w waszej kronice czy wydanych pracach.“ YIVO, Grynszpan, Byłem, S. 2.

61 YIVO, Grynszpan, Byłem, S. 3.

die Schlacht bei Lenino als einen kameradschaftlichen Kampf von Russen, Polen und Juden darzustellen. Von Antisemitismus oder anderen Konflikten ist keine Rede. Stattdessen betrachte er Lenino als „ein Symbol des unbeugsamen Kampfes jüdischer Soldaten mit dem Adler auf der Konfederatka."[62] Grynszpans Bericht ist ein seltenes Zeugnis für die Beteiligung jüdischer Soldaten in der Berling-Armee im Kampf gegen die Wehrmacht. Der Text zeigt ferner, dass Kameradschaft zwischen jüdischen und nichtjüdischen Soldaten der Berling-Armee existierte.

7.4 Die Wohlfahrtsabteilung des Verbandes Polnischer Patrioten

Neben dem Aufbau der polnischen Armee betrachtete die ZPP-Führung die Wiederaufnahme der im Frühjahr 1943 eingestellten Fürsorgeaktivitäten für die polnische Bevölkerung als ihre dringendste Priorität. Beide Aufgabenbereiche waren eng miteinander verknüpft. Denn erst als sich Beschwerden von Rekruten der Kościuszko-Division über die mangelnde Versorgung ihrer zurückgelassenen Familien häuften, beschleunigte die ZPP-Führung ihre Anstrengungen zur Fortsetzung des Fürsorgenetzwerks. Tatsächlich waren die Einberufenen und Freiwilligen in der Armee zuvor nicht selten allein für das Familieneinkommen verantwortlich gewesen. In Sorge um ihre Angehörigen wandten sich viele Soldaten an die Armeeleitung und den ZPP mit der Bitte, dass ihre Familien entsprechend versorgt würden, solange sie selbst Dienst leisteten. Im Juni 1943 beschloss der ZPP, dass Ehefrauen, Eltern und Kinder von Soldaten und Offizieren Unterstützung erhalten sollten.[63] Eine zusätzliche Versorgung mit Hilfsgütern war aber auch aus Sicht der restlichen polnischen Bevölkerung bitter nötig. Viele hatten ihr Überleben im sowjetischen Exil bisher der Tatsache zu verdanken, dass sie die von der Botschaft erhaltenen Waren gegen andere Güter eintauschen konnten. Ohne die regelmäßigen Lieferungen waren viele wieder gezwungen, zu hungern. Die Hilfslieferungen vom JDC und Familienangehörigen in Palästina sicherten zwar Zehntausenden polnischen Juden das Überleben, doch schafften die Kleider- und Lebensmittelspenden zumeist nur kurzzeitige Abhilfe.

62 YIVO, Grynszpan, Byłem, S. 4. Gemeint ist die Kopfbekleidung der polnischen Einheiten. Diese trugen die traditionelle polnische Eckenmütze, auf der der polnische Adler abgebildet war.
63 Eine solche Hilfe sollte jedoch nur gegen einen Nachweis der familiären Verbindung erfolgen, was sich in der Praxis als schwierig gestaltete. Sword, Deportation, S. 134–135.

Eine Verbesserung der Lebensbedingungen war das erklärte Ziel des ZPP, doch erst im September 1943 nahm der bereits im Juli oder August gegründete *Wydział Opieki Społecznej* (WOS, dt. Abteilung für Sozialhilfe) ihre Arbeit auf.[64] Um die Arbeit des WOS infrastrukturell zu unterstützen, aber auch zu ihrer besseren Kontrolle, wurde das *Fürsorgeamt für die aus den westlichen Oblasten der Ukraine und Weißrusslands evakuierten Polen* (*Uprosobtorg*) am Handelsministerium gegründet.[65] *Uprosobtorg* unterhielt 14 Verteilungsstellen im ganzen Land, von denen aus die Hilfsgüter in die Regionalabteilungen des ZPP transportiert wurden. Mit der Verteilung der zu Jahresbeginn 1943 konfiszierten Hilfsgüter waren die regionalen Niederlassungen des ZPP betraut, die sich in der Regel in denselben Gebäuden befanden wie die Zweigstellen der ehemaligen polnischen Botschaft.[66] Der ZPP strebte danach, die Zahl und geografische Ausdehnung seiner Niederlassungen in der Sowjetunion zu erweitern, um einerseits den erfolgreichen Ablauf der Fürsorge zu gewährleisten und um andererseits die Zahl der Polen auf sowjetischem Territorium exakt zu bestimmen. Im Spätsommer gründete der ZPP die ersten Niederlassungen in den zentralen Regionen der UdSSR und dehnte sich anschließend kontinuierlich nach Osten und Süden aus.[67] Durch die wachsende Bindung polnischer Staatsbürger an die Strukturen des ZPP war dieser Ende 1943 erstmals in der Lage, Zahlen über die polnische Bevölkerung und deren ethnische Zugehörigkeit zu erheben. Demnach befanden sich unter den 223.806 Registrierten 114.209 ethnische Polen (51 %), 98.071 Juden (44 %) und 11.526 Ukrainer und Weißrussen (5 %), die im Jahr 1939 polnische Staatsbürger gewesen waren.[68]

Die ZPP-Niederlassungen waren nicht nur für die Verteilung der Hilfsgüter an eine wachsende Zahl registrierter polnischer Bürger verantwortlich, sondern

64 Das Entstehungsdatum ist ungeklärt. Leiter des WOS war zunächst Bolesław Drobner und ab September 1943 Jan Grubiecki. Sword, Deportation, S. 138.

65 Das Kürzel steht für *upravlenie osoboj torgovli.*

66 Erst im April 1944 beschloss der Rat der Volkskommissare der UdSSR die rechtliche Grundlage für die Übernahme der ein Jahr zuvor aufgelösten und beschlagnahmten Delegaturen der Londoner Exilregierung auf sowjetischem Territorium. Kaganovitch, Stalin's Great Power Politics, S. 70 – 71; Boćkowski, Czas nadziei, S. 382.

67 Die Organisationsstruktur war hierarchisch aufgebaut und orientierte sich an der Höhe der Mitgliederzahl. Die unterste Organisationsebene war der Kreis (*koło*, mit bis zu fünf Mitgliedern), dann Oblast oder Obwod (bis zu 100 Mitgliedern) und schließlich die Regionalebene (*zarząd obwodowy*, bis zu 300 Mitgliedern). Im September 1943 hatten sich 26 Regionalkomitees gegründet. Im April 1944 waren es bereits 51; im Oktober 1944 dann 88. Sword, Deportation, S. 139.

68 Die Zahl entsprach nicht der Gesamtzahl polnischer Staatsbürger in der UdSSR. Laut den Angaben des ZPP lebten von 98.000 Juden über zwei Drittel in Zentralasien, sowie ein Drittel in Russland und dem Kaukasus. Hornowa, Powrót Żydów, S. 109.

auch für deren politische Indoktrinierung.[69] Den polnischen Juden wies die sowjetische Führung bei diesem Prozess eine Schlüsselrolle zu. Das Regime nahm an, dass Juden sich aus Dankbarkeit gegenüber der Sowjetunion als ihrer Retterin vor der deutschen Vernichtung am kommunistischen Nachkriegsprojekt in Polen stärker beteiligen würden als die nichtjüdischen Polen, deren massenhafte Deportation und Leidenserfahrungen im Exil nur schwerlich positiv umgedeutet werden konnten.[70] Die sowjetische Strategie, die polnischen Juden zu Komplizen ihrer geplanten Nachkriegsordnung zu machen, erklärt auch, warum Juden überhaupt als polnische Staatsbürger in den ZPP und dessen Bildungs- und Sozialfürsorgeorganisationen aufgenommen wurden. Diese Situation unterschied sich drastisch von der Behandlung polnischer Juden durch die sowjetischen Machthaber in der Phase zwischen August 1941 und Januar 1943.

Überzeugte jüdische Kommunisten bildeten eine kleine Minderheit unter den jüdischen Mitgliedern des ZPP. Die ausgewerteten Selbstzeugnisse zeigen, dass die meisten polnischen Juden ein pragmatisch-distanziertes Verhältnis zum ZPP pflegten. Sie nahmen dessen Hilfspakete an und blieben doch stets vorsichtig in Bezug auf jegliche Versuche der kommunistischen Indoktrinierung. Larry Wenig erinnert sich, dass seine Familie die Gründung des ZPP sofort als Vorbote einer künftigen sowjetisch-geprägten Nachkriegsordnung interpretiert habe. Wenig ist überzeugt, dass der ZPP von der polnischen Bevölkerung in seinem Wohnort, dem usbekischen Fergana, nicht als polnische, sondern als sowjetische Organisation empfunden worden sei. Folglich hätten die Polen Ferganas dem ZPP und dessen Aktivitäten zunächst skeptisch gegenüber gestanden.[71] So ähnlich dachten viele polnische Juden und traten dem ZPP erst in dem Moment bei, als dieser Ende 1945/Anfang 1946 zur Registrierung aller Polen für die Rückkehr in die Heimat aufrief. Bis dahin, so erinnert sich etwa Benjamin Harshav, habe sich seine Familie aus Misstrauen dem ZPP ferngehalten.[72] Die weitverbreitete Skepsis gegenüber den polnischen Kommunisten wich bei vielen allerdings zunehmend einer pragmatischen Haltung. Schließlich verfügte der ZPP über zahlreiche zu

---

69 Kaganovitch, Stalin's Great Power Politics, S. 70.

70 Die These, dass Stalin gezielt nach der Zustimmung polnischer Juden gesucht habe, um diese später für seine Zwecke instrumentalisieren zu können, findet sich in: Litvak, Jewish refugees, S. 147–148; Prekerowa, Wojna i okupacja, S. 374; Kaganovitch, Stalin's Great Power Politics, S. 75–83; Shlomi, Hana: The Jewish Organising Committee in Moscow and The Jewish Central Committee in Warsaw, June 1945–February 1946. Tackling Repatriation. In: Studies on the History of the Jewish Remnant in Poland, 1944–1950. Hrsg. von Hana Shlomi. Tel Aviv 2001. S. 7–21, hier S. 7.

71 Wenig, From Nazi Inferno, S. 265–266; Skorr, Blood and Tears, S. 256; Wat, Wahrheit, S. 131.

72 Interview mit dem Verfasser im September 2013 in New Haven, USA.

besetzende Arbeitsstellen. Ferner boten die vom ZPP geführten Schulen, Kindergärten und Waisenhäuser Tausenden Kindern und Jugendlichen ein Alltagsleben in einem polnischsprachigen Umfeld.[73] Ähnlich wie auch die Zweigstellen der ehemaligen polnischen Botschaft führten auch die ZPP-Niederlassungen zahlreiche Kulturveranstaltungen und Vorträge zu polnischen Themen durch, bei denen laut den Erinnerungen von Victor Zarnowitz wenig offensive kommunistische Propaganda betrieben worden sei.[74]

Auf Vortragsveranstaltungen des ZPP erfuhren jüdische Besucher erstmalig ausführlich vom Massenmord an den Juden unter deutscher Besatzung. Eine in Warschau produzierte und im Sommer 1944 an den ZPP verschickte Broschüre enthielt detaillierte Informationen über die deutschen Konzentrationslager und das Ghetto in Łódź.[75] Die zunehmende Akzeptanz des ZPP seitens der polnischen Bevölkerung, aber auch die Hoffnung auf eine baldige Rückkehr nach Polen angesichts des raschen Vorrückens der Roten Armee, führten zu einem signifikanten Anstieg der Zahlen jüdischer ZPP-Mitglieder.[76] Waren zum Jahresende 1943 noch rund 100.000 Juden beim ZPP registriert, so stieg ihre Zahl bis Anfang 1945 auf 177.000 Personen, was mehr als drei Vierteln der polnisch-jüdischen Bevölkerung in der UdSSR entsprach.[77]

Vier Faktoren hatten dazu beigetragen, dass sich die Lebensbedingungen der meisten polnisch-jüdischen Flüchtlinge zum Jahreswechsel 1944/45 in der Sowjetunion verbessert hatten. Erstens war die Arbeitslosigkeit gesunken. Seit dem Jahr 1944 hatte die sowjetische Wirtschaft einen Aufschwung erlebt, der zum Neubau zahlreicher Fabriken und Industrieanlagen führte, für deren Betrieb die

---

73 Polnische Kinder sollten nach Maßgabe des ZPP in ihrer Muttersprache unterrichtet werden, bevor sie diese vergessen hatten. Ebenso entscheidend sei jedoch das Bestreben des ZPP gewesen, den Kindern „demokratische Werte“ zu vermitteln, um die Kinder auf das Leben im Nachkriegspolen vorzubereiten. Sword, Deportation, S. 138 – 139.

74 Zarnowitz, Fleeing the Nazis, S. 74. Allgemein zu den Propagandaaktivitäten des ZPP : Kaganovitch, Great Power Politics, S. 70 – 71.

75 Verfasst wurde die Broschüre unter Pseudonymen von Adolf Berman und Pola Elster. Hornowa, Powrót Żydów, S. 113. Inwiefern die Informationen polnisch-jüdische Exilanten erreichten, ist unklar, da die Broschüre nicht in den Selbstzeugnissen erwähnt wird. Eine Ausnahme stellen die Erinnerungen Simon Davidsons dar, der die Broschüre erwähnt. Davidson, War Years, S. 176 – 177.

76 Sword, Deportation, S. 139.

77 Von den Anfang 1944 beim ZPP 223.806 Registrierten waren 114.209 Polen (51 %), 98.071 Juden (44 %) und 11.526 Ukrainer und Weißrussen (zusammen 5 %). Ein Jahr später waren bereits 177.604 polnische Juden beim ZPP registriert. Hornowa, Powrót Żydów, S. 109; Schatz, The Generation, S. 185. Die Angabe drei Viertel ergibt sich aus der Zahl von etwa 200.000 Rückkehrern nach Polen beziehungsweise rund 230.000 polnisch-jüdischen Überlebenden in der SU insgesamt.

Arbeitskraft polnischer Juden benötigt wurde.[78] Zweitens zeigten die ausländischen Hilfslieferungen Wirkung. Zehntausende polnisch-jüdische Familien und Einzelpersonen erhielten Pakete des JDC oder von Verwandten aus Palästina. Die gespendeten Lebensmittel, Kleidungsstücke und andere wichtige Dinge konnten selbst verwendet oder aber auf dem Schwarzmarkt gegen andere benötigte Waren eingetauscht werden. Drittens gehörten Zehntausende polnische Juden dem ZPP an. Vielerorts bildeten sie die Mehrheit seiner bezahlten Mitarbeiter, denen zusätzlich zum Gehalt bessere Lebensmittel zugeteilt wurden. Viertens waren polnische Juden zunehmend besser mit der sowjetischen Lebensrealität vertraut. Vielen war es gelungen, sich die Regeln des Systems von Gefälligkeiten, Korruption und Mangelwirtschaft anzueignen und diese zu ihrem Vorteil zu wenden. Zev Katz, der sich zum Jahreswechsel 1944/45 als Student der kasachischen Universität in Semipalatinsk befand, beschreibt den Erfolg solcher Anpassungsstrategien in seinen Erinnerungen. Zwar hätten die militärischen Erfolge im Kampf gegen die Deutschen Optimismus unter der Bevölkerung verbreitet. Im Alltag, schreibt Katz, habe es dagegen weiterhin große Probleme gegeben.

> The situation remained very grim indeed, without any visible improvement. The bread and fuel shortages, the fantastically high prices for anything at the 'grey market' bazaar, pervasive corruption and the constantly felt pressure of the secret police – all these continued as before. As it happened, I became even better acquainted with these towards the end of our stay in the Soviet Union.[79]

Obwohl sich ihre Situation in der Sowjetunion zu Beginn des Jahres 1945 im Vergleich zu den Vorjahren in vielen Lebensbereichen deutlich verbessert hatte, stand für die Mehrheit der jüdischen Exilanten dennoch fest, dass sie sich zu gegebener Zeit um die Rückkehr nach Polen bemühen würden.

7.5 Die erste Repatriierung von 1944

Der rasche Vormarsch der Roten Armee auf polnisches Vorkriegsterritorium ließ die sowjetische Führung zu Beginn des Jahres 1944 zu der Überzeugung gelangen, dass die Zeit gekommen sei, konkrete Schritte in Richtung einer baldigen kommunistischen Machtübernahme in Polen einzuleiten. Diese sollte nach dem Willen Stalins auf zwei Wegen erreicht werden: über Moskau und über Warschau.

---

78 Die ersten drei Faktoren orientieren sich an Shlomi, Tackling Repatriation, S. 10.

79 Katz, From the Gestapo, S. 109. Ähnlich auch Skorr, Blood and Tears, S. 254.

In Moskau markiert die Gründung des *Centralne Biuro Komunistów Polskich* (CBKP, dt. Zentrales Büro der polnischen Kommunisten), in dem sich die polnischen Kommunisten in der Sowjetunion vereinten, am 1. Februar 1944 eine wichtige Zäsur auf dem Weg zur Macht.[80] Das CBKP übernahm die Kontrolle über den ZPP und die polnische Armee, wodurch es faktisch dazu befähigt wurde, Regierungsaufgaben auszuüben. Einen Monat vor der Gründung des CBKP hatten die Warschauer Kommunisten aus dem Umfeld der PPR am 1. Januar 1944 den *Krajowa Rada Narowdowa* (KRN, dt. Landesnationalrat) gegründet. Dieser stellte eine der Sowjetunion nahestehende Repräsentanz der polnischen Regierung in Opposition zur Londoner Exilregierung dar. Vertreter des CBKP und der KRN trafen sich im Mai und Juli 1944 in Moskau, um ihre weiteren Aktivitäten mit Stalin abzustimmen.[81] Am 20. Juli 1944 wurde in Moskau schließlich das *Polski Komitet Wyzwolenia Narodowego* (PKWN, dt. Polnisches Komitee der Nationalen Befreiung), bestehend aus PPR, KRN und ZPP, gegründet.[82] Die Entstehung des PKWN führte zu einer Umstrukturierung des ZPP in der Sowjetunion, nachdem zahlreiche Mitglieder der Führungsriege nach Polen abgezogen wurden. Die meisten neuen Mitglieder der ZPP-Führung waren Kommunisten jüdischer Herkunft. Sie führten die Wohlfahrts- und Bildungsaufgaben fort, konzentrierten sich jedoch verstärkt auf die Vorbereitungen zur Umsiedlung polnischer Staatsbürger in die Heimat. In einem ersten Schritt sollte die polnische Bevölkerung in den urbanen Zentren der südlichen Republiken konzentriert werden.[83] Außerdem lockerte die Sowjetunion ihre Haltung in der Frage der polnischen Staatsangehörigkeit. Demnach konnten ab Juni 1944 alle, die in der Roten Armee, in der Berling-Armee oder im ZPP Dienst leisteten, die polnische Staatsbürgerschaft beantragen.[84] Die

---

80 Das fünfköpfige Zentralbüro bestand zunächst aus A. Zawadzki (Vorsitzender), S. Radkiewicz (Sekretär), K. Świerczewski, W. Wasilewska und J. Berman. Im Juli 1944 stießen noch H. Minc und M. Spychalski hinzu.

81 Zum Abschluss des letzten Treffens befanden Wanda Wasilewska (CBKP) und Edward Osóbka-Morawski (KRN) in einem gemeinsamen Brief an Stalin, dass „the Situation is fully suitable now for the establishment of the Polish Provisional Government." Zitiert aus Schatz, The Generation, S. 187.

82 Dieses ging aus dem Zusammenschluss von PPR, KRN und ZPP hervor. Das PKWN bestand aus 14 Mitgliedern, darunter drei jüdischen: Jan Stefan Haneman, Emil Sommerstein und Bolesław Drobner. Die PPR traf sich in Lublin wenig später im August 1944, um das weitere Vorgehen zu besprechen. Zunächst einmal erweiterte es das Politbüro auf nunmehr fünf Mitglieder, darunter H. Minc und J. Berman. Das PKWN bestand bis zum 31.12.1944 und wurde von der Provisorischen Polnischen Regierung abgelöst. Rozenbaum, The Road, S. 222–223.

83 Ein in Absprache mit dem ZPP getroffener Beschluss des Rates der Volkskommissare der UdSSR vom 5. April 1944 ordnete die Umsiedlung der polnischen Bevölkerung aus dem Norden Russlands in den Süden der Sowjetunion an. Gurjanow, Żydzi, S. 120.

84 Prekerowa, Wojna i okupacja, S. 374.

Weichen für die künftigen Umsiedlungen aus der Sowjetunion nach Polen waren damit gestellt.

Das von Iosif Stalin gegenüber Winston Churchill als „Kern für eine provisorische polnische Regierung“[85] bezeichnete PKWN zog zwei Tage nach seiner Gründung von Moskau in das befreite Lublin um, wo es am 22. Juli 1944 sein *Manifest* verkündete. Darin befürwortete das PKWN unter anderem die Vorherrschaft der Sowjetunion in Polen sowie die Rechtmäßigkeit der neuen Ostgrenze nach sowjetischen Vorstellungen.[86] Am 31. Dezember 1944 erkannte die Sowjetunion das PKWN formal als provisorische Regierung Polens an. Wenige Wochen später zogen Großbritannien und die Vereinigten Staaten am 1. Februar 1945 nach und entzogen somit der Exilregierung unwiederbringlich ihre Unterstützung.[87] Noch vor seiner internationalen Anerkennung hatte sich das PKWN im September 1944 mit den Sowjetrepubliken Weißrussland, Ukraine und Litauen auf den Austausch der nunmehr auf fremdem Territorium lebenden Bevölkerung verständigt.[88] Die polnische Bevölkerung der ehemaligen Kresy wurde aufgefordert, sich beim örtlichen ZPP für die Umsiedlung in west- und zentralpolnische Gebiete zu registrieren.[89]

Der dafür verwendete zeitgenössische Begriff der *Repatriierung* für die organisierte Bevölkerungsverschiebungen beschrieb de facto in den meisten Fällen keine Rückkehr in die Vorkriegsheimat, sondern eine Entwurzelung, da die polnischen Repatriierten überwiegend in den neuen Westgebieten angesiedelt wurden, die zuvor zum Deutschen Reich gehört hatten.[90] Unter den 735.000 Polen, die aus Litauen, Weißrussland und der Ukraine nach Polen umgesiedelt wurden, befanden sich nach Schätzungen des Historikers Jan Czerniakiewicz 54.900 Ju-

---

85 Zitiert aus Engel, Facing a Holocaust, S. 168.

86 Das am 22. Juli 1944 verkündete Manifest von Lublin basierte weitgehend auf dem Entwurf von Alfred Lampe, dem Chefideologen des ZPP. Rozenbaum, Road, S. 223; Schatz, The Generation, S. 187.

87 Engel, Facing a Holocaust, S. 169.

88 Siehe für den Vertrag zwischen dem PKWN und der Ukrainischen SSR: Misiło, Eugenieusz (Hg.): Repatriacja czy deportacja. Przesiedlenie Ukraińców z Polski do ZSSR 1944–1946. Bd. 1: Dokumenty 1944–1945. Warszawa 1996. S. 30–38. Der Vertrag mit der Weißrussischen SSR befindet sich in: Dokumenty i materiały do historii stosunków polsko-radzieckich, Bd. 8, styczeń 1944–grudzień 1945. Warszawa 1974. S. 221–227.

89 Ausreisewillige polnische Staatsbürger mussten sich Ende 1944 und Anfang 1945 beim örtlichen ZPP registrieren und durften erst nach erfolgreicher Antragsprüfung die Heimreise antreten.

90 Ich verwende den Begriff hier in seinem zeitgenössischen Verständnis, obwohl es sich de facto nicht um eine Rückkehr in den Heimatort aus der Vorkriegszeit handelte. Zur Begriffskritik: Kersten, Repatriacja, S. 9; Eberhardt, Piotr: Political Migrations in Poland (1939–1948). Warszawa 2006. S. 61.

den.[91] Bei dieser Gruppe handelte es sich mehrheitlich um Überlebende der deutschen Besatzung, ehemalige Partisanen, aber auch etwa 20.000 bis 25.0000 polnische Juden, die frühzeitig und nicht selten auf illegalen Wegen aus anderen Landesteilen in den Westen der UdSSR gelangt waren.[92]

Zahlreiche Selbstzeugnisse belegen, dass es durchaus Wege gab, aus dem Inneren der Sowjetunion über die befreiten, ehemaligen polnischen Ostgebiete weiter ins polnische Landesinnere zu gelangen, obwohl dies in den drei bilateralen Abkommen von 1944 nicht vorgesehen war. Aus diesem Grund erfuhren auch nur sehr wenige polnische Juden, die sich in den Siedlungszentren wie Fergana, Taschkent, Samarkand oder Dschambul aufhielten, von der Möglichkeit der Repatriierung.[93] Bei der Rückkehr von geschätzten 20.000 bis 25.000 polnischen Juden aus dem Inneren der Sowjetunion in den Jahren 1944/45 handelte es sich demnach um keine systematisch organisierte Umsiedlungsbewegung. Einigen polnischen Juden wurde aus beruflichen Gründen gestattet, aus dem Inneren der Sowjetunion in die westlichen Gebiete der UdSSR umzuziehen. Andere konnten nachweisen, dass sie aus den ehemaligen polnischen Ostgebieten stammten, dort über Familienangehörige verfügten und bereit waren, sich in den nunmehr sowjetischen Territorien anzusiedeln. Wieder andere organisierten ohne formelle Zustimmung ihre Rückkehr nach Polen auf illegalen Wegen. Aus den beschriebenen drei Gruppen früher jüdischer Rückkehrer werden nachfolgend einige Fallbeispiele dargestellt.

Ein Beispiel für die frühe Rückkehroption aus beruflichen Gründen ist Bernard Ginsburg. Nachdem Ginsburg ein Studium in Kyzyl-Kiya, einer Bergbaustadt in Kirgisien, absolviert und für den ZPP kleinere Auftragsarbeiten als Fotograf durchgeführt hatte, ergab sich für ihn die Möglichkeit, in seine Heimatstadt Łuck in der nunmehr sowjetischen Westukraine zurückzukehren. Ein alter Bekannter hatte ihm angeboten, als Fotoreporter bei der Lokalzeitung von Łuck zu arbeiten, die nach dem Kriegsende vor ihrer Wiedereröffnung stand. Nach eingehender Prüfung seines Anliegens durch den örtlichen NKWD trat Ginsburg im Herbst 1945 den Heimweg nach Polen über Moskau, Kiew und Lemberg an.[94] Auch Simon Davidson nahm im Frühjahr 1945 ein Angebot an, aus Russland in die Westukraine versetzt zu werden. Der Direktor der Landwirtschaftsbank im russischen Joškar-Ola hatte Davidson gebeten, ihm beim Aufbau neuer Filialen in der

91 Czerniakiewicz, Jan: Repatriacja ludności polskiej z ZSRR. 1944–1948. Warszawa 1987. S. 58.

92 Elżbieta Hornowa geht von 20.870 Juden aus, die vor der 2. Repatriierung aus dem Inneren der Sowjetunion nach Polen gelangten. Hornowa, Powrót Żydów, S. 112. Israel Gutman nennt die Zahl von 25.000. Gutman, After the Holocaust, S. 363.

93 Leser, Jewish World War II Refugees, S. 8.

94 Ginsburg, Wayfarer, S. 81.

Westukraine behilflich zu sein. Ein Umzug nach Proskuriw unweit der neuen polnisch-sowjetischen Grenze, habe sie ihrem Ziel einer Rückkehr nach Łódź ein deutliches Stück näher gebracht, erklärt Davidson. Nachdem er einige Wochen seiner neuen Tätigkeit nachgegangen war, wurde Davidson vom ZPP in Kiew beauftragt, als dessen lokaler Repräsentant die Repatriierung der polnischen Bevölkerung zu organisieren. Davidson erhielt sein eigenes Büro und außerdem erhöhte Lebensmittelrationen. Seine Arbeit bestand darin, mögliche Bewerber für die Repatriierung aufzunehmen und ihnen bei der Beschaffung der notwendigen Dokumente zu helfen.[95]

In einigen Fällen durften polnisch-jüdische Exilanten frühzeitig nach der Befreiung in ihre Heimat zurückkehren, weil sie über familiäre Beziehungen in die nunmehr sowjetischen Westgebiete verfügten, so etwa die Familie der im Jahr 1933 geborenen Shoshana Szwarc, die nach drei Jahren im russischen Exil in Čeljabinsk bereits im Jahr 1944 zu ihren Verwandten in die Westukraine zurückkehrte. Von dort aus fuhr sie in der ersten Jahreshälfte 1945 weiter nach Polen.[96] In anderen Fällen waren es die aus dem Militärdienst in der Roten oder Polnischen Armee entlassenen Männer, die ihre Familienangehörigen aus dem Inneren der Sowjetunion abholten und zurück in die alte Heimat brachten, von wo aus sie dann häufig weiter in Richtung Westen fuhren. Ein dritter Weg der frühen Rückkehr aus dem Inneren der Sowjetunion nach Polen bestand in der Bestechung von Beamten des NKWD, die entsprechende Reisepapiere ausstellten oder in der Bezahlung von Schleppern. Den ersten Weg wählte die Familie von Larry Wenig, nachdem sie im usbekischen Fergana die Nachricht von der deutschen Kapitulation vernommen hatte. Aus Skepsis gegenüber dem ZPP und der neuen polnischen Regierung entschloss sich die Familie, ihr Schicksal selbst in die Hand zu nehmen. Wenig erinnert sich an die Stimmung in seiner Familie zu diesem Zeitpunkt und beschreibt sie wie folgt:

> We felt totally abandoned. We were weak, despondent, numbed, but we had survived. We still had the will to live, but not in Fergana.[97]

Schließlich schlossen Wenigs Eltern eine Abmachung mit einem NKWD-Offizier, der ihnen gegen Bezahlung falsche Papiere zur Reise nach Polen ausstellte. Ihnen sei bewusst gewesen, dass sie ein hohes Risiko eingingen, erinnert sich Wenig, „but we were willing to take the chance. Life in the Soviet Union was little better

95 Davidson, War Years, S. 185–186, 206.

96 Es bleibt unklar, wohin Szwarcz genau fuhr. GFHA, Zeugnis von Shoshana Szwarc, Russisch, verfasst am 24. September 1946 im DP-Lager Rosenheim, Katalognummer 4797.

97 Wenig, From Nazi Inferno, S. 298.

than death."[98] Die Bezahlung bestand in amerikanischen Dollars, Goldmünzen und einem Paar Lederschuhe, die ihnen ein Onkel aus New York geschickt hatte. Anfang Juni 1945 machten sie sich auf den Weg nach Polen, der sie über Taschkent, Saratov, Voronež, Kiew und Lemberg schließlich nach dreiwöchiger Fahrt nach Krakau führte.[99] Auch Perry Leon wählte den Weg der Bestechung, um eigenständig nach Polen zurückkehren zu können. Zum Vorbild nahm er sich einen polnisch-jüdischen Freund, der Anfang 1945 einen sowjetischen Lokführer auf dem Weg nach Lemberg bestochen hatte. Wie Leon wenige Wochen später aus einem Brief seines Freundes erfuhr, war dieser erfolgreich in Lemberg angekommen und anschließend auf einem Kohlenzug nach Poznań gefahren. Da er dort aber niemand Bekanntes angetroffen hatte, ließ sich sein Freund schließlich in Stettin[100] nieder. Imponiert von der erfolgreichen Flucht seines Freundes fuhr Perry Leon Anfang Mai 1945 auf dem gleichen Weg nach Stettin, wo sein Freund ihn bereits erwartete.[101] Der starke Wunsch nach der Rückkehr in das Heimatland und das mangelnde Vertrauen in deren Realisierung durch die sowjetischen und polnischen Behörden bewogen die Familie Wenig und den Jugendlichen Perry Leon dazu, ein hohes Risiko einzugehen. Sie waren dem sowjetischen Kriegsexil durch Bestechung erfolgreich entkommen. Die Mehrheit der polnisch-jüdischen Exilanten sollte jedoch erst Anfang 1946 die Heimreise antreten.

7.6 Die zweite Repatriierung von 1946

Am 6. Juli 1945 vereinbarten die Sowjetunion und die *Provisorische Polnische Regierung der Nationalen Einheit*, dass Personen polnischer und jüdischer Nationalität, die sich auf sowjetischem Territorium aufhielten, das Recht erhielten, ihre sowjetische Staatsbürgerschaft einzutauschen und, sofern gewünscht, nach Polen zurückzukehren.[102] Die Tatsache, dass neben ethnischen Polen auch pol-

98 Wenig, From Nazi Inferno, S. 299.

99 Wenig, From Nazi Inferno, S. 301.

100 Am 5. Juli 1945 übernahmen polnische Behörden die Stadtverwaltung und benannten Stettin in Szczecin um. Zur Polonisierung der Stadt: Musekamp, Jan. Stettin. Metamorphosen einer Stadt. Wiesbaden 2010.

101 USHMMA, Leon, Perry Leon Story, S. 6–7.

102 Abkommen über die Option und Evakuierung von Personen polnischer und jüdischer Nationalität mit Aufenthalt in der UdSSR, geschlossen zwischen der sogenannten Provisorischen Regierung der Nationalen Einheit und der Regierung der UdSSR vom 6. Juli 1945. Abdruck in Dokumenty i materiały, Bd. 8, S. 500–504. In Artikel 1 heißt es: Die sowjetischen Regierung gewährt Personen polnischer und jüdischer Nationalität, welche sich auf sowjetischem Territorium aufhielten das Recht, ihre sowjetische Staatsbürgerschaft einzutauschen und sofern ge-

nische Juden in das Repatriierungsabkommen aufgenommen wurden, ist auch auf das Wirken einer im Juli 1944 gegründeten Abteilung für jüdische Angelegenheiten im ZPP zurückzuführen. Im November 1944 hatte der Zionist und ehemalige Sejmabgeordnete Emil Sommerstein kurz nach seiner Freilassung aus langjähriger sowjetischer Haft die Gründung des *Komitet Organizacyjny Żydow Polskich w ZSRR* (KOŻP, dt. Organisationskomitee der polnischen Juden) in Moskau initiiert.[103] In seiner gemeinsam mit Vertretern des ZPP, des PKWN und des Jüdischen Antifaschistischen Komitees verfassten Gründungsresolution sprach das KOŻP der Roten Armee ihren Dank für die Befreiung jüdischer Siedlungen in Europa aus. Ferner äußerten die Gründungsmitglieder ihre Überzeugung, dass die Zukunft der europäischen Juden in den zu schaffenden Volksrepubliken liege.[104] Emil Sommerstein spielte als Vorsitzender des KOŻP eine Schlüsselrolle bei der Organisation der Repatriierung polnischer Juden in die Heimat. Der bei ausländischen jüdischen Organisationen angesehene Sommerstein sollte der sowjetischen Regierung dabei helfen, der Provisorischen Polnischen Regierung internationale Anerkennung zu verleihen. Zu diesem Zweck wurde Sommerstein im Januar 1945 an die Spitze des im November 1944 in Lublin gegründeten *Centralny Komitet Żydów w Polsce* (CKŻP, dt. Zentralkomitee der Juden in Polen) gesetzt. Die genannten drei Organisatoren, ZPP, KOŻP und CKŻP, wurden im Sommer 1945 zu den Architekten der massenhaften Rückkehr polnischer Juden in ihre Heimat.

Zum Zeitpunkt des Repatriierungsabkommens im Juli 1945 waren beim ZPP etwa 180.000 Juden registriert, wovon bis zum Jahresende bereits 135.466 Personen die Rückkehr nach Polen beantragt hatten.[105] In einem Schreiben an das Niederschlesische Jüdische Komitee, einer Regionalvertretung des CKŻP, sagte das KOŻP Ende 1945 die Zahl von 200.000 zu erwartenden jüdischen Repatrianten voraus, während das CKŻP in Warschau zum selben Zeitpunkt von lediglich

---

wünscht, nach Polen zurückzukehren. Dieses Recht wird zudem erweitert auf die in den beiden Resolutionen vom 22. Juni und 14. Juli 1944 des Obersten Sowjets genannten Gruppen. Ehemalige polnischer Staatsbürger ukrainischer und weißrussischer Nationalität waren vom Recht auf eine Rückkehr nach Polen ausgeschlossen.

103 Die Freilassung Emil Sommersteins aus einem sowjetischen Arbeitslager gehörte zu den Erfolgen des ZPP. Sommerstein wurde nach seiner Freilassung verantwortlich für die Rechtsabteilung des ZPP. Sommersteins Stellvertreter waren Leon Finkielsztejn und Bernd Mark. Außerdem anwesend war der Sekretär David Sfard. Hornowa, Powrót Żydów, S. 111. Dem Treffen in den Räumen des ZPP wohnten Vertreter des PKWN in Moskau, der ZPP Führung sowie Solomon Mikhoels, Itzik Feffer und Peretz Markish vom sowjetisch-jüdischen Antifaschistischen Komitee bei. Rozenbaum, Road, S. 223.

104 Zitiert aus Rozenbaum, Road, S. 224.

105 Hornowa, Powrót Żydów, S. 109.

150.000 jüdischen Repatrianten ausging.[106] Die Tatsache, dass die Sowjetunion der Umsiedlung Zehntausender polnischer Juden nach Polen zustimmte, erklärt die Historikerin Hana Shlomi folgendermaßen:

> Behind the recognition of Jewish nationality [im Repatriierungsabkommen, Anm. d. Verf.] lay the idea that the direct continuation of the departure of Polish Jews from the USSR was to be their emigration from Poland, and that this must be carried out under the sponsorship of the Zionist organizations.[107]

Vieles spricht für die These, wonach Polen seit dem Jahr 1944 in den sowjetischen Planungen lediglich als ein Transitland für die jüdischen Repatriierten auf ihrem Weg nach Palästina betrachtet wurde.[108] Der Historiker Albert Kaganovitch nennt einige zentrale Gründe für die sowjetische Unterstützung einer fortgesetzten Emigration aus der Sowjetunion über Polen nach Palästina.[109] So habe Stalin den Juden, die den Krieg in der Sowjetunion überlebt hatten, eine starke Loyalität gegenüber der UdSSR unterstellt. Deshalb habe er auch darauf gesetzt, dass der künftige jüdische Staat eine prosowjetische Haltung vertreten würde, zu der die jüdischen Überlebenden einen Beitrag leisten sollten. Um die moskaufreundliche Position innerhalb der *Jewish Agency* zu stärken, habe Stalin im Gespräch mit Emil Sommerstein versichert, dass er die Repatriierung und weitere Auswanderung polnischer Juden unterstütze. Folgt man der Interpretation, dass die sowjetische Führung Polen lediglich als Transitland für die weitere Auswanderung in Richtung Palästina betrachtete, so erscheint die polnisch-jüdische Migrationsbewegung in den Jahren 1944 bis 1946 konsequent.

Auch im letzten Teil des polnisch-jüdischen Kapitels im sowjetischen Exil behandelte das sowjetische Regime – und die von ihm gestützte neue polnische Regierung – die Juden lediglich als Objekte einer geopolitischen Strategie. Dies sollte sich auch nach Unterzeichnung des Repatriierungsabkommens zeigen, als Emil Sommerstein und seinem Stellvertreter im CKŻP, Adolf Berman, gestattet wurde, am ersten *World Zionist Congress* nach Kriegsende in London (31. Juli bis 13. August 1945) teilzunehmen. Die polnische Regierung hatte die Einladung genehmigt, in der Hoffnung, dass die beiden Repräsentanten eine finanzielle Unterstützung des JDC für die Not leidenden Juden in Polen erwirken würden. Au-

---

106 Laut Hornowa ging das KOZP im Sommer 1945 in einem Schreiben an amerikanische Juden von circa 250.000 Juden in der Sowjetunion aus. Hornowa, Powrót Żydów, S. 112.
107 Shlomi, Tackling Repatriation, S. 7.
108 Diese Strategie stellt einen Widerspruch zur bisherigen Annahme dar, dass möglichst viele polnische Juden sich am Aufbau eines polnischen Satellitenstaats beteiligen würden.
109 Die Darstellung folgt Kaganovitch, Stalin's Great Power Politics, S. 75–82.

ßerdem hoffte die neue polnische Regierung, dass von ihrer jüdischen Delegation positive Impulse für den Aufbau diplomatischer Beziehungen zum Ausland ausgehen mögen.[110] In seiner Rede vor dem Kongress betonte Sommerstein die historische Bedeutung der Umsiedlung polnischer Juden aus der Sowjetunion nach Polen für das zionistische Projekt in Palästina und bat die anwesenden Delegierten um Unterstützung bei der Rückführung der polnischen Juden aus der Sowjetunion:

> Our way is simple and must be short: to build up the Jewish people and rescue the 200.000 Polish Jews and bring them to a new human existence.[111]

Zudem verlas Sommerstein in London ein Grußwort des polnischen Ministerpräsidenten Edward Osóbka-Morawski, aus dem die Position der polnischen Regierung zur Emigrationsfrage hervorging. Demnach werde die Regierung die Emigration nicht behindern und Aktivitäten, die zur Emigration führten, aktiv unterstützen. Hana Shlomi sieht in der Äußerung Osóbka-Morawskis einen weiteren Beleg für den ursächlichen Zusammenhang zwischen Repatriierung und Zionismus.[112] Sommerstein und Osóbka-Morawski hatten sich zuvor über die Möglichkeit einer vereinfachten Emigration polnischer Juden mit Ziel Palästina ausgetauscht.[113] Es ist also davon auszugehen, dass alle an der Umsetzung des Repatriierungsabkommens beteiligten Parteien zumindest die Möglichkeit in Betracht zogen, dass ein gewisser Teil der jüdischen Rückkehrer die polnische Heimat auf dem weiteren Weg nach Palästina nur durchqueren würde.

Die praktische Umsetzung der Repatriierung polnischer Juden wurde vom Moskauer KOŻP durchgeführt, das sich aus führenden jüdischen-kommunistischen Funktionären des ZPP zusammensetzte: Be'er Mark, David Sfard, Ida Kamińska, Leo Finkelstein und Moshe Burko. Das Komitee war mit der Bearbeitung von Repatriierungsanträgen betraut.[114] Wer gegenüber dem KOŻP seine polnische Staatsangehörigkeit nachweisen konnte, durfte gemäß dem Abkommen vom 6. Juli 1945 den sowjetischen Pass gegen ein polnisches Dokument eintauschen.[115] Viele Juden besaßen allerdings keinen Nachweis ihrer polnischen Staatsbürgerschaft. In solchen Fällen wurden die entsprechenden Anträge nicht

110 Shlomi, Tackling Repatriation, S. 12.

111 Shlomi, Tackling Repatriation, S. 13.

112 Shlomi, Tackling Repatriation, S. 14.

113 Shlomi, Tackling Repatriation, S. 8.

114 Außerdem war das Komitee für die Verwaltung und Verteilung der internationalen jüdischen Hilfsgelder an die polnischen Juden in der Sowjetunion verantwortlich. Shlomi, Tackling Repatriation, S. 10.

115 Diesen Prozess nannten die sowjetischen Behörden *opcija*.

auf lokaler oder regionaler ZPP-Ebene bearbeitet, sondern direkt zur Moskauer Zentrale geschickt. Im September 1945, wenige Monate vor Beginn der Repatriierung, wurde die Nachweispflicht über die polnische Staatsbürgerschaft vollständig aufgehoben. In der Folge mussten die Antragsteller lediglich schriftlich bestätigen, dass sie vor dem 17. September 1939 Staatsbürger Polens gewesen waren.[116] Die Aufnahme und Betreuung der Neuankömmlinge aus der Sowjetunion verantwortete wiederum eine im Juni 1945 gegründete Sonderabteilung im CKŻP.[117] Ohne zusätzliche ausländische Hilfe wäre die Abteilung jedoch nicht in der Lage gewesen, Zehntausende Rückkehrer zu betreuen, denn anders als das KOŻP verfügte sie über keinerlei eigene finanzielle Mittel. Zu einem Treffen von Vertretern des Warschauer und des Moskauer Komitees über die Frage der Repatriierung kam es erst im Februar 1946, als Be'er Mark an einer Sitzung des CKŻP teilnahm und die Anwesenden über den Umfang und die demographische Zusammensetzung der Repatriierung informierte.[118]

Entscheidungsmotive für die Repatriierung

Bislang wurden die für die Organisation der Repatriierung Verantwortlichen samt ihrer Motive beschrieben. Im nachfolgenden Teil stehen dagegen die Positionen polnischer Juden zur Frage der Rückkehr im Vordergrund. Die Werbung des ZPP um jüdische Mitglieder in allen Teilen der UdSSR, die Nachricht vom Kriegsende im Mai 1945 und schließlich die Unterzeichnung des Repatriierungsabkommens im Juli 1945 ließen eine baldige Rückkehr in die polnische Heimat immer wahrscheinlicher werden. Bis die ersten Transporte jedoch die Sowjetunion in Richtung Polen verließen, vergingen für die meisten Rückkehrwilligen zwischen sechs und zwölf Monate. Aus Sicht der großen Mehrheit der rückkehrwilligen polnischen Juden in der Sowjetunion gestaltete sich die Zeit des „Sitzens auf gepackten Koffern“[119] nach Unterzeichnung des Repatriierungsabkommens quälend lang. Victor Zarnowitz erinnert sich:

---

116 Shlomi, Tackling Repatriation, S. 8–9.

117 Die Abteilung entstand auf Anweisung des Staatlichen Rapatriierungsamtes (*Państwowy Urząd Repatriacji*/PUR) sowie des Amtes für die Repatriierungsangelegenheiten polnischer Bürger aus der UdSSR (*Urząd do Spraw Repatriacji Ludności Polskiej ze Związku Radzieckiego*).

118 Shlomi, Tackling Repatriation, S. 17.

119 Katz, From the Gestapo, S. 112.

> Every passing week made us more anxious as we began to wonder if we would ever be allowed to leave the USSR. For months we heard absolutely nothing from the authorities.[120]

Hinzu kam, dass vielerorts Gerüchte kursierten, wonach Juden von der Repatriierung grundsätzlich ausgenommen seien.[121] Diese zerstreuten sich jedoch zu Beginn des Jahres 1946, als die beim ZPP registrierten Rückkehrwilligen eine Nachricht über ihren bevorstehenden Transport nach Polen erhielten. Die Monate zwischen der Unterzeichnung des Abkommens und der Umsetzung der Repatriierung waren für viele eine Zeit der Reflexion über die unmittelbare Zukunft. Zum wiederholten Male war die Gruppe der polnisch-jüdischen Exilanten gezwungen, eine Entscheidung über ihr weiteres Schicksal zu treffen. Die überwältigende Mehrheit entschloss sich zur Rückkehr nach Polen. Einige wesentliche Motive für diese Entscheidung werden im folgenden Teil beschrieben.

Die meisten polnischen Juden wollten die Sowjetunion so schnell wie möglich im Rahmen der Repatriierung verlassen.[122] Nicht wenige von ihnen begründeten diesen Wunsch mit der Ablehnung des verhassten sowjetischen Systems. Darunter verstanden sie vor allem die Allgegenwart der Angst und des Terrors in Gestalt des NKWD. Viele jüdische Exilanten hatten in irgendeiner Form Kontakt mit der sowjetischen Geheimpolizei. Als Ausländer hatten sie vielerorts die Aufmerksamkeit des NKWD erregt, der viele von ihnen als potenziell *feindliche Elemente* unter besondere Beobachtung stellte. Eine Vorladung zum Verhör beim örtlichen NKWD erhielten polnische Juden mit verschiedenen sozialen, politischen und wirtschaftlichen Hintergründen. Meistens wurden die Vorgeladenen nicht dauerhaft inhaftiert oder in Arbeitslager eingewiesen, doch ihnen wurde verdeutlicht, dass sie unter Beobachtung stünden und sich besser keinerlei Straftaten zu Schulden kommen lassen sollten.[123] Auf diese Weise erreichte der NKWD in den meisten Fällen sein Ziel, die polnisch-jüdischen Exilanten einzuschüchtern.

Simon Davidson etwa fürchtete aufgrund seines Vorkriegsengagements beim Bund während seines gesamten Aufenthaltes in der Sowjetunion, eines Tages vom

---

120 Zarnowitz, Fleeing the Nazis, S. 74.

121 So berichtet etwa Ola Wat, dass der NKWD im kasachischen Ili erst nach einigen Wochen begonnen habe, auch die polnischen Juden vor Ort für die Abreise zu registrieren. Wat, Wahrheit, S. 159.

122 YIVO, Gliksman, Jewish Exiles, Teil 3, S. 13.

123 Bernard Ginsburg wurde 1945 acht Tage am Stück wegen seiner Verbindung zu einem ehemaligen hochrangigen Mitarbeiter der polnischen Botschaft befragt, der in unmittelbarer Nachbarschaft von Ginsburgs Studentenwohnheim gelebt hatte. Ginsburg wurde schließlich freigelassen und durfte die Sowjetunion verlassen. Ginsburg, Wayfarer, S. 57–58, 76–79.

NKWD enttarnt und verhaftet zu werden. Konsequenterweise entschied er sich deshalb aus Angst vor einer möglichen Denunziation durch einen NKWD-Informanten, Gespräche über potenziell kontroverse politische Themen zu vermeiden und auch sonst den Kontakt zu anderen Sowjetbürgern auf ein Mindestmaß zu beschränken. In seinen Erinnerungen beschreibt Davidson, wie sich das jahrzehntelange Wirken der sowjetischen Geheimpolizei seiner Ansicht nach auf die Menschen in der UdSSR ausgewirkt habe:

> All around us we see only sad and deeply concerned faces, smileless and bitter, fearful that something he or she said might not be the boss's or Party members' liking, living the lives of automatons, laughing or yelling 'hurray' when prescribed.[124]

Obwohl sie nur einige Jahre in der UdSSR verbracht hatten, waren die Folgen des Terrors wie Angst, Paranoia und Skepsis auch auf einige polnisch-jüdische Exilanten übergegangen. Simon Davidson beobachtete dies bei einer aus dem Exil in Taschkent in die westliche Ukraine zurückgekehrten polnisch-jüdischen Familie, der er im Jahr 1945 begegnete. Als sie gefragt wurde, ob sie sich nach Polen repatriieren lassen wollten, habe die Familie völlig verunsichert reagiert, wie Davidson in seinen Erinnerungen schildert:

> As much as they would like to leave the U.S.S.R. where life had been hellish (as they put it), they are wary of the alternative. Besides they are afraid that, as Soviet citizens, the repatriation might be aimed at trapping them into admitting that they are anxious to leave the Soviet Union, which itself is a crime punishable by imprisonment in a labor camp in Siberia. [...] With them, the NKVD, you never know they keep repeating.[125]

Viele Exilanten teilten die Sorge, dass es sich bei der Repatriierung womöglich um eine Falle, einen Loyalitätstest handele. Auch Davidson selbst habe den sowjetischen Behörden nicht getraut, obwohl er als ZPP-Delegierter verhältnismäßig gut über das Repatriierungsabkommen informiert war.

> Maybe it was a ruse to trap us, the alien element, put us on a train and instead of West, ship us further East. It is hard to believe after six long years of being a refugee, we might see our hometown yet. [...] I was grateful [...] for the opportunity to leave the country where life is paralyzed by constant fear, where the government, in the person of the NKVD watches

124 Davidson, War Years, S. 203.

125 Letztlich entschied sich die Familie Nosnik zur Repatriierung und begegnete Simon Davidson 1946 in einem DP-Lager in der US-Zone in Deutschland auf dem Weg nach Palästina wieder. Davidson, War Years, S. 210.

> every citizen twenty four hours a day, where suspicion of a fellow citizen is a way of life, where people work because they must, not because they want to.[126]

Neben dem Wunsch, dem Terrorregime des NKWD zu entkommen, spielte auch der Antisemitismus in Teilen der sowjetischen Gesellschaft eine Rolle bei der Entscheidung für die Repatriierung.[127] Andere Exilanten betonen dagegen weniger ihre Ablehnung der Sowjetunion, sondern heben ihren Wunsch hervor, nach Hause zurückzukehren. Als er die ersten Gerüchte über eine mögliche Repatriierung vernahm, habe Victor Zarnowitz begonnen, sich vorzubereiten. Noch vor seiner Rückkehr nach Polen heiratete Zarnowitz seine Freundin Lena Engelman, mit der er zusammen ein ZPP-Waisenhaus im kasachischen Ili leitete. Trotz aller Unwägbarkeiten, so erinnert sich Zarnowitz,

> war die Zeit gekommen, sich gemeinsam auf ein neues Leben vorzubereiten. Wir hofften auf eine Rückkehr dorthin, wo für uns noch immer ‚der Westen' war.[128]

Die Exilanten hatten bei ihrer Flucht aus Polen Angehörige und Freunde zurückgelassen. Die Monate des Wartens auf eine Entscheidung über ihre Repatriierung bedeuteten für sie auch einen Moment der bangen Vorfreude auf ein Wiedersehen der Heimat.[129]

7.7 Exkurs: Berichterstattung über den Holocaust in den sowjetischen Medien

Der Historiker Yitzhak Arad gelangte nach der Analyse dreier wichtiger russischsprachiger Zeitungen, die zwischen 1941 und 1945 in der Sowjetunion erschienen waren, zu dem Schluss, dass die sowjetische Presse tatsächlich das

---

126 Davidson, War Years, S. 211–212. Ähnlich formulierte es auch der Schriftsteller Yitskhok Perlov in seinem autobiographischen Roman. Darin schreibt er, dass am Bahnhof wartend niemand gewusst habe, wohin der Zug genau fahren würde und viel wichtiger noch, ob er überhaupt nach Westen fahren würde. Doch für Perlov stand fest, dass er das Risiko eingehen würde: "One thing was certain: this was the only, the final opportunity and one was determined to take this risk." Perlov, Adventures, S. 250.

127 Als Zev Katz von antisemitischen Beschimpfungen und Gewalttaten gegen jüdische Überlebende in den befreiten Gebieten und auf jüdische Rotarmisten erfuhr, habe sein Entschluss, die Sowjetunion so schnell wie möglich zu verlassen, endgültig festgestanden. Katz, From the Gestapo, S. 107–108.

128 Zarnowitz, Fleeing the Nazis, S. 75.

129 Siehe dazu auch Kapitel 8 über die Konfrontation mit dem Holocaust.

Schicksal der Juden nicht dezidiert erwähnt habe.[130] Auch zuvor hatte über die deutsche Politik in den besetzten polnischen Gebieten zwischen 1939 und 1941 in den sowjetischen Medien Stille geherrscht. Infolge des deutsch-sowjetischen Nichtangriffsabkommens vom 23. August 1939 erschienen bis zum deutschen Überfall am 22. Juni 1941 ausschließlich positive Artikel über den deutschen Bündnispartner in *Pravda*, *Izvestija* und *Krasnaja Zvezda*.[131] Nach Beginn der deutschen Invasion berichteten die Zeitungen zwar über deutsche Massaker an den Juden auf besetztem sowjetischen Territorium, doch stellten die Artikel die jüdischen Opfer stets in den Zusammenhang mit deutschen Verbrechen gegen die sogenannten *friedlichen Bürger der Sowjetunion*. Als Grund, die Ermordung der Juden durch die Deutschen nicht hervorzuheben, betrachtet Arad das Bestreben des sowjetischen Regimes, die sowjetische Bevölkerung auf den Kampf gegen den Angreifer einzuschwören. Deshalb habe die sowjetische Presse den Deutschen unterstellt, sie wollten alle slawischen Völker vernichten. Eine herausragende Erwähnung der Juden als vorrangige Opfer der Deutschen betrachtete das sowjetische Regime als nicht opportun.[132] Dieselbe Strategie war auch in anderen Medien wie dem öffentlichen Radio erkennbar.[133]

Zum ersten Mal wurde das besondere Schicksal der Juden unter deutscher Besatzung in einem im August 1941 veröffentlichten Aufruf an die Juden in der Welt deutlich. Bereits hier zeichnet sich jedoch die Tendenz ab, die Verfolgung der Juden nicht zu sehr hervorzuheben. Dies wird auch in der veröffentlichten Rede anlässlich des Jahrestages der Oktoberrevolution am 6. November 1941 deutlich, in welcher Stalin zwar die Massaker an den Juden erwähnt, zugleich jedoch die drohende Vernichtung aller slawischen Völker durch den deutschen Angreifer betont. Die tatsächlichen Unterschiede in der deutschen Behandlung der Juden und der besetzten Völker wurden in der sowjetischen Presse verwischt. An dieser

---

130 Arad untersuchte die drei großen russischsprachigen Zeitungen, die zwischen 1941 und 1945 in der SU erschienen waren: Pravda (Organ der KP), Izvestija (Organ der sowjetischen Regierung) und Krasnaja Zvezda (Organ der Roten Armee).

131 Arad, Yitzhak: The Holocaust as reflected in the Soviet Russian Language Newspapers in the Years 1941–1945. In: Why didn't the Press shout? American and International Journalism during the Holocaust. Hrsg. von Robert M. Shapiro. Jersey City 2003. S. 199–220, hier S. 199–200.

132 Arad, Holocaust, S. 199.

133 In zwei Radioansprachen am 6. Januar und 22. April 1942 informierte der sowjetischen Außenminister Molotov die Hörer über „acts of robbery, destruction, massacre of citizens and ruthless monstrosities at the hands of the Germans in the Soviet territories which they had occupied." Zitiert aus Litvak, Jewish refugees, S. 143. Auch die Massenerschießung von 52.000 Juden in Babi Jar bezeichnete Molotov als Massaker an „Russen, Ukrainern und Juden der Arbeiterklasse". Dabei sei in Moskau bekannt gewesen, dass es sich ausschließlich um Juden gehandelt habe. Arad, Holocaust, S. 202.

Informationsstrategie habe sich nach Ansicht Arads lange nichts geändert.[134] Eine Ausnahme stellt lediglich ein Artikel vom 19. Dezember 1942 dar. Am Tag zuvor hatten die alliierten Regierungen eine gemeinsame Erklärung („Die Umsetzung des Vernichtungsplans des jüdischen Volkes in Europa durch die Nazibehörden“[135]) veröffentlicht, in welcher auch auf die Vernichtung der Juden eingegangen wurde. In diesem auf der Titelseite veröffentlichten Text werden die Beschlüsse der Wannsee-Konferenz (20. Januar 1942) zusammengefasst, die Juden Europas in Polen zu konzentrieren und umzubringen. Erwähnt wird unter anderem, dass die jüdische Minderheit innerhalb der sowjetischen Bevölkerung besonders stark unter Hitler gelitten habe. Pogrome und Zahlen von Ermordeten werden ebenso genannt. Dieser Text sei einzigartig in seiner Ausführlichkeit und seinem Inhalt in der sowjetischen Kriegspresse gewesen, so Arad. Bis zum Sieg der Roten Armee in Stalingrad berichteten sowjetische Zeitungen nur selten über deutsche Verbrechen an „Einwohnern“, „Sowjetbürgern“, „Unglücklichen“ oder „Alten, Frauen und Kindern“[136]. Erst im Zuge der Rückeroberung besetzter sowjetischer Gebiete im Frühjahr 1943 erschienen vermehrt Informationen über die deutschen Verbrechen während der Besatzungszeit. Zwar wurden in diesen Artikeln Opferzahlen genannt, verschwiegen wurde jedoch, dass es sich in den meisten Fällen ausschließlich um jüdische Opfer handelte. Leser der *Pravda*, *Izvestija* und des *Krasnaja Zvezda* konnten demnach nichts über die systematische Vernichtung der europäischen Juden durch die Deutschen erfahren.[137]

Nur wenige polnisch-jüdische Exilanten in der Sowjetunion verfügten über einen regelmäßigen Zugang zu den erwähnten Pressetiteln. Aus zahlreichen jüdischen Selbstzeugnissen wird jedoch ersichtlich, dass Informationen auf anderen Wegen aus Polen in das Innere der Sowjetunion drangen. Während ihres Aufenthalts im sowjetischen Exil begegneten polnische Juden sowjetischen

---

134 In einer Erklärung sowjetischer Juden an die Welt vom 26. Mai 1942 wird die Vernichtung der Juden erneut nur in Verbindung mit den slawischen Brüdern und Schwestern erwähnt. Gleiches gilt für einen Artikel von Ilja Ehrenburg über Juden an der Front, der am 1. November 1942 in der Armeezeitung erscheint. Als Teil einer Serie von Artikeln über die kämpfenden Vertreter der nationalen Minderheiten in der sowjetischen Armee darf Ehrenburg explizit die Rache der Juden für die „Ermordung von Frauen, Alten und Kindern“ erwähnen. Im Kampf sterben sie jedoch als „ergebene Söhne Russlands“. Zitiert aus Arad, Holocaust, S. 201, 204.

135 Arad, Holocaust, S. 206.

136 Arad, Holocaust, S. 206–208.

137 Sowjetische Zeitungsberichte über Ereignisse wie den Aufstand im Warschauer Ghetto und später die Befreiung der Konzentrationslager durch die Rote Armee verorteten Juden als eine Opfergruppe unter vielen. Zudem erschienen diese Meldungen in der Regel nicht auf den Titelseiten und erhielten daher wohl oft weniger Aufmerksamkeit als andere Artikel. Arad, Holocaust, S. 214, 217.

(darunter auch jüdischen) Rotarmisten auf Heimaturlaub, Evakuierten und Flüchtlingen aus den Frontgebieten, die ihre Eindrücke von der Lage der Juden in Polen mit den Exilanten teilten. So erfuhr etwa Larry Wenig 1943 vom Holocaust durch einen verwundeten jüdischen Rotarmisten, der zur Erholung ins usbekische Fergana verlegt worden war. Dieser habe ihm von Konzentrationslagern in Treblinka und Auschwitz erzählt.[138] Ein ausführlicheres Bild über das Ausmaß der Zerstörung erhielt der in Kirgisien lebende polnisch-jüdische Flüchtling Bernard Ginsburg in mehreren Treffen und Briefen seines Bruders, der in der Roten Armee kämpfte. Dieser habe ihm „Horrorgeschichten“[139] über die Vernichtung der Juden in ihrer Heimat erzählt. Lange vor ihrer Rückkehr nach Polen hatten die Brüder Ginsburg daher jede Hoffnung verloren, dass ihre Angehörigen den Krieg überleben würden. Aus einem Brief des wieder an die Front zurückgekehrten Bruders aus dem Januar 1945 erfuhr Ginsburg weitere Nachrichten über die Zerstörung hunderter jüdischer Siedlungen, was für ihn „zu makaber, um es zu verstehen“[140] gewesen sei. In demselben Brief schildert ihm sein Bruder zudem, dass ihre Heimatstadt Uściług dem Erdboden gleichgemacht und die jüdische Gemeinde außerhalb der Stadt von den Deutschen erschossen worden sei. Bernard Ginsburg rekapituliert in seinen Erinnerungen, dass die Berichte in Zeitung und Radio lediglich ein unvollständiges Bild der Lage vermittelt hätten. Nur durch die Informationen seines Bruder, der ihm in Gesprächen und Briefen seine Eindrücke von der Front schilderte, sei ihm noch vor seiner Rückkehr in die Heimat allmählich bewusst geworden, dass „die Welt, in der ich aufgewachsen bin, völlig verschwunden war“[141].

Andere erfuhren aus Gesprächen mit evakuierten Juden vom Schicksal der jüdischen Bevölkerung in den besetzten westlichen Gebieten der Sowjetunion. So berichtet der aus Kowel nach Russland geflohene Zalman Lipstein, dass ihm jüdische Evakuierte von den „deutschen Banditen“ erzählten, die „jüdische Häuser überfallen und Kinder bei lebendigem Leid verbrannt haben“[142]. Aus jenen Gesprächen erfuhr Lipstein, dass bereits 5.000 Juden in seiner Heimat den Deutschen zum Opfer gefallen waren und die wenigen Überlebenden sich den Partisanen angeschlossen hatten. Die nach Usbekistan geflohene Pesia Taubenfeld erinnert sich in einem Erfahrungsbericht aus dem Jahr 1946, dass bis nach Asien

138 Wenig, From Nazi Inferno, S. 232, 294.
139 Ginsburg, Wayfarer, S. 59.
140 Ginsburg, Wayfarer, S. 68.
141 Ginsburg, Wayfarer, S. 70.
142 GFHA, Zeugnis von Zalman Lipstein, Russisch, verfasst am 20. September 1946, ohne Ortsangabe, Katalognummer 4908.

Nachrichten gedrungen seien, wonach die Deutschen in den eroberten Territorien „Juden verbrennen und Kinder zerreißen“[143].

Auch die bereits erwähnte Broschüre, die bei Veranstaltungen des ZPP in der Sowjetunion auslag, füllte die beschriebene Lücke in der sowjetischen Berichterstattung über den Holocaust. Simon Davidson erinnert sich, dass er Ende 1943 bei einer vom ZPP organisierten Vortragsveranstaltung vom deutschen Massenmord an den Juden in seiner Heimat erfahren habe. Die sowjetische Presse, die er als Buchhalter in einem staatlichen Betrieb regelmäßig las, habe ihn darauf nicht vorbereitet.

> From a brochure, distributed at the end of the lecture I found out about the horrible fate devised by the Germans for the Jews in the Concentration Camps in Europe where a wholesale destruction of human lives went on daily. Never did Russian press mention it. I could not believe what I was reading. 'Is it possible?' I asked myself, 'biting my fists in a fit of outrage and helplessness, then why am I so privileged to be spared that hell on earth, that terrible tragedy engulfing the European Jewry?' I keep reading the brochure, disbelieving at times, trying to convince myself that what is absolutely beyond anybody's wildest nightmarish imagination is being perpetrated on humanity by those monsters.[144]

Zwei Jahre später als Davidson erfuhr der Fotojournalist Bernard Ginsburg ebenfalls auf einer Veranstaltung des ZPP im kirgisischen Osch von der deutschen Kapitulation und den Zerstörungen in seiner Heimat. Ginsburg erinnert sich, dass die Freude über das Kriegsende unter den jüdischen Exilanten „was muted by the tragic revelations of an ever-widening dimension of horror.“[145] Aus den untersuchten Selbstzeugnissen geht hervor, dass die meisten polnisch-jüdischen Exilanten nicht über einen vergleichsweise privilegierten Zugang zu Informationen wie etwa Simon Davidson und Bernard Ginsburg verfügten. Während einige aus der oben beschriebenen Skepsis Veranstaltungen des ZPP mieden und deshalb die Broschüre über den Holocaust nie zu Gesicht bekamen, trauten andere hingegen den sowjetischen Zeitungen nicht. Einige Wenige erhielten bruchstückhafte Informationen über die deutschen Verbrechen aus Gesprächen mit Augenzeugen. Doch die Mehrheit der polnisch-jüdischen Exilanten erfuhr erst im Zuge ihrer Rückkehr nach Polen von den Dimensionen des Massenmords.

---

143 YVA, Zeugnis von Taubenfeld.

144 Davidson, War Years, S. 176–177. Die Angabe Ende 1943 ist womöglich ein Irrtum. Laut Elżbieta Hornowa erhielt der ZPP erst im Laufe des Juni/Juli 1944 die von Adolf Berman und Pola Elster verfasste Broschüre über die Konzentrationslager und Ghettos im von den Deutschen besetzten Polen. Hornowa, Powrót Żydów, S. 113.

145 Ginsburg, Wayfarer, S. 75.

Repatriierung mit Ziel Palästina

Oben wurde der Zusammenhang zwischen Repatriierung und Zionismus beziehungsweise dem Wunsch einer Emigration nach Palästina bereits in Bezug auf staatliche Akteure beschrieben. In einigen frühen Zeugenberichten aus den Jahren 1946 bis 1948 bekunden jugendliche Autoren, dass sie bereits vor der Rückfahrt aus der Sowjetunion nach Polen den Plan gefasst hätten, nach Palästina auszuwandern. Polen wird in diesen stark durch ihre zionistische Umgebung geprägten Zeugnissen lediglich als Zwischenstation auf dem Weg nach *Eretz Israel*[146] betrachtet.[147] Die Zeugnisse sind Ausdruck einer argumentativen Verbindung der unmittelbaren Exilvergangenheit mit dem Plan, möglichst schnell nach Palästina zu gelangen. Die folgenden Beispiele belegen diese Verknüpfung. So formuliert es etwa die 16-jährige Rachel Reizner.

> Ich habe mich nach Polen gesehnt, weil ich wusste, dass es von dort aus leichter sein würde, nach Palästina zu kommen.[148]

Auch Zlata Offman schreibt, dass sie im Vorfeld der Repatriierung mit anderen jüdischen Schülern und Lehrern im usbekischen Fergana häufig über den künftigen jüdischen Staat gesprochen habe.

> Meine Gedanken kreisten ständig um die Frage, wie man am schnellsten nach Polen zurückkehren könnte, um von dort aus weiter nach Palästina zu fahren. Ich hoffe, dass sich meine Träume bald erfüllen.[149]

Ähnliche Worte verwendet auch Leja Goldman. Bereits in Usbekistan habe sie den Wunsch gehegt, in „unsere Heimat Palästina“[150] fahren zu können. Als Grund für diese Entscheidung nennt sie die Erfahrungen des Krieges und des Exils:

> Die vergangenen sieben Jahre des Krieges und des Überlebens waren sehr schwer für uns und deshalb fahren wir jetzt nach Palästina, wo unsere Heimat ist–die Heimat aller Juden.[151]

---

146 Hebräische Bezeichnung für das Land Israel vor der Gründung des Staates Israel am 14. Mai 1948.
147 GFHA, Zeugnis von Zlata Offman, Polnisch, verfasst am 22. September 1946 im DP-Lager Rosenheim, Katalognummer 4355.
148 Nach ihrer Ankunft in Polen Ende Juni 1946 schlossen sich die Schwestern Rachel und Dina Reizner einem Kibbuz in Wrocław an, bevor sie sechs Wochen später ins DP-Lager Rosenheim zogen. GFHA, Zeugnis von Rachel u. Dina Reizner.
149 GFHA, Zeugnis von Offman.
150 GFHA, Zeugnis von Goldman.
151 GFHA, Zeugnis von Goldman.

Für die zitierten Jugendlichen ist Polen keine Heimat mehr. Stattdessen sehen sie die Zukunft der überlebenden Juden in Palästina. Ausführlicher als ihre Altersgenossen erläutert Bella Gurwic die Notwendigkeit eines jüdischen Staates in Reaktion auf die Kriegserfahrungen. In einem DP-Lager in Deutschland beschreibt sie ihre Gedanken zum Ende des Krieges:

> Dann kam endlich der langersehnte Tag: der Krieg war zu Ende. Für uns war das ein großer Feiertag. Die Menschen umarmten sich auf den Straßen. Alle Gesichter strahlten vor Freude. Wenig später kam Vater zurück [aus der Armee, Anm. d. Verf.] und wir fuhren zurück nach Polen. Alle Völker trafen ihre Angehörigen. Wir dagegen–das jüdische Volk konnten dieses Glück nicht finden; unsere Brüder und Schwestern wurden in verschiedenen Todeslagern verbrannt. So verstanden wir erst jetzt, was es bedeutet, keinen eigenen Staat zu haben. Aus diesem Grund versucht jetzt jeder, in seine Heimat zu fahren. [...] Unser Ziel ist, ein freies und sozialistisches Eretz aufzubauen und ein gleichberechtigtes Volk unter allen Völkern zu sein.[152]

Ob es sich bei den erwähnten Äußerungen um Abbildungen eines frühen zionistischen Weltbildes handelt oder um wahrheitsgemäße Darstellungen der eigenen Exilgeschichte, kann nicht abschließend geklärt werden.

Wenngleich sich die überwältigende Mehrheit der polnisch-jüdischen Exilanten für die Rückkehr nach Polen entschied, sollten jene nicht unerwähnt bleiben, die diesen Schritt nicht gingen. Einige Zehntausend Personen ließen die Option einer Repatriierung verstreichen und blieben in der Sowjetunion zurück.[153] Yitskhok Perlov erwähnt in seinem Roman *The Adventures of One Yitschok* einen polnischen Juden, der seine Beweggründe gegen die Rückkehr nach Polen folgendermaßen erläutert:

> We're tired of wandering. And this is the country where people having nothing, need nothing. Somehow we'll round out our span of years. We've got Soviet wives, Soviet children, Soviet jobs. To us Stalin is father.[154]

Perlov deutet hier an, dass nicht wenige polnisch-jüdische Exilanten inzwischen in der Sowjetunion heimisch geworden waren. Sie hatten die sowjetische Staatsbürgerschaft angenommen, geheiratet, Familien gegründet und gingen einer Arbeit nach. Dieser Teil, schätzungsweise ein Zehntel aller polnisch-jüdischen

---

152 GFHA, Zeugnis von Gurwic.

153 Etwa 20.000 polnische Juden kehrten im Rahmen der Zweiten Repatriierung zwischen 1957 und 1959 nach Polen zurück. Unter ihnen befanden sich viele, die sich unmittelbar nach dem Krieg noch gegen eine Repatriierung entschieden hatten. Gutman, After the Holocaust, S. 363.

154 Perlov, Adventures, S. 249.

Exilanten, betrachtete die Sowjetunion und nicht Polen oder beispielsweise Palästina als ihre neue Heimat.[155]

Die große Mehrheit der polnisch-jüdischen Exilanten hatte zum Jahreswechsel 1945/46 den erforderlichen Antrag beim ZPP gestellt und eine Genehmigung zur Ausreise vom NKWD erhalten. Für viele von ihnen wurde in der ersten Jahreshälfte 1946 der langgehegte „Traum von der Rückkehr“[156] nach Jahren des Exils endlich Realität. Hunderttausende jüdische und nichtjüdische Polen fanden sich zwischen Ende Januar und Ende Juni 1946 an Bahnhöfen im Westen Russlands und in Zentralasien ein.[157] Dort wartete ein Zug auf die Repatrianten, der in der Regel einige Tage auf dem Gleis stand, bis ein zuständiger NKWD-Offizier die Liste der Repatriierten prüfen konnte und seine Zustimmung zur Abreise gab.[158] Bevor sich die Züge endgültig in Bewegung setzten, erhielten die Repatrianten noch einige Abschiedsgeschenke der Sowjetunion. Dabei handelte es sich zumeist um Wurst und Brot, Kleidung, Bettwäsche und Schuhe. Der sowjetischen Regierung war daran gelegen, den letzten Eindruck von der UdSSR auf die Repatrianten vor deren Heimkehr möglichst positiv zu gestalten.[159] Die große Mehrheit der aus der Sowjetunion nach Polen repatriierten Juden kehrte mit einem der rund 200 eigens für den Zweck bereitgestellten Züge – umgangssprachlich *PUR-Züge*[160] genannt – nach Polen zurück.[161] Viele Rückkehrer kamen nicht umhin, die Reisebedingungen im Jahr 1946 mit den Umständen der De-

---

155 Die Geschichte der Zehntausenden polnischen Juden, die sich gegen die Repatriierung entschieden beziehungsweise denen der NKWD in einigen Fällen die Rückkehr nach Polen nicht gestattete, liegt außerhalb des Rahmens dieser Studie. Katharina Friedla arbeitet zurzeit an einer Studie zu diesem Gegenstand. Grundsätzlich zur Zweiten Repatriierung: Ruchniewicz, Małgorzata: Repatriacja ludności polskiej z ZSSR w latach 1955–1959. Warszawa 2000.

156 So formulierte es Davidson, War Years, S. 211.

157 Eine Übersicht zu allen 199 Zügen, ihren Abfahrt- und Ankunftsorten sowie -zeiten ist abgedruckt in Marciniak, Wojciech: Powroty z Sybiru. Repatriacja obywateli polskich z głębi terytorium ZSRR 1945–1946. Łódź 2014. Anhang 2. S. 357–366.

158 Als Bevollmächtigter des ZPP für die Repatriierung hatte Davidson einen guten Überblick über den Ablauf der Repatriierung. Davidson, War Years, S. 213.

159 Familie Davidson erhielt zum Abschied einen Brotlaib, eine Wurst, ein Paar Schuhe und drei Meter Baumwollstoff. Davidson, War Years, S. 212. Die Abschiedsgeschenke der sowjetischen Regierung an die polnischen Repatriierten umfassten Kleidung, Bettwäsche und Schuhe im Wert von 8,4 Millionen Rubel sowie 3,1 Millionen Rubel in Form finanzieller Beihilfen. Kaganovitch, Stalin's Great Power Politics, S. 71–72.

160 Benannt nach dem zuständigen polnischen Repatriierungsamt (PUR). Cichopek-Gajraj, Anna: Beyond Violence. Jewish Survivors in Poland and Slovakia, 1944–48. Cambridge 2014. S. 37.

161 Anfang Juni 1946 war der Großteil von 210.000 Personen bereits aus der Sowjetunion nach Polen zurückgekehrt. Weitere 5.500 Personen folgten bis Mitte Juni, einige Tausend schließlich nach August 1946. Kaganovitch, Stalin's Great Power Politics, S. 67–68.

portationen von 1940 zu vergleichen. So befand etwa Victor Zarnowitz, dass die Bedingungen an Bord des Zuges im Vergleich zu ihrer Deportation im Jahr 1940 „fast luxuriös“[162] gewesen seien. Viele Züge machten auf der mehrwöchigen Reise nach Polen unterwegs Halt, um weitere Repatriierte aufzunehmen oder weil logistische Schwierigkeiten die Weiterfahrt behinderten.

Jeder Zug wurde von einem NKWD-Offizier und einem Bevollmächtigten des ZPP bis zur polnischen Grenze in Jagodzin, Medyka oder Brześć eskortiert.[163] Dort angekommen mussten die Repatriierten ihren sowjetischen Pass abgeben und erhielten im Gegenzug ein polnisches Identitätsdokument, das sie als Repatriierte auswies.[164] Viele jüdische Repatriierte konnten bis zur Überquerung der Grenze nicht glauben, dass die sowjetischen Behörden ihnen tatsächlich die Ausreise aus der Sowjetunion gestatten würden. Simon Davidson erinnert sich:

> I pinch my cheek to prove myself that it is not a dream but reality that we are returning home. A reel starts unwinding in my mind: Exit from Lodz, siege and capitulation of Warsaw, Bialystok, the Ravins, Orsza, kolkhoz in Kuznur, Yoshkar-Ola, Proskurov.[165]

Auch in anderen Zeugnissen wird der Moment des Grenzübertritts als sehr emotional geschildert. Die aus Usbekistan nach Polen repatriierte 15-jährige Lea Beckerman gibt in ihrem Erfahrungsbericht aus dem Jahr 1948 an, Tränen in den Augen gehabt zu haben, als sie mit ihrer Familie nach dem „großen Khurbn“[166] Polen erreichte. Von Freudentränen ist dagegen die Rede bei Ola Wat, die mit ihrem Ehemann Aleksander im April 1947 aus Moskau in Richtung Warschau fuhr. Wat beschreibt den Moment der Grenzüberquerung in ihren Erinnerungen wie folgt:

> Plötzlich rief jemand: Die polnische Grenze. Freude und Schluchzen brach aus, fremde Menschen fielen sich in die Arme. Kaum waren wir ein paar Kilometer gefahren, schien uns alles verändert zu sein. Ich zeigte Aleksander die Erde, den Himmel und die Bäume und behauptete, daß das alles polnisch sei, ganz anders, gar nicht zu vergleichen mit der Erde, dem Himmel und den Bäumen dort. Die Kraft unserer Gefühle ist so groß, dass sie einen grauen Spatzen in einen Paradiesvogel zu verwandeln vermag. Wir sahen tatsächlich alles in

162 Zarnowitz, Fleeing the Nazis, S. 75.

163 Siehe Anhang 2 in: Marciniak, Powroty z Sybiru.

164 Boder, Interview mit Joseph. Albert Kaganovitch vermutet, dass auf diese Weise Identitätsfälschung verhindert werden sollte. Kaganovitch, Stalin's Great Power Politics, S. 73.

165 Davidson, War Years, S. 213.

166 YVA, Zeugnis von Lea Beckerman, Jiddisch, verfasst am 9. Juni 1948 im DP-Lager Pocking-Waldstadt, M 1 E 2183.

> wunderbaren, zauberhaften Farben. Doch vor allem schien es vertraut, es war unsere Erde und unser Himmel über ihr und die Menschen waren unsere Brüder.[167]

Als einen Moment der Reflexion schildert Henry Skorr im Rückblick seine Fahrt durch Polen.

> With every mile I felt a layer of the Soviet armor peel off me. The difference between our journey into Russia and this trip was like night and day. We were not the same people any longer. Yes, we were refugees, but we were not leaves blown by the wind. We were experienced people, stronger from the Soviet experience and looking forward to freedom.[168]

Aus den gesichteten Zeugnissen entsteht der Eindruck, dass in vielen Zügen eine ähnlich ausgelassene, erwartungsfrohe Stimmung geherrscht haben muss.[169] Dass diese Empfindungen jedoch bei einigen rasch in Angst und Enttäuschung umschlugen, beschreibt Yitskhok Perlov in dem erwähnten autobiografischen Roman. Als sein Zug mit Tausenden Repatriierten die Heimreise antrat, seien vielen Mitreisenden in seinem Waggon die Tränen gekommen, schreibt Perlov. Dies änderte sich jedoch, als der Zug nach wochenlanger Fahrt durch die Sowjetunion endlich in die Nähe der polnischen Grenze gelangte.

> The train moved and tears filled our eyes. These were the tears of long-term prisoners, grown accustomed to their confinement. These were the tears of men who were no longer certain whether it payed to go forth into freedom, whether they would be able to endure their freedom. But even before we realized it, we were on Polish soil. Eyes were already dry by now, anxious and avid.[170]

Für Perlov wurde der emotionale Moment der Heimkehr durch den Anblick großer Plakate mit dem Konterfei Stalins und Lenins an polnischen Bahnhöfen beeinträchtigt. Aus gespannter Vorfreude war plötzlich traurige Resignation geworden: „The paean of joy froze on my lips. Something more like melancholy weighed heavily on my heart."[171]

---

167 Wat, Wahrheit, S. 165.
168 Skorr, Blood and Tears, S. 309.
169 Beispielsweise Skorr, Blood and Tears, S. 313.
170 Perlov, Adventures, S. 255–256.
171 Perlov, Adventures, S. 256.

7.8 Kapitelfazit

Die genaue Zahl der repatriierten Juden lässt sich nicht ermitteln. Eine quantitative Annäherung ist aber durchaus möglich. Infolge der drei bilateralen Repatriierungsabkommen aus dem Jahr 1944 kehrten zwischen 20.000 und 25.000 Juden aus dem Inneren der Sowjetunion nach Polen zurück.[172] Im Ergebnis des Abkommens vom Juli 1945 entschieden sich weitere 147.000 Personen für die Rückkehr.[173] Die statistische Rekonstruktion wird unter anderem durch die Tatsache erschwert, dass sich unter den Repatriierten nicht nur polnische Juden befanden. Einige Tausend litauische Juden sowie eine unbekannte Zahl sowjetischer Eheleute fallen ebenfalls unter die Kategorie der polnischen Repatriierten.[174] Yitskhok Perlov gibt in seinem autobiografischen Roman einen Einblick in diese Gruppe. Über die sowjetischen Eheleute und ihre Kinder schreibt er:

> Their children resembled a collection of creatures being led into Noah's Ark. To them, it didn't matter where they were travelling, so long as it was abroad.[175]

Zählt man zu den registrierten Repatriierten noch die undokumentierten polnisch-jüdischen Rückkehrer, aber auch die jüdischen Angehörigen der polnischen und sowjetischen Streitkräfte hinzu, so gelangt man zu einer plausibel geschätzten Zahl von etwa 200.000 Personen, die zwischen den Jahren 1944 und 1949 aus der Sowjetunion nach Polen umsiedelten. Auf die in dieser Arbeit genannte Zahl von etwa 230.000 polnischen Juden, die die Kriegszeit in der Sowjetunion überlebten, gelangt man durch Addition weiterer kleiner Repatriierungen bis Ende der 1950er Jahre sowie rund 20.000 polnischen Juden, die zwischen den Jahren 1957 und 1959 nach Polen repatriiert wurden.[176]

---

172 Das entspricht weniger als der Hälfte der insgesamt 55.000 repatriierten Juden. Die Mehrheit kehrte aus den sowjetischen Westgebieten nach Polen zurück, nicht aus dem Inneren der UdSSR. Gutman, After the Holocaust, S. 362; Kaganovitch, Stalin's Great Power Politics, S. 75.

173 Kaganovitch, Stalin's Great Power Politics, S. 75. Andere Historiker nennen deutlich niedrigere Zahlen. Auf der Grundlage der ZPP-Statistik nennt Piotr Żaron die Zahl von 136.500 aus dem Inneren der UdSSR repatriierten polnischen Juden. Hinzu addiert Żaron noch die 55.000 Juden, die aus den ehemaligen polnischen Ostgebieten nach Westen umgesiedelt wurden. Żaron, Ludność polska, S. 356. Józef Adelson kommt nach Auswertung der Daten des CKŻP auf die Zahl von 136.579 Juden. Adelson, Józef: W Polsce zwanej Ludowej. In: Najnowsze dzieje Żydów w Polsce w zarysie (do 1950 r.). Hrsg. von Jerzy Tomaszewski. Warszawa 1993. S. 387–477, hier 397–398.

174 Gutmann, After the Holocaust, S. 363.

175 Perlov, Adventures, S. 249.

176 Zahlen bei Gutman, After the Holocaust, S. 363 und Kaganovitch, Stalin's Great Power Politics, S. 75.

Insgesamt hat demnach eine Gruppe von etwa 230.000 polnischen Juden der Sowjetunion ihr Überleben zu verdanken. Die große Mehrheit von ihnen verließ die Sowjetunion in den ersten Jahren nach der Befreiung Polens von der deutschen Besatzung im Bewusstsein, eine äußerst schwere Zeit hinter sich zu lassen. Die Rückkehr nach Polen sollte nach dem Willen vieler den Beginn eines neuen Lebensabschnitts einleiten. Dass ein großer Teil von ihnen zwischen 1939 und 1941 nicht freiwillig in die UdSSR gelangt war, dass viele jahrelang unter sehr schwierigen Bedingungen lebten und nicht wenige während ihres Kriegsexils Angehörige verloren, verlieh der Tatsache, dass sie lebend nach Polen zurückgekehrt waren, einen äußerst ambivalenten Charakter. Die Rückkehr nach Polen und die Konfrontation mit den Folgen des Holocausts machten aus Exilanten plötzlich Überlebende. Zwischen Dankbarkeit und Anklage gegenüber der Sowjetunion kehrten die jüdischen Repatrianten in ihr stark verändertes Heimatland zurück, wo sie sofort mit der zentralen Frage der Zeit konfrontiert wurden: Sollten sie sich am Wiederaufbau des jüdischen Lebens in Polen beteiligen oder einen Neuanfang in der Emigration wagen?

8 Rückkehr ohne Heimat: Repatriierte Juden im Nachkriegspolen

8.1 Die Etablierung der kommunistischen Herrschaft in Polen

Während die polnisch-jüdischen Exilanten noch in der Sowjetunion ausharrten, stieß die Rote Armee mit Unterstützung der Ersten Polnischen Armee unter dem Kommando von General Berling weiter nach Westen vor. Die Befreiung des polnischen Vorkriegsterritoriums von der deutschen Okkupation fand in verschiedenen Phasen zwischen Sommer 1944 und Frühjahr 1945 statt.[1] Nachdem die sowjetischen Streitkräfte am 6. Juni 1944 die ehemalige Ostgrenze Polens überquert hatten, passierten sie Mitte Juli 1944 den Bug. Zu den ersten eroberten Städten gehörten Białystok, Lublin, Przemyśl und Rzeszów. Angekommen im Warschauer Stadtteil Praga, am östlichen Weichselufer gelegen, unterbrach die Rote Armee ihren Vormarsch und setzte ihn erst wieder im Januar 1945 fort. Bis März 1945 war es den sowjetischen Truppen gelungen, weite Teile des polnischen Staatsgebietes von der deutschen Besatzung zu befreien.[2] Auf der Konferenz von Jalta (4. Bis 11. Februar 1945) einigten sich die alliierten Mächte auf einen Plan für die politische Zukunft Polens nach dem Ende der deutschen Besatzungsherrschaft. Demnach sollte nach Kriegsende eine *Regierung der Nationalen Einheit*, bestehend aus Mitgliedern der Provisorischen Polnischen Regierung und exilierten Politikern, durch freie Wahlen gebildet werden.[3] Bis es soweit sein würde, herrschte jedoch der Status Quo der sowjetischen Militärverwaltung in den von der Roten Armee befreiten Gebieten Polens vor, wogegen sich erheblicher Widerstand, insbesondere von Seiten der londontreuen *Armia Krajowa* (AK, dt. Heimatarmee) regte. Es könne laut Włodzimierz Borodziej also nicht davon ausgegangen werden, dass „im Augenblick, als der Krieg zu Ende ging, der kommunistische Machtanspruch durchgesetzt"[4] gewesen sei. Neben dem Beschluss, möglichst zügig freie Wahlen abzuhalten, bestätigten die westlichen Alliierten auf der Jalta-Konferenz die sowjetischen Pläne einer Verschiebung der polnischen Grenzen nach Westen. Dies hatte eine Verkleinerung des Staatsterritoriums von

1 Anna Cichopek-Gajraj plädiert für eine Vielzahl von Befreiungsgeschichten, um den unterschiedlichen Bedingungen vor Ort Ausdruck zu verleihen. Cichopek-Gajraj, Beyond Violence, S. 30.

2 Die letzten Kämpfe auf polnischem Gebiet fanden im April 1945 vor allem in Niederschlesien statt. Cichopek-Gajraj, Beyond Violence, S. 30 – 31.

3 Borodziej, Geschichte Polens, S. 254.

4 Borodziej, Geschichte Polens, S. 245 – 255.

https://doi.org/10.1515/9783110594393-009

389.000 km² auf 312.000 km² zur Folge.[5] Große Teile der östlichen Vorkriegsgebiete wurden den Sowjetrepubliken Weißrussland und Ukraine zugeschlagen. Im Gegenzug wurden die polnischen Grenzen im Westen und Norden um ehemals deutsche Territorien erweitert, die in der polnischen Propaganda als *Ziemie Odzyskane* (dt. Wiedergewonnene Gebiete) bezeichnet wurden.[6] Damit waren die ehemals zum Deutschen Reich gehörenden Territorien Danzig, Teile Preußens, Pommerns und Niederschlesiens gemeint. Die polnischen Kommunisten übernahmen diese ursprünglich aus dem nationaldemokratischen Lager um Roman Dmowski (1864 – 1939) stammende Vorstellung einer polnischen Rückkehr auf das piastische Territorium scheinbar problemlos.[7] Den Grund dafür sieht der Historiker Marcin Zaremba in dem Bestreben der von der Sowjetunion gestützten Kommunisten, den „Komplex ihrer unzulänglichen nationalen Glaubwürdigkeit"[8] zu überwinden. Um ihre Macht innerhalb der polnischen Bevölkerung zu festigen, griffen die polnischen Kommunisten in den Jahren 1944 bis 1947 umfassend auf nationalistische Legitimationsstrategien zurück. Die Idee, die hinter den *Wiedergewonnenen Gebieten* stand, sollte außerdem möglichst viele polnische Neusiedler dazu bewegen, sich in den ehemals deutschen Regionen Schlesiens und Pommerns niederzulassen.[9]

Unter den polnischen Siedlern in den *Wiedergewonnenen Gebieten* können nach Piotr Eberhardt drei Gruppen unterschieden werden. Die erste Gruppe bildeten die *Rückkehrer.* Sie stammten zumeist aus Zentralpolen und den Landesteilen, die sowohl vor als auch nach dem Krieg zu Polen gehörten. Die zweite Gruppe waren die *Repatrianten*, deren alte Heimat sich auf nunmehr sowjetischem Territorium befand. In diese Gruppe fiel auch die Mehrheit der polnisch-jüdischen Neusiedler. Die dritte Gruppe der *Remigranten* bestand mehrheitlich aus ehemaligen Zwangsarbeitern, die aus dem Deutschen Reich nach Polen zurückkehrten. Viele von ihnen hatten ihre alte Heimat durch die Westverschiebung der Grenzen verloren. In den ehemals deutschen Territorien bildeten sie einen großen Teil der neuen nichtjüdischen polnischen Bewohner.[10] Im Zeitraum von

5 Borodziej, Geschichte Polens, S. 257.

6 Ausführlich zu diesem Prozess: Brier, Robert: Der polnische Westgedanke nach dem Zweiten Weltkrieg (1944 – 1950). In: Digitale Osteuropa-Bibliothek. Geschichte 3 (2003). https://epub.ub.uni-muenchen.de/546/1/brier-westgedanke.pdf

7 Auch wenn die nationalistische Legitimation in den Jahren 1944 – 1947 sicher nicht die einzige Strategie der kommunistischen Machtinstallierung war, so sei sie doch die wichtigste gewesen, so Zaremba. Zaremba, Im nationalen Gewande, S. 142.

8 Brier, Westgedanke, S. 27 – 33; Zaremba, Im nationalen Gewande, S. 181.

9 Eberhardt, Political Migrations, S. 80.

10 Aus dem Deutschen Reich kehrten 1,17 Millionen polnische Staatsbürger (Häftlinge und Zwangsarbeiter) nach Polen zurück. Hinzu kamen 360.000 Soldaten, Kriegsgefangene und

1945 bis 1947 wurden insgesamt 4.082.610 Polen (davon 1.861.838 Repatrianten) in den Wiedergewonnenen Gebieten angesiedelt.[11] Die Besiedlung der neuen polnischen Territorien war Teil einer umfassenden Wanderungsbewegung. Die Soziologin Krystyna Iglicka hat ermittelt, dass in den ersten sechs Jahren nach dem Zweiten Weltkrieg 6,5 Millionen Menschen nach Polen übersiedelten oder das Land verließen.[12] Ein zentrales Ergebnis dieser Wanderungsbewegung war eine bis dato in der polnischen Geschichte unbekannte ethnische und konfessionelle Homogenisierung Polens. Die 22 Millionen Einwohner des Landes waren nun mehrheitlich Polen katholischen Glaubens. Lediglich eine Zahl von zusammen höchstens 1,5 Millionen Ukrainern, Weißrussen, Deutschen und Juden verblieb nach 1945 im Land.[13]

Die politische Landschaft des territorial und demographisch stark veränderten Nachkriegspolens wurde maßgeblich von zwei gegensätzlichen Parteien geprägt. Auf der einen Seite befanden sich die prosowjetische *Polska Partia Robotcnicza* (PPR, dt. Polnische Arbeiterpartei) und ihre Satellitenparteien.[14] Auf der anderen Seite stand die neu gegründete *Polskie Stronnictwo Ludowe* (PSL, dt. Polnische Bauernpartei) unter der Führung des ehemaligen Exil-Politikers Stanisław Mikołajczyk. Trotz dieses scheinbar breiten Parteienspektrums kann für die unmittelbare Nachkriegszeit nicht von einem freien Wettbewerb der politischen Ideen gesprochen werden. Stattdessen agierten sämtliche Parteien in einem „pseudodemokratischen Rahmen“[15], in welchem die PPR und ihre Partner bei der Vergabe von wichtigen politischen Ämtern bevorzugt wurden, während Vertreter der nichtkommunistischen Parteien nur selten Berücksichtigung fanden.[16] Wie

---

Rückkehrer aus dem westlichen Exil. Iglicka, Krystyna: Poland’s post-war dynamics of migration. Burlington 2001. S. 17; Cichopek-Gajraj, Beyond Violence, S. 22; Eberhardt, Political Migrations, S. 80.

11 Ihre Ziele waren Białystok (55.800), Olsztyn (420.800), Gdańsk (369.160), Szczecin (833.150), Poznań (380.870) Wrocław (1.570.320) und Schlesien (442.530). Eberhardt, Political Migrations, S. 83.

12 Iglicka, Post-war dynamics, S. 16.

13 Borodziej, Geschichte Polens, S. 258–260.

14 Das waren die Polnische Sozialistische Partei (*Polska Partia Socjalistyczna*, PPS), die Volkspartei (*Stronnictwo Ludowe*, SL) sowie die Demokratische Partei (*Stronnictwo Demokratyczne*, SD).

15 Borodziej, Geschichte Polens, S. 260.

16 Diesen Missstand anprangernd hielt die PSL weiter an ihrer Forderung nach freien Wahlen fest und wurde zunehmend zu einem Sammelbecken für die Gegner des Kommunismus. Diese Unterstützung für ein demokratisches und souveränes Polen spiegelt sich auch in den Mitgliederzahlen wider: Im Frühjahr 1946 war die Partei mit 800.000 Mitgliedern die größte Partei Polens. Auf dem zweiten und dritten Platz befanden sich die PPR, die Ende 1946 etwa 500.000 Mitglieder hatte, und die sozialistische PPS mit etwa 250.000 Mitgliedern. Es kann also sowohl eine beachtliche Popularität der antikommunistischen PSL als auch ein gewisser Grad an

Marcin Zaremba gezeigt hat, verfolgte die PPR mit Moskauer Unterstützung eine zweigleisige Strategie der Machtfestigung. Neben der Bekämpfung politischer Gegner durch das *Ministerstwo Bezpieczeństwa Publicznego* (MBP, dt. Ministerium für Öffentliche Sicherheit) und den NKWD sollte die Bevölkerung durch den gezielten Einsatz von Propaganda von der rechtmäßigen Existenz der Volksrepublik Polen überzeugt werden.[17] Um dieses Ziel zu erreichen, bedienten sich die polnischen Kommunisten eines Konzeptes, das maßgeblich durch den ZPP-Aktivisten Alfred Lampe geprägt worden war. Lampe war bereits im Jahr 1943 der Auffassung, dass eine kommunistische Machtübernahme nach dem Krieg nur durch eine Verschmelzung der sowjetischen und westlichen Politiksysteme funktionieren könne.[18] Nach Marcin Zaremba begriffen Lampe und andere polnische Kommunisten den Nationalismus „als Chance, die Barriere der Fremdheit zwischen sich und der polnischen Gesellschaft abzubauen."[19]

Vor diesem Hintergrund gestaltete sich die Politik der kommunistischen Führung gegenüber der jüdischen Minderheit im Nachkriegspolen äußerst problematisch. Die lautstarken nationalistischen Äußerungen der polnischen Kommunisten widersprachen offensichtlich den Bestrebungen nach der vollständigen Gleichberechtigung der Juden, wie sie 1943 vom ZPP in Moskau und im Lubliner Manifest vom 22. Juli 1944 proklamiert worden waren. Im Manifest hatten die Kommunisten außerdem versprochen, den Wiederaufbau des jüdischen Lebens in Polen zu fördern.[20] Die polnischen Juden standen daher vor einem Dilemma. Einerseits konnten sie von dem Versprechen einer verfassungsmäßig rechtlichen Gleichstellung von Juden und Nichtjuden nur profitieren. Andererseits war vielen Juden und insbesondere den Repatrianten eine Zusammenarbeit mit den Kommunisten suspekt, zumal einige Slogans, wie *Polen endlich national vereinen*, der jüdischen Minderheit einigen Anlass zur Sorge gaben. Hinzu kam, dass es auch innerhalb der PPR Diskussionen um die Haltung zur jüdischen Minderheit gab. Manche Kommunisten sahen in einem aktiven Kampf zum Wohle der Juden ein

---

Zustimmung der polnischen Bevölkerung für die Politik der PPR und ihrer Verbündeten festgestellt werden. Borodziej, Geschichte Polens, S. 267, 269.

17 Allgemein über die Zerschlagung des antikommunistischen Widerstands: Borodziej, Geschichte Polens, S. 261–262.

18 Kurzum, ein „nationaler Weg zum Sozialismus" oder auch eine „Revolution ohne Revolution" (Krystyna Kersten). Zitiert aus Rozenbaum, Road, S. 222.

19 Zaremba, Im nationalen Gewande, S. 405.

20 „Żydom po bestialsku tępionym przez okupanta zapewniona zostanie odbudowa ich egzystencji oraz prawne i faktyczne równouprawnienie."Auszug aus dem Lubliner Manifest vom 22. Juli 1944. Ein Faksimile des Plakates, auf dem das Manifest abgedruckt wurde, befindet sich in: Baliszewski, Dariusz u. Kunert, Andrzej Krzysztof: Ilustrowany przewodnik po Polsce stalinowskiej 1944–1956. Bd. 1. Warszawa 1999. S. 26.

Hindernis auf dem Weg zu mehr Rückhalt in der Bevölkerung. Sie fürchteten, dass ein allzu offensiver Einsatz für jüdische Fragen das bereits erwähnte bestehende Feindbild der *Żydokomuna* (dt. Judäo-Kommune) in der Bevölkerung weiter verstärken könnte. Wie sich zeigen sollte, waren diese Annahmen durchaus begründet. Denn in weiten Teilen der polnischen Bevölkerung hatte sich die Vorstellung etabliert, dass Juden und Polen zwei voneinander getrennte Gruppen seien.

8.2 Zwei Wahrheiten: Die Trennung von Juden und Polen als Folge von Besatzung und Holocaust

Die polnisch-jüdischen Repatriierten kehrten im Jahr 1946 in ein von Krieg und Besatzung gezeichnetes Land zurück, in dem der Status *jüdisch* hochgradig problematisch geworden war. Zwar war die sowohl semantische als auch identitäre Trennung von Polen und Juden nicht erst ein Phänomen der Nachkriegszeit, doch hatte sie angesichts der jahrelangen deutschen Besatzungsherrschaft und des Völkermords an den europäischen Juden eine neue Dimension erreicht. Marcin Zaremba zufolge sei die polnische Nachkriegsbevölkerung eine zutiefst verunsicherte Gesellschaft gewesen, die sich von zahlreichen inneren Feinden bedroht gesehen habe. Die Ablehnung weiter Teile der polnischen Bevölkerung richtete sich vorrangig gegen zwei imaginierte Kollektive: gegen die sowjetischen Besatzer und ihre polnisch-kommunistischen Repräsentanten einerseits und gegen die Juden als Kollektiv andererseits.[21] Auf bedrohliche Weise vereinen sich beide Gruppen im erwähnten Feindbild der *Żydokomuna*, das nach Agnieszka Pufelska unterstellt,

> die Juden würden den Kommunismus [...] instrumentalisieren, um [...] die Weltherrschaft zu errichten. Er verbindet Antisemitismus und die in Polen durch die Teilungszeit geprägte Russlandfeindlichkeit mit Antisowjetismus und Antikommunismus.[22]

---

21 Der soziale Zusammenhalt zwischen den verschiedenen Teilen der Gesellschaft sei zudem durch Banditentum, nationalistische Gewalt, Hunger und Neid brüchig geworden. Verstärkt sei diese Fragmentierung zusätzlich noch durch den generellen temporären Charakter des politischen Systems. Zaremba, Marcin: Wielka Trwoga. Polska 1944–1947. Ludowa reakcja na kryzyz. Kraków 2012. S. 597. Ähnlich argumentiert auch Bożena Szaynok. Szaynok, Bożena: The Role of Antisemitism in Postwar Polish-Jewish Relations. In: Antisemitism and its Opponents in Modern Poland. Hrsg. von Robert Blobaum. Ithaca u. London 2005. S. 265–283, hier S. 269.

22 Pufelska, „Judäo-Kommune", S. 12.

Dem Feindbild der *Żydokomuna* zufolge werde „eine polenfeindliche Bedrohung namhaft gemacht, die in Gestalt des ‚allmächtigen Juden' versucht, die polnische Nation von innen her zu zersetzen."[23] Auf diese Weise wurden die Juden für die Einführung des Kommunismus in Polen kollektiv verantwortlich gemacht.[24]

Zwei Faktoren förderten die verstärkte Verbreitung des Feindbildes *Żydokomuna* in der Nachkriegszeit. Eine wesentliche Prägung der polnisch-jüdischen Beziehungen nach dem Krieg war durch die Besatzungszeit verursacht. Die Trennung von Polen und Juden in zwei separate Gemeinschaften habe nach Ansicht von Feliks Tych häufig in jenem Moment begonnen, in dem die jüdischen Nachbarn „aus dem Blickfeld hinter den Ghettomauern verschwanden."[25] Auch Michał Borwicz ist der Ansicht, die Isolation der Juden im Zweiten Weltkrieg von ihren polnischen Mitbürgern habe dazu geführt, dass die Beziehung zwischen beiden Gruppen aufhörte, „eine Beziehung zwischen Mensch und Mensch zu sein, sie wurde zu einer Beziehung zwischen Mensch und einem Begriff."[26] Der Holocaust, so schlussfolgern Historiker wie Marcin Zaremba, Feliks Tych und Jan. T. Gross habe die Trennung in jüdische und nichtjüdische Polen verstärkt. Besonders deutlich formulieren dies Krystyna Kersten und Paweł Szapiro. Demnach fühlten sich viele polnische Juden von der polnischen Bevölkerung durch mehr getrennt als nur durch „eine Mauer aus Steinen."[27]

Ein zweiter zentraler Aspekt waren unterschiedliche Deutungen des Krieges, der deutschen Besatzung beziehungsweise des sowjetischen Exils unter jüdischen und nichtjüdischen Polen, die ein gegenseitiges Unverständnis förder-

---

23 Pufelska, „Judäo-Kommune", S. 12.

24 Siehe auch die NKWD-Berichte aus Polen (1945): Aleksiun, Natalia: The Situation of the Jews in Poland as Seen by the Soviet Security Forces in 1945. In: Jews in Eastern Europe 3 (1998). S. 52–68, hier S. 55.

25 Zitiert aus Szaynok, Role of Antisemitism, S. 267.

26 Zitiert aus Szaynok, Bożena: Ludność żydowska na Dolnym Śląsku 1945–1950. Wrocław 2000. S. 13.

27 Kersten, Krystyna u. Szapiro, Paweł: The Contexts of the so-called Jewish Question in Poland after World War II. In: From Shtetl so Socialism. Studies from Polin. Hrsg. von Antony Polonsky. London u. Washington. S. 457–470, S. 462. Die These von der Wahrnehmung einer Teilung in zwei getrennte Kollektive wird in zahlreichen historischen Arbeiten zum Thema vertreten. Siehe etwa Koźmińska-Frejlak, Ewa: Polen als Heimat von Juden. Strategien des Heimischwerdens von Juden im Nachkriegspolen 1944–1949. In: Überlebt und unterwegs: Jüdische Displaced Persons im Nachkriegsdeutschland. Hrsg. vom Fritz-Bauer-Institut. Frankfurt am Main 1997. S. 71–107, insbesondere S. 73–89; Hurwic-Nowakowska, Irena: Żydzi polscy (1947–1950). Analiza więzi społecznej ludności żydowskiej. Warszawa 1967; Dąbrowska, Kamila: Od autobiografii do historii – konstruowanie pamięci indywidualnej i zbiorowej Żydów mieszkających na Dolnym Śląsku po II wojnie światowej. In: Obserwacja uczestnicząca w badaniach historycznych. Hrsg. von Barbara Wagner u. Tomasz Wiślicz. Zabrze 2008. **S.** 26–34, hier S. 31.

ten.[28] Krystyna Kersten sprach im Kontext jüdischer und polnischer Perspektiven auf die Kriegszeit von „zwei Wahrheiten“[29]. Demnach seien die auf ihre eigenen Erfahrungen konzentrierten Polen nicht in der Lage gewesen, das jüdische Trauma des Holocaust und die Freude gegenüber dem sowjetischen Befreier zu verstehen. Außerdem hätten sich viele nichtjüdische Polen die unter jüdischen Überlebenden verbreiteten Gefühle von Isoliertheit, Verlassenheit und die Angst vor dem Antisemitismus in Polen nicht vorstellen können.[30] Zu demselben Schluss kam der polnische Journalist Witold Kula in einem von der Zensur nicht freigegebenen Zeitungsartikel vom Sommer 1946. Kula schildert in seinem Text die permanente Lebensgefahr, der sich Juden in der Öffentlichkeit ausgesetzt sahen.

> Der durchschnittliche polnische Gebildete ist sich nicht bewusst, dass ein Jude es nicht wagen kann, mit dem Auto zu fahren, dass er ungern die Bahn benutzt. Er fürchtet sich, sein Kind ins Ferienlager zu schicken, er wagt es nicht, sich in kleineren Ortschaften zu zeigen, er hält sich nur in den großen Städten auf, denn sogar in den mittelgroßen kann er, wenn es dämmert, nicht ungefährdet die Straßen benutzen.[31]

Auf der anderen Seite, so Kersten weiter, haben auch Juden nicht wahrnehmen wollen, dass die Rotarmisten vielerorts unter der polnischen Bevölkerung nicht nur Freude, sondern auch Angst vor Vergewaltigung hervorriefen und dass sich die Post-Jalta-Realität radikal von den polnischen Unabhängigkeitsbestrebungen unterschied. Kurzum, was insbesondere die jüdischen Überlebenden der deutschen Besatzung als Befreiung empfanden, markierte für den Großteil der polnischen Bevölkerung zugleich Befreiung von der deutschen Terrorherrschaft und

---

28 Szaynok, Role of Antisemitism, S. 267–268.

29 Die Rede von zwei Wahrheiten findet sich in: Kersten, Krystyna: Polacy, Żydzi, komunizm. Anatomia półprawd 1939–1968. Warszawa 1992. S. 76–88. Zur Kritik dieser Einteilung siehe etwa die Äußerungen Feliks Tychs in Duda, Wojciech: Das Gedächtnis als Schlachtfeld. Wojciech Duda im Gespräch mit den Historikern Włodzimierz Borodziej, Pawel Machcewicz, Feliks Tych und Grzegorz Motyka. In: Inter Finitimos 1 (2003). S. 8–32, hier S. 29.

30 Zaremba, Wielka Trwoga, S. 622.

31 Der Journalist Witold Kula, dessen Artikel von der marxistischen Zeitschrift Kuźnica als zu radikal abgelehnt wurde, beschreibt eine Zugfahrt von Łódź nach Wrocław im Sommer 1946: Auf der neunstündigen Fahrt habe neben ihm eine jüdische Familie gesessen. Es sei keine Viertelstunde vergangen, in der nicht irgendeine Bemerkung von Vorbeigehenden an sie gerichtet wurde. Zitiert aus Sauerland, Karol: Polen und Juden zwischen 1939 und 1968. Jedwabne und die Folgen. Berlin u. Wien 2004. S. 157.

den Beginn einer erneuten Erfahrung der Unfreiheit und des politischen Terrors.[32] Krystyna Kerstens *zwei Wahrheiten* stellen demnach lediglich die beiden diskursiven Extrempositionen dar, doch sie finden sich in unzähligen Selbstzeugnissen jüdischer wie nichtjüdischer Autoren.[33] In Bezug auf die jüdischen Repatrianten aus der Sowjetunion ist die Existenz solcher Diskurse jedoch von zentraler Bedeutung, weil sie bereits im Moment der Ankunft in der polnischen Heimat den Interpretationsrahmen für die unbekannte Nachkriegsrealität vorgaben. Die antisemitischen Beschimpfungen jüdischer Rückkehrer wurden, wie noch zu zeigen sein wird, in der Regel nicht als Einzelfälle wahrgenommen, sondern als Ausdruck einer weitverbreiteten Ablehnung der jüdischen Präsenz im Nachkriegspolen. Nur vor dem Hintergrund der *zwei Wahrheiten* ist ferner verständlich, warum lediglich zwei Optionen für eine Zukunft in Polen zur Wahl standen: entweder ein Leben in der Gemeinschaft anderer Juden in Großstädten und anderen Siedlungszentren, wie etwa Niederschlesien oder Stettin, oder aber die vollständige Assimilation, die gleichbedeutend mit einem *Unsichtbarwerden* des Jüdischen war.

8.3 Die Ankunft polnisch-jüdischer Repatrianten in Polen

> At the border stations between Poland and the Soviet Union there was enacted in recent months the pitiful epilogue to one of history's most tragic dramas.[34]

In vielen Selbstzeugnissen jüdischer Repatrianten wird der Bahnhof, an dem sie den Zug nach wochenlanger Fahrt verließen, als Ort der ersten Konfrontation mit der polnischen Nachkriegsrealität dargestellt. Zerstörte, improvisierte oder auch völlig intakte Bahnhöfe prägten nicht nur den ersten Eindruck nach der Ankunft, sondern waren auch ein Ort des Informationsaustauschs mit anderen Juden. An Bahnhöfen tauschten Rückkehrer und Eingesessene Neuigkeiten über das Schicksal Angehöriger und Überlebender aus. Viele Wartehallen verwandelten sich zu transitorischen Notunterkünften, bevor die Entscheidung über die weitere Zukunft fiel. Ebenfalls an Bahnhöfen verteilten jüdische Hilfsorganisationen

32 Włodzimierz Borodziej verweist auf das hohe Ausmaß an alltäglicher Gewalt, das er mit einer kriegsbedingten „allgemeinen Verwahrlosung der Gesellschaft" erklärt. Borodziej, Geschichte Polens, S. 269.

33 Marcin Zaremba kommt nach der Analyse zeitgenössischer Quellen aus den 1940er Jahren zu dem Schluss, dass sich auf beiden Seiten Belege für ein schnelles Verfallen in nationale Stereotype beobachten ließen. Zaremba, Wielka Trwoga, S. 623.

34 JDC-Digest, Juli 1946, Nr. 5, S. 1.

dringend benötigte Güter an die Rückkehrer.[35] Für viele Repatrianten war es von außerordentlich großer Bedeutung, dass sie jemand bei ihrer Ankunft erwartete, ihnen erste Hilfe und Orientierung unter den chaotischen Bedingungen anbot. Die dringendste Frage für die jüdischen Repatriierten lautete in der Regel, wohin sie als nächstes gehen sollten.

Das zerstörte Heim als Symbol der verlorenen Heimat

In Selbstzeugnissen jüdischer Repatrianten ist ein Spannungsverhältnis zwischen der Vorfreude auf die Rückkehr in die alte Heimat und der Erkenntnis über ihren Verlust zu beobachten. Im sowjetischen Exil hatte die Aussicht auf die Rückkehr nach Hause Kraft und Zuversicht gespendet. Die Mehrheit der Exilanten betrachtete Polen als ihre Heimat, weshalb sich viele nach ihrer Ankunft auf polnischem Territorium wünschten, früher oder später an den ehemaligen Wohnort zurückzukehren. Die Historikerin Anna Cichopek-Gajraj hat auf einen zentralen Bedeutungswandel des Rückkehrbegriffs infolge des Holocaust hingewiesen, der auch auf die Gruppe der jüdischen Repatrianten anzuwenden ist. Demnach impliziere Rückkehr stets die Wiederbegegnung mit etwas Vertrautem. Dies sei in der Mehrheit der rückkehrenden Juden in Polen jedoch nicht der Fall gewesen. Cichopek-Gajraj schreibt:

> The postwar 'return' of Jewish survivors had no trace of such familiarity. There was nothing familiar in the physical and social landscape of postwar Eastern Europe. [...] Survivors were not the same either, transformed by their experience of war and genocide.[36]

Dieser Befund trifft grundsätzlich auch auf jüdische Rückkehrer aus der Sowjetunion zu. Ein wesentlicher Unterschied zu den Überlebenden der deutschen Besatzungsherrschaft besteht jedoch in der weitverbreiteten Unkenntnis darüber, dass die Heimat, das jüdische Leben im Allgemeinen, fast vollständig zerstört worden war. Die Mehrheit der polnisch-jüdischen Exilanten in der Sowjetunion war wenig bis gar nicht über die Vernichtung der jüdischen Bevölkerung in ihrer Heimat informiert.[37] Infolge des Nichtangriffsabkommens vom August 1939 waren kritische Berichte über den deutschen Antisemitismus aus sowjetischen Zeitungen verschwunden. Auch nach dem Ausbruch des deutsch-sowjetischen Krieges informierte die Presse die sowjetische Bevölkerung nicht über die Vernichtung der

35 Cichopek-Gajraj, Beyond Violence, S. 39.
36 Cichopek-Gajraj, Beyond Violence, S. 30.
37 Ausführlich hierzu in Kapitel 7.

Juden durch die Deutschen. Aus diesem Grund kehrten viele Repatrianten ahnungslos über das wahre Ausmaß der Zerstörung ihrer Heimat zurück. Wenige waren vor der Ankunft in Polen mit Ortsnamen wie Bełżec, Sobibór, Chełmno oder Ponary vertraut. Daniel Libeskind schildert in seiner Autobiografie, dass seine Mutter, Dora Libeskind, kurz nach ihrer Rückkehr aus der Sowjetunion am Bahnhof von Oświęcim umsteigen musste, ohne sich zu vergegenwärtigen, wofür Auschwitz – die deutsche Bezeichnung der Stadt – stand. Libeskind schreibt:

> Oswiecim – Auschwitz. The name meant nothing to her. [...] She saw skeletal beings limped around, but she didn't think much of it at the time – after all, she had just survived a horrific famine [im sowjetischen Exil, Anm. d. Verf.] and wasn't much more than a skeleton-with-child herself. Only later did she realize that she had been standing at the place where her family had been murdered.[38]

So wie Dora Libeskind ging es vielen jüdischen Repatriierten, die in den Tiefen der Sowjetunion über keinerlei verlässliche Informationen aus der polnischen Heimat verfügten.[39]

„Mit eigenen Augen sehen" – Konfrontation mit den Folgen des Holocaust

Aus vielen Selbstzeugnissen spricht ein großer Unglaube über den tatsächlichen Umfang der Vernichtung. So ist zu erklären, warum die meisten Exilanten die Hoffnung auf das Überleben ihrer Angehörigen und Freunde jahrelang bewahren konnten. Sie mussten sich nach ihrer Rückkehr erst einmal mit eigenen Augen von der Realität des Unvorstellbaren überzeugen. Simon Davidson ist ein eindrückliches Beispiel dafür, wie sich Rückkehrer aus Einzelinformationen schrittweise ein Bild von der Dimension des Massenmordes machten. Davidson war noch vor dem Ende des Krieges in die westukrainische Kleinstadt Proskuriw[40] gelangt. Davidson erinnert sich, dass er auf der langen Reise nach Proskuriw mit seiner Ehefrau über das Schicksal der Juden unter der deutschen Herrschaft gesprochen habe. Es sei ihnen schwer gefallen, sich vorzustellen, „dass jeder, wirklich jeder von ihnen ermordet wurde."[41] Folglich beschloss Simon Davidson, sich selbst ein

38 Im Zuge der zweiten Repatriierung 1946 machten sich die Eltern auf den Heimweg von Taschkent über den Fergana Kanal nach Moskau, Minsk und schließlich nach Warschau. Libeskind zufolge wussten seine Eltern wenig über das Leben in Nachkriegspolen. Libeskind, Daniel: Breaking Ground. Adventures in Life and Architecture. London 2004. S. 116.

39 Zarnowitz, Fleeing the Nazis, S. 77.

40 Polnisch Płoskirów, seit 1954 Chmelnyzkyj.

41 Davidson, War Years, S. 190.

Bild von der Lage zu machen. Auf einer seiner Dienstreisen traf Davidson in einem ukrainischen Schtetl auf eine jüdische Familie, die als einzige im Ort den Holocaust überlebt hatte. Im Gespräch habe er erfahren, dass ihre Suche nach überlebenden Angehörigen bislang erfolglos verlaufen sei und sie überall nur „schreckliche Einsamkeit und ständige Angst“[42] bei Überlebenden vorgefunden hätten. Diese und viele weitere Begegnungen mit den letzten Verbliebenen einer fast vollständig zerstörten jüdischen Welt hinterließen bei Simon Davidson einen tiefen Eindruck. Als er in der Nähe von Kamjanez-Podilskyj ein Massengrab besuchte, wo die Deutschen im August 1941 über 23.600 Juden erschossen[43] und verscharrt hatten, wurde Davidson von seinen Gefühlen überwältigt.

> Shaking, I stood there, overcome by pain and tragedy of my brothers, of our entire nation, of humanity. [...] I fell on the mound, embracing it, tears running down my face, sinking in the soil, mingling with my brothers' blood and I die, a little, with every one of them in my heart of hearts. [...] I felt so overwhelmed by the experience that I, momentarily, lost consciousness.[44]

Nach den Begegnungen mit Überlebenden, der Konfrontation mit Ortschaften ohne Juden und den Besuchen von Massengräbern begann Simon Davidson, das Ausmaß des deutschen Massenmords an den Juden zu erahnen. Doch nur wenige Rückkehrer hatten Gelegenheit, sich noch vor der Rückkehr nach Zentralpolen ein so umfassendes Bild vom Grad der Zerstörung zu machen wie Simon Davidson. Die meisten polnisch-jüdischen Exilanten hatten jahrelang die Hoffnung gehegt, dass ihre Angehörigen den Krieg überleben würden und waren deshalb völlig unvorbereitet auf die Lebensrealität im befreiten Polen. Rachela Tytelman Wygodzki etwa erinnert sich, dass sie mit ihrer Mutter über Monate Briefe zwischen der NKWD-Sondersiedlung im Norden Russlands und dem Warschauer Ghetto austauschte, deren Inhalt immer kryptischer geworden sei.

> We thought we understood the situation, but in reality, we had no idea how difficult their lives were.[45]

Im Januar 1945 erhielten sie schließlich Nachricht von der polnischen Botschaft in Moskau, dass sich bedauerlicherweise kein Mitglied ihrer Familie auf den Überlebendenlisten finden lasse. Mit „gebrochenen Herzen und zunichte gemachten

42 Davidson, War Years, S. 197.
43 Jäckel [u. a.], Enzyklopädie des Holocaust, Bd. 2, S. 731–732.
44 Davidson, War Years, S. 201.
45 Tytelman Wygodzki, End, S. 21.

Hoffnungen"[46] kehrten Vater und Tochter Tytelman ein Jahr später nach Polen zurück. Ähnlich erging es auch Cypora Grin, deren Hoffnung auf ein Wiedersehen mit ihren Angehörigen sich nach der Ankunft in Polen schnell als vergebens herausstellte.

> Als der Krieg vorbei war, waren wir glücklich, weil wir dachten, es hätte jemand aus unserer Familie überlebt. Aber leider mussten wir uns in Polen von dem finsteren Mord an den Juden überzeugen. Eine schwere, schwarze Trauerwolke schwebte über unseren Köpfen.[47]

Andere, wie etwa die 17-jährige Lea Beckerman, erkannten frühzeitig das Ausmaß der Vernichtung, indem sie die Folgen der Zerstörung mit eigenen Augen betrachteten.

> Wir hatten Tränen in den Augen, als wir nach dem ‚großen Khurbn' zurück nach Polen fahren konnten. Mit eigenen Augen sahen wir die verwüsteten Städte, in denen einmal das jüdische Leben pulsierte. Nun sind sie wie ausgestorben.[48]

Die Erkenntnis, dass nicht nur die eigenen Angehörigen, sondern ganze jüdische Städte von den Deutschen ausgelöscht wurden, war für viele Rückkehrer ein Schock.[49] Herman Taube war als Soldat der Berling-Armee 1944/45 an der Befreiung Polens beteiligt und kam früh mit den Spuren der Vernichtung in Berührung. In seinem Gedicht *Last Hour in Majdanek* beschreibt Taube die Gedanken eines jüdischen Soldaten in der Polnischen Armee beim Anblick des befreiten KZ Majdanek, in dem sich seine Einheit im Januar 1945 kurze Zeit aufhielt. Anders als seine polnischen Kameraden kann der jüdische Soldat angesichts der Befreiung seines Heimatlandes keine Freude empfinden, wo doch seine Familie und sein Zuhause vollständig ausgelöscht wurden. An einer Textstelle lässt Taube seinen Protagonisten eine wichtige Erkenntnis formulieren, zu der auch andere Rückkehrer aus der Sowjetunion schmerzlich gelangt waren:

---

46 Tytelman Wygodzki, End, S. 28, 34.

47 YVA, Zeugnis von Grin. Ähnlich auch Pesia Taubenfeld: „Sie [ihre Angehörigen, Anm. d. Verf.] kamen um, und wir wussten nicht einmal, wo ihre Gebeine zu finden sind. Unsere letzte Hoffnung ist enttäuscht. Nach kurzer Zeit mussten wir die verfluchte Erde verlassen, wo jeder Stein mit jüdischem Blut befleckt ist." YVA, Zeugnis von Taubenfeld.

48 Beckerman emigrierte nach kurzem Aufenthalt in Polen nach Deutschland, wo sie auf die Ausreise nach Palästina wartete. YVA, Zeugnis von Beckerman.

49 Victor Zarnowitz bringt in seinen Erinnerungen jene Erkenntnis auf den Punkt, die Zehntausende überlebende Juden im Land erfasst hatte. „All the [...] Jewish neighborhoods in Poland had [...] vanished. It was a shock, and finally our disaster began to assume its true proportion. That whole world was gone." Zarnowitz, Fleeing the Nazis, S. 83.

I heard about Treblinka, Chelmno,
Sobibor, Belzec, and Oswiecim.
Only there I was part of it, in it;
My army base was in Majdanek.[50]

Die hier in Gedichtform geschilderte physische Begegnung mit einem Ort der Vernichtung stellt in vielen untersuchten Selbstzeugnissen einen Moment der Erkenntnis dar, dass das zuvor Unvorstellbare durch die Konfrontation mit den Folgen der Zerstörung zu einer erfahrenen Wahrheit macht. Besonders anschaulich beschreibt dies Michał Mirski, der als politischer Offizier in der Berling-Armee ebenfalls an der Befreiung Polens mitgewirkt hatte. Den oben erwähnten Schock angesichts der Begegnung mit einer zerstörten Welt schildert Mirski in seinen Erinnerungen an den Einmarsch in Rzeszów.

> Und plötzlich hörte der Ausdruck Vernichtung auf, für mich nur ein Begriff zu sein. Vernichtung bedeutete schlicht und einfach, dass es keine Juden mehr gab. Und hier gab es auf einmal keine mehr. Keine! Es gab keine Juden! Die verbliebenen Straßen, der Fußweg, auf dem sie gingen, die Häuser, in denen sie lebten, die Fenster, durch die sie auf die Stadt schauten und in denen sie Freitag Abend Kerzen anzündeten. Übrig blieb hier und da ein abgekratztes Schild eines Schusters oder Schneiders. Aber sie waren weg! Es gibt keine lebenden Menschen mehr – keine! Als hätte es sie in dieser Stadt nie gegeben.[51]

Die polnische Heimat hatte sich nach Jahren im Exil von einem imaginären Ort der Sehnsucht und Hoffnung in einen Friedhof, eine *blutgetränkte Erde* verwandelt, wie es in vielen Zeugnissen heißt.[52] Orte wie Kamjanez-Podilskyj, Majdanek, Rzeszów und viele andere stehen in den untersuchten Zeugnissen stellvertretend für die Vernichtung als Ganzes. Die Rückkehrer aus der Sowjetunion waren keine

---

50 Taube, Looking back, S. 100.

51 Der polnische Originaltext lautet: „I nagle wyraz zagłada przestał być dla mnie tylko pojęciem. Zagłada oznaczała po prostu to, ze Żydów nie ma. [...] I tu nagle nie ma ich. Nie ma! Nie ma Żydów! Pozostały ulice, bruk, po którym chodzili, domy, w którym mieszkali, okna, przez które patrzyli na miasto i w których w piątek wieczorem zapalały się świece. Pozostał gdzieniegdzie jakiś odrapany szyldek krawca lub szewca. Ale i c h nie ma! Ż y w y c h ludzi – nie ma! [Hervorhebungen im Original] Jak gdyby ich nigdy nie było w tym mieście." Mirski, Michal: Bez stopnia. Warszawa 1960. S. 67. Geboren 1902 in Kowel, gestorben 1994 in Kopenhagen. Nach Beginn des deutsch-sowjetischen Kriegs freiwillige Meldung zur Roten Armee. Dienst im Arbeitsbatallion der Roten Armee bei Čeljabinsk. Aus Krankheitsgründen Dienst als Politischer Offizier in der Ersten Polnischen Armee. Mirski, Bez stopnia, S. 8–12.

52 Pesia Taubenfeld schreibt: „Nach kurzer Zeit mussten wir die verfluchte Erde verlassen, wo jeder Stein mit jüdischem Blut befleckt ist." YVA, Zeugnis von Taubenfeld. Ähnlich erinnert sich auch Lea Beckerman: „Lange konnten wir auf dieser blutgetränkten Erde nicht bleiben" YVA, Zeugnis von Beckerman.

Zeugen jener Zerstörung, deren Folgen sie nach ihrer Ankunft betrachteten. Die meisten Repatriierten wussten nicht, wo genau ihre Angehörigen zu Tode gekommen waren. Doch die Stadt ohne Juden, das anonyme Massengrab oder der Anblick des ehemaligen Konzentrationslagers evozierten bei den Rückkehrern stets den Gedanken an das Schicksal der eigenen ermordeten Familie. Herman Taube bringt in dem erwähnten Gedicht deutlich zum Ausdruck, wie aus unbekannten Opfern des KZs Majdanek Vertraute werden:

> Every piece of discarded shred had
> An owner; I could see their faces.
> I could hear their voices.
> They were my people.[53]

Larry Wenig kehrte nicht als Soldat nach Polen zurück, doch auch er besuchte einen Ort der Vernichtung. Als Wenig mit seiner Familie im Sommer 1946 in der Stadt Oświęcim auf Überlebende des KZs Auschwitz traf und deren Berichte hörte, entschloss er sich, das Lager zu besuchen. Der Anblick von Abertausenden von Schuhen auf dem Gelände des ehemaligen Konzentrationslagers habe ihn an seine ermordeten Freunde und Angehörigen denken lassen.

> My eyes seemed drawn from my sockets, unforgiving, glazed to the exhibits. My legs felt drained of blood and buckled under me. I felt excruciating pain all over my body. I was not only anguished, I was experiencing an empathized extinction with the victims.[54]

Der Besuch der ehemaligen Vernichtungsstätte überwältigte Larry Wenig. Das von ihm beschriebene Gefühl einer geradezu physischen Verbindung mit den Opfern verdeutlichte gleichsam den Unterschied zwischen den Ermordeten und seiner Familie, die im Herbst 1939 vor den Deutschen geflohen war.

> I thought about us. If we had not fled, we too might have fed the flames. We had suffered frost, we had suffered deeply in the Soviet Union, but their suffering had been so much greater. They were dead and I was still alive.[55]

In den beschriebenen Fällen führte die unmittelbare Konfrontation mit den Ruinen des jüdischen Lebens in der alten Heimat zu einer Neubewertung der eigenen Erlebnisse im sowjetischen Kriegsexil. Die Repatriierten mussten spätestens bei ihrer Ankunft in Polen feststellen, dass sie überlebt hatten, während viele ihrer

---

53 Taube, Looking back, S. 101.
54 Wenig, From Nazi Inferno, S. 303.
55 Wenig, From Nazi Inferno, S. 304.

Angehörigen den Deutschen zum Opfer gefallen waren. Die Hoffnung auf eine Rückkehr in die alte Heimat und somit auf ein mögliches Anknüpfen an die Vorkriegszeit gaben viele jedoch nicht sofort auf. Tausende überlebende Repatriierte schlugen erwartungsfroh den Weg in Richtung ihres alten Zuhauses ein.

8.4 Unmögliche Rückkehr in die zerstörte Heimat

Nach der Befreiung Polens durch die Rote Armee kehrten jüdische Überlebende aus allen Teilen Polens und Europas in ihre ehemaligen Wohnorte zurück.[56] Durch die Grenzverschiebungen nach Westen war vielen Überlebenden aus den ehemaligen Kresy die Rückkehr allerdings nicht möglich. Sie sollten, wie oben gezeigt, gemeinsam mit der übrigen polnischen Bevölkerung in zentral- und westpolnische Gebiete umgesiedelt werden. Eine tatsächliche Rückkehr an den letzten Wohnort vor ihrer Flucht und/oder Deportation kam daher nur für Juden aus den zentralpolnischen Gebieten infrage, die auch nach 1945 zu Polen gehörten. Für die meisten Repatrianten stellte sich die Frage nach einer baldigen Rückkehr in die alte Heimat unmittelbar nach ihrer Ankunft in Polen. Einige wählten diesen Weg, weil sie nicht wussten, wohin sie sonst gehen sollten oder weil sie hofften, dort auf überlebende Angehörige zu treffen. Als Ola Wat nach ihrer Rückkehr aus Kasachstan durch die polnische Hauptstadt spazierte, sei ihr rasch bewusst geworden, „dass Warschau [...] eine große Ruine, eine tote Stadt war."[57] Dies galt auch für ihr ehemaliges Wohnhaus, dessen Zerstörung Wat als Symbol für die verlorene Heimat interpretierte.

> Die Menschen, die früher auf den heute im Nichts hängenden Treppen liefen, waren umgekommen. So begriff ich, daß es mein Warschau nicht mehr gab, daß etwas unwiderruflich verloren gegangen war. Wie die zwei Hälften einer gespaltenen Nuß würde dieses frühere Leben nie mehr eins werden mit dem neuen, daß jetzt bevorstand.[58]

Andere jüdische Repatriierte kehrten in ihre Heimatorte mit der Absicht zurück, ihre vor Jahren verlassenen Wohnungen, Wohnhäuser und Geschäfte aufzusu-

---

56 Zu den wichtigsten Arbeite zählen Skibinska, Alina: Powroty ocalałych 1944–1950. In: Prowincja noc. Życie i zagłada Żydów w dystrykcie warszawskim 1939–1945. Hrsg. von Barbara Engelkind [u. a.]. Warszawa 2007. S. 505–599; Adamczyk-Garbowska, Monika: Patterns of Return. Survivors' Postwar Journeys to Poland. Ina Levine Annual Lecture. United States Holocaust Memorial Museum. 15. Februar 2007; Krzyżanowski, Łukasz: Dom, którego nie było. Powroty ocalałych do powojennego miasta. Wołowiec 2016.

57 Wat, Wahrheit, S. 167.

58 Wat, Wahrheit, S. 167.

chen, um ihr Eigentum zurückzufordern. Wie auch Ola Wat mussten sie dort häufig enttäuscht feststellen, dass ihre Wohnungen und Häuser im Krieg zerstört worden waren. Sofern die Wohnhäuser noch existierten, waren sie inzwischen in den meisten Fällen von nichtjüdischen und zumeist fremden Polen belegt. Nicht selten reagierten die neuen Bewohner abweisend oder sogar feindlich auf die Begegnung mit den jüdischen Vorbesitzern. Stellvertretend für viele andere Fälle sei nachfolgend aus einem privaten Brief zitiert, den Helena (Nachnahme unbekannt) im Jahr 1946 an einen Bekannten in Kanada verfasste.[59] Im Brief heißt es:

> Viele Menschen, die ihren Besitz an die rückkehrenden Juden abtreten müssen – sei es ihr Grund und Boden, ihr Haus oder ihr Laden – fühlen sich benachteiligt. 'Warum müssen 95 % derer, die über jüdisches Hab und Gut verfügen, ihren Besitz nicht abtreten, während ausgerechnet ich es muss, weil ich das Pech habe, dass mein Rozenbaum überlebt hat?'[60]

Der Brief verweist auf eine Atmosphäre der Missgunst, des fehlenden Mitgefühls und des Neids nichtjüdischer Polen gegenüber den jüdischen Rückkehrern. Dass die von Helena beschriebene Stimmung nicht selten in Gewalt umschlug, mussten viele jüdische Heimkehrer erfahren.[61] Im Unterschied zu jüdischen Überlebenden, die den Krieg in Polen verbracht hatten, waren viele jüdische Rückkehrer aus der Sowjetunion allerdings unzureichend über die herrschende Sicherheitslage in den zentralpolnischen Regionen informiert. Zev Katz berichtet in seinen Erinnerungen, dass seine sechsköpfige Familie aus der Sowjetunion nach Polen mit dem Wunsch zurückgekehrt sei, an das Leben in der Vorkriegszeit anzuknüpfen. Insbesondere seine Eltern sahen zunächst keinen Anlass für einen Umzug in eine andere polnische Stadt oder gar für eine Emigration. Nach der erfolgreichen Repatriierung beabsichtigten seine Eltern, in das heimische Jarosław zurückzukehren, wo sie einige Immobilien und ihr eigenes Geschäft besaßen. Zuerst wollten sie sich allerdings aus sicherer Entfernung über die allgemeine Lage in ihrer Heimatstadt erkundigen. Das zentralpolnische Łódź erschien ihnen deshalb als gute Wahl für ein vorübergehendes Zuhause, bis die erhoffte Rückkehr nach Jarosław ausreichend vorbereitet sein würde. Nach einigen Tagen in Łódź begann das Ehepaar Katz, die Option einer Rückkehr nach Jarosław zu erörtern. Eine Nachfrage beim Jüdischen Komitee in Łódź ergab jedoch, dass niemand aus der

---

59 Zitiert aus Borzymińska, Zofia: „I ta propaganda zapuszcza coraz nowe korzenie…" (Listy z Polski pisane w 1946 roku). In: Kwartalnik Historii Żydów 2 (2007). S. 227–234, hier S. 229–231. Brief, geschrieben wohl 1946, von einer Frau namens Helena an den Ingenieur Bażykowski in Kanada.

60 Borzymińska, Listy z Polski, S. 230.

61 Siehe etwa das Beispiel Radom: Krzyżanowski, Dom, S. 103–120.

Region überlebt habe und es zudem äußerst gefährlich für Überlebende sei, sich in der Gegend aufzuhalten. Vor dem Hintergrund dieser Gefahr entschied die Familie, dass Zevs Mutter und der am *wenigsten jüdisch* aussehende, jüngste Bruder Moshe nach Jarosław fahren sollten. Als sie drei Tage spätr nach Łódź zurückkehrten, zeichneten sie ein katastrophales Bild. Eine jüdische Frau und ihre Tochter, die einzigen Überlebenden in Jarosław, wurden nach mehrmaliger Warnung, die Stadt sei kein Ort für Juden, seitens nichtjüdischer Polen durch einen Anschlag auf ihr Wohnhaus mit einer Granate getötet. Völlig verängstigt von dieser Nachricht hatten Zevs Mutter und sein Bruder das Wohnhaus von guten nichtjüdischen Bekannten aus der Vorkriegszeit angesteuert, die sie freundlich empfingen und sie dennoch aufforderten, aus Sicherheitsgründen in einem Hotel im nahegelegenen Rzeszów zu übernachten. Seine Mutter habe schnell realisiert, dass es für die Familie lebensgefährlich sein würde, nach Jarosław zurückzukehren. Ihren Immobilienbesitz verkaufte sie deshalb an die besagten Bekannten zu einem sehr niedrigen Preis.[62] Bevor sie ihre Heimatstadt für immer verließ, habe seine Mutter noch einmal das alte Wohnhaus der Familie besuchen wollen, so Zev Katz. Die neuen Bewohner ließen sie zwar ins Haus, seien nach dem Bericht seiner Mutter jedoch sehr unfreundlich und bedrohlich aufgetreten. Seiner Mutter gelang es noch, einige Wertgegenstände aus einem Versteck mitzunehmen, bevor sie ihr altes Wohnhaus verängstigt verlassen habe. Zev Katz beschreibt die große Enttäuschung und Trauer seiner Eltern darüber, dass sich eine Rückkehr in die Vorkriegsheimat als unmöglich herausgestellt hatte.[63]

Der Fall der Familie Katz zeigt, wie wichtig vor allem der um 1900 geborenen Elterngeneration die Idee einer Rückkehr in den Beruf und womöglich in den Wohnort aus der Vorkriegszeit war. Diese Menschen waren des Flüchtlingslebens überdrüssig und suchten nach einer Brücke in die Vergangenheit. In den sieben Jahren ihres Exils hatten sie viel Leid erlebt. Die Aussicht auf die Rückkehr in das eigene Heim nach dem Ende des Krieges spendete ihnen Zuversicht und Orientierung. Der Wunsch nach einer Rückkehr kann auch als Akt der Selbstbehauptung betrachtet werden. Schließlich waren die polnischen Juden im sowjetischen Exil zu Objekten der Kriegsmächte geworden, weshalb ihr Handlungsspielraum oft sehr begrenzt war. Umso größer war deshalb bei den Eheleuten Katz und vielen anderen die Enttäuschung darüber, dass ihr langgehegter Wunsch nicht zu realisieren sein würde. Viele sahen sich nun mit einer doppelten Heimatlosigkeit konfrontiert. Durch den Verlust ihrer alten Wohnungen und Wohnhäuser waren jüdische Rückkehrer ihrer Heimat materiell beraubt. Doch auch auf symbolische

62 Katz, From the Gestapo, S. 118 – 119.
63 Katz, From the Gestapo, S. 120.

Weise war die Heimat verschwunden. Die Rückkehr in Orte ohne Juden erwies sich vielerorts als „homecoming without a home“[64], wie die Historikerin Anna Cichopek-Gajraj treffend formuliert. Victor Zarnowitz schildert in seinen Erinnerungen eindrücklich, wie aus der Erinnerung an die Heimat einer lebendigen und vielfältigen jüdischen Gemeinschaft in der Wahrnehmung vieler Repatrianten buchstäblich ein jüdischer Friedhof geworden war. So schreibt Zarnowitz über seinen Besuch des jüdischen Friedhofs in Oświęcim:

> In a vibrant community, the dead had not seemed important, but now they were all that was left.[65]

Nachdem den Repatrianten deutlich geworden war, dass ihre alte Heimat unwiederbringlich verloren war, stellten sie sich erneut die Frage, wo sie in Zukunft leben würden.

Suche nach Sicherheit und einem neuen Zuhause

Die Erfahrung von Heimatlosigkeit zwang jüdische Repatrianten (aber auch andere Überlebende), sich auf die Suche nach einem neuen Zuhause zu machen. Im Laufe des Jahres 1946 gelangte der Großteil der Repatriierten zu der Erkenntnis, dass diese Suche eng mit dem Wunsch nach Sicherheit und Schutz vor antisemitisch motivierter Gewalt, Ausgrenzung und Ablehnung verknüpft war. Einige verstanden schon frühzeitig, dass ihre körperliche Sicherheit in Polen nicht garantiert war. So schildert etwa Joseph, wie er bereits bei seiner Ankunft in Polen vor antisemitischer Gewalt gewarnt worden sei.

> When we arrived in Poland ... we thought that we would be able to exist at home. Poland was, after all, our home. We had lived there for so many years ... our fathers, our grandfathers. But we were told that we could not go out into the street.[66]

Andere Repatriierte wurden bereits kurz nach der Grenzüberquerung mit Antisemitismus konfrontiert, dessen schiere Existenz nach dem Holocaust viele Überlebende völlig überraschte. Rachela Tytelman Wygodzki rekapituliert ihre Verwunderung in ihren Erinnerungen.

64 Cichopek-Gajraj, Beyond Violence, S. 62.
65 Zarnowitz, Fleeing the Nazis, S. 80.
66 Boder, Interview mit Joseph.

> As soon as we crossed the Russian-Polish border, we were welcomed by insults and glances full of hate from the Polish population. 'What are coming back for? Couldn't you stay in Russia?'; 'The Russians take our coal and give us Jews.'; 'A pity that Hitler didn't finish you all to the last one.' For me, it was so unexpected and shocking. After so many victims. After the Jewish uprising in the Warsaw Ghetto. After all the fighting in the Polish army and with the partisans against our common enemy, the Germans. I thought about my Polish patriotic feelings. I remembered how deeply I was moved when I found a volume of Polish poetry in Russia. I had loved Poland so much. But now?[67]

Viele Rückkehrer berichten von ähnlichen Erfahrungen bei ihrer Ankunft in Polen, die sie als äußerst verletzend und bedrohlich empfanden.[68] Nachrichten und persönliche Erfahrungsberichte über Gewaltakte gegen Juden verbreiteten sich schnell unter den Rückkehrern.[69] Die polnisch-jüdischen Repatriierten sahen sich zwei Optionen gegenübergestellt. Entweder sie zogen vorübergehend in größere Städte in Zentralpolen, die mehr Sicherheit versprachen, oder aber sie siedelten in die neuen, polnischen Territorien um. Vor allem Pommern und Niederschlesien boten Arbeit, Wohnraum und die Aussicht auf ein Leben in jüdischer Gemeinschaft. Ein Teil der jüdischen Repatriierten konzentrierte sich zunächst in zentralpolnischen Städten wie Łódź, Krakau und Warschau, bevor er weiter in die neuen, polnischen Westgebiete zog. Die Antwort auf den beschriebenen doppelten Heimatverlust war also in den meisten Fällen zunächst eine Binnenmigration innerhalb Polens.

Als exemplarisch für den Wunsch nach einem Neuanfang und dessen schnelle Enttäuschung durch eine antisemitische Umgebung kann das autobiografische Gedicht *My Badge of Honor* von Herman Taube angesehen werden. Darin lässt Taube seinen Ich-Erzähler von dessen Rückkehr aus der Sowjetunion und seinem Neuanfang als Arzt in einem pommerschen Krankenhaus berichten.

> I returned home from the war. My family,
> my friends, all were dead. I chose to live,
> to reconstruct life again."[70]

---

67 Wygodzki Tytelman, End, S. 36.

68 Zev Katz erinnert sich an einen polnischen Grenzbeamten, der die jüdischen Repatrianten mit verächtlichen Blick willkommen hieß. Katz, From the Gestapo, S. 116. Auch Larry Wenig beschreibt, wie seine Familie unterwegs von Polen antisemitisch beleidigt worden sei. Wenig, From Nazi Inferno, S. 301.

69 In den Jahren 1945 und 1946 fanden täglich tätliche Überfälle und sogar Morde in Passagierzügen statt, die sich Marcin Zaremba zufolge nicht nur gegen Juden, sondern auch gegen Funktionäre des Regimes und andere gerichtet habe. Juden seien jedoch am stärksten unter den Ermordeten vertreten. Zaremba, Wielka Trwoga, S. 585.

70 Taube, Looking back, S. 109.

Taube schildert, wie zufrieden und glücklich er über seine Arbeit gewesen war, doch sein Glück sei durch die ablehnende Haltung seiner polnischen Nachbarn getrübt worden, die nicht dazu bereit waren, ihre Welt mit Juden zu teilen.

> [W]e were treated like strangers by local
> people and were not welcome in their world.
> Their gazes were cold, stony as the rock thrown through my window with a note – Get out!
> We kept working, and times changed for the better,
> but not my neighbors. They walked by with ice
> cold faces – not a nod or a friendly greeting to the
> only Jews among them. Their silence became
> frightening, dangerous as the stones that battered
> our windows. I realized that no matter what we did,
> we would never be welcome in my former homeland.[71]

Trotz der Verluste und seines Schmerzes beschreibt Herman Taube in seinem autobiografischen Gedicht die anfängliche Bereitschaft, sich ein neues Leben in Polen aufzubauen. Die zitierte Zeile „I chose to live" drückt seinen trotzigen Wunsch aus, das eigene Leben selbstbestimmt fortzusetzen. Doch die Feindseligkeit und offene Gewaltandrohung seiner Nachbarn veranlassten den Ich-Erzähler schließlich, das Land in Richtung US-Zone in Deutschland zu verlassen. Taube macht in seinem Gedicht die polnische Gesellschaft für den Verlust seiner alten Heimat verantwortlich, die die Präsenz der jüdischen Überlebenden nicht akzeptieren wollte.

Zu einer der wichtigsten Durchgangsstationen für jüdische Rückkehrer aus der Sowjetunion wurde die Stadt Łódź.[72] Bis zum Sommer 1946 hatten rund 15.000 Repatriierte die zentralpolnische Stadt zum Ziel, wo sie sich über ihre Erfahrungen während des Krieges austauschten und einander bei der Planung der unmittelbaren Zukunft unterstützten.[73] Tausende jüdische Repatriierte waren in der Hoffnung nach Łódź gekommen, dort eine Brücke zur Vorkriegsvergangenheit zu schlagen. Hier registrierten sie sich beim Jüdischen Komitee, erhielten überlebensnotwendige materielle Unterstützung und suchten nach vermissten Angehörigen. Doch nur wenige blieben länger als ein paar Wochen in der Stadt, bevor sie nach Niederschlesien oder Pommern weiterzogen. In den neuen polnischen Westgebieten erhofften sich jüdische Repatriierte eine bessere Unterstützung

---

71 Taube, Looking back, S. 109 – 110.

72 Hier lebten am Jahresende 1945 bereits über 20.000 jüdische Überlebende. Hinzu kamen dann 15.000 Repatrianten in der ersten Jahreshälfte 1946. Hornowa, Powrót Żydów, S. 118.

73 Ginsburg, Wayfarer, S. 88 – 89; Davidson, War Years, S. 209 – 211; Zarnowitz, Fleeing the Nazis, S. 77.

durch jüdische Komitees, mehr physische Sicherheit und eine größere Anonymität.[74]

In Großstädten wie Łódź oder Krakau trafen Repatriierte auch auf andere jüdische Binnenflüchtlinge, die aus Angst vor Gewalt kleinere Ortschaften verlassen hatten. In einem weiteren, von der polnischen Zensur abgefangenen Brief erklärt ein nicht näher bekannter polnischer Jude, wie weit die Furcht vor antisemitischer Gewalt auf dem Land verbreitet sei:

> Ein Jude kann nicht aufs Land fahren, in kleineren Ortschaften gibt es auch keine Juden, viele Juden in Kleinstädten wurden ermordet, deshalb konzentriert sich alles in einzelnen Städten – Krakau, Kielce, Łódź, Radom usw.[75]

Briefe wie dieser verweisen auf die verbreitete Annahme, dass sich Juden nicht auf dem Land aufhalten sollten. Die Gewalt gegenüber Juden war nach dem Krieg ein offenes Geheimnis.[76] Zahlreiche Historiker haben darauf hingewiesen, dass die Zahl der ermordeten polnischen Juden gemessen an ihrem Bevölkerungsanteil weitaus geringer war als etwa die der getöteten Polen oder Ukrainer.[77] Tatsächlich war Gewalt in der unmittelbaren Nachkriegszeit in vielen Formen allgegenwärtig: politische Gewalt durch den NKWD, Bürgerkrieg, willkürliche Gewalt durch sowjetische Soldaten und polnische Partisanen, Raub – sei es, um zu überleben oder um sich zu bereichern – oder auch Gewalt gegen bestimmte, als fremd deklarierte ethnische Gruppen wie Deutsche, Juden und Ukrainer.[78] Auf einen für viele jüdische Überlebende zentralen Aspekt haben die Historiker Krystyna Kersten und Paweł Szapiro hingewiesen:

> Es wäre am leichtesten, solche Gewaltakte [gegen Juden in der Nachkriegszeit, Anm. d. Verf.] exklusiv der durch den Krieg hinterlassenen Barbarei, der Entzündung der Provokation oder

---

74 Nach Israel Gutman siedelten 80 % aller jüdischen Repatriierten aus der Sowjetunion in den neuen Westgebieten und in Oberschlesien. Gutman, After the Holocaust, S. 365.

75 Zaremba, Wielka Trwoga, S. 617.

76 Zaremba, Wielka Trwoga, S. 584.

77 Die 500 bis 1.500 Opfer antijüdischer Gewalt in der Nachkriegszeit machten einen verhältnismäßig kleinen Anteil an der Gesamtzahl von Opfern des polnischen Bürgerkriegs in den Jahren 1944 bis 1947 aus. Wie Jan T. Gross nachweist, fielen zehntausende Ukrainer, Deutsche, Kommunisten wie Antikommunisten dem Bürgerkrieg zum Opfer. Gross, Jan T.: Fear. Anti-Semitism in Poland after Auschwitz. An Essay in Historical Interpretation. New York 2006. S. 28. Marcin Zaremba schätzt, dass zwischen 1944 und 1947 zwischen 650 und 750 Juden in dutzenden Pogromen, Lynchmorden und antisemitischen Exzessen ums Leben kamen. Zaremba, Wielka Trwoga, S. 585.

78 Cichopek-Gajraj, Beyond Violence, S. 233.

> dem Bürgerkrieg zuzuschreiben. Aber es darf nicht vergessen werden, dass es zu dieser Zeit nicht selten vorkam, dass Juden von Polen umgebracht wurden, nur weil sie Juden waren.[79]

Jüdische Repatriierte wurden von anderen Juden schnell nach ihrer Ankunft in Polen in das offene Geheimnis eingeweiht. Die zahlreichen Berichte über Gewalt gegen Juden stellten für die Rückkehrer eine Warnung dar, sich in der Öffentlichkeit nicht als Juden zu erkennen zu geben. So sprachen sie etwa in der Öffentlichkeit kein Jiddisch, mieden Gespräche über jüdische Themen und entschieden sich, zu schweigen, um etwa in Passagierzügen keine Aufmerksamkeit zu erregen. In den Selbstzeugnissen jüdischer Repatrianten ist keine Rede von am eigenen Leib erfahrener, antisemitisch motivierter Gewalt im Nachkriegspolen. Häufiger wird dagegen der weit verbreitete Alltagsantisemitismus beschrieben, der bei vielen das Gefühl einer Bedrohung hervorrief. Der aus der Sowjetunion nach Stettin zurückgekehrte Jugendliche Perry Leon erinnert sich, dass er eines Tages im Jahr 1946 mit einigen nichtjüdischen Polen zusammensaß:

> I drink with some Polish guys and they still make nasty comments about the Jews and then they ask me for my comment. The only comment I wanted to make was with a forty-five revolver between their eyes, but I have to control myself because I am outnumbered. The battle of the bigots is still on. It is 1946 and we are free and we still have to hide our identity.[80]

Als seine Eltern wenig später aus der Sowjetunion nach Polen zurückkehrten, riet Leon ihnen davon ab, in ihre Heimatstadt Świerże am Bug zurückzukehren. Seine Erfahrungen mit der polnischen Nachkriegsgesellschaft ließen ihn zu der Überzeugung gelangen, dass es für Juden lebensgefährlich sei, sich in der Öffentlichkeit zu erkennen zu geben.[81]

Das Projekt einer jüdischen Autonomie in Niederschlesien

Niederschlesien und seine Hauptstadt Wroclaw repräsentierten für eine kurze Zeit den Traum vom Wiederaufbau des jüdischen Lebens in Polen nach dem Holocaust. Hier sollte nach dem Willen des CKŻP und einiger jüdisch-kommunistischer Funktionäre eine jüdische Autonomieregion entstehen, in der die jüdische Bevölkerung leben, arbeiten und an zerstörte religiös-kulturelle Traditionen an-

---

79 Kersten u. Szapiro, Contexts, S. 461.
80 USHMMA, Leon, Perry Leon Story, S. 7.
81 USHMMA, Leon, Perry Leon Story, S. 8.

knüpfen würde.[82] Auch die PPR war an einer Besiedlung der Region mit polnischen Juden interessiert, während zeitgleich die Auswanderung polnischer Juden weitergehen sollte. Nach Ansicht Frank Golczewskis habe die Partei beabsichtigt, Juden als „Hilfskräfte bei der Polonisierung Niederschlesiens"[83] zu instrumentalisieren. Die breite Unterstützung des Siedlungsprojekts durch staatliche wie jüdische Stellen schlug sich bald in der Zahl jüdischer Einwohner in der Region nieder. Zeitgleich zur Ansiedlung polnischer Juden zogen Zehntausende Polen und Ukrainer aus anderen Landesteilen in den Südwesten Polens. Die deutsche Bevölkerung musste die Region dagegen infolge des Potsdamer Abkommens verlassen.[84]

Bereits vor Beginn der zweiten großen Repatriierung aus dem Inneren der Sowjetunion in der ersten Jahreshälfte 1946 hatten sich polnische Juden in Niederschlesien angesiedelt. Die Gruppe bestand aus einigen Tausend Überlebenden des KZs Groß-Rosen und seiner Nebenlager, die sich nach ihrer Befreiung im Frühjahr 1945 zunächst in den Städten und Ortschaften um Breslau, das nun polnische Wrocław,, herum niederließen. Die Region war mit Ausnahme der ehemaligen Festungsstadt Breslau kaum durch Kriegshandlungen zerstört worden und stellte zudem ein landwirtschaftlich und industriell gut entwickeltes Territorium dar.[85] Die außergewöhnlich guten strukturellen Bedingungen zogen Zehntausende Überlebende an, die, wie oben beschrieben, ihre Heimat verloren hatten und nun auf der Suche nach einem neuen Zuhause in Gemeinschaft mit anderen Juden waren. Weitere Faktoren bei der Wahl Niederschlesiens war die hohe Zahl etablierter jüdischer Einrichtungen vom Jüdischen Komitee über die Gesellschaft für jüdische Gesundheitsversorgung (TOZ) bis zur Organisation für Berufsqualifizierung (ORT).[86] Kurz vor der Ankunft der ersten Repatriierten im

---

82 Allgemein hierzu Friedla, Katharina: Juden in Breslau/Wrocław 1933–1949. Überlebensstrategien, Selbstbehauptung und Verfolgungserfahrungen. Köln [u. a.] 2015.

83 Golczewski, Frank: Die Ansiedlung von Juden in den ehemaligen deutschen Ostgebieten Polens 1945–1951. In: Umdeuten, verschweigen, erinnern. Die späte Aufarbeitung des Holocaust in Osteuropa. Hrsg. von Micha Brumlik u. Karol Sauerland. Frankfurt am Main 2010. S. 91–104, hier S. 94.

84 Eine vergleichende Analyse der Vertreibungen und Umsiedlungen findet sich bei Ther, Philipp: Deutsche und polnische Vertriebene. Gesellschaft und Vertriebenenpolitik in der SBZ/DDR und in Polen 1945–1956. Göttingen 1998.

85 Von etwa 15.000 befreiten KZ-Häftlingen verließ ein Großteil sofort Niederschlesien, während sich einige tausend polnische Juden in den umliegenden Städten des ehemaligen KZs Groß-Rosen niederließen und somit die ersten polnisch-jüdischen Bewohner der Region nach dem Zweiten Weltkrieg bildeten. Adelson, W Polsce, S. 391; Wróbel, Piotr: Migracje Żydów polskich. Próba syntezy. In: Biuletyn ŻIH 1/2 (1998). S. 3–30, hier S. 24.

86 Adelson, W Polsce, S. 391.

Februar 1946 hatten etwa 18.000 Juden auf dem Gebiet Niederschlesiens gelebt. Im April des gleichen Jahres war ihre Zahl bereits auf 90.000 gewachsen, was zugleich dem zahlenmäßigen Höchststand der jüdischen Bevölkerung Niederschlesiens entspricht.[87] Hier lebte im Sommer 1946 über ein Drittel der circa 240.000 Personen zählenden jüdischen Gesamtbevölkerung Polens.[88] Wie später noch gezeigt werden wird, diente die Region jedoch auch als wichtigste „Absprungbasis“[89] für die Auswanderung aus Polen über die nahegelegene Grenze zur Tschechoslowakei. Besiedlung und Emigration liefen also parallel.

Die Debatte um die Zukunft der polnischen Juden in Yeshaye Shpigels Abschied

In Niederschlesien lässt sich die zentrale jüdische Debatte der ersten Nachkriegsjahre paradigmatisch untersuchen. Während ein Teil der jüdischen Neusiedler die Region als mögliche neue Heimat betrachtete, hielt sich ein anderer Teil nur einige Tage oder Wochen in Niederschlesien auf, um anschließend das Land zu verlassen.[90] In kondensierter Form werden diese beiden Optionen polnisch-jüdischer Überlebender in dem im Jahr 1947 verfassten Gedicht *Abschied* (jidd. *Gezegenung*) des jiddischen Autors Yeshaye Shpigel thematisiert.[91] Shpigel hatte das Ghetto Litzmannstadt überlebt und gehörte zu den wenigen verbliebenen jiddischsprachigen Schriftstellern Nachkriegspolens.[92] Das Gedicht stellt eine intensive Auseinandersetzung mit der Möglichkeit eines jüdischen Lebens in

---

87 Hofmann, Andreas R.: Die polnischen Holocaustüberlebenden. Zwischen Assimilation und Emigration. In: Überlebt und unterwegs: jüdische Displaced Persons im Nachkriegsdeutschland. Hrsg. von Fritz-Bauer-Institut. Frankfurt am Main [u. a.] 1997. S. 51–69, hier S. 52.
88 Hofmann, Holocaustüberlebende, S. 56.
89 Hofmann, Holocaustüberlebende, S. 362.
90 Vgl. zu dieser Debatte Friedla, Juden in Breslau; Szaynok, Ludność żydowska; sowie Hirsch, Helga: Gehen oder bleiben? Juden in Schlesien und Pommern 1945–1957. Göttingen 2011.
91 Laut Unterschrift verfasst in Niederschlesien, Sommer 1947. Das Gedicht erschien 1949. Es ist im jiddischen Original sowie in polnischer Übersetzung abgedruckt in Ruta, Niszt ojf di tajchn, S. 76–87.
92 Shpigel stammt aus Łódź, wo er eine traditionelle religiöse Ausbildung erfahren hatte. In den 1930er Jahren unterrichtete er an einer säkularen und dem Bund nahestehenden jüdischen Schule (TSISHO), bevor er ins Fach der Buchhaltung wechselte. Während des Krieges blieb er in Łódź und überlebte das Ghetto Litzmannstadt. Seine Ehefrau, Tochter, Eltern und Schwestern wurden dagegen von den Deutschen ermordet. Nach der Befreiung blieb er zunächst in Łódź, bevor er 1948–1950 nach Warschau umzog, wo er als Sekretär beim Verband Jüdischer Schriftsteller und Journalisten tätig war. 1951 emigrierte er nach Israel. Ruta, Niszt ojf di tajchn, S. 418.

Polen nach dem Holocaust dar.[93] Seine Handlung ist laut Untertitel in einem niederschlesischen Dorf im Jahr 1946 situiert. Die ersten einleitenden Zeilen lauten:

> In einem frisch gestrichenen Haus, das zwischen einem Buchweizenfeld und einem Kiefernwald steht, sitzen zwei Juden am Fenster. Sie beobachten die eintretende Dämmerung eines spätsommerlichen Abends. Auf ihren Gesichtern leuchten goldene, gebrochene Sonnenstrahlen, welche durch die Fensterscheiben ins Haus dringen.[94]

Die zwei Protagonisten – genannt: *erster* und *zweiter Jude* – haben den Krieg im sowjetischen Exil beziehungsweise im Ghetto unter deutscher Besatzung überlebt und führen ihren Dialog am Tisch sitzend in einem Haus, das vermutlich noch wenige Monate zuvor einen deutschen Eigentümer hatte. Sowohl Shpigels Gegenüberstellung der verschiedenen jüdischen Kriegserfahrungen als auch seine Wahl Niederschlesiens als Ort des Geschehens sind von symbolischer Bedeutung. Nicht zufällig findet der Dialog über die Möglichkeit des Weiterlebens am Schauplatz der Katastrophe zwischen zwei Protagonisten statt, die stellvertretend für die beiden größten polnisch-jüdischen Überlebendengruppen stehen und im Gedicht wie in der Realität in Niederschlesien aufeinandertrafen. Die beiden Charaktere unterscheiden sich jedoch nicht nur in ihren Überlebenserfahrungen, sondern auch in ihren Zukunftsentwürfen. Aus Sicht des Repatrianten (*erster Jude*) steht das Haus für die Möglichkeit des Neuanfangs. Er ist voller Hoffnung, dass auf das Böse im Menschen etwas Gutes folgen wird. In der Darstellung des Repatrianten zeigt sich Shpigel als Kind seiner Zeit, der stark von der zeitgenössischen Parole beeinflusst war, wonach die überlebenden Juden in den ehemaligen deutschen Territorien ein mit nationalen Autonomierechten ausgestattetes Leben aufbauen sollten. Der Repatriant formuliert im Laufe des Gesprächs den Vorwurf, dass die Überlebenden den Deutschen nicht stärker Widerstand geleistet hätten. Dem sowjetisch-diktierten Zeitgeist des säkularisierten Judentums entsprechend bedankt sich der Repatriant bei der Roten Armee für sein Überleben

---

93 Magdalena Ruta interpretiert das Gedicht von Yeshaye Shpigel in erster Linie als Ausdruck eines konfliktreichen Zusammentreffens von jüdischen Rückkehrern aus der Sowjetunion mit den Überlebenden der deutschen Besatzung. In *Abschied* thematisiere Shpigel nach Lesart Rutas das „Unverständnis für die Unterschiedlichkeit jüdischer Erfahrungen unter deutscher Besatzung sowie die Verachtung, welche insbesondere wiederholt von jenen Autoren ausgedrückt wurde, die in der Sowjetunion überlebt hatten – dass die Juden aus dem Ghetto sich wie 'Lämmer zur Schlachtbank' haben führen lassen." Ruta, Magdalena: „Nusech Pojln" czy „Jecijes Pojln"? Literackie dyskusje nad żydowską obecnością w powojennej Polsce (1945–1949). In: Kwartalnik Historii Żydów 2 (2013). S. 272–285, hier S. 277.

94 Shpigel in: Ruta, Niszt ojf di tajchn, S. 76.

und nicht bei Gott, wie es sein Gegenüber tut. Anders als der Ghettoüberlebende (*zweiter Jude*) zeichnet Shpigel den Repatrianten als idealtypischen Vertreter des neuen sozialistisch-jüdischen Menschen, der die schmerzhafte Vergangenheit hinter sich lässt und voller Zuversicht in die Zukunft blickt. In der Gegenüberstellung mit den Ghettoüberlebenden wirkt der Repatriant in seinen parolenartig und wenig einfühlsam vorgetragenen Anschuldigungen holzschnittartig und naiv. Seine Antwort auf das erfahrene Leid lautet Vergessen: „Du kannst nicht vergessen... Aber das solltest du, denke ich."[95] Im Unterschied zu seinem Gesprächspartner ist der Ghettoüberlebende schwer von seinen Kriegserlebnissen und dem Verlust seiner Angehörigen gezeichnet. Anders als der Repatriant kann er nach dem Holocaust nicht mehr an die verkündete schöpferische Utopie des Sozialismus glauben. Seine Hoffnungslosigkeit und seine Abneigung, eine Zukunft auf dem jüdischen Friedhof in Polen zu errichten, erscheinen konsequent.

Shpigels Protagonisten argumentieren vor dem Hintergrund ihrer Kriegserfahrungen und kommen deshalb zu unterschiedlichen Schlüssen für die Gegenwart und die nahe Zukunft. Der Umgangston ist freundlich-vertraut und voller Unverständnis. So erwidert etwa der Ghettoüberlebende auf die Forderung nach einem schnellen Vergessen der Vergangenheit:

> Du hast leicht reden, Bruder, ähnlich wie alle,
> Die nicht hier bei uns waren.
> Wer in diesen Zeiten keinen Deutschen gesehen,
> Nicht den Rauch des Todes in den Krematorien eingeatmet,
> Wessen Kehle nicht von den Nächten im Ghetto gewürgt,
> Der trägt in seiner Brust nicht den Fluch gegen die Welt.
> Gegenüber dem Menschen, gegenüber Gott.[96]

Der Ghettoüberlebende spricht hier dezidiert aus, was viele Repatrianten nach ihrer Rückkehr von anderen Überlebenden zu hören bekamen. Weil sie keine Zeugen des Massenmords waren, fehle ihnen das Verständnis für das erlittene Leid der Lager- und Ghettoüberlebenden. Eben jene *Erfahrungslücke* konstituiert in Shpigels Gedicht den Unterschied zwischen einer Zukunft in Polen und der Emigration. Aus Sicht des zweiten Juden stellt Polen, auch in seinen neuen Territorien, eine fortwährende Erinnerung an den Verlust dar. Deshalb sieht er keine Perspektive für ein Leben auf dem Friedhof:

> Ich habe versucht,
> Ein kleines Licht der Hoffnung und des Glaubens

---

95 Shpigel in: Ruta, Niszt ojf di tajchn, S. 79.
96 Shpigel in: Ruta, Niszt ojf di tajchn, S. 79.

In den Tiefen meiner Seele zu entzünden.
Doch dort finde ich nur Angst, Verzweiflung und den ätzenden Hass
Tausender zerstörter Welten.[97]

Shpigel zieht zwei symbolische Gräben zwischen beiden Protagonisten, die entlang der vergangenen Erfahrungen und entlang der Zukunftsperspektiven verlaufen. In beiden Fragen stehen sich die zwei Überlebenden diametral gegenüber. Anders als der am Boden zerstörte Ghettoüberlebende, bemüht sich der Repatriant, eine Verbindung zwischen den verschiedenen Überlebendengruppen herzustellen. Er verweist dazu auf sein eigenes Leid, das er im fernen sowjetischen Exil erlitten habe und auf den schmerzhaften Verlust angesichts der gewaltigen Zerstörung seiner Heimat.

Ich habe geblutet wie du, Bruder, obwohl ich weit weg war,
Tausende Meilen entfernt von Ghettos, Krematorien,
Dem Rauch unserer brennenden Häuser und unserer Heimat
Auch meine Augen waren hasserfüllt.
Auch meine Haut ist bedeckt mit derselben Asche unseres Hauses, welches noch immer glimmt.[98]

Der Repatriant stellt sich auf eine Ebene mit dem ehemaligen Ghettoinsassen, indem er ihn *Bruder* nennt und ihm von seinem eigenen Leid und dem Verlust seiner Angehörigen in Polen berichtet. Anschließend versucht der Repatriant erneut, seinem niedergeschlagenen Freund einen Ausweg aus der tragischen Vergangenheit zu zeigen. Denn trotz der schwierigen und im gesamten Text nicht eindeutig beschriebenen Leiden im sowjetischen Exil habe dieser dort die Hoffnung in das Gute im Menschen nicht verloren.

Und doch habe ich im großen, großen Land im Osten
Niemals den Glaube an die Menschen verloren;
Die Hoffnung des einfachen Menschen
Auf ein schöneres und besseres Leben ist nie gestorben–
Auch nicht auf den erfolgreichen, guten Sieg der Menschlichkeit.
Ich finde Trost und Freude am Leben in der Natur und in den kleinen Dingen.[99]

Der Ghettoüberlebende reagiert auf solche Äußerungen verständnislos.

97 Shpigel in: Ruta, Niszt ojf di tajchn, S. 79.
98 Shpigel in: Ruta, Niszt ojf di tajchn, S. 79.
99 Shpigel in: Ruta, Niszt ojf di tajchn, S. 79–80.

Wie seltsam klingen deine Worte.
Für mich, der den Rauch der Krematorien gesehen, der nachts nur an das Lager denken kann.
Jede Nacht führt mich zurück nach Auschwitz."[100]

Ein weiteres Mal lehnt er die Versuche seines Gegenübers ab, eine Brücke in die Zukunft zu schlagen, indem er die angesprochene Freude des Repatrianten an der Natur in ihr Gegenteil verkehrt. Aus seiner Sicht ist selbst besagte Natur mit dem Blut der Toten besudelt.

Kann ich hier neue Freude finden?
Wird eine neue Sonne über dem Baum aufgehen,
Welcher als Galgen für den Kopf meines Vaters diente?"[101]

In der Folge verliert der Rückkehrer zunehmend die Geduld. Sein Bemühen um Empathie weicht nun einer Anklage an den Überlebenden, dass dieser nicht zur Waffe gegriffen und gegen die Deutschen gekämpft habe.

Warum, sag mir, brach
Gegen den größten Feind der Juden kein Aufstand aus?
Wäre ein Tod mit dem Messer an der Kehle des Feindes
Nicht besser und heiliger gewesen
Als der sinnlose, tragische Tod
Durch Gas, Hunger und Krankheit?
Du glaubst, dass ein Wunder dein Leben rettete,
Doch ich glaube nicht mehr an Wunder.
Dein Leben rettete der heldenhafte Tod tausender Söhne
Jenes Landes, welches im Osten und kalten Norden liegt –
Der Tod tausender Söhne – dies war das Wunder
Und ihre heilige Waffe...[102]

Der geäußerte Vorwurf eines sinnlosen Todes trifft den Ghettoüberlebenden so schwer, dass er schließlich zu der Überzeugung gelangt: „Ich sehe, dass du mich niemals verstehen wirst."[103] Das Gespräch scheint an dieser Stelle beendet zu sein, doch der Repatriant unternimmt einen letzten Versuch, seinen Freund von einer gemeinsamen Zukunft in den neuen polnischen Westgebieten zu überzeugen. Zuvor jedoch wiederholt der Repatriant seine Forderung, sein Freund müsse seine Trauer hinter sich lassen. Er selbst habe dies auch getan. Der Repatriant

100 Shpigel in: Ruta, Niszt ojf di tajchn, S. 81.
101 Shpigel in: Ruta, Niszt ojf di tajchn, S. 81.
102 Shpigel in: Ruta, Niszt ojf di tajchn, S. 83.
103 Shpigel in: Ruta, Niszt ojf di tajchn, S. 83.

betrachtet sich selbst als einen jüdischen Pionier im neuen polnischen Westen, wo er eine Familie gründen und eine Zukunft gestalten wolle.

> Ich bin der erste Jude,
> Mit mir beginnt eine neue Generation
> Auf dieser freien und schönen Erde."[104]

Am Ende des Gedichtes verabschieden sich die beiden Freunde. Während der Ghettoüberlebende sich fest entschlossen zeigt, das von ihm als Friedhof wahrgenommene Heimatland zu verlassen, bekennt der Repatriant trotzig, das jüdische Leben Polens erneuern zu wollen. Das Gedicht schließt mit seinen Worten des Pioniers, der beim Anblick seines in der Abendsonne verschwindenden Freundes ausruft:

> Die Sonne! Die Sonne!
> Wie schön sie untergeht!
> Doch ich denke, dass sie noch schöner
> Wird morgen aufgehen über unserem Haus![105]

Shpigel gelingt es, in seinem Gedicht wesentliche Aspekte der zeitgenössischen Debatte unter jüdischen Überlebenden auf anschauliche Weise darzustellen. Die Frage, ob eine Zukunft für die jüdische Bevölkerung in Polen möglich und wünschenswert sei, beschäftigte tatsächlich die große Mehrheit der Überlebenden. Shpigels früher Versuch, beide Antwortmöglichkeiten in lyrischer Form abzubilden, ist daher ein äußerst interessantes Zeitdokument, das allerdings vor dem Hintergrund der kommunistisch geprägten Kulturpolitik jener Jahre zu lesen ist.[106] Dies zeigt sich insbesondere in der Darstellung des Repatrianten, dessen Aussagen sich stark an den zeitgenössischen Propagandaslogans der PPR orientieren. Im Duktus ähnelt Shpigels Repatriant dem jüdisch-kommunistischen Funktionär Jakub Egit. Egit hatte in der jiddischen wie polnisch-jüdischen Presse lautstark für die Etablierung eines jiddischen *Jischuws* (Siedlung) in Niederschlesien geworben und sich dabei einer ähnlichen Argumentation bedient wie Shpigels Repatriant. Sowohl Egit als auch Shpigels Protagonist scheinen nicht bereit, den Wunsch vieler Repatrianten nach einem Neuanfang im Ausland ernst

---

104 Shpigel in: Ruta, Niszt ojf di tajchn, S. 85.

105 Shpigel in: Ruta, Niszt ojf di tajchn, S. 87.

106 Ruta, Magdalena: The Principal Motifs of Yiddish Literature in Poland, 1945–1949. Prelimary Remarks. In: Under the Red Banner. Yiddish Culture in the Communist Countries in the Postwar Era. Hrsg. von Elvira Grözinger u. Magdalena Ruta. Wiesbaden 2008. S. 165–183, hier S. 165.

zu nehmen.[107] Während in der Realität Zehntausende Juden, größtenteils Repatrianten, das Land zwischen Ende 1944 und Anfang 1947 verließen, verkündete die staatliche Propaganda fortwährend die Zukunftsfähigkeit des jüdischen Wiederaufbauprojektes.

Ferner verweist Shpigels Repatriant auf gewisse Elemente der frühen Erinnerungspolitik zum Holocaust in der noch jungen Volksrepublik Polen. Die von Shpigels Protagonisten vorgetragene Anklage an den vermeintlich ausgebliebenen jüdischen Widerstand gegen die Vernichtung, die auch nach dem Holocaust fortwährende Gottesfurcht und die Forderung nach einer Anerkennung des gemeinsamen Leidens, gleich, ob im besetzten Polen oder etwa in der Sowjetunion, repräsentieren die Eckpfeiler einer staatlichen Erinnerungspolitik, welche auch die jüdische Kulturpolitik zu verinnerlichen hatte. Nicht zuletzt stellt Shpigels Gedicht *Abschied* einen eindrucksvollen Beleg für die Existenz eines mitunter spannungsgeladenen Dialogs zwischen jüdischen Überlebenden der deutschen Besatzung und Rückkehrern aus der Sowjetunion dar.

8.5 Der Einfluss der sowjetischen Exilerfahrung auf die Zukunftsplanung polnischer Juden 1945–1946

Yeshaye Shpigels Darstellung des jüdischen Repatrianten verweist auf einen in der Historiografie bislang kaum beachteten Zusammenhang zwischen der Exilerfahrung in der Sowjetunion und den Emigrationsplänen polnischer Juden in der frühen Nachkriegszeit. Während der Repatriant in Shpigels Gedicht aufrichtig für den Verbleib in Polen plädiert, entschied sich die Mehrheit jüdischer Rückkehrer für die Emigration aus ihrer alten Heimat. Nachfolgend soll untersucht werden, wie die polnisch-jüdischen Repatrianten ihre Zukunft planten und welchen Einfluss die spezifische Überlebenserfahrung in der Sowjetunion auf den Prozess der Entscheidungsfindung ausübte. Die Historikerin Anna Cichopek-Gajraj weist darauf hin, dass die polnisch-jüdische Nachkriegsgeschichte in der Historiografie häufig auf eine Art „meta-tragedy"[108] reduziert werde, wobei Antisemitismus als treibende Kraft bei der Emigration dargestellt werde. Eine solche Verengung auf die Rolle der Judenfeindschaft führe nach Ansicht Cichopek-Gajrajs allerdings zur

107 Zu Egit vgl. Szaynok, Bozena: Żydzi w Dzierżoniowie (1945–1950). In: Dzierżoniów – Wiek miniony. Hrsg. von Sebastian Ligarski u. Tomasz Przerwa. Wrocław 2007. S. 25–33; Nesselrodt, Markus: Mit den Augen des Sicherheitsdienstes. Jüdische Neuansiedlung in Schlesien 1949. In: Osteuropa 10 (2012). S. 85–95, hier S. 86.

108 Cichopek-Gajraj, Beyond Violence, S. 7. Diese Kritik richtet sich in erster Linie an die Arbeit von Jan Tomasz Gross.

Entstehung eines „uniformly gloomy picture which silences all experiences that do not conform."[109] Auch andere Historiker plädieren für eine differenzierte Analyse der Beweggründe für beziehungsweise gegen die Auswanderung. So verweisen August Grabski und Ewa Waszkiewicz neben den oben beschriebenen Ausformungen des Antisemitismus auf weitere Emigrationsmotive, die Rückkehrer und andere Überlebende beeinflussten. Grabski hebt die Unzufriedenheit mit dem kommunistischen System und die Einschränkungen für privatwirtschaftliche Initiativen unter den neuen politischen Bedingungen hervor.[110] Waszkiewicz betont dagegen den Verlust von Angehörigen und einer jüdischen Infrastruktur als weiteren entscheidenden Grund für eine Emigration.[111]

In klarsichtiger und differenzierter Form schildert die bereits erwähnte, polnische Jüdin Helena in einem Brief aus dem Jahr 1946 die Komplexität jüdischen Lebens im Nachkriegspolen zwischen dem Wunsch nach einem Wiederaufbau und dem Willen, zu emigrieren.

> Die Mehrheit der Juden will ausreisen, viele reisen bereits aus. Nicht nur wegen des Antisemitismus. Es gibt einige, die niemanden mehr hier haben, aber irgendwo auf der Welt haben sie noch Angehörige. Es gibt auch solche, die vor den schrecklichen Erinnerungen fliehen. Aber, es gibt auch welche, die bleiben wollen und es auch tun. In letzter Zeit kam es vor, dass Juden geheimnisvolle Morddrohungen zugeschickt bekamen. Das ist eine nicht zu unterschätzende Angelegenheit. Einige bemühen sich jedoch nach dem Erhalt solcher Drohungen um Waffen, übernachten bei Bekannten und bleiben. Aber es ist verständliche, dass die Mehrheit keine Kraft mehr für solche Auseinandersetzungen hat und auswandert.[112]

Der hier beschriebene Verlust von Heimat und Angehörigen sowie die Konfrontation mit der als feindlich empfundenen Nachkriegsrealität begründete bei einer Vielzahl jüdischer Überlebender die Überzeugung, dass sie in Polen keine neue Heimat mehr aufbauen könnten. Aus Helenas Brief geht jedoch der Einfluss der spezifischen Erfahrungen mit dem Leben in der Sowjetunion nicht hervor.

---

109 Cichopek-Gajraj, Beyond Violence, S. 7.

110 Grabski, August: Działalność komunistów wśród Żydów w Polsce (1944–1949). Warszawa 2004. S. 326.

111 Waszkiewicz, Ewa: Kongregacja Wyznania Mojżeszowego na Dolnym Śląsku na tle polityki wyznaniowej Polskiej Rzeczypospolitej Ludowej 1945–1968. Wrocław 1999. S. 31.

112 Im polnischen Original heißt es: „Większość Żydów chce wyjechać, wielu już wyjeżdża. Nie tylko z powodu antysemityzmu. Są tacy, co tu już nikogo nie mają, a gdzieś na świecie mają krewnych. Są tacy, co uciekają od okropnych wspomnień. Są i tacy, co chcą zostać i zostają. Bywają np. tajemnicze wyroki śmierci przysyłane Żydom. Rzecz, której nie można lekceważyć. Są jednak ludzie, którzy otrzymawszy taki wyrok, starają się o broń i idą spać do znajomych, i zostają. Ale zrozumiałe, że w ogóle większość nie ma już sił do użerania się i wyjeżdża." Zitiert aus Borzymińska, Listy z Polski, S. 231.

Einige Repatrianten schildern, dass sie nach ihrer Rückkehr von ihren Mitmenschen anders behandelt worden seien als vor dem Krieg. Sie bemerkten eine veränderte Wahrnehmung ihrer jüdischen Identität unter polnischen Nachbarn.[113] Viele polnisch-jüdische Exilanten hatten sich noch in der Sowjetunion als Polen gefühlt und kehrten als Juden in die Heimat zurück. Davon berichtete Maria Borkowska-Flisek im Gespräch mit Ruta Pragier. Auf die Frage, ob sie nach dem Krieg als Kind jemals Probleme hatte, weil sie Jüdin ist, antwortete Borkowska-Flisek:

> In Russland fühlten wir uns polnisch. Mein Vater unterrichtete mich in der polnischen Sprache und Grammatik. In Russland war ich anders, weil ich Polin war; in Polen war ich auch anders – eine Jüdin.[114]

Mit ähnlichen Worten schildert auch Joanna Wasermil rückblickend die ersten Eindrücke ihres Geburtslandes, in das sie als Neunjährige aus dem Exil zurückkehrte.

> In Russland war ich Polin, doch als ich in Polen ankam, stellte sich heraus, dass ich Jüdin bin.[115]

Die hier beschriebene Verschiebung in der Fremdwahrnehmung verweist auf das Phänomen, dass jüdische Repatrianten von ihrem polnischen Umfeld als *die Anderen* empfunden wurden. Eine solche Wahrnehmung beschränkte sich jedoch nicht auf die nichtjüdische Bevölkerung. Auch innerhalb der organisierten jüdischen Gemeinschaft existierte die Vorstellung einer Andersartigkeit der Repatriierten infolge ihrer spezifischen Kriegserfahrungen. Dies geht etwa aus einem Schreiben hervor, mit dem das CKŻP im Jahr 1946 die Rückkehrer aus der Sowjetunion willkommen hieß.

---

113 Ähnliches erlebten auch die jüdischen Rückkehrer in der Sowjetunion nach Kriegsende, wie Rebecca Manley feststellt: „Not only did they return to a land 'without Jews', but they returned, whether they liked it or not, as Jews. By the end of the war, this identity was anything but neutral." Manley, Tashkent Station, S. 239.

114 Borkowska-Flisek in: Pragier, Żydzi czy Polacy, S. 112, 113. Sie war 1940 gemeinsam mit ihrer Familie vom NKWD in ein Zwangsarbeitslager in der Mari SSR deportiert worden. Nach der Amnestie ließ sich die Familie im russischen Uljanowsk nieder. Ihr Vater war während seines Engagements für den ZPP wegen vermeintlicher Spionage vom NKWD verhaftet worden und verstarb 1957 im Gefängnis. Der Rest der Familie durfte dennoch im Rahmen der Repatriierung 1946 nach Danzig zurückkehren. Sie blieb nach dem Krieg in Polen.

115 Borkowska-Flisek in: Pragier, Żydzi czy Polacy, S. 150.

> Jüdische Brüder! Wir heißen euch herzlich willkommen, polnische Juden, die ihr aus der Sowjetunion in die polnische Heimat zurückkehrt seid.
>
> Über sechseinhalb Jahre wart ihr von uns getrennt, während dessen die nationalsozialistischen Folterknechte alle eure–unsere Angehörigen ermordeten. Ihr trefft auf eine Brandstätte [...]. Unsere Freude ist groß, dass ihr in der Sowjetunion der Nazi-Hölle entkommen seid. Jüdische Brüder! Wir, die überlebenden Überreste der alten jüdischen Gemeinschaft, haben alles getan, was in unserer Macht stand, damit ihr euch gut und wie zuhause fühlt–wie unter Euresgleichen. [...] Erliegt nicht den Einflüssen verantwortungsloser Individuen, die Panik und Resignation verbreiten! [...] Kommt zu uns! Die Jüdischen Komitees heißen euch überall herzlich willkommen.[116]

Die vertrauliche Ansprache als Brüder erinnert an den Dialog in Yeshaye Shpigels *Abschied*. Auch hier drückt sie Solidarität aus. Zugleich schafft die Rede von den „überlebenden Resten" der polnischen Judenheit, die während des Krieges in Polen geblieben sind, eine semantische Trennlinie zwischen den Rückkehrern und den Dagebliebenen. Letztere wenden sich nun vertrauensvoll an die Repatrianten, die der „nationalsozialistischen Hölle" entkommen konnten. In seinem kurzen Aufruf drückt das CKŻP aber auch sein aufrichtiges Bemühen aus, die Erfahrungslücke zu schließen und gemeinsam eine jüdische Zukunft in Polen aufzubauen.

Auch in einem Artikel des *JDC Digest*, dem Organ des JDC, vom 18. Juli 1946 werden die Rückkehrer als ein Kollektiv dargestellt, das sich von anderen Überlebendengruppen unterscheide. In seinem Text schildert ein unbekannter Autor das Aufeinandertreffen zwischen Überlebenden der deutschen Besatzung und Repatriierten.

> In Lodz, Radom, Krakow, and Warszawa, the resident Jews turned out to welcome repatriates and to gape. They came not to stare at rags and hunger ridden faces – any Jews who survived the Nazis inside Poland was familiar enough with these things. They came, instead, to gaze on walking miracles – whole Jewish families, complete with fathers, mothers, and children! In Poland, on liberation day, hardly more than a hundred Jewish families stood intact. But here were Jewish families by the hundreds. Gaunt-faced women rushed at the repatriates to seize and hold their children for a precious minute. Men who were once husbands and fa-

116 Der polnische Originaltext lautet: „BRACIA ZYDZI! Witamy serdecznie Was, Żydów Polskich, powracających ze Związku Radzieckiego, na ziemi polskiej. Przez sześć i pól roku byliście oderwani od nas, przez ten czas oprawca hitlerowski wymordował wszystkich waszych–naszych najbliższych. Przybywacie na zgliszcza! [...] Wielka jest radość nasza, że Wy, będąc w Związku Radzieckim, uniknęliście szczęśliwie piekła hitlerowskiego. Bracia Żydzi! My, ocalałe resztki dawnego skupienia żydowskiego, zrobiliśmy wszystko, co leży w naszej mocy, byście się wśród nas czuli dobrze i swojsko–ja wśród rodzonych braci! [...] Nie ulegajcie wpływom nieodpowiedzialnych jednostek, które rozsiewają panikę i rezygnacje! [...] Komitety Żydowskie wszędzie Was przyjmą serdecznie." Zitiert aus Hornowa, Powrót Żydów, S. 115–116.

thers wept. Their tears were in memory of innocents deported and slaughtered, of mothers and children committed to the crematoria of Oswiecim and Treblinka by the casual gesture of a Nazi thumb.[117]

Der Artikel beschreibt die Rückkehrer als eine gesunde, aber verarmte Gruppe, deren Unterstützung dem JDC zufalle, da die polnische Regierung nicht über ausreichend finanzielle Mittel verfüge. Der Autor geht nicht weiter auf die sowjetischen Erfahrungen jüdischer Repatrianten ein. Allein seine Erwähnung, dass es sich um „zerlumpte, ausgemergelte Juden"[118] handele, deutet ihr spezifisches Leid an.[119] Vor dem Hintergrund seiner Hilfsaktivitäten mag es kaum überraschen, dass der Artikel im *JDC Digest* eher die Tatsache betont, dass die größte Überlebendengruppe der polnischen Judenheit schnelle und umfassende Hilfe benötige. Doch an der Andersartigkeit der Rückkehrer lässt auch dieser Text keinen Zweifel. Sein Erstaunen beim Anblick der Repatriierten schildert auch der amerikanisch-jüdische Journalist Peysekh Novik in einem 1948 veröffentlichten, jiddischen Reisebericht.[120] Novik hatte zwischen Mai 1946 und Januar 1947 verschiedene, jüdische Gemeinden in Europa bereist. In einer Passage über das jüdische Leben in Niederschlesien reflektiert Novik seine Begegnung mit den Repatriierten im Gebäude des Jüdischen Komitees in Wrocław im Sommer 1946:

Eine Menschenmenge: Gedränge, Personen, die gerade aus der Sowjetunion gekommen sind – lebende polnische Juden treffen wir auf der Straße, auf den Treppen des Gebäudes, im großen Hof der Synagoge, in den Fluren. Sie alle erhalten hier Hilfe, Informationen und erledigen andere Angelegenheiten. Die jüdischen Ankömmlinge brauchen Wohnungen, Arbeit und suchen nach Verwandten.[121]

Noviks Wortwahl ähnelt den zeitgenössischen Beschreibungen der Rückkehrer als hilfsbedürftige, aber vor allem separate Gruppe jüdischer Überlebender. Vernachlässigt wird in den zitierten Äußerungen, wie einzelne Repatrianten sich

117 Return to Poland, JDC Digest, Juli 1946, S. 1.

118 Return to Poland, JDC Digest, Juli 1946, S. 1.

119 Der Verweis auf die Kleidung der Repatriierten findet sich auch andernorts. Die überwiegend aus Überlebenden des KZ Groß-Rosen bestehende Gruppe eingesessener Juden bemerkte 1946, dass viele Repatriierte nicht oder nur sehr schlecht Polnisch sprachen und sich stattdessen auf Jiddisch oder Russisch verständigten. Auch ihre Kleidung machte auf sie einen ärmlichen Eindruck. Shlomi, Hana: The Reception and Settlement of Jewish Repatriants from the Soviet Union in Lower Silesia, 1946. In: Studies on the History of the Jewish Remnant in Poland, 1944–1950. Hrsg. von Hana Shlomi. Tel Aviv 2001. S. 43–62, S. 45.

120 Peysekh Novik: Tsvishn milkhome un sholem. New York 1948. S. 110 – 113. Zitiert aus Friedla, Juden in Breslau, S. 376.

121 Zitiert aus Friedla, Juden in Breslau, S. 376.

selbst und ihre Gruppenzugehörigkeit wahrnahmen. Dass es sich bei allen Unterschieden bei den polnisch-jüdischen Repatriierten dennoch um eine Gruppe handele, begründet die Historikerin Hana Shlomi mit deren ausgeprägten Anpassungsstrategien.

> What united them [die Repartiierten, Anm. d. Verf.] was not so much their social composition as their common fate during the war, from which they emerged as the largest remnant of Polish Jewry. The years under Soviet rule and the struggle for existence under harsh conditions had toughened them. As exiles in a country that had not always been friendly to them, they had developed special strategies for dealing with people in authority that allowed them to maneuver in their own interest while avoiding direct confrontation. As repatriants to Poland they brought those strategies with them.[122]

In den untersuchten Selbstzeugnissen finden sich nur selten direkte Verweise auf die von Shlomi angesprochenen, spezifischen Fähigkeiten der Repatrianten, sich widrigen Lebensumständen erfolgreich anpassen zu können. Eine Ausnahme stellt Henry Skorr dar, der in seinen Erinnerungen bekennt, sich bei der Abfahrt aus der UdSSR gut auf eine Zukunft in einem prosowjetischen Polen vorbereitet gefühlt zu haben, denn er habe „plenty of experience in negotiating a communist system"[123] gehabt. Für viele jüdische Überlebende spielte es indes mit fortschreitender Aufenthaltsdauer in Polen immer weniger eine Rolle, wo und wie andere Juden die Kriegszeit überstanden hatten. Angesichts dringender Fragen nach Sicherheit, Gemeinschaft und Zukunft nivellierten sich viele der durch verschiedene Kriegserfahrungen bedingten Unterschiede zwischen den einzelnen Gruppen im Laufe der Zeit.

Dies bedeutet jedoch nicht, dass jüdische Rückkehrer ihre Zukunftspläne unabhängig von ihrer jüngsten Exilerfahrung gestalteten. Einige jüdische Repatriierte begründen ihre Emigrationsentscheidung dezidiert mit den Erlebnissen im sowjetischen Exil. In Verbindung mit den bereits erwähnten Erfahrungen im Nachkriegspolen spielte die Ablehnung eines Lebens im prosowjetischen Polen im Entscheidungsprozess eine wesentliche Rolle. So empfand es auch der Historiker Artur Eisenbach, der selbst die Kriegszeit im russischen Saratov und in Alma-Ata verbracht hatte. In einem Interview aus den späten 1980er Jahren verweist Eisenbach auf den Zusammenhang zwischen sowjetischer Exilerfahrung und Emigrationsentscheidung in der unmittelbaren Nachkriegszeit:

---

122 Shlomi, Reception and Settlement, S. 47.
123 Skorr, Blood and Tears, S. 332.

> Diejenigen, welche Polen nach dem Krieg verließen, sagten: Hier wird es Antisemitismus geben. Wir haben dieses Paradies bereits in Russland gesehen. Andere sagten: Hier wird es eine neue Ordnung geben, man wird leben und arbeiten können.[124]

Eisenbach deutet hier an, dass die Gruppe der Auswanderer aus ehemaligen Exilanten bestanden habe. Obwohl exakte statistische Angaben über die Überlebensorte jüdischer Emigranten nicht vorliegen, scheint die Mehrheit der Auswanderer in den Jahren 1944 bis 1947 tatsächlich die Kriegszeit in der Sowjetunion verbracht zu haben.[125]

Die retrospektiven Einschätzungen polnischer Juden über das sowjetische Kriegsexil bewegen sich zwischen zwei Extremen. Auf der einen Seite finden sich jene, deren Bewertung der Sowjetunion von Dankbarkeit geprägt ist. Sie verschweigen zwar das erfahrene Leid nicht, doch stellen sie in der Regel die Tatsache des eigenen Überlebens heraus. Auf der anderen Seite stehen diejenigen, deren Haltung gegenüber der Sowjetunion stark durch Ablehnung des sowjetischen Regimes, seiner Politik und zuweilen auch seiner Bewohner beeinflusst ist. Nachfolgend werden zunächst beide Positionen dargestellt. Anschließend wird die Frage untersucht, welchen Einfluss die Exilerfahrung auf die Zukunftsplanung polnisch-jüdischer Repatrianten hatte.

Dankbarkeit gegenüber der Sowjetunion

In einer selten geäußerten Deutlichkeit formuliert die 16-jährige Zlata Offman in ihren 1946 im DP-Lager Rosenheim verfassten Kriegserinnerungen ihre Dankbarkeit an die Sowjetunion.

> Ich danke vielmals der Sowjetunion, dass sie uns so gastfreundlich aufnahm und wir nicht in die Hände der Deutschen fallen mussten.[126]

Offman scheint sich der Komplexität ihres Überlebensschicksals bewusst zu sein. Nach der erfolgreichen Flucht vor den Deutschen in die Sowjetunion wurde ihre Familie vom NKWD in eine Sondersiedlung deportiert. Auffällig an Offmans fünfseitigem Bericht ist, dass die Autorin in ihren Schilderungen der Exilerleb-

---

124 Im polnischen Original heißt es: „Ci, którzy wyjeżdżali z Polski po wojnie mówili: tu będzie antysemityzm. Myśmy już widzieli ten raj w Rosji. Inni mówili: tu będzie nowy ustrój, można będzie żyć i pracować." Eisenbach in: Pragier, Żydzi czy Polacy, S. 50.

125 Dieser Schluss drängt sich mit Blick auf die Zahlen und die Zusammensetzung der polnisch-jüdischen Displaced Persons in Deutschland auf. Hierauf wird in Kapitel 9 vertieft eingegangen.

126 GFHA, Zeugnis von Offman.

nisse kaum negative Aspekte hervorhebt. Zwangsarbeit, Hunger und Krankheiten werden von der jungen Autorin nicht erwähnt. Eine mögliche Erklärung hierfür könnte in der oberen zitierten Äußerung liegen, die auf die Kenntnis des Massenmordes unter deutscher Besatzung schließen lässt. Die Abwesenheit ausführlicher Beschreibungen des eigenen Leids ist womöglich eine Folge von Offmans Einsicht, dass ihr die Deportation des NKWD das Leben gerettet hatte.[127] Ähnlich kurzgefasst drückt sich die 13-jährige Rachela Schmidt aus. In ihrem Erfahrungsbericht aus dem Jahr 1946 schreibt sie über ihre sechsjährige Leidenszeit in Sibirien, wohin Schmidt mit ihrer Familie im Jahr 1940 aus dem sowjetisch besetzten Polen verschleppt wurde. Sie bekennt zwar, dass das Leben dort nicht einfach gewesen sei, doch die Flucht und anschließende Zwangsumsiedlung in das Innere der Sowjetunion seien „aber noch immer besser als vor der faschistischen Bestie zu kuschen."[128] In diesen und ähnlichen Äußerungen wird das infolge der Zwangsumsiedlung erfahrene Leid zwar benannt, vor dem Hintergrund des Holocaust jedoch relativiert. Dass letztlich das sowjetische Exil, ob freiwillig oder erzwungen, polnische Juden vor dem Zugriff der Deutschen bewahrte, führt einen Teil der Repatriierten im Rückblick zu dem Schluss, dass sie der Sowjetunion zu Dank verpflichtet seien. Besonders deutlich wird dies in den Äußerungen von Samuel Honig.

> If it weren't for the Soviet Union, I wouldn't have survived. [...] These exiled people – including myself – were dispatched to work in back-breaking labour camps. But we survived. The Russian camps weren't 'death camps'. We were also treated equally, the same as any other Russian. They didn't kill us. They didn't beat us. They fed us. They kept us alive.[129]

In vielen Zeugnissen bekunden polnische Juden, die während des Krieges in einem schulpflichtigen Alter waren, ihre Dankbarkeit über die genossene Bildung. Gleiches gilt für junge Erwachsene, die in der Sowjetunion in den Genuss eines kostenlosen Studiums und eines Stipendiums kamen. Der 12-jährige Moniek Tychner fasst den sechsjährigen Aufenthalt in der Sowjetunion in seinem Erfahrungsbericht von 1946 in positiven Tönen zusammen: „[In Russland, Anm. d. Verf.] ging es uns gut. Ich ging zur Schule, lernte auf Polnisch und schloss zwei Klassen ab."[130] Andere Jugendliche berichten mit Stolz über ihre erreichten

127 GFHA, Zeugnis von Offman.

128 Im polnische Orginal heißt es: „lepiej było niż pogibać u tego faszywskiego (sic!) zwierzęca". GFHA, Zeugnis von Schmidt.

129 Honig, Samuel: From Poland to Russia and Back 1939 – 1946. Surviving the Holocaust in the Soviet Union. Windsor 1996. S. 8.

130 GFHA, Zeugnis von Tychner.

Leistungen, vor allem dann, wenn sie eine russischsprachige Schule besuchten. Bella Gurwic etwa schrieb ein Jahr nach Kriegsende:

> Ich schloss in Russland sieben Klassen ab, obwohl ich unter sehr schwierigen Bedingungen lernte. Ich war die einzige Jüdin auf der ganzen Schule und wurde von den anderen ziemlich oft geärgert. Aber alles ging vorbei wie ein schlechter Traum.[131]

In vielen Berichten bezeichnen polnische Juden den Schulbesuch als einen der wenigen positiven Aspekte ihrer Exilzeit. Bildung erscheint hier als Kapital, welches auch unter den Bedingungen der Nachkriegszeit eingesetzt werden kann. Besonders deutlich wird dieser Zusammenhang im Fall der 1921 geborenen Rachela Tytelman Wygodzki, die in den Jahren zwischen 1941 und 1943 in Kasachstan arbeiten musste. Auf der Suche nach einer neuen Tätigkeit, die ihren Fähigkeiten mehr entspricht, wandte sich die junge Frau im Sommer 1943 per Brief an ihren ehemaligen Warschauer Literaturlehrer Henryk Wolpe, der an der neu eröffneten polnischen Botschaft in Moskau tätig war. Wolpe antwortete ihr, dass die Botschaft plane, eine Schule für Krankenschwestern im südkasachischen Schymkent aufzubauen und schlug vor, dass sie sich dort einschreiben solle. Tytelman Wygodzki hatte zu diesem Zeitpunkt den Wunsch gefasst, einen Beitrag zum Kampf der Roten Armee gegen die Deutschen zu leisten. Obwohl sie in ihren Erinnerungen angibt, zuvor keine Pläne für eine Ausbildung zur Krankenschwester gehegt zu haben, entschloss sie sich Anfang 1944 zum Umzug aus ihrer Kolchose nach Schymkent.[132] Nicht ohne Stolz schreibt sie, dass sie sich im russischsprachigen Unterricht als einzige von ihren polnischen Mitschülerinnen Notizen in kyrillischen Buchstaben angefertigt habe. Die Ausbildung schloss sie schließlich mit der Bestnote ab, eine Leistung, die sie rückblickend in den entbehrungsreichen Jahren des Exils begründet sieht:

> The years of fighting off starvation, living like an animal, had changed me. In Chimkent, I was eager to use my brain for something constructive. To attend school again was a luxury and a joy, and it reminded me of my past.[133]

Nach ihrer Ankunft in Israel konnte Tytelman Wygodzki auf ihre in der UdSSR absolvierte Berufsausbildung zurückgreifen.[134] In der Hoffnung, dass ein abge-

---

131 GFHA, Zeugnis von Gurwic.

132 Tytelman Wygodzki, End, S. 32.

133 Tytelman Wygodzki, End, S. 35.

134 Bis zu ihrer Pensionierung arbeitete sie als Krankenschwester in Israel. Tytelman Wygodzki, The End, S. 54. Auch Shlomo Leser setzte seine Arbeit als Landwirt in Israel fort. Archiv des International Tracing Service, Bad Arolsen (nachfolgend ITS), 104632001#1: Shlomo Leser. Zev Katz

schlossenes Studium in der Nachkriegszeit von großem Nutzen sein würde, zögerte der an der Pädagogischen Universität im kasachischen Semipalatinsk studierende Zev Katz sogar den Termin seiner Repatriierung nach Polen hinaus. Mit großer Dankbarkeit bemerkt Katz in seinen Erinnerungen, dass seine Abschlussprüfung von der Universitätsleitung eigens vorverlegt wurde, damit Katz noch vor seiner Rückfahrt sein Diplom erlangen konnte.[135] Der dritte im Zusammenhang mit Dankbarkeit geäußerte Aspekt thematisiert die Gastfreundschaft der sowjetischen Bevölkerung gegenüber den polnisch-jüdischen Flüchtlingen.[136] In vielen Selbstzeugnissen unterscheiden die Autoren zwischen den Repräsentanten des sowjetischen Staats (NKWD, Parteifunktionäre et cetera) und der restlichen sowjetischen Bevölkerung. Während Erstere als feindselig, korrupt und bedrohlich dargestellt werden, werden Letztere häufig als einfache, naive und gute Menschen bezeichnet, von denen keine Gefahr ausginge und die die ausländischen Exilanten gastfreundlich behandelten.[137] Viele polnisch-jüdische Exilanten empfanden sogar Mitleid für die Lebensumstände der sowjetischen Bevölkerung. So beschreibt etwa Yitskhok Perlov, wie er sich mit anderen polnischen Juden über die Bevölkerung ausgetauscht habe.

> [W]e kept talking of the simplicity and kindness of the Russian people, of their uncomplicated souls and generous natures. Scores upon scores of years of want and servitude had not succeeded in brutalizing them. Why then did they deserve such a hellish existence, to be thus trodden underfoot by the NKVD?[138]

Vor diesem Hintergrund erscheint vielen Exilanten jede freundliche und uneigennützige Handlung ihrer sowjetischen Nachbarn umso bemerkenswerter.

---

absolvierte ein Lehramtsstudium am Pädagogischen Institut der kasachischen Universität zwischen 1942 und 1946. Später arbeitete Katz als Lehrer im DP-Lager Wetzlar, in Israel und in England mithilfe seines sowjetischen Diploms. Katz, From the Gestapo, S. 89 – 90.

135 Nach bestandener Prüfung bat ihn der Dekan um einen Gefallen. Katz sei einer ihrer besten Studenten gewesen. Man habe ihm Bildung und einen vorzeitigen Abschluss ermöglicht. Nun, da er nach Polen zurückkehren werde, hoffe er, dass Katz einen wertvollen Beitrag zum Wohle der beiden Länder leisten werde. Katz, From the Gestapo, S. 113 – 114.

136 Ausführlicher zu den Beziehungen zur sowjetischen Bevölkerung siehe Kapitel 5.

137 „Die Russen behandelten uns sehr freundlich." GFHA, Zeugnis von Goldman; Auch Benjamin Harshav erinnert sich, dass er viel über Literatur von einem ins Exil nach Kasachstan verbannten russischen Lehrer gelernt habe. Sie freundeten sich an. Er zeigte ihm russische Lyrik und beeinflusste ihn nachhaltig, als Harshav später selbst zu schreiben begann. Interview mit dem Verfasser im September 2013, New Haven, USA.

138 Perlov, Adventures, S. 111.

Ablehnung der Sowjetunion als Auswanderungsmotivation

Für die Mehrheit der untersuchten Selbstzeugnisse lässt sich allerdings feststellen, dass deren Autoren kritische Worte über ihre Exilzeit in der Sowjetunion finden. Ein wichtiges Thema in Zeugnissen junger Autoren ist die verlorene Jugend. So bezeichnet etwa die Jugendliche Syma Waks in ihrem Erfahrungsbericht aus dem Jahr 1946 ihre Exilzeit als eine Phase, in der sie ihre „besten Jahre verloren habe; Jahre, die niemals wiederkommen werden."[139] Auch bei anderen Jugendlichen überwiegt in ihrer Bilanz der Kriegsjahre die Trauer um die verlorene Jugend.[140] Fajga Dąb bezeichnet den Aufenthalt in der Sowjetunion in ihrem Erfahrungsbericht von 1948 als eine schwere Zeit, die von Hunger, dem Verlust von Angehörigen und harter körperlicher Arbeit gezeichnet gewesen sei. Zwar bekennt sie, dass sie im Jahr 1946 wohlbehalten nach Polen zurückgekehrt sei, doch der Preis dafür sei hoch gewesen: „Mit Füßen getreten wurde unsere schöne Jugend."[141]

Andere Zeugen kommen im Rückblick zu einer etwas differenzierteren Einschätzung des sowjetischen Exils. Sie äußern sich erfreut über das eigene Überleben, ohne jedoch das erlittene Leid und den Verlust von Angehörigen durch Zwangsarbeit, Hunger und Krankheiten zu verschweigen. Zahlreiche Berichte sind in einem ähnlichen Tenor verfasst wie der folgende aus dem Jahr 1948, geschrieben von der 18-jährigen Lea Beckerman. Beckerman konnte mit ihrer Familie im Sommer 1941 vor den angreifenden Deutschen fliehen und verbrachte anschließend fünf Jahre in Usbekistan, bevor sie 1946 nach Polen repatriiert wurde. Wie viele andere auch, betont Beckerman in ihrem Bericht die Tatsache des Überlebens, die einen Trost für alles darstelle, was sie durchlitten haben: „Wir erlebten das Kriegsende, was viele nicht erlebt haben."[142]

Der sozialistische Politiker Feliks Mantel[143] berichtet in seinen Erinnerungen, er sei Stalin trotz seiner zweijährigen Inhaftierung in einem sowjetischen Arbeitslager zunächst dankbar gewesen. Schließlich sei er dort zumindest vor dem Zugriff der Gestapo sicher gewesen. Doch im Laufe seines mehrjährigen Aufenthalts im sowjetischen Exil veränderte sich seine Einschätzung insbesondere in

139 GFHA, Zeugnis von Waks.

140 Auch Tytelman Wygodzki spricht davon, dass sie ihre Jugend verloren habe. Tytelman Wygodzki, End, S. 30.

141 YVA, Zeugnis von Dąb.

142 YVA, Zeugnis von Beckerman. Ähnliche Worte verwendet Chaya Klos: „Dank Russland blieben wir am Leben." GFHA, Zeugnis von Klos.

143 Geboren 1906 in Krakau, gestorben 1990 in Paris. Anwalt, Mitglied der PPS, Historiker, Exilant.

Bezug auf die sowjetische Behandlung der polnischen Juden. Verärgert stellt er in seinen Erinnerungen fest:

> [The Russians, Anm. d. Verf.] maintain that the Jews ought to be grateful to them for having saved them from the Nazi pogrom. And what about those who have died in prisons, in exile, in the camps and in freedom![144]

Was in den bislang zitierten Erfahrungsberichten polnischer Juden nur angedeutet wird, konkretisieren andere Zeugen deutlich stärker, nämlich ihre Ablehnung des sowjetisch-kommunistischen Regimes. Die geäußerte Kritik konzentriert sich auf die Themenfelder Terror samt der daraus resultierenden, fehlenden individuellen Freiheit sowie auf Korruption und Vetternwirtschaft. Begegnungen mit dem Terror gehörten für die polnisch-jüdischen Exilanten in der Sowjetunion zum Alltag. Kaum jemand kam nicht mit dem NKWD in Berührung. Wer nicht selbst Opfer der Verfolgung durch den NKWD wurde, wusste zumindest um die von der sowjetischen Geheimpolizei ausgehende Bedrohung. Diejenigen, die der NKWD in Sondersiedlungen, Gefängnisse oder Zwangsarbeitslager verschleppt hatte, hatten sämtliche Hoffnungen in die sowjetisch-kommunistische Utopie verloren. Einen solchen Verlust anfänglicher, naiver Zustimmung beschreibt Victor Zarnowitz, der über ein Jahr in einem Zwangsarbeitslager inhaftiert war.

> I had been a foreign *zek*, a Jew from Poland who had seen the Gulag first-hand. In the war between Hitler and Stalin I rooted for Stalin [...]. However, after the camps, I would never again feel sympathy for the Soviet cause.[145]

Wie vielen anderen auch, gelang es Zarnowitz nicht, die Erfahrungen der Haftzeit in den verbleibenden Jahren des Exils hinter sich zu lassen. Zwar habe er nach einiger Zeit seine Gesundheit zurückerlangt, doch mental sei die Zwangsarbeitserfahrung stets gegenwärtig geblieben, so Zarnowitz im Rückblick.[146] Noch vor der Abreise nach Polen habe er deshalb immer wieder mit dem Gedanken einer möglichen Auswanderung in ein Land außerhalb des sowjetischen Einflussgebiets gespielt. Als Zarnowitz schließlich mit der politischen Realität in seinem Geburtsland konfrontierte wurde, sah er seine Befürchtung bestätigt, dass

---

144 Mantel, Feliks: Wachlarz wspomnień. Paryż 1980. S. 150. Zitiert in englischer Übersetzung aus Siewierski, Henryk: Jewish Issues in the Polish Literature of Exile in the USSR. In: Jews in Eastern Poland and the USSR, 1939–46. Hrsg. von Norman Davies u. Antony Polonsky. London 1991. S. 116–123, hier S. 118.

145 Zarnowitz, Fleeing the Nazis, S. 63.

146 Zarnowitz, Fleeing the Nazis, S. 73.

Polen kein freies Land, sondern „a protectorate under Soviet influence“[147] sei. Vor dem Hintergrund seiner Exilerfahrung habe die Aussicht auf ein Leben in einem prosowjetischen Satellitenstaat keine attraktive Zukunftsoption dargestellt. Auch Yitskhok Perlov stellt in seinem autobiografischen Roman einen direkten Zusammenhang zwischen dem Anblick großer Plakate mit Abbildungen Stalins und Lenins, die an den Bahnhofsgebäuden befestigt waren, und der Entscheidung zur Auswanderung her. Um jeden Preis habe er dem „Fegefeuer“[148] eines sowjetisch dominierten Polens entkommen wollen.

Neben der sowjetischen Terrorherrschaft beklagen zahlreiche polnisch-jüdische Exilanten die weitverbreitete Korruption und Vetternwirtschaft. In vielen Zeugnissen werden solche Fälle als zynischer Widerspruch zwischen kommunistischer Ideologie und sowjetischer Realität gewertet. Ein Zusammenhang, den Zev Katz nach eigener Darstellung bereits zu Beginn der sowjetischen Herrschaft im besetzten Polen erkannt habe. Bereits im Zuge der Wahlen zu den Nationalversammlungen vom 22. Oktober 1939 sei ihm und seiner Familie bewusst geworden, dass

> the Soviet system was founded on a constant and perpetual lie. This was our experience all through being under the Soviet regime.[149]

Einige Jahre später wurde Katz dann im kasachischen Semipalatinsk Zeuge, wie sich eine kleine Parteielite auf Kosten der restlichen Bevölkerung bereicherte. Einmal habe er durch ein Fenster beobachtet, dass der lokalen Funktionärselite bei einer Feier ein luxuriöses Büffet serviert wurde, während die Mehrheit der Bevölkerung zu dieser Zeit großen Hunger litt. Aus seiner Sicht bestätigte dieser Fall seine Kritik an der Scheinheiligkeit des sowjetischen Systems: „So much for socialism, equality, and care for the working people.“[150] Da die Nahrungsversorgung für den Großteil der polnisch-jüdischen Exilanten die dringlichste Alltagsfrage war, beziehen sich viele kritische Äußerungen auf die schädlichen Folgen der umfassenden Korruption und Bereicherung Einzelner auf Kosten der Allgemeinheit. So bemerkte etwa Larry Wenig erst mit Beginn seiner Arbeit als Bote für einen Bäckereibetrieb, dass das rationierte Essen (400 Gramm Brot pro Tag) auch deshalb so knapp gewesen sei, weil die Bauern ihr selbst angebautes,

147 Zarnowitz, Fleeing the Nazis, S. 75.

148 Perlov, Adventures, S. 255. Yitskhok Perlov verließ nach einem kurzen Aufenthalt in Łódź Polen und floh ins bayerische Regensburg. Biografische Angaben sind entnommen: Lewinsky u. Lewinsky, Unterbrochenes Gedicht, S. 167; sowie dem Archiv des ITS, T/D-190117.

149 Katz, From the Gestapo, S. 209.

150 Katz, From the Gestapo, S. 110.

formell aber dem Staat gehörendes Getreide von den Felder stahlen und sich alle Beteiligten auf dem Weg vom Acker in die Brotausgabestellen bereicherten.[151] Die zitierten ablehnenden Äußerungen gegenüber dem sowjetischen Lebensalltag bestärkten polnisch-jüdische Exilanten nicht nur, die Gelegenheit zur Rückkehr nach Polen zu nutzen. Auf der Grundlage ihrer eigenen Erfahrungen entschieden sie sich ferner, dass sie auch nicht in einem nach sowjetischem Vorbild gestalteten polnischen Staat leben wollten.

Während einige Zeugnisse eher positive, andere dagegen vorrangig negative Aspekte bei der retrospektiven Bewertung des Erlebten betonen, lässt sich bei der Mehrheit der untersuchten Ego-Dokumente eine Tendenz zur Synthese feststellen. Solche Zeugnisse benennen eine Vielfalt von Erfahrungen wie Leid, Trauer, Verlust, Krankheit und Konfrontation mit Antisemitismus auf der einen und Glück, Humor, Freude, Solidarität und Genuss auf der anderen Seite. Victor Zarnowitz vereint in seinen Erinnerungen viele der genannten Aspekte. Trotz seiner Lagererfahrungen und körperlichen Entbehrungen ist sein Bericht überwiegend keine Leidensgeschichte. Auf lakonisch-differenzierte Weise schildert Zarnowitz im Rückblick die Komplexität seiner Exilerfahrung:

> I had been in the Soviet Union for six years. During that time I had grown from a teenager who had led a quiet, studious life, into an adult, tested through adversities that a later generation could never understand. I was twenty-six years old, a married man with a family incipient. I had gained a lot, and had lost a lot. I keenly felt the disruption of my studies and career. I had many visions, but few plans, for my future. I had been a world away from my former life.[152]

Bei der Analyse der retrospektiven Bewertungen des sowjetischen Exils zwischen harscher Kritik und differenzierender Dankbarkeit sollte jedoch nicht vergessen werden, dass sich die Mehrzahl der polnisch-jüdischen Repatriierten kurze Zeit nach ihrer Rückkehr gegen eine Zukunft in Polen unter sowjetischem Einfluss entschied. Während diejenigen mit einer bestehenden kritischen Haltung gegenüber der Sowjetunion daher mehrheitlich bereits vor der Ankunft in Polen eine baldige Emigration planten, erwiesen sich bei den Unentschlossenen die individuellen Erfahrungen mit der sowjetischen Realität als nur einer von vielen Faktoren, die die Entscheidung für oder gegen die Auswanderung beeinflussten. Die Familie von Zev Katz kann als stellvertretend für viele jüdische Repatriierte gelten, die anfänglich mit dem Gedanken einer Zukunft in Polen spielten und sich schließlich mit wachsender Vertrautheit der politischen Nachkriegsrealität kurze

---

151 Wenig, From Nazi Inferno, S. 243. Siehe auch Katz, From the Gestapo, S. 91.
152 Zarnowitz, Fleeing the Nazis, S. 76.

Zeit später doch für die Auswanderung entschieden. Zwar habe es im Jahr 1946 ein reges jüdisches Leben in Łódź – dem Aufenthaltsort der Familie Katz – gegeben, doch Zev Katz stellt rückblickend fest, dass sie außerhalb der jüdischen Community keinen Ort für sich finden konnten:

> The right wing was extremely nationalist and anti-Semitic; the left was pro-communist and Soviet-oriented. We were neither one nor the other.[153]

Viele Rückkehrer, so ist sich der polnisch-jüdische Repatriant Moshe Prywes sicher, dachten ähnlich.

> For almost all the Jews who had spent the war years in the Soviet Union, Poland was now no more than a way station, a country of transfer.[154]

Eine klare Verbindung zwischen seiner Erfahrung mit der sowjetischen Realität und seiner Ablehnung eines möglichen prosowjetischen polnischen Staates formuliert Perry Leon in seinen Erinnerungen.

> We hear rumors the Russians are going to to set up a communist government in Poland. You stop and think, no matter how far you run from them they will be right in back of you, you just don't see an ending. That's all you want is to be free.[155]

Der Wunsch nach individueller Freiheit erwies sich bei vielen als wichtige Triebkraft der Emigration. Viele polnische Juden schildern ihre Exilzeit in der Sowjetunion rückblickend als eine Periode des Unfreiheit und der Handlungsunfähigkeit. So etwa Larry Wenig, der die Jahre in der Sowjetunion als eine „Odyssee der Hilflosigkeit"[156] bezeichnet. Für Zehntausende jüdische Repatrianten sollte sich der Sommer des Jahres 1946 als eine Zeit erweisen, in der sie nach Jahren der Hilflosigkeit und Passivität wieder zu aktiven Agenten ihrer eigenen Zukunft werden konnten.

---

153 Katz, From the Gestapo, S. 121.
154 Prywes, Moshe: Prisoner of Hope. Hanover u. London 2002. S. 176.
155 Grammatische Fehler im Original. USHMMA, Leon, Erinnerungen, S. 8.
156 Wenig, From Nazi Inferno, S. 301–302.

Das Pogrom von Kielce und seine Folgen für die Emigration jüdischer Repatrianten

Die Zukunftspläne Zehntausender jüdischer Repatriierter, die Polen in der ersten Jahreshälfte 1946 erreicht hatten, wurden durch die Nachricht von einem antijüdischen Pogrom im südpolnischen Kielce erschüttert. Dort waren am 4. Juli 1946 42 Juden von ihren polnischen Nachbarn ermordet worden, nachdem Gerüchte über einen angeblichen Ritualmord in der Stadt kursiert hatten.[157] Der Einfluss dieses Ereignisses kann in Hinblick auf die Auswanderungsbewegung polnischer Juden kaum überschätzt werden. Die Tatsache, dass auch nach dem Ende der deutschen Besatzung Juden in Polen ermordet werden konnten, trug wesentlich dazu bei, dass sich die jüdische Bevölkerung Polens zwischen den Jahren 1946 und 1947 halbierte.[158] Bis zum 4. Juli 1946 waren nicht wenige jüdische Repatriierte noch überzeugt gewesen, dass eine Zukunft in Polen für sie in Frage käme. Viele deuteten die antisemitischen Gewaltausbrüche in den Vormonaten als Ausdruck des vorherrschenden Bürgerkrieges und der weitgehenden Abwesenheit staatlicher Sicherheitsorgane in vielen Bereichen des öffentlichen Lebens. Während ein Teil der jüdischen Bevölkerung, vorrangig Jugendliche, ihre Hoffnungen in den Aufbau eines jüdischen Staates in Palästina setzten und daher eine baldige Emigration ins Auge fassten, wollten andere im Land bleiben und sich an der Seite der polnischen Bevölkerung am Aufbau einer gerechten sozialen Ordnung beteiligen.[159]

Als Beispiel für viele ähnliche Fälle kann Victor Zarnowitz gelten, der mit der Absicht nach Polen zurückgekehrt war, in seinem Heimatort an das Vorkriegsleben anzuknüpfen. Dort angekommen, mussten Zarnowitz und seine Ehefrau jedoch feststellen, dass von ihren Angehörigen niemand den Holocaust überlebt hatte.[160] Diese Erkenntnis habe zu einer verstärkten Reflexion über ihre Zukunftspläne geführt, erinnert sich Zarnowitz.

157 Ausführlicher zum Pogrom von Kielce: Friedrich, Klaus-Peter: Antijüdische Gewalt nach dem Holocaust: Zu einigen Aspekten des Judenpogroms von Kielce. In: Jahrbuch für Antisemitismusforschung 6 (1997). S. 115–147.

158 Hofmann, Holocaustüberlebende, S. 57.

159 Cichopek-Gajraj ist der Meinung, dass jüdisches Leben in Mittelosteuropa zumindest für einen kurzen historischen Moment eine echte Option gewesen sei. Cichopek-Gajraj, Beyond Violence, S. 237. Ähnlich auch Polonsky, Jews in Poland, Bd. 3, S. 652.

160 Kurz nach seiner Ankunft in Polen besuchte Zarnowitz das familiäre Wohnhaus in Oswiecim, welches inzwischen von einem polnischen Ehepaar bewohnt war. Zarnowitz wurde schnell bewusst, dass er keine Zukunft in dem Ort für sich sah und nahm folglich das Kaufangebot in Höhe von einigen Hundert US-Dollars für das Haus an. Zarnowitz, Fleeing the Nazis, S. 81.

> We [...] began to examine our own situation. Poland was not the nation we had known. We planned to take up our lives again, but really didn't know how to do it, or whether it would even be possible. [...] With no homes and very little money left, there was almost nothing but our memories to keep us here. Our debate what to do–stay and hope for a better future in a free Poland or give up such dreams right away and plan to leave as soon as possible–had now shifted more and more toward the latter. Sam [Zarnowitz' Schwager, Anm. d. Verf.] argued for a determined effort to emigrate to America, and I agreed, having little hope for better circumstances now that the Soviets were so firmly in control. Lena, while not entirely persuaded, went along with us, understanding that there was little left for us here.[161]

In der von Zarnowitz beschriebenen Debatte um die Zukunftspläne spielte der Antisemitismus zunächst noch eine untergeordnete Rolle. Wie die große Mehrheit der jüdischen Repatriierten, hatte auch Zarnowitz nach seiner Rückkehr nach Polen keine antisemitisch motivierte Gewalt am eigenen Leib erfahren. Der doppelte Heimatverlust und die Ablehnung einer sowjetischen Herrschaft über Polen überwogen als Motive für eine mögliche Auswanderung. In dieser Phase der Unentschiedenheit wirkte sich die Nachricht vom Pogrom in Kielce deshalb umso erschütternder aus. Sie konfrontierte die polnisch-jüdischen Rückkehrer unvermittelt mit der Virulenz der antisemitischen Bedrohung. Dass sich unter den Toten mehrheitlich jüdische Rückkehrer aus der Sowjetunion befanden, die erst seit kurzem in einem staatlichen Heim für Repatrianten in Kielce lebten, besaß einen hohen Symbolcharakter für viele bis dato unentschlossene Rückkehrer. Der Schock über das Ausmaß der Gewalt in Kielce wurde noch durch Nachrichten über das zurückhaltende bis unterstützende Verhalten der Miliz und Armeeangehörigen in Kielce verstärkt.[162] Auf zwei Ebenen symbolisierte Kielce aus Sicht vieler Überlebender das Ende des Traums vom Wieder- oder Neuaufbau jüdischen Lebens im Nachkriegspolen. Erstens zeigte sich, dass Juden in Polen auch nach dem Holocaust Opfer von Gewalt wurden, nur weil sie Juden waren. Und zweitens waren, so schien es, die staatlichen Sicherheitsorgane weder willens noch fähig, kollektive Gewaltausbrüche gegen die jüdische Bevölkerung wirksam zu verhin-

161 Zarnowitz, Fleeing the Nazis, S. 77, 84.

162 Kielce markierte lediglich den Höhepunkt einer Serie von Pogromen und Morden an der jüdischen Bevölkerung seit dem Ende der deutschen Besatzungsherrschaft. So fanden Pogrome statt in Chełm (Frühling 1945), Rzeszów (April 1945), Kraków (11. August 1945) und ein Jahr später in Włocławek (6. Juni 1946), Częstochowa (Mitte Juni 1946) und schließlich Kielce (4. Juli 1946). Da die Staatsmacht vielerorts die Pogrome nicht verhindert und diese in einigen Fällen sogar aktiv anheizte, kommt Zaremba zu dem Schluss, dass die Pogrome gegen Juden zwischen 1945 und 1946 vor allem deshalb ein solches Ausmaß erreichen konnte, weil die staatlichen Sicherheitsorgane qua ihrer Autorität durch ihr aktives Eingreifen die antijüdische Gewalt vor der Bevölkerung legitimierten. Zaremba, Wielka Trwoga, S. 593, 601.

dern. Diese Einsicht prägte die Antwort auf die Frage nach einer künftigen polnisch-jüdischen Koexistenz in Polen nachhaltig. Infolge der Ereignisse vom 4. Juli 1946 fürchteten viele polnische Juden, dass sich ein solches Pogrom auch in anderen Landesteilen ereignen könnte.[163] Die Wirkung Kielces auf die Zukunftspläne jüdischer Repatrianten kann auch deshalb nicht überschätzt werden, weil die überwiegende Mehrheit von ihnen erst wenige Wochen, manchmal auch nur einige Tage, zuvor in Polen angekommen war. Anders als etwa die Überlebenden der deutschen Besatzung verfügten die Rückkehrer aus der Sowjetunion in der Regel über weniger Zeit, um sich mit der Realität im Land vertraut zu machen. Das Pogrom von Kielce überzeugte viele davon, dass sie unter der neuen Ordnung nicht vor antisemitischer Gewalt geschützt seien.

Der erwähnte Victor Zarnowitz erinnert sich, dass die Nachrichten aus Kielce allen Debatten über einen möglichen Verbleib in Polen ein jähes Ende gesetzt hätten.[164] Ähnlich erging es der Familie von Zev Katz, die lange entschlossen war, ihr Leben in Polen fortzusetzen. Vor allem seine Eltern seien für einen Neuanfang außerhalb Polens, etwa in Palästina, nicht bereit gewesen, so Katz in seinen Erinnerungen. Zwar war auch ihre Heimat ausgelöscht worden, doch sei seinen Eltern die illegale Überfahrt von Polen nach Palästina für die sechsköpfige Familie unmöglich erschienen. Da seine Eltern darauf bestanden hätten, sich nach den gemeinsam durchlebten Exiljahren nicht zu trennen, schien alles auf einen Verbleib im Land hinzudeuten.[165] Katz erinnert sich, dass erst das Kielce-Pogrom die Entscheidung gegen den Verbleib in Polen und für die Emigration ausschlaggebend beeinflusst habe. Die Nachricht über ein Pogrom an den Überlebenden des Holocaust im befreiten Polen habe auf die Familie so schockierend gewirkt, dass das bestehende Koordinatensystem der Familie völlig verändert wurde.[166] Für Familie Katz sei der Weg nun klar gewesen: „Kielce gave us the last push. We were ready to leave."[167] In den Fällen von Victor Zarnowitz, Zev Katz und anderen[168] gab das Kielce-Pogrom den Ausschlag für die Entscheidung zur Auswanderung, die noch kurz zuvor lediglich eine von vielen vorhandenen Optionen dargestellt hatte.

---

163 Anschaulich beschreibt Noach Lasman das gesellschaftliche Klima, als er vom Pogrom in Kielce erfuhr: „Die Nachricht verbreitete sich in Windeseile und die Juden in ganz Polen fühlten sich physisch bedroht. Jeder meinte, dass das, was sich in Kielce abspielte, in jeder anderen Stadt passieren kann." Zitiert aus Sauerland, Polen und Juden, S. 158.

164 Nach Kielce habe der Exodus sofort begonnen. Zarnowitz, Fleeing the Nazis, S. 85.

165 Katz, From the Gestapo, S. 123.

166 Katz, From the Gestapo, S 125.

167 Katz, From the Gestapo, S 125.

168 Auch Hannah Davidson Pankowsky schreibt: „It was these pogroms which prompted us to make the painful decision to leave Poland." Davidson Pankowsky, East of the Storm, S. 139.

Für sie stellte Kielce einen Wendepunkt dar, der das Ende ihrer Zeit in Polen einläutete.

Die herausragende Bedeutung Kielces registrierten bereits Zeitgenossen wie etwa der jüdische KZ-Überlebende Jakub Rozenberg. In einem Brief an den New Yorker YIVO-Historiker Jakub Szacki vom Juli 1946 urteilt Rozenberg resigniert über die massenhafte Emigration.[169]

> Die Juden emigrieren massenhaft von hier; sie wollen und können nicht mehr länger hier bleiben. Dies ist das tragische Los der verbliebenen Reste einer Judenheit auf polnischem Boden. Wohin man auch sieht, überall Erinnerungen und Schatten der Verwandten. Und außerdem dieser schreckliche Hass gegen uns, der sich im Stillen offenbart–etwa in der negativen Haltung der polnischen Intelligenz (so ist es, trotz aller gegensätzlichen Verlautbarungen) und in der aktiven, zoologischen Haltung uns gegenüber, deren Folge vor kurzer Zeit Kielce war.[170]

Rozenbergs Äußerungen offenbaren seine tiefe Enttäuschung über den – aus seiner Sicht – allgegenwärtigen Antisemitismus, der sich auch unter der neuen polnischen Elite fortsetze. Die massenhafte Emigration, von der Rozenberg spricht, bildet sich auch in den Zahlen jüdischer Emigranten ab. Im Juni 1946, einen Monat vor dem Pogrom in Kielce, hatte die jüdische Nachkriegsgemeinde ihren zahlenmäßigen Höhepunkt erreicht. Zu diesem Zeitpunkt hielten sich zwischen 214.000 und 240.000 Juden in Polen auf. Fast die Hälfte von ihnen, das heißt, 100.000 Personen, verließ zwischen Juli 1946 und Februar 1947 das Land.[171]

---

169 Rozenberg betätigte sich zu diesem Zeitpunkt als Funktionär beim niederschlesischen Woiwodschaftskomitee der Polnischen Juden in Dzierżoniów und gehörte somit zu den Verfechtern eines jüdischen Wiederaufbaus in Polen. Der Brief und die editorischen Angaben stammen aus Borzymińska, Listy z Polski, S. 228.

170 Im polnischen Original heißt es: „Stąd wyjeżdżają Żydzi masowo; nie chcą i nie mogą więcej tu pozostać. Tragiczny jest los pozostałych resztek żydostwa na ziemiach polskich. Gdzie się obrócić, wszędzie wspomnienia i cienie najbliższych. A poza tym ta straszliwa nienawiść do nas, wyrażająca się w spokojnie–negatywnym stosunku inteligencji polskiej (tak jest, mimo wszelkich zaprzeczeń) i aktywnym, zoologicznym stosunku do nas, którego wynikiem były niedawno temu Kielce." Zitiert aus Borzymińska, Listy z Polski, S. 232.

171 Cichopek-Gajraj, Beyond Violence, S. 44, 233. Jerzy Eisler schätzt, dass zwischen 1945 – 1947 über 175.000 polnische Juden das Land über diesen Emigrationspfad verließen. Eisler, Jerzy: Fale emigracji żydowskiej z powojennej Polski. In: Biuletyn IPN 3 (2002). S. 59 – 61, hier S. 59.

Zionismus als Antwort auf den Verlust der alten Heimat

Der Prozess der Entscheidungsfindung über die weitere Zukunft in Polen oder im Ausland war in vielen Fällen stark vom Alter der Repatrianten abhängig. Während die zurückgekehrte Eltern- und Großelterngeneration dem Projekt eines Wiederaufbaus in Polen durchaus offen gegenüberstand, zeigten sich Kinder und Jugendliche in hohem Maße interessiert am zionistischen Projekt. Die jungen Rückkehrer aus der Sowjetunion kamen in der Regel bereits bei der Ankunft in Polen mit Vertretern verschiedener zionistischer Jugendorganisationen in Kontakt. Diese hießen die Neuankömmlinge am Bahngleis willkommen und versuchten, sie für ihre jeweilige Sache zu gewinnen.[172] Im Gegenzug boten sie beispielsweise eine warme Mahlzeit, Unterbringung und nicht zuletzt eine erste Orientierung in der Nachkriegsrealität an.[173] Wegen der mitunter eifrigen Werbung um potenzielle, junge Mitglieder bezeichnet die Holocaustüberlebende Halina Birenbaum die zionistischen Aktivisten an den Gleisen als *Bahnhofsagitatoren*, worunter sie folgendes verstand:

> Activists of various Zionist parties, representatives of kibbutzim, awaited the returnees at railway stations where they encouraged them to join their parties. Shortly after [the returnees'] leaving the train, [the activists] told them that no Jews survived, that everything was devastated and razed to the ground, and that various Polish gangs were hunting and killing the surviving Jews.[174]

Die von Birenbaum und anderen beschriebene Strategie der *Bahnhofsagitatoren* bestand darin, die Neuankömmlinge durch Geschichten über antijüdische Gewalt in Polen einzuschüchtern.[175] Den verunsicherten Rückkehrern boten sie dann den Beitritt zu einem Kibbuz mit der Perspektive auf Emigration aus Polen an. In diesem Kontext war es unerheblich, ob die Erzählungen auf Tatsachen beruhten, erfunden oder stark übertrieben waren. In vielen Fällen erreichten die Aktivisten ihr Ziel und konnten noch am Bahnhof neue Mitglieder für ihren Kibbuz gewin-

---

172 Cichopek-Gajraj, Beyond Violence, S. 39.

173 So beschreibt etwa Larry Wenig, dass er am Krakauer Bahnhof von Mitgliedern des dortigen jüdischen Komitees begrüßt wurde, die ihm eine warme Mahlzeit zur Begrüßung sowie ein Zimmer organisierten. Wenig, Form Nazi Inferno, S. 303.

174 Zitiert aus Cichopek-Gajraj, Beyond Violence, S. 40.

175 Im Gespräch mit David P. Boder berichtet Joseph von anderen Juden, die ihn bei seiner Ankunft am Bahnhof seiner Heimatstadt Mielec warnten: „We should not loiter in the street, because there had been some shooting today. At night a train went through going to Lublin, and four Jews were taken off. No one knew what had happened. In the morning it was discovered that they had been shot.“ Boder, Interview mit Joseph.

nen. Andere mussten gar nicht überzeugt werden, da sie entweder bereits vor ihrer Rückkehr nach Polen mit dem Gedanken einer Weiterreise nach Palästina gespielt hatten oder weil sie von den ersten Eindrücken der zerstörten Heimat nicht mehr an einen Neuanfang in Warschau, Krakau und andernorts glaubten.[176] In solchen Fällen füllte das Angebot zionistischer Jugendorganisationen ein Entscheidungsvakuum. Es ersetzte die Plan- und Perspektivlosigkeit vieler Jugendlicher durch ein konkretes Ziel: die Teilhabe am Aufbau eines jüdischen Staates in Israel.

In den Zeugnissen aus den Sammlungen der Zentralen Historischen Kommission und Benjamin Tenenbaums[177] wird die Auswanderung nach Palästina als die Erfüllung eines Traums dargestellt. Wenngleich nicht ausgeschlossen werden kann, dass solche Erzählungen erst im Kibbuz geprägt wurden, so fällt doch in vielen Zeugnissen ein Muster auf. Demnach trafen jugendliche Repatriierte in Polen auf eine zerstörte Heimat und eine feindliche Umgebung, der sie schnellstmöglich entkommen wollten. Die zeitgenössischen zionistischen Losungen vom Aufbau eines jüdischen Staates als die einzige Antwort auf die Erfahrungen des Holocaust lassen sich auch in den Zeugnissen jugendlicher Autoren aus dem Zeitraum zwischen 1946 und 1948 finden. So beschreibt etwa Syma Waks, dass sie sich nach ihrer Ankunft in Polen einem Kibbuz angeschlossen und wenig später aus Polen in Richtung Deutschland geflohen sei. Ihre Entscheidung begründet sie folgendermaßen:

> Unser einziger Traum ist es, schnellstens nach Palästina zu fahren, denn dort können wir Arbeit, Ruhe und Genossen finden, die auf uns warten.[178]

Die Begründung, dass nur die Auswanderung nach Palästina einen Ausweg aus dem bedrohlichen Polen darstelle, findet sich auch in anderen Zeugnissen jugendlicher Kibbuzniks.[179] Ziel der Reise ist stets das als neue Heimat bezeichnete Palästina.[180] Aus Zeugnissen jugendlicher Kibbuzniks geht hervor, dass sie die Zugehörigkeit zu zionistischen Jugendorganisationen mit Geborgenheit, Sicher-

---

176 So erinnert sich etwa Rachela Tytelman Wygodzki, wie sie gemeinsam mit ihrem Vater in Krakau aus dem Zug stieg. Dorthin hatten wegen der starken Zerstörung ihrer Heimatstadt Warschau fahren müssen. Am Krakauer Bahnhof wurden sie dann von Mitgliedern der Jewish Agency und Vertretern verschiedener Kibbuzim angesprochen. Tytelman Wygodzki erinnert sich, dass sie nicht überzeugt werden musste. Sie wurde noch am Bahnhofsgleis Mitglied eines Kibbuz' von Hashomer Hatzair. Tytelman Wygodzki, End, S. 36.

177 Zu den Sammlungen siehe Kapitel 1.

178 GFHA, Zeugnis von Waks.

179 GFHA, Zeugnis von Tychner; YVA, Zeugnis von Rotkopf; und GFHA, Zeugnis von Klos.

180 GFHA, Zeugnis von Schmidt; GFHA, Zeugnis von Szwarcberg; GFHA, Zeugnis von Strusman.

heit vor antisemitischer Gewalt, Zusammenhalt und vor allem mit einer Zukunftsperspektive assoziieren.

Wie sehr das zionistische Siedlungsprojekt auch skeptische repatriierte Jugendliche zu überzeugen vermochte, zeigt das Beispiel von Zev Katz. Er hatte schon vor dem Krieg einer zionistischen Jugendbewegung angehört, die für ihn ein „natürliches Zuhause“[181] dargestellt habe. Daran habe er sich erinnert gefühlt, als er einige Tage nach der Ankunft in Łódź zusammen mit seinen Geschwistern im Jüdischen Gemeindezentrum mit jungen Kibbuzniks zusammentraf. Diese nahmen die Geschwister mit zu einer Veranstaltung in ihrem Kibbuz. Katz erinnert sich, warum er vom Anblick Dutzender junger Juden so begeistert war und verknüpft dabei seine eigene Vergangenheit und die Gegenwart im Nachkriegspolen.

> The songs and the dances, and the atmosphere were identical with those of our own youth movement in pre-war times. The entire scene could have taken place during our teens in our hometown of Yaroslav. The whole thing looked as if the Germans and the Holocaust, camps in Siberia, years in Central Asia had never happened – all those terrible, eventful years each of which seemed like an entire epoch. To us, just several days out of the Soviet Union it seemed as if we had miraculously travelled back through time into our past.[182]

Der hier beschriebene Gemeinschaftssinn wird in vielen Zeugenberichten erwähnt. Polen wird in vielen Zeugenberichten als eine zerstörte Heimat dargestellt. Der Krieg und der Holocaust hinterließen Städte ohne Juden. Die Zugehörigkeit zu Kibbuzim stellte für viele junge Menschen eine positive, hoffnungsvolle Zukunftsperspektive dar, die ihnen zudem ermöglichte, ihr Schicksal selbst zu bestimmen. Was der Historiker Avinoam Patt über Kibbuzim im frühen Nachkriegseuropa im Allgemeinen feststellte, trifft auch auf die jüdischen Repatriierten zu.

> Für viele Jugendliche, die den Kibbuzim beitraten und nach Israel fuhren, war es die Suche nach einem neuen Zuhause, welche sie schließlich in eine neue Heimat führte.[183]

Doch nicht alle ließen sich von den Verheißungen der zionistischen Aktivisten überzeugen. Als Kazimierz Zybert und seine Schwester den Zug im niederschlesischen Świdnica verließen, wurden auch sie von Vertretern verschiedener zionistischer Organisationen begrüßt, die sie aufforderten, sich ihnen anzuschließen. Laut Zybert seien einige der Aufforderung gefolgt, seine Schwester und er

181 Katz, From the Gestapo, S. 121.
182 Katz, From the Gestapo, S. 122.
183 Patt, Finding Home, S. 268.

selbst aber schlossen sich dem lokalen Jüdischen Komitee in Świdnica an und wollten in Polen bleiben.[184]

Ein großer Teil der jungen Repatrianten schloss sich den Kibbuzim weniger aus ideologischer Überzeugung denn aus Pragmatismus an.[185] Aus Sicht vieler Jugendlicher stellte die Zugehörigkeit zu zionistischen Kibbuzim die einzige Option dar, das fremd gewordene Geburtsland zu verlassen. So begründete auch Rachela Tytelman Wygodzki ihre Entscheidung, sich nach ihrer Ankunft in Krakau einem Kibbuz anzuschließen. Weil sie eine abgeschlossene Krankenschwesternausbildung vorweisen konnte, wurde sie von ihrer Jugendorganisation ins niederschlesische Wałbrzych geschickt, um dort in einem Waisenhaus zu arbeiten. Auf dem Weg dorthin machte sie einen Zwischenhalt in ihrer Heimatstadt Warschau, wo sie die Reste des Warschauer Ghettos besuchte und eine überlebende Cousine traf, die ihr von der Erschießung ihres Bruders im Jahr 1942 berichtete.

> The year was 1946; my family had perished in 1942. I did not cry. I did not feel anything. I was empty. I had only one thought – to leave Poland. That was all.[186]

Nachdem sie einige Wochen in Wałbrzych gearbeitet hatte, schloss sich Tytelman Wygodzki im Herbst 1946 einer Gruppe jüdischer Flüchtlinge an, die getarnt als Griechen auf dem Heimweg von Auschwitz Polen verlassen wollten. Wenig später erreichte Tytelman Wygodzki das DP-Lager Bensheim im Süden Deutschlands.[187] Auch Larry Wenig entschied sich erst für den Zionismus, nachdem die Hoffnung auf ein Überleben seines seit seiner Flucht aus Polen vermissten Bruders enttäuscht wurde. Wenig erinnert sich, dass seine Familie in Krakau erfuhr, dass der Vermisste während des Krieges von einem Polen denunziert worden sei, der vorgab, den Jungen vor den Deutschen verstecken zu wollen. Er sei von seinem vorgeblichen Helfer denunziert und bei einem Fluchtversuch von der deutschen Polizei erschossen worden. Erschüttert von dieser Nachricht sei seine Familie zu der Überzeugung gelangt, dass die Zionisten ihnen bei der Auswanderung behilflich sein könnten: „If we were to survive, we had to get out of Poland as quickly as possible.“[188] Die Zeugnisse junger Repatriierter bestätigen demnach vielfach

---

184 Zybert erinnert sich, dass sich einige über die einfachen Lebensbedingungen in den Unterkünften beschwert hätten und weitergezogen wären, wofür Zybert kein Verständnis äußert. Zybert in: Pragier, Żydzi czy Polacy, S. 170 – 171.

185 Viele durchliefen eine Entwicklung von pragmatischen hin zu überzeugten Zionisten. Patt, Finding Home, S. 262.

186 Tytelman Wygodzki, End, S. 39.

187 Tytelman Wygodzki, End, S. 40 – 41.

188 Wenig, From Nazi Inferno, S. 305 – 306, 308.

ein zentrales Ergebnis des Historikers Avinoam Patt, demzufolge zionistische Jugendorganisationen vielen jungen Menschen die überzeugendste Antwort auf die Probleme der Nachkriegszeit boten.[189]

8.6 Kapitelfazit

Die Mehrheit der polnisch-jüdischen Exilanten kehrte in der ersten Hälfte des Jahres 1946 aus der UdSSR nach Polen zurück. Zu diesem Zeitpunkt waren wesentliche Weichen für die jüdische Nachkriegsexistenz bereits gestellt. Anders als noch unmittelbar nach der Befreiung der polnischen Territorien der Jahre 1944/45 existierte bereits ein organisiertes jüdisches Leben.[190] Die untersuchten Selbstzeugnisse legen nah, dass ein bedeutender Teil der jüdischen Rückkehrer zunächst noch beabsichtigte, in die Vorkriegsheimat zurückzukehren und sich eine Zukunft in Polen aufzubauen. Von einer Emigration war bei vielen anfangs noch keine Rede.[191] Mehrere Faktoren trugen schließlich dazu bei, dass sich im Laufe weniger Monate Zehntausende umentschieden und das Land verließen. Die polnisch-jüdischen Rückkehrer waren vor ihrer Ankunft nur unzureichend mit der Lebenswirklichkeit im zerstörten Polen vertraut. Viele mussten innerhalb weniger Tage feststellen, dass ihre Angehörigen ermordet, ihre Wohnungen, Häuser und Geschäfte von polnischen Besitzern übernommen und das jüdische Leben der Vorkriegszeit fast vollständig zerstört wurde. Aus den ehemaligen Flüchtlingen waren nun Überlebende einer Vernichtung ungekannten Ausmaßes geworden. Viele Zeitgenossen beschreiben ein Gefühl, sich auf einem riesigen Friedhof zu befinden. Der Antisemitismus erhöhte ebenfalls bei einigen Rückkehrern die Bereitschaft, sich auf den ungewissen Weg der Emigration zu begeben. Dabei fällt auf, dass Rückkehrer – mit Ausnahme des Pogroms in Kielce am 4. Juli 1946 – selten Akte antisemitischer Gewalt am eigenen Leib erfahren mussten. Entscheidend war jedoch die Wirkung einer als judenfeindlich wahrgenommenen Bedrohung, der sich viele Rückkehrer ausgesetzt sahen. Nicht zuletzt trug auch der politische Wandel dazu bei, dass Repatrianten nach Tagen oder Wochen bereits zu Auswanderern wurden. Viele konnten sich nach den Erfahrungen des sowjetischen Exils nicht vorstellen, in einem polnischen Staat unter der Vorherrschaft Moskaus zu leben. Wenngleich es sich bei diesem Motiv nicht um das wichtigste handelte, so bestärkte es viele Unentschlossene bei der Entscheidung

189 Patt, Finding Home, S. 261.

190 Frank Golczewski spricht von einer Phase der Konsolidierung des jüdischen Lebens zwischen 1944 bis 1948. Golczewski, Ansiedlung, S. 100.

191 Cichopek-Gajraj, Beyond Violence, S. 233.

zur Auswanderung. Ähnlich verhielt es auch mit den Aktivitäten der Zionisten im Nachkriegspolen. Insbesondere junge Menschen fühlten sich vielerorts von den Versprechen eines gemeinschaftlichen Lebens in der Gesellschaft gleichaltriger Juden angesprochen. In vielen Fällen kann von einem pragmatischen Zionismus gesprochen werden, bei dem die ideologische Überzeugung hinter Kameraderie, Sicherheit und einer Auswanderungsperspektive zurücktrat. In Polens neuen Territorien im Westen und Norden des Landes konzentrierten sich sowohl jene, die sich für einen Wiederaufbau jüdischen Lebens einsetzten als auch diejenigen, die auf der Durchreise in Richtung Grenze waren.

Die polnische Regierung verfolgte gegenüber der jüdischen Minderheit im Lande keine konsistente Politik. Einerseits förderte sie das Projekt einer jüdischen autonomen Region in Niederschlesien zwischen den Jahren 1945 und 1947, andererseits ließ sie zur selben Zeit zionistischen Parteien freie Hand bei der Durchführung der Emigration.[192] Erst, als die polnische Regierung von Großbritannien gezwungen wurde, die Grenzen zu schließen, kam die Emigration Anfang 1947 zum Erliegen. Schätzungen zufolge verließen bis zu 175.000 polnische Juden ihr Geburtsland im Zeitraum zwischen der Befreiung durch die Rote Armee in den Jahren 1944/45 und der Grenzschließung im Frühjahr 1947. Es ist nicht möglich, exakt zu bestimmen, wie hoch der Anteil ehemaliger Exilanten unter den circa 80.000 nach der Grenzschließung verbliebenen polnischen Juden war.[193] Bis zum Beginn der 1950er Jahre war ihre Zahl weiter auf 50.000 Personen gesunken.[194] Folgt man jedoch den gängigen Schätzungen von etwa 200.000 polnisch-jüdischen Rückkehrern zwischen den Jahren 1944 und 1948, so lässt sich begründet annehmen, dass die deutliche Mehrheit von ihnen Polen bis Ende der 1940er Jahre verlassen hat.

---

192 Hofmann, Andreas R.: Die Nachkriegszeit in Schlesien. Gesellschafts- und Bevölkerungspolitik in den polnischen Siedlungsgebieten 1945 – 1948. Köln [u. a.] 2000. S. 380.
193 Ihre Zahl lag bei rund 80.000 Personen. Gutman, After the Holocasut, S. 353.
194 Eberhardt, Political Migrations, S. 94.

9 Frühe Beschäftigungen mit der sowjetischen Erfahrung in der Nachkriegszeit

9.1 Sprechen und Schweigen über das sowjetische Exil im frühen Nachkriegspolen

Für die ersten Jahre nach dem Ende der deutschen Besatzung kann in Bezug auf Polen von einer weitgehenden Abwesenheit des sowjetischen Exils in der öffentlichen Auseinandersetzung gesprochen werden. Da kritische Äußerungen überhaupt nicht gedruckt wurden, konnten nur einseitige, positive Dankbarkeitsbekundungen öffentliches Gehör finden. Angesichts einer solchen Atmosphäre entschieden sich die meisten jüdischen Repatriierten, Erfahrungsberichte über die Jahre im Exil auf den privaten Raum zu beschränken. Verschiedene Faktoren verhinderten das öffentliche Sprechen über das sowjetische Exil in all seiner Ambivalenz. Nachfolgend sollen einige Aspekte der Erinnerung an das sowjetische Exil schlaglichtartig beleuchtet werden. Im Vordergrund stehen dabei stets die Fragen nach dem Sprecher sowie Fragen nach dem Inhalt und den Adressaten des Gesagten.

Ein wichtiger Grund für das fehlende Sprechen über das sowjetische Exil war bei einem großen Teil der jüdischen Repatriierten die mangelnde Bereitschaft, sich ausführlich mit der eigenen, unmittelbaren Überlebenserfahrung zu beschäftigen. Stattdessen wünschten sich die meisten, sich mit ihrer Zukunft zu befassen. Dazu gehörten etwa die Pflege von Angehörigen, Familiengründungen, Eheschließungen, Beteiligung am Wiederaufbau des jüdischen Lebens in Polen und – bei vielen – die Vorbereitung der Emigration aus Polen. Dies bedeutete jedoch nicht, dass Repatriierte nicht über ihre Erfahrungen mit anderen sprachen. In zahlreichen Selbstzeugnissen finden sich Beschreibungen von Zusammenkünften mit Freunden, Angehörigen und Bekannten, die sich nach jahrelanger Pause intensiv über die jeweiligen Kriegserlebnisse austauschten. Im Anschluss an solche, oft sehr emotionalen Momente, kamen Überlebende jedoch überall in Polen schnell auf ihre Zukunft zu sprechen. Nach vorn zu sehen, wurde von vielen jüdischen Repatriierten als einzig möglicher Ausweg aus der deprimierenden, jüngsten Vergangenheit betrachtet. Ein Beispiel von hoher Symbolkraft ist etwa der jiddische Spielfilm *Unzere Kinder* aus dem Jahr 1948 von Natan Gross. Obwohl an der Produktion des Films zahlreiche Rückkehrer aus der Sowjetunion beteiligt waren, werden deren Erfahrungen nicht thematisiert.[1]

1 Der Produzent des Films, Shaul Goskind, überlebte in der Sowjetunion, ebenso die Co-Dreh-

https://doi.org/10.1515/9783110594393-010

Eine führende Rolle bei der historischen Dokumentation der unmittelbaren Vergangenheit nahm die *Centralna Żydowska Komisja Historyczna* (CŻKH, Zentrale Jüdische Historische Kommission) ein, die am 29. August 1944 in Lublin entstanden war. Unter der Leitung des Historikers Filip Friedman machte es sich die Kommission zur Aufgabe, die jüdischen Überlebenden der deutschen Besatzung mithilfe standardisierter Fragebögen zu ihren Kriegserfahrungen zu befragen. Nach dem Umzug der Kommission von Lublin nach Łódź im März 1945 errichtete die CŻKH ein Netzwerk von 25 Zweigstellen im gesamten Land, in denen rund 100 bezahlte Mitarbeiter beschäftigt waren. Die meisten Angehörigen der Historischen Kommission waren keine ausgebildeten Historiker.[2] Die Erforschung des Holocaust – *Khurbn-forshung*[3] in Friedmans Worten – betrachteten sie, ungeachtet ihrer jeweiligen Ausbildung, als gemeinsame Aufgabe. Bezeichnenderweise zählte die CŻKH allerdings die Dokumentation von Erfahrungen im sowjetischen Exil nicht zu ihren Aufgaben. Das geht aus einem Aufruf der Kommission vom Oktober 1946 hervor, mit dem sich die CŻKH an die verbliebene jüdische Bevölkerung Polens wandte. Aufgerufen waren alle Überlebenden, unabhängig davon, ob sie die deutsche Besatzung „in Ghettos, Lagern, auf der arischen Seite, versteckt in den Wäldern [oder] im Kampf in Partisaneneinheiten"[4] verbracht hatten. Zwar betonte der Aufruf die Pflicht eines jeden Individuums gegenüber der jüdischen Geschichte, Zeugnis über die Kriegserlebnisse abzulegen, doch erschienen den Kommissionsmitgliedern die Erfahrungen des sowjetischen Exils nicht als zugehörig zur dokumentationswürdigen Vergangenheit.[5] Diese Praxis ist teilweise mit der Absicht der Kommission zu erklären, die Verbrechen Nazi-Deutschlands zum Zweck einer späteren juristischen Verfolgung zu doku-

buchautoren Dzigan und Shumakher. Regisseur Natan Gross und Co-Drehbuchautorin Rachel Auerbach hatten ebenfalls unter deutscher Besatzung überlebt. Im Film wird zwar kurz erwähnt, dass die Charaktere von Dzigan und Shumakher aus der Sowjetunion zurückgekehrt seien, ihr Schicksal wird jedoch nicht weiter thematisiert. Finder, Gabriel N.: Überlebende Kinder im kollektiven Gedächtnis der polnischen Jüdinnen und Juden nach dem Holocaust. In: „Welchen Stein du hebst" – Filmische Erinnerung an den Holocaust. Hrsg. von Claudia Bruns [u.a.]. Berlin 2012. S. 47–64, hier S. 50–52.

2 Zu seinen engeren Mitarbeitern zählten jedoch zahlreiche ausgebildete Historiker wie Joseph Kermis, Isaiah Trunk, Artur Eisenbach, Ada Eber, aber auch die Literaturwissenschaftler wie Nella Rost, Nakhman Blumental, Michal Borwicz, ferner die Journalistin Rachel Auerbach, der Anwalt Hersz Wasser, die Lehrer Noe Grüss, Genia Silkes und Mejlech Bakalczuk sowie Joseph Wulf, der eine religiöse Ausbildung erhalten hatte. Jockusch, Laura: Historiography in Transit: Survivor Historians and the Writing of Holocaust History in the late 1940s. In: Leo Baeck Institute Year Book 58 (2013). S. 75–94, hier S. 77–79.

3 Zu Friedmans Verwendung des Begriffs siehe Jockusch, Khurbn Forshung, S. 456.

4 Zitiert aus Jockusch, Historiography in Transit, S. 75.

5 Jockusch, Historiography in Transit, S. 75.

mentieren. Erst an zweiter Stelle stand das Sammeln individueller Erfahrungsberichte für geschichtswissenschaftliche Forschungen. Aus dieser Perspektive wies die CŻKH der Dokumentation anderer Ereignisse eine höhere Priorität zu. Dazu zählten die Daten von Massenerschießungen, Deportationen in Vernichtungslager, die Auflösung von Ghettos und die Akte jüdischen Widerstands. Die weitgehende Nichtbeachtung der jüdischen Repatriierten im Gedenken an den Holocaust entsprach dem Zeitgeist.[6] Wie Laura Jockusch und Tamar Lewinsky nachgewiesen haben, existierte innerhalb der jüdischen Gemeinschaft Polens kein öffentliches Gedenken an das sowjetische Exil.[7]

Ein weiterer Grund, der das öffentliche Sprechen über die sowjetische Exilerfahrung begrenzte und nicht selten sogar verhinderte, war der Ausreisewunsch in die Vereinigten Staaten von Amerika. Dieser Aspekt sollte insbesondere in den Lagern für jüdische Displaced Persons große Wichtigkeit erlangen, wenn es um den pragmatischen Umgang mit der eigenen Vergangenheit ging. Um Polen auf legalem Weg verlassen zu können, wandte sich Simon Davidson im Jahr 1946 an die amerikanische Botschaft in Polen. Seine Tochter, Hanna Davidson Pankowsky, erinnert sich, dass ihr Visumsantrag abgelehnt worden sei, weil sie in der Sowjetunion überlebt hatten.

> We had survived by living in Russia. We were deemed undesirable elements who had been exposed to the Communist regime, and as such, were not acceptable. There was no other choice but to pursue illegal emigration.[8]

Auch wer nicht die Absicht verfolgte, Polen zu verlassen, hielt es vielfach für angemessen, nicht über die Erlebnisse in der UdSSR zu sprechen. Ein entscheidender Grund hierfür war die sich verändernde Bewertung der sowjetischen Episode im Angesicht des Holocaust. Jüdische Repatriierte stellten nach ihrer Ankunft in Polen fest, dass sie Überlebende des Völkermords waren. Diese Einsicht führte bei vielen zu einer Relativierung des erfahrenen Leidens. Eine solche Überzeugung spricht etwa aus den Worten Zygmunt Baumans. Seine eigenen

---

6 Lediglich ausgewählte Ereignisse wie etwa der Aufstand im Warschauer Ghetto im April und Mai 1943 wurden in der unmittelbaren Nachkriegszeit als Belege für die Existenz eines jüdischen Widerstands gegen die Vernichtung interpretiert, wenngleich unter zeitgenössischen sozialistischen Vorzeichen. Besonders deutlich wird dies im Falle des im April 1943 eingeweihten Denkmals von Natan Rapoport in Warschau. Young, James E.: The Biography of a Memorial Icon: Nathan Rapoport's Warsaw Ghetto Monument. In: Representations, Special Issue: Memory and Counter-Memory 26 (1993). S. 69 – 106, hier S. 69.

7 Jockusch u. Lewinsky, Paradise Lost, S. 376 – 377.

8 Davidson Pankowsky, East of the Storm, S. 141.

Erlebnisse in der Sowjetunion hielt er für nicht der Rede wert, anders als etwa die Erfahrungen seiner Ehefrau, Janina Bauman, im Warschauer Ghetto.[9]

> [I]ch teile diese Biografie mit so vielen anderen Menschen, da ist überhaupt nichts Aufregendes dabei. Ich war ein kleiner Junge, als der Krieg ausbrach, und wir gingen in den Osten und fanden uns in Sowjetrussland wieder, als Fremde.[10]

Viele weitere jüdische Rückkehrer verstummten angesichts der Dimension des Leidens, die sich ihnen nach ihrer Ankunft in Polen offenbarte. Der Fakt des Überlebens vermag auch erklären, warum selbst in den kritischsten Reflexionen des sowjetischen Exils die Tatsache hervorgehoben wird, dass dort Hunderttausende dem Holocaust entkommen waren. Dass sie überlebten, während die Mehrheit der polnischen Juden unter deutscher Besatzung ermordet wurde, bestärkte viele darin, ihre eigenen Leidenserfahrungen nicht zu thematisieren. Dass nicht wenige im Laufe ihres Lebens doch noch Zeugnis von ihrer Zeit in der Sowjetunion ablegten, wird weiter unten noch genauer erläutert.

Wie bereits angedeutet, gab es trotz der beschriebenen Umstände Reflexionen über das sowjetische Exil im Nachkriegspolen. Die Literaturwissenschaftlerin Magdalena Ruta hat festgestellt, dass viele jiddische Veröffentlichungen in der zweiten Hälfte der 1940er Jahre den Fokus auf das Leben und Überleben in der Sowjetunion richteten. Ein zentrales Forum der jiddischen Literatur nach dem Holocaust war die im Jahr 1946 entstandene Warschauer Zeitschrift *Yidishe Shriftn*. Ruta zufolge dominierte in den ersten beiden Jahren ihres Erscheinens die Auseinandersetzung mit dem Holocaust. Die Zensur erlaubte es den Autoren lediglich, über die sowjetische Gastfreundschaft, den neuen sowjetischen Menschen und Juden in der Roten Armee zu schreiben.[11] Ein ähnliches Phänomen ist auch in den beiden Anthologien jiddischer Lyrik aus den Jahren 1946 und 1948 zu beobachten. Im ersten Band bestand die Mehrheit der 37 Autoren aus Repatriierten, die bereits beim Erscheinen des zweiten Bands ausgewandert waren.[12] Die Texte über das sowjetische Exil vereine nach Magdalena Ruta der Ansatz, die Zeit

---

9 Bauman habe den Holocaust lange als eine fremde Welt erlebt, die nicht die seine gewesen sei. So schreibt er in der Einleitung zu Bauman, Zygmunt: Dialektik der Ordnung. Die Moderne und der Holocaust. Hamburg 2002 (1989). S. 7.

10 Dort blieb er, bis er als Soldat das Land mit der Berling-Armee verlassen konnte. Siehe das Interview mit Bauman in: Welzer, Harald: Auf den Trümmern der Geschichte. Gespräche mit Raul Hilberg, Hans Mommsen und Zygmunt Bauman. Tübingen 1999. S. 91–126, S. 98.

11 Ruta, Principal Motifs, S. 169.

12 Zu den Autoren, die kurze Zeit später bereits Polen verlassen hatten, zählten etwa Mendel Mann und Yitskhok Perlov.

in der UdSSR häufig als „eine Periode relativer Ruhe und Sicherheit“[13] zu schildern. Prosatexte in den *Yidishn Shriftn* widmeten sich Ruta zufolge ausführlicher den exotischen zentralasiatischen Republiken und dem jüdischen Kampf für einen Wiederaufbau unter neuen, sozialistischen Vorzeichen.[14]

Vereint waren Überlebende der Besatzung und repatriierte Autoren in der Beschäftigung mit der Leere infolge des *Khurbn*. Magdalena Ruta hat dies als *Motiv der verschwundenen Welt* beschrieben.[15] Unabhängig von ihren unterschiedlichen Kriegserlebnissen teilten alle jüdischen Überlebenden die schmerzhafte Konfrontation mit der Zerstörung ihrer Heimat. Ruta hat festgestellt, dass die Rückkehr an die alten Wohnorte in der jiddischen Prosa und Lyrik der unmittelbaren Nachkriegszeit beschrieben werden als „entrance into the landscape of death. Among the ruins there are no neutral elements, everything recalls the tragedy.“[16] Die literarische Verarbeitung einer Begegnung mit der *alten jüdischen Welt in Ruinen* findet sich variantenreich in zahlreichen Texten repatriierter Schriftsteller.

Das erste Buch, das in jiddischer Sprache nach dem Zweiten Weltkrieg in Polen erschien, stellt eine solche Konfrontation mit der Leere nach dem Khurbn dar. Mendel Mans[17] *Di shtilkeyt mont* (dt. Die Stille mahnt) erschien im Jahr 1945 in Łódź und enthält ein aussagekräftiges Vorwort des Literaturwissenschaftlers Nakhman Blumental.[18] Mendel Man, der als Soldat der Roten Armee an der Befreiung Polens beteiligt war, und Blumental, der die deutsche Besatzung im Versteck überlebt hatte, ließen sich beide vorübergehend in Łódź nieder, wo sie in jüdischen Organisationen beschäftigt waren.[19] In seinem Vorwort zu Mans Gedichtband bringt Blumental die wesentlichen Fragen vieler jüdischer Repatriierter auf den Punkt.

> Der junge Dichter M. Man war nicht Zeuge der großen Massaker und der schrecklichen, unmenschlichen Ereignisse. Er kehrt zurück von weit her in seine Heimat. Doch wer erwartet

---

13 Ruta, Principal Motifs, S. 172.

14 Ruta, Principal Motifs, S. 172.

15 Ruta, Principal Motifs, S. 179.

16 Ruta, Principal Motifs, S. 178.

17 Mendel Man (auch Mann), geboren 1916 in Warschau, gestorben 1975 in Paris. Man verbrachte die Kriegsjahre in der Sowjetunion und nahm als Soldat der Roten Armee an der Befreiung Berlins teil. Nach kurzem Aufenthalt in Polen verließ Man Polen und ließ sich in Regensburg nieder. Wegen seines Exilaufenthaltes in der Sowjetunion erhielt er kein Visum für die Vereinigten Staaten von Amerika. Lewinsky u. Lewinsky, Unterbrochenes Gedicht, S. 166.

18 Man, Mendel: Di shtilkeyt mont. Lider un baladn. Łódź 1945.

19 Mendel Man war verantwortlich für die Kultur- und Bildungsabteilung des Jüdischen Komitee in Łódź, Nakhman Blumental (1905–1983) hatte sich nach Kriegsende der CŻKH in Lublin angeschlossen, bevor diese 1946 nach Łódź umzog. Jockusch, Collect and Record, S. 209.

> ihn dort? Wer sucht dort nach ihm? Wer ist noch da, um ihn zu besuchen? Die Heimat, nach der er sich lange sehnte, die er sich in seinen Träumen vorstellte, ist keine Heimat mehr. Alles ist verschwunden! Sogar der Regenbogen hat seine Farben verloren. Alles ist ein Friedhof – die Stille nach dem Sturm, und doch gibt die Stille keine Ruh, sie schreit, ruft nach Rache![20]

Der Verlust der Heimat vereint nach Ansicht Blumentals den Repatrianten Man mit dem Kollektiv der jüdischen Überlebenden. Doch Man war nicht im deutschbesetzten Polen. Er kennt keine Ghettos, keine Lager und kein Leben im Versteck aus eigener Erfahrung. Die Bedeutung seiner Gedichte, so Blumental, liege deshalb nicht in der Verarbeitung des Erlebten, sondern in der Auseinandersetzung mit den Folgen des Holocaust wie Verlust, Einsamkeit, Schmerz und der titelgebenden Stille nach dem Sturm. Dass die Stille mahne, dass sie laut nach Rache rufe, stellt nach Ansicht Blumentals Mendel Mans Antwort auf den Holocaust dar, die eben nicht in Ruhe bestehen dürfe.

> [Des Dichters, Anm. d. Verf.] Herz kocht, er kann nicht ruhig ertragen, was gewesen ist. Er bemüht sich ruhig zu bleiben – aber das Geschehene lässt ihn nicht ruhen. Etwas Gewaltiges muss geschehen, um das Vergangene ungeschehen zu machen! Der Dichter kann sich nicht begnügen mit den ruhigen, stillen Tönen, welche wie faul aus seiner Kehle kommen. Er lechzt nach dem großen Wort, welches kommen muss – und wir glauben, dass es kommen wird! Noch ein Wort, das eine Neuerschaffung der Welt bedeuten wird.[21]

Blumental benennt hier erneut die schmerzhafte Konfrontation des Rückkehrers mit dem doppelten Heimatverlust. Zugleich äußert er seine Hoffnung, dass die jiddische Literatur zum Wiederaufbau des jüdischen Lebens in Polen beitragen möge.

> Wie schwer das Leben auf dem Khurbn des polnischen Judentums heute auch sein möge, müssen wir dennoch danach streben, wiederaufzubauen, was zerstört worden ist. Die Wunden werden verheilen – deshalb betrachten wir das Erscheinen eines jiddischen Gedichtbandes als den Anfang einer Erneuerung der jiddischen Literatur in Polen.[22]

Aus Blumentals Vorwort spricht eine große Hoffnung auf eine Zukunft für die jüdische Gemeinschaft in Polen. Er benennt viele Motive, die in den Folgejahren Zehntausende jüdische Überlebende und Repatriierte ihr Glück anderswo suchen ließ. Dazu gehörte die Unfähigkeit, angesichts des allgegenwärtigen Verlusts auf einem Friedhof leben zu wollen. Aus Sicht eines Literaturwissenschaftlers be-

---

20 Blumental, Forvort. In: Man, Di shtilkeyt, S. 3.
21 Blumental, Forvort. In: Man, Di shtilkeyt, S. 3.
22 Blumental, Forvort. In: Man, Di shtilkeyt, S. 4.

schäftigt sich Blumental aber auch mit dem Phänomen, das Benjamin Harshav als *zweifachen Holocaust*[23] bezeichnet hat: die Ermordung von sechs Millionen Juden und die Vernichtung einer jiddischsprachigen Infrastruktur. Der von Blumental erhoffte Neuanfang in der jiddischen Literatur sollte sich nach dem Zweiten Weltkrieg durch Auswanderung, politische Umstände und die Entstehung des jüdischen Staates letztlich nicht bewahrheiten.

Die jiddische Lyrik der frühen Nachkriegszeit in Polen wurde zwar maßgeblich von Repatriierten geprägt, unterschied sich jedoch im Kern nicht von anderen Holocaust-Literaturen auf der Welt, urteilt Magdalena Ruta.[24] Ein zentrales Motiv, das in den Lagern für jüdische Displaced Persons in Deutschland noch vertieft wurde, ist die Einsicht einer Schuld im eigenen Überleben. Insbesondere in lyrischen Texten beschreiben die Rückkehrer aus der Sowjetunion ihre Verzweiflung darüber, dass ihre Angehörigen von den Deutschen ermordet wurden, während sie selbst im Exil überleben konnten. Viele Texte formulieren den Wunsch, in einen Dialog mit den Toten zu treten. Dieser zum Scheitern verurteilte Versuch sei nach Ansicht Magdalena Rutas von hoher symbolischer Bedeutung für die Überlebenden gewesen.

> The conversation is important because it allows survivors to come to terms with their feelings, to voice their despair and express solidarity with the dead. Their absence is transformed into transcendental presence – they continue on around us, returning in memories, filling the entire space, speaking through elements of the real landscape.[25]

Zu einer Transformation der jiddischen Literatur kam es, nachdem Dutzende repatriierte Schriftsteller und andere Kulturschaffende Polen verlassen hatten und sich vorübergehend in der amerikanischen Besatzungszone Deutschlands niederließen. In Polen hatten in den Jahren 1945 und 1946 Auseinandersetzungen mit den Folgen des Holocaust und eine von der Zensur bestimmte, einseitige Darstellung der Lebensrealität im sowjetischen Kriegsexil die literarischen Themen bestimmt. Die Emigration aus Polen konfrontierte Repatriierte mit einer ihnen weitgehend unbekannten Umgebung: dem *Land der Täter.*

---

23 Harshav, Benjamin: The Polyphony of Jewish Culture. Stanford 2007. S. 141.

24 Ferner kommt sie zu dem Schluss, dass sich die jiddische Literatur Nachkriegspolens kaum in ihren Themen und Motiven von den jiddischen Literaturen anderer Länder über den Holocaust oder etwa der hebräischen Literatur unterscheide. Ruta, Principal Motifs, S. 182.

25 Ruta, Principal Motifs, S. 176.

9.2 Die Beschäftigung mit der Geschichte des sowjetischen Exils in den Lagern für jüdische „Displaced Persons" im Nachkriegsdeutschland

Zehntausende polnische Juden, die den Krieg in der Sowjetunion überlebt hatten, flohen zwischen den Jahren 1945 und 1947 in die westlichen Besatzungszonen Deutschlands, wo die Alliierten ihnen den Status von Displaced Persons oder DPs zuwiesen.[26] Eine erste Definition des DP-Begriffs nahm das *Oberste Hauptquartier der Alliierten Expeditionsstreitkräfte* (Supreme Headquarters, Allied Expeditionary Forces, SHAEF) bereits am 18. November 1944 vor. Demnach seien als DPs anzusehen:

> Civilians outside the national boundaries of their country by reason of the war, who are
> (1) Desirous but unable to return home or find homes without assistance.
> (2) To be returned to enemy or ex-enemy territory.[27]

Zu den Personen, die *displaced* waren, die sich also an einem Ort befanden, an den sie nicht freiwillig gelangt waren, gehörten vorrangig im Deutschen Reich lebende Zwangsarbeiter und andere dorthin Zwangsverschleppte. Nach der Befreiung Nazi-Deutschlands durch die Alliierten befanden sich etwa acht Millionen DPs auf dem Gebiet der späteren drei westlichen Besatzungszonen.[28] Juliane Wetzel und Angelika Königseder konkretisieren die Gruppe der DPs wie folgt:

> [DPs waren] all jene Personen, die infolge des Zweiten Weltkrieges aus ihrer Heimat durch Kriegseinwirkungen und deren Folgen vertrieben, geflohen oder verschleppt worden waren. In der Praxis fielen unter diese Definition Zwangsarbeiter, die während des Krieges in deutschen Betrieben beschäftigt gewesen waren, Kriegsgefangene, ehemalige Konzentrationslagerhäftlinge und Osteuropäer, die entweder freiwillig nach Kriegsbeginn in der deutschen Wirtschaft Arbeit gesucht hatten oder 1944 vor der sowjetischen Armee geflüchtet waren.[29]

---

26 Bis zur Auflösung der meisten jüdischen DP-Lager im Jahr 1951 hatten sich schätzungsweise 250.000 jüdische DPs in den westlichen Besatzungszonen Deutschlands aufgehalten. Grossmann, Atina u. Lewinsky, Tamar: Erster Teil 1945–1949: Zwischenstation. In: Geschichte der Juden in Deutschland von 1945 bis zur Gegenwart. Politik, Kultur und Gesellschaft. Hrsg. von Michael Brenner. München 2012. S. 67–152, hier S. 67.

27 SHAEF, Administrative Memorandum No. 39 vom 18. November 1944, zitiert aus: Jacobmeyer, Polnische Juden, S. 120.

28 Davon waren etwa sechs Millionen ehemalige Zwangsarbeiter, zwei Millionen ehemalige Kriegsgefangene und 700.000 befreite KZ-Überlebende. Grossmann u. Lewinsky, Zwischenstation, S. 68.

29 Königseder u. Wetzel, Lebensmut, S. 7.

Entsprechend der alliierten Konferenzbeschlüsse von Jalta und Potsdam bildeten Juden keine separate Gruppe unter den Displaced Persons.[30] Stattdessen wurden DPs in nach Staatsangehörigkeit getrennte Gruppen eingeteilt und sukzessive auf Unterkünfte verteilt, in denen Juden und Nichtjuden, häufig auch Opfer und Täter unter einem Dach zusammenlebten. Nach dem Willen der Alliierten sollten die DPs so schnell wie möglich in ihre jeweiligen Herkunftsländer zurückkehren beziehungsweise repatriiert werden.[31]

Die Gruppe der auf dem Gebiet des Deutschen Reichs (in den Grenzen von 1938) befreiten Juden bestand aus etwa 50.000 bis 70.000 Überlebenden der Konzentrationslager.[32] Die rechtliche Zugehörigkeit zu ihrem Herkunftsland entsprach nach dem Holocaust nicht dem Selbstverständnis der meisten jüdischen DPs.[33] Die Verschiebung kommt in einer Rede des Überlebenden Jacob Olejski vom 24. August 1945 deutlich zum Ausdruck.

> Nein, wir sind keine Polen, trotzdem wir in Polen geboren sind; wir sind keine Litauer, wenn auch unsere Wiege einstmals in Litauen gestanden haben mag; wir sind keine Rumänen, wenn wir auch in Rumänien das Licht der Welt erblickt haben. Wir sind Juden![34]

---

30 Grossmann u. Lewinsky, Zwischenstation, S. 73. Bis zum Herbst 1945 wurden Juden als *jüdische DPs*, *refugees* und *persecutees* bezeichnet. Jacobmeyer, Wolfgang: Die Lager der jüdischen DPs als Ort jüdischer Selbstvergewisserung. In: Jüdisches Leben in Deutschland seit 1945. Hrsg. von Brumlik Micha [u.a.]. Frankfurt am Main 1988. S. 31–48, hier S. 31.

31 Jacobmeyer, Lager, S. 31. Tatsächlich waren bis Ende September 1945 bis auf eine Gruppe von 1,2 Millionen alle DPs in ihre Heimatländer repatriiert worden. Grossmann u. Lewinsky, Zwischenstation, S. 68.

32 Schätzungen zufolge wurden etwa 70.000 bis 90.000 jüdische KZ-Häftlinge befreit, von denen jedoch Zehntausende im Laufe weniger Tage nach der Befreiung an den Folgen ihrer Haft verstarben. Grossmann u. Lewinsky, Zwischenstation, S. 70.

33 Ein Fragebogen des JDC aus dem Jahr 1945 zum Selbstverständnis überlebender Juden kam zu dem Schluss, dass diese durch ihrer gemeinsame Verfolgungserfahrung verbunden seien. „It is not citizenship. Hitler succeeded to a considerable measure in dividing Jews from their non-Jewish neighbors. They do not feel [that they are] Poles or Slovaks; the only idea of loyalty that united them is the Jewish group consciousness." Im Bericht heißt es weiter, dass die geteilte Erfahrung des Holocaust „the core of the Jewish identity at Zeilsheim" gebildet habe. Zitiert aus Hilton, Laura J.: The Reshaping of Jewish Communities and Identities in Frankfurt and Zeilsheim in 1945. In: Patt u. Berkowitz, We are here, S. 194–226, hier S. 214.

34 Die Rede wurde gehalten auf der „Friedens-Siegeskundgebung der ehemaligen jüdischen politischen Häftlinge" in Landsberg am Lech. Zitiert aus: Jacobmeyer, Wolfgang: Jüdische Überlebende als Displaced Persons. Untersuchungen zur Besatzungspolitik in den deutschen Westzonen und zur Zuwanderung osteuropäischer Juden 1945–1947. In: Geschichte und Gesellschaft 3 (1983). S. 421–452, hier S. 423.

Die befreiten Juden verstanden sich als ein Kollektiv von Überlebenden und bezeichneten sich selbst mit dem hebräischen Begriff *She'erit Hapletah* (dt. Rest der Geretteten[35]). Neben der semantischen Vereinigung kam es bereits wenige Wochen nach der Befreiung auch zur politischen Selbstorganisation durch die Gründung des *Zentralkomitees der Befreiten Juden in der Amerikanischen Zone* am 5. Juli 1945.[36] Dies änderte jedoch zunächst einmal nichts an der Situation, dass Juden und Nichtjuden unter einem Dach lebten. Erst infolge eines Berichts des amerikanischen Gesandten Earl G. Harrison an den US-Präsidenten Truman begannen die Alliierten im Herbst 1945 Lager einzurichten, in denen ausschließlich jüdische DPs leben durften.[37] Harrison hatte im Sommer 1945 verschiedene DP-Lager besucht und sich mit jüdischen Vertretern getroffen, die die aus ihrer Sicht untragbaren Lebensbedingungen anprangerten. Unter dem Eindruck dieser Treffen setzte sich Harrison gegenüber Präsident Truman erfolgreich dafür ein, die befreiten Juden als eine separate Verfolgtengruppe anzuerkennen und deren Versorgung zu verbessern.[38] Der im August 1945 veröffentlichte *Harrison-Report* markiert eine wichtige Wegmarke im Prozess der „Territorialisierung und Nationalisierung der jüdischen Flüchtlingsfrage"[39], wie Dan Diner schreibt. Innerhalb weniger Wochen nach ihrer Befreiung hatten jüdische Überlebende in der amerikanischen Besatzungszone wesentliche Ziele erreicht: Sie waren als Angehörige der jüdischen Nation – und nicht als polnische, ungarische oder etwa rumänische Staatsbürger – anerkannt, hatten sich politisch im Zentralkomitee der befreiten

---

35 Auch der jiddische Begriff *sheyres hapleyte* war verbreitet. Zur Geschichte des Begriffs *She'erit Hapletah* siehe: Michman, Holocaust Historiography, S. 329–332.

36 Erster Schritt zur Gründung einer Vereinigung der Überlebenden in Deutschland war die Konferenz in Feldafing vom 1. Juli 1945, bei der sich etwa 40 Delegierte versammelten. Dr. Zalman Grinberg wurde Vorsitzender und blieb es bis zu seiner Alija im Jahr 1946. Am 5. Juli 1945 gab sich die Vereinigung den Titel *The Central Committee of Liberated Jews in Bavaria.* Zu diesem Zeitpunkt repräsentierte das Kommitee zwischen 15.000 bis 18.000 Juden, wovon fast alle Überlebende der umgebenden Konzentrationslager waren. Schon in der zweiten Hälfte des Jahres 1946 vertrat das Komitee circa 175.000 Juden. Bauer, Yehuda: The Initial Organization of the Holocaust Survivors in Bavaria. In: Yad Vashem Studies 7 (1970). S. 127–157, hier S. 149–150, 156.

37 Die britischen Besatzer hielten aufgrund ihrer Palästinapolitik an der gemeinsamen Unterbringung von Juden und Nichtjuden fest. De facto war das größte DP-Lager Belsen nach der Verlegung nichtjüdischer DPs im Mai 1946 aber ein jüdisches DP-Lager. Grossman u. Lewinsky, Zwischenstation, S. 71–74. Bereits im August 1945 existierten infolge des Harrison-Berichts zahlreiche Lager, in denen de facto ausschließlich jüdische DPs lebten. Die amerikanische Armee hatte sie dort als nichtrepatriierbare DPs gesammelt. Jacobmeyer, Jüdische Überlebende, S. 427.

38 Zum Harrison-Report siehe Grossmann u. Lewinsky, Zwischenstation, S. 75–77.

39 Diner, Dan: Elemente der Subjektwerdung. Jüdische DPs in historischem Kontext. In: Überlebt und unterwegs: jüdische Displaced Persons im Nachkriegsdeutschland. Hrsg. von Fritz-Bauer Institut. New York u. Frankfurt am Main 1997. S. 229–248, S. 230.

Juden in der amerikanischen Zone organisiert und lebten überwiegend in separaten Lagern.[40]

Im Laufe der zweiten Jahreshälfte 1945 waren aus Opfern und Verfolgten Überlebende geworden. Der trotzige Slogan *mir zeynen do* (dt. wir sind hier), Titel eines populären jiddischen Partisanenliedes, bringt das Ergebnis dieses „Subjektwerdungsprozesses“[41] auf den Punkt. *Hier zu sein* bedeutete allerdings, sowohl der Vernichtung durch die Nationalsozialisten entkommen zu sein, als auch für unbestimmte Zeit im Land der Täter festzusitzen. Samuel Gringauz, einer der führenden DP-Aktivisten, bezeichnete diesen Zeitraum als eine Phase der „Selbstbesinnung und der Enttäuschung“[42]. Als sich die von der Mehrheit der jüdischen DPs ersehnte Schaffung eines jüdischen Staates in Palästina immer weiter verzögerte, wuchs bei vielen die Enttäuschung.[43] Viele jüdische DPs fühlten sich Monate nach dem Ende des Holocaust bereits von der Welt vergessen und im Stich gelassen.[44] Am Jahresende 1945 begann sich die Zusammensetzung der jüdischen DP-Gesellschaft zu verändern. Sie verwandelte sich nach den Worten von Atina Grossmann und Tamar Lewinsky in eine „bemerkenswerte Übergangsgesellschaft“[45]. Einen wesentlichen Anteil daran hatten polnisch-jüdische Rückkehrer aus der Sowjetunion, die zwischen den Jahren 1945 und 1947 zu Zehntausenden aus Polen in die Lager für jüdische Displaced Persons in die Westzonen des besetzten Deutschlands geflohen waren.

In Laufe der zweiten Jahreshälfte 1945 stieg die Zahl jüdischer Flüchtlinge aus Polen in den Lagern für Displaced Persons an. Diese Gruppe bestand aus KZ-Überlebenden, die nach Polen zurückgekehrt waren und das Land enttäuscht nach kurzer Zeit wieder in Richtung DP-Lager verließen, ferner aus Juden, die in Polen befreit worden waren und ihre Heimat verloren hatten.[46] Bis Anfang 1946 befanden sich allerdings nur wenige Rückkehrer aus der Sowjetunion unter den

---

40 Hilton, The Reshaping, S. 194–195.

41 Diner, Elemente der Subjektwerdung, S. 230.

42 Samuel Gringauz, zitiert aus: Asher, Ben-Natan: Die Bricha. Aus dem Terror nach Eretz Israel. Ein Fluchthelfer erinnert sich. Düsseldorf 2005. S. 182.

43 Nicht alle jüdischen DPs beabsichtigten eine Ausreise nach Palästina. Einige wollten nach Nord- oder Südamerika, andere in andere europäische Länder oder nach Australien.

44 Mankowitz, Life, S. 226.

45 Grossmann u. Lewinsky, Zwischenstation, S. 67.

46 Mankowitz, Life, S. 17. Irving Heymont, jüdischer US-Kommandant des DP-Lagers Landsberg hielt in einem Brief an seine Ehefrau vom 11. Oktober 1945 fest, dass auffällig viele Juden aus Polen in das Camp drängten. Viele von ihnen seien nach ihrer Befreiung zunächst nach Polen zurückgekehrt, hätten das Land jedoch wieder verlassen, um dem Antisemitismus zu entkommen. Heymont, Irving: Among the Survivors of the Holocaust, 1945: The Landsberg DP Camp Letters of Major Irving Heymont. United States Army. Cincinnati 1982. Brief Nr. 13, S. 50.

polnisch-jüdischen Flüchtlingen in Deutschland.[47] Dies änderte sich im Laufe des Jahres radikal. Zwischen Jahresbeginn 1946 und Anfang 1947 verließen etwa 140.000 polnische Juden ihr Geburtsland und ließen sich in den DP-Lagern der westlichen Besatzungszonen in Deutschland nieder.[48] Diese außergewöhnliche Migrationsbewegung bemerkten bereits Zeitgenossen wie Jerzy Gliksman, der in seinem Bericht über die jüdischen Exilanten in der Sowjetunion aus dem Jahr 1947 darauf hinweist:

> It has also to be stressed that a large percentage of the Jewish exiles repatriated from Russia, left already Poland within the last year and reached Germany where the majority lives in D.P. Camps.[49]

Schätzungsweise zwischen 80.000 und 100.000 von ihnen waren Rückkehrer aus der Sowjetunion.[50] Die meisten jüdischen Flüchtlinge verließen Polen mithilfe der zionistischen Fluchthilfsorganisation *Bricha* (dt. Flucht/Rettung).[51] Die Bricha verstand sich als ein nationales Projekt des massenhaften Transfers jüdischer Überlebender von Europa nach Palästina mit dem Ziel, dort einen jüdischen Staat aufzubauen. Doch auch nichtzionistische Juden nahmen die Hilfe der Bricha an, um Polen verlassen zu können.[52] Über die Routen Stettin–Berlin sowie Niederschlesien–Tschechoslowakei–US-Zone in Deutschland schleuste die Bricha Tausende in Gruppen von einigen Dutzend Personen zu Fuß, mit Lastwagen und per Zug über die polnische Grenze nach Deutschland. Ihren Höhepunkt erreichte die

47 Im Brief an seine Ehefrau vom 14. November 1945 hielt Heymont fest, dass vor kurzem neue DPs, darunter viele Veteranen der Roten Armee und polnische Partisanen, in das Lager gekommen seien. Heymont, Among the Survivors, Brief Nr. 28, S. 93.

48 Wróbel, Migracje Żydów, S. 26.

49 YIVO, Gliksman, Jewish Exiles, Teil 3, S. 14.

50 Alex Grobman nennt die Zahl von 100.000 jüdischen DPs in der US Zone zu Beginn des Jahres 1947, wovon „more than 80 percent were Polish Jews who had fled from Poland with the Russian Army (sic) before the Nazi invasion." Grobman, Alex: Rekindling the flame. American Jewish chaplains and the survivors of European Jewry, 1944–1948. Detroit 1993. S. 181. Die höhere Zahl stammt von Zeev Mankowitz: „By 1947, some two thirds of the Jews in Occupied Germany were Polish repatriates who had spent the deadliest years of the war in the Asiatic steppes of the Soviet Union." Mankowitz, Life, S. 291. Jacobmeyer schreibt, dass die US-Behörden im Zeitraum zwischen April bis November 1946 die Infiltration von rund 98 000 polnisch-jüdischer DPs verzeichneten. Jacobmeyer, Polnische Juden, S. 125.

51 Israel Gutman schätzt, dass von den 140.000 jüdischen Flüchtlingen im Jahr 1946 etwa 118.720 Personen mithilfe der Bricha emigrierten. Gutman, Israel: Juden in Polen nach dem Holocaust 1944–1968. In: Der Umgang mit dem Holocaust: Europa – USA – Israel. Hrsg. von Rolf Steininger. Wien [u.a.] 1994. S. 265–278, hier S. 272.

52 Diner, Elemente der Subjektwerdung, S. 242.

jüdische Fluchtbewegung nach dem Pogrom in Kielce am 4. Juli 1946. Infolge der Ermordung von über 40 jüdischen Überlebenden verständigte sich die Polnische Arbeiterpartei (PPR) informell mit zionistischen Funktionären, für Juden die Emigration aus Polen zu erleichtern.[53]

Die große Mehrheit der jüdischen Flüchtlinge beabsichtigte, in die amerikanischen Besatzungszonen Deutschlands und Österreichs zu gelangen, weil sie sich dort mehr Sicherheit und eine bessere Versorgung als durch die britischen und französischen Besatzungsmächte versprach. In der sowjetischen Besatzungszone errichteten die Behörden keine separaten Lager für Displaced Persons, sondern betrieben eine konsequente Politik der Repatriierung. Dennoch waren Zehntausende gezwungen, die sowjetische Besatzungszone zu durchqueren. Der Leiter des JDC-Büros in Paris, Joseph Schwartz, charakterisierte die Gruppe der polnisch-jüdischen Flüchtlinge, die den Krieg in der Sowjetunion verbracht hatten, in einem Brief an einen Kollegen vom 9. November 1946.

> They did not spend the war years in concentration camps and most of them had to perform some kind of work during their stay in Russia... These people, therefore, complain less about their accommodations because they did not expect as much from their liberators as did the group that was found in Germany. In fact, they are grateful that they have been admitted into the safety of the American zone.[54]

In einigen Selbstzeugnissen stellen polnisch-jüdische Repatrianten einen direkten Zusammenhang zwischen ihrer Angst vor einer Begegnung mit den sowjetischen Besatzern in Deutschland und ihrer Erleichterung über die erfolgreiche Flucht in die US-Zone her. Shlomo Leser etwa ist überzeugt, dass viele Flüchtlinge, die den Krieg in der Sowjetunion verbracht hatten, die sowjetischen Besatzer fürchteten und deshalb um jeden Preis in die westlichen Besatzungszonen gelangen wollten.[55] Bernard Ginsburg, der bereits im November 1945 von Stettin nach Berlin floh, erinnert sich an den Moment, als er die US-Zone Berlins erreichte und ihn die „Furcht vor den Russen“[56] verlassen habe.

---

53 Von der Vereinbarung zwischen der polnischen Regierung und den Zionisten in Polen war bereits in Kapitel 7 die Rede. Trotz ihres inoffiziellen Charakters berichte die *Jewish Telegraphic Agency* bereits im August 1946 über die Absprache: http://www.jta.org/1946/08/23/archive/zionists-call-for-exodus-from-poland-government-agrees-to-ease-border-controls.

54 Brief von Joseph Schwartz, Leiter des JDC Büros in Paris, an Moeses Leavitt vom 9. November 1946. Zitiert aus: Grossmann, Jews, Germans, and Allies, S. 161.

55 Leser, Shlomo: The Displaced Poles, Ukrainians and Jews in the West Zones in Occupied Germany and Austria, and in Italy, 1945–1949. Part I: The West Zones in Germany. Haifa 2008. S. 8.

56 Ginsburg, Wayfarer, S. 95.

Einige profitierten während ihrer Flucht aus Polen nach Deutschland von ihren hervorragenden Russischkenntnissen aus der Zeit im Exil. Dies galt insbesondere für die Fluchtroute über Stettin nach Berlin, wie der Fall von Bernard Ginsburg zeigt. Als ein Brichaaktivist in Stettin von Ginsburgs Russischkenntnissen erfuhr, wurde dieser beauftragt, mit zwei sowjetischen Fahrern zu sprechen, die mit einem Lastwagen auf dem Weg nach Berlin waren. Ginsburg erklärte ihnen, man wolle Verwandte in Berlin für ein paar Tage besuchen und die Fahrer willigten ein, die Gruppe zu transportieren, aber unter der Bedingung, dass er vorn mitführe, um sich mit ihnen zu unterhalten. Nach ihrer Ankunft in Berlin wollte Ginsburg die Fahrer bezahlen, die jedoch dankend ablehnten. Man habe es gern gemacht und bedanke sich für das Gespräch. Ginsburg schenkte den beiden zwei Flaschen Wodka zum Dank für den erfolgreichen Transport über die Grenze.[57] Auch Perry Leon war wegen seiner Kenntnisse der russischen Sprache an der Durchführung von Brichaaktivitäten beteiligt. In seinen Erinnerungen gibt Leon an, dass er helfen wollte, um im Gegenzug die Flucht seiner Familie zu gewährleisten. Seine Aufgabe habe darin bestanden, mit den sowjetischen Grenzsoldaten zu kommunizieren und den Umfang der erforderlichen Bestechung zu besprechen. Auch hier erwies es sich als nützlich, dass Leon des Russischen mächtig war.[58]

Die Bricha war sehr erfolgreich im Transfer Zehntausender Juden über die polnische Grenze in die amerikanische Besatzungszone im Süden Deutschlands. Da sie die Grenze illegal überquert hatten, wurden sie von den amerikanischen Behörden als *infiltrees* bezeichnet. Der hohe Anteil jüdischer Repatrianten unter den *infiltrees* führte zu einer veränderten Zusammensetzung der polnisch-jüdischen DP-Gesellschaft. Diese hatte zunächst vor allem aus Überlebenden der deutschen Besatzung bestanden und bestand infolge der Zuwanderung ehemaliger Exilanten am Jahresende 1946 zu zwei Dritteln aus Überlebenden mit einer gänzlich anderen Kriegserfahrung als die der in Deutschland befreiten jüdischen DPs.[59] Die Alliierten waren zunächst uneins, ob sie den *infiltrees* den Status von Displaced Persons zuweisen sollten, womit sie zugleich berechtigten Anspruch auf die Unterstützung der für Versorgung und Betreuung der DPs zuständigen *United Nations Relief and Rehabilitation Administration* (UNRRA) besessen hätten.[60] Auf Druck jüdischer DP-Vertreter erhielten jedoch auch die jüdischen Nachkriegsflüchtlinge das Recht auf Unterstützung durch die UNRRA. Die Aus-

57 Ginsburg, Wayfarer, S. 92.
58 USHMMA, Leon, Erinnerungen, S. 8.
59 Mankowitz unterteilt die DP-Gesellschaft in *direct survivors* und *repatriates*. Mankowitz, Life, S. 19.
60 Hilton, The Reshaping, S. 201.

weitung des DP-Begriffs schlug sich schließlich zwei Jahre nach Kriegsende in einer veränderten Definition nieder. Im Juli 1947 wurde die UNRRA durch die *International Refugee Organisation* (IRO) abgelöst, die der Tatsache Rechnung trug, dass ein großer Teil der jüdischen DPs erst nach Kriegsende ihre Heimat verlassen hatten. Laut ihrem Statut verstand die IRO unter Flüchtlingen:

> [F]oreigners or stateless persons, [who] were victims of nazi persecution and were detained in, or were obliged to flee from, and were subsequently returned to, one of those countries and a result of enemy action, or of war circumstances, and have not yet been firmly re-settled therein.[61]

Demnach erhielten auch die jüdischen Nachkriegsflüchtlinge aus Polen den Status von DPs mit der Begründung, dass ihr *Displacement*, das heißt ihre Flucht nach Deutschland, eine Folge des Krieges sei.[62] Wenngleich jüdische Überlebende unabhängig von ihren jeweiligen Kriegserfahrungen zwar denselben Status hilfsbedürftiger und -berechtigter DPs besaßen, existierten große Unterschiede zwischen dem Nukleus der She'erit Hapletah und den polnisch-jüdischen Nachkriegsflüchtlingen.

Motive für das Verschweigen der sowjetischen Exilvergangenheit in den jüdischen DP-Lagern

In der Historiografie zu jüdischen DP-Lagern dominiert bislang das Narrativ einer vereinten She'erit Hapletah, deren Angehörige trotz ihrer verschiedenen Kriegserfahrungen in ihrer Wahrnehmung als Überlebende des Holocaust vereint gewesen seien.[63] Die Repatriierten, so heißt es häufig, hätten sich den bestehenden Strukturen problemlos untergeordnet.[64] In den Darstellungen einer vereinten sich *im Wartesaal Deutschland* befindenden jüdischen DP-Gesellschaft wird jedoch die

---

61 Zitiert aus: Quast, Anke: Nach der Befreiung: jüdische Gemeinden in Niedersachsen seit 1945. Das Beispiel Hannover. Göttingen 2001. S. 222.

62 Im Status der IRO von 1947 wird ein unmittelbar Zusammenhang des Flüchtlingszustands mit den Kriegsgeschehnissen – „displaced by reason of the war" – hergestellt. Auf diese Weise bezieht die erweiterte DP-Definition auch die Flüchtlingsbewegungen der Nachkriegszeit ein, so dass der Begriff *DPs* im Laufe der Zeit als Bezeichnung aller von der IRO betreuten Personen üblich geworden ist. Jacobmeyer, Polnische Juden, S. 120 – 121.

63 Mankowitz, Life, S. 20; Peck, Abraham: „Our eyes have seen eternity". Memory and self-identity among the She'erith Hapletah. In: Modern Judaism 17 (1997). S. 57 – 74, hier S. 60 – 61.

64 „These differences [zwischen direkten Überlebenden und den Repatriierten, Anm. d. Verf.], however, did not translate into a power struggle between the two groups." Mankowitz, Life, 291.

Perspektive der Überlebenden des sowjetischen Exils zumeist vernachlässigt. Atina Grossmann hat Ursachen und Folgen dieser selektiven Wahrnehmung in der öffentlichen Erinnerung wie auch in der Historiografie pointiert beschrieben.

> Political and ideological, as well as psychological, factors—most important the pressures of the Cold War, the dominance of an essentially Zionist narrative that subsumed all Jewish DPs under the rubric of the She'erit Hapleta, and the enduring sense among the ‚Asiatics' that their story was not worth telling in the face of the catastrophe that had befallen those left behind— have shaped and distorted history and memory.[65]

Mehrere Faktoren, die nachfolgend analysiert werden, trugen dazu bei, dass die große Mehrheit der jüdischen DPs nicht öffentlich über ihre Erlebnisse in der Sowjetunion sprach.

Ein zentrales Motiv für das Nichterzählen oder Schweigen über die eigene Kriegserfahrung gegenüber anderen jüdischen DPs liegt in der Zukunftsorientierung der Überlebenden. Für Zehntausende polnisch-jüdische Repatrianten, die infolge des Pogroms in Kielce aus Polen geflohen waren, bedeutete die Ankunft in den jüdischen DP-Lagern zunächst einmal die Rettung vor weiterer Verfolgung. Diesen Aspekt betont etwa Victor Zarnowitz, der nach dem Kielce-Pogrom mit seiner schwangeren Ehefrau aus Polen über Stettin nach Hessen in das DP-Lager Bensheim gelangt war. In seinen Erinnerungen schildert er, dass er sich nach seiner Ankunft in der jüdischen Umgebung des DP-Lagers erstmals seit langer Zeit wieder sicher gefühlt habe.

> All of us had been in motion for years. We had been uprooted so many times that we truly had become displaced persons in a literal and spiritual sense. It had been years and years since any of us had experienced the security of having a stable home. For Lena [Zarnowitz, Victors Ehefrau, Anm. d. Verf.] and I, creating that kind of environment for our family was a top priority.[66]

Die Dankbarkeit für das Leben in Sicherheit verhinderte bei vielen zunächst die Reflexion über das Erlebte. Stattdessen standen praktische Fragen des alltäglichen Lebens im Vordergrund: Wohnen, Verpflegung, Familie.

Yitskhok Perlov, einer der aktivsten jiddischen Schriftstellerchronisten des sowjetischen Exils, bringt in einem seiner Romane über die DP-Zeit einen zweiten Faktor zum Ausdruck, der das Schweigen beförderte. Niemand habe ihnen die Geschichten aus Usbekistan, Kasachstan und anderen Orten glauben wollen. Sie waren aus Sicht vieler Überlebender der deutschen Besatzung schlicht zu „exo-

---

65 Grossmann, Remapping, S. 73–74.
66 Zarnowitz, Fleeing the Nazis, S. 86.

tisch“[67]. Perlov beschreibt diesen Unglauben in einer kurzen Episode seines jiddischen Romans *Mayne zibn gute yor. Roman fun a freylekhn plit in rotnfarband* (dt. Meine sieben guten Jahre. Roman eines fröhlichen Flüchtling in der Sowjetunion) aus dem Jahr 1959.[68] Im Roman trifft das Ehepaar Perlov, Yitskhok und Lola, im Zug von Polen nach Deutschland einen polnisch-jüdischen KZ-Überlebenden. Schnell beginnt ein Gespräch über die jeweiligen Erlebnisse während des Krieges. Auf die Frage, woher die Perlovs kommen („Aus einem Bunker?“), erwidern diese: „Nein. Aus einem Echelon. Aus Usbekistan kommen wir.“ Der KZ-Überlebende zeigt sich verwundert: „Skekistan [sic]? Von einem solchen Lager habe ich noch nichts gehört. In Polen? Oder in Deutschland?“ Als Perlov antwortet, dass sie in Russland gewesen seien, reagiert der KZ-Überlebende erneut ungläubig: „Aus Russland kommt ihr? Was du nicht sagst! Bei so einem Quatsch könnte man meinen, du wärst doch in einem Bunker gewesen.“[69] Das von Perlov in seinem Roman fiktional verarbeitete Unverständnis, das vielen Repatriierten von anderen jüdischen Überlebenden entgegengebracht wurde, wird auch in anderen Zeugnissen beschrieben.[70]

Bereits bei ihrer Rückkehr nach Polen waren viele jüdische Repatriierte mit den Berichten von Überlebenden der deutschen Besatzung konfrontiert worden. Nicht selten hatten solche Erzählungen die Rückkehrer angesichts des sich ihnen berichteten Grauens und Leidens bereits verstummen lassen. In den jüdischen DP-Lagern verhielt es sich vielerorts ähnlich. Neuankömmlinge aus der Sowjetunion, die wie Hanna Davidson Pankowsky mit ihren Eltern und Geschwistern die Kriegszeit überstanden hatten, trafen auf Gleichaltrige, die sämtliche Angehörige verloren hatten und nun völlig auf sich gestellt waren. Davidson Pankowsky freundete sich im DP-Lager Babenhausen mit einigen jungen Leuten an, von denen viele die einzigen Überlebenden ihrer Familien waren. Davidson Pankowsky habe sich glücklich geschätzt, im Kreise ihrer Familie zu sein: „How lucky we were, Kazik [Hannas Bruder, Anm. d. Verf.] and I, to have our entire family!“[71] Davidson Pankowsky und vielen anderen erschien ihr eigenes Leid als verhältnismäßig gering im Vergleich mit KZ- und Ghettoüberlebenden. Sie hielten es

67 Grossmann, Remapping, S. 78.

68 Dieses sowie ein weiteres Kapitel fehlen in der englischsprachigen Übersetzung von 1967.

69 Alle Zitate aus: Perlov, Mayne zibn gute yor, S. 315–316.

70 Josef Ben-Eliezer war als eines der sogenannten Teherankinder von der Sowjetunion nach Palästina gekommen. In seinen Erinnerungen schildert er, dass 1944 in seinem Kibbuz niemand die Geschichten über seine Leidenserfahrungen in der Sowjetunion habe hören wollen. Man habe ihm nicht glauben wollen. Es gab „eine aus fehlenden und falschen Informationen stammende, tiefe Sympathie für die Sowjets, weil sie gegen Hitler kämpften.“ Ben-Eliezer, Flucht, S. 65.

71 Davidson Pankowsky, East of the Storm, S. 165.

folglich für angebracht, ihre Erfahrungen niemandem zu berichten.[72] Am Beispiel der jüdischen Studentenvereinigung an der UNRRA-Universität München[73] lässt sich beobachten, wie die bislang genannten Motive das Verschweigen der eigenen Erfahrungen beförderten. Dort studierten jüdische Überlebende der deutschen Besatzung gemeinsam mit Rückkehrern aus der Sowjetunion. Jeremy Varon und Bella Brodzki kommen mit Blick auf die Gedenkpraxis der jungen Überlebenden zu dem Schluss, dass die Studierenden bewusst vermieden hätten, miteinander über ihre Kriegserfahrungen zu sprechen.

> The expression of one person's grief, one can imagine, would have been a touchstone for the intense grief of others as well, thus disrupting the fragile equilibrium among them by which they repressed the past just enough to remain focused on the present. But if they all suffered, their suffering was not perfectly equal. Some in the group still had living parents, and a percentage spent the worst years of the war in the comparative safety of central and eastern Russia. By not talking about the Holocaust, they avoid creating any potentially divisive hierarchy of suffering or inducing in one another feelings of jealousy or guilt.[74]

An der Praxis der kollektiven Tabuisierung der Vergangenheit habe auch eine wachsende Vertrautheit oder Freundschaft unter den jüdischen Studierenden nichts geändert, so Varon.[75] Stattdessen habe die Annahme, dass alle als Teile der She'erit Hapletah in ihrem Leid und ihrem Verlust vereint seien, dass sie nach vorn blicken müssten, um zurück ins Leben finden zu können, bei den meisten einen Abwehrmechanismus etabliert, sobald es um Details der Kriegszeit ging. Varon, der zahlreiche jüdische Absolventen der UNRRA-Universität interviewt hat, thematisiert eine Frage, die in Selbstzeugnissen ehemaliger Exilanten nur sehr selten behandelt wird. Als einer von wenigen erwähnt Victor Zarnowitz in seinen Erinnerungen kurz, dass die Mitglieder der Jüdischen Studentenvereinigung an der Universität Heidelberg miteinander kaum über ihre Vergangenheit gesprochen

---

72 Allgemeiner hierzu: Jockusch u. Lewinsky, Paradise Lost, 376–377.

73 Zur UNRRA-Universität siehe: Brodzki, Bella u. Varon, Jeremy: The Munich Years: The Jewish Students of Post-War Germany. In: Beyond Camps and Forced Labour. Current International Research of Survivors of Nazi Persecution. Proceedings of the International Conference London, 29–31 January 2003. Hrsg. von Johannes-Dieter Steinert u. Inge Weber-Newth. Osnabrück 2005. S. 154–163; Holian, Anna: Displacement and the Post-war Reconstruction of Education: Displaced Persons at the UNRRA University of Munich, 1945–1948. In: Contemporary European History 2 (2008). S. 167–195.

74 Brodzki u. Varon, Munich Years, S. 158–159.

75 Varon, Jeremy: The new life. Jewish students of postwar Germany. Detroit 2014. S. 189. Varons Studie basiert auf zahlreichen Interviews mit ehemaligen jüdischen DP-Studierenden der UNRRA-Universität.

hätten. Zarnowitz begründet das Schweigen mit der aus seiner Sicht paradoxen Situation, in der er sich als jüdischer Promotionsstudent bei einem deutschen Doktorvater befunden habe. Mit Ausnahme der Eheleute Zarnowitz bestand die Jüdische Studentenvereinigung in Heidelberg aus KZ-Überlebenden, erinnert sich Zarnowitz. Diesen, so vermutet er, sei es erheblich schwerer gefallen, nach dem Holocaust ein freundschaftliches Verhältnis zu einzelnen Deutschen aufzubauen, wie es Zarnowitz mit seinem Doktorvater verbunden habe.[76]

Laura Jockusch und Tamar Lewinsky haben nachgewiesen, dass maßgebliche Akteure des Gedenkens in den DP-Lagern nicht an einer Integration des sowjetischen Exils in den Kanon der Holocausterfahrungen interessiert waren. So war etwa kein einziger Aufruf der *Tsentrale historishe komisye* (TsHK, dt. Zentrale Historische Kommission) in der jüdischen Presse an die ehemaligen Exilanten adressiert, auch nicht, als diese längst die Mehrheit aller jüdischen DPs zum Jahreswechsel 1946/1947 stellten.[77] Die Zeitschrift der Historischen Kommission *Fun letsn khurbn* veröffentlichte auf ihren Seiten Hunderte Zeugnisberichte jüdischer DPs zum Überleben in Ghettos und KZs, unter falscher Identität, im Versteck und bei den Partisanen.[78] Das Überleben im sowjetischen Exil wurde dagegen ausgeklammert. Gleiches gilt für öffentliche Gedenkveranstaltungen, die zwar der Opfer des Aufstandes im Warschauer Ghetto gedachten, nicht aber der Deportation Zehntausender jüdischer Flüchtlinge in die Sondersiedlungen im Juni 1940. Jockusch und Lewinsky erklären das Ausblenden der sowjetischen Erfahrung damit, dass sich das öffentliche Gedenken der jüdischen DPs auf Verlust und Vernichtung konzentriert habe und nicht auf das Überleben.

> In the perception of the ‚survivors,' the story of the ‚refugees' was one of survival through hardships that did not seem directly related to the Holocaust.[79]

Eine weitere Erklärung besteht in der Tatsache, dass die meisten polnisch-jüdischen Repatrianten erst in der zweiten Hälfte des Jahres 1946 die DP-Lager erreichten. Zu diesem Zeitpunkt habe es vielerorts bereits eine etablierte Kultur des Gedenkens an die Vernichtung gegeben, so Jockusch und Lewinsky, die um jene

76 Zarnowitz, Fleeing the Nazis, S. 95 – 100. Im Mai 1951 verteidigte Zarnowitz seine Doktorarbeit in den Wirtschaftswissenschaften, die auf Deutsch und als Buch beim Verlag Mohr erschien. Sein Doktorvater war der Ökonom Erich Preisler.

77 Dass es dennoch Berichte über das sowjetische Exil im Bestand der Zentralen Historischen Kommission gibt, scheint eher dem Zufall geschuldet zu sein.

78 Die Definition eines legitimen Kanons von Holocausterfahrungen geht maßgeblich auf Israel Kaplan zurück, den Chefredakteur der Zeitschrift. Jockusch u. Lewinsky, Paradise Lost, S. 383 – 384.

79 Jockusch u. Lewinsky, Paradise Lost, S. 384.

Ereignisse kreisten, die die Repatrianten nicht aus eigener Erfahrung kannten.[80] Dass sich die meisten Neuankömmlinge diese Gedenkkultur dennoch zu eigen machten, lässt sich mit der im vorangegangenen Kapitel beschriebenen Erfahrung des doppelten Heimatverlusts erklären. Auch die Repatrianten hatten Angehörige im Holocaust verloren, derer sie gedenken wollten. Insofern wirkte die Konzentration auf den gemeinsamen Verlust bei vielen durchaus als integratives Moment. Eine ähnliche Position vertrat ein Rechtsanwalt namens Friedheim in seiner Eröffnungsrede auf der Zweiten Landeskonferenz der polnischen Juden in Deutschland. Das jiddische Redemanuskript wurde Ende 1947 im *Ibergang* veröffentlicht. Darin benennt Friedheim offen die Existenz der größten polnisch-jüdischen Überlebendengruppe in Deutschland.

> Wir haben beschlossen, nicht nach Polen zurückzukehren, wo die Ruinen uns in jeder Sekunde an unsere schreckliche Tragödie erinnern. Viele von uns sind aus dem fernen Russland gekommen, wo sie die grausamen Jahre des Krieges verbrachten. Sie sind nach Polen zurückgekehrt, aber nachdem sie sich mit der Wirklichkeit vor Ort vertraut gemacht haben, beschlossen auch sie, dass Land schnellstens in Richtung ihres eigenen Landes nach Eretz Israel zu verlassen.[81]

Als Friedheim Ende 1947 die Delegierten der Landeskonferenz adressierte, hatte sich die Zusammensetzung der polnisch-jüdischen DP-Gesellschaft bereits radikal verändert. Zu diesem Zeitpunkt stellten die ehemaligen Exilanten die große Mehrheit in den DP-Lagern. In den Jahren zuvor war es dagegen keineswegs selbstverständlich, die Erfahrungen polnisch-jüdischer Rückkehrer „aus dem fernen Russland" öffentlich zu erwähnen.

Eine Vielzahl von Faktoren trug dazu bei, dass des sowjetischen Exils innerhalb der jüdischen Erinnerungsgemeinschaft nicht gedacht wurde. Ein wesentliches Motiv für ein situatives Verschweigen der sowjetischen Erfahrungen war auch der aufziehende Kalte Krieg. Zehntausende jüdische DPs, darunter ein vermutlich hoher Anteil von Repatriierten, beabsichtigten, in die Vereinigten Staaten von Amerika zu emigrieren. Da Großbritannien die Einreise jüdischer DPs nach Palästina massiv beschränkte, betrachteten viele die Vereinigten Staaten von Amerika als das einzige verbliebene Auswanderungsziel. In zahlreichen Fällen mussten jene Antragsteller, die die Kriegszeit in der UdSSR verbracht hatten, deutlich länger auf ihre Visa für die Einreise in die USA warten, als andere,

80 Jockusch u. Lewinsky, Paradise Lost, S. 385.
81 Friedheim, Wl.: Derefenungsrede fun adw. Ibergang, 7. Dezember 1947. S. 3.

die im deutschbesetzten Europa überlebt hatten.[82] Denn aus Sicht der amerikanischen Einwanderungsbehörden war der jahrelange Aufenthalt in der Sowjetunion erklärungswürdig. Die ehemaligen Exilanten unter den jüdischen DPs wurden in Berichten der amerikanischen Nachrichtendienste als potenzielle Gefahr für die Vereinigten Staaten von Amerika und zuweilen gar als sowjetische Agenten betrachtet, deren Einreise unbedingt zu verhindern sei.[83] Vieles deutet darauf hin, dass jüdischen DPs, die den Krieg in der Sowjetunion verbracht hatten und nun in die Vereinigten Staaten von Amerika ausreisen wollten, dieser Verdacht bewusst war.[84] Diesen Schluss legen zahlreiche Anträge auf Unterstützung durch die UNRRA beziehungsweise die IRO nahe, die polnisch-jüdische DPs zwischen den Jahren 1947 und 1948 stellten.[85] Viele sahen sich angesichts der antikommunistischen Haltung der US-Immigrationsbehörden gezwungen, falsche Angaben zu ihrer Biografie während des Krieges zu machen. Der erwähnte Herausgeber des *Ibergang*, Marek Liebhaber, gab etwa in seinem Antrag auf Unterstützung durch die IRO an, während des Krieges in verschiedenen Konzentrations- und Zwangsarbeitslagern gewesen zu sein.[86] Da Liebhaber beabsichtigte, in die Vereinigten Staaten von Amerika auszureisen, verschwieg er seinen jahrelangen Aufenthalt in der Sowjetunion, um keinen Verdacht auf sich und seine Familie zu lenken. Auch die Verwendung eines Pseudonyms bei der Veröffentlichung seines erwähnten Plädoyers für die Integration des sowjetischen Exils in die jüdische Erfahrungsgeschichte des Zweiten Weltkrieges im *Ibergang* ist mit Liebhabers Wissen um seine eigene, möglicherweise kompromittierende Vergangenheit zu deuten.[87] Der Visumsantrag des jiddischen Schriftstellers Meylekh

---

82 Die Familie Zarnowitz erhielt im Januar 1952, fast sechs Jahre nach ihrer Ankunft in Deutschland, die Ausreisevisa für die USA. Zarnowitz begründet die späte Entscheidung mit der antikommunistischen Haltung der USA zu dieser Zeit. Zarnowitz, Fleeing the Nazis, S. 102.

83 Marrus, Die Unerwünschten, S. 382; Berkowitz, Michael u. Brown-Fleming, Suzanne: Perceptions of Jewish Displaced Persons as Criminals in Early Postwar Germany: Lingering Stereotypes and Self-fulfilling Prophecies. In: Patt u. Berkowitz, We are here, S. 167–193, hier S. 175.

84 Jockusch u. Lewinsky, Paradise Lost, S. 386–387.

85 Mindestens ein Dutzend solcher Anträge (*Application for Assistence*), ausgefüllt durch ehemalige polnisch-jüdische Exilanten, lagern im Archiv des International Tracing Service Bad Arolsen. Darin mussten die Antragssteller auch ihre gewünschten Ausreiseziele nennen.

86 Liebhaber stellte den Antrag im DP-Lager Föhrenwald. Darin gibt er an, zwischen 1940 und 1945 in KZs und Arbeitslagern in Polen gewesen zu sein. Seinen Aufenthalt in der Sowjetunion erwähnt er nicht. Erst am 12. April 1950 konnte Liebhaber in die Vereinigten Staaten von Amerika ausreisen. ITS Digitales Archiv, Application for Assistance vom 15. Juni 1948, Marek Liebhaber, Signatur 79407958.

87 Liebhaber hatte seinen Text *A kapitl geszichte gejt farlorn* (polnisch-jiddische Schreibweise im Original) unter dem Pseudonym M.D. Elihav veröffentlicht, einer hebraisierten Variante seines Nachnamens. Für den Hinweis auf Liebhabers Pseudonym danke ich Tamar Lewinsky.

Tshemny wurde dagegen abgelehnt, weil er unter seinem echten Namen bereits in zahlreichen DP-Publikationen über die Jahre in der Sowjetunion geschrieben hatte.[88] Im Gespräch mit den amerikanischen Einwanderungsbehörden wurde Tshemny mit seiner sowjetischen Exilvergangenheit konfrontiert. Letztlich bewerteten die amerikanischen Behörden Tshemny als einen kommunistischen Sympathisanten und lehnten seinen Einwanderungsantrag ab.[89] Wer nicht durch Veröffentlichungen über die UdSSR markiert war, konnte, wie Liebhaber, die Strategie wählen, falsche Behauptungen zu ihren Kriegserfahrungen zu machen. Viele ehemalige polnisch-jüdische Exilanten hatten bereits mehrere Jahre im *Wartesaal* der DP-Lager verbracht und suchten verzweifelt nach einem Weg, Europa verlassen zu können. Einige polnisch-jüdische DPs versuchten ihre sowjetische Exilvergangenheit auch zu verheimlichen, indem sie sämtliche noch erhaltene Dokumente aus der UdSSR vernichteten und sich gefälschte Identitätspapiere besorgten, die ihre erfundene Biografie stützten.[90]

Erst nachdem sie Europa erfolgreich verlassen hatten, äußerten sich einige wenige ehemalige Exilanten zu ihrer Vergangenheit.[91] Außerhalb der DP-Lager war dies in den Vereinigten Staaten von Amerika vor dem Hintergrund wachsender Spannungen mit der UdSSR möglich geworden. Jerzy Gliksman etwa verfasste seinen im Jahr 1948 in New York erschienenen Bericht *Tell the West*[92] als Anklage gegen die Ausbeutung von Zwangsarbeitern in der Sowjetunion. Auf diese Weise konnte Gliksman sowohl wahrheitsgemäß seine Erfahrungen schildern als auch eine anti-sowjetische Haltung vor dem Hintergrund des Kalten Krieges einnehmen. Anders als der Bundaktivist Jerzy Gliksman, dessen prominenter Bruder Wiktor Alter 1943 vom NKWD erschossen worden war, behielten die meisten polnisch-jüdischen Neuankömmlinge in den Vereinigten Staaten von Amerika ihre sowjetische Vergangenheit jahrzehntelang für sich. Für die These vom verbreiteten Wissen um einen möglichen Kommunismusverdacht spricht außerdem, dass diejenigen ehemaligen Exilanten, die nach Palästina bezie-

---

88 Die Kapitel seines Buches wurden laut dem Vorwort des Autors in München zwischen 1946–1948 verfasst. Sie erschienen zuerst einzeln als Fortsetzungsroman in jiddischen DP Zeitschriften, Dos Vort und Undzer Veg. Tshemny, Uzbekistan, S. 5.

89 Jockusch u. Lewinsky, Paradise Lost, S. 387.

90 Ausführlicher hierzu siehe: Nesselrodt, Markus: From Russian Winters to Munich Summers. DPs and the Story of Survival in the Soviet Union. In: Freilegungen. Displaced Persons. Leben im Transit: Überlebende zwischen Repatriierung, Rehabilitierung und Neuanfang. Jahrbuch des International Tracing Service. Bd. 3. Hrsg. von Rebecca Boehling [u. a.]. Göttingen 2014. S. 190–198.

91 Jockusch u. Lewinsky, Paradise Lost, S. 388.

92 Der Untertitel des Buches lautet „An account of his experiences as a slave laborer in the Union of Soviet Socialist Republics.“

hungsweise ab Mai 1948 nach Israel ausreisen wollten, ihre Zeit in der Sowjetunion nicht verheimlichten. So macht etwa Shlomo Leser in seinem Antrag auf Unterstützung durch die IRO wahrheitsgemäße Angaben zu seinen Aufenthaltsorten während des Krieges, die mit der Darstellung in seinen autobiografischen Schriften übereinstimmen.[93]

Sprechen trotz allem: Frühe öffentliche Darstellungen des Exils in den jüdischen DP-Lagern

Wie oben dargestellt, entschied die Mehrheit der ehemaligen Exilanten, sich bis zu ihrer Emigration in die Vereinigten Staaten von Amerika oder Palästina/Israel nicht öffentlich über die eigenen Erfahrungen zu äußern. Die selektiv positiven Darstellungen des Exils in der jiddischen Literatur Nachkriegspolens bestätigen letztlich nur die These, dass die Ambivalenzen des Exils keinen Ausdruck in der zeitgenössischen Öffentlichkeit finden durften. In den DP-Lagern war zwar die kommunistische Zensur verschwunden, doch förderten die Neubewertung des eigenen Leidens im Kontakt mit anderen Überlebenden und die aufkommenden Spannungen im Ost-West-Konflikt das Schweigen über die Sowjetunion während des Krieges. Diesem allgemeinen Befund stehen allerdings zahlreiche Wortmeldungen ehemaliger Exilanten in der jiddischen DP-Literatur gegenüber, die im folgenden Teil näher behandelt werden. Dabei werden zwei wesentliche Motive für das öffentliche Sprechen beziehungsweise Schreiben über das sowjetische Exil voneinander unterschieden. Zum einen wird der Wunsch nach der Integration des Exils in die Geschichte jüdischen Leidens während des Zweiten Weltkrieges geäußert. Zum anderen wird die gegenwärtige Bedeutung der Exilerfahrung in der Begegnung mit anderen Überlebendengruppen thematisiert.

Tamar Lewinsky hat gezeigt, dass die jiddische DP-Literatur als Antwort auf die durch den Holocaust verursachte doppelte Sprachlosigkeit angesehen werden kann. In veröffentlichten Prosa- und Lyrikwerken, Zeitschriften und Zeitungen versuchten jiddische Autorinnen und Autoren, die Unfassbarkeit der Vernichtung in Worte zu fassen.[94] Zugleich schrieben sie in dem Bewusstsein, dass die Zahl der

---

93 Shlomo Lesers Antrag auf IRO-Unterstützung ist insofern besonders, als er offen über die Deportation in die Sowjetunion berichtet. Hier wird keine Biografie erfunden. Das kann 1948 auch mit Lesers Wunsch zu tun gehabt haben, nach Palästina und nicht in die USA emigrieren zu wollen. ITS Digitales Archiv, Application for Assistance, Shlomo Leser, Signatur 79401257.

94 Lewinsky u. Lewinsky, Unterbrochenes Gedicht, S. 5. Ausführlicher hierzu: Lewinsky, Displaced Poets.

Jiddischsprechenden stark gesunken war. Lewinsky spricht daher von einer Symbiose zwischen Schreibenden und ihrem Publikum.

> Die DP-Lager übernahmen die Funktion eines gemeinsamen Erinnerungsraums für Juden, die nach Jahren im Ghetto, im KZ, im Exil oder im Versteck hier zusammentrafen. Die DP-Presse und die Literatur boten den Rahmen für die schriftliche Fixierung der Erinnerung.[95]

Die Tatsache, dass ein großer Teil der aktiven jüdischen DP-Schriftsteller in der Sowjetunion überlebt hatten[96], wirkte sich im Allgemeinen nicht nachhaltig auf die Konturen der von Lewinsky so bezeichneten „Erinnerungsgemeinschaft"[97] aus. Generell gilt für die jiddische DP-Literatur, dass Verlust und Tod, nicht aber Überleben, ihre wichtigsten Themen – neben dem Zionismus – bildeten. Einige Beteiligte der DP-Literatur befürworteten allerdings eine integrative Darstellung der jüdischen Kriegsschicksale, die den Exilanten ebenso eine Stimme erteilt, wie auch anderen Überlebenden. Sehr deutlich bringt dies der Verleger Taranowski im Vorwort zu Benjamin Harshavs unter Pseudonym veröffentlichten Gedichtband *Shtoybn*[98] (dt. Stäube) aus dem Jahr 1948 zum Ausdruck. In seinem Vorwort plädiert der Verleger dafür, Harshav als Stimme einer jungen jüdischen Katastrophengeneration zu lesen. Der damals 19-jährige Harshav thematisiert in seinen Gedichten vorrangig die positiven Verheißungen des Zionismus und das künftige Leben in Palästina. Doch in einigen Gedichten setzt der junge Autor die Erfahrung des Überlebens im Exil mit der Vernichtung seiner Heimat in eine enge Beziehung. Diese Verbindung hebt Taranowski hervor.

> Doch auch die Jugend und die Kinder, die durch verschiedene Wunder vor dem Tod gerettet wurden (in der Sowjetunion, auf der arischen Seite, in Klöstern, und so weiter) – auch an ihnen haftet das Mal des Khurbn und des Todes, von welchem sie sich nicht befreien können. In den Gaskammern wurde ihre Jugend verbrannt, ihre Träume und Hoffnungen aufgezehrt.[99]

Indem Taranowski den Fakt des Überlebens hervorhebt, wertet er die Stimme des jungen Autors auf, die ansonsten wohl kaum Gehör im Vergangenheitsdiskurs der jüdischen DP-Öffentlichkeit gefunden hätte. Auch die Überlebenden seien von der

---

95 Lewinsky, Displaced Poets, S. 110.
96 Lewinsky, Displaced Poets, S. 124.
97 Lewinsky u. Lewinsky, Unterbrochenes Gedicht, S. 5.
98 Harshav, Benjamin (veröffentlicht unter Pseudonym H. Binyomin): Shtoybn. Lider. Minkhn 1948. Das Pseudonym H. Binyomin ist eine Umkehrung seines Geburtsnamens Binyomin Hrushowski. Im Interview gab Harshav an, dass sein Verleger Taranowski hieß. Einen Vornamen nannte er nicht. Interview mit dem Verfasser im September 2013, New Haven, USA.
99 Taranowski in: Binyomin, Shtoybn, S. 5.

Vernichtung gezeichnet, selbst wenn sie dieser, wie etwa Harshav, nicht direkt ausgesetzt waren, schreibt Taranowski.

> Binyomin Hrushovski – der Autor dieses Gedichtbandes ist wahrlich ein typischer Vertreter dieser Gruppe, einer vom Tode geretteten und vom Khurbn gezeichneten Jugend.[100]

Die hier vorgenommene Aufwertung des sowjetischen Exils als Teil der jüdischen Erfahrungsgeschichte des Zweiten Weltkrieges entspricht einer weiten Interpretation des jiddischen Begriffs *khurbn*. Demnach gehört zur Geschichte des nationalsozialistischen Völkermords auch die Flucht beziehungsweise Verschleppung in das sowjetische Exil. Mit dieser Position gehörte Taranowski allerdings einer Minderheit in der jüdischen DP-Öffentlichkeit an. Dass er nicht allein war, belegt ein von Marek Liebhaber unter einem Pseudonym im Sommer 1947 veröffentlichtes Plädoyer für eine integrierte Geschichte des *khurbn*. Liebhaber verarbeitet in seinem jiddischen Zeitungsartikel *Ein Geschichtskapitel geht verloren*[101] seine eigene Erfahrung als politischer Häftling in einem sowjetischen Arbeitslager, ohne dies jedoch kenntlich zu machen. Stattdessen spricht er von der Geschichte einer großen Gruppe, die bislang wenig Beachtung durch die jüdische DP-Öffentlichkeit erhalten habe.

> Hunderttausende Juden sind aus der Sowjetunion zurückgekehrt, wo sie vor dem Nazitod gerettet wurden. Das Problem ist, dass ein Gefühl der großen Dankbarkeit sich mit einer Anklage gegen die sowjetische Regierung vermischt. Viele haben eine historische Kuriosität erlebt: Sie waren zum Tod durch harte Arbeit in die Lager verschleppt worden und dies rettete sie letztlich vor dem Tod. Viele fanden in der Sowjetunion ein gastfreundliches Asyl vor, fernab der Hölle. Wir verstehen die Gefühle von Dankbarkeit wie auch die Gefühle der Anklage, doch sie dürfen nicht die wichtige und objektive Verarbeitung der Erfahrungen in Russland in den Jahren 1939–1945 behindern.[102]

Liebhaber benennt wesentliche Aspekte des damaligen Diskurses über das sowjetische Exil. Er verweist zunächst auf die hohe Zahl jüdischer Rückkehrer, von denen wiederum viele in den Lagern für jüdische Displaced Persons lebten. Ferner erwähnt er die weit verbreitete Ambivalenz gegenüber den sowjetischen Gastgebern, die für viele jüdische DPs zugleich Verfolger und Retter waren. Nicht zuletzt prangert Liebhaber die ausbleibende historische Aufarbeitung des Exilkapitels an, die wiederum soziale Konflikte in der Gegenwart hervorrufe.

---

100 Taranowski in: Binyomin, Shtoybn, S. 5.

101 Elihav, M.D. (eigentlich Marek Libhaber): A kapitl geszichte gejt farlorn. Ibergang, 29. Juni 1947. S. 3. Für den Hinweis auf Liebhabers Pseudonym danke ich Tamar Lewinsky.

102 Elihav, A kapitl geszichte, S. 3.

> Das Fehlen jeglicher Materialien und das Verschweigen der Thematik verursachen Missverständnisse in unserem Leben. Nach innen: Es schafft einen Antagonismus von 'denen, die im KZ litten' und 'jenen, die weniger litten und aus Russland zurückkamen'. Nach außen: 'Die Welt muss die Gründe kennen, warum wir Russland verließen. Es ist ein Beleg für die Verbundenheit – nicht für den Bruch – mit der hebräischen Kultur, Eretz Israel usw. '[103]

Die Tabuisierung der vielfältigen Erfahrungen von Verfolgung, Zwangsarbeit und Verlust förderte den Ausschluss eines aus Liebhabers Sicht wichtigen Teils jüdischer Geschichte während des Zweiten Weltkrieges. Liebhaber begründet die Notwendigkeit einer historischen Aufarbeitung der Exilgeschichte mit dem Gebot, zu erinnern: „Die Vergangenheit verlieren, heißt die Zukunft vernachlässigen. Die Vergangenheit vernachlässigen, heißt die Zukunft verlieren.“[104] Woran erinnert werden müsse, stellt Liebhaber ebenfalls klar.

> Das Leben der jüdischen Massen in den sibirischen Lagern, die Not und die schwere Arbeit und auf jeden Fall auch der Tod alter Zionisten in russischen Gefängnissen muss verewigt werden.[105]

Durch die Erwähnung der toten Zionisten versucht Liebhaber, die Geschichte der „Leiden der europäischen Juden in Russland in den Jahren 1939–1946“[106] anschlussfähig für den zionistisch dominierten Zeitgeist der DP-Öffentlichkeit zu machen. Dieser Appell kann durchaus als Kritik an der Arbeit der Zentralen Historischen Kommission gesehen werden, die zwar über Zeugenberichte überlebender Exilanten verfügte, diese jedoch in ihrer Zeitschrift *Fun letstn khurbn* mit keinem Wort erwähnte. Seine Forderung nach einer integrierten Geschichte des Khurbn bringt Liebhaber noch einmal deutlich auf den Punkt, indem er abschließend konstatiert:

> Die Epoche von 1939–1945 hat viele Aspekte. Alle müssen bekannt gemacht werden. Alle müssen erforscht werden.[107]

Der Schriftsteller Meylekh Tshemny bekräftigt in seinem im Jahr 1949 in München erschienenen Erzählband *Uzbekistan* Liebhabers Forderung nach einem öffentlichen Gedenken an die in der Sowjetunion zu Tode gekommenen polnischen Juden. Tshemnys Erzählungen thematisieren das Leben jüdischer Flüchtlinge in

103 Elihav, A kapitl geszichte, S. 3.
104 Elihav, A kapitl geszichte, S. 3.
105 Elihav, A kapitl geszichte, S. 3.
106 Elihav, A kapitl geszichte, S. 3.
107 Elihav, A kapitl geszichte, S. 3.

Usbekistan zwischen Amnestie und Kriegsende. Ein verbindendes Element zwischen den einzelnen Geschichten stellt der Protagonist Wolf dar, den der Autor als typisch für alle jüdischen Flüchtlinge beschreibt, „die ihre in Sibirien durchgefrorenen Glieder unter der usbekischen Sonne aufwärmten."[108] In seiner Einleitung erläutert der Autor, dass er sich bei der Wahl des Themas und der Erzählweise vom jüdischen Erinnerungsgebot (*zakhor*) habe leiten lassen.

> ‚Usbekistan' ist jenen Gräbern in den Bergen Usbekistans gewidmet, an deren Fuße die Überreste heiliger Juden ruhen, die durch die Hitler-Bestien in den schrecklichen Jahren 1939–1945 vertrieben wurden. Auch diese Märtyrer haben verdient, dass man ihrer gedenkt [im Original: zakhor, Anm. d. Verf.].[109]

Tshemnys Erzählungen über den Alltag jüdischer Exilanten behandeln Themen wie Verzweiflung, Hunger, Armut und Tod auf empathische Weise. Sein selbstauferlegtes Bestreben, den verstorbenen „heiligen Märtyrern" ein literarisches Denkmal zu errichten, entspricht durchaus einem verbreiteten Phänomen in der jiddischen Nachkriegsliteratur über die Kriegszeit.[110] Durch einen selbstauferlegten, möglichst objektiven Erzählstil versucht Tshemny als Zeuge jener Ereignisse, den Toten einen literarischen Grabstein zu errichten.

> Denn der Autor war auch dort, im sonnigen Asien, verbrachte dort die Jahre 1941–45. Er hielt fest, was er dort gesehen hat. Eine derartige Zufälligkeit bestimmte also die Wahl des Themas, nichts anderes.[111]

Es ist sehr wahrscheinlich, dass Tshemny sich durch die Selbstinszenierung als neutraler Chronist gegen mögliche Vorwürfe seiner Zeitgenossen wehren wollte, er sei Kommunist und glorifiziere die Sowjetunion. Sein Streben nach einer ausgewogenen Darstellung der Erfahrungen im sowjetischen Usbekistan überzeugte, wie oben erwähnt, die amerikanischen Einwanderungsbehörden jedoch nicht.

Es ist bezeichnend, dass Taranowski, Liebhaber und Tshemny die Bedeutung Zehntausender weitgehend unbekannter, jüdischer Schicksale im sowjetischen Exil hervorheben, derer es zu gedenken gelte. Die drei Autoren verwenden dabei Begriffe wie *Katastrophengeneration*, *Mal des Khurbn* und sprechen von *jüdischen Märtyrern*, deren Erfahrungen sie als Teil der jüdischen Leidensgeschichte des

---

108 Tshemny, Die Broytshtot, S. 5.

109 Tshemny, Die Broytshtot, S. 8.

110 Die Idee eines literarischen, symbolischen Denkmals für die Ermordeten wird ausführlicher beschrieben in: Schwarz, A Library of Hope, S. 174.

111 Tshemny, Die Broytshtot, S. 5.

Krieges und der Nachkriegszeit deuten. Indem Taranowski und Liebhaber die Notwendigkeit eines in sich geschlossenen Überlebendenkollektivs betonen, schlagen sie einen Bogen von KZ- und Ghettoüberlebenden zu Repatrianten. Sie alle, so konstatieren die Autoren, hätten großes Leid und schmerzhaften Verlust erfahren, der sie vereine, statt sie entlang ihrer Erfahrungen voneinander zu trennen. Mit seinem Plädoyer für das Gedenken an die jüdischen Opfer in Usbekistan reiht sich auch Meylekh Tshemny ein in den Appell einer kleinen Gruppe jiddischer Schriftsteller für eine Integration des sowjetischen Exils in die Geschichte des *khurbn*. Wenngleich solche Forderungen in der unmittelbaren Nachkriegszeit keine Mehrheiten fanden, wiederholten ehemalige Exilanten sie in Dutzenden Memoiren und Interviews seit den späten 1980er Jahren.[112]

Zur Bedeutung der Exilerfahrung in der Begegnung mit anderen Überlebendengruppen

Noch im sowjetischen Exil setzten sich polnisch-jüdische Schriftsteller in jiddischen Gedichten bereits mit dem eigenen Schicksal im Angesicht des Genozids an den europäischen Juden in ihrer polnischen Heimat auseinander.[113] Sie thematisieren damit bereits vor ihrer Rückkehr nach Polen ihre Vorstellungen von Zerstörung, Tod und Verlust in lyrischer Form, wie am Beispiel der beiden Autoren Benjamin Harshav und Yitskhok Perlov gezeigt werden wird. Bereits im Sommer 1945 verfasste der damals 16-jährige Benjamin Harshav das Gedicht *Ovnt in step*[114] (dt. Abend in der Steppe), das drei Jahre später gemeinsam mit anderen lyrischen Texten in dem oben erwähnten Band *Shtoybn* in München erschien. Im Interview mit dem Verfasser erläuterte Harshav, unter welchen Umständen das Gedicht entstanden war. Im Sommer 1945 lebte Harshav gemeinsam mit seinen Eltern in dem Dorf Vjasovka am Ural unweit der russisch-kasachischen Grenze. Die Wüste, erinnert sich Harshav, habe damals fast an den Ort herangereicht. Starke Winde wehten immer wieder große Menge Wüstensand durch Vjasovka. Die Natur habe

112 Dieses Phänomen wurde in der Einleitung beschrieben.

113 Damit behandeln die Repatriierten in ihren in Polen veröffentlichten Texten ein zeitgenössisch verbreitetes literarisches Motiv. In ihren jiddischsprachigen Gedichten und Prosatexten hatten die Erzähler bereits den Besuch von KZs und Ghettos beschrieben, bevor sie überhaupt nach Polen zurückgekehrt waren. Ruta, Principal Motifs, S. 178.

114 Unter der letzten Strophe steht der Zusatz „Ural, Sommer 1945“. Harshav, Shtoybn, S. 11–12. Ich danke Alina Bothe für ihre Unterstützung bei der Übersetzung des Gedichts aus dem Jiddischen.

den Schockzustand verstärkt, in dem sich Harshav befand, nachdem er im Jahr 1945 vom Genozid an den Juden erfahren hatte.

> Ich war 16 als ich vom Holocaust erfuhr und ich war so geschockt, dass ich von zu Hause weglief. Ich lief auf ein Plateau und spürte die Wüste näherkommen.[115]

Angekommen auf der Erhöhung, so schildert Harshav, habe er eine Stille wahrgenommen, die er mit der Ruhe nach dem Sturm, das heißt der Zerstörung seiner Heimatstadt Wilna durch die Deutschen, assoziierte.[116] Harshav beschreibt in dem Gedicht, wie die Natur Zeuge einer ungeheuren Zerstörung wurde und auf diese Weise ihre Unschuld verloren habe. Zum Beispiel die Sonne, die sich nach einem langen Tag herabsenke.

> Und rot vor Scham, wenn sie könnte,
> Ob des Tages des Schlachtschreckens und des Schmerzes
> Auf welchen sie – die sündige – ihr Licht und ihren Schein warf.[117]

Die untergehende Sonne bringe die Stille mit sich.

> In der Steppe, an der Schwelle zur kühlen Nacht,
> wenn vom Tag am Himmel noch ein roter Fleck übrig ist –
> Ich hör', verliere mich in der Weite und in stillem Nachdenken
> Und spüre, wie mich nach und nach ein Schatten bedeckt.[118]

Die Stille und die Dunkelheit befallen die Steppe und wecken in dem Protagonisten den Wunsch, in seine Geburtsstadt zurückzukehren.

> Auch dort ist es still – im Königreich des Todes,
> Wo ein Jugendlied stets den Himmel zerriss.
> Wo ein Volk sein Leben lang gebaut hat...
> Und jetzt tobt nur ein kalter Wind
> in einer Ansammlung aus Trümmern, Ziegeln, Steinen,
> Und übriggebliebenen Menschenknochen.[119]

Der Besuch der Heimat wird in der Fantasie des Protagonisten zu einer Konfrontation mit dem Grauen des Holocaust.

---

115 Interview mit dem Verfasser im September 2013, New Haven USA.
116 Interview mit dem Verfasser im September 2013, New Haven USA.
117 Harshav, Shtoybn, S. 11.
118 Harshav, Shtoybn, S. 11.
119 Harshav, Shtoybn, S. 11.

> Erst jetzt wird mir die Bedeutung der Stille bewusst.
> Und obwohl mich die Nacht in Kälte einhüllt,
> Hat der Hass in mir ein Feuer entflammt –
> Der Hass, geboren im Inneren tiefer Wunden.[120]

Das Bedürfnis nach Rache weicht jedoch schnell einer großen Ernüchterung.

> Ich wische die Tränen aus meinen brennenden Augen.
> Gefühle in mir werden sein wie die Sterne bei Dämmerung –
> Erloschen.
> Und ich bleibe
> Sprachlos...[121]

Abend in der Steppe behandelt die Erkenntnis des eigenen Überlebens durch rechtzeitiges Entkommen. Der Protagonist reflektiert in der fremden Umgebung der Wüste über seine ferne Heimat, deren Zerstörung er nicht beiwohnte. Zugleich behandelt Harshav eine Realitätsverschiebung von Worten und Naturereignissen angesichts eines derartigen Verbrechens. Licht und Schönheit, Dunkelheit und Kälte der Natur werden zu stillen Zeugen menschlichen Leidens, das den Naturereignissen die Unschuld raubt. Der Protagonist in *Abend in der Steppe* hat das „Königreich des Todes", wie es im Gedicht heißt, noch nicht mit eigenen Augen gesehen. Er stellt es sich lediglich in seiner Fantasie vor. Was er dort erkennt, ist eng verwoben mit der ihn umgebenden Natur. Allein in Dunkelheit, Kälte und Stille reagiert der Protagonist auf die Bilder seiner Fantasie mit Trauer, mehr noch aber mit Wut, die in der Isolation der Wüste jedoch kein Gegenüber findet. So wie die Nacht die Wüste in Kälte und Dunkelheit einhüllt, sieht sich auch der Protagonist von der Nachricht von der Zerstörung seiner Heimat zur Sprachlosigkeit verdammt.

Die letzten Zeilen von *Abend in der Steppe* deuten das Problem der Sprachlosigkeit an, mit dem viele exilierte polnisch-jüdische Schriftsteller konfrontiert waren.[122] Harshav selbst behandelt die Frage einer Beschreibung des Ungeheuerlichen mit Worten in dem Gedicht *Azoy vil tot* (dt. So viel Tod). Das Gedicht ist, das ist aus dem Kontext erkennbar, zeitlich nach der Rückkehr des Autors nach Polen entstanden. Der Genozid ist vorbei, doch seine Spuren sind noch deutlich zu erkennen. Vor allem aber bemerkt der Protagonist die große Leere, die der Holocaust hinterlassen hat. Wie, so fragt sich der namenlose Protagonist, könne die Lyrik auf diese Leere angemessen reagieren.

---

120 Harshav, Shtoybn, S. 12.
121 Harshav, Shtoybn, S. 12.
122 Dies ist kein Phänomen, das ausschließlich Exilanten betrifft.

Endlos erschafft man Worte – doch wofür?
Klopft denn ein Wort – statt ihm – an meine Tür?
Und jeder Reim, den man auf „Tod" erfindet
Ist er nicht blass? Ein Flämmchen, das verschwindet?
Wie heil und rhythmisch ist denn eine Welt
Wo alles da ist – Und doch so viel fehlt?[123]

Vergleichbar mit der Natur, die in *Abend in der Steppe* ihr Antlitz vor dem Hintergrund des Holocaust verändert, verliert auch die Sprache ihre Unschuld, suggeriert Harshav. Zugleich wird in *So viel Tod* deutlich, dass das Schreiben jiddischer Gedichte auch ein Akt des Widerstandes gegen das Verstummen darstellen kann. Andere exilierte Schriftsteller, wie etwa Shloyme Vorzoger, sind weniger optimistisch. Vorzoger plädiert angesichts der Konfrontation mit dem Holocaust für das Schweigen der Repatrianten. Nur auf diese Weise, so lässt er einen namenlosen Protagonisten in *Mir blieb nur das Schweigen* sagen, können die Rückkehrer ihre Erfahrungslücke gegenüber den Überlebenden der deutschen Besatzung reagieren. In *Mir blieb nur das Schweigen* beklagt der Protagonist seine Unfähigkeit, den Schmerz der Überlebenden nachzuempfinden und erklärt zugleich, dass jeglicher Versuch bereits eine Anmaßung darstelle.

Ach, könnt ich von nur einem Kinde
Den Schmerz nachempfinden,
Seine Furcht, seinen Schreck, sein Gezitter
Ach, hätt' ich von dem, was es fühlt
Nur einen Splitter
Ich bin nicht berufen dazu, es fehlt mir die Kraft euch zu trösten.
Aus glühender Asche geboren, vom Feuer geläutert, wird der Verkünder sich zeigen.
Bis dahin ist mir nur geblieben
Die Schuhe ausziehen, mich niedrig hinsetzen – schweigen, schweigen, schweigen.[124]

Die Suche nach einer Sprache, um nach der Rückkehr aus dem Exil den Überlebenden gegenübertreten zu können, beschäftigt auch Yitskhok Perlov, dessen Gedicht *Ikh fun soviet, er fun KZ*[125] (dt. Ich war in der Sowjetunion, er war im KZ) auf beeindruckende Weise den Inhalt von Yeshaye Shpigels ein Jahr später entstandenen Gedichts *Abschied* vorwegnimmt.[126] In dem laut Unterschrift im Jahr

123 Übersetzung in: Lewinsky u. Lewinsky, Unterbrochenes Gedicht, S. 35.
124 Übersetzung in: Lewinsky u. Lewinsky, Unterbrochenes Gedicht, S. 21–22.
125 Perlov, Yitskhok: Undzer likui-hamah. Minkhn 1947. S. 149.
126 Der Titel von Perlovs Gedicht erinnert außerdem stark an eine Gedichtzeile aus *Anopheles* von Kalman Segal, die Magdalena Ruta als Kapiteltitel dient. „Sie waren in Russland und ich war hier". Ruta, Magdalena: Bez Żydów? Literatura jidysz w PRL o Zagładzie. Polsce i komunizmie.

1946 in Nürnberg verfassten Gedicht schildert Perlov das Aufeinandertreffen eines KZ-Überlebenden und eines Russlandrückkehrers. Aus der Perspektive des Rückkehrers beschreibt Perlov den verzweifelten Versuch zu kommunizieren.

> Ich hatte sieben Jahre Not,
> Er hatte sieben Jahre Tod –
> Wir können uns nicht mehr verstehen.
>
> Ich habe gesehen, wie sein Bruder erfror,
> Umhüllt von einem Sturm im weißen Sibirien –
> Wir können uns nicht mehr verstehen.
>
> Er hat mit eigenen Augen gesehen,
> Wie man in Treblinka meine Mutter verbrannte –
> Wir können uns nicht mehr verstehen.
>
> Erwähne ich ihm gegenüber „Volk“, „Zukunft“, „Land“
> Lächelt er, winkt ab mit der Hand –
> Wir können uns nicht mehr verstehen.
>
> Glaubst du noch an Hoffnung für die Juden?
> Ich komme aus dem Gas, ich glaube nur an Hass!
> Wir können uns nicht mehr verstehen.[127]

Der Erzähler spricht freimütig davon, sieben Jahre Not erlitten zu haben, schränkt dieses Leid jedoch gleich wieder ein, indem er auf sein Gegenüber verweist, der sieben Jahre Tod hinter sich habe. Obwohl die beiden Zeugen des Todes eines engen Angehörigen (Bruder und Mutter) waren, existiert kein verbindendes Band zwischen den beiden. Auch die Zukunft, hier symbolisiert im Kampf für den jüdischen Staat (Volk, Land) kann keine gemeinsame Hoffnung spenden. Die refrainartig wiederholte Feststellung, einander nicht mehr verstehen zu können, deutet an, dass es in der Vergangenheit einmal anders gewesen sein muss. Es zeigt aber auch, dass die gemeinsame Sprache durch die getrennten Erfahrungen während des Krieges zerstört wurde. Bei Perlov und dem erwähnten Yeshaye Shpigel finden sich ansonsten in zeitgenössischen Quellen kaum auffindbare Spuren eines gescheiterten Kommunikationsversuchs, dessen Ursachen in verschiedenen Erfahrungen liegen. Die Exilerfahrung trennt in diesen beiden Gedichten eine große Zahl jüdischer Überlebender von jener Gruppe, die die

---

Kraków u. Budapeszt 2012. S. 330–338. Ausführlich zu beiden Gedichten siehe Nesselrodt, Markus: „I bled like you, brother, although I was a thousand miles away“: Postwar Yiddish sources on the experiences of Polish Jews in Soviet exile during World War II. In: East European Jewish Affairs 1 (2016). S. 47–67.

127 Perlov, likui-hamah, S. 149.

Kriegszeit in Polen verbringen musste. Die Gedichte von Perlov und Shpigel zeigen wenig Anlass zur Hoffnung, dass die Erfahrungslücke zukünftig überwunden werden kann. Während der Repatriant bei Shpigel im Kommunismus die Verheißung für eine glückliche Zukunft zu erkennen glaubt, verwendet der Rückkehrer in Perlovs Gedicht das Vokabular des Zionismus. Beide Protagonisten reflektieren zeitgenössische Diskurse über die Zukunft der jüdischen Überlebenden in der alten beziehungsweise der neuen Heimat. Bemerkenswert ist dabei, dass die unterschiedlichen Entstehungskontexte in Polen und Deutschland das Ergebnis einer verloren gegangenen Sprache nicht verändern.

Yitskhok Perlov äußerte sich ebenfalls im Jahr 1946 über mögliche Folgen dieser unterbrochenen Kommunikation zwischen verschiedenen Überlebendengruppen. In einem weiteren Gedicht setzt er den Verlust der gemeinsamen Sprache in Beziehung zu den unterschiedlichen jüdischen Kriegserfahrungen und den transitorischen Aufenthalt der DPs in Deutschland. In *Sheyres Hapleyte*[128] bezeichnet Perlov den Alltag jüdischer DPs als ein Leben „hinter goldenen Gittern“[129]. Die Verantwortung für diesen Zustand weist Perlov in seinem Gedicht den westlichen Besatzungsmächten zu, die den jüdischen Überlebenden den Zugang nach Palästina versperrten und ihren Aufenthalt im Land der Täter dadurch zwangsweise verlängerten. Hinter den erwähnten goldenen Gittern habe sich, so Perlovs Erzähler, ein von gegenseitigem Unverständnis bestimmtes Verhältnis zwischen verschiedenen Überlebendengruppen ausgeprägt. Etwa in der Mitte des Gedichts heißt es:

> Der jüdische Partisan aus den polesischen Wäldern,
> Verachtet jetzt seinen Bruder aus der kasachischen Steppe.
>
> Und beide verachten den Bruder, den Dritten,
> Aus dem Bunker, den Hitler nicht gefunden hat.
>
> Und der, dem es gelang, dem Tode zu entkommen,
> Dem Ghetto, den Öfen, dem Gas in den KZs –
>
> Verachtet seinen Bruder von der ‚arischen Seite'
> Und jeder spuckt ihn an, mit Gift und mit Galle.[130]

Das Gedicht stellt ähnlich wie *Ich war in der Sowjetunion, er war im KZ* die verschiedenen Kriegserfahrungen jüdischer Überlebender in den Mittelpunkt. Doch während der eine Text noch den verzweifelten Versuch beschreibt, Empathie

128 Perlov, likui-hamah, S. 147–148.
129 Perlov, likui-hamah, S. 147.
130 Perlov, likui-hamah, S. 147.

zwischen den Gruppen aufzubauen, konstatiert *Sheyres Hapleyte* große Gräben innerhalb des Restes der Geretteten. Perlovs Gedicht bringt einen ambivalenten Umgang mit dem Begriff der She'erit Hapletah zum Ausdruck. Einerseits zeige der Begriff, dass Juden nach dem Holocaust am Leben seien, doch er ist zugleich auch ein Stigma, das auf die Lebensumstände der DPs verweist, die ihnen aufgezwungen seien. Die im Gedicht beschriebenen Konflikte zwischen ehemaligen KZ- und Ghettoinsassen, Partisanen, Repatriierten und anderen Überlebendengruppen führt Perlov auf die Bedingungen des *Lebens im Wartesaal* zurück. Auf sich selbst zurückgeworfen, ohne Zukunftsperspektive und Arbeit, habe sich, so lässt sich das Gedicht deuten, eine Hierarchie des Leidens entwickelt. Die wahren Überlebenden sind die KZ- und Ghettoinsassen, dann die Wald-Partisanen, dann die Repatriierten und zuletzt die Versteckten. Wenngleich Perlov in *Sheyres Hapleyte* die Schuld an den Konflikten innerhalb der jüdischen DP-Gesellschaft bei den Alliierten sucht, so ist doch allein die Benennung solcher Spannungen bemerkenswert. In diesem Gedicht konkretisiert Perlov, was in anderen Zeugnissen zumeist nur angedeutet wird.

Frühe Erfahrungsberichte, Zeitungsartikel und Lyrik über das sowjetische Exil bieten einen ansonsten seltenen Einblick in die Bedeutung verschiedener Überlebenserfahrungen für das Leben in Gemeinschaft anderer Juden nach dem Krieg. Den Texten ist gemein, dass sie die komplexen und ambivalenten Erlebnisse dokumentieren wollen. Einige wenige Autoren plädieren zudem dafür, das sowjetische Exil als Teil des *khurbn*, der Vernichtung jüdischen Lebens in Polen durch die deutschen Besatzer, zu verstehen. Während insbesondere jugendliche Überlebende ihr eigenes Leid in der UdSSR ohne Bezug zum Holocaust in der Heimat beschreiben und auf diese Weise indirekt die Anerkennung ihrer tragischen Erfahrungen durch die Zentrale Historische Kommission und die Mitarbeiter Benjamin Tenenbaums fordern, äußern sich andere, wie etwa Marek Liebhaber, deutlich selbstbewusster. Auffällig ist dabei, dass Liebhaber versucht, das sowjetische Exil in eine zionistische Geschichtsschreibung zu integrieren. Ähnlich argumentieren auch die Autoren Benjamin Harshav und Yitskhok Perlov, die jedoch auch auf die Erfahrungslücke hinweisen, die die Repatrianten von den Überlebenden der deutschen Besatzung trennt. Sie benennen die Tatsache, nicht dabei gewesen zu sein, setzen jedoch zugleich auf die integrative Kraft des zionistischen Zukunftsprojekts. Der Wunsch, nach vorn zu blicken, erwies sich bei der großen Mehrheit der ehemaligen Exilanten als stärker als das Bestreben, das eigene Leiden in der Sowjetunion für die Nachwelt zu dokumentieren. In ihrer Zukunftsorientierung unterschieden sich die polnisch-jüdischen Rückkehrer aus der UdSSR nicht wesentlich von anderen jüdischen Überlebendengruppen. Im Unterschied zu den Überlebenden der deutschen Besatzungsherrschaft hält der

Kampf der Exilanten um die öffentliche Anerkennung ihrer Erfahrungen allerdings bis in die Gegenwart an.

10 Zusammenfassung und Ausblick

Die vielfältigen Erfahrungen polnischer Juden im Untersuchungszeitraum von 1939 bis 1946 widerstreben einer verallgemeinernden Zusammenfassung. Zu unterschiedlich erlebten die Exilanten ihren Aufenthalt in der Sowjetunion. Vier wesentliche Wegmarken der Periode von 1939 bis 1946, die das Schicksal polnischer Juden in der Sowjetunion entscheidend beeinflussten, können allerdings identifiziert werden.

1. Die sowjetische Besatzung Polens (September 1939 bis Juni 1941)
2. Die polnisch-sowjetische Kooperation (Sommer 1941 bis April 1943)
3. Der Aufstieg der polnischen Kommunisten in der Sowjetunion (Frühjahr 1943 bis Sommer 1944)
4. Die Befreiung Polens und die organisierte Repatriierung (Herbst 1944 bis 1946)

In der ersten Phase der sowjetischen Besatzungsherrschaft gelangten schätzungsweise bis zu 350.000 jüdische Flüchtlinge auf das Territorium östlich der deutsch-sowjetischen Demarkationslinie. Ihr Schicksal war in hohem Maße durch die sowjetische Politik gegenüber der Bevölkerung in den annektierten polnischen Gebieten geprägt. Im Zuge der Sowjetisierung verschleppte die sowjetische Geheimpolizei etwa 70.000 polnische Juden, darunter Zehntausende Flüchtlinge aus west- und zentralpolnischen Regionen. Doch auch die einheimische polnisch-jüdische Bevölkerung der besetzten Gebiete – etwa 1,3 Millionen Personen – war verschiedenen Repressionsmaßnahmen des NKWD, wie Verhaftung, Zwangsrekrutierung in die Rote Armee und Zwangsumsiedlung in das Innere der Sowjetunion zu Arbeitszwecken, ausgesetzt. Schätzungsweise 145.000 polnische Juden waren zusätzlich zu den Deportierten von den genannten Verfolgungspraktiken betroffen. Mit Ausnahme der organisierten jüdischen Parteien wurden polnische Juden aus politischen, wirtschaftlichen und sozialen Gründen verfolgt. Anders als unter den Nationalsozialisten wurden sie im sowjetischen Herrschaftsbereich allerdings nicht als Juden verfolgt. Die sowjetische Politik der forcierten, raschen Integration annektierter Gebiete in das politische und wirtschaftliche System der UdSSR verursachte große Probleme bei der Versorgung der besetzten Bevölkerung. Während die Mehrheit der einheimischen Juden noch im Herbst 1939 die sowjetische Staatsbürgerschaft und somit auch Zugang zum Arbeitsmarkt erhalten hatte, sahen Tausende polnisch-jüdischer Flüchtlinge im illegalen Handel auf dem Basar die einzige Möglichkeit, ihren Lebensunterhalt zu sichern. Die Verarmung der annektierten Bevölkerung schritt infolge von Verstaatlichung und Währungsreform schnell voran, betraf jedoch die jüdischen Flüchtlinge in be-

https://doi.org/10.1515/9783110594393-011

sonderem Maße. Zehntausende waren so verzweifelt, dass sie die Gelegenheit zur Rückkehr in ihre Heimatorte im Rahmen des deutsch-sowjetischen Bevölkerungsaustauschs bereitwillig annehmen wollten. Sie zogen das Leben im Kreise der Angehörigen trotz der drohenden Lebensgefahr durch die deutschen Besatzer dem aus ihrer Sicht verheerenden Alltag in der westlichen Sowjetunion vor.

Die Phase der sowjetischen Besatzungsherrschaft über Polen ist von zahlreichen Bevölkerungsverschiebungen über Bug, San, Plissa und Narew gekennzeichnet. Mehrere Hunderttausend Juden überquerten die deutsch-sowjetische Grenze auf legalen und vor allem auf illegalen Wegen. Wenngleich der Druck, sich in den ersten Septemberwochen für oder gegen eine Flucht vor den deutschen Angreifern zu entscheiden, alle (etwa zwei Millionen) Juden in West- und Zentralpolen gleichermaßen betraf, war die Flucht letztlich eine Ausnahme. Insbesondere in den ersten Wochen der doppelten Besatzungsherrschaft war es keine Seltenheit, dass Juden sich zunächst für die Flucht auf die sowjetische Seite entschieden, um dann doch nach kurzer Zeit wieder in die deutsch besetzte Heimat zurückzukehren. Andere unterschätzten anfangs noch die von den Deutschen ausgehende Gefahr und flohen erst Monate nach Beginn der Okkupation in die Sowjetunion. Es liegt in der Natur der Sache, dass viele Flüchtlinge kaum Spuren ihres Weges hinterließen, weshalb Selbstzeugnisse der Betroffenen äußerst aufschlussreich sind, um den Entscheidungsfindungsprozess nachzuzeichnen. Aus diesen Dokumenten geht hervor, dass viele Flüchtlinge über wenige gesicherte Informationen über die Besatzer verfügten. Sie musste ihre Wahl demnach vielfach auf der Grundlage ihres bisherigen Wissens, eigener Erfahrungen, aber auch auf der Basis von Gerüchten treffen. Eine ebenfalls entscheidende Rolle bei der Entscheidung für oder gegen die Flucht spielten die Faktoren Alter, Geschlecht, wirtschaftliche Lage, Zeitpunkt und Ort der Entscheidung sowie der Einfluss seitens Angehöriger.

Der deutsche Überfall auf die Sowjetunion am 22. Juni 1941 löste eine erneute Fluchtbewegung polnischer Juden aus. Sie betraf allerdings nicht die über 90.000 polnischen Juden, die zum Zeitpunkt der Invasion im Landesinneren der Sowjetunion in Sondersiedlungen, Arbeitslagern und Gefängnissen inhaftiert waren. Zwischen 75.000 und 100.000 Personen entkamen den Deutschen im Zuge der staatlichen Evakuierung sowjetischer Staatsbürger. Geht man von mindestens 250.000 polnischen Juden aus, die sich nach dem 22. Juni 1941 auf das unbesetzte Territorium der UdSSR retten konnten, so entspräche diese Zahl in etwa einem Sechstel der in den ehemaligen polnischen Gebieten der westlichen Sowjetunion lebenden polnisch-jüdischen Bevölkerung. Mehrere Tausend waren in die Rote Armee zwangsrekrutiert worden, während einige Zehntausend als Arbeitsmigranten in größerem Abstand zur Front lebten und eine bessere Aussicht darauf hatten, sich der Evakuierung in andere Landesteile anzuschließen. Das

Chaos des Krieges erschwert es, zuverlässige statistische Angaben über die verschiedenen Gruppen polnischer Juden in den unbesetzten sowjetischen Landesteilen zu ermitteln, weshalb lediglich Schätzungen existieren.

Der Beginn des deutsch-sowjetischen Krieges bedeutete zugleich die Aufnahme diplomatischer Beziehungen zwischen der Sowjetunion und der polnischen Exilregierung mit Sitz in London. Ergebnis dieser neuen Kooperation war die sogenannte Amnestie fast aller (ehemaligen) polnischen Staatsbürger, die sich in Sondersiedlungen, Arbeitslagern und Gefängnissen befanden. Die überwältigende Mehrheit von ihnen gelangte in den Wochen nach der Freilassung in die südlichen Republiken der UdSSR, wo sie sich ein sicheres Leben und bessere Versorgung mit Lebensmitteln, Wohnraum und Medizin erhoffte, als dies in Frontnähe der Fall war. Evakuierung und Amnestie bewirkten die Synchronisierung polnisch-jüdischer Erfahrungen in der Sowjetunion, die bislang sehr verschieden gewesen waren. Das Spektrum umfasste ein relativ ruhiges und gesichertes Leben als sowjetische Staatsbürger in den annektierten Gebieten sowie Zwangsarbeit und Inhaftierung aus politischen, wirtschaftlichen und anderen Gründen. Im Sommer 1941 begann eine massive Bevölkerungsbewegung aus westlichen und nördlichen Teilen der UdSSR in Richtung Zentralasien. Nicht nur der Wunsch nach einem sicheren und besseren Leben motivierte polnische Juden in der Sowjetunion zu diesem Schritt, auch die Nachricht über die Aufstellung einer polnischen Armee in der Region übte eine große Anziehungskraft auf die jüdischen Exilanten aus. Dass letztlich ein Jahr später verhältnismäßig wenige Juden mit der Anders-Armee evakuiert wurden, war aus jüdischer Perspektive eine große Enttäuschung. Die Unterstützung von über 100.000 polnischen Juden durch die polnische Botschaft und ihr Netzwerk aus Dutzenden regionalen Zweigstellen im Zeitraum vom Herbst 1941 bis Anfang 1943 vermochte diese Enttäuschung bei vielen jedoch zu lindern. Insgesamt erwiesen sich die Beziehungen zwischen jüdischen und nichtjüdischen Polen in der Sowjetunion als äußerst vielschichtig und dynamisch. Die jüngste Vergangenheit – die antisemitische staatliche Politik der 1930er Jahre, die jüdischen Reaktionen auf die einmarschierende Rote Armee und das Ende der Zweiten Polnischen Republik – lag stets wie ein Schatten über den Kontakten zwischen Angehörigen der beiden Gruppen. Auffällig häufig ist in jüdischen Selbstzeugnissen die Rede von getrennten Kollektiven. Nur selten dagegen wird die Solidarität untereinander über die Grenzen jüdischer oder nichtjüdischer Zugehörigkeit thematisiert. Erschwert wurden solche Kontakte aber auch durch strategische, geo- und außenpolitische Erwägungen der Regierungen in Moskau und London, in deren Konzepten polnische Juden vorrangig ersetzen durch auf Objekte staatlicher Politik reduziert wurden.

Das Ende der Partnerschaft zwischen dem polnischen London und Moskau im Frühjahr 1943 verschlechterte zunächst die ohnehin prekäre Lage polnisch-jüdischer Exilanten. Im Zuge der sowjetischen Vorbereitungen einer alternativen kommunistischen Repräsentanz der polnischen Staatlichkeit verbesserten sich jedoch die Lebensbedingungen Zehntausender polnischer Juden, denen die Sowjetunion eine aktive Rolle im Nachkriegspolen zuwies. Die Ära des *Verbandes Polnischer Patrioten* (ZPP) war deshalb aus Sicht vieler polnischer Juden eine Zeit relativer materieller Sicherheit. Das sowjetische Bemühen um die Unterstützung ihrer Nachkriegspläne schlug sich auch in einer Zahl von über 13.000 jüdischen Soldaten und Offizieren in der zweiten polnischen Armee auf sowjetischem Territorium, der Berling-Armee, nieder.[1] Die jüdischen Soldaten der Berling-Armee gehörten auch zu den ersten Rückkehrern aus der Sowjetunion, die mit dem Ausmaß der Zerstörung und der Vernichtung des jüdischen Lebens in Polen konfrontiert wurden. Für die überwiegende Mehrheit der polnischen Juden endete die Exilzeit erst im Frühjahr 1946. Die Sowjetunion wirkte nach dem Jahr 1943 gezielt auf eine Verbesserung der Lebensbedingungen polnischer Staatsbürger hin, wovon auch Juden profitierten. Dazu gehörte für Zehntausende junger Menschen etwa der Zugang zum sowjetischen Bildungssystem. Nicht wenige polnische Juden absolvierten im Exil eine schulische, berufliche oder akademische Aus- und Weiterbildung, an die sie nach ihrer Rückkehr in die Heimat vielfach anschließen konnten. Ein hoher Anteil unter den Erwachsenen ging einer Arbeit in einer der mit dem ZPP verbundenen polnischen Einrichtungen nach, die zu den wichtigsten jüdisch-nichtjüdischen Kontaktzonen avancierten. An diesen Orten begegneten sich Angehörige der beiden Gruppen verstärkt als Bürger eines künftigen polnischen Staates unter sowjetischer Vorherrschaft, der zumindest vordergründig keinen Antisemitismus duldete. Zahlreiche Selbstzeugnisse lassen darauf schließen, dass viele die sowjetischen Losungen eines freien Nachkriegspolens als Propaganda enttarnten. Dennoch erschien es den meisten jüdischen Exilanten sinnvoll, Kontakt zum ZPP zu halten, dessen Hilfsleistungen sie in Anspruch nahmen und der spätestens seit Sommer 1945 als Garant einer sicheren Rückkehr nach Polen wahrgenommen wurde.

Die letzte Phase des sowjetischen Exils stand unter dem Einfluss des Repatriierungsabkommens, das die Sowjetunion mit der von ihr unterstützten Provisorischen Polnischen Regierung im Juli 1945 geschlossen hatte. Es stellte allen Staatsbürgern polnischer und jüdischer Nationalität das Recht zur Rückkehr nach Polen in Aussicht. Tatsächlich verlieh das Abkommen auch Fragen nach dem

1 Das sind doppelt so viele jüdische Soldaten und Offiziere wie in der Anders-Armee. Zahlen bei: Gutman, After the Holocaust, S. 363.

zukünftigen Lebensmittelpunkt Nachdruck. Die Monate zwischen Sommer 1945 und Frühjahr 1946 waren vor allem eine Zeit des gespannten Wartens auf die Wiederbegegnung mit der Heimat. Die jüdischen Selbstzeugnisse legen den Eindruck nahe, dass kaum jemand das Ausmaß der Katastrophe vor der Rückkehr erahnt hatte. Froh darüber, dem Zugriff des NKWD entkommen zu sein, begaben sich etwa 200.000 jüdische Exilanten zwischen den Jahren 1944 und 1946 auf den Weg nach Polen. Addiert man weitere Gruppen polnischer Juden hinzu, die die Sowjetunion vor dem Jahr 1944 und nach 1946 verlassen konnten, so ergibt sich eine Summe von rund 230.000 Personen, die Krieg, deutsche Besatzungsherrschaft und Holocaust in der unbesetzten Sowjetunion überlebten. Dass mehrere Zehntausend polnischer Juden im Exil zu Tode kamen, ist auf sekundäre Folgen des deutschen Überfalls auf Polen am 1. September 1939 zurückzuführen. Ohne die deutsche Invasion wären keine Menschen beim Versuch der Grenzüberquerung ertrunken oder erschossen worden. Tausende aus politischen Gründen inhaftierte Aktivisten des Bundes und anderer Parteien wären nicht in die Hände des NKWD gelangt, der sie als Staatsfeinde betrachtete und ermordete. Für die in den Jahren 1940 und 1941 während der Fahrt und in Arbeitslagern verstorbenen Deportierten tragen der NKWD und die sowjetische Regierung um Iosif Stalin die Verantwortung. Zehntausende kamen infolge von Mangelernährung, Krankheit und als Soldaten der beiden polnischen Armeen sowie der sowjetischen Streitkräfte zu Tode. Das Überleben polnischer Juden war demnach zu keinem Zeitpunkt im sowjetischen Exil garantiert, in vielen Fällen war es schlicht das Ergebnis von Zufällen. Eben diese Komplexität im Kampf ums Überleben erschwerte es jüdischen Rückkehrern nach dem Ende des Krieges, über ihre Erfahrungen im sowjetischen Exil mit Überlebenden der deutschen Besatzungsherrschaft zu sprechen.

Ausblick: Für eine neue Geschichte jüdischer Erfahrungen im Zweiten Weltkrieg

Die in der vorliegenden Studie dargestellte Erfahrungsschichte polnischer Juden im sowjetischen Kriegsexil basiert auf der Annahme, dass eine ausführliche Analyse jüdischer Selbstzeugnisse eine wesentliche Perspektivverschiebung in der Historiografie des Holcoaust nach sich zieht. Die Ergebnisse dieser Untersuchung berühren demnach auch die Forschung über jüdische Reaktionen auf Krieg, Besatzung und Verfolgung im Allgemeinen. Die Geschichte der polnisch-jüdischen Sowjetunionüberlebenden erweitert die bestehende Historiografie des Holocausts um die Erfahrung der frühen Verfolgung im deutsch besetzten Polen, die Auseinandersetzung mit Fluchtoptionen, ferner um die Folgen von

Flucht und Vertreibung im sowjetischen Exil, Nachkriegspolen und dem besetzten Deutschland. Zwar ist dem eingangs zitierten israelischen Holocausthistoriker Yehuda Bauer darin zuzustimmen, dass es eine klare Grenze gibt zwischen denjenigen, die unter deutscher Besatzung um ihr Überleben kämpften und jenen, die den Verfolgern rechtzeitig entkommen konnten. Dennoch könnte es für die Holocaustforschung lohnenswert sein, die Zeugnisse jüdischer Exilanten stärker zu rezipieren, als das bislang geschehen ist. Auf diese Weise ließe sich etwa detaillierter und umfassender als bisher rekonstruieren, welche Handlungsoptionen beziehungsweise welche *agency* polnische Juden in den ersten Wochen und Monaten der deutschen Besatzung besaßen. Durch die Lektüre ihrer Selbstzeugnisse lässt sich nachzeichnen, warum letztlich nicht einmal jeder Zehnte sich damals zur Flucht entschloss, welche Hindernisse sie überwinden mussten und wie sie immer wieder mit der Richtigkeit ihrer Entscheidung haderten.

Nicht zuletzt ergänzt die vorliegende Studie die Geschichte der Befreiung und Rückkehr in die ehemalige Heimat um die Perspektive derjenigen, die nicht dabei waren, als man ihre Angehörigen ermordete, die in der Mehrheit niemals einen SS-Mann zu Gesicht bekamen, die nie die Gelegenheit zum bewaffneten Widerstand erhalten hatten und die dennoch nach ihrer Rückkehr die katastrophalen Folgen des Massenmords zu spüren bekamen. Dass sie bis zum Sommer 1941 Hilfspakete aus der UdSSR ins Generalgouvernement schickten oder als Soldaten in den Reihen der Roten Armee und in den beiden polnischen Exilarmeen zum Sieg gegen Nazideutschland beitrugen, verweist auf das Potential einer thematischen Erweiterung der Holocaustforschung. Letztendlich könnte eine solche Öffnung den Weg zu einer Globalgeschichte jüdischer Erfahrungen im Zweiten Weltkrieg ebnen, die sowohl die Geschichte des Holocaust als auch des Exils integriert.

Literaturverzeichnis

Adamczyk-Garbowska, Monika: Patterns of Return. Survivors' Postwar Journeys to Poland. Ina Levine Annual Lecture. United States Holocaust Memorial Museum. 15. Februar 2007.

Adelson, Józef: W Polsce zwanej Ludowej. In: Najnowsze dzieje Żydów w Polsce w zarysie (do 1950 r.). Hrsg. von Jerzy Tomaszewski. Warszawa 1993. S. 387–477.

Adler, Eliyana R.: Crossing Over: Exploring the Borders of Holocaust Testimony. In: Yad Vashem Studies 43 (2015). S. 83–108.

Adler, Eliyana R.: Hrubieszów at the Crossroads: Polish Jews Navigate the German and Soviet Occupations. In: Holocaust and Genocide Studies 1 (2014). S. 1–30.

Aleksiun, Natalia: The Situation of the Jews in Poland as Seen by the Soviet Security Forces in 1945. In: Jews in Eastern Europe 3 (1998). S. 52–68

Applebaum, Anne: Der Gulag. Berlin 2003.

Arad, Yitzhak: The Holocaust as reflected in the Soviet Russian Language Newspapers in the Years 1941–1945. In: Why didn't the Press shout? American and International Journalism during the Holocaust. Hrsg. von Robert M. Shapiro. Jersey City 2003. S. 199–220.

Baberowski, Jörg: Verbrannte Erde. Stalins Herrschaft der Gewalt. München 2012.

Bauer, Yehuda: The Death of the Shtetl. New Haven u. London 2009.

Bauer, Yehuda: Foreword. In: Katz, Zev: From the Gestapo to the Gulags. One Jewish Life. London u. Portland 2004. S. XII–XIV.

Bauer, Yehuda: The Initial Organization of the Holocaust Survivors in Bavaria. In: Yad Vashem Studies 7 (1970). S. 127–157.

Bauman, Zygmunt: Dialektik der Ordnung. Die Moderne und der Holocaust. Hamburg 2002 (1989).

Bauman, Zygmunt: Assimilation into Exile: The Jew as a Polish Writer. In: Poetics Today 4 (1996). S. 569–597.

Belsky, Natalie: Fraught Friendship: Soviet Jews and Polish Jews on the Soviet Home Front. In: Shelter from the Holocaust. Rethinking Jewish Survival in the Soviet Union. Hrsg. von Mark Edele, Sheila Fitzpatrick und Atina Grossmann. Detroit 2017. S. 161–184

Berkowitz, Michael u. Brown-Fleming, Suzanne: Perceptions of Jewish Displaced Persons as Criminals in Early Postwar Germany: Lingering Stereotypes and Self-fulfilling Prophecies. In: We are here. New Approaches to Jewish Displaced Persons in Postwar Germany. Hrsg. von Avinoam J. Patt u. Michael Berkowitz. Detroit 2010. S. 167–193.

Blatman, Daniel: For Our Freedom and Yours. The Jewish Labour Bund in Poland, 1939–1949. London 2003.

Blum, Ignacy: Polacy w Związku Radzieckim. Wrzesień 1939 – maj 1943. In: Wojskowy Przegląd Historyczny 1 (1967). S. 146–173.

Boćkowski, Daniel: Czas nadziei. Obywatele Rzeczypospolitej Polskiej w ZSRR i opieka nad nimi placówek polskich w latach 1940 – 1943. Warszawa 1999.

Böhler, Jochen: Auftakt zum Vernichtungskrieg. Die Wehrmacht in Polen 1939. Frankfurt am Main 2006.

Borodziej, Włodzimierz: Geschichte Polens im 20. Jahrhundert. München 2010.

Bothe, Alina: Die Geschichte der Shoah im virtuellen Raum: Eine Quellenkritik. Berlin 2019.

Bothe, Alina u. Nesselrodt, Markus: Survivor: Towards a Conceptual History. In: Leo Baeck Institute Yearbook 61 (2016). S. 57–82.

https://doi.org/10.1515/9783110594393-012

Bonwetsch, Bernd: Gulag. Willkür und Massenverbrechen in der Sowjetunion 1917–1953. Einführung und Dokumente. In: Gulag. Texte und Dokumente 1929–1956. Lizenzausgabe für die Bundeszentrale für politische Bildung. Hrsg. von Julia Landau u. Irina Scherbakowa. Bonn 2014, S. 30–49.
Borzymińska, Zofia: „I ta propaganda zapuszcza coraz nowe korzenie…“ (Listy z Polski pisane w 1946 roku). In: Kwartalnik Historii Żydów 2 (2007). S. 227–234.
Brodzki, Bella u. Varon, Jeremy: The Munich Years: The Jewish Students of Post-War Germany. In: Beyond Camps and Forced Labour. Current International Research of Survivors of Nazi Persecution. Proceedings of the International Conference London, 29–31 January 2003. Hrsg. von Johannes-Dieter Steinert u. Inge Weber-Newth. Osnabrück 2005. S. 154–163.
Bronsztejn, Szyja: Uwagi o ludności żydowskiej na Dolnym Śląsku w pierwszych latach po wyzwoleniu. In: Biuletyn ŻIH 75 (1970). S. 31–54.
Broszat, Martin: Nationalsozialistische Polenpolitik 1939–1945. Stuttgart 1961.
Browning, Cristopher R.: Remembering Survival: Inside a Nazi Slave-Labor Camp. New York 2010.
Browning, Christopher: The Origins of the Final Solution: The Evolution of Nazi Policy, September 1939–March 1942. Lincoln, NE 2004.
Cichopek-Gajraj, Anna: Beyond Violence. Jewish Survivors in Poland and Slovakia, 1944–1948. Cambridge 2014.
Ciesielski, Stanisław: Einleitung. In: Umsiedlung der Polen aus den ehemaligen polnischen Ostgebieten nach Polen in den Jahren 1944–1947. Hrsg. von Stanisław Ciesielski. Marburg 2006. S. 1–75.
Cohen, Boaz: The Children's Voice: Postwar Collection of Testimonies from Child Survivors of the Holocaust. In: Holocaust and Genocide Studies 21 (2007). S. 73–95.
Czerniakiewicz, Jan: Repatriacja ludności polskiej z ZSRR. 1944–1948. Warszawa 1987.
Dąbrowska, Kamila: Od autobiografii do historii – konstruowanie pamięci indywidualnej i zbiorowej Żydów mieszkających na Dolnym Śląsku po II wojnie światowej. In: Obserwacja uczestnicząca w badaniach historycznych. Hrsg. von Barbara Wagner u. Tomasz Wiślicz. Zabrze 2008. S. 26–34.
Davies, Norman u. Polonsky, Antony: Introduction. In: Jews in Eastern Poland and the USSR, 1939–1946. Hrsg. von Norman Davies u. Antony Polonsky. London 1991. S. 1–59.
Dawidowicz, Lucy: A Holocaust Reader. Edited, with Introductions and Notes, by Lucy S. Dawidowicz. West Orange, NJ 1976.
Diner, Dan: Geschichte der Juden – Paradigma einer europäischen Geschichtsschreibung. Gedächtniszeiten. In: Über jüdische und andere Geschichten. Hrsg. von Dan Diner. München 2003. S. 246–287.
Diner, Dan: Elemente der Subjektwerdung. Jüdische DPs in historischem Kontext. In: Überlebt und unterwegs: jüdische Displaced Persons im Nachkriegsdeutschland. Hrsg. von Fritz-Bauer Institut. New York u. Frankfurt am Main 1997, S. 229–248.
Dmitrów, Edmund [u.a.]: Der Beginn der Vernichtung. Zum Mord an den Juden in Jedwabne und Umgebung im Sommer 1941. Neue Forschungsergebnisse polnischer Historiker. Osnabrück 2004.
Duda, Wojciech: Das Gedächtnis als Schlachtfeld. Wojciech Duda im Gespräch mit den Historikern Włodzimierz Borodziej, Pawel Machcewicz, Feliks Tych und Grzegorz Motyka. In: Inter Finitimos 1 (2003). S. 8–32.

Dunn, Dennis J.: Caught Between Roosevelt and Stalin: America's Ambassadors to Moscow, Lexington, KY 1998.
Dwork, Deborah: Refugee Jews and the Holocaust. Luck, Fortuitous Circumstances, and Timing. In: „Wer bleibt, opfert seine Jahre, vielleicht sein Leben". Deutsche Juden 1938–1941. Hrsg. von Susanne Heim [u.a.]. Göttingen 2010. S. 281–298.
Eberhardt, Piotr: Political Migrations in Poland (1939–1948). Warszawa 2006.
Eisler, Jerzy: Fale emigracji żydowskiej z powojennej Polski. In: Biuletyn IPN 3 (2002). S. 59–61.
Engel, David: Facing a Holocaust: The Polish Government-In-Exile and the Jews, 1943–1945. Chapel Hill u. London 1993.
Engel, David: In the shadow of Auschwitz. The Polish government-in-exile and the Jews, 1939–1942. Chapel Hill 1987.
Engelking, Barbara: Holocaust and Memory. The Experience of the Holocaust and its Consequences: An Investigation based on personal Narratives. London u. New York 2001.
Estraikh, Gennady: The missing years: Yiddish writers in Soviet Białystok, 1939–41. In: East European Jewish Affairs 46 (2016). S. 176–191.
Etzemüller, Thomas: Biographien. Lesen – erforschen – erzählen. Frankfurt am Main 2012.
Finder, Gabriel N.: Überlebende Kinder im kollektiven Gedächtnis der polnischen Jüdinnen und Juden nach dem Holocaust. In: „Welchen Stein du hebst" – Filmische Erinnerung an den Holocaust. Hrsg. von Claudia Bruns [u.a.]. Berlin 2012. S. 47–64.
Fiszman-Kamińska, Karyna: Zachód, Emigracyjny Rząd Polski oraz Delegatura wobec sprawy żydowskiej podczas II wojny światowej. In: Biuletyn ŻIH 62 (1967). S. 43–58.
Fitzpatrick, Sheila: Everyday Stalinism: Ordinary Life in Extraordinary Times: Soviet Russia in the 1930s. Oxford u. New York 1999.
Friedla, Katharina: Juden in Breslau/Wrocław 1933–1949. Überlebensstrategien, Selbstbehauptung und Verfolgungserfahrungen. Köln [u.a.] 2015.
Friedländer, Saul: Den Holocaust beschreiben. Auf dem Weg zu einer integrierten Geschichte. In: Den Holocaust beschreiben. Auf dem Weg zu einer integrierten Geschichte. Hrsg. von Saul Friedländer. Göttingen 2007. S. 7–27.
Friedländer, Saul: Das Dritte Reich und die Juden. Verfolgung und Vernichtung 1933–1945. 2 Bände. Lizenzausgabe für die Bundeszentrale für politische Bildung. Bonn 2007.
Friedrich, Klaus-Peter u. Löw, Andrea: Einleitung. In: Die Verfolgung und Ermordung der europäischen Juden durch das nationalsozialistische Deutschland 1933–1945. Bd. 4: Polen. September 1939–Juli 1941. Hrsg. von Klaus-Peter Friedrich u. Andrea Löw. München 2011. S. 13–56.
Friedrich, Klaus-Peter: Antijüdische Gewalt nach dem Holocaust: Zu einigen Aspekten des Judenpogroms von Kielce. In: Jahrbuch für Antisemitismusforschung 6 (1997). S. 115–147.
Gall, Alfred: Schreiben und Extremerfahrung. Die polnische Gulag-Literatur in komparatistischer Perspektive. Berlin 2012.
Ganzenmüller, Jörg: Gulag und Konzentrationslager: Sowjetische und deutsche Lagersysteme im Vergleich. In: Gulag. Texte und Dokumente 1929–1956. Lizenzausgabe für die Bundeszentrale für politische Bildung. Hrsg. von Julia Landau u. Irina Scherbakowa. Bonn 2014. S. 50–59.
Garbarini, Alexandra: Numbered Days. Diaries and the Holocaust. New Haven u. London 2006.

Gąsowski, Tomasz: Polscy Żydzi w sowieckiej Rosji. In: Historyk i Historia. Studia dedykowane pamięci Prof. Mirosława Francicia. Hrsg. von Adam Walaszek u. Krzysztof Zamorski. Kraków 2005. S. 223–236.
Gitelman, Zvi: A Century of Ambivalence: The Jews of Russia and the Soviet Union. 1881 to Present. Bloomington 1998.
Głobaczew, Michaił: „Nowe Widnokręgi" (1941–1946). Zarys problematyki. In: Kwartalnik Historii Prasy Polskiej 1 (1980). S. 63–74.
Golczewski, Frank: Die Ansiedlung von Juden in den ehemaligen deutschen Ostgebieten Polens 1945–1951. In: Umdeuten, verschweigen, erinnern. Die späte Aufarbeitung des Holocaust in Osteuropa. Hrsg. von Micha Brumlik u. Karol Saurland. Frankfurt am Main 2010. S. 91–104.
Grabski, August: Działalność komunistów wśród Żydów w Polsce (1944–1949). Warszawa 2004.
Grinberg, León u. Grinberg, Rebeca: Psychoanalyse der Migration und des Exils. München u. Wien 1990.
Grobman, Alex: Rekindling the flame. American Jewish chaplains and the survivors of European Jewry, 1944–1948. Detroit 1993.
Grodner, David: In Soviet Poland and Lithuania. In: Contemporary Jewish Record 2 (1941). S. 136–147.
Gross, Jan T.: Fear. Anti-Semitism in Poland after Auschwitz. An Essay in Historical Interpretation. New York 2006.
Gross, Jan T.: Revolution from Abroad. The Soviet Conquest of Poland's Western Ukraine and Western Belorussia (erweiterte Auflage). Princeton u. Oxford 2002.
Gross, Jan T.: Sąsiedzi: Historia zagłady żydowskiego miasteczka. Sejny 2000.
Gross, Jan T.: The Sovietization of Western Ukraine and Western Belorussia. In: Jews in Eastern Poland and the USSR, 1939–1946. Hrsg. von Norman Davies u. Antony Polonsky. London 1991. S. 60–76.
Gross, Jan T. u. Grudzińska-Gross, Irena: „W czterdziestym nas Matko na Sibir zesłali...". Polska a Rosja 1939–1942. Kraków 2008.
Grossmann, Atina: Remapping Relief and Rescue: Flight, Displacement, and International Aid for Jewish Refugees during World War II. In: New German Critique 117 (2012). S. 61–79.
Grossmann, Atina: Jews, Germans, and Allies: Close Encounters in Occupied Germany. Princeton 2007.
Grossmann, Atina u. Lewinsky, Tamar: Erster Teil 1945–1949: Zwischenstation. In: Geschichte der Juden in Deutschland von 1945 bis zur Gegenwart. Politik, Kultur und Gesellschaft. Hrsg. von Michael Brenner. München 2012. S. 67–152.
Gurjanow, Aleksandr: Żydzi jako specpieriesieleńcy-bieżeńcy w Obwodzie Archangielskim 1940–1941. In: Świat NIEpożegnany. Żydzi na dawnych ziemiach wschodniej Rzeczypospolitej w XVIII–XX wieku. Hrsg. von Krzysztof Jasiewicz. Warszawa u. London 2004. S. 109–121.
Gurjanow, Aleksandr: Transporty deportacyjne z polskich Kresów wschodnich w okresie 1940–1941. In: Utracona ojczyzna – Przymusowe wysiedlenia deportacje i przesiedlenia jako wspólne doświadczenie. Hrsg. von Hubert Orłowski u. Andrzej Sakson. Poznań 1996. S. 75–92.
Gurjanow, Aleksandr: Cztery deportacje 1940–41. In: Karta 12 (1994). S. 114–136.

Gutman, Israel: Juden in Polen nach dem Holocaust 1944–1968. In: Der Umgang mit dem Holocaust: Europa – USA – Israel. Hrsg. von Rolf Steininger. Wien [u. a.] 1994. S. 265–278.

Gutman, Israel: Jews in General Anders' Army in the Soviet Union. In: Unequal Victims. Poles and Jews During World War Two. Hrsg. von Israel Gutman u. Shmuel Krakowski. New York 1987. S. 309–349.

Gutman, Israel: After the Holocaust. In: Unequal Victims. Poles and Jews During World War Two. Hrsg. von Israel Gutman u. Shmuel Krakowski. New York 1987. S. 350–377.

Harshav, Benjamin (in Zusammenarbeit mit H. Binyomin): Erinnerungsblasen. In: Unterbrochenes Gedicht. Jiddische Literatur in Deutschland 1944–1950. Hrsg. von Tamra Lewinsky u. Charles Lewinsky. München 2011. S. VII–IX.

Harshav, Benjamin: The Polyphony of Jewish Culture. Stanford 2007.

Harshav, Benjamin: Preface. In: Kruk, Herman: The Last Days of the Jerusalem of Lithuania. Chronicles from the Vilna Ghetto and the Camps, 1939–1944. Hrsg. und ediert von Benjamin Harshav. New Haven u. London 2002. S. XV–XX.

Harshav, Benjamin: Introduction. In: Kruk, Herman: The Last Days of the Jerusalem of Lithuania. Chronicles from the Vilna Ghetto and the Camps, 1939–1944. Hrsg. und ediert von Benjamin Harshav. New Haven u. London 2002. S. XX–LII.

Harshav, Benjamin: The Meaning of Yiddish. Stanford 1999.

Haumann, Heiko: Geschichte, Lebenswelt, Sinn. Über die Interpretation von Selbstzeugnissen. In: Lebenswelten und Geschichte. Zur Theorie und Praxis der Forschung. Hrsg. von Heiko Haumann. Wien [u. a.] 2012. S. 85–95.

Hilberg, Raul: The Destruction of the European Jews. New York 1961.

Hilberg, Raul: Die Vernichtung der europäischen Juden. 3. Auflage. Frankfurt am Main 1990.

Hilton, Laura J.: The Reshaping of Jewish Communities and Identities in Frankfurt and Zeilsheim in 1945. In: We are here. New Approaches to Jewish Displaced Persons in Postwar Germany. Hrsg. von Avinoam J. Patt u. Michael Berkowitz. Detroit 2010. S. 194–226.

Hirsch, Helga: Gehen oder bleiben? Juden in Schlesien und Pommern 1945–1957. Göttingen 2011.

Hoffmann, Kaline: Die Erfahrungen der ‚anderen Welt'. Polinnen und Polen im Gulag, 1939–1942. In: Stalinistische Subjekte: Individuum und System in der Sowjetunion und der Komintern, 1929–1953. Hrsg. von Heiko Haumann u. Brigitte Studer. Zürich 2006. S. 455–468.

Hofmann, Andreas R.: Die Nachkriegszeit in Schlesien. Gesellschafts- und Bevölkerungspolitik in den polnischen Siedlungsgebieten 1945–1948. Köln [u. a.] 2000.

Hofmann, Andreas R.: Die polnischen Holocaustüberlebenden. Zwischen Assimilation und Emigration. In: Überlebt und unterwegs: jüdische Displaced Persons im Nachkriegsdeutschland. Hrsg. vom Fritz-Bauer-Institut. Frankfurt am Main [u. a.] 1997. S. 51–69.

Holian, Anna: Displacement and the Post-war Reconstruction of Education: Displaced Persons at the UNRRA University of Munich, 1945–1948. In: Contemporary European History 2 (2008). S. 167–195.

Hornowa, Elżbieta: Powrót Żydów polskich z ZSRR oraz działalność opiekuńcza CKŻP. In: Biuletyn ŻIH 133/134 (1985). S. 105–122.

Hurwic-Nowakowska, Irena: Żydzi polscy (1947–1950). Analiza więzi społecznej ludności żydowskiej. Warszawa 1967.
Hryciuk, Grzegorz: Victims 1939–1941: The Soviet Repression in Eastern Poland. In: Shared History – Divided Memory: Jews and Others in Soviet-Occupied Poland, 1939–1941. Hrsg. von Elaza Barkan [u. a.]. Leipzig 2007. S. 173–200.
Iglicka, Krystyna: Poland's post-war dynamics of migration. Burlington 2001.
Jacobmeyer, Wolfgang: Die Lager der jüdischen DPs als Ort jüdischer Selbstvergewisserung. In: Jüdisches Leben in Deutschland seit 1945. Hrsg. von Doron Kiesel [u. a.]. Frankfurt am Main 1988. S. 31–48.
Jacobmeyer, Wolfgang: Vom Zwangsarbeiter zum heimatlosen Ausländer. Die Displaced Persons in Westdeutschland 1945–1951. Göttingen 1985.
Jacobmeyer, Wolfgang: Jüdische Überlebende als Displaced Persons. Untersuchungen zur Besatzungspolitik in den deutschen Westzonen und zur Zuwanderung osteuropäischer Juden 1945–1947. In: Geschichte und Gesellschaft 3 (1983). S. 421–452.
Jacobmeyer, Wolfgang: Polnische Juden in der amerikanischen Besatzungszone Deutschland 1946/47. In: Vierteljahrshefte für Zeitgeschichte 1 (1977). S. 120–135.
Jäckel, Eberhard [u. a.] (Hg.): Einsatzgruppen. In: Enzyklopädie des Holocaust. Die Verfolgung und Ermordung der europäischen Juden. 3 Bände. Berlin 1993. Bd. 1. S. 393–400, hier S. 394.
Jäckel, Eberhard [u. a.] (Hg.): Polen. In: Enzyklopädie des Holocaust. Die Verfolgung und Ermordung der europäischen Juden. 3 Bände. Berlin 1993. Bd. 2. S. 1121–1150, hier S. 1122.
Jockusch, Laura: Historiography in Transit: Survivor Historians and the Writing of Holocaust History in the late 1940s. In: Leo Baeck Institute Year Book 58 (2013). S. 75–94.
Jockusch, Laura: Collect and Record! Jewish Holocaust Documentation in Early Postwar Europe. Oxford 2012.
Jockusch, Laura: Khurbn Forshung – Jewish Historical Commissions in Europe, 1943–1949. In: Simon Dubnow Institute Yearbook 6 (2007). S. 441–473.
Jockusch, Laura u. Lewinsky, Tamar: Paradise lost? Postwar memory of Polish Jewish survival in the Soviet Union. In: Holocaust and Genocide Studies 3 (2010). S. 373–399.
Jolluck, Katherine: Exile and Identity: Polish Women in the Soviet Union During World War II. Pittsburgh 2001.
Kaganovitch, Albert: Stalin's Great Power Politics, the Return of Jewish Refugees to Poland, and Continued Migration to Palestine, 1944–1946. In: Holocaust and Genocide Studies 1 (2012). S. 59–94.
Kaganovitch, Albert: Jewish Refugees and Soviet Authorities during World War II. In: Yad Vashem Studies 2 (2010). S. 85–121.
Kersten, Krystyna: Polacy, Żydzi, komunizm. Anatomia półprawd 1939–1968. Warszawa 1992.
Kersten, Krystyna: The Establishment of Communist Rule in Poland, 1943–1948. Berkeley [u. a.] 1991.
Kersten, Krystyna: Repatriacja ludności polskiej po II wojny światowej. Wroclaw 1974.
Kersten, Krystyna u. Szapiro, Paweł: The Contexts of the so-called Jewish Question in Poland after World War II. In: From Shtetl so Socialism. Studies from Polin. Hrsg. von Antony Polonsky. London u. Washington, S. 457–470.
Kochanski, Halik: The Eagle Unbowed: Poland and the Poles in the Second World War. Cambridge 2012.

Kołakowski, Piotr: Revolutionäre Avantgarde. Der NKWD in den polnischen Ostgebieten. In: Gewalt und Alltag im besetzten Polen 1939–1945. Hrsg. von Jochen Böhler u. Stephan Lehnstaedt. Osnabrück 2012. S. 155–172.
Königseder, Angelika u. Wetzel, Juliane: Lebensmut im Wartesaal. Die jüdischen DPs (Displaced Persons) im Nachkriegsdeutschland. Frankfurt am Main 2004 (1994).
Koselleck, Reinhart: Fiktion und geschichtliche Wirklichkeit. In: Zeitschrift für Ideengeschichte 3 (2007). S. 39–54.
Koselleck, Reinhart: Erinnerungsschleusen und Erfahrungsschichten. Der Einfluss der beiden Weltkriege auf das soziale Bewusstsein. In: Zeitschichten. Studien zur Historik. Hrsg. von Reinhart Koselleck. Frankfurt am Main 2003. S. 265–284.
Koselleck, Reinhart: Die Diskontinuität der Erinnerung. In: Deutsche Zeitschrift für Philosophie 2 (1999). S. 213–222.
Kotecki, Andrzej: Z Tobolska do Warszawy przez Sao Paulo. Pamiątki rodziny Wawelbergów w Muzeum Niepodległości w Warszawie. In: Niepodległość i Pamięć. Czasopismo humanistyczne 1–4 (2012). S. 219–226.
Koźmińska-Frejlak, Ewa: Polen als Heimat von Juden. Strategien des Heimischwerdens von Juden im Nachkriegspolen 1944–1949. In: Überlebt und unterwegs: jüdische Displaced Persons im Nachkriegsdeutschland. Hrsg. vom Fritz-Bauer-Institut. Frankfurt am Main 1997. S. 71–107.
Krzyżanowski, Łukasz: Dom, którego nie było. Powroty ocalałych do powojennego miasta. Wołowiec 2016.
Kuczyński, Antoni (Hg.): Syberia w historii i kulturze narodu polskiego. Wrocław 1998.
Kulischer, Eugene M: Europe on the Move. War and Population Changes, 1917–1947. New York 1948.
Lebedeva, Natalia: The Deportation of the Polish Population to the USSR, 1939–1941. In: Communist Studies and Transition Politics 1/2 (2000). S. 28–45.
Levin, Dov: The Jews of Vilna under Soviet Rule, 19 September–28 October 1939. In: Polin. Studies in Polish Jewry 9 (1996). S. 107–137.
Levin, Dov: The Lesser of Two Evils. Eastern European Jewry under Soviet Rule 1939–1941. Philadelphia u. Jerusalem 1995.
Levin, Dov: The Fateful Decision. The Flight of the Jews into the Soviet Interior in the Summer of 1941. In: Yad Vashem Studies 20 (1990). S. 115–142.
Levin, Nora: Paradox of Survival: The Jews in the Soviet Union since 1917. 2 Bände. New York 1990.
Levin, Zev: When It All Began: Bukharan Jews and the Soviets in Central Asia, 1917–1932. In: Bukharan Jews in the 20th Century. Hrsg. von Ingeborg Baldauf [u. a.]. History, Experience and Narration. Wiesbaden 2008. S. 23–36.
Lewinsky, Tamar: Displaced Poets. Jiddische Schriftsteller im Nachkriegsdeutschland 1945–1951. Göttingen 2008.
Lipphardt, Anna: Vilne. Die Juden aus Vilnius nach dem Holocaust. Eine transnationale Beziehungsgeschichte. Paderborn 2010.
Liptzin, Sol u. Prager, Leonard: Goldene Keyt, di. In: Enyclopedia Judaica. Hrsg. von Michael Berenbaum u. Fred Skolnik. 2. bearbeite Aufl. Bd. 7. Detroit 2007. S. 701–702
Litvak, Yosef: Jewish refugees from Poland in the USSR, 1939–1946. In: Bitter legacy. Confronting the Holocaust in the USSR. Hrsg. von Zvi Gitelman. Bloomington 1997. S. 123–150.

Lustiger, Arno u. Apenszlak, Jacob (Hg.): The Black Book of Polish Jewry. An Account of the Martyrdom of Polish Jewry Under the Nazi Occupation. (Original: New York 1943) Frankfurt am Main 1995.
Mankowitz, Zeev W.: Life between Memory and Hope. The Survivors of the Holocaust in Occupied Germany. Cambridge 2002.
Manley, Rebecca: To the Tashkent Station: Evacuation und Survival in the Soviet Union at War. Ithaca u. London 2009.
Marciniak, Wojciech: Powroty z Sybiru. Repatriacja obywateli polskich z głębi terytorium ZSRR 1945–1946. Łódź 2014.
Marrus, Michael: Die Unerwünschten. Europäische Flüchtlinge im 20. Jahrhundert. Berlin [u.a.] 1999.
Mendelsohn, Ezra: Introduction: The Jews of Poland Between Two World Wars–Myth and Reality. In: The Jews of Poland between Two World Wars. Hrsg. von Yisrael Gutman et al.. Hanover u. London 1989. S. 1–6
Michman, Dan: Holocaust Historiography. A Jewish Perspective. Conceptualizations, Terminology, Approaches and Fundamental Issues. London u. Portland 2003.
Miłosz, Czesław: Trümmer und Poesie. In: Das Zeugnis der Poesie. Hrsg. von Czesław Miłosz. Hamburg 1984. S. 93–118.
Musekamp, Jan. Stettin. Metamorphosen einer Stadt. Wiesbaden 2010.
Myers Feinstein, Margarete: Holocaust Survivors in Postwar Germany, 1945–1957. Cambridge 2010.
Nesselrodt, Markus: „I bled like you, brother, although I was a thousand miles away“: Postwar Yiddish sources on the experiences of Polish Jews in Soviet exile during World War II. In: East European Jewish Affairs 1 (2016). S. 47–67.
Nesselrodt, Markus: From Russian Winters to Munich Summers. DPs and the Story of Survival in the Soviet Union. In: Freilegungen. Displaced Persons. Leben im Transit: Überlebende zwischen Repatriierung, Rehabilitierung und Neuanfang. Jahrbuch des International Tracing Service. Bd. 3. Hrsg. von Rebecca Boehling [u.a.]. Göttingen 2014. S. 190–198.
Nesselrodt, Markus: Mit den Augen des Sicherheitsdienstes. Jüdische Neuansiedlung in Schlesien 1949. In: Osteuropa 10 (2012). S. 85–95.
Nussbaum, Klemens: Jews in the Kosciuszko Divison and First Polish Army. In: Jews in Eastern Poland and the USSR, 1939–46. Hrsg. von Norman Davies u. Antony Polonsky. London 1991. S. 183–213.
Pagel, Jürgen: Polen und die Sowjetunion 1938–1939. Die polnisch-sowjetischen Beziehungen in den Krisen der europäischen Politik am Vorabend des Zweiten Weltkrieges. Stuttgart 1992.
Patt, Avinoam J.: Finding home and homeland. Jewish youth and Zionism in the aftermath of the Holocaust. Detroit 2009.
Patt, Avinoam J. u. Berkowitz, Michael (Hg.): We are here. New Approaches to Jewish Displaced Persons in Postwar Germany. Detroit 2010.
Peck, Abraham: „Our eyes have seen eternity“. Memory and self-identity among the She'erith Hapletah. In: Modern Judaism 17 (1997). S. 57–74.
Penter, Tanja: Kohle für Stalin und Hitler. Arbeiten und Leben im Donbass 1929 bis 1953. Essen 2010.
Pickhan, Gertrud: Das NKVD-Dossier über Henryk Erlich und Wiktor Alter. In: Berliner Jahrbuch für osteuropäische Geschichte 2 (1994). S. 155–186.

Pinchuk, Ben-Cion: Shtetl Jews under Soviet Rule. Eastern Poland on the Eve of the Holocaust. Oxford 1990.
Pinchuk, Ben-Cion: Jewish Refugees in Soviet Poland 1939 – 1941. In: Jewish Social Studies 2 (1978). S. 141 – 158.
Polian, Pavel: Against their will: the history and geography of forced migrations in the USSR. Budapest u. New York 2004.
Polonsky, Antony: The Jews in Poland and Russia, Bd. 3: 1914 – 2008. Oxford u. Portland 2011.
Polonsky, Antony u. Michlic, Joanna B. (Hg.): The Neighbors Respond. The Controversy over the Jedwabne Massacre in Poland. Princeton 2004.
Prekerowa, Teresa: Wojna i Okupacja. In: Najnowsze dzieje Żydów w Polsce w zarysie (do 1950 r.). Hrsg. von Jerzy Tomaszewski. Warszawa 1993. S. 273 – 384.
Pufelska, Agnieszka: Die „Judäo-Kommune" – ein Feindbild in Polen. Das polnische Selbstverständnis im Schatten des Antisemitismus 1939 – 1948. Paderborn 2007.
Quast, Anke: Nach der Befreiung: jüdische Gemeinden in Niedersachsen seit 1945. Das Beispiel Hannover. Göttingen 2001.
Redlich, Shimon: The Jews in the Soviet Annexed Territories 1939 – 1941. In: Soviet Jewish Affairs 1 (1971). S. 81 – 90.
Reemtsma, Jan Phillip: Die Memoiren Überlebender: eine Literaturgattung des 20. Jahrhunderts. In: Mittelweg 36. Zeitschrift des Hamburger Instituts für Sozialforschung 6 (1997). S. 20 – 39.
Reitlinger, Gerald: The Final Solution. The Attempt to Exterminate the Jews of Europe. 1939 – 1945. London 1968 (1953).
Rosen, Alan: The Wonder of their Voices. The 1946 Holocaust Interviews of David Boder. New York 2006.
Rosenthal, Gabriele: Über die Zuverlässigkeit autobiographischer Texte. In: Den Holocaust erzählen: Historiographie zwischen wissenschaftlicher Empirie und narrativer Kreativität. Hrsg. von Norbert Frei u. Wulf Kansteiner. Göttingen 2013. S. 165 – 172.
Roskies, David u. Diamant, Naomi: Holocaust Literature: A History and Guide. Waltham, MA 2012.
Rozenbaum, Włodzimierz: The Road to New Poland: Jewish Communists in the Soviet Union, 1939 – 1946. In: Jews in Eastern Poland and the USSR, 1939 – 1946. Hrsg. von Norman Davies u. Antony Polonsky. London 1991. S. 214 – 226.
Ruchniewicz, Małgorzata: Repatriacja ludności polskiej z ZSSR w latach 1955 – 1959. Warszawa 2000.
Ruta, Magdalena: „Nusech Pojln" czy „Jecijes Pojln"? Literackie dyskusje nad żydowską obecnością w powojennej Polsce (1945 – 1949). In: Kwartalnik Historii Żydów 2 (2013). S. 272 – 285.
Ruta, Magdalena: Bez Żydów? Literatura jidysz w PRL o Zagładzie, Polsce i komunizmie. Kraków u. Budapeszt 2012.
Ruta, Magdalena: The Principal Motifs of Yiddish Literature in Poland, 1945 – 1949. Prelimary Remarks. In: Under the Red Banner. Yiddish Culture in the Communist Countries in the Postwar Era. Hrsg. von Elvira Grözinger u. Magdalena Ruta. Wiesbaden 2008. S. 165 – 183.
Sariusz-Skąpska, Izabela: Polscy świadkowie GUŁagu. Literatura łagrowa 1939 – 1989. Warszawa 2013 (1995).
Sauerland, Karol: Polen und Juden zwischen 1939 und 1968. Jedwabne und die Folgen. Berlin u. Wien 2004.

Schatz, Jaff: The Generation. The Rise and Fall of Jewish Communists of Poland. Berkeley [u. a.] 1991.
Schlögel, Karl: Terror und Traum. Moskau 1937. München 2008.
Schulz, Miriam: Der Beginn des Untergangs. Die Zerstörung der jüdischen Gemeinden in Polen und das Vermächtnis des Wilnaer Komitees. Berlin 2016.
Schwarz, Jan: A Library of Hope and Destruction. The Yiddish Book Series „Dos poylishe yidntum“ (Polish Jewry), 1946 – 1966. In: Polin. Studies in Polish Jewry 20 (2008). S. 173 – 196.
Shlomi, Hana: The Jewish Organising Committee in Moscow and The Jewish Central Committee in Warsaw, June 1945-February 1946. Tackling Repatriation. In: Studies on the History of the Jewish Remnant in Poland, 1944 – 1950. Hrsg. von Hana Shlomi. Tel Aviv 2001. S. 7 – 21.
Shlomi, Hana: The Reception and Settlement of Jewish Repatriants from the Soviet Union in Lower Silesia, 1946. In: Studies on the History of the Jewish Remnant in Poland, 1944 – 1950. Hrsg. von Hana Shlomi. Tel Aviv 2001. S. 43 – 62.
Shore, Marci: Caviar and Ashes: A Warsaw Generation's Life and Death in Marxism. 1918 – 1968. New Haven 2006.
Siekierski, Marek: The Jews in Soviet-Occupied Eastern Poland at the End of 1939: Numbers and Distribution. In: Jews in Eastern Poland and the USSR, 1939 – 1946. Hrsg. von Norman Davies u. Antony Polonsky. London 1991. S. 110 – 115.
Siemaszko, Zbigniew: The Mass Deportations of the Polish Population to the USSR, 1940 – 1941. In: The Soviet takeover of the Polish eastern provinces, 1939 – 1941. Hrsg. von Keith Sword. Basingstoke u. Hampshire 1991. S. 217 – 235.
Siewierski, Henryk: Jewish Issues in the Polish Literature of Exile in the USSR. In: Jews in Eastern Poland and the USSR, 1939 – 1946. Hrsg. von Norman Davies u. Antony Polonsky. London 1991. S. 116 – 123.
Silberklang, David: Gates of Tears. The Holocaust in the Lublin District. Jerusalem 2013.
Skibinska, Alina: Powroty ocalałych 1944 – 1950. In: Prowincja noc. Życie i zagłada Żydów w dystrykcie warszawskim 1939 – 1945. Hrsg. von Barbara Engelking [u.a]. Warszawa 2007. S. 505 – 599.
Snyder, Tymothy: Bloodlands. Europa zwischen Hitler und Stalin. Lizenzausgabe für die Bundeszentrale für politische Bildung. Bonn 2011.
Steffen, Katrin: Der Holocaust in der Geschichte Ostmitteleuropas. In: Der Hitler-Stalin-Pakt 1939 in den Erinnerungskulturen der Europäer. Hrsg. von Anna Kaminsky [u. a.]. Göttingen 2011. S. 489 – 518.
Stronski, Paul: Tashkent. Forging a Soviet City, 1930 – 1966. Pittsburgh 2010.
Sword, Keith: Deportation and exile. Poles in the Soviet Union, 1939 – 1948. London 1994.
Sword, Keith (Hg.): The Soviet takeover of the Polish eastern provinces, 1939 – 41. Basingstoke u. Hampshire 1991.
Sword, Keith: The Welfare of Polish-Jewish Refugees in the USSR, 1941 – 1943. Relief, Supplies and their Distribution. In: Jews in Eastern Poland and the USSR, 1939 – 1946. Hrsg. von Norman Davies u. Antony Polonsky. London 1991. S. 145 – 160.
Szarota, Tomasz: Nachwort. In: Kinder Zions. Dokument. Hrsg. von Henryk Grynberg. Leipzig 1995. S. 191 – 199.
Szaynok, Bozena: Żydzi w Dzierżoniowie (1945 – 1950). In: Dzierżoniów – Wiek miniony. Hrsg. von Sebastian Ligarski u. Tomasz Przerwa. Wrocław 2007. S. 25 – 33.

Szaynok, Bożena: The Role of Antisemitism in Postwar Polish-Jewish Relations. In: Antisemitism and its Opponents in Modern Poland. Hrsg. von Robert Blobaum. Ithaca u. London 2005. S. 265–283.

Szaynok, Bożena: Ludność żydowska na Dolnym Śląsku 1945–1950. Wrocław 2000.

Tartakower, Arieh u. Grossmann, Kurt R.: The Jewish Refugee. New York 1944.

Ther, Philipp: Deutsche und polnische Vertriebene. Gesellschaft und Vertriebenenpolitik in der SBZ/DDR und in Polen 1945–1956. Göttingen 1998.

Tomaszewski, Jerzy: Auftakt zur Vernichtung, Die Vertreibung der polnischen Juden aus Deutschland 1938. Osnabrück 2002.

Tych, Feliks: Die polnischen Juden in den DP-Lagern. In: Tamid Kadima – Immer vorwärts. Der jüdische Exodus aus Europa 1945–1948. Hrsg. von Mario Steidl u. Sabine Aschauer-Smolik. Innsbruck [u. a.] 2010. S. 53–67.

Varon, Jeremy: The new life. Jewish students of postwar Germany. Detroit 2014.

Viola, Lynne: The Unknown Gulag. The Lost World of Stalin's Special Settlements. New York 2007.

Waszkiewicz, Ewa: Kongregacja Wyznania Mojżeszowego na Dolnym Śląsku na tle polityki wyznaniowej Polskiej Rzeczypospolitej Ludowej 1945–1968. Wrocław 1999.

Weber, Claudia: Krieg der Täter. Die Massenerschießungen von Katyń. Hamburg 2015.

Węgrzynek, Hanna: Ford, Aleksander. In: Żydzi polscy. Historie niezwykłe. Hrsg. von Magdalena Prokopowicz. Warszawa 2010. S. 83–85.

Weinryb, Bernard D.: Polish Jews under Soviet Rule. In: The Jews in Soviet Satellites. Hrsg. von Peter Meyer [u. a.]. Syracuse 1953. S. 329–372.

Weissman, Gary: Fantasies of Witnessing. Postwar Efforts to Experience the Holocaust. Ithaca u. London 2004.

Welzer, Harald: Auf den Trümmern der Geschichte. Gespräche mit Raul Hilberg, Hans Mommsen und Zygmunt Bauman. Tübingen 1999. S. 91–126.

Wierzbicki, Marek: Soviet Economy in Annexed Eastern Poland, 1939–1941. In: Stalin and Europe: Imitation and Domination, 1928–1953. Hrsg. von Timothy Snyder u. Ray Brandon. Oxford u. New York 2014. S. 114–137.

Wierzbicki, Marek: Der Elitenwechsel in den von der UdSSR besetzten polnischen Ostgebieten (1939–1941). In: Gewalt und Alltag im besetzten Polen 1939–1945. Hrsg. von Jochen Böhleru. Stephan Lehnstaedt. Osnabrück 2012. S. 173–186.

Wierzbicki, Marek: Polacy i Żydzi w zaborze sowieckim. Stosunki polsko-żydowskie na ziemiach północno wschodnich II RP pod okupacją sowiecką (1939–1941). Warszawa 2001.

Wieviorka, Annette: The Era of the Witness. Ithaca u. London 2006.

Woźniczka, Zygmunt: Die Deportationen von Polen in die UdSSR in den Jahren 1939–1945. In: Lager, Zwangsarbeit, Vertreibung und Deportation: Dimensionen der Massenverbrechen in der Sowjetunion und in Deutschland 1933 bis 1945. Hrsg. von Dittmar Dahlmann u. Gerhard Hischfeld. Essen 1999. S. 535–552.

Wróbel, Piotr: Migracje Żydów polskich. Próba syntezy. In: Biuletyn ŻIH 1/2 (1998). S. 3–30.

Young, James E.: The Biography of a Memorial Icon: Nathan Rapoport's Warsaw Ghetto Monument. In: Representations, Special Issue: Memory and Counter-Memory 26 (1993). S. 69–106.

Young, James E.: Writing and Rewriting the Holocaust: Narrative and the Consequences of Interpretation. Bloomington u. Indianapolis 1988.

Zaremba, Marcin: Wielka Trwoga. Polska 1944–1947. Ludowa reakcja na kryzyz. Kraków 2012.
Zaremba, Marcin: Im nationalen Gewande. Strategien kommunistischer Herrschaftslegitimation in Polen 1944–1980. Osnabrück 2011.
Żaron, Piotr: Ludność polska w Związku Radzieckim w czasie II wojny światowej. Warszawa 1990.
Żbikowski, Andrzej: U genezy Jedwabnego: Żydzi na kresach północno-wschodnich II Rzeczypospolitej wrzesień 1939-lipiec 1941. Warszawa 2006.
Żbikowski, Andrzej: Jewish Reaction to the Soviet Arrival in the Kresy in September 1939. In: Polin. Studies in Polish Jewry 13 (2000). S. 62–72.

Quellenverzeichnis

Publizierte Quellen

ADAP: Akten zur deutschen auswärtigen Politik 1918–1945. Serie D 1937–1945. Bd. 8: Die Kriegsjahre: 4. September 1939 bis 18. März 1940. Göttingen 1961.

Anders, Władysław: Bez ostatniego rozdziału. Wspomnienia z lat 1939–1946. Londyn 1949.

Asher, Ben-Natan: Die Bricha. Aus dem Terror nach Eretz Israel. Ein Fluchthelfer erinnert sich. Düsseldorf 2005.

Baliszewski, Dariusz u. Kunert, Andrzej Krzysztof: Ilustrowany przewodnik po Polsce stalinowskiej 1944–1956. Bd. 1. Warszawa 1999.

Ben-Eliezer, Josef: Meine Flucht nach Hause. Schwarzenfeld 2014.

Ciesielski, Stanisław (Hg.): Umsiedlung der Polen aus den ehemaligen polnischen Ostgebieten nach Polen in den Jahren 1944–1947. Marburg 2006.

Davidson, Simon: My War Years, 1939–1945. San Antonio 1981.

Davidson Pankowsky, Hanna: East of the Storm: Outrunning the Holocaust in Russia. Lubbock 1999.

Dokumenty i materiały do historii stosunków polsko-radzieckich. Bd. 8: Styczeń 1944–grudzień 1945. Warszawa 1974.

Engel, David: An Early Account of Polish Jewry under Nazi and Soviet Occupation Presented to the Polish Government-In-Exile, February 1940. In: Jewish Social Studies 1 (1983). S. 1–16.

Engel, David: Moshe Kleinbaum's Report on Issues in the Former Eastern Polish Territories. In: Jews in Eastern Poland and the USSR, 1939–1946. Hrsg. von Norman Davies u. Antony Polonosky. London 1991. S. 275–300.

Erlichson, Yitzkhak: My Four Years in Soviet Russia. Übersetzt von Maurice Wolfthal. Boston 2013.

Friedrich, Klaus-Peter u. Löw, Andrea (Hg.): Die Verfolgung und Ermordung der europäischen Juden durch das nationalsozialistische Deutschland 1933–1945. Bd. 4: Polen. September 1939–Juli 1941. München 2011.

Friedrich, Klaus-Peter u. Löw, Andrea: Einleitung. In: Die Verfolgung und Ermordung der europäischen Juden durch das nationalsozialistische Deutschland 1933–1945. Bd. 4: Polen. September 1939–Juli 1941. Hrsg. von Klaus-Peter Friedrich u. Andrea Löw. München 2011. S. 13–56.

Gacki, Stefan: Paszportyzacja. Przebieg paszportyzacji obywateli polskich i likwidacji sieci opiekunczej Ambasady RP w ZSSR. In: Karta 10 (1993). S. 117–131.

General Sikorski Historical Institute (GSHI) (Hg.): Documents on Polish-Soviet relations, 1939–1945. 2 Bände. London 1961.

Ginsburg, Bernard L.: A Wayfaerer in a World in Upheaval. San Bernadino 1993.

Gliksman, Jerzy: Tell the West. New York 1948; auf Polnisch: Powiedz Zachodowi. Wspomnienia autora z okresu niewoli w obozie pracy przymusowej w Związku Sowieckich Socjalistycznych Republik, New York (ohne Jahresangabe, vermutlich um 1949).

Harshav, Benjamin (veröffentlicht unter Pseudonym Binyomin, H): Shtoybn. Lider. Minkhn 1948.

Herling, Gustaw: A World Apart: A Memoir of the Gulag. London 1951.

https://doi.org/10.1515/9783110594393-013

Heymont, Irving: Among the Survivors of the Holocaust, 1945: The Landsberg DP Camp Letters of Major Irving Heymont. United States Army. Cincinnati 1982.
Honig, Samuel: From Poland to Russia and Back 1939–1946. Surviving the Holocaust in the Soviet Union. Windsor 1996.
Hoppe, Bert u. Glass, Hildrun (Hg.): Die Verfolgung und Ermordung der europäischen Juden durch das nationalsozialistische Deutschland 1933–1945. Bd. 7: Sowjetunion mit annektierten Gebieten I: Besetzte sowjetische Gebiete unter deutscher Militärverwaltung, Baltikum und Transnistrien. München 2011.
Kaplan, Chaim: A Scroll of Agony. The Warsaw Diary of Chaim A. Kaplan. New York 1965.
Katz, Zev: From the Gestapo to the Gulags. One Jewish Life. London u. Portland 2004.
Kot, Stanisław: Listy z Rosji do Gen. Sikorskiego. Londyn 1955.
Kruk, Herman: The Last Days of the Jerusalem of Lithuania. Chronicles from the Vilna Ghetto and the Camps, 1939–1944. Hrsg. und ediert von Benjamin Harshav. New Haven u. London 2002.
Lewinsky, Tamar u. Lewinsky, Charles (Hg.): Unterbrochenes Gedicht. Jiddische Literatur in Deutschland 1944–1950. München 2011.
Libeskind, Daniel: Breaking Ground. Adventures in Life and Architecture. London 2004.
Lipski, Leo: Dzień i noc: Opowiadania. Paris 1957.
Man, Mendel: Di shtilkeyt mont. Lider un baladn. Łódź 1945.
Mirski, Michal: Bez stopnia. Warszawa 1960.
Misiło, Eugenieusz (Hg.): Repatriacja czy deportacja. Przesiedlenie Ukrainców z Polski do ZSSR 1944–1946. Bd. 1: Dokumenty 1944–1945. Warszawa 1996.
Perlov, Yitzkhok: Mayne zibn gute yorn. Roman fun a freylekhn plit in rotnfarband. Tel Aviv 1959. Leicht gekürzte englische Ausgabe: The Adventures of One Yitzchok. New York 1967.
Perlov, Yitskhok: Undzer likui-hamah. Minkhn 1947.
Pragier, Ruta: Żydzi czy Polacy. Warszawa 1992.
Prywes, Moshe: Prisoner of Hope. Hanover u. London 2002.
Ruta, Magdalena (Hg.): Niszt ojf di tajchn fun Bowl. Antologie fun der jidiszer poezje in nochmilchomedikn Pojln / Nie nad rzekami Babilonu. Antologia poezji jidysz w powojennej Polsce. Kraków 2012.
Skorr, Henry: Through Blood and Tears: Surviving Hitler and Stalin. London 2006.
Taube, Herman: Looking back, going forward: new & selected poems. Takoma Park u. San Francisco 2002.
Tshemny, Meylekh: Uzbekistan: tipn un bilder. Minkhn 1949.
Tych, Feliks u. Siekierski, Maciej (Hg.): Widziałem Anioła Śmierci: Losy deportowanych Żydów polskich w ZSSR w latach II wojny światowej. Świadectwa zebrane przez Ministerstwo Informacji i Dokumentacji Rządu Polskiego na Uchodźstwie w latach 1942–1943. Warszawa 2006.
Tytelman Wygodzki, Rachela: The End and the Beginning: August 1939–July 1948. Bellevue 1998.
Warhaftig, Zorach: Refugee and Survivor: Rescue Attempts during the Holocaust. Jerusalem 1988.
Wat, Aleksander: My century. The Odyssey of a Polish Intellectual. Berkeley 1988.
Wat, Ola: Jenseits von Wahrheit und Lüge. Erinnerungen. Frankfurt am Main 2000.
Wenig, Larry: From Nazi Inferno to Soviet Hell. Hoboken, New Jersey 2000.

Zarnowitz, Victor: Fleeing the Nazis, Surviving the Gulag, and Arriving in the Free World. My Life and Times. Westport 2008.
Zylbering, Abraham: A Survivor Remembers: The Gulag and Central Asia. Eigenverlag des Concordia University Chair in Canadian Jewish Studies 2002.

Unveröffentlichte Quellen

Leser, Shlomo: The Jewish World War II Refugees from Poland in Uzbekistan, Kazachstan and Tajikistan in 1941–1946 – a concise overview. Haifa 2010.
Leser, Shlomo: Poems and Sketches reminiscing the War-times in the USSR. 2 Teile. Haifa 2004 (Teil 1) und 2008 (Teil 2).
Leser, Shlomo: The Displaced Poles, Ukrainians and Jews in the West Zones in Occupied Germany and Austria, and in Italy, 1945–1949. Part I: The West Zones in Germany. Haifa 2008.

Archive

Archiwum Wschodnie, Warschau, Polen (AW)
AW, Buchwajc, Menachem: Żydzi polscy pod władzą sowiecką. Przyczynki do zobrazowania sowieckiej rzeczywistości, 1943, V/PAL/01.
AW, Lebensbericht von Kazimierz Zybert, ZS 129.

Ghetto Fighters' House (Lohamei HaGeta'ot), Israel (GFHA)
GFHA, Syma Waks, Katalognummer 4459.
GFHA, Moniek Tychner, Katalognummer 5172.
GFHA, Cypora Fenigstein, Katalognummer 4859.
GFHA, Chaya Klos, Katalognummer 5086.
GFHA, Cila Glazer, Katalognummer 4839.
GFHA, Rachela Schmidt, Katalognummer 4206.
GFHA, Rachel und Dina Reizner, Katalognummer 4285.
GFHA, Bella Gurwic, Katalognummer 4227.
GFHA, Leja Goldman, Katalognummer 5162.
GFHA, Chajka Strusman, Katalognummer 4204.
GFHA, Mordchaj Szwarcberg, Katalognummer 4217.
GFHA, Zalman Lipstein, Katalognummer 4908.
GFHA, Zlata Offman, Katalognummer 4355.
GFHA, Golda Goldfarb, Katalognummer 4493.
GFHA, Shoshana Szwarc, Katalognummer 4797.

Hoover Institute Archive, Stanford, USA (Hoover)
Hoover, Report on the Relief accorded to Polish Citizens by the Polish Embassy in the U.S.S.R. With special Reference to Polish Citizens of Jewish Nationality. September, 1941–April, 1943, Ser. No. 851/8, Poland: Ministry of Foreign Affairs, Box 6/6, Folder 8, 1944.

Hoover, Mężowie zaufania, Ser. No. 851/8, Poland: Ministry of Foreign Affairs, Box 148, Folder 6.
Hoover, Władysław Anders Papers 71–44, Dokumentennummer 215.

International Tracing Service, Bad Arolsen, Deutschland (ITS)
ITS, Shlomo Leser, Dokumentennummer 79401257 bis 79401261; 104631995 bis 104632001.
ITS, Marek Liebhaber, Dokumentennummer 79407957 bis 79407959 ; 90187609 bis 90187618.
ITS, Yitskhok Perlov, Dokumentennummer 88095487 bis 88095496.

YIVO Institute for Jewish Research, New York, USA (YIVO)
Gliksman, Jerzy: Jewish Exiles in Soviet Russia (1939–1943), Teil I–III (1947), Jerzy Gliksman Papers, Record Group 1464, Box 4, Folder 41.
YIVO, Brief Ludwik Seidenmans an Wendel Willkie, Record Group 104, Microfilm Nr. MK 538, Folder 807.
YIVO, Grynszpan, Chajm: Byłem pod Lenino, 1947, Record Group 104, Mikrofilm Nr. MK 538, Folder 178.

Yad Vashem, Jerusalem, Israel (YVA)
Cypora Grin, M 1 E 2338.
YVA, Fajga Dąb, M 1 E 2068.
YVA, Pesia Taubenfeld, M 1 E 2053.
YVA, Regina Rotkopf, M 1 E 2187.
YVA, Cypora Fenigstein, M 1 E 2074.
YVA, Dawid Hofman, M 1 E 709.
YVA, Dwora Felhendler, M 1 E 2045.
YVA, Fela Reichberger, M 1 E 2152.
YVA, Edzia Garbuz, M 1 E 2267.
YVA, Lea Beckerman, M 1 E 2183.

United States Holocaust Memorial Museum Archive, Washington, D.C. (USHMMA)
USHMMA, Leon, Perry: Perry Leon Story, Signatur 1999, A.0275.
USHMMA, Record Group-15.094M, Signatur 231/XII/1, Wawelberg, Wacław: Dziennik działalności Placówki Polskiej w Tobolsku.

Zeitungen und Zeitschriften

Ibergang
Elihav, M.D. (eigentlich Marek Liebhaber): A kapitl geszichte gejt farlorn. Ibergang, 29. Juni 1947. S. 3.
Friedheim, Wl.: Derefenungsrede fun adw. Ibergang, 7. Dezember 1947. S. 3.
JDC Digest
„Return to Poland“, JDC Digest, Juli 1946, S. 1–2.
Polish Jew
„Polish Jews in Russia“, Polish Jew, Februar 1943, S. 1–2

Internetquellen

Yad Vashem: Definition Shoah Survivor: www.yadvashem.org/yv/en/resources/names/faq.asp# (zuletzt abgerufen am 19.12.2018)

Brier, Robert: Der polnische Westgedanke nach dem Zweiten Weltkrieg (1944–1950). In: Digitale Osteuropa-Bibliothek. Geschichte 3 (2003). https://epub.ub.uni-muenchen.de/546/1/brier-westgedanke.pdf. (zuletzt abgerufen am 19.12.2018)

Boder, David: Interview mit Joseph [last name unknown]; September 25, 1946; Wiesbaden, Germany: voices.iit.edu/interview?doc=joseph&display=joseph_en (zuletzt abgerufen am 19.12.2018)

Indeks Represjonwanych des Instytut Pamięci Narodowej (IPN): www.indeksrepresjonowanych.pl/int/wyszukiwanie/94,Wyszukiwanie.html (zuletzt abgerufen am 19.12.2018)

Zionists Call for „exodus from Poland;“ Government Agrees to Ease Border Controls. http://www.jta.org/1946/08/23/archive/zionists-call-for-exodus-from-poland-government-agrees-to-ease-border-controls. (zuletzt abgerufen am 19.12.2018)

Winkler, Martina: Vom Nutzen und Nachteil literarischer Quellen für Historiker. In: Digitales Handbuch zur Geschichte und Kultur Russlands und Osteuropas. Hrsg. von Martin Schulze-Wessel, Nr. 21, 2009. https://epub.ub.uni-muenchen.de/11117/3/Winkler_Literarische_Quellen.pdf (zuletzt abgerufen am 19.12.2018)

Danksagung

Das vorliegende Buch ist das Produkt von fünf Jahren wissenschaftlicher Arbeit, für die ich von vielen Seiten Unterstützung erhalten habe. Ich möchte mich zunächst bei meinen beiden Betreuerinnen Prof. Dr. Gertrud Pickhan und Prof. Dr. Stefanie Schüler-Springorum für ihr Vertrauen, ihre Hilfsbereitschaft und kritische Begleitung bedanken. Ich danke außerdem dem Selma-Stern-Zentrum für Jüdische Studien Berlin-Brandenburg für die vier gemeinsamen Jahre in einem äußerst produktiven und inspirierenden Umfeld. Mein Dank gilt hier vor allem Prof. Dr. Rainer Kampling, Prof. Dr. Christina von Braun, Dr. Monika Schärtl sowie Nadja Fiensch und Simone Damis.

Ich danke ebenfalls dem Deutschen Historischen Institut (Warschau), der Fundajca Szalom (Warschau) und dem Deutschen Akademischen Austauschdienst (Bonn) für ihre Unterstützung in verschiedenen Phasen der Arbeit. In der Abschlussphase der Dissertation kam ich als Saul Kagan Fellow in Advanced Holocaust Studies in den Genuss einer Förderung der Conference on Jewish Material Claims Against Germany (New York), für die ich mich ebenfalls bedanken möchte.

Für die Gewährung großzügiger Zuschüsse zu den Druckkosten der Veröffentlichung bedanke ich mich bei der Stiftung Zeitlehren (Karlsruhe), der Axel Springer Stiftung (Berlin) sowie der Szloma-Albam-Stiftung (Berlin).

Die Promotionsphase lebt vom intensiven Austausch und der konstruktiven Diskussion. Für die Möglichkeit, meine Arbeit mit ihnen bei verschiedenen Gelegenheiten zu diskutieren, bedanke ich mich herzlich bei Dr. Felix Ackermann, Prof. Dr. Werner Benecke, Dr. Roland Cvetkovski, Dr. Ingo Eser, Dr. Stefanie Fischer, Prof. Dr. Atina Grossmann, Prof. Dr. Benjamin Harshav, Prof. Dr. Ulrich Herbert, Dr. Angelika Königseder, Dr. Tamar Lewinsky, Dr. Peter Oliver Loew, Dr. Jörg Osterloh, Prof. Dr. Reinhard Rürup, Prof. Dr. Robert Traba, Prof. Dr. Irmela von der Lühe, Dr. Juliane Wetzel und Prof. Dr. Christian Wiese.

Für ihre kritischen und hilfreichen Anmerkungen zu einzelnen Kapiteln der Arbeit danke ich Alina Bothe, Katharina Friedla, Jana Fuchs, David Jünger, Susanne Nesselrodt und Agnieszka Wierzcholska. Besonderer Dank gebührt Jenny Retke für das gründliche Lektorat. Doron Oberhand war eine unschätzbare Hilfe in Fragen der Übersetzung aus dem Jiddischen.

Der Gegenstand dieses Buches erforderte die Recherche in verschiedenen Archiven auf der Welt. Für ihre Hilfe bei der Beschaffung von Quellenmaterial und schwer zugänglicher Literatur möchte ich mich bei den Mitarbeiterinnen und Mitarbeitern der folgenden Archive und Bibliotheken bedanken: Archiwum Wschodnie der Fundacja Karta (Warschau), YIVO im Center for Jewish History

https://doi.org/10.1515/9783110594393-014

(New York), International Tracing Service (Bad Arolsen), Zentrum für Antisemitismusforschung der Technischen Universität Berlin, Yad Vashem (Jerusalem), Jüdisches Historisches Institut (Warschau) und United States Holocaust Memorial Museum (Washington).

Für ihre Unterstützung bei der Erstellung des Druckmanuskripts bedanke ich mich bei Dr. Werner Treß, Birgit Peters, Prof. Dr. Tim Buchen und Laila Will.

Diese Arbeit hätte ich nicht ohne die Unterstützung meiner Familie – Silvia und Wolfgang Nesselrodt, Birgit und Uwe Hanemann, Marianne und Rumen Markov – schreiben können. Mein größter Dank gilt Susanne Nesselrodt, die unermüdlich alles ermöglicht hat.

Personenregister

https://doi.org/10.1515/9783110594393-015

Ortsverzeichnis

https://doi.org/10.1515/9783110594393-016